Fickers · »Politique de la grandeur« versus »Made in Germany«

deutsches
historisches
institut
historique
allemand

paris

Pariser Historische Studien

herausgegeben vom
Deutschen Historischen Institut Paris

Band 78

R. Oldenbourg Verlag München 2007

»Politique de la grandeur« versus »Made in Germany«

Politische Kulturgeschichte der Technik am Beispiel der PAL-SECAM-Kontroverse

von
Andreas Fickers

R. Oldenbourg Verlag München 2007

Pariser Historische Studien

Herausgeber: Prof. Dr. Werner PARAVICINI

Redaktion: Veronika VOLLMER

Institutslogo: Heinrich PARAVICINI, unter Verwendung eines Motivs am Hôtel Duret-de-Chevry

Anschrift: Deutsches Historisches Institut (Institut historique allemand)

Hôtel Duret-de-Chevry, 8, rue du Parc-Royal, F-75003 Paris

Bibliografische Information der Deutschen Nationalbibliothek

Die Deutsche Bibliothek verzeichnet diese Publikation in der Deutschen Nationalbibliografie; detaillierte bibliografische Daten sind im Internet über <http://dnb.d-nb.de> abrufbar.

Rosenheimer Straße 145, D-81671 München
Internet: oldenbourg.de

Umschlaggestaltung: Dieter Vollendorf, München
Umschlagabbildung: Karikatur des »Farbfernsehvorhangs«, aus: Archiv des Deutschen Museums München, Nachlaß Walter Bruch, NL 101, Nr. 123.
Gedruckt auf säurefreiem, alterungsbeständigem Papier (chlorfrei gebleicht).
Satz und Druck: Grafik + Druck GmbH, München
Bindung: Thomas Buchbinderei, Augsburg

ISBN 978-3-486-58178-2
ISSN 0479-5997

INHALT

VORWORT

Am Anfang war der Mythos. Erste Bekanntschaft mit diesem Mythos machte ich in jenen ehrfürchtigen Hallen, in denen die »Meisterwerke aus Naturwissenschaft und Technik« ausgestellt werden: im Deutschen Museum München. Sein Name: »PAL. Das Farbfernsehen«[1]! Damit untrennbar verbunden war der Mann, der das Farbfernsehen erfunden hatte: Walter Bruch. Ein Meisterwerk der Technik und ein genialer Erfinder – das war der Stoff, von dem ein angehender Technikhistoriker nur träumen konnte. Soweit der Mythos.

Die Realität sah ein wenig nüchterner aus, sie war dafür aber nicht weniger spannend. Meine Beschäftigung mit rundfunktechnischen Entwicklungen im Rahmen des Aufbaus des Deutschen Museums Bonn forderte eine intensive Auseinandersetzung mit dem Thema Farbfernsehen. Dabei wurde klar, daß wissenschaftlich betriebene Historie in der Tat Mythen entzaubert und am Lack der Legenden kratzt. Das Resultat dieses historischen »Entzauberungsversuchs« liegt nun in Form dieser Arbeit vor.

Den mehrjährigen Arbeitsprozeß haben viele Personen und Institutionen wohlwollend begleitet und unterstützt. An dieser Stelle sei besonders meinem ersten Begleiter Prof. Dr. Armin Heinen gedankt, der diese Arbeit durch seine kritischen und stets anregenden Kommentare intellektuell gefördert hat. Seine Menschlichkeit und sein persönliches Engagement haben das Arbeiten in einer Atmosphäre gegenseitiger Wertschätzung ermöglicht. Auch dem zweiten Betreuer der Arbeit, Prof. Dr. Walter Kaiser vom Lehrstuhl für Geschichte der Technik der RWTH Aachen, möchte ich für seine Unterstützung des Vorhabens Dank sagen.

Die Arbeit des Historikers hängt, und dies nicht nur im übertragenen Sinne, vom Wohlwollen derjenigen Personen ab, die über die Quellen »wachen«: den Archivaren. Fast überall ist der Autor auf eine großzügige und wohlwollende Unterstützung seiner Arbeit gestoßen. Besonderer Dank gebührt folgenden Personen: Danielle Manuel, Sekretärin des Comité d'histoire de la télévision (CHTV), Institut national de l'audiovisuel, Bry-sur-Marne; Petra Witting-Nöthen, Historisches Archiv des WDR, Köln; Klaus Bründel, AEG-Telefunken Archiv, Deutsches Technikmuseum Berlin; Dr. Wilhelm Füßl, Archiv des Deutschen Museums München.

Im Laufe der vierjährigen Bearbeitungszeit hatte ich Gelegenheit, das Thema der Dissertation sowie Teilergebnisse der Forschungsarbeit auf diversen Tagungen vorzustellen. (»Second Interdisciplinary Workshop on Standardization«, Hamburg, Mai 1999; ICOTHEC-Tagung »Technological Choice« in Belfort, Oktober 1999; 43. Deutscher Historikertag, Aachen, September

[1] Heide RIEDEL, Walter BRUCH: PAL. Das Farbfernsehen, Berlin 1987.

2000; Kolloquium »Les acteurs de l'économie dans la construction de l'Europe«, DHI Paris, Oktober 2000; Kolloquium »Les brevets dans l'histoire: propriété intellectuelle, histoire technique et économique«, Universität Paris III, Sorbonne, Oktober 2001; Oberseminar von Prof. Dr. Helmut Albrecht, Universität Freiberg, November 2001). Allen, die mir die Möglichkeit zum Vortrag gegeben haben, sowie den Diskutanten, die kritische Impulse gegeben haben, sei hiermit herzlich gedankt.

Ein besonderer Dank gebührt auch den zahlreichen Zeitzeugen, die mich durch die mit ihnen geführten Gespräche an ihren Geschichten teilhaben ließen und mir so erlaubten, lebendige und persönliche Einblicke in die Farbfernsehkontroverse aus unterschiedlichsten Perspektiven zu erlangen. Ihnen allen möchte ich für ihre Auskunftsbereitschaft und freundliche Aufnahme danken: Dr. Felix Herriger, Ulm, Staatssekretär a.D. Karl Günther von Hase, Bonn; Prof. Dr. Franz-Josef In der Smitten, Köln; Prof. Dr. Michael Hausdörfer, Darmstadt; Dr. Heinwig Lang, Darmstadt; Dipl. Ing. Robert Einsel, Celle; Prof. Karl Tetzner, Icking; Dr. Louis Goussot, Sceaux; Dr. Gérard Melchior, Paris; Maître Jean-Jacques de Bresson, Paris; Prof. Dr. Yves Angel, Sceaux; Prof. Dr. Jacques Fagot, Paris; Michel Dubail, Paris.

Weiterhin sei all jenen gedankt, die den Arbeitsprozeß durch ihre intellektuelle oder soziale Kompetenz begleitet haben. Besonderer Dank aus fachlicher Perspektive gebührt hier meinen früheren Kollegen Dr. Kai Handel und Dr. Michael Friedewald, die immer ein offenes Ohr für Fragen sowie ein kritisches Auge auf schriftliche Ausarbeitungen hatten. Ohne die private Sicherheit und Geborgenheit, die mir meine Familie, meine Freunde und vor allem meine Frau geschenkt haben, wäre das Arbeiten an diesem Projekt niemals so freudvoll und zuversichtlich gewesen, wie ich es erfahren durfte. Die unerwartete Anerkennung, welche diese Arbeit in der Fachwelt erfahren hat, bestätigen mich darin, den Weg als Grenzgänger zwischen Disziplinen und Kulturen fortzuschreiten.

Mein Wechsel an das Instituut voor Media en Re/Presentatie der Universität Utrecht im Januar 2003 gab mir Gelegenheit, meinen im wesentlichen technik- und kulturhistorisch geprägten Blick auf die Medien durch medienwissenschaftliche Perspektiven, wie sie vor allem aus den Reihen der Britischen Cultural Studies hervorgebracht worden sind, zu bereichern. Die Erkenntnisse, welche ich aus diesem nicht immer spannungsfreien da mit konkurrierenden Deutungsansprüchen verbundenen Dialog gewonnen habe, konnten nur in beschränktem Maße Aufnahme in diese Arbeit finden. Allen Kollegen, die mir bei meinem Bemühen um fachliche und institutionelle Initiation sowie lebensweltliche Verortung hilfreich zur Seite gestanden haben, sei für ihr persönliches Engagement gedankt.

Schließlich gilt mein besonderer Dank Prof. Dr. Werner Paravicini, Direktor des Deutschen Historischen Institutes in Paris, für die gewährte Förderung und die Aufnahme der Arbeit in die Reihe der Pariser Historische Studien sowie der Redakteurin Veronika Vollmer für ihre wohlwollende Unterstützung des Publikationsvorhabens.

Utrecht, November 2006

1. EINLEITUNG

Per Knopfdruck Willy Brandts startete am 25. August 1967 in der Bundesrepublik Deutschland der Farbfernsehbetrieb. Wenige Wochen später, am 1. Oktober, gingen auch in Frankreich die ersten farbigen Bilder über die Bildschirme – genau an dem Tag, an dem man in der Sowjetunion das fünfzigjährige Jubiläum der Oktoberrevolution mit einer farbigen Übertragung der Truppenparade vor dem Kreml feierte. Was alle drei Länder verband, war die Tatsache, daß nur wenige Menschen diese bunte Fernsehsicht der Welt in ihren eigenen vier Wänden betrachten konnten. Begehrt waren aber die Plätze vor den Schaufenstern der Rundfunk- und Fernsehläden. Was die deutschen Farbbilder von den französischen und sowjetischen unterschied, war eine »kleine« technische Differenz im jeweiligen Farbfernsehübertragungssystem. Während die Bundesrepublikaner die Welt in PAL-Farben sahen, leuchtete sie in Moskau und Paris in SECAM-Farben. Diese Differenz war de facto so klein, daß ein ungeübtes Auge sie selbst beim Betrachten eines Testbildes nicht zu erkennen vermocht hätte. Dennoch hatte dieser »feine Unterschied« in den vorangegangenen Jahren zu einer handfesten industriepolitischen Kontroverse geführt, die im folgenden die PAL-SECAM-Kontroverse genannt wird[1]. Bereits 1953 hatten die Amerikaner ihr nach dem National Television System Committee benanntes NTSC-Farbfernsehsystem eingeführt und waren Europa und der Sowjetunion somit um vierzehn Jahre voraus.

Diese Arbeit rekonstruiert die europäischen Bemühungen, die amerikanische Farbfernsehtechnologie auf ihre Anwendbarkeit im europäischen Fernsehrundfunk zu testen. Sie berichtet von der Konkurrenz, die 1963 zwischen den beiden europäischen Alternativen des NTSC-Systems ausbrach, also zwischen dem französischen SECAM-System und dem deutschen PAL-System. Vor allem handelt sie davon, welche Strategien und Taktiken sich die Vertreter beider Systemalternativen ausdachten, um ihrem System auf europäischer Ebene zum Durchbruch zu verhelfen. Da diese Untersuchung somit nach den

[1] Wie Pierre Bourdieu gezeigt hat, können gerade in »feinen Unterschieden« grundlegende kulturelle Muster zum Ausdruck kommen, deren Ausprägungen er als Habitus beschreibt. In der PAL-SECAM-Kontroverse scheint sich auch Bourdieus mehrdimensionaler Kapitalbegriff als zentrale Beschreibungskategorie der unterschiedlichen Dimensionen der Auseinandersetzung zu bewähren. Der »Kampf« um die Durchsetzung des PAL- bzw. SECAM-Systems wird sowohl auf der Ebene ökonomischen Kapitaleinsatzes wie auch auf der Ebene kulturellen und sozialen Kapitals gefochten. Siehe Pierre BOURDIEU, Die feinen Unterschiede. Kritik der gesellschaftlichen Urteilskraft, Frankfurt a.M. 1999. Zur potentiellen Bedeutung von Bourdieus Theorie für die Geschichtswissenschaft siehe auch Ingrid GILCHER-HOLTEY, Kulturelle und symbolische Praktiken: Das Unternehmen Pierre Bourdieu, in: Wolfgang HARDTWIG, Hans-Ulrich WEHLER (Hg.), Kulturgeschichte heute, Göttingen 1996, S. 111–130.

Gründen des Scheiterns der Bemühungen um einen einheitlichen europäischen Farbfernsehstandard fragt, ist ihr ein ›Happy End‹ leider versagt.

Was leistet diese Arbeit nicht? Die Arbeit ist vor allem eine von technikhistorischen Fragestellungen motivierte Studie, die wenig Parallelen zu gewöhnlichen Rundfunkgeschichten aufweist. Das heißt, sie ist weder eine Institutionengeschichte der am Farbfernsehen beteiligten Rundfunkorganisationen noch eine Programm- oder Rezeptionsgeschichte. Chronologisch endet die Darstellung dort, wo die internationalen Verhandlungen um eine europäische Farbfernsehnorm scheitern, das heißt in Oslo, Juli 1966. Eine Programm- und Rezeptionsgeschichte hätte, wie oben erwähnt, erst im Jahre 1967 einsetzen können. Ohne Zweifel sind programm- und rezeptionsgeschichtliche Fragestellungen aus kulturgeschichtlicher Sicht von großer Bedeutung, doch muß diese Aufgabe späteren Untersuchungen obliegen. Trotz dieser in der Rundfunkgeschichte selten anzutreffenden technikhistorischen Untersuchungsperspektive möchte sich diese Arbeit als ein Beitrag zu der von Axel Schildt geforderten »Historisierung der Massenmedien« verstehen[2]. Zwar stellte das Farbfernsehen nur eine ästhetische Verfeinerung des Dispositivs Fernsehen dar, doch spielte sich die Debatte um die technologische Zukunft des Fernsehens in eben jener Zeitspanne ab, in der das Fernsehen auf dem Weg zum neuen Leitmedium der massenmedial geprägten Öffentlichkeit war. Insofern kann diese Darstellung der europäischen Farbfernsehkontroverse auch dazu beitragen, die symbolische Bedeutung von Massenmedien – gerade auch in ihrer technologischen Dimension – herauszuarbeiten, um sie so in den von Jürgen Habermas konstatierten »Strukturwandel der Öffentlichkeit« einzubetten.

> Eine Geschichte der modernen Öffentlichkeit muß daher eine Geschichte der Massenmedien sein, und zwar nicht nur als Vermittler historischer Wirklichkeit, sondern als kommunikative Instanz mit je eigener Historizität, semantischer Logik und pragmatischer Plastizität. Erst aus der Wahrnehmungshierarchie, der Materialität und den Gebrauchsweisen der Medien lassen sich Schlüsse für deren historische Kulturleistung ziehen[3].

In dieser Arbeit wird vor allen Dingen die ›Materialität‹ des Leitmediums Fernsehen in seiner farbigen Version thematisiert. Dennoch beschränkt sich die Analyse der Farbfernsehkontroverse nicht auf technikhistorische Kontexte. Technik wird als historisch gewachsene, sozial vermittelte und sym-

[2] Axel SCHILDT, Zur Historisierung der massenmedialen Revolution, in: Archiv für Sozialgeschichte 36 (1996) S. 443–458; Karl Christian FÜHRER, Knut HICKETHIER, Axel SCHILDT, Öffentlichkeit – Medien – Geschichte. Konzepte der modernen Öffentlichkeit und Zugänge zu ihrer Erforschung, in: Archiv für Sozialgeschichte 44 (2001) S. 1–38; Anne-Marie SOHN, Pour une histoire de la société au regard des médias, in: Revue d'histoire moderne et contemporaine 44 (1997) 2 S. 287–306.

[3] Bernd WEISBROD, Medien als symbolische Form der Massengesellschaft. Die medialen Bedingungen von Öffentlichkeit im 20. Jahrhundert, in: Historische Anthropologie 9 (2001) 2 S. 271.

bolisch aufgeladene Kulturleistung verstanden. Als »Textur des Sozialen« wird Kultur als ein Transfervorgang verstanden, der materielle Artefakte und soziale Interaktionen ins Symbolische übersetzen kann, d.h. dem »Gewebe des Sozialen lebensweltliche Bedeutung« aufprägen kann und technische Artefakte und Systeme zu symbolischen Bedeutungsträgern und diskursiven Akteuren macht[4]. In diesem Sinne versteht sich diese Forschungsarbeit als Beitrag zu einer politischen Kulturgeschichte der Technik. Angeregt durch Ulrich Raulffs Idee einer »Wissenschaftsgeschichte als politische Kulturgeschichte« wird versucht, die tieferliegenden politischen und kulturellen Strukturen freizulegen, die der Kontroverse zugrundelagen[5]. Diese Perspektive ermöglicht es, die Farbfernsehkontroverse als Ausdruck struktureller Differenzen zwischen den zentralen Akteuren zu verstehen und ihren Ausgang aus kulturgeschichtlicher Sicht erklärbar zu machen. Technikhistorische, wirtschaftshistorische, politikhistorische und kulturgeschichtliche Fragestellungen sollen so eine Gesamtschau des Phänomens »PAL-SECAM-Kontroverse« ermöglichen, die vor eindimensionalen Interpretationen und Deutungen gefeit ist. In diesem Sinne reiht sich diese Arbeit sowohl in die Tradition der sozialkonstruktivistisch inspirierten Technikgeschichte ein, die der deterministischen Interpretation technischen Wandels eine Absage erteilt hat[6], als auch in die neueren Bemühungen um eine kulturwissenschaftliche Fundierung der Politik- und Diplomatiegeschichte[7].

Möglich ist diese Gesamtschau vor allem dank der als hervorragend zu bezeichnenden Überlieferungssituation. Sie ermöglichte es, die Motivationen der unterschiedlichen Akteure der Farbfernsehkontroverse detailreich zu re-

4 Zur Definition von Kultur als Textur des Sozialen siehe Lutz MUSNER, Kultur als Textur des Sozialen. Essays zum Stand der Kulturwissenschaften, Wien 2004. Zur Diskursivität von Technik und Technologie siehe Andreas LÖSCH, Dominik SCHRAGE, Dierk SPREEN, Markus STAUFF, Technologien als Diskurse – Einleitung, in: DIES. (Hg.), Technologien als Diskurse. Konstruktionen von Wissen, Medien und Körpern, Heidelberg 2001, S. 7–20.

5 Ulrich RAULFF, Ein Historiker im 20. Jahrhundert: Marc Bloch, Frankfurt a.M. 1995. Raulff beschreibt seine Idee einer Wissenschaftsgeschichte als politische Kulturgeschichte wie folgt: »Es ist die Fähigkeit der Historie zu einer Art Tiefenanalyse des Politischen. Die Historie, so scheint mir, ist in der Lage, fundamentale Transformationen des Politischen, die sich dem politischen Diskurs selbst entziehen, sichtbar zu machen und gelegentlich auch zur Sprache zu bringen. Dazu ist es nicht notwendig, daß sie selbst die Sprache der Politikgeschichte spricht. Noch in ihrer scheinbar größten Ferne von der Sphäre des Politischen bleibt die Historie – als Kulturhistorie oder als Historische Anthropologie – ein verläßlicher Anzeiger der Erschütterungen und Umwälzungen in der Tiefe einer politischen Kultur«. S. 28f.

6 Siehe den Überblick von Mikael HÅRD, Zur Kulturgeschichte der Naturwissenschaft, Technik und Medizin. Eine internationale Literaturübersicht, in: Technikgeschichte 70 (2003) 1 S. 23–45. Einen konzisen und prägnanten Überblick über Tradition und gegenwärtigen Stand der Kulturgeschichtsschreibung bietet Peter BURKE, Was ist Kulturgeschichte?, Frankfurt a.M. 2005.

7 Als kritischen Überblick und Versuch einer eigenständigen Begründung siehe Thomas MERGEL, Überlegungen zu einer Kulturgeschichte der Politik, in: Geschichte und Gesellschaft 28 (2002) S. 574–606.

konstruieren. Zur Rekonstruktion der technischen Dimension der SECAM- bzw. PAL-Entwicklung wurde zum großen Teil auf publizistische Quellen zurückgegriffen, die den internationalen Fachzeitschriften zur Rundfunktechnik entnommen wurden. Die unzähligen Arbeitsberichte der mit der Farbfernsehtechnik beauftragten Gremien der European Broadcasting Union (EBU) sowie des Comité consultatif international de radiocommunication (CCIR) erlauben eine detailgenaue Einsicht in die fachwissenschaftliche Diskussion der Kontroverse. Ergänzend lieferten auch die Oral-history-Interviews nützliche Einblicke in das Netzwerk der internationalen Fernsehexperten.

Die Perspektive der beiden zentralen industriellen Akteure – der Compagnie française de télévision und Telefunkens – konnte durch den Einblick in die Archive beider Unternehmen beinahe lückenlos rekonstruiert werden. Ergänzend konnte hier für die französische Seite auf Aktenbestände in den Archives de la chambre de commerce et de l'industrie in Paris (CCIP) zurückgegriffen werden. Der enorme Bestand des Nachlasses von Walter Bruch im Deutschen Museum München hat sowohl eine Analyse der Telefunken-internen Debatte als auch die Herausarbeitung der Rolle von Walter Bruch im Prozeß der nationalen und internationalen PAL-Durchsetzung ermöglicht.

Schließlich haben die zahlreichen Aktenbestände des Public Record Office in London, der Archives du ministère des affaires étrangères in Paris und des Bundesarchivs in Berlin und Bonn auch die Strategien der politischen Akteure durchsichtig werden lassen. Die Bestände des Historischen Archivs des WDR schließlich haben die innerdeutschen Debatten zwischen Bundespostministerium, ARD bzw. Landesrundfunkanstalten und der Rundfunkindustrie nachvollziehbar gemacht.

Diese Rückkehr zu den Quellen hat dazu geführt, daß die in einigen populärwissenschaftlichen Darstellungen transportierten Mythen und Legenden von »besten Systemen« oder »genialen Erfindern« entzaubert werden konnten. Wie Siegfried Kracauer in bezug auf Martin Luther einmal angedeutet hat, kommt die Rückkehr zu den Quellen oftmals einem kühnen Aufbruch gleich, in dem sich der Restaurator plötzlich als Innovator erweist[8]. Daß der Akt der Geschichtsschreibung mehr als bloße Restaurierung ist, wir es vielmehr mit einer aktiven Form von (Re)Konstruktion der Vergangenheit aus dem Geiste der Gegenwart zu tun haben, dürfte spätestens seit der Debatte um den »linguistic turn« in der Geschichtswissenschaft zum historiographischen Allgemeingut geworden sein[9].

[8] Siegfried KRACAUER, Geschichte – Vor den letzten Dingen, Frankfurt a.M. 1971, S. 16.

[9] Eine prägnante Zusammenfassung der widerstreitenden Positionen findet sich bei Chris LORENZ, »You got your history, I got mine«. Some reflections on truth and objectivity in history, in: Österreichische Zeitschrift für Geschichtswissenschaft 10 (1999) S. 563–584.

1.1. Fragestellung

»Ein Reich des Guten und ein davon scharf getrenntes Reich des Bösen gibt es in Tolkiens Romantrilogie ›Der Herr der Ringe‹ und gab es in der Rhetorik Ronald Reagans. Aber in der realen Geschichte findet man solche klaren Verhältnisse gewöhnlich nicht«[10]. Trennt man dieses Zitat von seinem ursprünglichen Bedeutungskontext, käme man wohl kaum auf die Idee, daß es dem Bielefelder Historiker Joachim Radkau um die Frage geht, ob Nationalsozialismus und Modernisierung zwei sich ausschließende oder verträgliche historische Phänomene sind. Wie so oft geht es Radkau aber darum, Entweder-Oder-Argumentationen als logische Sackgassen im Denkprozeß aufzudecken. Sicherlich, welcher Historiker wünschte sich nicht »klare Verhältnisse«, die es ihm erlauben würden, eine stringente historische Argumentation mit zweifelsfreier Beweisführung aufzustellen. Übertragen auf den vorliegenden Forschungsgegenstand würde dies bedeuten, daß der Autor in der Lage wäre, eine eindeutige Antwort auf die zentrale Fragestellung dieser Arbeit zu geben, die da lautet: Warum sind Mitte der sechziger Jahre die Bemühungen um eine einheitliche Definition des europäischen Farbfernsehstandards gescheitert?

Zwar mangelt es in der zeitgenössischen Literatur und Presse nicht an der Stilisierung potentieller Schuldiger, denen das Verursachen des Scheiterns angedichtet wird, doch weiß der Historiker spätestens seit Marc Blochs Apologie der Geschichtswissenschaft, daß er sich vor Schuldzuweisungen in Acht nehmen sollte. Der Historiker ist kein Richter über die Geschichte, sondern ihm steht lediglich die Funktion des Ermittlungsrichters zu, der Fakten recherchiert, mögliche Handlungsabläufe der historischen Akteure rekonstruiert und entsprechende Interpretations- und Deutungsangebote macht[11].

Das Gefühl, bei der Rekonstruktion der europäischen Farbfernsehkontroverse auf viele unerwartete, den gängigen Deutungen und Darstellungen widersprechende Fakten gestoßen zu sein, begleitete den Autor bei seinen Archivrecherchen. Im Prozeß dieser Spurensicherung, in dem der Historiker sich – wie Carlo Ginzburg sich auszudrücken pflegte – im »weiten Feld vermuteten Wissens« an seinen Gegenstand herantastet, verfeinerte sich auch die Fragestellung[12]. Die Komplexität eines internationalen Standardisierungs-

[10] Joachim RADKAU, Nationalsozialismus und Modernisierung, in: Hans-Ulrich WEHLER (Hg.), Scheidewege der deutschen Geschichte. Von der Reformation bis zur Wende 1617–1989, München 1995, S. 192.

[11] Marc BLOCH, Apologie pour l'histoire – ou le métier d'historien, Paris 1997. Neuauflage mit einer langen Einleitung von Jacques LE GOFF.

[12] Carlo GINZBURG, Spurensicherung. Der Jäger entziffert die Fährte, Sherlock Holmes nimmt die Lupe, Freud liest Morelli – die Wissenschaft auf der Suche nach sich selbst, in: DERS., Spurensicherung. Die Wissenschaft auf der Suche nach sich selbst, Berlin 1995, S. 7–44, S. 18.

prozesses vor Augen, gliederte sich die Fragestellung entsprechend der thematischen Breite des Forschungsgegenstandes in drei Bereiche: Den Bereich der Technik, den Bereich des industriellen und wirtschaftlichen Kontextes und den politikhistorischen Bereich.

Zur Leitfrage im Bereich der Technik entwickelte sich dabei die scheinbar einfach zu beantwortende Frage: Gab es ein technisch bestes System? Wie sich bald herausstellen sollte, wurden die Hoffnungen auf Eindeutigkeit in diesem Bereich, in dem man als Historiker am ehesten eine eindeutige Antwort im Sinne von Radkaus »klaren Verhältnissen« erwartet hätte, enttäuscht. Gerade die von den Fernsehexperten in Hunderten von Vergleichsuntersuchungen festgestellte Gleichwertigkeit der drei Systemalternativen NTSC, PAL und SECAM öffnete den Horizont für Fragestellungen, die in der Technikgeschichtsschreibung unter dem Stichwort »Social Construction of Technology« (SCOT) diskutiert werden. Auf den Forschungsgegenstand übertragen bedeutet dies: Welche Argumente werden zur Entscheidungsfindung herangezogen, wenn technische Argumente zur Begründung der Überlegenheit eines Systems ausfallen?

Diese Situation zwang dazu, das Augenmerk auf die strategischen Manöver zu richten, mittels derer die Systemkontrahenten ihr System als europäischen Standard durchzusetzen versuchten. Damit verlagerte sich der historische Blick zusehends auf den industriellen und politischen Bereich der Farbfernsehkontroverse. Wer waren die zentralen Akteure auf industriellem und politischem »terrain«, die ein Interesse an der Durchsetzung einer der drei Systemalternativen haben konnten? Welche Strategien wurden entwickelt, welche taktischen Manöver ausgeführt, welche Verbündete gewonnen? Welche Mittel setzte man auf deutscher oder französischer Seite ein, um den »nationalen Favoriten« zu vermarkten? Welches ökonomische oder symbolische Kapital wurde dabei investiert?

Will man diese Fragen beantworten, ist es unabdingbar, die institutionellen Rahmen zu beschreiben, in denen die Farbfernsehverhandlungen geführt wurden. Diese institutionellen Kontexte müssen sowohl auf nationaler wie internationaler Ebene geklärt werden. Im Rahmen eines deutsch-französischen Vergleiches werden so jene Faktoren herausgearbeitet, die einen strukturellen Vergleich der zentralen Farbfernsehakteure auf bundesdeutscher und französischer Seite ermöglichen. Erst dieser strukturelle Vergleich der unterschiedlichen nationalen Organisation des Rundfunks, der unterschiedlichen Struktur und Bedeutung informations- und industriepolitischer Institutionen sowie des generellen wirtschafts- und außenpolitischen Kurses beider Staaten macht es möglich, kulturgeschichtliche Deutungsangebote der Farbfernsehkontroverse zu formulieren. In diesem Sinne handelt es sich bei der folgenden Arbeit methodisch um einen analytischen historischen Vergleich, der – wie es Hartmut Kaelble formuliert – »gesellschaftliche Strukturen, Institutionen, Debatten,

Ereignisse und Entscheidungen aus ihren historischen Bedingungen und Voraussetzungen heraus erklären oder typisieren« will[13].

[13] Hartmut KAELBLE, Der historische Vergleich. Eine Einführung zum 19. und 20. Jahrhundert, Frankfurt a. M., New York 1999, S. 49.

1.2. Forschungsstand

Die Darstellung des Forschungsstandes muß entsprechend der Komplexität des Untersuchungsgegenstandes in mehrere thematische Einheiten unterteilt werden. In einem ersten Schritt wird die technikhistorische Literatur zum Thema Farbfernsehen vorgestellt. Dieser Präsentation folgt die Darstellung der wirtschaftshistorischen Literatur, die sich mit der industriellen und wirtschaftspolitischen Situation der fünfziger und sechziger Jahre beschäftigt. Anschließend wird in einem dritten Schritt der Stand der allgemeinen politikhistorischen Forschung zur Geschichte der Außenpolitik der Bundesrepublik sowie Frankreichs und ihrer bilateralen Beziehungen geschildert. In einem letzten Schritt schließlich wird ein Überblick über die enger gefaßte rundfunkhistorische Literatur geboten.

1.2.1. Technikhistorische Literatur zum Farbfernsehen

Eine Technikgeschichte des Farbfernsehens, die genuin technikhistorische Fragestellungen reflektieren und den Methoden geschichtswissenschaftlicher Arbeit entsprechen würde, liegt bislang nicht vor. Was es gibt, sind einige wenige technikhistorische Arbeiten zur Geschichte der Fernsehentwicklung im Allgemeinen, in denen das Farbfernsehen – wenn es überhaupt erwähnt wird – nur eine untergeordnete Rolle spielt. Von diesen wenigen technikhistorischen Darstellungen sind vor allem die Arbeiten des amerikanischen Fernsehchronisten Albert Abramson hervorzuheben. Abramson darf als der beste Kenner der Frühgeschichte der Fernsehentwicklung bezeichnet werden, auch wenn seine Arbeiten einer problemorientierten Fragestellung ermangeln[14]. Eine detailreiche Darstellung der amerikanischen Bemühungen um die Entwicklung des NTSC-Systems findet sich in der überzeugenden Darstellung »Behind the Tube« von Andrew Inglis, die als die fundierteste technik- und wirtschaftshistorische Darstellung der amerikanischen Fernsehentwicklung betrachtet werden darf[15]. Für die Geschichte der NTSC-Entwicklung liegt zudem eine bereits 1955 publizierte Bibliographie vor, welche die wichtigsten Publikationen des Komitees zum Thema auflistet[16]. Eine weiter ausholende Mediengeschichte, die im Bewußtsein moderner Ansätze der

[14] Albert ABRAMSON, Electronic Motion Pictures: A History of the Television Camera, Berkeley 1955; DERS., The History of Television 1880 to 1941, Jefferson, London 1987; DERS., Zworikyn. Pioneer of Television, Chicago 1994; DERS., The History of Television 1942 to 2000, Jefferson, London 2003.

[15] Andrew F. INGLIS, Behind the Tube: A History of Broadcasting Technology and Business, Boston, London 1990.

[16] Donald FINK (Hg.), Color Television Standards: Selected Papers and Records of the National Television System Committee, New York 1955.

Technikgeschichtsschreibung verfaßt ist, liefert der britische Historiker Brian Winston[17]. In seinem Buch »Media Technology and Society« bettet Winston die Entwicklung des Fernsehens in beispielhafter Weise in die allgemeine Kommunikations- und Mediengeschichte ein, ohne dabei auf eine entsprechende ökonomische oder politische Kontextualisierung der Technik zu verzichten.

In deutscher und französischer Sprache sucht man vergeblich nach einer technikhistorischen Aufarbeitung der Fernsehgeschichte. Die erst vor kurzem erschienene Arbeit von Jean Cazenobe schließt hier aus technikhistorischer Sicht leider keine Lücke, sondern liefert eine technikphilosophische und innovationssoziologische Reinterpretation bekannter historischer Fakten[18]. Zwar hat Walter Bruch in der von ihm und Heide Riedel verfaßten Farbfernsehgeschichte eine lesenswerte, allgemeinverständliche Einführung in die Farbfernsehtechnologie geliefert[19], doch weist die Arbeit weder technikhistorische Fragestellungen auf noch findet ein kritischer Umgang mit zitierten Quellen und Dokumenten statt. Will man sich nicht mit den wenigen Anmerkungen zur »Technikgeschichte des BRD-Fernsehens« von Siegfried Zielinski in der fünfbändigen »Geschichte des Fernsehens in der Bundesrepublik Deutschland« begnügen[20], so bleibt zur Rekonstruktion der Technikgeschichte des Farbfernsehens nur der Rückgriff auf fachwissenschaftliche Publikationen in entsprechenden Fachzeitschriften[21]. Bei diesen Aufsätzen in Fachzeit-

17 Brian WINSTON, Media Technology and Society. A History: From the Telegraph to the Internet, London, New York 1998.

18 Jean CAZENOBE, Technogenèse de la télévision. Le diable en histoire des machines, Paris 2001.

19 Heide RIEDEL, Walter BRUCH, PAL – Das Farbfernsehen, Berlin 1987. Siehe besonders das erste Kapitel »Technikgeschichte des Farbfernsehens von seinen Uranfängen bis zum amerikanischen NTSC«, S. 9–58.

20 Siegfried ZIELINSKI, Zur Technikgeschichte des BRD-Fernsehens, in: Knut HICKETHIER (Hg.), Geschichte des Fernsehens in der Bundesrepublik Deutschland, Bd. 1: Institution, Technik und Programm. Rahmenaspekte der Programmgeschichte des Fernsehens, München 1993, S. 135–170. Von Zielinski liegen weitere Arbeiten zur Geschichte des Fernsehens vor, in denen technikhistorische Themen immer wieder angesprochen werden, die jedoch wegen ihres starken medien- und kommunikationstheoretischen Zuschnitts als problemorientierte technikhistorische Darstellungen ausscheiden. Dies bedeutet nicht, daß Zielinskis Ansatz einer »Archäologie der Medien« nicht anregend auf die Technikgeschichte wirken könnte. Siehe beispielsweise Kerstin BERGMANN, Siegfried ZIELINSKI, »Sehende Maschinen«. Einige Anmerkungen zur Archäologie des Fernsehens, in: Stefan MÜNKER, Alexander ROESLER (Hg.), Televisionen, Frankfurt a.M. 1999, S. 13–38; Siegfried ZIELINSKI, Audiovisionen. Kino und Fernsehen als Zwischenspiele der Geschichte, Hamburg 1989; DERS., Zur Geschichte des Videorecorders, Berlin 1986.

21 Einzige Ausnahme bildet das vom ehemaligen technischen Direktor des NDR, Hans Rindfleisch, verfaßte Büchlein »Technik im Rundfunk. Ein Stück deutscher Rundfunkgeschichte von den Anfängen bis zum Beginn der achtziger Jahre« (Norderstedt 1985), das einen hervorragenden Überblick über die wichtigsten rundfunktechnischen Entwicklungen bietet. Dabei handelt es sich aber nicht um eine im eigentlichen Sinne technikhistorische Arbeit, da die einzelnen tech-

schriften kann man zwischen rein wissenschaftlich-technischen Darstellungen und rückblickenden oder kommentierenden Darstellungen der technologischen Entwicklung des Farbfernsehens unterscheiden. In die erste Kategorie fallen Hunderte von Beiträgen aus den wichtigsten deutschen, französischen, englischen oder amerikanischen Fachzeitschriften, die den wissenschaftlich-technischen Diskurs der Farbfernsehentwicklung in den USA und Europa spiegeln[22].

Stellen diese wissenschaftlich-technisch ausgerichteten Fachpublikationen die Basis für die innertechnische Rekonstruktion der Farbfernsehentwicklung dar, ermöglichen die rückblickenden oder kommentierenden Aufsätze einen Einblick in die wertende Diskussion über die PAL-SECAM-Kontroverse. Da diese Publikationen meist aus der Feder von Personen stammen, die als technische Experten unmittelbar in die Farbfernsehdiskussion eingebunden waren, kann man bei genauerer Lektüre auch persönliche, industrielle oder politische Positionierungen der einzelnen Akteure zwischen den Zeilen herauslesen. Sehr ausführlich und informativ ist hier nach wie vor der Aufsatz von Johannes Müller »Die internationalen Bemühungen um eine europäische Farbfernsehnorm«, der bereits 1967 eine umfassende Analyse der europäischen Farbfernsehkontroverse lieferte[23]. Auch hier geht die Anzahl der eingesehenen Publikationen leicht in die Hunderte[24].

nischen Entwicklungen nicht erklärt werden. Dafür bietet es dem Leser einen systematischen Überblick über die internationalen Fernmeldeorganisationen und die dort für die Rundfunkentwicklung getroffenen Entscheidungen (z.B. die Frequenzplanung).

[22] Zu den ausgewerteten Fachzeitschriften zählen Annales de Radioélectricité, Archiv der elektronischen Übertragung, Archiv für Post- und Fernmeldewesen, ARD Jahrbücher, Bild der Wissenschaft, Der Elektromeister, Elektrisches Nachrichtenwesen, Funk-Technik, Funkschau, Internationale Elektronische Rundschau, Jahrbuch des elektronischen Fernmeldewesens, Journal des Télécommunications, Kino-Technik, Film, Fernsehen, L'Onde Électrique, Les Cahiers de la Télévision, Nachrichtentechnische Zeitschrift, Philips Technische Rundschau, Rundfunktechnische Mitteilungen, Radio und Fernsehen (später Radio, Fernsehen, Elektronik, DDR), Radio Electronics, Rundfunk und Fernsehen, Siemens Technische Rundschau, The Royal Television Society Journal, Telefunken Nachrichten, Umschau in Wissenschaft und Technik.

[23] Johannes Müller, Die internationalen Bemühungen um eine europäische Farbfernsehnorm, in: Jahrbuch des elektrischen Fernmeldewesens 18 (1967) S. 224–252.

[24] Als kleine Auswahl seien folgende Beispiele erwähnt: Louis Goussot, Le choix des normes de télévision en couleur en Europe, in: Bulletin du Comité d'Histoire de la télévision (1982) 5 S. 4–14; Jack W. Herbstreit, Hervé Pouliquen, Les normes de télévision en couleur à l'échelle internationale, in: Journal des Télécommunications 34 (1967) S. 16–23; Fritz Jaeschke, Europa vor der Einführung des Farbfernsehens, in: Umschau in Wissenschaft und Technik 66 (1966) S. 257–262; M. Koubek, Zwanzig Jahre kompatibles Farbfernsehen. Der Stand der Farbfernsehtechnik – Rückblick und Ausblick, in: Radioschau/Radio-Elektronik-Schau 16 (1966) S. 204–211; Heinwig Lang, 40 Jahre Farbfernsehen nach dem Prinzip der konstanten Luminanz, in: Fernseh- und Kino-Technik 49 (1995) S. 35–41; Jean-Jacques Ledos, Les étapes de la télévision en couleur, des origines au projet européen, in: Les Cahiers du Comité d'Histoire de la télévision (juin 1999) 4 S. 32–54; J. Müller, F. Kirchstein, K. O. Schmidt, Die Bemühungen der CCIR um eine europäische Norm für das farbige Fernsehen, in: Nachrichtentechnische Zeit-

Wichtige Hilfestellung zum technischen Verständnis der Farbfernsehtechnik lieferten schließlich einige Einführungen in die Farbfernsehtechnologie, die parallel zur Einführung des Farbfernsehens auf den Markt kamen, um auch die Fernsehtechniker und Elektroniker mit dieser neuen Technologie vertraut zu machen. Solche Handbücher wurden meistens von Forschungsingenieuren der großen Rundfunkunternehmen oder der nationalen Rundfunkinstitutionen publiziert[25]. Einen technisch-wissenschaftlichen Überblick über die Entwicklung der Fernsehtechnologie liefert zudem das Buch »Fernsehtechnik im Wandel« des ehemaligen Fernseh-GmbH-Mitarbeiters Helmut Schönfelder[26].

1.2.2. Wirtschafts- und unternehmenshistorische Literatur

An allgemeinen Darstellungen zur Wirtschaftsgeschichte der Bundesrepublik oder Frankreichs mangelt es nicht. Einige Arbeiten, die man als Standardwerke bezeichnen darf, wurden als Orientierungswissen zu Rate gezogen. Für die Bundesrepublik waren dies u. a. die Arbeiten von Werner Abelshau-

schrift (NTZ) 10 (1957) S. 20–27; Hans PRESSLER, Farbfernseh-Erinnerungen, in: Rundfunktechnische Mitteilungen 17 (1973) S. 205–213; Hans RINDFLEISCH, Rundfunktechnik in Deutschland von 1948–1973, in: Rundfunktechnische Mitteilungen 17 (1973) S. 209–213; Erich SCHWARTZ, Farbfernsehen. Geschichtliches, augenblicklicher Stand, Tendenzen der Weiterentwicklung, in: Technische Hausmitteilungen des NWDR 6 (1954) S. 105–126; Garry SMITH, Keith HAMER, 30 Years of BBC Colour-TV, in: Short Wave Magazine 55 (1997) S. 35–38; Karl TETZNER, Die Farbe im Fernsehen. Technik – Wirtschaft – Organisation, in: Rundfunk und Fernsehen 15 (1967) S. 113–122; Richard THEILE, Die Entwicklung der kompatiblen Farbfernsehtechnik, unter besonderer Berücksichtigung der verschiedenen Vorschläge für die Übertragung der Farbart-Signale (Farbträgermodulation), in: Rundfunktechnische Mitteilungen 9 (1965) S. 241–250; F. W. DE VRIJER, Übertragungssysteme für das Farbfernsehen, in: Philips Technische Rundschau 27 (1966) S. 85–99; John W. WENTWORTH, Zusammenfassung der praktischen Erfahrungen mit dem Farbfernsehen in den Vereinigten Staaten von Amerika, in: Rundfunktechnische Mitteilungen 8 (1964) S. 236–244.

25 Siehe H. W. COLEMAN, Colour Television. Techniques, Business, Impact, London 1968; W. A. HOLM, Farbfernseh-Technik ohne Mathematik (Philips Technische Bibliothek), Eindhoven 1966; Louis GOUSSOT, La télévision monochrome et en couleurs, Paris 1972; Gordon J. KING, Beginner's Guide to Colour Television, London 1973; Erich KINNE, Farbfernsehen für den Praktiker, Heidelberg 1967; Günther KROLL, Farbfernsehen – leicht verständlich, Hamburg 1967; Norbert MAYER, Technik des Farbfernsehens in Theorie und Praxis – NTSC, PAL, SECAM, Berlin 1967; A. M. MORELL, Colour Television Picture Tubes, London 1974; B. W. OSBORNE, Colour Television Reception and Decoding Technique, London 1968; G. N. PATCHETT, Colour Television, With a Particular Reference to the PAL System, London 1974; C. R. G REED, Principles of Colour Television Systems, London 1969; H. V. SIMS, Principles of PAL Colour Television, London 1969; Telefunken AG (Hg.): Farb-Fernseh-Technik I, Telefunken Fachbuch Reihe, Ulm 1966; B. TOWNSEND, PAL Colour Television, Cambridge 1970; John W. WENTWORTH, Color Television Engineering, New York, London 1955.

26 Helmut SCHÖNFELDER, Fernsehtechnik im Wandel. Technologische Fortschritte verändern die Fernsehwelt, Berlin, Heidelberg, New York 1996.

ser, Gerold Ambrosius, Wilfried Feldenkirchen, Rolf Walter und Christoph Buchheim[27], für Frankreich die Arbeiten von Denis Woronoff, Hubert Bonin und Jean Fourastié[28]. Auch vergleichende Studien auf deutsch-französischer[29] oder europäischer Ebene[30] wurden in begrenzter Auswahl berücksichtigt. Wichtiger als allgemeinhistorische Darstellungen der Wirtschaftsentwicklung beider Länder war für die Fragestellung der vorliegenden Arbeit die Berücksichtigung jener Literatur, welche die wirtschaftliche Entwicklung vor dem Hintergrund der Modernisierungsprozesse beider Länder nach 1945 analysiert. Von zentraler Bedeutung für die Interpretation der unterschiedlichen Modernisierungswege ist der von Axel Schildt und Arnold Sywottek herausgegebene Sammelband »Modernisierung im Wiederaufbau«[31]. Die zahlreichen Beiträge des Buches reflektieren das Thema in einer Breite und Scharfsinnigkeit, welche die Benutzung alternativer Publikationen beinahe obsolet machen.

[27] Werner ABELSHAUSER, Die langen fünfziger Jahre. Wirtschaft und Gesellschaft in der Bundesrepublik Deutschland, 1949–1966, Düsseldorf 1987; DERS., Wirtschaftsgeschichte der Bundesrepublik Deutschland, 1945–1980, Frankfurt a.M. 1983; Gerold AMBROSIUS, Der Staat als Unternehmer. Öffentliche Wirtschaft und Kapitalismus seit dem 19. Jahrhundert, Göttingen 1984; Wilfried FELDENKIRCHEN, Die deutsche Wirtschaft im 20. Jahrhundert, München 1998; Rolf WALTER, Wirtschaftsgeschichte. Vom Merkantilismus bis zur Gegenwart, Köln u.a. 1995; Christoph BUCHHEIM, Die Wiedereingliederung Westdeutschlands in die Weltwirtschaft 1945–1958, München 1990. Der von Reinhard Spree herausgegebene Band »Geschichte der deutschen Wirtschaft im 20. Jahrhundert« (München 2001), der Aufsätze von allen ›Größen‹ der deutschen Wirtschaftsgeschichte enthält, bietet einen hervorragenden Überblick über alle zentralen Felder der deutschen Wirtschaftsgeschichte im 20. Jahrhundert.

[28] Jean FOURASTIÉ, Les Trente Glorieuses, Paris 1979; Denis WORONOFF, Histoire de l'industrie en France du XVIe siècle à nos jours, Paris 1998; Hubert BONIN, Histoire économique de la IVe République, Paris 1987.

[29] Marc MAURICE, François SELLIER, Jean-Jacques SILVESTRE, The Social Foundations of Industrial Power. A Comparision of France and Germany, Cambridge, London 1986; Yves COHEN, Klaus MANFRASS (Hg.), Frankreich und Deutschland. Forschung, Technologie und industrielle Entwicklung im 19. und 20. Jahrhundert, München 1990.

[30] Gerold AMBROSIUS, Wirtschaftsraum Europa: Vom Ende der Nationalökonomien, Frankfurt a.M. 1996; Thomas BITTNER, Das westeuropäische Wirtschaftswachstum nach dem Zweiten Weltkrieg. Eine Analyse unter besonderer Berücksichtigung der Planification und der Sozialen Marktwirtschaft, Münster 2001; Eric BUSSIÈRE, Pascal GRISET, Christophe BOUNEAU, Jean-Pierre WILLIOT, Industrialisation et sociétés en Europe occidentale 1880–1970, Paris 1998; Hartmut KAELBLE, Die soziale Integration Europas. Annäherungen und Verflechtungen westeuropäischer Gesellschaften seit dem Zweiten Weltkrieg, in: Eckart SCHREMMER (Hg.), Wirtschaftliche und soziale Integration in historischer Sicht, VSWG Beihefte 128, Stuttgart 1996 S. 304–344.

[31] Axel SCHILDT, Arnold SYWOTTEK (Hg.), Modernisierung im Wiederaufbau. Die westdeutsche Gesellschaft der 50er Jahre, Bonn 1993. Für die sechziger Jahre liegt mit dem von Axel SCHILDT, Detlef SIEGFRIED und Karl Christian LAMMERS herausgegebenen Band »Dynamische Zeiten. Die 60er Jahre in den beiden deutschen Gesellschaften« (Hamburg 2000) ein ähnlich interdisziplinärer Rundumblick vor, der sich allerdings auf die beiden deutschen Staaten beschränkt.

Für den Vergleich der nationalen Rundfunkindustrien beider Länder war es dennoch wichtig, sich intensiver mit den nationalen Strategien der wirtschaftlichen Modernisierung zu beschäftigen, die in der Literatur unter den Stichworten »Soziale Marktwirtschaft« und »Planification« thematisiert werden. Wurde der französische Weg staatlich moderierter Modernisierungspolitik – von dem französischen Politologen Pierre Rosanvallon als »régulation« bezeichnet[32] – von französischen Wirtschaftshistorikern als Reaktion auf den ›verspäteten‹ Eintritt Frankreichs in die zweite Phase der industriellen Revolution interpretiert und unter dem Stichwort der »société bloquée« kontrovers diskutiert[33], neigen neuere Interpretationen dazu, das französische Modell planwirtschaftlicher Modernisierung als durchaus ›gleichwertigen‹ (im Sinne von ebenso erfolgreichen) Weg anzuerkennen[34]. Zwar hält die Diskussion zwischen Befürwortern nationaler Erklärungsansätze des Golden Age und jenen, welche gesamteuropäische oder weltwirtschaftliche Theorien zur Erklärung dieses einmaligen Wirtschaftswachstums verteidigen, unvermindert an. Erst kürzlich kam Thomas Bittner in seinem Vergleich nationaler und gesamteuropäischer Erklärungsansätze auf der Basis neuer ökonometrischer Theorien (sogenannte »neue Wachstumstheorie«) zu dem ernüchternden Ergebnis, daß kein Ansatz in theoretischer und empirischer Sicht das hohe Einkommenswachstum in Europa zwischen 1950 und 1970 erklären könne[35]! Zunehmend anerkannt ist jedoch, daß sich das französische Modell »indikativer Wirtschaftsplanung«[36] trotz der wiederholten Kritik seitens französischer Wirtschaftseliten in der Praxis als durchaus konkurrenzfähige Alternative zum deutschen »Wirtschaftswunder-Modell« sozialer Marktwirtschaft behauptet hat[37]. Mangelt es nicht an Studien, die sich mit der Wirtschafts-

32 Pierre ROSANVALLON, Der Staat in Frankreich. Von 1798 bis heute, Münster 2000.

33 Siehe hierzu Patrick FRIDENSON, Atouts et limites de la modernisation par en haut: les entreprises publiques face à leurs critiques (1944–1986), in: Patrick FRIDENSON, André STRAUS (Hg.), Le Capitalisme français (XIXe-XXe siècle). Blocages et dynamismes d'une croissance, Paris 1987, S. 175–196.

34 Siehe beispielhaft Wilfried LOTH, Der Durchbruch zur Dynamisierung: Die französische Gesellschaft in den 50er Jahren, in: Axel SCHILDT, Arnold SYWOTTEK (Hg.), Modernisierung im Wiederaufbau. Die westdeutsche Gesellschaft der 50er Jahre, Bonn 1993, S. 69–79.

35 Thomas BITTNER, Das westeuropäische Wirtschaftswachstum nach dem Zweiten Weltkrieg. Eine Analyse unter besonderer Berücksichtigung der Planification und der Sozialen Marktwirtschaft, Münster 2001.

36 Hans Rudolf PETERS, Grundlagen der Mesoökonomie und Strukturpolitik, Bern, Stuttgart 1981.

37 Zum Modell der »Planification« siehe B. CAZES, P. MIOCHE (Hg.), Modernisation ou décadence. Études, témoignages et documents sur la planification française, Aix-en-Provence 1990; Henry ROUSSO (Hg.), De Monnet à Massé. Enjeux politiques et objectifs économiques dans le cadre des quatre premiers plans 1946–1965, Paris 1986; Henry ROUSSO (Hg.), La planification en crises (1965–1985), Paris 1988; Saul ESTRIN, Peter HOLMES, French Planning in Theory and Practice, London 1983; Zum deutschen »Wirtschaftswunder« siehe Ludger LINDLAR, Das miß-

geschichte Frankreichs und Deutschlands aus modernisierungstheoretischer oder volkswirtschaftlicher Perspektive beschäftigen, sind branchenspezifische Untersuchungen – speziell im Bereich der elektronischen Konsumgüterindustrie – die Ausnahme[38]. Liegen für England[39], die USA[40] und Japan[41] speziell zur Fernsehgeräteindustrie einige Untersuchungen vor, sind solche branchenspezifischen Arbeiten für den französischen oder deutschen Rundfunkgerätemarkt kaum vorhanden[42]. Der von Anthony Slide veröffentlichte »Historical Dictionary of the Television Industry« erweist sich hier leider als wenig hilfreich, da so gut wie keine deutschen oder französischen Firmen in die Darstellung aufgenommen wurden[43]. Da von den zentralen industriellen Akteuren (CFT/CSF; Telefunken) auch keine Unternehmensgeschichten vorliegen, mußten entsprechende Informationen zum überwiegenden Teil aus den Firmenarchiven gewonnen werden[44]. Für den Bereich industriepoliti-

verstandene Wirtschaftswunder: Westdeutschland und die westeuropäische Nachkriegsprosperität, Tübingen 1997; Philipp HELDMANN, Das »Wirtschaftswunder« in Westdeutschland. Überlegungen zu Periodisierung und Ursachen, in: Archiv für Sozialgeschichte 36 (1996) S. 323–344; Gabriele METZLER, Von Wundern und Krisen. Wirtschaft und Gesellschaft der Bundesrepublik seit 1949, in: Eckart CONZE, Gabriele METZLER (Hg.), 50 Jahre Bundesrepublik Deutschland. Daten und Diskussionen, Stuttgart 1999, S. 167–185. Zu den »Wirtschaftswundern« allgemein siehe die anregenden Essays von Alain PEYREFITTE, Du »miracle« en économie. Leçons au Collège de France, Paris 1995.

38 Eine dieser Ausnahmen bildet Stephen RONZHEIMER (Hg.), A History of Consumer Electronics Commemorating a Century of Electrical Progress, 1884–1984, New York 1984.

39 Keith GEDDES, Gordon BUSSEY, The Setmakers. A History of the Radio and Television Industry, Norwich 1991.

40 Vincent A. LAFRANCE, The United States Television Receiver Industry: United States versus Japan, 1960–1980, Diss. Pennsylvania State University 1985; James Howard WOOSTER, Industrial Policy and International Competitiveness: A Case Study of U.S.-Japanese Competition in the Television Receiver Manufacturing Industry, Diss. University of Massachusetts 1986.

41 Yuzo TAKAHASHI, A Network of Tinkerers. The Advent of the Radio and Television Receiver Industry in Japan, in: Technology and Culture 41 (2000) 3 S. 460–484.

42 Als bedingt branchenspezifischer Überblick über die bundesdeutsche Geräteindustrielandschaft der fünfziger und sechziger Jahre kommt in Frage: Andreas FICKERS, »Der Transistor« als technisches und kulturelles Phänomen. Die Transistorisierung der Radio- und Fernsehempfänger in der deutschen Rundfunkindustrie von 1955 bis 1965, Bassum 1998. Von der Firma Grundig liegt eine Art Jubiläumsschrift vor. Siehe Egon FEIN, Sieben Tage im Leben des Max Grundig, München 1983. Eine familien- und unternehmenshistorische Studie mit breiter politikhistorischer Einbettung bietet Peter SÜSS, Graetz. Eine Familie und ihr Unternehmen vom Kaiserreich bis zur Bundesrepublik – »Ist Hitler nicht ein famoser Kerl?«, Paderborn 2003; Kilian STEINER, Ortsempfänger, Volksfernseher und Ophtaphon. Die Entwicklung der deutschen Radio- und Fernsehindustrie und das Unternehmen Loewe, 1923–1962, Essen 2005

43 Anthony SLIDE, The Television Industry. A Historical Dictionary, New York, Westport, London 1991. Selbst die Informationen über die amerikanischen Unternehmen variieren deutlich in ihrer Tiefenschärfe, was den Informationswert des Buches sowie die Glaubwürdigkeit des präsentierten Zahlenmaterials insgesamt stark in Frage stellt.

44 Seit kurzem liegt ein Werk zur Rundfunkindustrie in der DDR vor, das sich aber in der Auflistung der Produktpalette der einzelnen Anbieter in chronologischer Reihenfolge erschöpft.

scher Fragestellungen liegen zwei Arbeiten zur französischen Elektroindustrie (Barreau, Mouline und Le Bolloc'h-Puges) vor[45]. Zu Recht weist der französische Technikhistoriker Pierre Mounier-Kuhn in der Einleitung seiner Dissertation darauf hin, daß es sich bei beiden Arbeiten nicht um im eigentlichen Sinne historische Arbeiten handelt, da fast ausschließlich Sekundärliteratur für die Argumentation herangezogen wird[46]. Wegen der strukturellen Analyse der Beziehungen zwischen französischem Staat und der elektrotechnischen Industrie, in der die sektorale Industriepolitik Frankreichs besonders deutlich wird, ist die Arbeit von Barreau und Mouline dennoch hilfreich. Als Standardwerk zur vergleichenden Analyse der Industriepolitik in Frankreich und Deutschland wurde zudem die Studie von Henrik Uterwedde und Wolfgang Neumann zu Rate gezogen[47]. Detaillierte technik- und wirtschaftshistorische Studien zur elektrotechnischen Industrie in Frankreich liegen im Konsumgüterbereich bislang nur für die Computerindustrie vor[48].

Zum Schluß sei die Dissertation von Volker Wittke erwähnt, die für die Einbettung der Konsumgüterindustrie in den Prozeß des wirtschaftlichen Aufschwungs Deutschlands von zentraler Bedeutung für diese Arbeit war[49]. Wittke kann zeigen, daß die Produktion von elektrotechnischen Konsumgütern im Aufschwung der fünfziger Jahre nicht nur die Konturen eines neuen Industrialisierungsmusters – nämlich der fordistischen Massenproduktion – aufwies, sondern diese »Konsumgüterrevolution« sich zudem in Form nationaler Entwicklungsmuster vollzog. Mit anderen Worten: Die Diffusion der »fordistischen Leitprodukte«, zu denen auch das Fernsehgerät zählt, und der dadurch ausgelöste Wandel der Lebensformen vollzog sich in national unter-

Bernhard HEIN, Die Geschichte der Rundfunkindustrie der DDR 1945–1967. Der schwere Wiederbeginn, Aufstieg und Blüte der Röhrenempfänger, Dessau 2001. Für die Radioindustrie der Vorkriegszeit liegt eine detailreiche Studie vor von Ralf KETTERER, Funken. Wellen. Radio. Zur Einführung eines technischen Konsumartikels durch die deutsche Rundfunkindustrie 1923–1939, Berlin 2003.

45 Jocelyne BARREAU, Abdelaziz MOULINE, L'industrie électronique française: 29 ans de relations État-groupes industriels (1958–1986), Paris 1987; Chantal LE BOLLOC'H-PUGES, La politique industrielle française dans l'électronique: de l'émergence de l'industrie à la fin de la décennie quatre-vingt, Paris 1991.

46 Siehe Pierre MOUNIER-KUHN, Histoire de l'informatique en France, Paris 1995.

47 Wolfgang NEUMANN, Henrik UTERWEDDE, Industriepolitik. Ein deutsch-französischer Vergleich, Leverkusen 1986.

48 Pascal GRISET (Hg.), Informatique, politique industrielle, Europe – entre Plan Calcul et Unidata, Paris 1998, Pierre GADONNEIX, The Plan Calcul: An Attempt to Meet the U.S. Challenge in the French Computer Industry, Diss. Harvard University 1975; Pierre MOUNIER-KUHN, La compagnie des machines Bull et l'industrie informatique américaine: compétition et coopération, in: Hans POHL (Hg.), Competition and Cooperation of Enterprises on National and International Markets (19th-20th century), Stuttgart 1997, S. 87–103.

49 Volker WITTKE, Wie entstand industrielle Massenproduktion? Die diskontinuierliche Entwicklung der deutschen Elektroindustrie von den Anfängen der »großen Industrie« bis zur Entfaltung des Fordismus (1880–1975), Berlin 1996.

schiedlichen Mustern. Das heißt, gerade die Entstehung des Fordismus setzte zunächst keinen Prozeß lebensweltlicher Vereinheitlichung in Gang, sondern bewirkte eine Differenzierung von Konsummustern, die sich auch im deutsch-französischen Vergleich feststellen lassen. Erst im zweiten Schritt – von Wittke als »zweite Konsumgüterrevolution« bezeichnet –, als sich die Verbreitung der Leitprodukte allmählich anglich, näherten sich die Konsumformen und Lebensweisen in den entwickelten Industrieländern einander wieder an.

Damit kann Wittke auch erklären, warum der Untergang der in den fünfziger und sechziger Jahren so mächtigen bundesdeutschen Rundfunkindustrie erst in den siebziger Jahren langsam einsetzte, während die amerikanische Geräteindustrie die japanische Konkurrenz schon Mitte der sechziger Jahre voll zu spüren bekam. Erst als der Prozeß der räumlichen Entkopplung von Massenproduktion und Massenkonsum begann, konnte die japanische Industrie mit Macht in die europäischen Märkte drängen. Wie sich zeigen sollte, erwies sich die französische Strategie staatlich subventionierter Konzentrationsbemühungen in der elektrotechnischen Konsumgüterindustrie (Stichwort Thomson-CSF) als durchaus effektive Verteidigung gegenüber der japanischen Konkurrenz, während die klangvollen Namen bundesdeutscher Rundfunkunternehmen (Nordmende, Graetz, Loewe etc. und schließlich auch Grundig) in den siebziger und achtziger Jahren nach und nach verschwanden.

1.2.3. Politikhistorische Literatur

Die Literatur zur politischen Geschichte der Bundesrepublik sowie der IV. und V. Republik in Frankreich ist so reichhaltig, daß nur einige Standardwerke genannt werden, die als Orientierung zur außenpolitischen Charakterisierung beider Staaten genutzt wurden. Als Überblicksdarstellungen zur Geschichte der Bundesrepublik lieferten die Arbeiten von Manfred Görtemaker, Christoph Kleßmann sowie von Eckart Conze und Gabriele Metzler nützliche Orientierung[50]. Speziell zur Außenpolitik der Bundesrepublik wurden zusätzlich die Monografien von Helga Haftendorn, Stephan Bierling, Horst Osterheld und der schon zum Klassiker gewordene Aufsatz »Atlantiker versus Gaullisten« von Klaus Hildebrandt genutzt[51]. Wichtiger für die Fragestellung

[50] Eckart CONZE, Gabriele METZLER (Hg.), 50 Jahre Bundesrepublik Deutschland. Daten und Diskussionen, Stuttgart 1999; Christoph KLESSMANN, Die doppelte Staatsgründung. Deutsche Geschichte 1945–1955, Bonn 1991; DERS., Zwei Staaten, eine Nation. Deutsche Geschichte 1955–1970, Bonn 1988; Manfred GÖRTEMAKER, Geschichte der Bundesrepublik Deutschland. Von der Gründung bis zur Gegenwart, München 1999.

[51] Klaus HILDEBRAND, »Atlantiker« versus »Gaullisten«. Zur Außenpolitik der BRD während der 60er Jahre, in: Revue d'Allemagne 22 (1990) 4 S. 583–592; Horst OSTERHELD, Außenpolitik

des Forschungsvorhabens waren aber jene Arbeiten zur Geschichte der Bundesrepublik, in denen die »Erfolgsgeschichte« der Bundesrepublik aus kulturgeschichtlicher Perspektive betrachtet wird[52]. Auch für diesen Bereich liefern die bereits genannten Sammelbände »Modernisierung im Wiederaufbau« und »Dynamische Zeiten« ein Panorama von anregenden und zugleich den Forschungsstand reflektierenden Beiträgen[53]. Berührungspunkte mit der Rundfunkgeschichte weisen in dieser Hinsicht verstärkt auch jene Arbeiten auf, die sich mit jugendlichen Subkulturen[54], »Amerikanisierung« oder »Westernization« der Lebensstile[55] und Konsumgewohnheiten[56] beschäftigen. Zeichnet sich die allgemeine Geschichtsschreibung zur Bundesrepublik in den letzten Jahren

unter Bundeskanzler Ludwig Erhard 1963–1966, Bonn 1992; Stephan BIERLING, Die Außenpolitik der Bundesrepublik Deutschland. Normen, Akteure, Entscheidungen, München, Wien 1999; Helga HAFTENDORN, Deutsche Außenpolitik zwischen Selbstbeschränkung und Selbstbehauptung, 1945–2000, Stuttgart, München 2001.

52 Anregend ist hier der Essay von Axel SCHILDT, Ankunft im Westen. Ein Essay zur Erfolgsgeschichte der Bundesrepublik, Frankfurt a.M. 1999.

53 SCHILDT, SYWOTTEK (Hg.), Modernisierung im Wiederaufbau; SCHILDT, SIEGFRIED, LAMMERS (Hg.), Dynamische Zeiten.

54 Uta POIGER, Jazz, Rock, and Rebels. Cold War Politics and American Culture in a Divided Germany, Berkeley, Los Angeles, London 2000; Kaspar MAASE, Bravo Amerika. Erkundungen zur Jugendkultur in der Bundesrepublik in den fünfziger Jahren, Hamburg 1992; Anne-Marie SOHN, Âge tendre et tête de bois. Histoire des jeunes des années 1960, Paris 2001.

55 Thymian BUSSEMER, Alexander CAMMANN, Verwestlichung ohne Grenzen. Ein aktueller Literaturbericht, in: Vorgänge. Zeitschrift für Bürgerrechte und Gesellschaftspolitik 40 (2001) 2 S. 86–91; Anselm DOERING-MANTEUFFEL, Im Westen angekommen? Die Westernisierung der Bundesrepublik Deutschland seit 1945, in: ibid., S. 4–14; DERS., Wie westlich sind die Deutschen? Amerikanisierung und Westernisierung im 20. Jahrhundert, Göttingen 1999; Philip GASSERT, Amerikanismus, Antiamerikanismus, Amerikanisierung. Neue Literatur zur Sozial-, Wirtschafts- und Kulturgeschichte des amerikanischen Einflusses in Deutschland und Europa, in: Archiv für Sozialgeschichte 39 (1999) S. 531–561; Bernd GREINER, »Test the West«: über die »Amerikanisierung« der Bundesrepublik Deutschland, in: Mittelweg 36 (1997/98) 5 S. 4–40; Konrad JARAUSCH, Amerikanisierung und Sowjetisierung in Deutschland 1950–1970, Frankfurt a.M., New York 1997; Christoph MACH, Im Westen angekommen. Ideengeschichtliche Forschungen zur frühen Bundesrepublik, in: Historische Zeitschrift 272 (2001) 1, S. 107–114; Alf LÜDTKE, Inge MARSSOLEK, Adelheid VON SALDERN (Hg.), Amerikanisierung. Traum und Alptraum im Deutschland des 20. Jahrhunderts, Stuttgart 1996; Richard PELLS, Not Like Us. How Europeans Have Loved, Hated, and Transformed American Culture since World War II, New York 1997; Harm G. SCHRÖTER, Perspektiven der Forschung: Amerikanisierung und Sowjetisierung als Interpretationsmuster der Integration in beiden Teilen Deutschlands, in: Eckart SCHREMMER (Hg.), Wirtschaftliche und soziale Integration in historischer Sicht, VSWG Beihefte 128, Stuttgart 1996, S. 259–289.

56 Michael A. SCHMIDTKE, Like a Rolling Stone. Die 68er Jahre zwischen Konsumrausch, Civil Society und »postmodernem« Kulturverständnis, in: Vorgänge. Zeitschrift für Bürgerrechte und Gesellschaftspolitik 40 (2001) 2 S. 51–59; Annette KAMINSKY, Wohlstand, Schönheit, Glück: Kleine Konsumgeschichte der DDR, München 2001; Michael WILDT, Vom kleinen Wohlstand. Eine Konsumgeschichte der fünfziger Jahre, Frankfurt a.M. 1996; Wolfgang KÖNIG, Geschichte der Konsumgesellschaft, Stuttgart 2000.

durch eine verstärkte Hinwendung zu kulturgeschichtlichen und mentalitätshistorischen Fragestellungen aus, dominiert in der französischen Geschichtsschreibung zur IV. und V. Republik noch stark die für die französische Zeitgeschichte typische Fixierung auf politikgeschichtliche Themen. Es verwundert daher nicht, daß kulturgeschichtliche Fragestellungen eher von außen an die französische Zeitgeschichte herangetragen worden sind, wobei sich ein besonderes Interesse der amerikanischen Geschichtswissenschaft an der französischen Kultur der Nachkriegszeit feststellen läßt[57]. Standen die amerikanischen Cultural Studies immer in enger Tuchfühlung mit den französischen Philosophen der Postmoderne, wurde das verstärkte Interesse der amerikanischen Kulturhistoriker an Frankreich vor allem durch das Buch »Seducing the French. The Dilemma of Americanization« von Richard F. Kuisel ausgelöst[58]. Zum wissenschaftlichen Sprachrohr dieser Mode wurde die Zeitschrift »French Historical Studies«[59]. Zwar haben sich in letzter Zeit auch einige französische Historiker und Historikerinnen den Spannungen zwischen Tradition und Modernisierung aus gesellschaftshistorischer Perspektive angenommen, doch bleiben sie bislang eher eine Ausnahmeerscheinung[60].

Bei der politikhistorischen Literatur waren für die PAL-SECAM-Kontroverse besonders jene Arbeiten von Interesse, die sich mit der »politique de la grandeur« des französischen Staatspräsidenten Charles de Gaulle beschäfti-

[57] Susan Carol ROGERS, Shaping Modern Times in Rural France: The Transformation and Reproduction of an Aveyronnais Community, Princeton 1991; Rosemary WAKEMAN, Modernizing the Provincial City: Toulouse 1945–1975, Cambridge 1997.

[58] Richard F. KUISEL, Seducing the French. The Dilemma of Americanization, Berkeley 1993.

[59] Herrick CHAPMAN, Introduction: Working on France/Forum: Working on France in American Universities: Interdisciplinary Perspectives, in: French Historical Studies 19 (1995) 2 S. 299–305; DERS., Modernity and National Identity in Postwar France, in: French Historical Studies 22 (1999) 2 S. 291–314; Eric FASSIN, Fearful Summetry: Culturalism and Cultural Comparison after Tocqueville, in: ibid. 19 (1995) 2 S. 451–460; Robert L. FROST, The Flood of »Progress«: Technocrats and Peasants at Tignes (Savoy), 1946–1952, in: ibid. 14 (1985) 1 S. 117–140; Gabrielle HECHT, Peasants, Engineers, and Atomic Cathedrals: Narrating Modernization in Postwar Provincial France, in: ibid. 20 (1997) 3 S. 381–418; Richard F. KUISEL, American Historians in Search of France: Perceptions and Misperceptions, in: ibid. 19 (1995) 2 S. 307–319; Vera MARK, Questions for French Cultural Studies, in: ibid. 19 (1995) 2 S. 433–449; B. MARSHALL, Chateauvallon: Ideology and Television in 1980's France, in: ibid. 1 (1990) S. 129–148; Michèle LAMONT, National Identity and National Boundary Patterns in France and the United States, in: ibid. 19 (1995) 2 S. 349–365.

[60] Hubert BONIN, Sylvie GUILLAUME, Bernard LACHAISE (Hg.), Bordeaux et la Gironde pendant la Reconstruction (1945–1954), Bordeaux 1997. Interessante Impulse sind hier in der letzten Zeit von der Film- und Fernsehgeschichte ausgegangen. Siehe beispielsweise Pierre SORLIN, »Stop the rural exodus: images of the country in French films of the 1950s«, in: Historical Journal of Film, Radio and Television 18 (1998) 2 S. 183–197 sowie Marie-Françoise LÉVY, Television, Family and Society in France 1949–1968, in: ibid. S. 199–212. Anne-Marie SOHN, die ebenfalls im Bereich der Mediengeschichte tätig ist, hat eine Geschichte der Jugend in Frankreich während der sechziger Jahre veröffentlicht. Siehe SOHN: Âge tendre et tête de bois.

gen. Zu diesem Thema mangelt es weder an Darstellungen aus der Feder deutscher noch französischer Historiker. Zu den umfassendsten Darstellungen zählt die von Maurice Vaïsse veröffentlichte Studie »La grandeur«, welche die Außenpolitik de Gaulles in allen Facetten beleuchtet[61]. Auch die Arbeiten von Serge Berstein oder Jean Touchard nähern sich dem Phänomen des Gaullismus vor allen Dingen über die Darstellung der Außenpolitik Frankreichs in den fünfziger bis siebziger Jahren[62]. Insgesamt dominieren in den Darstellungen der de Gaulle-Ära somit die außenpolitischen Implikationen seiner Europa- oder Sicherheitspolitik[63]. Die symbolische Wirkung und ideologische Dimension des de Gaulleschen Politikstils, die – so die Überzeugung des Autors – für ein Verständnis der kulturgeschichtlichen Bedeutung de Gaulles im französischen Modernisierungsprozeß von zentraler Bedeutung ist, wird leider nur in einigen wenigen Untersuchungen herausgearbeitet[64].

Sicherlich trägt die problematische Quellenlage dazu bei – die Akten der Präsidentschaft de Gaulles sind für die Forschung noch nicht freigegeben –, daß es für Historiker immer noch schwierig ist, ein intimeres Bild des französischen Staatspräsidenten und seines politischen Selbstverständnisses zu entwerfen. Zwar liegen zahlreiche Biographien vor[65], doch ist zu de Gaulles

[61] Maurice VAÏSSE, La Grandeur: Politique étrangère du Général de Gaulle 1958–1969, Paris 1998.

[62] Serge BERSTEIN, Histoire du Gaullisme, Paris 2001; Jean TOUCHARD, Le Gaullisme. 1940–1969, Paris 1978.

[63] Hans-Dieter LUCAS, Europa vom Atlantik bis zum Ural? Europapolitik und Europadenken im Frankreich der Ära de Gaulle (1958–1969), Bonn, Berlin 1992; Wilfried LOTH, Robert PICHT (Hg.), De Gaulle, Deutschland und Europa, Opladen 1991; Philip G. CERNY, Frankreich und die Nukleardebatte der Atlantischen Allianz 1956–1966, Opladen 1998; Richard DAVIS, »Why did the General do it?«: de Gaulle, Polaris and the French Veto of Britain's Application to Join the Common Market, in: European History Quarterly 28 (1998) S. 373–397; DERS., The »Problem of de Gaulle«: British Reactions to General de Gaulle's Veto of the UK Application to Join the Common Market, in: Journal of Contemporary History 32 (1997) S. 453–464. Zur »europapolitischen Wende« in de Gaulles Außenpolitik und seiner Annäherung an die Sowjetunion siehe Thomas GOMART, Double détente. Les relations franco-soviétiques de 1958 à 1964, Paris 2003.

[64] Siehe die neuere Arbeit von Maurice AGULHON, De Gaulle. Histoire, symbole, mythe, Paris 2000. Bereits 1980 veröffentlichte Philip G. CERNY seine Dissertation mit dem Titel »The Politics of Grandeur. Ideological Aspects of de Gaulle's Foreign Policy«, Cambridge, London, New York 1980, die explizit nach der Bedeutung des de Gaulleschen Charisma fragte. Einen kritischen Blick auf die Stilisierung der Frühphase des Gaullismus in der gaullistischen Historiografie liefert Hugo FREY, Rebuilding France: Gaullist historiography, the rise-fall myth and French Identity (1945–1958), in: Stefan BERGER, Mark DONAVAN, Kevin PASSMORE (Hg.), Writing National Histories. Western Europe since 1800, London 1999, S. 205–216. Siehe auch Klaus SCHUBERT, Zwischen politischen Visionen und Realpolitik: De Gaulle und seine Nation, in: Politische Vierteljahresschrift 32 (1991) 1 S. 56–70.

[65] Als unbestrittenes Standardwerk gilt bis heute die dreibändige Biographie de Gaulles von Jean LACOUTURE, Paris 1986. Für die Farbfernsehkontroverse aufschlußreich dagegen ist die zweibändige de Gaulle-Biographie von Alain PEYREFITTE: C'était de Gaulle, Paris 1994. Vor allem im zweiten Band »La France reprend sa place dans le monde« schildert Peyrefitte ausführ-

Verhältnis zu Wissenschaft und Technik – trotzt seiner Aufzeichnungen und Reden – kaum etwas publiziert[66]. Um so erfreulicher für die vorliegende Untersuchung ist die Tatsache, daß in den letzten Jahren einige Arbeiten erschienen sind, die das Verhältnis de Gaulles zu den Massenmedien thematisieren. Die scharfsinnigste Analyse dieses Verhältnisses lieferte Jean Guichard bereits 1985 in seinem Buch »De Gaulle et les mass media. L'image du Géneral«, in dem Guichard psychologische und soziologische Interpretationsansätze zu Hilfe nimmt, um die intime Beziehung de Gaulles zu seinen massenmedial verbreiteten Auftritten sowohl im Hör- als auch Fernsehfunk zu analysieren[67]. Weniger tiefgründig, aber dennoch informativ, ist in diesem Kontext auch die Studie von Daniela Hoyer[68].

So ergiebig die bisher vorgestellte Literatur zur Politikgeschichte beider Länder ist, ein Thema wurde bislang ausgespart: die deutsch-französischen Beziehungen. Die deutsch-französische Annäherung, deren überraschende vertragliche Besiegelung im Rahmen des sogenannten »Freundschaftsvertrages« am 22. Januar 1963 im wesentlichen das Resultat einer unerwartet aufkeimenden ›Männerfreundschaft‹ zwischen Charles de Gaulle und Konrad Adenauer war[69], wird in zahlreichen Arbeiten als Meilenstein in der außenpolitischen Entwicklung beider Staaten sowie als Katalysator des europäischen Einigungsprozesses gedeutet. Schon die Buchtitel dieser Publikationen machen diese »Wende zum Guten« deutlich: »Vom Konflikt zur Aussöhnung« heißt es bei Stephen Schuker, von der »Erbfeindschaft« zur »Entente élémentaire« bei Ulrich Lappenküper[70]. Daß dieser Annäherungsprozeß besonders auf bundesdeutscher Seite alles andere als reibungslos verlief und im Sinne Eckart Conzes als »gaullistische Herausforderung«[71] begriffen werden

lich seine Gespräche mit de Gaulle zum Thema Farbfernsehen. Siehe Kapitel 13–15: »Cette affaire de la télévision en couleur est importante«, S. 524–544.

66 Siehe hierzu den kurzen Aufsatz von Olivier WIEVIORKA, Charles de Gaulle, la technique et les masses, in: Institut Charles de Gaulle (Hg.), De Gaulle en son siècle, Bd. 3, Paris 1993, S. 713–723.

67 Jean-Pierre GUICHARD, De Gaulle et les mass media. L'image du Général, Paris 1985.

68 Daniela HOYER, Charles de Gaulle und die Massenmedien. Wie ein Politiker Presse und Rundfunk instrumentalisierte, Mainz 1998.

69 Zur Entstehungsgeschichte des Vertrages siehe Per FISCHER, Der diplomatische Prozeß der Entstehung des deutsch-französischen Vertrages von 1963, in: Vierteljahreshefte für Zeitgeschichte 41 (1993) S. 101–116; Manfred STEINKÜHLER, Der deutsch-französische Vertrag von 1963. Entstehung, diplomatische Anwendung und politische Bedeutung in den Jahren 1958–1969, Berlin 2001.

70 Stephen A. SCHUKER (Hg.), Deutschland und Frankreich. Vom Konflikt zur Aussöhnung. Die Gestaltung der westeuropäischen Sicherheit, München 2000; Ulrich LAPPENKÜPER, Die deutsch-französischen Beziehungen 1949–1963. Von der »Erbfeindschaft« zur »Entente élémentaire«, 2 Bde., München, Stuttgart 2001.

71 Eckart CONZE, Die gaullistische Herausforderung – Die deutsch-französischen Beziehungen in der amerikanischen Europapolitik 1958–63, München 1995.

muß, hat Martin Koopmann verdeutlicht[72]. Betrachtet man die deutsch-französische Annäherung unter dem Gesichtspunkt kultureller Eigenheiten beider Nationen, so bleibt Gilbert Zieburas Deutung einer ambivalenten, durch Mythen und Missverständnisse belasteten Beziehung weiterhin gültig[73].

Der vierzigste Jahrestag der Unterzeichnung des Élysée-Vertrages hat zu einer erneuten Publikationswelle auf dem Gebiet der deutsch-französischen Beziehungen geführt. Aus kulturhistorischer Perspektive sei in diesem Zusammenhang die Arbeit von Ansbert Baumann genannt, der die kulturpolitischen Folgen des Vertrages einer kritischen historischen Analyse unterzogen hat[74]. Eine aus politikhistorischer Sicht bereichernde und für die Analyse der PAL-SECAM-Kontroverse gewinnbringende Studie ist die Arbeit von Ulrich Pfeil, welche erstmals die DDR als Faktor der deutsch-französischen Beziehungen analysiert[75]. Die von Pfeil detailreich rekonstruierten Bemühungen der DDR um diplomatische Anerkennung in Frankreich lassen sich an der Debatte um die Einführung des SECAM-Systems in der DDR beispielhaft veranschaulichen. Die Analyse der PAL-SECAM-Kontroverse kann somit, so die Hoffnung, einen kleinen Beitrag zur weiteren Beschreibung dieser »étrange alchimie« leisten[76].

1.2.4. Rundfunkhistorische Literatur[77]

Die ›Erscheinung‹ des Rundfunks als neues Medium der Massenkommunikation in den 1920er Jahren wurde in der Geschichtswissenschaft lange Zeit auf die politische Dimension des Rundfunks als propagandistisches Mittel zur ›Volksverhetzung‹ reduziert. Sicherlich hat die erfolgreiche Symbiose

72 Martin Koopmann, Das schwierige Bündnis. Die deutsch-französischen Beziehungen und die Außenpolitik der Bundesrepublik Deutschland, 1958–1965, Baden-Baden 2000. Siehe aus französischer Perspektive Pierre Jardin, Les relations franco-allemandes depuis 1963, Paris 2001 sowie Georges-Henri Soutou, L'Alliance incertaine: les rapports politico-stratégiques franco-allemands 1954–1996, Paris 1996.

73 Gilbert Ziebura, Die deutsch-französischen Beziehungen seit 1945. Mythen und Realitäten, Stuttgart [2]1997.

74 Ansbert Baumann, Begegnung der Völker? Der Élysée-Vertrag und die Bundesrepublik Deutschland; deutsch-französische Kulturpolitik von 1963–1969, Frankfurt a.M. 2003; Ders. (Hg.), 40 Jahre Élysée-Vertrag im Spiegel der Presse: eine Auswahl von Dokumenten und Pressebeiträgen, zusammengestellt von der Frankreich-Bibliothek des deutsch-französischen Instituts Ludwigsburg, Ludwigsburg 2003.

75 Ulrich Pfeil, Die »anderen« deutsch-französischen Beziehungen: Die DDR und Frankreich 1949–1999, Weimar u.a. 2004.

76 Jacques Pateau, Une étrange alchimie. La dimension interculturelle dans la coopération franco-allemande, Levallois-Perret 1998.

77 Für einen systematischen Überblick zur Fernsehhistoriographie siehe Andreas Fickers, Nationale Traditionen und internationale Trends in der Fernsehgeschichtsschreibung. Eine historiographische Skizze, in: montage av (2005) 1, S. 7–28.

zwischen nationalsozialistischem ›Sendungsbewußtsein‹ und dem empfangenden Volk zu Recht die Aufmerksamkeit der Historiker gefunden. In der Bundesrepublik waren es die Arbeiten von Hans Bausch, Winfried B. Lerg und später Ansgar Diller, die den Grundstein für eine Geschichte der Rundfunkpolitik in Deutschland legten[78]. Die von Bausch, Lerg und Diller vorgelegten Studien können auch heute noch als Standardwerke der Politik- und Institutionengeschichte des Rundfunks in der Bundesrepublik angesehen werden. So wichtig diese Pionierarbeiten waren, führte diese enge Verflechtung rundfunkgeschichtlicher Fragestellungen mit der Politik- und Institutionengeschichte in der Folgezeit zu einer Verengung der Forschungsperspektive, die sich auch in der thematischen Ausrichtung des Sprachrohrs der Rundfunkgeschichte in Deutschland, der Zeitschrift »Rundfunk und Geschichte« niederschlug.

Erst in den neunziger Jahren kam es zur Erweiterung der Forschungsperspektiven in Richtung programmgeschichtlich orientierter Untersuchungen. Stellvertretend für diese Wende steht die fünfbändige »Geschichte des Fernsehens in der Bundesrepublik«, die 1993 erschien und der publizistische Output eines mehrjährigen Sonderforschungsbereiches der DFG zum Thema »Ästhetik und Pragmatik der Bildschirmmedien« war[79].

Die durch die Ausrichtung des DFG-Projekts geforderte interdisziplinäre Herangehensweise an die Mediengeschichte wirkte insgesamt äußerst belebend auf die deutsche Rundfunkgeschichtsschreibung. Vor allem mediensoziologische und kommunikationstheoretische Ansätze führten zu einer Revision des klassischen »Sender → Botschaft → Empfänger«-Modells, das lange Zeit das der Rundfunkgeschichte implizit zugrundeliegende informationstheoretische Modell darstellte. Eine kompakte Darstellung der Fernsehgeschichte in Deutschland, die sich zudem der Fernsehentwicklung in der DDR zuwendet, hat Knut Hickethier 1998 mit seiner »Geschichte des deutschen Fernsehens« vorgelegt[80].

Als einflußreich hat sich das u. a. von Knut Hickethier weiter entwickelte Modell des Fernsehens als »Dispositiv« herausgestellt, das der französische

[78] Hans BAUSCH (Hg.), Rundfunk in Deutschland, 5 Bde, München 1980. Bd. 1 Winfried B. LERG, Rundfunkpolitik in der Weimarer Republik; Bd. 2 Ansgar DILLER, Rundfunkpolitik im Dritten Reich; Bde. 3 und 4 Hans BAUSCH, Rundfunkpolitik nach 1945, Teil I und II; Bd. 5 Hans-Jörg BESSLER, Hörer- und Zuschauerforschung.

[79] Geschichte des Fernsehens in der Bundesrepublik Deutschland, 5 Bde, München 1993/94. Bd. 1 Knut HICKETHIER (Hg.), Institution, Technik und Programm. Rahmengeschichte der Programmgeschichte des Fernsehens; Bd. 2 Helmut SCHANZE, Bernhard ZIMMERMANN (Hg.), Das Fernsehen und die Künste; Bd. 3 Peter LUDES, Heidemarie SCHUMACHER, Peter ZIMMERMANN (Hg.), Informations- und Dokumentarsendungen; Bd. 4 Hans-Dieter ERLINGER, Hans-Friedrich FOLTIN (Hg.), Unterhaltung, Werbung und Zielgruppenprogramme; Bd. 5 Werner FAULSTICH (Hg.), Vom »Autor« zum Nutzer: Handlungsrollen im Fernsehen.

[80] Knut HICKETHIER, Geschichte des deutschen Fernsehens, Stuttgart, Weimar 1998.

Filmtheoretiker Jean-Louis Baudry entwickelt hat[81]. Anders als beim klassischen Kommunikationsmodell betont der Begriff des Dispositivs im Falle des Fernsehens die kommunikative Relation zwischen Apparat (Fernsehgerät), Sender (Programminhalt) und Empfänger (Fernsehzuschauer). Wie Carsten Lenk erläutert, handelt es sich um ein »trianguläres Verhältnis von Programm, Apparat und Subjekt vor dem Hintergrund eines spezifischen perzeptiven Rahmens«[82]. Für die technikhistorische Forschung wirkt dieser Ansatz besonders bereichernd, weil er den technischen Artefakt – das Radio oder den Fernsehempfänger – und seinen Umgang mit ihm stärker in das Blickfeld der Rundfunk- oder Mediengeschichte rückt[83].

Interessierte der Hörer oder Zuschauer die Rundfunkhistorie bislang fast ausschließlich aus inhaltlich-rezeptionsgeschichtlicher Sicht, setzen sich neuere Arbeiten verstärkt mit der raum-zeitlichen Verortung des Apparates in der Lebenswelt der Hörer und Zuschauer auseinander. Beispielhaft wird dieser Ansatz in den Arbeiten von Carsten Lenk oder Adelheid von Saldern und Inge Marßolek verfolgt[84]. Es bleibt zu hoffen, daß in Zukunft weitere Arbeiten diesen Weg einer »Kulturgeschichte der Alltagsdinge« einschlagen werden, wie ihn Wolfgang Ruppert in seinem Sammelband »Fahrrad, Auto, Fernsehschrank« 1993 gewiesen hat[85]. Neue Anregungen für eine solche Kulturgeschichte des Fernsehens sind in den letzten Jahren von der innovativen österreichischen Medienwissenschaft ausgegangen, wo die Dissertationen von Monika Bernold und Thomas Steinmaurer neue kulturwissenschaftliche Interpretationen zur Rolle des Fernsehens im Modernisierungsprozeß vor-

81 Jean-Louis BAUDRY, Le dispositif. Approches métapsychologiques de l'impréssion de réalité, Paris 1975; Knut HICKETHIER, Überlegungen zur Konstruktion einer Fernsehtheorie, in: Knut HICKETHIER, Irmela SCHNEIDER (Hg.), Fernsehtheorien. Dokumentation der GFF-Tagung 1990, Berlin 1992, S. 15–27. Zur Weiterentwicklung des Konzepts in der Medienwissenschaft siehe Carsten LENK, Das Dispositiv als theoretisches Paradigma der Medienforschung. Überlegungen zu einer integrativen Nutzungsgeschichte des Rundfunks, in: Mitteilungen des Studienkreises Rundfunk und Geschichte 22 (1996) 1 S. 5–17 sowie Frank KESSLER, La cinématographie comme dispositif (du) spectaculaire« in: Cinémas 14 (2003) S. 21–34; DERS., Notes on Dispositif, in: http://www.let.uu.nl/~Frank.Kessler/personal/notes%20on%20dispositif.PDF (14.06.2006).

82 Carsten LENK, Die Erscheinung des Rundfunks. Einführung und Nutzung eines neuen Mediums 1923–1932, Opladen 1997, S. 22.

83 Siehe hierzu auch Andreas FICKERS, »Sichtbar hörbar«. Rundfunkapparat und Stadt -Knoten im vernetzten Kommunikationsraum, in: Clemens ZIMMERMANN (Hg.), Raumgefüge und Medialität der Großstädte im 20. Jahrhundert, Stuttgart 2006, S. 83–103.

84 LENK, Die Erscheinung des Rundfunks, Opladen 1997; Inge MARSSOLEK, Adelheid VON SALDERN (Hg.), Radiozeiten. Herrschaft, Alltag, Gesellschaft (1924–1960), Potsdam 1999. Einen Überblick liefert zudem Inge MARSSOLEK, Radio in Deutschland 1923–1960. Zur Sozialgeschichte eines Mediums, in: Geschichte und Gesellschaft 27 (2001) 2 S. 207–239.

85 Wolfgang RUPPERT (Hg.), Fahrrad, Auto, Fernsehschrank. Zur Kulturgeschichte der Alltagsdinge, Frankfurt a.M. 1993. In diesem Band befindet sich auch der Beitrag von Knut HICKETHIER zum Thema »Der Fernseher. Zwischen Teilhabe und Medienkonsum«, S. 162–187.

gelegt haben[86]. Im Anschluß an amerikanische Pionierstudien von Lynn Spigel beschreiben Bernold und Steinmaurer den Aufstieg und Wandel des Fernsehens zum neuen massenmedialen »Leitmedium« sowie den Prozeß der »mobilen Privatisierung«, der das Fernsehgerät zum Symbol einer neuen Häuslichkeit und familiären Idylle aufsteigen ließ[87].

Damit findet die Rundfunkgeschichte auch Anschluss an übergeordnete Fragestellungen aus dem Bereich der Sozial- und Gesellschaftsgeschichte sowie der neueren Kulturgeschichte[88]. Diese Neuorientierung vollzog sich parallel zur Entwicklung einer Mediengeschichtsschreibung, welche die im engeren Sinne auf Radio und Fernsehen konzentrierte Rundfunkgeschichtsschreibung abzulösen scheint. Diese hat sich in den vergangenen Jahren zunehmend mit der Rolle von Medien in der Konstruktion politischer Öffentlichkeiten beschäftigt und die unterschiedlichen Medien als Akteure politischen Wandels und kulturellen Transfers thematisiert[89]. Zwar ist diese Öffnung der Rundfunkgeschichtsschreibung generell begrüßenswert, doch leider verhält sich die thematische Erweiterung dieser Studien häufig umgekehrt proportional zur erreichten analytischen Schärfe. Neuere Arbeiten aus dem Bereich der Cultural Studies binden die Fernsehgeschichte zudem in den Bereich kulturanthropologischer Fragestellungen ein, die die Rolle des Fernsehens als Produzenten nationaler oder internationaler Identitäten und »imagined communities« analysieren[90].

86 Thomas STEINMAURER, Tele-Visionen. Zur Theorie und Geschichte des Fernsehempfangs, Innsbruck, Wien 1999; Monika BERNOLD (Hg.), Tele Visionen. Historiographien des Fernsehens, Wien 2001; DIES. (Hg.), TV Time. Konzepte zur Fernsehgeschichte, Innsbruck 1997.

87 Lynn SPIGEL, Make Room For TV. Television and the Family Ideal in Postwar America, Chicago u. a. 1992; DIES., Welcome to the Dreamhouse. Popular Media and Postwar Suburbs, Durham u. a. 2004.

88 Beispielhaft für eine kritische gesellschaftshistorische Analyse des Rundfunks modernen Zuschlags sind die Arbeiten von Paddy SCANNELL, Radio, Television and Modern Life. A Phenomenological Approach, London 1996; DERS., David CARDIFF, A Social History of British Broadcasting. Vol. 1: Serving the Nation (1922–1939), Oxford 1991. Die einzige Kulturgeschichte des Rundfunks, die diesen Namen auch verdient, liefert Michele HILMES, Only Conncet. A Cultural History of Broadcasting in the United States, Belmont, C.A. 2002.

89 John B. THOMPSON, The Media and Modernity. A Social Theory of the Media, Cambridge 2003; Peter DAHLGREEN, Television and the Public Sphere: Citizenship, Democracy and the Media, London 1995; Monroe E. PRICE, Television, the Public Sphere and National Identity, Oxford, New York 1995.

90 Monika BERNOLD, Fernsehen ist gestern. Medienhistorische Transformationen und televisuelles Dabeisein nach 1945, in: Österreichische Zeitschrift für Geschichtswissenschaft 12 (2001) 4 S. 8–29; John ELLIS, Seeing Things. Television in the Age of Uncertainty, London, New York 2002; David MORLEY, Kevin ROBINS, Spaces of Identity. Global Media, Electronic Landscapes and Cultural Boundaries, London, New York 1995.

Auch in Frankreich liegen zahlreiche Standardwerke zur Geschichte des Rundfunks und spezieller zur Fernsehgeschichte vor[91]. Zwar setzte die historische Rundfunkforschung in Frankreich erst Anfang der achtziger Jahre richtig ein, doch erschienen im Laufe der neunziger Jahre mehrere grundlegende Studien zur institutionellen Entwicklung und vor allem politischen Bedeutung des Fernsehens. Vor diesen Arbeiten blieb die Rundfunkgeschichte – ähnlich wie in der Bundesrepublik – Arbeits- und Erinnerungsfeld ehemaliger »Radioten« oder »Männer der ersten Fernsehstunden«. Zwar ermöglichen einige dieser Arbeiten durchaus interessante und aufschlußreiche Einblicke in das Innenleben der Radiodiffusion Télévision Française (RTF, später umbenannt in ORTF), aber sie bleiben aus geschichtswissenschaftlicher Perspektive meist mit den üblichen Problemen von Egodokumenten behaftet[92]. Als Katalysator der fernsehgeschichtlichen Arbeit in Frankreich hat das 1981 gegründete »Comité d'histoire de la télévision« gewirkt, das, besetzt mit großen Namen der französischen Fernsehbranche (Jean d'Arcy, Pierre Sabbagh, Henri de France oder Jacques Dumont) und Historikern (Jean-Noël Jeanneney, Jean Favier, René Rémond), zu einer regen publizistischen Tätigkeit auf dem Gebiet der Fernsehgeschichte geführt hat[93]. Inhaltlich sind diese Arbeiten jedoch meistens politik- oder institutionengeschichtlich ausgerichtet[94].

Repräsentativ für diese neue Generation von Rundfunkhistorikern in Frankreich sind die Arbeiten von Jérôme Bourdon, der mit seiner »Histoire de la télévision sous de Gaulle« und dem Buch »Haute Fidélité. Pouvoir et télévision en France 1935–1994« zwei grundlegende Analysen der engen personellen und institutionellen Verflechtung von Regierung und Rundfunk-

91 Pierre MIQUEL, Histoire de la radio et de la télévision, Paris 1984; Pierre ALBERT, André-Jean TUDESQ, Histoire de la radio-télévision, Paris 1986; Michel AMOUDRY, René Barthélemy ou la grande aventure de la télévision française, Grenoble 1997; Christian BROCHAND, Histoire générale de la radio et de la télévision française, T2 (1944–1974), Paris 1994; Hervé MICHEL, Les Grandes Dates de la télévision française, Paris 1995; Elisabeth CAZENAVE, Caroline ULMANN-MAURIAT, Presse, radio et télévision en France de 1631 à nos jours, Paris 1996; Thierry KUBLER, Emmanuel LEMIEUX, Cognacq Jay 1940. La télévision française sous l'occupation, Paris 1990.

92 Siehe beispielsweise Marc CHAUVIERRE, La Télévision – hier, aujourd'hui et demain, Paris 1977; Claude MERCIER, Les mutations de la télévision française 1964–1968, in: Bulletin du Comité d'histoire de la télévision, (1987) S. 3–34; Wladimir PORCHÉ, Fiat Lux: 12 mars 1946, in: ibid. (décembre 1984-janvier 1985) 11 S. 3–69.

93 Parallel zu der Gründung des Komitees wurde die Zeitschrift »Bulletin du Comité d'histoire de la télévision« gegründet, heute umbenannt in »Cahiers du CHTV«. Die in unregelmäßigen Abständen erscheinenden Ausgaben der Zeitschrift beinhalten interessante Aufsätze, Literaturberichte oder biographische Informationen. Zahlreiche Hefte haben einen Themenschwerpunkt. Die Arbeit des Komitees besteht zu einem großen Teil darin, regelmäßige Themenabende zu organisieren, zu denen ehemalige Fernsehmacher und Historiker zu Gesprächen an einen runden Tisch eingeladen werden. Die Gespräche werden meist in gekürzter Form in den Heften wiedergegeben.

94 Einen Überblick liefert Sheila PERRY, Thirty Years of French Political Television, in: Historical Journal of Film, Radio and Television 18 (1998) S. 213–230.

organisation vorgelegt hat[95]. Für die Farbfernsehkontroverse von besonderer Bedeutung ist Bourdons Analyse der de Gaulleschen Rundfunkpolitik und die Beschreibung des regierungspolitischen Einflusses der Gaullisten auf die Personalpolitik und Programmstruktur des französischen Fernsehens. Darüber hinaus schildert Bourdon auch die Stellung der Ingenieure innerhalb der ORTF und leistet damit einen wichtigen Beitrag zur Frage nationaler Technikstile und professioneller Identitäten. Einen Beitrag zur Fernsehgeschichte aus politologischer Perspektive leistet das Buch von Stéphane Olivesi, das eine systematische Analyse der politischen Bedeutung des Fernsehens in der französischen Öffentlichkeit liefert[96]. Noch zögerlicher als in der Bundesrepublik beginnt man in Frankreich erst seit kurzem damit, das Fernsehen in seiner gesamtgesellschaftlichen Dimension zu betrachten und seine Bedeutung im Prozeß der kulturellen Modernisierung zu analysieren[97]. Neue Impulse setzten hier vor allem die Arbeiten von Anne-Marie Sohn und Marie-Françoise Lévy[98], während die von Jean-Noël Jeanneney publizierten Arbeiten zwar das Etikett einer modernen Mediengeschichte tragen, von der inhaltlichen Ausrichtung jedoch sehr konservativ angelegt sind[99]. Innovative Impulse haben in den letzten Jahren vor allem einige sehr detaillierte Dissertationen zu Programmgeschichten geliefert, die das Fernsehen als Agenten kultureller Modernisierung und nationaler Identitätsbildung analysiert haben[100]. Mit der Publikation der Akten eines von Jérôme Bourdon und François Jost organisierten Kolloquiums mit dem Thema »penser la télévision«

95 Jérôme BOURDON, Histoire de la télévision sous de Gaulle, Paris 1990; DERS., Haute Fidélité: Pouvoir et télévision 1935–1994, Paris 1994; DERS., Censorship and Television in France, in: Historical Journal of Film, Radio and Television 18 (1998) S. 231–235; DERS., Catherine GRÜNBLATT, Les ingénieurs de la télévision dans les années soixante, in: Bulletin du Comité d'histoire de la télévision (décembre 1987 – janvier 1988) S. 3–38.

96 Stéphane OLIVESI, Histoire politique de la télévision, Paris 1998.

97 Dies geschieht teilweise in allgemeinen Überblicksdarstellungen zur Mediengeschichte, wie etwa bei Frédéric BARBIER, Catherine BERTHO LAVENIR, Histoire des médias de Diderot à Internet, Paris 2003; Fabrice D'ALMEIDA, Christian DELPORTE, Histoire des médias en France de la Grande Guerre à nos jours, Paris 2003; Bernard LAMIZET, Histoire des médias audiovisuels, Paris 1999.

98 Anne-Marie SOHN, Pour une histoire de la société au regard des médias, in: Revue d'histoire moderne et contemporaine 44 (1997) 2 S. 287–306; LÉVY, Television, Family and Society in France 1949–1968; DIES. (Hg.), La Télévision dans la République. Les années 50, Paris 1999.

99 Jean-Noël JEANNENEY, L'Écho du siècle. Dictionnaire historique de la radio et de la télévision en France, Paris 1999; DERS., Une histoire des médias. Des origines à nos jours, Paris 1996.

100 Siehe beispielsweise die Dissertationen von Isabelle VEYRAT-MASSON, Quand la télévision explore le temps. L'histoire au petit écran 1953–2000, Paris 2000; Édith-Hélène BOUSSER-ECK, La Radiodiffusion française sous la IVe République. Monopole et service public, 3 Bde., Nanterre 1997; Benoît LAFON, La Télévision régionale. Socio-histoire d'un dispositif d'intégration nationale. Le cas des journaux télévisés Midi-Pyrénéens (1963–2000), unveröffentliche Diss. Universität Toulouse 1 2000. Weitere Fallstudien: David BUXTON, Le Reportage de télévision en France depuis 1959. Le lieu du fantasme, Paris 2000; Pierre BEYLOT, Quand la télévision parle

wurde zudem ein erster Schritt in Richtung historisch-theoretischer Systematisierung der Fernsehforschung in Frankreich getan[101].

Auf allgemeine Fernsehgeschichten anderer Länder wurde nur bedingt zurückgegriffen. Zwar mangelt es auch hier nicht an Darstellungen unterschiedlichster Qualität, doch konnten sie – mit Ausnahme Großbritanniens – nur wenig zur Klärung der dieser Arbeit zugrunde liegenden Fragestellungen beitragen[102]. Eine Ausnahme bildet die in allen Punkten vorbildliche Geschichte des Rundfunks in den USA, die Lawrence Litchy und Malachi C. Topping bereits 1976 herausgegeben haben. Sie versammelt in bislang einmaliger Weise Aufsätze und Quellen zu allen Themenbereichen der amerikanischen Rundfunkentwicklung, die von der Programmgeschichte bis zu den Aktivitäten der Federal Communications Commission reichen[103]. Mit Bedauern muß jedoch festgestellt werden, daß trotz einiger Publikationen, die diesen Anspruch in ihrem Titel erheben, keine internationale Geschichte des Fernsehens vorliegt, die den Ansprüchen einer historisch vergleichenden Studie gerecht würde[104]. Zwar vergleichen einige Arbeiten die unterschiedlichen institutionellen, politischen oder juristischen Rahmenbedingungen des Rundfunks in verschiedenen Ländern[105], manche gar die unterschiedliche Inszenierung

d'elle-même 1958–1999, Paris 2000; Benoît D'AIGUILLON, Un demi-siècle de journal télévisé, Paris 2001.

101 Jérôme BOURDON, François JOST (Hg.), Penser la télévision. Actes du colloque de Cerisy, Paris 1998.

102 Für Großbritannien siehe Russel W. BURNS, British Television – The Formative Years, London 1986; Tony CURRIE, A Concise History of British Television 1930–2000, Tiverton 2000. Neuere Ansätze zur Fernsehgeschichte kommen vor allem aus den USA, wo Jeff Kisseloff mit »The Box« eine erste »oral history« des Fernsehens geschrieben hat, oder Robert Henson eine Geschichte der Wettervorhersage im Fernsehen publiziert hat. Siehe Robert HENSON, Television Weathercasting: A History, Jefferson, North Carolina 1990; Jeff KISSELOFF, The Box: An Oral History of Television, 1920–1961, New York 1995. Eine wirtschafts- und programmhistorische Perspektiven verbindende Studie liefert William BODDY, Fifties Television. The Industry and its Critics, Illinois 1993. Eine kultur- und politikhistorische Kontextualisierung des amerikanischen Fernsehens in der McCarthy-Ära findet sich bei Thomas DOHERTY, Cold War, Cold Medium. Television, McCarthyism, and American Culture, New York 2003. Eine ganz neue Perspektive nimmt die Arbeit von Anna McCarthy ein, welche erstmals umfassend Fernsehen als nicht-häusliches, öffentlich zugängliches Medium untersucht hat. Anna MCCARTHY, Ambient Television. Visual Culture and Public Space, Durham 2001.

103 Lawrence W. LITCHY, Malachi C. TOPPING (Hg.), American Broadcast. A Source Book on the History of Radio and Television, New York 1976.

104 Antony SMITH, Richard PATERSON (Hg.), Television: An International History, Oxford 1998; John WYVER, The Moving Image: An International History of Film, Television and Video, Oxford 1989.

105 Erich FALLATH, Ein internationaler Vergleich von Rundfunksystemen. Die Interdependenz von Rundfunkpolitik und Gesamtpolitik in Großbritannien, Frankreich, Sowjetunion, Volksrepublik China und Indien, Stuttgart 1974; Johannes Georg MÜLLER, Staats- und Parteieneinfluß auf die Rundfunkanstalten in Frankreich und Deutschland. Eine vergleichende Analyse, Frankfurt a.M., Bern, New York 1987; Hans Joachim KLEINSTEUBER, Denis MCQUAIL, Karen SIUNE (Hg.),

von bestimmten Programmgenres[106], doch beschränken sich die meisten dieser »internationalen« Fernsehgeschichten auf eine bunte Sammlung thematisch isolierter Beiträge. Selbst der 2001 von Graham Roberts und Philip M. Taylor herausgegebene Band »The historian, television and television history«, der sich als Schaufenster des Ist-Zustandes der internationalen Fernsehgeschichtsforschung versteht, kommt über die bloße Sammlung zusammenhangloser Beiträge nicht hinaus[107]. Eine systematische und programmatische Untersuchung, in der die methodischen Herangehensweisen, handwerklichen Erfordernisse und forschungsleitenden Fragestellungen einer internationalen und vergleichenden Fernsehgeschichte versammelt sind, bleibt also zu schreiben[108].

Electronic Media and Politics in Western Europe. Euromedia Research Group Handbook of National Systems, Frankfurt a.M. 1986; Jan WIETEN (Hg.), Television Across Europe, London 2000.

106 Hanne LANDBECK, Medienkultur im nationalen Vergleich. Inszenierungsstrategien von Fernsehnachrichten am Beispiel der Bundesrepublik Deutschland und Frankreichs, Tübingen 1991.

107 Graham ROBERTS, Philip M. TAYLOR, The Historian, Television, and Television History: A Collection, Luton 2001.

108 Selbst das von Michele Hilmes herausgegebene Studienbuch zur Fernsehgeschichte »The Television History Book« beschränkt sich auf die Vereinigten Staaten und Großbritannien und bleibt weit hinter den methodisch-theoretischen Ansprüchen ihrer eigenen Forschungsarbeiten zurück. Siehe Michele HILMES, The Television History Book, London 2003; DIES., Only Connect. Eine Ausnahme bildet die Dissertation von Wolfgang Degenhardt, die die Entstehung europäischer Kooperation auf Fernsehebene nachzeichnet. Siehe Wolfgang DEGENHARDT, Die Entstehung und Entwicklung der europäischen Partnerschaft im Fernsehbereich 1950–1970. Zur historischen Betrachtung eines komplexen Sensemaking-Prozesses, publiziert im Internet durch die Bibliothek der Universität Siegen 2002. Der Autor selbst arbeitet zur Zeit an einer vergleichenden europäischen Rundfunkgeschichte, die den methodischen und theoretischen Anforderungen einer vergleichenden Mediengeschichte gerecht werden möchte. Siehe hierzu und zu der Initiierung eines europäischen Fernsehgeschichte-Netzwerkes Andreas FICKERS, Sonja DE LEEUW, Das European Television History Network: europäische Fernsehgeschichtsschreibung in vergleichender Perspektive, in: Medien & Zeit. Kommunikation in Vergangenheit und Gegenwart 20 (2005) S. 4–11. Ende 2007 erscheint eine vom Autor in Zusammenarbeit mit Jonathan Bignell (University of Reading) herausgegebene europäische Fernsehgeschichte, die sich der vergleichenden europäischen Perspektive verpflichtet hat.

1.3. Methodische Vorgehensweise

Wie zu Beginn der Einleitung erwähnt, versteht sich die vorliegende Studie der europäischen Farbfernsehkontroverse als ein Beitrag zu einer politischen Kulturgeschichte der Technik. Der Begriff »politische Kulturgeschichte der Technik« deutet an, daß es sich um eine mehrdimensionale, multiperspektivische Analyse eines Standardisierungsprozesses handelt. Mehrdimensional heißt, daß zur Analyse des Scheiterns dieses Standardisierungsprozesses drei Untersuchungsebenen voneinander unterschieden werden. Bei diesen drei Untersuchungsebenen handelt es sich um die technische, die wirtschaftlich-industrielle und die politische Ebene. Da es, wie die Untersuchung zeigen wird, auf allen drei Ebenen zu teilweise harten Auseinandersetzungen zwischen den einzelnen am Entscheidungsfindungsprozeß beteiligten Akteuren kam, wird im folgenden der Begriff des »terrain« eingeführt, der diese Kämpfe um Meinungsführerschaft begrifflich reflektiert und somit zur Beschreibung der einzelnen Ebenen geeignet scheint. Der Begriff des »terrains« wurde von den beiden französischen Technikhistorikern Yves Cohen und Dominique Pestre wie folgt definiert: »Le terrain, c'est la compétition, la concurrence, la guerre, à tous niveaux, entre individus, entre entreprises, entre groupes, entre pays«[109].

Diese knappe Definition bringt auf den Punkt, was sich während der Farbfernsehkontroverse abspielen sollte. Sei es auf der individuellen Ebene einzelner Ingenieure, sei es auf der Ebene industrieller Akteure oder auf der Ebene der Außen- und Industriepolitik: sowohl auf dem »terrain technique« als auch auf dem »terrain industriel« und dem »terrain politique« fanden die von Cohen und Pestre beschriebenen Kämpfe statt. In diese Auseinandersetzung wurden von den einzelnen Akteuren symbolisches, soziales oder ökonomisches Kapital investiert, um den Entscheidungsprozeß entsprechend zu beeinflussen.

Das, was sich auf den einzelnen »terrains« abspielte, spiegelte sich in mikroperspektivischer Hinsicht in den Verhandlungen des Comité consultatif international de radiocommunication (CCIR), der in den sechziger Jahren zuständigen Organisation für die Regelung des internationalen Funkverkehrs. Den Verhandlungsrahmen bildet also eine internationale Organisation, und auf sie trifft das zu, was Willi Küpper und Günter Ortmann über Organisationen gesagt haben:

> Organisationen sind in Wirklichkeit Arenen heftiger Kämpfe, heimlicher Mauscheleien und gefährlicher Spiele mit wechselnden Spielern, Strategien, Regeln und Fronten. Der Leim, der sie zusammenhält, besteht aus partiellen Interessenkonvergenzen, Bündnissen und Koalitionen und auch aus Résistance, vor allem aber: aus machtvoll ausgeübtem Druck und struktureller Gewalt,

109 Yves COHEN, Dominique PESTRE, Histoire des techniques – présentation, in: Annales. Histoire, Sciences Sociales 54 (1998) 4–5 S. 729f.

denn wer wollte glauben, daß dieses unordentliche Gemenge anders zusammen- und in Tritt gehalten werden könnte[110].

Bei der europäischen Farbfernsehkontroverse haben wir es demnach mit einem auf mehreren »terrains« ausgetragenen Konflikt zwischen unterschiedlichen Akteuren zu tun, der sich in den CCIR-Verhandlungen spiegelt, die 1965 in Wien bzw. 1966 in Oslo stattfanden. Das Ziel dieser Arbeit, die Gründe für das Scheitern dieser Harmonisierungsbemühungen zu erklären, erfordert demnach einen interdisziplinären methodischen Zugriff. Je nach »terrain« werden technikhistorische, wirtschaftshistorische oder politikhistorische Ansätze benutzt, um die zentralen Akteure und strukturellen Rahmenbedingungen zu beschreiben, die an der technischen Entwicklung, industriepolitischen Vermarktung oder symbolisch-nationalistischen Aufladung der konkurrierenden Farbfernsehtechnologien beteiligt waren. Zur ganzheitlichen Erfassung dieser komplexen Akteurbeziehungen und strukturellen Rahmenbedingungen scheiden rein technikhistorische, rein wirtschaftshistorische oder rein politikhistorische Ansätze aus. In allen drei Teilbereichen haben sich in den letzten Jahren netzwerk- oder systemtheoretische Ansätze als hilfreiche Modelle zur Beschreibung komplexer historischer Zusammenhänge bewährt[111].

Das Denken in Netzwerken oder – wie es in der Technikgeschichte in Anlehnung an die Arbeiten von Thomas P. Hughes genannt wird – »large technological systems«[112] birgt viele Vorteile. Zum einen ist es Ausdruck des wissenschaftstheoretischen Bewußtseins, daß die Beschreibung der Realität – auch der vergangenen – immer hinter der tatsächlichen Komplexität der Welt zurückbleibt. Das Denken in Netzwerken führt einem diese Komplexität immer wieder vor Augen und kann so davor warnen, allzu simple Ursache-Wirkung-Relationen aufzustellen. Zum anderen löst es den in der Geschichtswissenschaft lange Zeit schwelenden Kampf zwischen »Strukturalisten« und »Individualisten«, zwischen Mikro- und Makrohistorikern oder »Lokalisten« und »Globalisten«. Die Notwendigkeit, diese logische Sackgasse zu verlas-

110 Willi KÜPPER, Günter ORTMANN (Hg.), Mikropolitik. Rationalität, Macht und Spiele in Organisationen, Opladen 1992, S. 7.

111 Bruno Latour beschreibt den Vorteil des Netzwerk-Begriffs wie folgt: »Plus souple que la notion de système, plus historique que celle de structure, plus empirique que celle de complexité, le réseau est le fil d'Ariane de ces histoires mélangées«. Bruno LATOUR, Nous n'avons jamais été modernes. Essai d'anthropologie symétrique, Paris 1994, S. 10. Latour will die künstliche Trennung von Natur, Politik und Diskurs mit seiner Theorie der Hybride aufheben.

112 Siehe Thomas P. HUGHES, The Evolution of Large Technological Systems, in: Wiebe E. BIJKER, Thomas P. HUGHES, Trevor PINCH (Hg.), The Social Construction of Technological Systems. New Directions in the Sociology and History of Technology, Cambridge, London 1987, S. 51–82.

sen, in die die künstliche Trennung von Struktur und Handeln geführt hat, haben Thomas Mergel und Thomas Welskopp überzeugend nachgewiesen. In ihrem Aufsatz »Geschichtswissenschaft und Gesellschaftstheorie« heißt es:

> Ein Begriff von Struktur, mit dem wir adäquat arbeiten können, muß regelgesteuerte Handlungsmuster auch in Mikrokontexten aufspüren und ihre konkrete Vernetzung zu größeren Zusammenhängen rekonstruieren können. So verstanden, *determinieren* Strukturen nicht das Handeln, sondern sie sind der Horizont, der Handeln begrenzt, andererseits aber auch erst möglich macht. [...] Gleichzeitig bezeichnet ein solcher Strukturbegriff das *Erklärungsmögliche*: Wir eliminieren nicht Kontingenz durch strukturelle Determinierung, sondern wir suchen nach den im Handeln der Akteure selbst nachweisbaren Mustern, die es uns erlauben, die Kontingenzspielräume des Geschehens möglich präzise zu bestimmen[113].

Wenn in dieser Arbeit von Strukturen die Rede ist, wird dieser Begriff in der von Mergel und Welskopp definierten Weise verstanden. Die Kombination mehrerer »Theorien mittlerer Reichweite« zur Erklärung komplexer historischer Prozesse hat den »Netzwerkdenkern« jedoch immer wieder den Vorwurf eklektischer Methodenvielfalt eingebracht. Clifford Geertz gebrauchte hierfür die schöne Umschreibung des »pot-au-feu-Theoretisierens« frei nach dem Motto: man nehme dieses und jenes und mixe es zu einer neuen Theorie zusammen[114]. Allerdings geht es hier nicht darum, eine neue Theorie zu entwickeln oder einen weiteren Paradigmenwechsel zu konstatieren, sondern vorhandene Interpretationsangebote zu nutzen, sie auf den Forschungsgegenstand zu übertragen und kritisch nach ihrer Aussagekraft zu befragen. Diese »Perspektivenunsicherheit auszuhalten, ja sie produktiv zu machen« – laut Doris Bachmann-Medick die Basis des erkenntisfördernden Potentials der Kulturwissenschaften – ist das methodologische Credo dieser Arbeit[115]. Wie der französische Wissenschaftssoziologe Bruno Latour mit offensichtlicher Selbstironie meinte: »Ces imbroglios font le mélange!« Doch, so Latour weiter, »est-ce notre faute si les réseaux sont à la fois réels comme la nature, narrés comme le discours, collectifs comme la société?[116]« In diesem Sinne fühlt sich diese Arbeit dem systemtheoretischen Ansatz eines Thomas Hughes, dem »Hybrid-Konzept« eines Bruno Latours oder allgemeiner dem von Claude Lévy-Strauss als »bricolage«[117] bezeichneten multiperspektivischen Zugriff auf unterschiedliche methodische Ansätze verpflichtet.

113 Thomas Mergel, Thomas Welskopp, Geschichtswissenschaft und Gesellschaftstheorie, in: Dies. (Hg.), Geschichte zwischen Kultur und Gesellschaft. Beiträge zur Theoriedebatte, München 1997, S. 33. Hervorhebung im Original.

114 Siehe Clifford Geertz, Dichte Beschreibung. Bemerkungen zu einer deutenden Theorie von Kultur, in: Ders., Dichte Beschreibung. Beiträge zum Verstehen kultureller Systeme, Frankfurt a.M. 1997, S. 9.

115 Doris Bachmann-Medick, Cultural Turns. Neuorientierungen in den Kulturwissenschaften, Reinbek bei Hamburg 2006, S. 18.

116 Latour, Nous n'avons jamais été modernes, S. 15.

117 Siehe Claude Lévy-Strauss, Das wilde Denken, Frankfurt a.M. 1994, S. 29f.

1.4. Darstellungsweise

Diese Arbeit ist nicht chronologisch, sondern thematisch strukturiert. Sie gliedert sich in drei größere thematische Blöcke, die mit den Überschriften »Le terrain technique« (Kap. 2), »Le terrain industriel« (Kap. 3) und »Le terrain politique« (Kap. 4) versehen wurden. Am Ende eines jeden Kapitels werden die Ergebnisse thesenmäßig zusammengefaßt. Den Schluß der Arbeit bilden eine Zusammenfassung der unterschiedlichen Forschungsergebnisse ergänzt durch den Versuch einer kulturgeschichtlichen Interpretation der Farbfernsehkontroverse und abschließende Thesen.

Wenn man die Geschichte eines technischen Standardisierungsprozesses rekonstruiert, sollte man wissen, welche technischen Alternativen dort verhandelt werden. Diesen technologischen Hintergrund zu vermitteln, eingebettet in den historischen Entwicklungskontext, ist das Ziel des ersten thematischen Kapitels. Dabei werden in einem ersten Schritt die Arbeiten des National Television System Committee (NTSC) vorgestellt, die zur Definition des gleichnamigen amerikanischen Farbfernsehsystems führten. Auf diesem System bauen auch die europäischen Weiterentwicklungen, das französische SECAM- und das deutsche PAL-System, auf. Neben der Darstellung der im engeren Sinne technischen Entwicklungsschritte der Farbfernsehtechnologie geht es auch darum, die strukturellen Differenzen der amerikanischen und europäischen Fernsehentwicklung herauszuarbeiten, ohne die ein Verständnis der europäischen Farbfernsehdiskussion nicht möglich wäre. Besondere Aufmerksamkeit erfährt in diesem Kontext die Diskussion um die unterschiedlichen Zeilennormen im Schwarzweißfernsehen. Anhand der Darstellung der französischen Debatte um die Einführung des 819-Zeilenstandards wird demonstriert, welche Bedeutung der Definition einer solchen Zeilennorm aus technischen, wirtschaftlichen und politischen Gründen zukommt. Die Analyse des französischen Beispiels ermöglicht es, die zentralen Akteure eines solchen Standardisierungsprozesses auf nationaler Ebene zu charakterisieren und den Entscheidungsfindungsprozeß auf »typisch französische« Muster zu hinterfragen. Erst vor diesem Hintergrund wird die industrie- und außenpolitische Dimension der PAL-SECAM-Kontroverse verständlich.

Im dritten Kapitel widmet sich die Arbeit der wirtschaftspolitischen und industriellen Dimension der Farbfernsehkontroverse. Damit die industrielle Bedeutung sowie das politische Interesse an der Farbfernsehtechnologie verständlich werden, wird die Farbfernsehfrage in den Kontext des wirtschaftlichen Aufschwungs der Nachkriegszeit, das heißt in die Phase des sogenannten »Golden Age« eingebettet. Parallel zu dieser wirtschaftshistorischen Kontextualisierung, in der die Rolle und Bedeutung der elektrotechnischen Konsumgüterindustrie besonders hervorgehoben wird, fragt diese Untersuchung nach der Stellung der Farbfernsehtechnologie im Modernisierungsprozeß Frankreichs und der Bundesrepublik. Dabei wird deutlich, daß es in beiden Ländern durchaus unterschiedliche Strategien der industriellen Modernisierung gab, die unter den Leitmotiven »Planification« und »soziale Marktwirtschaft« diskutiert werden. Während das SECAM-System in Frankreich zum Symbol nationaler Technologiepolitik (Stichwort »champion national«) wurde, oblag die Durchsetzung und Werbung für das PAL-System in der Bundesrepublik der Firma Telefunken. Die zentralen Akteure und die von ihnen eingeschlagenen Strategien zur Durchsetzung des SECAM- bzw. des PAL-Systems im nationalen Kontext müssen daher genau nachgezeichnet werden.

Diese doppelte Kontextualisierung der technischen und industriellen Dimension der Farbfernsehkontroverse erlaubt es, in Kapitel 4 die politische Bühne vorzustellen, auf der die Farbfernsehfrage Mitte der sechziger Jahre verhandelt wurde. Auch hier gilt es, die zentralen politischen Akteure auf beiden Seiten des Rheins vorzustellen und die unterschiedlichen Politisierungs- oder Entpolitisierungsstrategien zu analysieren. Dafür ist es wichtig, auf die Bedeutung des Mediums Fernsehen als neues Leitmedium des öffentlichen politischen Raumes in den sechziger Jahren einzugehen. Wie ein struktureller Vergleich der Institutionalisierung des Rundfunks in Frankreich und der Bundesrepublik zeigt, waren die Möglichkeiten zur politischen Instrumentalisierung des Fernsehens in beiden Ländern sehr verschieden. Diese strukturelle Differenz spiegelt sich auch in der Art und Weise, wie die politischen Akteure in die Farbfernsehkontroverse eingriffen. Genau dieser Prozeß der Politisierung der PAL-SECAM-Kontroverse wird anhand einer »dichten Beschreibung« der beiden CCIR-Verhandlungen in Wien (Frühjahr 1965) und Oslo (Sommer 1966) rekonstruiert[118].

Den Schluß der Darstellung bildet schließlich eine Zusammenfassung der in den einzelnen Kapiteln erarbeiteten Forschungsergebnisse. Zur Deutung des Scheiterns der europäischen Bemühungen um einen einheitlichen Farbfernsehstandard werden zwei Interpretationsangebote gemacht. Zum einen liefert eine klassische Interpretation Gründe für das Scheitern aufgrund der Ana-

118 Der Terminus »dichte Beschreibung« wurde von Clifford Geertz im Sinne einer semiotischen Ethnologie entwickelt. Wenn die Analyse der Verhandlungen in Wien und Oslo als »dichte Beschreibung« bezeichnet wird, so handelt es sich dabei nicht um eine semantische Analyse der Verhandlungsprozesse. Dennoch scheint der von Geertz definierte Kulturbegriff auch auf diese Analyse anwendbar: »Der kognitivistische Irrtum«, so Geertz, »daß Kultur aus mentalen Phänomenen bestehe, die mit formalen Methoden untersucht werden können, die denen der Mathematik und Logik ähnlich sind, macht eine sinnvolle Verwendung des Kulturbegriffs ebenso unmöglich wie die behavioristischen und idealistischen Irrtümer, die er erfolglos zu korrigieren suchte. [...] Als ineinandergreifende Systeme auslegbarer Zeichen [...] ist Kultur keine Instanz, der gesellschaftliche Ereignisse, Verhaltensweisen, Institutionen oder Prozesse zugeordnet werden könnten. Sie ist ein Kontext, ein Rahmen, in dem sie verständlich – nämlich dicht – beschreibbar sind«. Siehe GEERTZ, Dichte Beschreibung, S. 19 und 21.

lyse der herausgearbeiteten strukturellen Differenzen und unterschiedlichen Motivationen der an der Kontroverse beteiligten Akteure. Zum anderen sollen ergänzende Interpretationsangebote gemacht werden. Diese Angebote nutzen diverse Theorieansätze aus dem Bereich der Politologie, Soziologie, Wirtschafts- und Kulturwissenschaften. Ziel dieses ergänzenden Interpretationsangebotes ist es, eine kulturgeschichtliche Deutung der Farbfernsehkontroverse zu ermöglichen, in der Konzepte wie die der »Technikstile« und der »Social Construction of Technology« sowie spieltheoretische Verhandlungsmodelle auf ihre Anwendbarkeit auf den Untersuchungsgegenstand überprüft werden.

Gemäß der unterschiedlichen Ziele, die den einzelnen Abschnitten der Darstellung zugrundeliegen, variiert auch der Erzählstil. Generell basiert die Erzählung auf einem Spannungsbogen, der vom Beginn der Farbfernsehentwicklung in den USA im Jahre 1952 bis zum Scheitern der europäischen Einigungsbemühungen 1966 reicht. Allerdings unterscheiden sich die einzelnen Kapitel in ihrem Erzählduktus voneinander. In der Darstellung der technischen Entwicklung des Farbfernsehens wird des öfteren auf technische Details der Farbfernsehtechnologie eingegangen, die den eher politikhistorisch interessierten Leser weniger begeistern werden. Auch die Darstellung des wirtschaftshistorischen Kontextes und die Diskussion unterschiedlicher Modernisierungskonzepte verlangt eine gewisse Abstraktion der Darstellung. Ihre dramatischen Höhepunkte erhält die Erzählung aber in der dichten Beschreibung der CCIR-Verhandlungen in Wien und Oslo. Die Beschreibung dieser Verhandlungen und des sie prägenden politischen Klimas ist daher auch derjenige Teil der Arbeit, in der die Darstellung einen stark narrativen Charakter annimmt. Aufgrund der zahlreich überlieferten Akten aus deutschen, französischen und britischen Beständen ist es möglich gewesen, sich dicht an die Motivationen und Handlungsspielräume der einzelnen Akteure heranzuarbeiten und so die abgelaufenen Entscheidungsprozesse nachvollziehbar und erklärbar zu machen. Auch die zahlreichen Oral-history-Interviews waren hilfreich, um die in Wien und Oslo herrschende Spannung nachvollziehen zu können und sie narrativ in die historische Rekonstruktion einfließen zu lassen.

Zur Illustration wurden neben technischen Darstellungen oder Grafiken vor allem Karikaturen herangezogen, die die Politisierung der Farbfernsehfrage prägnant repräsentieren und kritisch reflektieren[119]. Die Karikaturen stammen zumeist aus den großen europäischen Tageszeitungen *(Le Monde, The Guardian, Die Zeit* etc.) und zeugen von dem öffentlichen Interesse, welches das Thema Farbfernsehen in der Presse fand.

[119] Zur Bedeutung der Karikatur als historische Quelle siehe Severin HEINISCH, Die Karrikatur. Über das Irrationale im Zeitalter der Vernunft, Wien 1988; DERS., Geschichte als Karrikatur. Über das Verhältnis ironischer Bilder mit der Historie, in: Klaus FÜSSMANN, Theodor GRÜTTER, Jörn RÜSEN (Hg.), Historische Faszination, Köln 1994, S. 91–104.

2. LE TERRAIN TECHNIQUE

Es gibt Menschen, welche die Geschichte des Fernsehens vor 4000 Jahren beginnen lassen und »pioneer color television experiments« mit Newtons Zerlegung des Lichts in Spektralfarben ansetzen[1]. Das Ziel der nun folgenden Darstellung ist bescheidener: Es geht um einen knappen Überblick über die technische Entwicklung des elektronischen Farbfernsehens. Es geht nicht darum, die zahlreichen Entwicklungspfade, welche die frühe Fernsehtechnik eingeschlagen hat, im Detail nachzuzeichnen. Zu dieser Thematik liegt eine ausreichend differenzierte Literatur vor[2]. Vielmehr sollen die wichtigsten

[1] Siehe Lynn A. YAEZEL, Color it Confusing: A History of Color Television, in: Lawrence W. LITCHY, Malachi C. TOPPING (Hg.), American Broadcast. A Source Book on the History of Radio and Television, New York 1976, S. 72–80. Als Quelle für diesen Unsinn gibt Yaezel das Buch von Richard W. HUBBELL, 4000 Years of Television, New York 1942, an.

[2] *Allgemein*: August KAROLUS, Farbfernsehen, in: Zeitschrift für angewandte Physik 4 (1952) 8 S. 300–320; Erich SCHWARTZ, Farbfernsehen. Geschichtliches, augenblicklicher Stand, Tendenzen der Weiterentwicklung, in: Technische Hausmitteilungen des NWDR 6 (1954) 5/6 S. 105–126; Wilhelm KELLER, Hundert Jahre Fernsehen 1883–1983, Berlin, Offenbach 1983; Helmut SCHÖNFELDER, Fernsehtechnik im Wandel. Technologische Fortschritte verändern die Fernsehwelt, Berlin, Heidelberg, New York 1996; BURNS, Television; Rick MARSHALL, The History of Television, Twickenham 1986; John WYVER, The Moving Image. An International History of Film, Television and Video, Oxford 1989; Raymond FIELDING (Hg.), A Technological History of Motion Pictures and Television: An Anthology From the Pages of the Journal of the Society of Motion Pictures and Television Engineers, Berkeley 1967; KISSELOFF, The Box; INGLIS, Behind the Tube; Vladimir K. ZWORYKIN, George A. MORTON, Television. The Electronics of Image Transmission in Color and Monochrome, New York, London 1954; ABRAMSON, Electronic Motion Pictures. *Für Deutschland*: Fritz BELOW, Zur Entwicklung des Fernsehens in Deutschland, in: FTZ (1950) 8 S. 301–308; Winfried B. LERG, Zur Entstehung des Fernsehens in Deutschland, in: Rundfunk und Fernsehen 15 (1967) 4 S. 349–375; Walter BRUCH, Vom Farbensehen zum Farbfernsehen, in: Bild der Wissenschaft 3 (1966) 7 S. 524–535; Gerhart GOEBEL, Das Fernsehen in Deutschland bis zum Jahre 1945, in: Archiv für Post- und Fernmeldewesen 5 (1953) 5 S. 259–293; Hans PRESSLER, Entwicklung des Farbfernsehens in Deutschland, in: Fernmeldetechnische Zeitschrift 1 (1948) 5 S. 99–102; Heidie RIEDEL, Fernsehen – Von der Vision zum Programm, Berlin 1985; William URICCHIO (Hg.), The History of German Television, Sondernummer des Historical Journal of Film, Radio and Television 10 (1990) 2; DERS. (Hg.), Die Anfänge des deutschen Fernsehens. Kritische Annäherungen an die Entwicklung bis 1945, Tübingen 1991. *Für die USA*: LITCHY (Hg.), American Broadcast. *Für Belgien*: Radio et Télévision de la Belgique Francophone (RTBF) (Hg.), Nouveau l'histoire de la radio télévision en Belgique, Bruxelles 1986. *Für Großbritannien*: ABRAMSON, History of Television; BURNS, Television; Tony CURRIE, A Concise History of British Television, 1930–2000, Tiverton 2000; Graham Peter SCOTT, British Television. An Insider's History, Jefferson, Lonson 2000. *Für Frankreich*: Pierre ALBERT, André-Jean TUDESQ, Histoire de la Radio-Télévision, Paris 1986; Christian BROCHAND, Histoire générale de la radio et de la télévision française, 2 Bde., Paris 1994; Marc CHAUVIERRE, La télévision – hier, aujourd'hui et demain, Paris 1977. *Für Skandinavien*: Ib BONDEBJERG, Francesco BONO (Hg.), Television in Scandinavia: History, Politics and Aesthetics, London 1996. *Für Osteuropa*: Joseph ROIZEN, Television in Eastern Europe and the Soviet Union, in: The Television Society Journal 11 (1965) 6 S. 136–141. Zudem gibt es zahlreiche

Etappen, die zur Entwicklung desjenigen Systems geführt haben, das ohne Zweifel als »Referenzsystem« für alle weiteren technischen Farbfernsehentwicklungen gedient hat, kurz skizziert werden. Es handelt sich hierbei um das im Auftrag der US-amerikanischen Federal Communications Commission (FCC) entwickelte Farbfernsehsystem NTSC, das seinen Namen der FCC-Arbeitsgruppe »National Television System Committee« verdankt. Im Anschluß an die technikhistorische Darstellung des NTSC-Systems werden die europäischen Systemvarianten vorgestellt, wobei sich die Darstellung im wesentlichen auf die beiden letztlich erfolgreichen Varianten SECAM und PAL konzentriert.

Diese Begrenzung in der Darstellung der Farbfernsehentwicklung sollte nicht als retrospektive teleologische Deutung einer komplexen und offenen Entwicklungsgeschichte mißverstanden werden. Eine ausgiebige Würdigung jener alternativen Entwicklungspfade, beispielsweise der mechanischen Bilderzeugungsverfahren, die in enger Wechselwirkung mit dem elektrooptischen Verfahren diskutiert wurden, wäre jedoch die Aufgabe einer eigens diesem Thema gewidmeten technikhistorischen Darstellung.

Biographien und Autobiographien bedeutender Fernsehpioniere. Siehe beispielsweise ABRAMSON, Zworykin; Manfred VON ARDENNE, Entstehen des Fernsehens: persönliche Erinnerungen an das Entstehen des heutigen Fernsehens mit Elektronenstrahlröhren, Herten 1996; Russel W. BURNS, John Logie Baird: Television Pioneer, London 2002; George EVERSON, The Story of Television: The Life of Philo T. Farnsworth, New York 1949; Donald G. GODFREY, Philo T. Farnsworth: The Father of Television, Salt Lake City 2001; Peter C. GOLDMARK, Maverick Inventor: My Turbulent Years at CBS, New York 1973; Hildegard Karolus, August Karolus: ein Fernsehpionier. Die Anfänge des Fernsehens in Deutschland in Briefen, Dokumenten und Veröffentlichungen aus seiner Zusammenarbeit mit der Telefunken GmbH, Berlin 1923–1930, Berlin 1994; Frank Ronald TILTMAN, Baird of Television. The Life Story of John Logie Baird, London 1933; Malcolm BAIRD, Television and Me. The Memoirs of John Logie Baird, Edinburgh 2004; Paul SCHATZKIN, The Boy Who Invented Television. A Story of Inspiration, Persistence and Quiet Passion, Silver Spring 2002; Michel AMOUDRY, René Barthélemy ou la grande aventure de la télévision française, Grenoble 1997.

2.1. »It takes but the flip of the switch«. Die Farbfernsehentwicklung in den USA

A beautiful girl in a colorful costume is lounging in an attractive room. Would you like to have her lounge in your living room? Now it is possible – by the way of color television. It takes but the flip of the switch, but this is no indication of the hours of mathematical development which went into this very complex system. The telephone was remarkable – the radio outstanding – television was a masterpiece – but color TV is an absolute miracle[3].

Auch wenn diese Beschreibung den leichten Verdacht US-amerikanischer Technikeuphorie vermuten läßt, bezeugten auch die europäischen Fernsehingenieure dem Anfang der fünfziger Jahre in den USA entwickelten NTSC-System technische Genialität. Worin lag die Genialität des NTSC-Systems? Um diese Frage beantworten zu können, müssen kurz die technischen Herausforderungen vorgestellt werden, vor denen die US-amerikanischen Ingenieure Anfang der 1950er Jahre standen.

2.1.1. Die physikalisch-technischen Grundlagen[4]

Während beim Schwarzweißfernsehen lediglich die Helligkeit (Leuchtdichte) als zu übertragende Information existiert, müssen beim Farbfernsehen zwei zusätzliche Komponenten übertragen werden: der Farbton und die Farbsättigung. Die zu übertragende Bildinformation eines Farbfernsehbildes ist demnach wesentlich größer die eines s/w-Bildes, die dazu benötigte Bandbreite dementsprechend auch. Das Farbfernsehen baut, ähnlich wie die Farbfotografie, auf dem physikalischen Prinzip auf, daß man mit Hilfe der drei Grundfarben Rot, Grün und Blau durch sogenannte »additive Farbmischung« beliebige Farbtöne und Sättigungsgrade erreichen kann. Jeder Farbeindruck, den das menschliche Auge wahrnimmt, läßt sich demnach als eine von den drei Grundfarben erzeugte Mischung denken[5]. Wie läßt sich diese Erkenntnis technisch umsetzen? Um ein Farbbild zu übertragen, muß es zuallererst elektronisch erzeugt werden, das heißt, eine Farbkamera muß das aufzunehmende Bild in entsprechende elektrische Signale umwandeln. Dies geschieht durch

[3] Milton A. Sizer, The Development of Colour-TV Signal, in: Radio Electronics 38 (1967) 1 S. 59.

[4] Bei der Beschreibung der physikalisch-technischen Grundlagen der Farbfernsehtechnik wird, soweit es die heute noch gültigen Erkenntnisse der Fernsehtechnik betrifft, das Präsens als Erzähltempus gewählt.

[5] Einen allgemeinverständlichen Einstieg in die Farbenlehre und ihre Bedeutung für die Entwicklung des Farbfernsehens liefert Walter Bruch in seinem Kapitel über »Technikgeschichte des Farbfernsehens von seinen Uranfängen bis zum amerikanischen NTSC« in: Bruch, Riedel, PAL – Das Farbfernsehen, S. 9–57.

entsprechende Farbfilter, die das in das Objektiv der Kamera einfallende Licht in die drei Grundfarbenanteile zerlegen.

Das einfachste Farbfernsehsystem besteht demnach aus einer Kamera, die mit drei Aufnahmeröhren ausgestattet ist, die mit je einem Rot-, Grün- und Blaufilter versehen und zu einer Farbfernsehkamera zusammengefaßt sind. Die drei so aufnehmbaren Farbauszüge werden mittels einer lichtempfindlichen Schicht in elektrische Signale umgewandelt. Die drei Ausgangssignale dieser Kamera sind die den Grundfarbenanteilen entsprechenden Primärsignale für Rot, Grün und Blau, von denen jedes die gleiche Bandbreite beansprucht wie ein s/w-Signal. Auf der Empfängerseite werden diese drei Primärsignale nun dazu verwendet, sie mittels Projektion oder Spiegelung zur Deckung zu bringen. Das Prinzip der additiven Farbmischung ermöglicht schließlich die farbige Reproduktion der Bildvorlage auf dem Bildschirm[6].

Dieses System der additiven Farbmischung wird auch heute noch bei Projektionsempfängern oder bei der Großprojektion von Farbfernsehbildern angewandt. Die Schwierigkeit besteht darin, die drei Farbauszüge hundertprozentig zur Deckung zu bringen. Die Lösung dieses Problems gelang dem bei der Radio Corporation of America (RCA) angestellten Entwicklungsingenieur A. N. Goldsmith im Jahre 1947. Sein Patent zur sogenannten shadow-mask-Farbbildröhre gehört zu den folgenreichsten Erfindungen auf dem Gebiet der modernen Elektrotechnik. Dessen war sich der Präsident der RCA, David Sarnoff, schon wenige Jahre später bewußt, als er anläßlich der ersten öffentlichen Vorführung der shadow-mask-Röhre am 29. März 1950 in Washington verkündete:

> Im Vergleich zu den großen Erfindungen im Bereich von Radio und Fernsehen der letzten fünfzig Jahre wird diese Farbbildröhre in die Annalen des Fernsehens als revolutionäre und epochemachende Entwicklung eingehen. Wenn Historiker gegen Ende des 20. Jahrhunderts die wichtigsten wissenschaftlichen Entdeckungen auflisten, wird diese Röhre in der Reihe der größten Erfindungen dieses Jahrhunderts stehen. Sie ist der Schlüssel zum Farbfernsehen und damit eine herausragende Leistung unserer Zeit[7].

Die im Deutschen als »Lochmasken-« oder »Schattenmasken-Röhre« bezeichnete Farbbildröhre war nicht nur die Basis für die technisch-industrielle Durchsetzung des Farbfernsehens, sondern wurde auch zum Ausgangspunkt einer jahrzehntelangen Vormachtstellung der RCA auf dem Farbbildröhren-

[6] Zur frühen Entwicklungsgeschichte der Fernsehkamera siehe ABRAMSON, Electronic Motion Pictures sowie Max ARTIGALAS, Michel FAVREAU, Les Caméras de télévision, in: Bulletin du Comité d'histoire de la télévision 18 (juin-juillet 1988) S. 29–62. Zur shadow-mask Farbfernsehröhre siehe D. GABOR, F. R. S. MEMBER, P. R. STUART, P. G. KALMAN, A New Cathode-Ray Tube for Monochrome and Colour Television, in: Proceedings of the Institution of Electrotechnical Engineers 105 (1958) S. 581–606.

[7] Zitiert nach BRUCH, RIEDEL, PAL – Das Farbfernsehen, S. 39.

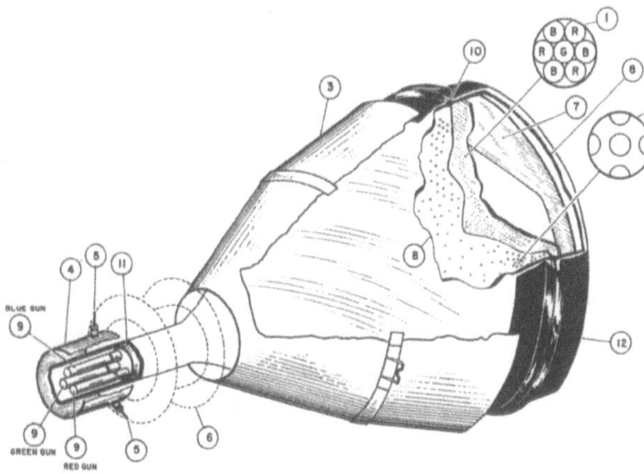

Abb. 1: RCA shadow-mask, aus: Archiv des Deutschen Museums München, Nachlaß Walter Bruch, Signatur NL 101, Nr. 122.

sektor. Worin bestand die Lösung des Problems? Einfach gesagt: In der getrennten Steuerung der drei Farbsignale durch eine Lochmaske.

Das Prinzip des Lochricht-Rasterverfahrens stammt aus der Fotografie. Die Idee, das farbige (polarisierte) Licht durch Elektronenstrahlen zu ersetzen, war der Grundgedanke der Lochmaskenröhre. Schon der deutsche Physiker Werner Flechsig meldete 1938 ein Patent zu einer »Kathodenstrahlröhre zur Erzeugung mehrfarbiger Bilder auf einem Leuchtschirm« an[8], die Realisierung dieser Idee blieb aber den RCA-Ingenieuren um A. N. Goldsmith vorbehalten. Neben der Lochmaske und drei getrennten Kathodenstrahlen war die Beschichtung der Glasinnenseite der Empfängerröhre der dritte zentrale Bestandteil der Lochmaskenröhre. Der Schirm enthält in regelmäßiger Anordnung etwa 330 000 Farbtripel, das heißt etwa 1000 000 Farbleuchtpunkte. Die drei Strahlen der Elektronenstrahlkanonen werden so ausgerichtet, daß sie gemeinsam durch ein Loch in der Lochmaske gehen, um dann divergierend auf die zu einer Dreiergruppe zusammengefaßten rot, grün und blau leuchtenden Phosphorteilchen aufzutreffen. Der Abstand zwischen Schirm und Lochmaske beträgt 11,5 mm, der Abstand zwischen den einzelnen Farbtripeln beträgt 0,74 mm[9].

[8] Werner FLECHSIG, Farbfernsehpatente aus dem Jahre 1938, in: Funkschau, 39 (1967) 17 S. 551–552. Flechsig (1900–1970), der zu dieser Zeit bei der Berliner Fernseh GmbH beschäftigt war, konnte diese Erfindung (Deutsches Reichspatent Nr. 736575 vom 12. Juli 1938) aber nicht zu einer produktionsreifen Röhre weiterentwickeln. Siehe BRUCH, RIEDEL, PAL – Das Farbfernsehen, S. 37.

[9] Eine allgemeinverständliche Beschreibung der Grundlagen der Farbröhrentechnik findet sich bei MÜLLER, Farbfernsehen, sowie bei M. KOUBEK, Zwanzig Jahre kompatibles Farbfernsehen.

Das Aufbringen der Leuchtelemente (Phosphorteilchen), das Zusammenlöten der verschiedenen aus Hartglas gepreßten Glaseinzelteile zum kompletten Galskolben, in den die Lochmaske sowie die drei Kathodenstrahlkanonen eingebaut sind und schließlich die Evakuierung der gesamten Bildschirmröhre machen die Farbbildröhre zu einem der komplexesten masseindustriell hergestellten Konsumgüter überhaupt[10]. Die knappe Beschreibung dieser Technik, an deren Realisierung Hunderte von Spezialisten in mehreren Entwicklungslabors über Jahre gearbeitet haben, wird der Komplexität der Technik und der Bedeutung der Farbbildröhre für die Durchsetzung des Farbfernsehens mit Sicherheit nicht gerecht. Aus Gründen anderer Prioritätensetzung muß aber auf die unter technikhistorischen Gesichtspunkten interessante Beschreibung der Weiterentwicklung der Farbbildröhrentechnik verzichtet werden[11].

War das Aufteilen der Farbinformation in drei Farbsignale für die Kamera und den Empfänger so prinzipiell realisierbar, stellte dieses Prinzip die Fernsehingenieure vor ein anderes Problem: Das »3-Kanal-Verfahren« hat den Nachteil, daß bei der Übertragung (ob über Leitung, Rundfunk oder Satellit) die dreifache Kanalbreite für eine Farbfernsehübertragung benötigt wird. Praktisch bedeutet diese Tatsache, daß für die Übertragung eines Farbbildes bei einer Bildschirm-Zeilennorm von 625 Zeilen statt wie bislang 5 MHz

Der Stand der Farbfernsehtechnik – Rückblick und Ausblick, in: Radioschau 16 (1966) 4 S. 204–211.

[10] Kaiser beschreibt im Jahre 1967 die Farbbildröhre als das wahrscheinlich komplizierteste »technische Teil«, das bislang in die Massenproduktion überführt werde. Rudolf KAISER, Farbtüchtige Fernsehübertragungswege der DBP, in: Der Ingenieur der Deutschen Bundespost 16 (1967) 3 S. 92–98. Karl Tetzner beschreibt die Farbbildröhre, in der alleine 15 Jahre Entwicklungsarbeit steckten, als »das wohl am schwierigsten zu fertigende Teil, das man jemals für den Gebrauchsgütersektor hergestellt hat«. Siehe Karl TETZNER, Die Farbe im Fernsehen. Technik – Wirtschaft – Organisation, in: Rundfunk und Fernsehen 15 (1967) 2 S. 118.

[11] Eine Alternative zur Lochmaskenröhre war die sogenannte »Trinitron«-Röhre, eine Einstrahl-Chromatron-Röhre, die 1964 erstmals von der Firma Sony auf den Markt gebracht wurde. Statt der Lochmaske übernehmen hier Elektronenlinsen die Bündelung der Elektronenstrahlen. Diese Technik geht auf eine Idee des amerikanischen Nobelpreisträgers E. O. Lawrence zurück. 1953/54 stellte General Electric eine größere Zahl von Versuchsmodellen her, scheiterte jedoch an den Fertigungsschwierigkeiten, die mit der Realisierung dieser hochsensiblen Technik verbunden waren. Masaru Ibaku, Mitbegründer von Sony, gelang es nach jahrelangem mühevollen Experimentieren dennoch, dieses Prinzip in Form der Trinitron-Röhre umzusetzen. Die Trinitron-Röhre war mit einem neuartigen Elektronensystem ausgestattet, das alle drei Kanonen in einem System vereinigte, und so den schwierigen Abgleich der drei Kanonen für deckungsgleiche Farbauszüge obsolet machte. Obwohl die Trinitron-Röhre als technisch beste Farbbildröhre gilt, blieb ihre Produktion auf die Firma Sony beschränkt und konnte sich gegenüber der leichter zu fertigenden shadow-mask-Röhre nicht durchsetzen. Siehe hierzu Ronald D. BROWN, Engineering for Colour, in: New Scientist 25. August 1966 S. 416–419. Eine detaillierte technische Beschreibung der Empfängerröhre findet man im Telefunken-Fachbuch »Farb-Fernseh-Technik«, hrsg. von der Telefunken AG, Fachbereich Röhren, Ulm 1966, S. 47–67 sowie bei Norbert MAYER, Technik des Farbfernsehens in Theorie und Praxis, Berlin 1967, S. 127–155.

Bandbreite 15 MHz benötigt werden. Da Mitte der fünfziger Jahre schon ein Mangel an verfügbaren Frequenzbändern existierte, stand man vor dem Problem, drei s/w-Kanäle für einen Farbfernsehkanal ›opfern‹ zu müssen.

Zu diesem rundfunkpolitischen Problem im Bereich der internationalen Frequenzverwaltung[12] gesellte sich eine Herausforderung ganz anderer Art: Die Einführung eines Farbfernsehsystems mit einer Bandbreite von 15 MHz hätte bedeutet, daß der Fernsehzuschauer sich neben dem s/w-Gerät (mit einer Bandbreite von 5 MHz) einen zweiten Empfänger hätte kaufen müssen. War schon die Anschaffung eines s/w-Empfängers in den fünfziger Jahren ein Luxus der besonderen Art, wäre der Kauf eines zweiten, farbtüchtigen Empfängers wohl nur für eine verschwindend kleine Minderheit der Bevölkerung möglich gewesen. Im Gegensatz zur heutigen Zeit beanspruchte der Fernsehempfänger in den fünfziger Jahren den Status eines Luxusgutes mit einer ›Halbwertzeit‹ von mindestens fünfzehn Jahren und einem symbolischen Wert vergleichbar mit dem eines Autos[13].

Für den Farbfernsehempfänger stellte sich demnach eine Forderung, die man in der Rundfunkindustrie bereits aus der Geschichte des Schwarzweißfernsehens kannte[14]: die Forderung nach Kompatibilität des Neuen mit dem Bestehenden. Beim Kauf eines neuen Farbempfängers wollte der Kunde mit diesem Gerät auch noch s/w-Sendungen sehen können. Eine Forderung, die angesichts des beim Beginn des Farbfernsehens sehr eingeschränkten farbigen Programmangebots mehr als berechtigt erschien. Umgekehrt sollten auch alle Besitzer eines s/w-Gerätes die in Farbe ausgestrahlten Sendungen in s/w sehen können. Kompatibilität hieß in diesem Fall, daß für die Übertragung von Farbfernsehbildern nicht mehr Bandbreite benötigt werden durfte als bei der Übertragung von s/w-Bildern. Die Farbinformation (Farbton und Farbsättigung) mußte irgendwie in der Bandbreite von 5 MHz untergebracht werden. Dies schien der Logik der Informationstheorie entgegen zu stehen und physikalisch nicht erfüllbar zu sein.

Einen Ausweg aus diesem Dilemma bot nicht eine neuartige Informationstheorie sondern die Trägheit des menschlichen Auges, oder, wertneutraler ausgedrückt, die physiologische Beschaffenheit des menschlichen Sehorgans

[12] Siehe hierzu ausführlich Kap. 2.2. »The National Television System Committee«.

[13] Noch in einem Bericht über das Farbfernsehen in Frankreich aus dem Jahr 1968 wird festgestellt, daß der hohe Preis der Farbempfänger ein wesentlicher Hemmschuh für die rasche Verbreitung des Farbfernsehens bedeute. Es heißt: »Für den gleichen Preis kann man einen Kleinwagen kaufen, und damit ist die Frage für den Durchschnittsfranzosen überhaupt keine Frage: Das Auto geht vor«. Siehe N.N.: Farbfernsehen in Frankreich, in: Funk-Technik 23 (1968) 5 S. 154.

[14] Die Probleme der Rundfunkindustrie, gerätetechnisch auf die Weiterentwicklung der Aufnahme- und Übertragungstechnik zu reagieren, lassen sich beispielhaft an der Herausbildung der unterschiedlichen s/w-Zeilennormen im europäischen Fernsehbetrieb veranschaulichen. Dieses Thema wird ausführlich am Beispiel der französischen 819-Zeilennorm und den Folgen dieser Entscheidung für die französische Rundfunkindustrie in Kapitel 2.3.1 diskutiert.

und die Verarbeitung der Farbinformation im menschlichen Gehirn. Wahrnehmungsphysiologische Untersuchungen des menschlichen Auges hatten gezeigt, daß das Auflösungsvermögen für Farbunterschiede wesentlich geringer ist als für die Leuchtdichteunterschiede, also für die hell/dunkel-Unterschiede[15]. Das menschliche Auge hat gegenüber dem farbigen Detail ein bedeutend geringeres Auflösungsvermögen – der Reduktionsfaktor liegt zwischen 3 und 5 je nach Seh- und Verarbeitungsvermögen. Übertragen auf die Farbfernsehtechnik bedeutete dies, daß bei der Übertragung der drei Primärsignale mit voller Bandbreite überflüssige Farbinformation übertragen wird, die vom menschlichen Auge gar nicht wahrgenommen werden kann. Dieser Tatbestand legte den Gedanken nahe, das s/w-Bild (also das Leuchtdichtesignal) mit der gesamten Bandbreite von 5 MHz zu übertragen, die Farbinformation dagegen mit bedeutend geringerer Bandbreite, etwa mit 1 MHz zu übertragen. Ein beliebtes Bild zur Veranschaulichung dieses Prinzips ist der Vergleich mit dem Malbuch eines Kindes: Die bereits in Grauwerten vorgezeichneten Konturen lassen das wie auch immer ausgefärbte Objekt bereits deutlich erkennen[16].

Daß die Unterbringung der Farbkomponenten im s/w-Band möglich war, wurde bereits 1946 im sogenannten »mixed-highs«-System der RCA erfolgreich demonstriert[17]. Da der obere Teil des Frequenzspektrums beim s/w-Signal relativ gering beansprucht wird, führte man bei 4,43 MHz den soge-

[15] Siehe Humberto Maturana u. a., Eine biologische Theorie der relativistischen Farbkodierung in der Primatenretina, in: Ders. (Hg), Erkennen. Die Organisation und Verkörperung von Wirklichkeit, Braunschweig 1982. Die erkenntnistheoretischen Folgerungen aus seinen neurobiologischen Forschungen präsentiert Maturana anschaulich in: Ders., Was ist Erkennen?, München 1994. Der amerikanische Neurophysiologe William Calvin schildert die wahrnehmungstheoretischen und bewußtseinsphilosophischen Grundlagen der Sehforschung anschaulich in dem Kapitel »Aus bloßem Gehirn wird Geist: Die visuelle Welt wird zerlegt«. Siehe William H. Calvin, Die Symphonie des Denkens. Wie Bewußtsein entsteht, München 1995, S. 117–141.

[16] Siehe Müller, Farbfernsehen, S. 760.

[17] Das »mixed-highs«-Verfahren war das erste in einer Reihe von Testverfahren, die man zur Reduktion der Bandbreite beim Farbfernsehen ausprobierte. Es folgten mehrere Systeme, die auf der Basis sequentieller, das heißt aufeinanderfolgender Übertragung der drei Primärsignale basierten. So das »field sequential system«, bei dem in aufeinanderfolgenden Teilbildern die Grundfarben übertragen wurden. Eine Weiterentwicklung stellte das »line sequential system« dar, bei dem die Abtastnorm vom Schwarzweißfernsehen übernommen und die Farbsignale zeilenweise übertragen wurden. Der nächste Schritt führte zum »dot sequential system«, zum Punktfolge-Verfahren. Die Umschaltung zwischen den Grundfarben erfolgte hier erstmals zwischen zwei aufeinander folgenden Bildpunkten. Die Erkenntnisse aus dem »dot sequential system« führten letztlich zu der für alle danach folgenden Systeme grundlegenden »System-Philosophie« des kompatiblen Farbfernsehens, wie sie im NTSC-System realisiert worden sind. Als Überblick siehe Koubek, Zwanzig Jahre kompatibles Farbfernsehen, S. 204 sowie Schwartz, Übersicht über die verschiedenen Farbfernsehsysteme, S. 487–504. Eine ausführliche technische Beschreibung findet sich bei Inglis, Behind the Tube, S. 237f. sowie vor allem bei den beiden Fernsehpionieren Zworykin, Morton, Television, S. 757–872.

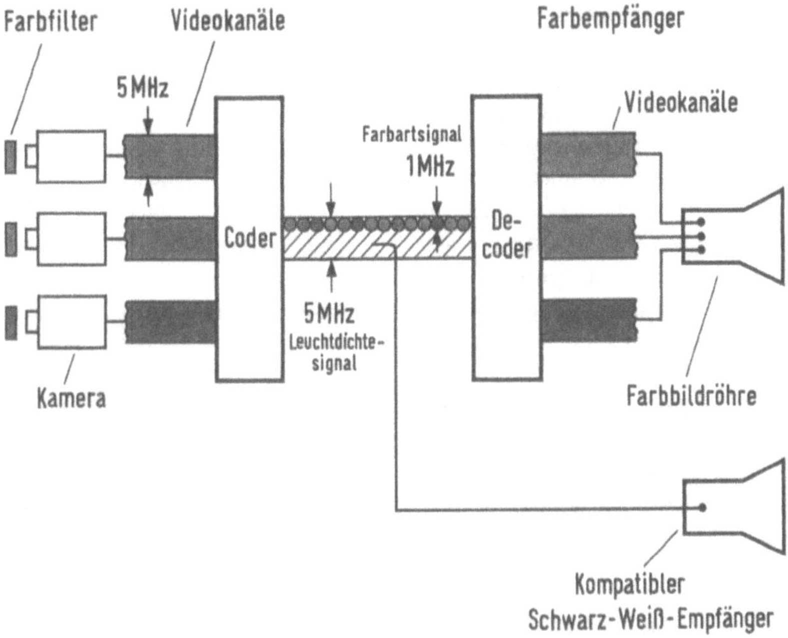

Abb. 2: Grundprinzip der Einkanalübertragung, aus: Archiv des Deutschen Museums München, Nachlaß Walter Bruch, Signatur NL 101, Nr. 122.

nannten »Farbträger« in das Fernsehband ein, den man dann mit den beiden Farbkomponenten moduliert (Prinzip der Frequenzverkämmung oder »frequency interlace«). Da sich die beiden Farbsignale wegen der oben beschriebenen Beschaffenheit des menschlichen Sehvermögens in reduzierter Bandbreite (etwa 0,5 und 1,5 MHz) realisieren lassen, gruppiert sich schließlich die gesamte Farbinformation um den Farbträger von 3 bis 5 MHz.

Die Unterbringung der Farbinformation in einem Signal, das nicht mehr Bandbreite benötigte als der s/w-Fernsehkanal, war also prinzipiell möglich. Die Herausforderung für die Fernsehtechniker bestand nun darin, die drei Farbsignale Rot, Grün und Blau in ein für den Fernsehrundfunk geeignetes Einkanal-Signal umzuwandeln. Genau dies ist die Aufgabe des eigentlichen Farbfernsehsystems. Abbildung 2 verdeutlicht das Grundprinzip aller kompatiblen Farbfernsehübertragungssysteme.

Die Aufgabe des Farbfernsehsystems wird hier klar: Die von der Farbkamera ausgegebenen Farbsignale Rot, Grün und Blau (R, G, B) müssen in einem »Coder« zu einem einzigen Signal mit einer Bandbreite von ca. 1 MHz zusammengefaßt werden (Farbartsignal), das dem breitbandigen 5-MHz-Leuchtdichtesignal (Y-Signal genannt) aufmoduliert wird. Ist diese Forderung erreicht, spricht man von »senderseitiger Kompatibilität«. Im »Decoder« des Fernsehempfängers erfolgt die Rückwandlung des schmalbandigen Farbartsignals in die drei breitbandigen R-, G-, B-Signale zur Ansteuerung der Dreistrahl-Farbbildröhre. Wichtigste Zusatzbedingung für die Kodierung ist die Einhaltung der senderseitigen Kompatibilität, das heißt, der s/w-Empfänger muß das Leuchtdichtesignal aus dem übertragenen Gesamtsignal mit einem Minimum an Störwirkung wiedergeben können.

Bevor näher auf die unterschiedlichen technischen Übertragungsvarianten eingegangen wird, gilt es, folgendes festzuhalten: Das soeben beschriebene Prinzip der Einkanal-Farbfernsehübertragung gilt für alle später realisierten Farbfernsehsysteme gleichermaßen. Sowohl das amerikanische NTSC-System als auch das französische SECAM-System und das deutsche PAL-System basieren auf diesem Prinzip. Die drei Systeme unterscheiden sich lediglich in einem Punkt: in der Art der Modulation des Farbträgers. Die beiden zentralen Parameter der Entwicklung des Farbfernsehens, die Erzeugung eines Einkanal-Farbfernsehsignals sowie die Kompatibilität von Schwarzweiß- und Farbfernsehen, werden in allen später realisierten Farbfernsehsystemen beibehalten.

2.2. Das »National Television System Committee« (NTSC)

Anfang der 1950er Jahre waren in den USA somit die wichtigsten wissenschaftlich-technischen Voraussetzungen für ein kompatibles elektronisches Farbfernsehsystem geschaffen worden. Obschon die USA das einzige Land der Welt waren, in dem das Schwarzweißfernsehen nach 1945 einen rasanten Aufschwung erlebte, ist es erstaunlich, mit welchem Elan sich die US-amerikanische Rundfunkindustrie dem Thema Farbfernsehen zu einer Zeit widmete, in der das Geschäft mit den s/w-Empfängern erst langsam rentabel wurde. War (ist) es doch ein ungeschriebenes Gesetz der Rundfunkgeräteindustrie, eine die bestehende Produktpalette ablösende Gerätegeneration erst dann auf den Markt zu bringen, wenn sich eine Sättigungskurve im Absatz der ersten Generation andeutet[18]. Von einer Sättigung im Bereich der s/w-Empfänger konnte auf dem amerikanischen Markt um 1950 jedoch keine Rede sein. Der Impuls, sich intensiv mit der Entwicklung des Farbfernsehens zu beschäftigen, wurde von außen an die Rundfunkindustrie herangetragen, genauer gesagt von der Federal Communications Commission (FCC). Welches Interesse hatte die FCC an dieser frühzeitigen Beschäftigung mit dem Farbfernsehen? Über die Motive klärt uns ein Bericht von Stéphane Mallein auf, der im Januar 1951 im Auftrag der Radio Télédiffusion Française (RTF) auf Amerikareise war:

> Contrairement à ce qu'on pourrait croire, ce ne sont pas les industriels, mais bien le F.C.C. qui a constamment poussé les recherches vers la couleur; on se rappelle qu'au début de 1949, la F.C.C. avait suspendu toute nouvelle allocation de fréquences pour la télévision et qu'elle avait mis à l'étude l'utilisation des fréquences supérieurs à 470 mc/s, elle avait à ce moment bien précisé que cette étude serait conduite avec le souci de ménager l'avènement de la télévision en couleurs. Depuis cette date, chaque fois que l'industrie venait réclamer la mise en vigeur du nouveau plan, la F.C.C. ne manquait pas de rétorquer qu'il fallait d'abord qu'on lui proposât un système de couleurs valable[19].

Die für die Frequenzvergabe in den USA zuständige Bundesbehörde FCC hatte also die Vergabe weiterer Frequenzen für den stark im Aufwind stehen-

[18] Genau dies bewahrheitete sich ja auch im amerikanischen Fall. Der Absatz der Farbempfänger stieg erst sechs Jahre nach der Einführung des NTSC-Systems erheblich an, als eine flächendeckende Versorgung des Landes mit s/w-Empfängern realisiert war. »Wie das Beispiel der USA deutlich zeigt, wird die Einführung des FF erst dann aktuell, wenn sich – wirtschaftlich gesehen – auf dem monochromen Markt allmählich Sättigungserscheinungen zeigen«, bestätigte Walter Gerber 1965. Siehe Walter GERBER, Die Normung des Farbfernsehens in Europa, in: Internationale Elektronische Rundschau 20 (1966) 9 S. 512. Zahllose Belege für die These des Sättigungsgrades liefert auch die Einführung neuer Radiomodelle im Rahmen der Transistorisierung der Empfänger. Siehe hierzu FICKERS, »Der Transistor« als technisches und kulturelles Phänomen.

[19] Stéphane MALLEIN, Rapport sur la mission effectuée à New-York et Washington du 14 au 23 décembre 1950, Paris, 31 janvier 1951, 10 maschinengeschriebene Seiten, hier S. 3, in: Archives nationales, Nr. 870714/Art. 14.

den s/w-Fernsehrundfunk an die Bedingung geknüpft, sich vorher darüber im klaren zu sein, auf welchen Wellen- und Frequenzbereichen der zukünftige Farbfernsehbetrieb angesiedelt sein würde. Diese aus rundfunkpolitischer Perspektive vernünftige Überlegung setzte die US-amerikanische Rundfunkindustrie unter erheblichen Druck. Wollte man dem aufstrebenden s/w-Geschäft keine Grenzen in dem Sinne setzten, daß die Entstehung neuer Sender und damit zusätzlicher Programme verhindert wurde, mußte die Entwicklung eines tauglichen Farbfernsehsystems so schnell wie möglich realisiert werden. Woher hatte die FFC die Befugnis zu einer derart weitreichenden Entscheidung?

Um diese Frage zu beantworten, lohnt es, sich die Geschichte dieser Bundesbehörde vor Augen zu führen[20]. Bis 1927 gab es in den USA keinerlei staatliche Regelung im Bereich des Rundfunks. Rundfunkstationen konnten nach eigenem Gutdünken Sendefrequenzen besetzen und änderten diese nach Belieben. Um dieses Chaos zu beenden, wurde am 23. Februar 1927 im sogenannten »Radio Act« die »Federal Radio Commission« (FRC) geschaffen. Sie setzte sich aus fünf Kommissaren zusammen, die – bis heute – vom US-amerikanischen Präsidenten vorgeschlagen und anschließend vom Senat bestätigt werden müssen[21]. 1934 schuf der Kongreß mit dem »Federal Communications Act« die gesetzliche Grundlage für die Umbenennung und Kompetenzerweiterung der FRC in die »Federal Communications Commision« (FCC). Da die Sendefrequenzen in den USA als öffentliches Gut gelten (public airwaves), besteht die Aufgabe der FCC vornehmlich in der Regulierung inner- und zwischenstaatlicher Kommunkation »by regulating interstate and foreign commerce in communication by wire and radio«[22]. Hans Joachim Kleinsteuber versucht in seinem Aufsatz »Regulierung des Rundfunks in den USA. Zur Kontrolle wirtschaftlicher Macht am Beispiel der FCC« nachzuweisen, daß sich in der FCC beispielhaft die typisch amerikanische Regulierungspolitik nach dem Muster der »countervailing powers« wiederspiegelt:

> Den Traditionen des common law folgend, bezeichnet Regulation weniger ein von Gesetzen geleitetes hierarchisches und zielgerichtetes staatliches Handeln, sondern eher ein Prozedere […] bei dem Konflikte als normal vorausgesetzt und deren staatlich moderierte Schlichtung in den Mittelpunkt gestellt werden. […] Die Gerichtsähnlichkeit des regulativen Prozesses ist unverkennbar. Zwei Parteien streiten vor einer neutralen staatlichen Instanz, die selbst als Jury (die

[20] Zur Geschichte und Bedeutung der FCC siehe diverse Beiträge in dem Sammelband von LITCHY, TOPPING (Hg.), American Broadcast. Eine theoretische Auseindersetzung mit den Regulierungskompetenzen der FCC liefert der anregende Aufsatz von Hans Joachim KLEINSTEUBER, Regulierung des Rundfunks in den USA. Zur Kontrolle wirtschaftlicher Macht am Beispiel des FCC, in: Rundfunk und Fernsehen 44 (1996) 1 S. 27–50. Eine detaillierte technikhistorische Studie zur Rolle der FCC bei Standardisierungsfragen liefert Hugh R. SLOTTEN, Radio and Television Regulation: Broadcast Technology in the United States, 1920–1960, Baltimore 2000.

[21] Die »Commissioner« sind für fünf Jahre gewählt und »unabsetzbar«.

[22] Kleinsteuber, Rundfunkregulierung in den USA, S. 32.

fünfköpfige FCC) konzipiert ist. [...] Man könnte sagen, die FCC repräsentiert eine verstaatliche Variante der Selbstregulierungsbedarfe aus der Rundfunkindustrie[23].

Auch wenn Kleinsteubers Thesen im Bezug auf die Kontrolle wirtschaftlicher Macht (FCC als Antitrust-Behörde im Bereich der Rundfunkindustrie) plausibel erscheinen, sollte die von ihm konstatierte »ausgeprägte Bürgerbeteiligung und die Öffentlichkeit des Regulierungsprozedere« nicht überbewertet werden. Lawrence Litchy hat bereits 1976 nachgewiesen, daß Idee und Wirklichkeit oftmals voneinander abweichen und der »Transparenz« daher praktische Grenzen gesetzt sind. Litchy betont, daß die Politik des FCC stark vom jeweiligen Hintergrund der einzelnen Kommissare gefärbt war: »[...] the personal experience, education, occupational background, and governmental philosophy of the members of the FRC and FCC have overtly influenced the direction and emphasis of the agency's policies. [...] Many important decisions or changes were the result of a ›crusade‹ by one commissioner«[24].

Versuchen wir, Kleinsteubers Überlegungen am Beispiel der Kontroverse zwischen den beiden Protagonisten CBS und RCA um den Farbfernsehstandard zu verifizieren. Wie bereits beschrieben, hatte die FCC 1948 alle weiteren Lizenzvergaben im Bereich des Fernsehens »because of the confusing surrounding engineering standards and color television«[25] eingefroren. Diese als »TV freeze«[26] in die Geschichte eingegangene Entscheidung der FCC war mit der Aufforderung des FCC an die Entwicklungsfirmen verbunden, der FCC ihren jeweiligen Forschungsstand im Farbfernsehbereich im September 1949 vorzulegen. Sie leitete somit das ihr zur Verfügung stehende Rechtsverfahren des »rule-making process« ein, das mit der Veröffentlichung von Vorschlägen beginnt, der anschließenden Möglichkeit von Einsprüchen und Anhörungen (hearings) fortgesetzt wird, bis das Verfahren mit der Verkündung eines »report and order« abgeschlossen wird.

Im Oktober und November 1949 fanden die sogenannten »hearings« statt. Die RCA stellte hier erstmals ihr s/w-kompatibles Farbfernsehsystem vor. Die erreichte Bildqualität des RCA-Systems blieb jedoch deutlich hinter der des elektro-mechanischen Systems der CBS zurück. Schwachpunkt des RCA-Systems war der Farbempfänger, beziehungsweise die Farbfernsehröhre. Während der Anhörungen kündigte die RCA jedoch an, sie werde innerhalb

23 Ibid. S. 29, 32 und 33.

24 Lawrence W. Litchy, The Impact of FRC and FCC Commissioners' Backgrounds on the Regulation of Broadcasting, in: Ders., Malachi, American Broadcast, S. 630f. Litchy macht in der Zeit von 1927 bis 1976 sieben Epochen aus. Jede dieser Epochen ist seiner Meinung nach durch den personellen »background« der fünf Commissioner bestimmt, wobei mal Techniker, mal Politiker, mal Juristen die Politik der FCC maßgeblich bestimmten.

25 Ibid. S. 627.

26 Zum Thema »TV freeze« siehe Boddy, Fifties Television, S. 42–64.

der nächsten sechs Monate eine neuartige Farbfernsehröhre vorstellen können, welche die bisherigen Schwächen des Systems kompensieren werde. In diesen sechs Monaten gelang den Ingenieuren und Technikern der RCA tatsächlich, was viele Experten nicht für realisierbar hielten:

Over the winter, more than fifty scientists and engineers at the Princeton Labs, supported by technical and administrative staff, worked with engineers at RCA's CRT (cathode ray tube, A.d.V.) plant in Lancaster, Pennsylvania, to make a demonstration model. By the end of March 1950, as promised, RCA showed the FCC its color picture tube in an receiver similar to those consumers bought for a black-and-white television. More than any other component of the system, the shadow-mask CRT made color television a practical household technology[27].

Trotz dieser Leistung seitens der RCA-Ingenieure legte die FCC nach Abschluß der Anhörungen im Mai 1950 das von der CBS vorgestellte bildsequentielle elektromechanische Farbfernsehsystem, welches mit dem bestehenden s/w-System nicht kompatibel war, als US-amerikanischen Standard fest[28]. Die RCA reagierte mit einem Protest beim obersten amerikanischen Gerichtshof, und auch das National Bureau of Standards (NBS) legte im Juli 1950 einen Untersuchungsbericht vor, in dem sie das RCA-System in 12 von 18 Vergleichspunkten als dem CBS-System überlegen beschrieb.

Parallel zu den Aktivitäten der FCC hatte sich bereits im Januar 1950 auf Anregung der Radio Manufacturers Association (RMA) ein zweites National Television System Committee (NTSC) gebildet, das – so die Hoffnung der zahlreich vertretenen Rundfunkfirmen – wie schon 1940 die entscheidende Wendung (diesmal pro RCA) im Kampf um einen einheitlichen Standard bringen sollte[29]. Das, was dem zweiten NTSC in den nur knapp drei Jahren von seiner Zusammensetzung (Januar 1950) bis zur Übernahme des vor-

27 IEEE Milestones, Monochrome-Compatible, Electronic Color Television, 1946–1953, in: http://www.ieee.org/organizations/history_center/milestones_photos/colortvtech.html (Juni 2006).

28 In dem »Second Report on Color Television« wurde das CBS-System zum amerikanischen Standard erklärt. Siehe Peter Goldmark u. a., Color Television – USA Standard, in: Proceedings of the IRE 39 (1951) S. 1288–1313. Siehe auch Heinwig Lang, 40 Jahre Farbfernsehen nach dem Prinzip der konstanten Luminanz, in: Fernseh- und Kino-Technik 49 (1995) 1–2 S. 35–40.

29 Das erste National Television System Committee war am 17. Juli 1940 auf Anregung der RMA unter der Leitung von Dr. W. R. G. Baker von der General Electric Company gegründet worden. Schon damals waren alle großen Namen der Branche vertreten: Bell Telephone Labs, CBS, Don Lee Broadcasting System, DuMont Labs Inc., Farnsworth Television and Radio Corp., General Electric Company, Hazeltine Service Corp., John V. L. Hogan, Hughes Tool Company, IRE, Philco Corp., RCA, Stromberg-Carlson Telephone Mfg. Company, Television Productions und Zenith Corp. Am 2. Mai 1941 verabschiedete die FCC schließlich die vom NTSC vorgeschlagenen Normen für das Schwarzweißfernsehen in den USA (u. a. die 525-Zeilennorm) und kündigte den Beginn des kommerziellen Schwarzweißfernsehens für den 1. Juli 1941 an. Siehe Abramson, The History of Television 1880 to 1941, besonders Kapitel 11 »The first NTSC: 1940–1942«, S. 257–273.

geschlagenen Farbfernsehstandards durch die FCC (17. Dezember 1953) gelang, wurde retrospektiv von vielen Fachleuten als »Glanzstück«[30], »Maß aller Dinge«[31] oder »eine der genialsten Erfindungen des Fernsehens«[32] bezeichnet. Für die meisten US-amerikanischen Hersteller spielte das Argument der Kompatibilität mit dem bestehenden s/w-System die zentrale Rolle bei der Entscheidung, das RCA-System zu unterstützen.

In diesem zweiten National Television System Committee fanden sich über hundert Physiker, Ingenieure und Techniker aller großen US-amerikanischen Fernsehfirmen zusammen (auch CBS war beteiligt), um die Idee eines kompatiblen, vollelektronischen Farbfernsehsystems zu realisieren. Die entscheidenden Anregungen, die schließlich zur erfolgreichen Entwicklung des Systems führten, kamen von den Mitarbeitern der Hazeltine Corporation unter Leitung von D. B. Loughlin. Loughlin faßte seine Modifikationen an dem RCA-System unter dem Namen »Constant Luminance System« zusammen.

Es bestand im wesentlichen aus zwei Modifikationen des RCA-Systems[33]: 1) Statt des Signals aus den »gemischten Höhen« (mixed highs) wurde ein breitbandiges Helligkeits- bzw. Luminanzsignal Y gebildet. Dieses Luminanzsignal war die gewichtete Summe der drei Farbwertsignale R (Rot), G (Grün) und B (Blau). 2) Als Buntheits- oder Chrominanzsignal wurden nicht die drei Farbwertsignale selbst, sondern die Differenzen (die so genannten Farbdifferenzsignale) zur Modulation des Farbträgers verwendet.

Was bedeuteten diese beiden Veränderungen konkret? Farbphysiologische Untersuchungen hatten gezeigt, daß das menschliche Auge farbiges Licht unterschiedlicher Intensität je nach Farbton in unterschiedlicher Helligkeit wahrnimmt. In einem weißen Lichtstrahl trägt beispielsweise die Grünkomponente (G) 59%, die Rotkomponente (R) 30% und die Blaukomponente (B) nur 11% zu dem erzeugten Helligkeitseindruck bei. Mit anderen Worten: blaue Farben erscheinen dem Auge dunkler als rote und diese wiederum dunkler als grüne[34]. Addiert man also die drei Farbwertsignale in diesem anteiligen Verhältnis zueinander, so erhält man ein resultierendes Helligkeits- oder Luminanzsignal (Y-Signal), das wie das Bildsignal des Schwarzweißfernsehens alle Informationen über die Helligkeitsverteilung des Bildes enthält. Formelhaft ausgedrückt bedeutet dies: $Y = 0{,}3\ R + 0{,}59\ G + 0{,}11\ B$.

30 Walter KAISER, Von der Nachrichtenübermittlung zur Telekommunikation, in: Hans-Joachim BRAUN, Walter KAISER, Energiewirtschaft, Automatisierung, Information, Propyläen Technikgeschichte Bd. 5, Berlin 1997, S. 394.

31 Norbert MAYER, Farbfernsehübertragung mit gleichzeitiger Frequenz- und Amplitudenmodulation des Farbträgers (FAM-Verfahren), in: Rundfunktechnische Mitteilungen 4 (1960) S. 238.

32 MÜLLER, Die internationalen Bemühungen um eine europäische Farbfernsehnorm, S. 228.

33 LANG, 40 Jahre Farbfernsehen, S. 38 f.

34 Fritz JAESCHKE, Europa vor der Einführung des Farbfernsehens, in: Umschau in Wissenschaft und Technik 66 (1966) 8 S. 259.

Dieses Y-Signal wird in der gleichen Technik, vor allem mit der gleichen Bandbreite wie in der s/w-Technik übertragen und liefert am Empfangsort ein normales s/w-Bild. Dieser Prozeß der Signalmischung bedeutet mathematisch eine Koordinatentransformation, bei der das dreiparametrige System R, G, B in ein neues, linear davon abhängiges System überführt wird[35].

Zur vollständigen Definition eines Bildpunktes in diesem neuen System sind wiederum drei Koordinaten erforderlich, von denen bislang nur eine mit dem Y-Signal festgelegt ist. Zwei weitere, welche die benötigten Farbinformationen definieren müssen, fehlen noch. An diesem Punkt setzten Loughlins Überlegungen zu den Farbdifferenzsignalen an. Er schlug vor, auch für die Farbsignale eine Koordinatentransformation vorzunehmen, indem anstelle der Farbwertsignale R, G, und B die Farbdifferenzsignale U = B-Y und V = R-Y übertragen werden. Über eine recht einfache Matrix lassen sich so die drei Farbwertsignale in die beiden Farbdifferenzsignale R-Y und B-Y umwandeln. Die beiden Farbdifferenzsignale sind dann für den Farb- oder Chrominanzanteil des zu übertragenden Bildes allein verantwortlich. Da es sich bei den beiden Farbdifferenzsignalen zudem um die beiden Farbkomponenten handelt, die im Vergleich zur Grünkomponente die geringeren Helligkeitsanteile besitzen, kann so wertvolle Bandbreite eingespart werden. Loughlin zeigte auch, wie die beiden Farbdifferenzsignale im Empfänger über eine Dematrix wiedergewonnen werden konnten. Schließlich läßt sich das dritte Farbsignal (Grün) aus den beiden Farbdifferenzsignalen B-Y und R-Y und dem Helligkeitssignal (Y-Signal) ableiten. Durch Addition des Luminanzsignals erhält man schließlich die für die Farbbildröhre erforderlichen Farbwertsignale R, G und B.

Die Ingenieure der RCA waren von Loughlins Vorschlägen so begeistert, daß sie diese unmittelbar in ihr System übernahmen[36]. Als letztes Problem blieb den Experten des NTSC die Frage der Übertragungsart der Farbdifferenzsignale zu klären, beziehungsweise die Frage der Kombination von Chrominanz- und Luminanzkanal zu beantworten. Wie bereits erwähnt, wurde die insgesamt zur Verfügung stehende Übertragungsbandbreite von 5 MHz in vollem Umfang von dem Helligkeitssignal beansprucht. Die zusätzliche Farbinformation mußte daher gemeinsam mit dem Y-Signal im gleichen Kanal untergebracht werden. Daß dies prinzipiell möglich war, hatten die RCA-Ingenieure bereits 1946 mit dem sogenannten »mixed highs«-Verfahren gezeigt.

Die Kombination des »mixed highs«-Verfahrens mit den Vorschlägen von Loughlin (»constant luminance«) gelang den Ingenieuren der Philco Corpora-

[35] Fritz JAESCHKE, Übersicht über den Stand der Fernsehtechnik, in: Jahrbuch des elektrischen Fernmeldewesens 18 (1967) S. 195.

[36] Die spannende Phase der Arbeit am Farbfernsehen im zweiten NTSC beschreibt der langjährige Leiter der RCA Forschungslaboratorien in Princeton, George H. BROWN in seinem Buch »... and Part of Which I Was«. Recollections of a Research Engineer, Princeton 1982.

tion. Dort schlug man vor, die beiden Chrominanzkomponenten (R-Y und B-Y) der Farbträgerfrequenz in Quadraturmodulation aufzuprägen, die dann dem Luminanzsignal additiv zugesetzt wird[37]. Bei der Quadraturmodulation wird der Farbhilfsträger in zwei »senkrecht« zueinanderstehende Komponenten aufgespalten (Phasenverschiebung von 90°). Diese werden in Gegentaktmodulation mit je einem der beiden Farbdifferenzsignale amplitudenmoduliert.

Wegen der Analogie zum »Newtonschen Farbkreis« nennt man die Darstellung des Farbträgers in der komplexen Ebene auch »Chrominanzebene«. In Folge dieser Analogie kann man nach Schönfelder von einem besonders anschaulichen Modulationsverfahren sprechen: Die Farbträgeramplitude bestimmt die Farbsättigung und die Farbträgerphase den Farbton[38]. Trotz der »Genialität« dieser Lösung sollte sich herausstellen, daß die Abhängigkeit des Farbtons von der Farbträgerphase das System in der Praxis relativ anfällig für unschöne Farbverzerrungen machen sollte, da es während der Übertragung des Farbsignals leicht zu Phasenverschiebungen kommen konnte. Doch dazu später.

Es wären noch zahlreiche weitere Details notwendig, wollte man der komplexen Struktur des NTSC-Systems gerecht werden, doch soll an diesem Punkt nicht weiter auf die technisch-wissenschaftlichen Grundlagen eingegangen werden[39]. Festzuhalten bleibt, daß es den führenden US-amerikanischen Rundfunkunternehmen in einer beeindruckenden Gemeinschaftsleistung gelungen war, ein den selbstgesteckten Anforderungen zur Genüge reichendes kompatibles, vollelektronisches Farbfernsehsystem zu entwickeln.

Neben den bereits geschilderten Entwicklungen im Bereich der Übertragungstechnik und Farbkodierung war die bei der RCA entwickelte Farbbildröhre das dritte zentrale Standbein, das letztlich den Durchbruch des NTSC-Systems ermöglichte. Am 17. Dezember 1953 legte die FCC das vom National Television System Committee vorgeschlagene Farbfernsehsystem als neuen US-amerikanischen Farbfernsehstandard fest und revidierte damit die

[37] SCHÖNFELDER, Fernsehtechnik im Wandel, S. 33f.

[38] Ibid. S. 36. Zur Bestimmung einer Farbe in der Farbmetrik sind immer die beiden Informationen des Farbtons und der Farbsättigung notwendig.

[39] Siehe hierzu u.a. MAYER, Technik des Farbfernsehens in Theorie und Praxis; Helmut SCHÖNFELDER, Die Farbsynchronisierung beim NTSC-Verfahren, in: Archiv der elektrischen Übertragung 18 (1964) 6 S. 355–370; JAESCHKE, Übersicht über den Stand der Farbfernsehtechnik; Gordon J. KING, Beginner's Guide to Colour Television, London 1973; Günther KROLL, Farbfernsehen – leicht verständlich, Hamburg 1967. B. W. OSBORNE, Colour Television Reception and Decoding Technique, London 1968; C. R. G. REED, Principles of Colour Television Systems, London 1969; Richard THEILE, Die Entwicklung der kompatiblen Farbfernsehtechnik unter besonderer Berücksichtigung der verschiedenen Vorschläge für die Übertragung der Farbart-Signale (Farbträgermodulation), in: Rundfunktechnische Mitteilungen 9 (1965) 5 S. 241–250; F. W. de VRIJER,: Übertragungssysteme für das Farbfernsehen, in: Philips Technische Rundschau 27 (1966) 4 S. 85–99.

1950 getroffene Entscheidung für das CBS-System. Als Beginn für den Start der Farbfernsehsendungen nach dem neuen NTSC-System wurde der 22. Januar 1954 bestimmt.

Die organisatorischen und institutionellen Rahmenbedingungen, in denen sich die Fernsehtechnik in Europa entwickelte, unterschieden sich deutlich von denen in den USA. Als man 1954 das Farbfernsehen in den USA einführte, war man in den meisten europäischen Ländern gerade damit beschäftigt, einen stabilen s/w-Fernsehfunk auf die Beine zu stellen. An Farbfernsehen dachte – zumindest im Bereich der praktischen Realisierung – zu dieser Zeit niemand. Dennoch vollzogen sich Ende der vierziger, Anfang der fünfziger Jahre in Europa einige entscheidende Entwicklungen im Bereich der Fernsehtechnik, die für das künftige Farbfernsehen von zentraler Bedeutung waren. Ohne eine grobe Kenntnis dieser Vorgeschichte sind viele spätere Entwicklungen nicht nachvollziehbar. In einem kurzen Exkurs sollen daher jene rundfunktechnischen und -politischen Faktoren beschrieben werden, die für die Entwicklung des Farbfernsehens in Europa von entscheidender Bedeutung waren, die jedoch im kollektiven Gedächtnis, das eindeutig durch die politisierte PAL-SECAM-Kontroverse überfärbt wurde, untergegangen sind.

2.3. Das Problem der Zeilennorm in der Entwicklung des Schwarzweißfernsehens

Der Beginn regelmäßig ausgestrahlter Fernsehensendungen in Europa fällt in die 1930er Jahre. Am 15. Januar 1936 wurde in Berlin der regelmäßige Fernsehbetrieb des »Fernsehsenders Paul Nipkow« aufgenommen, das englische BBC-Versuchsprogramm wurde am 2. November des gleichen Jahres aufgenommen. Trotz aller technischen Anstrengungen und politischen Ambitionen ist Winfried Lerg zuzustimmen, daß der Fernsehbetrieb bis zum Beginn des Zweiten Weltkrieges in einem »Stadium des permanenten Experiments« verharrte[40]. Zudem war es – zumindest in Deutschland und Frankreich – ein Medium ohne Publikum. Die für die Durchsetzung des Hörfunks so wichtige »popularisierende Amateurbewegung« und »Detektor-Ära« fehlte dem Fernsehen, wofür natürlich in erster Linie die wesentlich komplexeren Anforderungen im Bereich der Empfängertechnik verantwortlich waren[41]. Auch setzte man in Deutschland ähnlich wie beim Beginn des Hörfunks auf das Konzept »gemeinschaftlicher« Mediennutzung. Das Konzept des »Saalfunks« für das Radio der frühen zwanziger Jahre fand sein Pendant in den 15 öffentlichen Fernsehstellen Berlins des Jahres 1936 oder ihren Pendants in der französischen Hauptstadt[42].

Ein wenig anders sah die Situation in Großbritannien aus. Hier vollzog sich die Streuung der Empfangsgeräte in private Haushalte wesentlich schneller

[40] Winfried B. LERG, Zur Entstehung des Fernsehens in Deutschland, in: Rundfunk und Fernsehen 15 (1967) 4 S. 349–375, S. 363.

[41] Siehe Monika ELSNER, Thomas MÜLLER, Peter M. SPANGENBERG, Der lange Weg eines schnellen Mediums: Zur Frühgeschichte des deutschen Fernsehens, in: URICCHIO (Hg.), Die Anfänge des deutschen Fernsehens, S. 153–207. Aus literaturhistorischer Perspektive wird hier eine mentalitätshistorische Darstellung der Suche des Fernsehens nach seiner »medialen Identität« geliefert. Der diskursanalytische Zugriff ist eine interessante Erweiterung der klassischen rundfunkhistorischen Interpretationen. Siehe auch Bruce A. MURRAY, Christopher J. WICKHAM (Hg.), Framing the Past. The Historiography of German Cinema and Television, Illinois 1992.

[42] Zur Geschichte des Saalfunks siehe Winfried B. LERG, Rundfunkpolitische Infrastruktur, in: BAUSCH (Hg.), Rundfunk in Deutschland, Bd. 1, S. 177f. Eine innovative kulturgeschichtliche Analyse der Frühphase des Hörfunks liefert die Arbeit von Carsten LENK, Die Erscheinung des Rundfunks. Einführung und Nutzung eines neuen Mediums 1923–1932, Opladen 1997. Lenk teilt seine Studie in drei thematische Bereiche: die Verortung des Rundfunks (Öffentlichkeit versus Heim), die Freizeit als Radiozeit und schließlich die Durchdringung der Lebenswelt durch das neue Medium. Dadurch gelingt ihm eine alltagsgeschichtliche Rekonstruktion des Umgangs mit dem neuen technischen Apparat, die auch in dem von Inge Marßolek und Adelheid von Saldern herausgegebenen Sammelband »Radiozeiten. Herrschaft, Alltag, Gesellschaft (1924–1969)« Potsdam 1999, ertragreich fortgeführt wird. Absolut unverständlich ist daher, wie eine sich als »Einführung« titulierende Darstellung der Rundfunkgeschichte in Deutschland, wie sie Konrad Dussel vorgelegt hat, in den klassischen programm- und institutionengeschichtlichen Dimensionen der Rundfunkgeschichtsschreibung verharrt. Siehe Konrad DUSSEL, Deutsche Rundfunkgeschichte. Eine Einführung, Konstanz 1999.

und ermöglichte so ein demokratischeres Nutzungsverhalten. Am 2. November 1936 eröffnete die BBC ihr Fernsehversuchsprogramm, und gegen Ende des Jahres 1937 zählte man in England bereits 1 600 Empfangsgeräte. Im Gegensatz zu Deutschland und Frankreich war das neue Medium hier »auf dem besten Weg, sich mit seinem Publikum zu treffen«[43]. Bei Ausbruch des Zweiten Weltkrieges, mit dem alle Fernsehaktivität ad acta gelegt wurden, wurde die Gesamtempfängerzahl in England auf 20 000 bis 25 000 Stück geschätzt.

Auch die USA spielte bei der experimentellen Erforschung der Fernsehbildübertagung eine wichtige Rolle. Ende 1932 strahlten hier bereits 35 Versuchsstationen Fernsehsendungen aus. Ein erstes regelmäßiges und öffentliches Fernsehprogramm wurde aber erst 1939 anläßlich der Weltausstellung in New York eröffnet[44].

In Frankreich startete das Fernsehversuchsprogramm 1935 mit der Aufstellung eines 10kW-Senders auf dem Eiffelturm. 1937 wurden täglich von 20 bis 20.30 Uhr Versuchssendungen ausgestrahlt, für die der spätere Generaldirektor der staatlichen Rundfunkorganisation Radio et Télévision Française (RTF), Wladimir Porché, verantwortlich war. Im Gegensatz zu England erlagen die Fernsehaktivitäten in Frankreich nicht komplett den Kriegseinwirkungen, sondern sie fanden in gewisser Weise mit den Programmen des »Fernsehsenders Paris« ab September 1943 eine Fortsetzung[45].

Kennzeichnend für die Frühphase der Fernsehentwicklung und für die weitere Betrachtung von zentraler Bedeutung ist die Tatsache, daß die technische Entwicklung des Fernsehens größtenteils in einem national begrenzten Kontext stattfand und das Entwicklungsniveau und -tempo maßgeblich von einem eng begrenzten Personenkreis bestimmt wurde. Letzteres hat dazu geführt, daß die Technikgeschichtsschreibung des Fernsehens – besonders für die Frühphase des Schwarzweißfernsehens – hauptsächlich eine Geschichte der »großen Männer«, der »Fernsehpioniere« ist. So mangelt es nicht an Biographien über diese Pioniere und an autobiographischen Selbstzeugnissen aus dieser Pionierzeit[46], eine Überblicksdarstellung aus der Feder eines Technik-

[43] Lerg, Entstehung des Fernsehens in Deutschland, S. 370. Zur Geschichte des frühen Fernsehrundfunks in Großbritannien siehe außerdem Asa Briggs, BBC – The First Fifty Years, Oxford 1985; Burns, British Television; Abramson, History of Television 1880 to 1941.

[44] Andreas Fickers, Presenting the ›Window to the World‹ to the World. Competing Narratives of the Presentation of Television at the World's Fairs in Paris (1937) and New York (1939). Vortrag, gehalten auf dem World's Fair Symposium in San Francisco, April 2005.

[45] Zur Geschichte des Fernsehsenders Paris siehe Thierry Kubler, Emmanuel Lemieux, Cognacq-Jay. La télévision française sous l'occupation, Paris 1990; Petra Truckendanner, Der Fernsehsender Paris. Deutsch-französisches Okkupationsfernsehen (1942–1944), in: Rundfunk und Geschichte 25 (1999) 2/3 S. 107–118; Dies., Fernsehsender Paris: Deutsch-französisches Okkupationsfernsehen, Diss. Universität Salzburg 1998.

[46] *Siehe für Frankreich* Amoudry, René Barthélemy; Chauvierre, La Télévision. Ein unveröffentlichtes Manuskript (96 maschinengeschriebene Seiten) der Memoiren von Henri de France

historikers ist dagegen bis heute nicht existent. Diese Forschung im »pionierzentrierten« und nationalen Kontext[47] hatte zur Folge, daß eine große wirtschaftliche Konkurrenz zwischen den anfangs meist kleinen Firmen herrschte, und daß sich in den verschiedenen Ländern unterschiedliche Fernsehsysteme durchsetzten. Erst nachdem sich unterschiedliche Systeme in den einzelnen Ländern etabliert hatten, wurde man sich einer Problematik bewußt, die dem neuen Medium Fernsehen inhärent war: Es stellte sich das Problem der Kompatibilität unterschiedlich genormter Systeme. Waren die Normparameter des Hörfunks wesentlich durch die Festlegung der Sendefrequenz und der Modulations- und Demodulationsart der Tonsignale bestimmt, kam beim »Bildfunk« ein neues Kriterium hinzu: die Definition der Auflösung der Bildinformation, festgelegt durch die Zeilenzahl des Bildschirms und die Taktfrequenz des Bildwechsels.

Die Grundidee der elektronischen Bildübertragung, die Zerlegung eines Bildes in nacheinander zu übertragende Bildpunkte, die anschließende Übertragung dieser Bildpunkte in Zeilen sowie die Umsetzung bewegter Vorgänge in Reihenbilder, geht auf den Berliner Paul Nipkow (1860–1940) zurück[48]. Auch hier war die Trägheit des menschlichen Sehvermögens Voraus-

befindet sich in den Archivbeständen des Comité d'histoire de la télévision, Institut national de l'audiovisuel (INA) in Bry-sur-Marne. *Für die USA* steht beispielhaft die Autobiographie des RCA-Ingenieurs George H. BROWN, ...and Part of Which I Was; Harold B. LAW, The Shadow Mask Color Picture Tube: How it Began – An Eyewitness Account of its Early History, in: IEEE transactions on electronic devices 23 (1976) 7 S. 752–759; ABRAMSON, Zworykin; GODFREY, Philo T. Farnsworth, sowie die historische Aufarbeitung des RCA-Ingenieurs Andrew INGLIS, Behind the Tube. *Für Großbritannien*: BURNS, John Logie Baird; Maurice EXWOOD, John Logie Baird: 50 Years of Television, London 1976. *Für Deutschland*: Die unveröffentlichten Lebenserinnerungen von Walter Bruch befinden sich im Archiv der Hochschule Mittweida, an der Walter Bruch in den dreißiger Jahren studierte. BRUCH, Die Fernseh-Story, Stuttgart 1969; GOEBEL, Das Fernsehen in Deutschland bis zum Jahre 1945; Pressler, Farbfernseh-Erinnerungen, in: Rundfunktechnische Mitteilungen 17 (1973) 5 S. 205–213. Hans RINDFLEISCH, Technik im Rundfunk. Ein Stück deutscher Rundfunkgeschichte von den Anfängen bis zum Beginn der achtziger Jahre, Norderstedt 1985; Erich SCHWARTZ, Farbfernsehen. Geschichtliches, augenblicklicher Stand, Tendenzen der Weiterentwicklung, in: Technische Hausmitteilungen des NWDR 6 (1954) 5/6 S. 105–126; SCHÖNFELDER, Fernsehtechnik im Wandel; LANG, 40 Jahre Farbfernsehen; Fritz SCHRÖTER, Fritz SCHILGEN, Technik ist kein Geheimnis – der Blick hinter den Bildschirm, Teil 1: Fernsehgeschichte, in: Archivdienst der Telefunken GmbH, 15. August 1959, 27 Seiten.

47 Diese national fixierte und auf die glorreichen Pioniere ausgerichtete Betrachtung hat deutliche Spuren in einer nationalistisch überhöhten populärwissenschaftlichen Geschichtsschreibung und hagiographisch geprägten Erinnerungskultur hinterlassen. Es gibt kaum ein an der frühen Fernsehentwicklung beteiligtes Land, welches nicht ›die Erfindung‹ des Fernsehens für sich reklamiert! Siehe hierzu Andreas FICKERS, Frank KESSLER, Techno-Nationalist Tales of Glory and Failure: Writing the History of Inventions in Early Film and Television, Vortrag auf der Tagung »Media in Transition 4: The Work of Stories«, MIT Boston, Mai 2005.

48 Am 6. Januar 1884 wurde Nipkows Erfindung als »elektrisches Teleskop« zum Deutschen Reichspatent angemeldet. Zentrales Element des Nipkow-Systems war die später nach ihm be-

setzung für die technische Umsetzung: Wenn der Aufbau der einzelnen Bildzeilen und somit die Bildfrequenz höher als 10 Bildwechsel pro Sekunde ist, verschmelzen diese Bilder in unserer Wahrnehmung zu einem einzigen stehenden oder bewegten Bild (Daumenkino-Prinzip)[49].

Schon früh erkannte man, daß eine Verbesserung der Bildqualität mit einer Erhöhung der Zeilenzahl verbunden war. Allerdings waren der mechanischen Lochscheibentechnik hier Grenzen gesetzt. Erst die Arbeiten des aus der Sowjetunion stammenden Ingenieurs Wladimir Zworykin führten aus dieser technologischen Sackgasse heraus. Zworykin, der ab 1919 in den USA bei Westinghouse und ab 1929 bei der Radio Corporation of America arbeitete, hatte schon als Schüler des russischen Erfinders Boris Rosing am angesehenen Laboratorium des russischen Militärinstituts in St. Petersburg an der elektronischen Bildabtastung gearbeitet[50]. 1923 meldete er eine elektronische Fernsehkamera namens »Ikonoskop« zum Patent an. Auch in anderen Ländern arbeitete man zu dieser Zeit an der Idee, die Braunsche Röhre als elektronischen Bildschreiber einzusetzen[51]. Auch wenn die Bildqualität der ersten elektronischen Fernsehbilder anfangs deutlich unter derjenigen der perfektionierten Nipkow-Scheiben lag, wurde allen Fernsehingenieuren bald klar, daß hier die Weichen für eine grundlegende Änderung des Entwicklungspfades gestellt wurden. »For all intents and purposes«, so Albert Abramson in seiner Studie über die frühe Fernsehentwicklung, »the disclosure of the Iconoscope

nannte Nipkow-Scheibe. Als rotierende Scheibe mit 24 spiralförmig angeordneten Löchern zerlegte sie das zu übertragende Bild in Bildpunkte, was eine zeilenförmige Abtastung und Übertragung der Bildinformation ermöglichte.

49 Das europäische Fernsehbild besteht aus 625 Zeilen bei einer Bildfrequenz von 50 Hz, das heißt 25 Bildern pro Sekunde zusammen. In den USA und einigen anderen Ländern besteht das Fernsehbild aus 525 Zeilen, was jedoch durch die höhere Bildfrequenz von 60 Hz (30 Bilder/Sekunde) ausgeglichen wird. Für das menschliche Auge sind diese Unterschiede nicht wahrnehmbar.

50 Braun, Anfänge des Fernsehens, S. 162.

51 In Deutschland arbeiteten Forscher wie Manfred von Ardenne und Siegmund Loewe seit 1925 an dieser Idee. Von Ardenne gelang 1930 in seinem Berliner Laboratorium die erste vollelektronische Fernsehübertragung. Siehe hierzu Manfred von Ardenne, Fernsehempfang. Bau und Betrieb einer Anlage zur Aufnahme des Ultrakurz-Wellen-Fernsehrundfunks mit Braunscher Röhre, Berlin 1935, sowie die beiden Kapitel »Grenzen der Mechanik« und »Aufbruch der Elektronik« in: Riedel, Fernsehen, S. 27–103. Einen Überblick zum damaligen Stand der deutschen Fernsehtechnik mit Aufsätzen aller Fernsehgrößen (Ardenne, Schröter, Karolus, Banneitz etc.) bietet der 1937 von Fritz Schröter herausgegebene Sammelband »Fernsehen. Die neuere Entwicklung insbesondere der deutschen Fernsehtechnik«, Berlin 1937. Eine Synthese der Resultate der frühen Fernsehtechnik lieferte 1934 der Ingenieur R. Thun in seinem Buch »Fernsehen und Bildfunk. Die allgemeinen Grundlagen, der gegenwärtige Stand«, Stuttgart 1934. In den USA war es der »Fernsehpionier« Philo T. Farnsworth, der zwischen 1928 und 1936 eine brauchbare Bildsondenröhre entwickelte. Siehe Everson, The Story of Television, sowie Godfrey, Philo T. Farnsworth.

marks the beginnung of the age of electronic television«[52]. Wie später bei der Farbfernsehentwicklung war auch beim Schwarzweißfernsehen die Entwicklung der Kameratechnik von entscheidender Bedeutung. Die technischen Möglichkeiten der Bildzerlegung bestimmten letztlich die anschließenden Techniken der Bildübertragung und Bildrekonstruktion im Empfänger. Der System- bzw. Netzwerkcharakter der Fernsehtechnik wird an diesem Beispiel besonders deutlich.

Der Übergang von der mechanischen zur elektronischen Bildabtastung war der entscheidende Technologiesprung, der die schrittweise Erhöhung der Zeilenzahl und damit der Bildqualität zur Folge hatte[53]. In allen Ländern, die an der technologischen Entwicklung des Fernsehens beteiligt waren, experimentierte man an der optimalen Zeilenzahl. In Großbritannien legte man sich schließlich am 2. Februar 1937 auf 405 Zeilen fest, in Frankreich bevorzugte man 1937 das 455-Zeilensystem, während in Deutschland im August 1938 441 Zeilen als Standard definiert wurden. In den USA einigte man sich am 20. März 1941 auf 525 Zeilen, obschon man bei der Weltausstellung 1939 in New York mit dem 441-Zeilensystem begonnen hatte.

Tabelle 1: Europäische s/w-Zeilennormen vor der Harmonisierung von 1961.

Europäische Fernsehnormen in den Bändern I und III				
Zeilensystem	Videoband (MHz)	Bild/Tonabstand (MHz)	Bildmodulation	Tonmodulation
405 (GB)	3	-3,5	Positiv	AM
625 (EBU)	5	5,5	Negativ	FM
625 (B)	5,5	6	Positiv	AM
625 (OIR)	6	6,5	Negativ	FM
819 (F)	10	11,15	Positiv	AM
819	5	5,5	Positiv	AM

Der nationalen Normfestlegung ging meist ein erbitterter Kampf der an der Entwicklung des Fernsehens beteiligten Firmen voraus. Jedes Unternehmen vertrat mit seinem System eine eigene Zeilennorm. Das Beispiel der USA demonstriert diese Konkurrenz. Die RCA zeigte im April 1936 erste Demonstrationen seines 343-Zeilensystems bei 30 Bildwechseln/Sekunde. Auch »Farnsworth Television« begann in Philadelphia mit Versuchen des gleichen Systems. In Los Angeles präsentierte Harry Lubcke von der »Don Lee

[52] Abramson, History of Television 1880 to 1940, S. 199.

[53] .Technische Voraussetzung dieser Entwicklung war die Realisierung leistungsstarker hochfrequenter Senderöhren, da die Erhöhung der Bildwechsel- und Zeilenzahlen wegen der erforderlichen Frequenzbandbreiten nicht mehr auf Lang- oder Mittelwellensendern realisiert werden konnte. Schon Mitte der zwanziger Jahre wurde von F. Aigner, A. Esau und F. Schröter die Verwendung von Ultrakurzwellen zur Ausstrahlung von Fernsehbildern vorgeschlagen. Siehe Rindfleisch, Technik im Rundfunk, S. 82f, sowie Schönfelder, Fernsehtechnik im Wandel, S. 8–11.

Broadcasting System Corporation« ein »high-definition« Fernsehsystem mit 300 Zeilen bei 24 Bildern pro Sekunde. Die »Philco Radio and Television Corporation« startete am 18. Juni 1936 gar eine Serie regulärer Programme mit einem 345-Zeilensystem bei 30 Bildern pro Sekunde. Das Television Committee der Radio Manufacturs Association (RMA) schlug der Federal Communications Commission im Juni 1936 ein 450-Zeilensystem mit einer Halbbildfrequenz von 60 Hertz vor[54]. Gleiches könnte man für Frankreich, Großbritannien oder Deutschland aufzählen[55]. Hinzu kam, daß die unterschiedliche Zeilennorm nicht der einzige Unterschied zwischen den diversen s/w-Fernsehsystemen war. Es gesellten sich unterschiedliche Vorschläge für die Bandbreite des Übertragungskanals und die Abstände zwischen Bild- und Tonträgerfrequenz hinzu.

Kurz: es gab ungefähr so viele Systemvorschläge wie Rundfunkunternehmen! Wie konnte man dieser Entwicklung begegnen, die der grundlegenden Voraussetzung der »Netzwerktechnologie« Rundfunk zu widersprechen schien? Die Einführung unterschiedlicher Zeilensysteme im Schwarzweißfernsehen bedeutete ja, daß ein Fernsehgerät nur jene Programme empfangen kann, die von einem Sender mit den entsprechenden Systemcharakteristika ausgesendet wurden. Dies wiederum hätte eine inhaltliche Einschränkung des Programmangebots sowie eine starke geographische Einschränkung der Empfangsgebiete zur Folge gehabt.

War man vor Beginn des Zweiten Weltkrieges vor allem damit beschäftigt, einen einheitlichen nationalen s/w-Standard auf die Beine zu stellen, traten nach 1945 langsam die Probleme des internationalen Programmaustausches ins Bewußtsein der Verantwortlichen der nationalen Rundfunkanstalten[56]. Die BBC nahm den regelmäßigen Fernsehbetrieb am 1. September 1946 wieder auf – mit dem altbewährten 405-Zeilensystem. In Frankreich dagegen entfachte sich eine lebhafte Auseinandersetzung um die Zeilennorm, die es lohnt, näher betrachtet zu werden. Warum? Zum einen, weil das Resultat dieser Auseinandersetzung, die Festlegung des 819-Zeilensystems im Jahre 1948, in der darauffolgenden Debatte um die Farbfernsehnorm eine wichtige Rolle spielte. Zum anderen, weil sich an dieser Auseinandersetzung im nationalen Kontext beispielhaft studieren läßt, was sich bei der Farbfernsehdiskussion auf internationaler Ebene zu wiederholen schien: die personelle Verflechtung und das institutionelle Ineinandergreifen technischer, wirtschaftli-

[54] Siehe hierzu ABRAMSON, History of Television 1880 to 1941, S. 230f.

[55] Paul BELLAC, Problèmes internationaux de la télévision – la normalisation, in: UIR Bulletin Mensuel (Juli 1949) 282, S. 397–404; Corey P. CARBONARA, HDTV- A Historical Perspective, in: Lou CASABIANCA (Hg.), The New TV. A Comprehensive Survey of High Definition Television, Westport 1992, S. 3–26.

[56] Siehe W. REICHEL, Auf dem Wege zur europäischen Fernsehnorm, in: Elektrotechnik 3 (1949) 6 S. 177–182.

cher und politischer Akteure und Institutionen bei Standardisierungsprozessen im Rundfunkbereich.

Tabelle 2: Europäische s/w-Zeilennormen nach der Harmonisierung 1961

	Europäische Fernsehnormen in den Bändern IV und V				
625-Zeilen	Videoband (MHz)	Bild/Tonabstand (MHz)	Bildmodulation	Tonmodulation	Farbträger (MHz)
EBU	5	5,5	Negativ	FM	4,43
GB	5,5	6	Negativ	FM	4,43
OIRT	6	6,5	Negativ	FM	4,43
F	6	6,5	Positiv	AM	4,43

2.3.1. »La bataille des standards« – Das 819-Zeilensystem in Frankreich

Im Gegensatz zu Großbritannien, wo während des Zweiten Weltkrieges sämtliche Aktivitäten im Bereich des öffentlichen Fernsehrundfunks lahmgelegt wurden, erlebte Frankreich unter der deutschen Besatzung eine kuriose Fortführung der Fernsehaktivitäten[57]. War im Mai 1941 ein Befehl des Höheren Nachrichtenführers, der für Fernmeldewesen zuständigen Dienststelle des Militärbefehlshabers in Frankreich, zum Abbau der französischen Sendeanlagen auf dem Eiffelturm zwecks »Rohstoffbeschaffung« ergangen, wurde dieser Befehl aus politisch-ökonomischen und militärischen Gründen letztlich nicht umgesetzt. Im Gegenteil: am 20 Mai 1942 befahl das Oberkommando der Wehrmacht die Wiederinbetriebnahme des Senders, der als »Fernsehsender Paris« in die Geschichte des Rundfunks eingehen sollte. Konzentrierte sich die propagandistische Mission des Senders auf die Unterhaltung in Paris stationierter deutscher Soldaten, weist Petra Truckendanner zu Recht darauf hin, daß diesem Projekt handfeste wirtschaftliche Interessen zugrunde lagen:

> Neben der angestrebten Errichtung eines Programmbetriebes zur Unterhaltung und Zerstreuung der verwundeten Soldaten in den Lazaretten spielten deutscherseits langfristige wirtschaftliche Ziele im Hinblick auf die durchaus schon absehbare Entwicklung des Fernsehens nach dem Krieg und die Durchsetzung deutscher Normen eine Rolle. So bestand der Plan, im Rahmen einer ›europäischen Television‹ nach Italien nun auch Frankreich für die 441-Zeilen-Norm zu gewinnen, um der deutschen Elektroindustrie damit für die Nachkriegszeit eine gute Ausgangslage zu verschaffen[58].

Interessant sind in diesem Zusammenhang besonders die personellen Verflechtungen, die vor, während und nach dem Krieg im Bereich der Fernseh-

[57] Siehe hierzu Kubler, Lemieux, Cognacq-Jay 1940; Truckendanner, Der Fernsehsender Paris; Jacques Poinsignon, Fernsehsender Paris, in: Bulletin du Comité d'histoire de la télévision 21 (mars-avril 1990) S. 31–62.

[58] Truckendanner, Der Fernsehsender Paris, S. 108.

technik bestanden. Bereits 1936 kam es zwischen Telefunken und der Compagnie des compteurs (CdC) zu einem strategischen Abkommen im Bereich der Fernsehentwicklung. Ein Forschungsabkommen mit einer Laufzeit von zehn Jahren sah unter anderem gemeinsame Forschungs- und Entwicklungsarbeiten im Bereich der Fernsehröhren (Ikonoskope), der elektronischen Verstärker, der Sender im 2-Meter-Wellenbereich und im Bereich der hochauflösenden Fernsehempfänger (1 000 Zeilen) vor[59]. Mit dem Abkommen verbunden war auch ein Patentaustausch zwischen beiden Unternehmen[60].

Verständlich wird dieses ambitiöse Abkommen, wenn man sich die weltweiten Konzentrationsbemühungen in der elektrotechnischen Industrie vor Augen führt, die auch vor der noch jungen Fernsehbranche nicht haltmachten[61]. Auf deutscher Seite (Telefunken) war der Fernsehfachmann Fritz Schröter, auf französischer Seite waren René Barthélemy und Paul Mandel an der Verhandlung des Abkommens beteiligt. Die guten deutsch-französischen Beziehungen auf diesem Gebiet ermöglichten beim Betrieb des »Fernsehsenders Paris« eine nahezu mühelose Fortführung der früheren Aktivitäten. Thierry Kubler und Emmanuel Lemieux gehen in ihrer Darstellung »Cognacq-Jay 1940. La télévision française sous l'occupation« sogar so weit, der harmonischen Zusammenarbeit zwischen deutschen und französischen Forschern »Freimaurer-Charakter« zu bescheinigen[62]. Hier kommt ein Punkt erstmals zur Sprache, der im Laufe der Darstellung an Gewicht gewinnen wird, nämlich die Bedeutung der Forscherpersönlichkeit in der Entwicklung der Technik oder bei der Aushandlung technischer Normen und Standards.

Die Geschichte des Fernsehsenders Paris ist zudem ein markantes Beispiel für das »Ich diente nur der Technik«-Rechtfertigungsverhalten vieler im Nationalsozialismus engagierter Techniker und Wissenschaftler[63]. Nicht nur auf

[59] Kubler, Lemieux, Cognac Jay, S. 56f.

[60] Dieses Abkommen dient in den fünfziger Jahren als Basis einer erneuten Zusammenarbeit zwischen Telefunken und der Compagnie Générale de Télégraphie sans Fil (C.s.F.). Siehe hierzu Andreas Fickers, Coopération-confrontation-cohabitation: les relations entre la CSF/CFT et AEG-Telefunken en matière de brevets et licences de télévision en couleur dans les années soixante, in: Revue d'Allemagne 37 (2005) 1 S. 29–43.

[61] In Großbritannien war es vor allem die »Marconi Telegraph and Wireless Company«, die zahlreiche kleinere Unternehmen, so auch das des britischen Fernsehpioniers John L. Baird, »schluckte«. In den USA waren es General Electric und die RCA, welche ihren technologischen Vorsprung zu einer marktbeherrschenden Stellung ausbauen konnten.

[62] »L'argument peut paraître faible, pourtant plusieurs raisons historiques et industrielles expliquent le rapprochement entre les membres de la CdC et la Telefunken. En premier lieu, la fameuse ›franc-maconnerie des chercheurs‹ lie particulièrement Barthélémy et Schröter; ils s'estiment et échangent leurs points de vue depuis le début des années 30. Leur personnalité, alliant rigeur et austérité, tend à les rapprocher.« Kubler, Lemieux, Cognacq-Jay, S. 58.

[63] Siehe Dirk Bründel, Museum für Verkehr und Technik (Hg.), Ich diente nur der Technik: sieben Karrieren zwischen 1940 und 1950, Berliner Beiträge zur Technikgeschichte und Industriekultur Bd. 14, Berlin 1995.

deutscher Seite, wo die Rundfunktechniker im Dienste nationalsozialistischer Propagandaarbeit standen, ist dieses Muster zu erkennen, sondern auch in Frankreich, wo sich die Techniker des Fernsehsenders Paris zugleich als »Opfer und Förderer« des unter deutscher Leitung betriebenen Fernsehbetriebs verstanden[64]. Nach dem Zweiten Weltkrieg änderte sich an der guten deutsch-französischen Zusammenarbeit auf dem Gebiet des Fernsehens zunächst wenig. Nun war es die französische Compagnie des compteurs, die zum Arbeitgeber deutscher Fernsehingenieure wie Fritz Schröter, Richard Theile oder Kurt Diels wurde. Sogar der ehemalige »Sonderführer« des Fernsehsenders Paris, Kurt Hinzmann, der 1945 in Abwesenheit von einem englischen Militärgericht wegen Spionage zu fünfzehn Jahren Haft verurteilt wurde, diente ab 1946 als Verbindungsmann zwischen Telefunken und der Compagnie des compteurs. Von Fritz Schröter war Hinzmann in wundersamer Weise zum »Ingenieur« befördert worden. Insgesamt siebzehn Telefunken-Leute arbeiteten ab 1946 für die CdC in einem Grundlagenlabor in Corbeville bei Paris. 1946 rechtfertigte der »chef du service de télévision«, André Ory, dieses Verhalten gegenüber einem Journalisten mit den Worten: »Je considère cette affaire comme favorable au développement de la télévision française. Je trouve tout à fait normal que nous fassions ce que font les Américains et les Anglais. La venue des Allemands peut avancer d'un an la mise en route d'un programme commercial«[65].

Dies war ganz im Sinne der deutschen Techniker, wie Kurt Diels am 29. Oktober 1946 in seinem Bewerbungsschreiben an das zuständige Amt für Industrieproduktion der französischen Besatzungsmacht in Baden-Baden formulierte: »Étant donné que les recherches ne sont pas permises en Allemagne, mes ingénieurs et moi aimerions mieux travailler ailleurs, parce que

[64] Klaus WINKER, Fernsehen unterm Hakenkreuz. Organisation, Programm, Personal, Köln u. a. 1994, S. 285f. In Frankreich mußte lediglich ein Mitarbeiter des technischen Stabs des Fernsehsenders Paris eine dreimonatige Haft verbüßen. Marc Chauvierre, neben Barthélemy und de France einer der führenden Fernsehentwickler in Frankreich, war bis 1940 Directeur Général von Radio-Cité, bis er unter Pétain zum »Directeur de Service cinématographique de la télévision« ernannt wurde. In der Darstellung von Kubler und Lemieux wird Chauvierre mit den Worten zitiert: »Par la suite, j'ai demandé la révision de mon procès, et j'ai été totalement blanchi. Je ne m'occupais que de technique à la radio«. KUBLER, LEMIEUX, Cognacq-Jay, S. 202. Nach dem Krieg versuchte Chauvierre vergeblich, eine verantwortungsvolle Position im französischen Fernsehen wiederzuerlangen. Er wurde zu einem der vehementesten Bekämpfer der 819-Zeilennorm und seines Protagonisten Henri de France. Ein von Chauvierre im Mai 1985 an das Comité d'histoire de la télévision abgetretener Schriftwechsel zur 819-Zeilen-Problematik erlaubt einen detaillierten Einblick in diese Geschichte. Auch in seinem 1977 erschienen Buch »La télévision. Hier, aujourd'hui et demain« übte Chauvierre heftige Kritik an der französischen Fernsehpolitik, der er einen nationalistischen »Isolationismus« vorwarf.

[65] So Ory in einem Interview mit dem Journalisten Francis Lamotte, das am 12. Dezember 1946 in der Tageszeitung »Le Pays« erschien. Siehe KUBLER/LEMIEUX, Cognacq-Jay, S. 205.

nous aimons trop notre métier pour l'abandonner définitivement«[66]. Keinen dieser Herren sollte dieses Schicksal ereilen – im Gegenteil. Einige blieben bis zur Pension im Dienste der CdC, andere machten in der Bundesrepublik Karriere. So beispielsweise Richard Theile, der Leiter des Instituts für Rundfunktechnik in München wurde, oder Kurt Hinzmann, der Leiter des Fernsehens des Südwestfunks, später des Bayerischen Rundfunks wurde. Schröter und Diels verließen die CdC 1952, um Aufbauhilfe für das spanische Fernsehen unter Franco zu leisten.

Bereits im März 1945 wurde der experimentelle Betrieb des französischen Fernsehens in den Studioanlagen der »rue Cognacq Jay« wiederaufgenommen. Der regelmäßige Fernsehbetrieb mit dem von den Deutschen übernommenen 441-Zeilensystem konnte aber erst im Oktober 1947 beginnen. Man startete mit einem Programm von 12 Stunden pro Woche[67]. Allerdings sollte diese Regelmäßigkeit bald einer neuen Zeilendiskussion zum Opfer fallen. Schon während des Krieges hatten einige Forscher in Frankreich an der Erhöhung der Zeilennorm für das Schwarzweißfernsehen gearbeitet. René Barthélemy entwickelte im Labor der CdC ein 1015-Zeilensystem, Henri de France experimentierte in seinem Labor der Radio-Industries in Lyon an einem 819-Zeilensystem und einige Ingenieure um Jean-Louis Delvaux und Yves Delbord in der Compagnie Française Thomson-Houston (CFTH) brachten ein 729-Zeilensystem zustande.

Die hohe Zeilenzahl brachte technisch einige Probleme mit sich, die im Detail nicht diskutiert werden können. Zwei Faktoren sprachen aber aus französischer Perspektive Mitte der vierziger Jahre für die Einführung eines hochauflösenden Schwarzweißfernsehens: Zum einen die höhere Bildqualität[68], zum anderen – und dies war der gewichtigere Grund – der Schutz der französischen Rundfunkindustrie vor ausländischer Konkurrenz. Schon früh wurden aber auch Gegenstimmen laut, welche die hohe Zeilenzahl aus technischen Gründen ablehnten, bedeutete sie doch, daß die Bandbreite des Übertragungskanals entsprechend größer sein mußte. Auf der CCIR-Versammlung in Atlantic City 1947 hatte man die Bänder I (41 bis 68 MHz) und III (174 bis 216 MHz) für den Fernsehrundfunk bestimmt. Eine höhere Zeilenzahl und damit Kanalbreite bedeutete für ein Land, daß ihm weniger Kanäle und damit weniger Fernsehprogramme zur Verfügung standen, da die national zugeteilten Sendefrequenzen begrenzt waren[69]. Benötigte das englische

[66] Ibid. S. 208 f.

[67] Albert, Tudesq, Histoire de la télévision, S. 71.

[68] 405 Zeilen ergeben ungefähr 160 000 Leuchtpunkte auf dem Bildschirm, 625 Zeilen ungefähr 400 000 und bei 819 Zeilen sind es über 800 000 Leuchtpunkte. Je höher die Anzahl der Leuchtpunkte, um so deutlicher können Helligkeitsunterschiede wiedergegeben und um so schärfer hell/dunkel-Konturen sichtbar gemacht werden.

[69] Rindfleisch, Technik im Rundfunk, S. 30 f.

405-Zeilensystem eine Kanalbreite von 5 MHz, waren es beim 625-Zeilensystem schon 8 MHz, beim 819-Zeilensystem gar 13,5 MHz. Für Frankreich bedeutete dies, daß mit dem 819-Zeilensystem lediglich ein Programm pro Kanal ausgestrahlt werden konnte[70].

Da man sich in Europa erst auf der Stockholmer Wellenkonferenz des Jahres 1952 mit der Definition der Kanalbreiten für den europäischen Fernsehfunk befaßte, herrschte bis zu diesem Zeitpunkt ein freier »Zeilenwettbewerb« – von jedem Land mit der Hoffnung betrieben, seine Zeilendefinition qua wirtschaftlicher oder politischer Macht als »normgebend« durchsetzen zu können[71]. Wie das Beispiel Frankreich zeigt, gab es auch innerhalb eines Landes konkurrierende Systeme. Um in Frankreich zu einem einheitlichen nationalen Standard zu gelangen, wurde eine »Commission technique« aus Vertretern der Industrie und der staatlichen Rundfunkanstalt (Radiodiffusion Française) gegründet. Bereits im Juni 1947 wurde eine Empfehlung veröffentlicht, die eine Zeilenzahl »d'environ 1 000 lignes« vorsah.

Warum setzte sich letztlich das 819-Zeilensystem von Henri de France durch? Es bieten sich mehrere Erklärungsmuster an. Zieht man technische Kriterien zur Bewertung des 819-Zeilensystems im Vergleich zu den anderen Alternativen (1015 und 729) heran, ergab sich 1948 kein zwingendes Argument für das de France-System. Im Gegenteil. Mehrere Argumente sprachen dagegen: zum einen war die Zeilenzahl zu hoch, um bei der beschränkten Kanalbreite eine flächendeckende Versorgung Frankreichs mit 2 oder 3 Programmen gewährleisten zu können. Dies wäre dagegen mit dem 729-Zeilensystem der CFTH möglich gewesen[72]. Zum anderen war die Zeilenzahl im Vergleich zum CdC-System nicht hoch genug, um eine problemlose Übernahme von s/w-Filmmaterial (36 mm Filme) zu gewährleisten[73]. Die Gründe

70 Laut »Bandbreite-Formel« steigt die Bandbreite im Quadrat mit der Zeilenzahl an. Siehe Schönfelder, Fernsehtechnik im Wandel, S. 8 f.

71 Einen Überblick über die unterschiedlichen Systeme in Europa liefert Reichel, Auf dem Wege zur europäischen Fernsehnorm. Der politischen und kulturellen Konsequenzen, die dieser Techno-Nationalismus in den Folgejahren für den europäischen Fernsehbetrieb mit sich brachte, waren sich die politischen Entscheidungsträger zu dieser Zeit wohl kaum bewußt. Siehe hierzu Andreas Fickers, National Barriers for an Imag(e)ined European Community. The Technopolitical Frames of Postwar Television Development in Europe, in: Nothern Lights. Yearbook for Media Studies (2006) S. 7–27.

72 Siehe »Brève histoire des débuts de la télévision française«, 6 maschinegeschriebene Seiten, die der Fernsehingenieur Yves Angel dem Autor im September 1999 zukommen ließ. Angel (geb. 1918), Polytechniker, war ab Oktober 1942 Ingenieur bei der Radiodiffusion Nationale, ab März 1943 Forschungsleiter der Abteilung Fernsehtechnik. Nach dem Krieg war er bis 1947 als leitender Ingenieur in Diensten der RTF, bevor er 1957 als Professor an das CNAM, eine der französischen Eliteschulen wechselte.

73 Siehe Marc Chauvierre, Note sur l'organisation actuelle et l'organisation future de la télévision française, Juni 1949, in: Archives du CHTV/INA, Nachlaß Marc Chauvierre/819-lignes, 5 Seiten, S. 5.

für die Durchsetzung des 819-Zeilen-Systems müssen daher außerhalb des technischen Bereichs gesucht werden.

2.3.2. »Toujours ›la France seule‹ et plus seule que jamais«[74]

Schenkt man den offiziellen Darstellungen Glauben, die den am 21. November 1948 getroffenen Entschluß des französischen Staatssekretärs für Information, François Mitterrand, für das 819-Zeilensystem kommentieren, so stand ein Gedanke im Mittelpunkt des französischen Entschlusses: der Schutz der heimischen Industrie vor ausländischer Konkurrenz. Genau dieses Kalkül sollte sich jedoch als Denkfehler herausstellen. Als Ende 1949 die ersten Programme im neuen 819-Zeilenstandard gesendet wurden, war es der niederländische Konzern Philips, der als einziger Anbieter einen funktionsfähigen 819-Zeilenempfänger auf den französischen Markt brachte! Schon bald nach der Normfestlegung regte sich daher bei einem großen Teil der französischen Rundfunkindustrie heftiger Unmut über die Entscheidung.

Am 6. Dezember 1948 erreichte den Generaldirektor der Radiodiffusion Française, Wladimir Porché[75], ein Schreiben des Präsidenten und Vizepräsidenten des Syndicat national des industries radioélectriques (SNIR), in dem beide harsche Kritik an der Entscheidung der Regierung übten. Man wundere sich, so die beiden Autoren Damelet und Guillemant, warum die französische Regierung eine Zeilennorm gewählt habe, die so deutlich über den in Europa üblichen Normen liege. Dabei hätten die amerikanischen und britischen Erfahrungen doch gezeigt, daß eine Zeilenzahl um 600 eine absolut befriedigende Bildqualität ergeben würden.

> Au surplus, s'il ne nous appartient pas de juger votre point de vue, c'est notre devoir de vous dire qu'il exige à coup sûr de l'économie française, un effort bien supérieur à celui qui eût suffi s'il avait été plus modestement peut-être, mais plus raisonnablement à notre sens, décidé d'adopter pour la France un standard de l'ordre du réseaux en exploitation ou légèrement supérieur à celui-ci. Il nous paraitrait d'autre part regrettable qu'une décision française trop audacieuse risque de compromettre la constitution d'un réseau international de Télévision de l'Ouest Européen dans lequel la culture française devrait normalement trouver des éléments d'expansion extrêmement importants et nous serions heureux de connaitre votre opinion sur cette deuxième question[76].

[74] Zitat aus CHAUVIERRE, La télévision, S. 43.

[75] Zur Person Wladimir Porchés siehe die Ausgabe Nr. 11 des Bulletin du Comité d'histoire de la télévision (janvier 1985), in der Porché auf 63 Seiten ein autobiographisches Zeugnis über seine Zeit beim französischen Fernsehen ablegt. Im Anschluß an Porchés Selbstzeugnis ist eine dreiseitige Biographie abgedruckt (S. 66–69).

[76] Siehe »lettre de M. Damelet et M. Guillemant à Wladimir Porché, Directeur Général de la Radiodiffusion Française«, Paris, 6 décembre 1948, 5 Seiten, S. 2, in: Archives du CHTV/INA, Nachlaß Marc Chauvierre/819-lignes.

Bedenkt man, daß das SNIR zu diesem Zeitpunkt über 400 Hersteller von Rundfunkempfangsgeräten vertrat, hatte die deutliche Kritik einiges Gewicht. Vor allem der Verweis auf das Problem des europäischen Fernsehnetzes ist von besonderem Interesse. Eine von anderen europäischen Normen unterschiedliche französische Zeilendefinition bedeutete in der Praxis, daß ein Programmaustausch mit diesen Ländern enorm erschwert wurde. Zudem, wie in dem Anschreiben formuliert, wurde dadurch der Export französischer Kultur gehemmt – ein Argument, das in Frankreich stets von staatstragender Bedeutung war[77].

Die Antwort von Wladimir Porché ließ nicht lange auf sich warten. Erstaunt stellte er fest, daß das SNIR doch an der Diskussion um die Normgebung beteiligt gewesen sei, und man sich im Juni 1947 gar auf eine noch höhere Zeilennorm verständigt habe:

> Dois-je encore rappeler que dans les discussions menées au sein de la Commission de Modernisation des Télécommunications – Plan Monnet – et auxquelles votre Syndicat a participé de la façon la plus active, un rapport du SNIR avait été établi qui en matière de télévision appuyait totalement la politique de haute définition [...]. Je suis convaincu que la seule et véritable manière de défendre les intérêts de notre industrie, aussi bien d'émissions que de réceptions, est d'exploiter l'avance technique que nous possédons dans le domaine de la haute définition[78].

Außerdem, so Porché, komme der aktuelle Zeilenvorschlag doch von Unternehmen, die im SNIR vertreten seien[79]. Auf diese Vorwürfe reagierte Damelet in einem Brief vom 19. Januar 1949, in dem die ›wahren‹ Gründe für die Unzufriedenheit des SNIR mit der Entscheidung für das 819-Zeilensystem zu Tage kamen. Es wird klar, daß es weniger die vorgeschlagene Zeilennorm war, die für Unmut sorgte, sondern die Form des Entscheidungsprozesses. Zu keinem Zeitpunkt, so kritisiert Damelet, habe eine wirkliche Zusammenarbeit zwischen der Industrie und der Radiodiffusion Française und damit der Regierung stattgefunden. »A aucun moment« so Damelet, »n'a existé de commission véritablement responsable d'émettre un avis sur les moyens techniques les plus propres à assurer le développement de la télévision française«. Er schließt seinen Brief mit einer fundamentalen Kritik an der

77 Dieses Argument wird uns auch in der Farbfernsehdebatte häufig begegnen. Zur »mission culturelle de la France« siehe Franz ALTING VON GNEISENAU, Kulturdiplomatie und nationale Stereotypen: nur zum offiziellen Gebrauch?, in: Teresa WALAS (Hg.): Stereotypen und Nationen, Krakau 1999, S. 305–310; Frank COSTIGLIOLA, Power and Language: The French Connection, in: Contemporary European History 2 (1993) 1 S. 69–80; Albert SALON, L'action culturelle de la France dans le monde, Paris 1983.

78 »Lettre de Wladimir Porché à M. Damelet«, Paris 10 décembre 1948, 4 pages, in: Archives du CHTV /INA, Nachlaß Marc Chauvierre/819-lignes.

79 Es handelte sich dabei um die Firmen Compagnie des compteurs, Compagnie générale de TSF, Compagnie française Thomson-Houston, Société Radio Industries, Laboratoire générale des télécommunications, Société Sadir-Carpentier.

Fernsehpolitik, so wie sie seit Ende des Zweiten Weltkrieges in Frankreich betrieben worden sei:

Nous sommes en particulier persuadés que la propagande faite actuellement sur la télévision ne reposera pas sur une base solide tant qu'elle ne sera pas appuyée par l'action des fabricants de récepteurs. Elle risquerait dans sa forme actuelle d'aboutir exactement au résultat opposé au résultat recherché en donnant encore une fois au public l'impression éprouvée par lui depuis 4 ans, que la télévision française est beaucoup plus un sujet de controverse qu'une réalité concrète[80].

Was hier zur Sprache kommt, weist auf grundlegende Probleme des französischen Nachkriegsfernsehens hin. Zwar konnten in Paris die Versuchssendungen dank der übriggebliebenen deutschen Sendeanlagen rasch wiederaufgenommen werden, Empfangsgeräte waren aber so gut wie keine vorhanden. Bevor die Empfängerindustrie in die schwierige Serienproduktion investierte, mußten sämtliche Normen festgelegt sein. Da dies erst im November 1948 definitiv erfolgte, waren bis zu diesem Zeitpunkt kaum 441-Zeilenempfänger gebaut worden. Wie Damelet zu Recht feststellte, war das Fernsehen in Frankreich bis zu diesem Zeitpunkt tatsächlich eher Gegenstand der Auseinandersetzung um sein zukünftiges Erscheinungsbild denn bildhafte Realität. Da das Fernsehen in den USA und in Großbritannien im Gegensatz zu Frankreich in diesem Zeitraum einen rasanten Aufstieg erlebte, war die Sorge der französischen Hersteller durchaus berechtigt. Durch die Wahl eines von diesen Ländern abweichenden Systems konnten sie schon vor Beginn des Aufbaus einer heimischen Empfängerindustrie ins Abseits geraten[81]. Ein weiteres Problem scheint die mangelnde Kommunikation zwischen Industrie und staatlicher Rundfunkorganisation gewesen zu sein – trotz zentralistisch organisierter Planpolitik. Es kann vermutet werden, daß dies mit der Personalpolitik im staatlichen Rundfunkbetrieb zusammenhing. Wie zentrale Akteure der französischen Rundfunktechnik dieser Epoche berichten, wurden wichtige Entscheidungen auch im Bereich der Technik oftmals aufgrund persönlicher Verbindungen oder Beziehungen getroffen, nicht aufgrund technisch-wissenschaftlicher Argumente.

80 »Lettre de H. Damelet à Wladimir Porché«, 19. Janvier 1949, 3 pages, in: Archives du CHTV/INA, Nachlaß Marc Chauvierre/819-lignes.

81 Pierre Albert weist darauf hin, daß das Erreichen der 1-Million-Empfängergrenze in Frankreich doppelt so lange gedauert hat wie in England oder Deutschland. In Großbritannien war diese Zahl fünf Jahre nach Wiederaufnahme des regelmäßigen Programmbetriebes erreicht (1951). Die 10-Millionen-Grenze wurde 1960 erreicht. In der Bundesrepublik Deutschland, wo der Programmbetrieb erst 1953 startete, war die 1-Million-Grenze 1957, die 10-Millionen-Grenze 1964 erreicht. Setzt man den regelmäßigen Programmbetrieb in Frankreich mit Beginn der 819-Zeilennorm im Jahr 1949 an, dauerte es bis zur ersten Million zehn Jahre, bis zum Erreichen der 10-Millionen-Grenze 20 Jahre! Siehe Pierre ALBERT, Remarques sur la lenteur du développement de la télévision en France, in: Bulletin du Comité d'histoire de la télévision 1 (juillet 1981) S. 17–24.

Marc Chauvierre[82], der zu den Pionieren des französischen Fernsehens in den 1930er Jahren zählte, kritisierte scharf das »système de fonctionnaire incompétent et inamovible«, das den staatlichen Rundfunkbetrieb seit 1945 kennzeichne[83]. Auch Yves Angel, von 1945 bis 1955 Technischer Direktor der RDF/RTF[84], machte in einem Rückblick auf die personellen Verflechtungen zwischen RTF und dem Unternehmen Radio-Industries (RI) aufmerksam, jener Firma, in der Henri de France seit 1933 Chefingenieur und ab 1940 Mitglied des Aufsichtsrates war[85]. Wladimir Porché, der vor Beginn des Zweiten Weltkrieges verantwortlich für die Wortbeiträge im französischen Hörfunk war, trat nach der Okkupation in die Dienste der Radio-Industries ein. Während fünf Jahren war er somit Kollege von Henri de France, bevor

82 Zur Person Marc Chauvierres siehe den Nachruf von Michel FAVREAU und Michel CARPENTIER, Souvenir – Marc Chauvierre, pionnier de la télévision nous a quittés, in: Les Cahiers du Comité d'histoire de la télévision 3 (juin 1998) S. 69–71. Wegen seiner Tätigkeit beim Fernsehsender Paris in den Jahren 1943/44 und seiner Suspendierung aus dem Staatsdienst nach der Libération versuchte Chauvierre nach 1945 vergeblich, im staatlichen Nachkriegsfernsehen Fuß zu fassen. In einem Brief an den Abgeordneten Max Brusset vom 15. November 1951 empfahl sich Chauvierre als »Retter«, um das in seinen Augen krisengeschüttelte französische Fernsehen endlich auf den »rechten Weg« zu bringen: »Ce changement de politique, d'ailleurs, ne pourra être effectif que s'il correspond à un changement d'hommes aux échelons les plus élevés des responsabilités. [...] Pour ma part, je suis disposé, comme je vous l'ai déjà dit, à revendiquer la direction de la télévision française, direction à laquelle plus que tout autre mon passé me qualifie. [...] Je crois pouvoir dire que ma nomination serait très bien acceuillie par la majorité des constructeurs français (à l'exception évidemment du constructeur qui a lancé le 819-lignes) et qu'un tel programme serait susceptible de créer le choc psychologique qui seul permettra d'assurer le véritable démarrage de la télévision française«. Lettre de M. Chauvierre à M. Max Brusset, Député de la Charente, Paris, 15 Novembre 1951, 2 maschinegeschriebene Seiten, hier S. 2, in: Archives du CHTV/INA, Nachlaß M. Chauvierre/819-lignes. Die als persönliche Ungerechtigkeit erfahrene Situation von Chauvierre nach 1945 macht ihn zu einem der heftigsten Kritiker der französischen Fernsehpolitik im Bereich der technischen Entscheidungen. Obschon viele seiner Aussagen aus heutiger Perspektive gerechtfertigt scheinen, ist seine offene Kritik am System immer vor diesem privaten Hintergrund zu betrachten. Siehe CHAUVIERRE, La télévision.

83 Siehe »Note sur l'organisation actuelle et l'organisme futur de la Télévision française«, die Marc Chauvierre im Juli 1949 an Max Brusset, einen Abgeordneten des Département Charente im französischen Parlament richtete. In: Archives du CHTV/INA, Nachlaß Marc Chauvierre/819-lignes, 4 Seiten, hier S. 3.

84 Die staatliche Rundfunkorganisation »Radiodiffusion française« (RDF) wird am 4. Februar 1949 per Dekret zur »Radiodiffusion télévision française« (RTF) und am 27. Juni 1964 zur »Organisation de radiodiffusion télévision française« (ORTF). Am 7. August 1974 wird die ORTF aufgelöst. Es entstehen die öffentlich-rechtlichen Fernsehsender TF1, Antenne 2, FR3 sowie der Hörfunksender Radio France. Siehe BOURDON, Haute Fidélité. Am Ende des Buches befindet sich eine ausgiebige Chronologie des staatlichen französischen Fernsehens mit den Themenfeldern »Politique générale et ministres de tutelle«, »réformes et crises«, »les dirigeants« und »les émissions«.

85 Siehe Bulletin du Comité d'histoire de la télévision 14 (juin 1986), das Henri de France gewidmet ist und eine stark gekürzte Version seiner unveröffentlichten »Mémoires« sowie zahlreiche Erinnerungen von Weggefährten enthält.

Informationsminister Gaston Deferre ihn 1946 auf den Posten des Generaldirektors der Radiodiffusion Française berief. Ab diesem Augenblick, so Yves Angel, »le développement de la Radio-Industries devint explosif [...]. La R.I. n'attend plus les commandes. Elle construit. La RTF n'a plus qu'à loger les matériels, les exploiter, et faire des marchés de régularisation pour pouvoir payer des factures«[86]. Dennoch, und hier schließt Angel eine deutliche Kritik an der Person Henri de France' als Unternehmer an, sei die RI auf keinen grünen Zweig gekommen:

> Malgré sa grande activité, la R.I. fut loin de faire fortune car, au train où allaient les dépenses (campagnes de démonstrations du 819-lignes en France et à l'étranger, ›pêche‹ d'ingénieurs et de techniciens chez les concurrents, heures supplémentaires, banquets, courtoisies aux hommes politiques...), les difficultés financières réapparurent[87].

Angels Aussagen werden – zumindest was die enge Verbindung von de France und RTF (Porché) angeht, auch von Ingenieuren der RTF oder Thomson-CSF bestätigt. »Le 819-lignes a été une décision essentiellement politique. Les ingénieurs ont du suivre. [...] Cette décision était en fait largement motivé par le souci de favoriser Radio-Industries et de France«, so Bernhard Hecht, Entwicklungsingenieur der bei der RTF[88]. Ein wenig nüchterner gesteht auch einer der besten Kenner der französischen Rundfunkgeschichte, Jérôme Bourdon: »Dynamique et bien introduit, Henri de France a autant d'entregent politique que d'inventivité«[89]. Eine Eigenschaft, die sich – wie zu zeigen sein wird – auch bei der Einführung des Farbfernsehens in Frankreich bezahlt machen sollte. Noch fünf Jahre nach Mitterrands Entscheidung

86 ANGEL, Brève histoire des débuts de la tv française.

87 Angel sieht in dieser Entwicklung gar »symptomatische« Charakteristika von de France's wirtschaftlichen Unternehmungen: »Henri Defrance (j'ortographie le nom selon l'usage de l'époque) fut un ›bricoleur de talent‹. Avant la guerre, il avait plus au moins dirigé de petites industries (haut-parleurs) que son esprit aventureux a conduites toutes à la faillite. L'une, du nom pompeux de ›Compagnie générale de t.v.‹, en difficultés financières vers 1933, fut reprise par la ›Radio-Industries‹ (R I). La caractéristique des krachs qui ont jallonné toute sa vie est qu'à chaque reprise de sa société moribonde par une société en bonne santé, Defrance retrouvait une place de direction qui ne tardait pas à devenir la place du patron, au moins de fait. Et quelques années plus tard, le processus recommencait, la proie grossissant à chaque fois. Il avait le génie de la persuasion pour emporter les affaires«.

88 Siehe Transkription eines Interviews mit Bernhard Hecht vom 4. Juni 1984, in: Archives du CHTV/INA. Im gleichen Bestand befinden sich auch Interviews mit den Ingenieuren Claude Mercier (Technischer Direktor der RTF/ORTF), Jacques Fagot (Technischer Direktor bei Thomson-CSF) und Jean-Jacques Matras (Entwicklungsingenieur der RTF). Auch Jacques Fagot weist auf die engen Kontakte hin, die de France zu den politisch Verantwortlichen pflegte und verweist zudem auf die Parallelität der Entwicklung des 819-Zeilensystems und des Farbfernsehens: »Parallèle 819, SECAM? Décisions politiques et nationales. Influence de de France, très introduit. De plus liens familiaux avec Floirat. C'est lui qui a repéché la CFT, parce que Saint-Gobain n'a pas voulu continuer trop longtemps dans cette histoire, après l'adoption du SECAM«. Siehe Interview mit Jacques Fagot vom 25. Mai 1984, S. 6, in: Archives du CHTV/INA.

89 BOURDON, Haute Fidélité, S. 33.

verteidigte der französische Abgeordnete Max Brusset die Entscheidung pro 819-Zeilen in seinem 125 Seiten starken »Exposé sommaire sur la situation de la télévision française et ses possibilités d'extension«. Er schreibt:

C'est l'intérêt national bien compris, aussi bien dans la défense du territoire que dans celui de la protection de notre industrie qui a amené le Gouvernement et le Parlement français à choisir cette définition, c'est à dire une technique qui est différente de celles utilisées dans les autres nations industrialisées.[...] Si le Gouvernement et le Parlement n'avaient pas pris la décision de protéger par tous les moyens notre jeune industrie dans ce domaine, le marché français seraient devenu une proie facile pour les grands trusts étrangers contre lesquels nos constructeurs, mis en retard par les destructions de la guerre auraient été incapables de lutter[90].

Daß diese fast heroisch anmutende, nationalistisch legitimierte Entscheidung letztlich nicht den erhofften Erfolg hatte, ist für Brusset das Resultat einer »Verschwörung« gegen Frankreich, deren Opfer das französische Volk und ihre Industrie sei:

La guerre du lignage est la cause du handicap français en toute matière: qu'il s'agisse de l'adoption du standard français par d'autres gouvernements, qu'il s'agisse du développement de l'infrastructure sur le sol national, ou encore du développement du nombre des postes récepteurs aux mains des téléspectateurs français. Tout s'est trouvé paralysé par la propagande effrénée qui a été menée contre le standard français et dont notre pays et l'industrie française sont aujourd'hui les premières victimes[91].

Analysiert man die Gründe für die Einführung des 819-Zeilensystems in Frankreich aus entemotionalisierter historischer Perspektive, so zeigt sich, daß weder im Bereich der Technik noch im Bereich der Industrie zwingende Faktoren für diese Entscheidung vorhanden waren. Zwar war die Entscheidung für ein hochzeiliges s/w-Fernsehsystem in Frankreich unumstritten (*Bildqualitäts-Argument*), jedoch konkurrierten hier mehrere Varianten miteinander, die jeweils ihre eigene technische Legitimation hatten. Das von der Politik verfochtene *Protektionismus-Argument* (Schutz der heimischen Rundfunkindustrie) erweist sich bei näherem Hinsehen als fadenscheinig (Widerstand des SNIR). Besonders heikel scheint die Entscheidung für das 819-Zeilensystem vor dem Hintergrund des von Politik und RTF gemeinsam propagierten *Kulturexport-Argumentes*. Gerade die Wahl eines von den anderen europäischen Ländern verschiedenen Standards erschwerte den Programmaustausch enorm. Für die zentralen politischen Akteure (v.a. François Mitterrand) war die in ihren Augen bessere Technik (hochauflösenderes Bild) schon Beweis der kulturellen und wissenschaftlich-technischen Superiorität, der sich die anderen Länder – insofern sie die Zukunft nicht verpassen wollten – schwerlich verwehren konnten (*Fortschrittslogik-Argument*).

90 Max Brusset, Exposé sommaire sur la situation de la télévision française et ses possibilités d'extension, 125 maschinegeschriebene Seiten, hier S. 37, Paris 1953, in: Archives nationales, Signatur F-41/2303.

91 Ibid. S. 35.

Zwar lassen sich zahlreiche Argumente aufführen, die die Entscheidung für das 819-Zeilensystem aus der Sicht des politischen Entscheidungsträgers François Mitterrand nachvollziehbar und aus damaliger Perspektive legitim erscheinen lassen, doch zeigt die unmittelbar auf diese Entscheidung folgende Zeitspanne, daß die Entscheidung auf »wenn – dann«-Annahmen fußte, die der wirtschaftlichen und rundfunkpolitischen Realität Frankreichs Ende 1948 nicht entsprachen. Zwei Faktoren müssen herausgestellt werden, will man die Niederlage der von Mitterrand als »guerre du lignage« und »bataille diplomatique« bezeichneten Auseinandersetzung verstehen[92]. Dies sind zum einen die ab 1948 intensivierten Bemühungen um einen europäischen s/w-Standard im Rahmen der CCIR, zum anderen die mangelnde finanzielle Unterstützung des technischen Ausbaus des staatlichen Fernsehrundfunks seitens der französischen Regierung. Auf den ersten Aspekt soll im folgenden näher eingegangen werden, da er den internationalen Kontext, in den die Netzwerktechnologie Fernsehen eingebunden ist, besonders deutlich macht.

2.3.3. Der institutionelle Verhandlungsrahmen: ITU/CCIR/EBU

Die Normierung der Zeilenzahl ist in der Logik der »large technological systems« per Definition eine Angelegenheit, die internationalen Charakter hat[93]. Lediglich eine grenzüberschreitende Regelung konnte eine standardisierte oder »kompatible« Lösung bieten. Diese Lösungen herbeizuführen war die Aufgabe des Comité consultatif international de radiotélécommunications (CCIR). Diese Institution, vom ehemaligen Technischen Direktor des NDR, Hans Rindfleisch, als »wissenschaftlich-technisches Gewissen des Weltnachrichtenvereins«[94] bezeichnet, hatte die Aufgabe, die in den verschiedenen nationalen Fernmeldediensten auftretenden technisch-wissenschaftlichen, betrieblichen oder Gebühren betreffenden Fragen – sofern sie eine internationale Regelung erforderten – in Form von Empfehlungen (Recommendations) oder Situationsberichten (Reports) zu klären[95].

[92] Bourdon, Haute Fidélité, S. 33f.

[93] Siehe Thomas P. Hughes, Large technological systems; sowie Renate Mayntz, Thomas P. Hughes, The Development of Large Technological Systems, Frankfurt a. M., New York 1988.

[94] Hans Rindfleisch, Ton- und Fernsehrundfunk auf der CCIR-Konferenz in Los Angeles, in: Rundfunktechnische Mitteilungen 3 (1959) S. 242.

[95] Zur Geschichte und Funktion der ITU, CCIR und ihrer europäischen Schwesterorganisation, der European Broadcasting Union (EBU), siehe Rüdiger Zeller, Die EBU. Union Européenne de Radio-Télévision. European Broadcasting Union. Internationale Rundfunkkooperation im Wandel, Baden-Baden 1999; Zum hundertjährigen Jubiläum der ITU ist der Sammelband International Telecommunication Union (Hg.), From Semaphore to Satellite, Genf 1965 erschienen. Auch die beiden älteren Arbeiten von Codding und Namurois erlauben einen detaillierten Einblick in Funktionsweise und Probleme dieser Institution. Siehe George Arthur Codding, The International Telecommunication Union. An Experiment in International Cooperation, Leiden

Obwohl sich die CCIR seit ihrer Gründung als Unterorganisation der International Telecommunications Union (ITU, gegründet 1865) im Jahre 1927 sehr erfolgreich um die Normierung des internationalen Funkverkehrs bemüht, besitzt sie keine gesetzgeberische Gewalt zur Durchsetzung ihrer Empfehlungen. Genau wie bei der UNO, deren offizieller Arm die ITU im Bereich Telekommunikation seit 1947 ist, sind die einzelnen Mitgliedsstaaten nicht weisungsgebunden. Eine supranationale Struktur ist somit nicht vorhanden. Eine Tatsache, die vor allem von den technischen Experten immer wieder bemängelt wurde, da »Firmeninteressen und nationales Prestigedenken mit hereinspielen«[96]. Vor allem dann, wenn es um Entscheidungen mit »network-markets« im Hintergrund geht[97]. »Hélas«, so bedauerte Marc Chauvierre, »dans ces sortes de discussions, le bon sens est souvent absent; ce sont des questions d'amour-propre ou de nationalisme exacerbé qui dominent les débats où, malheureusement, la technique et l'intérêt général passent au second rang«[98].

Um die Probleme der Frequenzverwaltung im Bereich des Rundfunks im europäischen Raum besser regeln zu können, wurde bereits 1925 die Union Internationale de Radiodiffusion (UIR) in Genf gegründet. Im Gegensatz zur ITU und ihres Organs für den Funkdienst, der CCIR, geht es bei der UIR nicht um die Zuweisung von Frequenzbereichen und Frequenzbändern für die verschiedenen Funkdienste (Seefunk, Landfunk, Flugfunk, Ton-und Fernsehrundfunk etc.), sondern um die internationale Ordnung der Frequenzzuteilung an die Rundfunksender. Dagegen besteht die primäre Aufgabe der CCIR darin, auf so genannten »Wellenkonferenzen« allgemeinverbindliche Frequenzpläne für den Rundfunk aufzustellen[99]. Die Frequenzzuweisung an einzelne Sender innerhalb des Frequenzbandes bleibt aber den zuständigen Behörden der einzelnen Länder selbst überlassen.

1952; Albert NAMUROIS, Problems of Structure and Organization of Broadcasting in the Framework of Radiocommunications, Genf 1964.

96 RINDFLEISCH, Technik im Rundfunk, S. 23.

97 Siehe Stanley BESEN, Joseph FARRELL, Choosing How to Compete: Strategies and Tactics in Standardization, in: Economic Perspectives 8 (1994) S. 117–131.

98 CHAUVIERRE, La télévision, S. 37.

99 Daß die Wellenkonferenzen trotz ihrer guten Absichten in politische Gefechte und Machtdemonstrationen münden konnten, zeigt sich deutlich am Beispiel der Kopenhagener Wellenkonferenz des Jahres 1948, die bereits voll im Schatten des Kalten Krieges stand. Siehe FICKERS, »Der Transistor«, S. 4–16. Eine wirtschaftshistorische Analyse der Frequenzverteilungsproblematik mittels theoretischer Annahmen der Neuen Institutionenökonomik bietet die Dissertation von Christian HENRICH-FRANKE, Globale Regulierungsproblematiken in historischer Perspektive. Der Fall des Funkfrequenzspektrums 1945–1988, Baden-Baden 2006. Eine allgemeine Einführung zur Rolle internationaler Organisationen in regulativen und koordinativen Standardisierungsprozessen im 19. Jahrhundert siehe Gerold AMBROSIUS, Regulativer Wettbewerb und koordinative Standardisierung zwischen Staaten. Theoretische Annahmen und historische Beispiele, Stuttgart 2005.

Angesichts der politischen Bedeutung des Rundfunks überrascht es nicht, daß die Entwicklung der UIR trotz der völkerverständigenden Intention bei ihrer Gründung von nationalen Eitelkeiten und zwischenstaatlichen Interessenkonflikten geprägt war. Wie Zeller feststellt, entstand die UIR »ganz im Zeichen und mit den Idealen des Völkerbundes« und hatte mit den gleichen Autoritätsproblemen wie dieser zu kämpfen[100]. Trotz der noblen Absichten des »Völkerbundes der Broadcaster«, trotz der Existenz bilateraler »Rundfunknichtangriffspakte« oder internationaler »Rundfunkfriedenspakte« tobte in Europa ab 1938 ein »Rundfunk- oder Ätherkrieg«, dem die UIR angesichts ihrer Neutralitätsverpflichtung nichts entgegenzusetzen hatte[101]. Es verwundert daher kaum, daß die Geschichte der UIR auch nach 1945 eng an die politische Großwetterlage gekoppelt blieb. Da das technische Meßzentrum der UIR, welches 1926 als »Ätherpolizei« mit Sitz in Brüssel gegründet worden war, während des Krieges Ziel deutscher Begehrlichkeiten gewesen und u.a. als Abhörstation mißbraucht worden war, traten ab 1941 zahlreiche prominente Mitgliedsstaaten aus der UIR aus[102]. Da die UIR 1945 so faktisch auf einen Torso von »deutschfreundlichen« Staaten reduziert worden war, war sie in den Augen vieler ehemaliger Mitgliedsstaaten diskreditiert.

Obschon das Technische Zentrum seine Arbeit unter der Leitung des belgischen Institut National de Radiodiffusion (INR) und der BBC wiederaufnahm, begann man in Genf mit dem Aufbau eines neuen technischen Zentrums. Folge dieser Entwicklung war ein offener Wettbewerb um die Stellung der UIR im internationalen, vor allem aber europäischen Rundfunk. Als die treibende Kraft in der Beseitigung der UIR zugunsten einer Konkurrenzorganisation erwies sich die Sowjetunion[103]. Im März 1946 forderte sie überraschend die Gründung einer neuen internationalen Rundfunkorganisation, in der alle Satellitenstaaten der UdSSR mit Stimmrecht vertreten sein sollten. Zwar verhinderte die mächtige BBC im Verbund mit den skandinavischen Sendern, daß die zur statuarischen Auflösung der UIR notwendige dreiviertel-Mehrheit zustande kam, doch hinderte dies die Sowjetunion nicht daran, am 28. Juni 1946 zur Gründungsversammlung der Organisation Internationale de Radiodiffusion (OIR) einzuladen[104]. De facto war somit auch die Rund-

100 Vgl. ZELLER, Die EBU, S. 22f.

101 Ibid. S. 30f.

102 Siehe Charles SHERMAN, Turmoil and Transition in International Broadcasting Organisations 1938–1950, in: Journal of Broadcasting (1971) S. 265–273. Speziell mit Blick auf die deutsch-französischen Beziehungen siehe Ansbert BAUMANN, Zwischen Propaganda und Information: Die Entwicklung der deutsch-französischen Zusammenarbeit in Hörfunk und Fernsehen, in: Revue d'Allemagne 37 (2005) 1 S. 7–28.

103 Léo WALLENBORN, From IBU to EBU, in: EBU Review, Part I & II, Januar und März 1978, S. 25–34 und S. 22–30.

104 Später umbenannt in Organisation Internationale de Radiodiffusion et de Télévision (OIRT) mit Sitz in Prag (ab 1949).

funklandschaft zweigeteilt: die OIR hatte ihren offiziellen Sitz in Brüssel, die UIR in Genf. Beide beanspruchten bis auf weiteres die technischen Anlagen des Technischen Zentrums in Brüssel für sich.

Der Streit eskalierte, als die ITU 1947 in Atlantic City zu einer Weltfunkkonferenz einlud, deren Ziel die Beseitigung des Wellenchaos war, das der Zweite Weltkrieg hinterlassen hatte. Beide Organisationen, die OIR und die UIR, beanspruchten für sich, als »technische Experten« an dieser Tagung teilnehmen zu können. Beiden wurde schließlich dieser Status verwehrt – sie konnten lediglich als »Beobachter« ohne Stimmrecht teilnehmen. Das gleiche Spiel wiederholte sich auch auf der europäischen Folgekonferenz in Kopenhagen 1948. Da dieser Zustand für beide Parteien unbefriedigend und auf lange Sicht schädlich war, sämtliche Einigungsbemühungen aber gescheitert waren, kam es im Mai 1950 auf Anregung der BBC in Genf zur offiziellen Auflösung der UIR und gleichzeitigen Übertragung ihrer (Rest-)Kompetenzen auf die neugegründete European Broadcasting Union (EBU)[105].

»Die Gründung der EBU«, so Rüdiger Zeller, »war das Ergebnis der Spaltung Europas in einen westlichen und östlichen Block«[106]. Die Parallelität von Rundfunk- und Politikgeschichte verwundert kaum. Im Gegenteil, sie kann mit Konrad Dussel sogar als Charakteristikum der Rundfunkgeschichte gedeutet werden. Der Mythos eines »wertneutralen Raumes«, in dem sich die »technischen Experten« laut eigener Einschätzung im Rahmen ihrer Aktivitäten der CCIR oder EBU zu bewegen glaubten[107], muß schon aus institutionengeschichtlicher Sicht entzaubert werden. Inwieweit das Selbstverständnis der technischen Akteure innerhalb dieses Handlungsraumes von diesem Mythos geprägt war, wird am Beispiel der Farbfernsehkontroverse genauer zu untersuchen sein.

2.3.4. »Télévision sans passeport«[108]: 625 Zeilen für den Rest Europas

In diese für die internationale Rundfunkordnung turbulente Zeit fallen auch die ersten Bemühungen um eine einheitliche europäische Norm im Bereich des Schwarzweißfernsehens. Den Auftakt dieser Überlegungen bildete die CCIR-Konferenz in Genf 1948, wo die 625-Zeilennorm erstmals von mehreren Ländern als möglicher europäischer s/w-Standard vorgeschlagen wur-

[105] Wolfgang DEGENHARDT, Elisabeth STRAUTZ, Auf der Suche nach dem europäischen Programm. Die Eurovision 1954–1970, Baden-Baden 1999, S. 18–26.

[106] ZELLER, Die EBU, S. 36.

[107] Diese Selbsteinschätzung geht aus den Interviews hervor, die der Autor mit Ingenieuren und Wissenschaftlern Louis Goussot, Yves Angel, Gérard Melchior, Heinwig Lang und Michael Hausdörffer geführt hat.

[108] H. MARCEL, Télévision sans passeport! Adaption des télévisieurs aux différents standards, in: Télévision 137 (1963) S. 227–230.

de[109]. Erste Studien zu dieser Zeilennorm waren bereits 1946 von sowjetischen Ingenieuren vorgestellt worden, die auf die günstige Umwandlungsfähigkeit der amerikanischen 525 Zeilennorm bei 30 Bildwechseln pro Sekunde auf 625 Zeilen bei 25 Bildwechseln pro Sekunde hingewiesen hatten[110]. Ihren stärksten Verbündeten sollte die Sowjetunion mit diesem Vorschlag in der niederländischen Firma Philips finden, deren Motivation für die Propagierung des 625-Zeilensystems aus der Kompatibilität dieses Systems mit dem amerikanischen 525-Zeilensystem herrührt. Als einzige europäische Firma im Bereich der Unterhaltungselektronik, für die der amerikanische Markt schon zu dieser Zeit von großer Bedeutung war, übte Philips auf die europäischen Rundfunkländer einen nicht zu unterschätzenden Druck aus. Dies bekamen auch die Franzosen zu spüren, wie Wladimir Porché zu berichten weiß. So warben die mächtigen Niederländer nicht nur über technische Zeitschriften für das 625-Zeilensystem, sie scheuten sich sogar nicht davor, französische Parlamentarier zu ›kaufen‹ und ihre Königin Juliana während eines Besuches beim französischen Präsidenten Vincent Auriol zum Botschafter der Interessen von Philips zu machen[111]. Selbstverständlich wurden diese politischen Initiativen von handfestem Druck auf die französische Rundfunkindustrie begleitet. Der Macht des Eindhovener Unternehmens war man sich in Paris durchaus bewußt. Genau an jenem 20. November 1948, an dem Mitterrand die französische 819-Zeilennorm per Dekret verkündete, folgte Wladimir Porché in Begleitung seiner technischen Direktoren Général Leschi und Stéphane Mallein einer Einladung von Philips nach Eindhoven. Hatten die Niederländer noch die Hoffnung, die Franzosen für das 625-Zeilensystem gewinnen zu können, war es gerade Porché gewesen, der Mitterrand am Vortag seines Besuches in Eindhoven darum gebeten hatte, das 819-Zeilen-Dekret möglichst als »Reisegepäck« mit nach Eindhoven nehmen zu können, um den Niederländern stolz die französische Entschlossenheit demonstrieren zu können.

Il [F. Mitterrand, A.d.V.] avait compris que je défendais ce que je nommais le ›standard français‹, non seulement en artiste, parce que l'image obtenue par Henri de France était plus fine, plus dense que ses concurrents étrangères, mais aussi – peut-être surtout, en économiste patriote: parce que le choix d'un standard qui constituterait, pendant un certain temps, un ›verrou technique‹ plus efficace qu'un tarif douanier, permettrait à une industrie électronique française de se

[109] Chauvierre, La télévision, S. 36f.

[110] Siehe Bruch, Die Fernseh-Story, S. 131. In einem Interview mit Karl Tetzner am 9.2.1973 behauptet Walter Bruch, er habe die später von den Russen vertretene 625-Zeilennorm 1946 zusammen mit einem Herrn Nowakowski im Oberspreewerk in Berlin entwickelt! Siehe Interview Bruch/Tetzner, in: Privatarchiv Prof. Karl Tetzner, Icking bei München, S. 16.

[111] In seinen Erinnerungen beschreibt Wladimir Porché ausführlich seinen Besuch bei Philips in Eindhoven am 20. November 1948, jenem Tag, an dem Mitterrand die französische 819-Zeilennorm per Dekret festlegte. Siehe Porché, Fiat Lux, S. 53–60.

développer sans licences étrangères, sans tributs, sans l'entrave d'une subordination quelconque[112].

Dieses Bekenntnis eines »patriotischen Ökonomen« verliert ein wenig an Glanz, wenn man den Ausgang der Geschichte kennt und weiß, daß alleine Philips beim Start des französischen 819-Zeilenfernsehens im Jahre 1950 in der Lage war, entsprechende Empfänger in Serie zu produzieren[113]!

Trotz der französischen Entscheidungen gingen in einigen Ländern die Bemühungen weiter, zu einer einheitlichen europäischen s/w-Zeilennorm zu gelangen. Die Einführung des 625-Zeilensystems in der Sowjetunion und die wirtschaftlichen Interessen von Philips waren zwei wichtige Argumente für die Propagierung dieser Zeilendefinition. Im Laufe des Jahres 1950 entstand eine breitere Allianz zugunsten dieser Zeilennorm. Auf der CCIR-Konferenz in Stockholm 1948 war eine Studienkommission gebildet worden, die den Auftrag hatte, nach Alternativen für einen europäischen Standard im Schwarzweißfernsehen Ausschau zu halten. Es wurde vereinbart, zu diesem Zweck Studienreisen in die USA, nach Großbritannien, Frankreich und die Niederlande zu unternehmen. Im Juli 1949 traf sich die Studienkommission nach Abschluß der entsprechenden Reisen zu einem ersten Treffen in Zürich, wo man die Studienreisen auswertete und ein ausgiebiges Untersuchungsprogramm definierte, um wissenschaftlich-technische Kriterien für den objektiven Vergleich der unterschiedlichen Systemvarianten zu erarbeiten. Doch schon das Züricher Treffen machte klar, welche Schwierigkeiten diese Aufgabe mit sich bringen würde. In einem zusammenfassenden Bericht machte Stéphane Mallein, technischer Direktor der RTF, klar:

Cette réunion avait mis en lumière les difficultés auxquelles allaient se heurter les tentatives de normalisation, essentiellement en ce qui concerne le nombre de lignes. Ces difficultés provenaient de l'ampleur des intérêts économiques en jeu, chacque pays espérant, en faisant adopter ses normes, conquérir ainsi un large marché pour ses exportations nationales[114].

Wichtiger als das Zusammentreffen in Zürich war die Tagung der Studienkommission in London vom 8. bis 12. Mai 1950. Hatten sich die Briten in Zürich noch mit den Franzosen zusammengeschlossen, da sie mit ihrem 405-Zeilensystem in einer ähnlich isolierten Position waren, bildete sich in London eine breite Front von 625-Zeilen-Befürwortern. Der Schweizer Postingenieur Dr. Walter Gerber übernahm die Leitung einer Untergruppe der Studienkommission, die sich mit der Festlegung aller mit der 625-Zeilen-

112 Ibid. S. 54.

113 ANGEL, Brève histoire de la télévision française, S. 5.

114 Stéphane MALLEIN, Rapport sur les travaux de la 11ème Commission d'études à la VIème assemblée plénière du CCIR (Genève 1951), Paris, 24. Oktober 1951, S. 5, in: Archives nationales, 870714/Art. 14, Akten des Ministeriums für Kultur und Kommunikation. Bei diesem fünfzehnseitigen Bericht handelt es sich im Prinzip um einen Rückblick auf die Aktivitäten der Studienkommission 11 von Stockholm 1948 bis Genf 1951.

norm verbundenen Sekundärnormen (Ton-/Bildfrequenzabstand, Kanalbreite etc.) beschäftigen sollte. »En résumé«, so Mallein in seinem Bericht, »la réunion de Londres s'achevait sur une indiscutable victoire du 625 lignes auquel se ralliaient tous les pays présents de l'Europe continentale à l'exeption de la France«[115].

Auf Initiative der belgischen Delegation wurde in London ein Appell an die französische und britische Regierung verabschiedet, der diese zur Übernahme der 625-Zeilennorm aufforderte. Die Antwort der französischen Regierung lohnt einer näheren Betrachtung. Auf 8 Seiten faßte der Kabinettschef des Informationsministers, Jean d'Avout, die französische Position zusammen. Als Gründe der Entscheidung für das 819-Zeilensystem wurden interessanterweise lediglich technisch-qualitative Kriterien aufgezählt – von der Protektion der heimischen Industrie ist keine Rede mehr. In meisterlichem Diplomatenfranzösisch kehrte d'Avout den Spieß gewissermaßen um:

> Cependant, l'industrie française, qui aurait à sa charge l'important volume de fabrication que représente déjà le marché français, encore vierge, n'a certainement nul désir d'imposer à ses voisins l'absorption de sa propre production, mais il va sans dire que dans un esprit de collaboration européenne, elle répondrait aux demandes qui lui seraient adressées[116].

Aufgrund der technischen Überlegenheit des Systems (Bildqualität) und der großen Investitionen, die der französische Staat bereits getätigt habe, so d'Avout, könne Frankreich daher leider nicht positiv auf den Appell der Studienkommission reagieren. In Wirklichkeit waren in Frankreich zu diesem Zeitpunkt weder von der Privatindustrie noch vom staatlichen Fernsehen hohe finanzielle Investitionen für das 819-Zeilensystem getätigt worden. Weder auf Sender- noch auf Empfängerseite waren 1950 systemtechnisch gesehen Tatsachen geschaffen worden, die ein Umschwenken auf die »europäische« 625-Zeilennorm wesentlich behindert hätten.

Scharfe Kritik an dieser Position wurde von Marc Chauvierre geäußert, der seinen Unmut in einem Brief an den französischen Abgeordneten Max Brusset kundtut, welcher zu dieser Zeit »Président de la Commission de Presse« des französischen Parlaments war. Chauvierre schrieb:

> La gestion de la télévision française depuis 1945 s'est donc traduit par un échec total, d'une gravité sans précédent pour l'industrie française. La cause de cet échec est très nette: la politique de la télévision française a été axée sur la perfection technique de la très haute définition, sans tenir compte des problèmes d'exploitation et des problèmes internationaux suscités par l'emploi de la très haute définition; [...] Je proposerai, comme base de mon activité [...]: 1° Obtenir de toute urgence un accord international européen sur le problème des standards, quitte à faire des

115 Ibid. S. 6.

116 Jean D'AVOUT: Réponse du gouvernement français à l'appel des sept délégations au CCIR de Londres, Paris, le 10 juillet 1950, 8 Seiten, hier S. 6, in: Archives nationales, 870714/Art. 14.

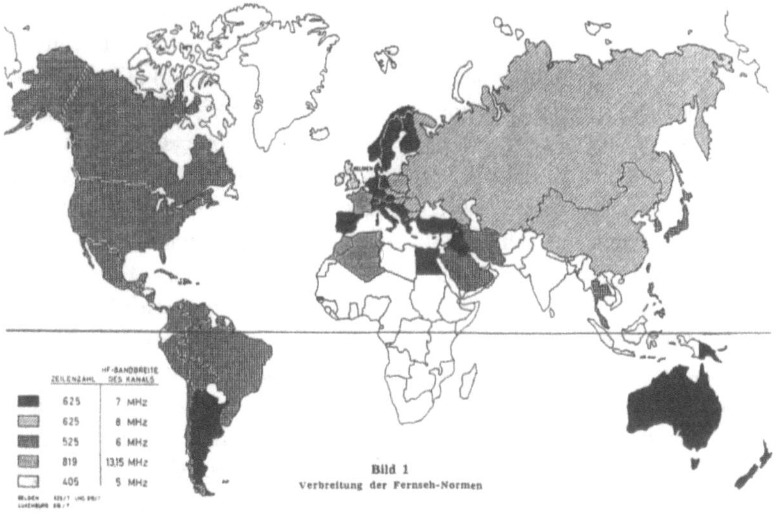

Abb. 3: Verbreitung der Fernsehnormen in Europa, aus: RINDFLEISCH, *Der gegenwärtige Ausbau des Fernsehrundfunks im In- und Ausland, S. 220.*

concessions importantes pour notre amour-propre, mais indispensable dans le domaine industriel, tant du point de vue français que du point de vue européen[117].

Doch ein unerwartetes Ereignis sollte der französischen Position für kurze Zeit Rückenwind verschaffen, und zwar die Entscheidung der Federal Communications Commission der USA im Oktober 1950, das von der Columbia Broadcasting Systems (CBS) entwickelte elektro-mechanische Farbfernsehsystem als US-amerikanischen Standard einzuführen. Im Gegensatz zu dem von den CBS-Konkurrenten entwickelten Farbfernsehsystemen der Firmen RCA und Color Television Incorporated (CTI) war das CBS-System nicht kompatibel mit dem bereits vorhandenen 525-Zeilensystem des Schwarzweißfernsehens. Diese für Fernsehfachleute aus aller Welt überraschende Entscheidung wurde von den französischen 819-Zeilen-Protagonisten nicht nur deshalb bejubelt, weil sie das wichtigste Argument der 625-Zeilen-Verfechter aus den Angeln hob, nämlich die Kompatibilität des amerikanischen 525-Zeilen/60Hz-Systems mit dem europäischen 625-Zeilen/50Hz-System. Zudem hatten Untersuchungen der RTF-Ingenieure gezeigt, daß das elektromechanische Farbfernsehsystem der CBS im Prinzip kompatibel mit dem französischen 819-Zeilensystem war.

Bereits am 25. Oktober 1950 wurde in der obersten Etage der Radiodiffusion Française ein Strategiepapier entwickelt, um auf diese »unerhoffte Wen-

[117] Lettre de M. Chauvierre à M. Max Brusset, Député de la Charente, Paris, 15 Novembre 1951, 2 maschinegeschriebene Seiten, in: Archives du CHTV/INA, Nachlaß M. Chauvierre/ 819-lignes.

de« entsprechend reagieren zu können. In diesem Strategiepapier hieß es: »La décision de la FCC sur la couleur bouleverse la situation internationale en télévision en modifiant radicalement les positions en Europe. Ce bouleversement inattendu par nous et qui fut une des raisons du choix du 819 doit être exploité sans retard par la France qui a une occasion exceptionelle de reprendre la direction du jeu«[118]. Nachdem die möglichen taktischen Verhaltensweisen dargelegt worden waren, endete dieses Strategiepapier mit einem 6-Punkte-Programm, in dem das »déroulement chronologique et psychologique de l'action« festgelegt wurde: Oberstes Ziel war es zu verhindern, daß im Rahmen der CCIR eine Entscheidung pro 625-Zeilen getroffen wurde. Parallel dazu sollten Gespräche mit der Federal Communications Commission und der CBS aufgenommen werden, um beide von den Möglichkeiten der Zusammenarbeit und den Perspektiven für das 819-Zeilensystem zu überzeugen. Bereits im Dezember 1950 trat Stéphane Mallein die angekündigte Reise in die USA an. Sein Reisebericht erlaubt einen interessanten Einblick in die turbulenten amerikanischen Diskussionen, die dort im Anschluß an die Entscheidung der FCC ausbrachen. Mallein betonte die starke politische Dimension, die der Entscheidung der FCC kurz vor den Präsidentschaftswahlen zukam. Die Politik der Wiederbewaffnung im Zuge des Korea-Krieges rückte die Bedeutung der Farbfernsehfrage jedoch weit in den Hintergrund[119]. Auch wenn Mallein abschließend die Chancen einer produktiven Zusammenarbeit mit den Amerikanern im Bereich des 819-Zeilensystems als ziemlich gering bewertete, sah er in der nachlassenden Unterstützung für das 625-Zeilensystem eine große Chance für das französische System – dies auch in bezug auf das noch in weiter Ferne liegende Farbfernsehen in Europa: »Il apparait cependant que la récente décision de la FCC vient appuyer d'une facon aussi éclatante qu'inattendue la thèse que nous n'avons cessé de défendre, à savoir que l'intégration future de la couleur ne pourrait s'opérer facilement que si

118 Stéphane Mallein, Jean d'Arcy, Étude des premières conséquences que la France doit tirer de la décision américaine sur la télévision en couleurs, (très confidentiel), Paris, 25 octobre 1950, 4 maschinegeschriebene Seiten, hier S. 1, in: Archives nationales, 870714/Art. 14.

119 »Un dernier aspect, tout à fait inattendu celui-là, est l'aspect politique. La décision de la FCC a été prise en effet peut avant les élections, et du coup les opposants se sont tournés vers le Parti Républicain qui n'a pas manqué d'accuser le Gouvernement Démocrate d'organiser une véritable ›dictature étatique‹ en matière de télévision. En contre partie, bien entendu, les démocrates se sont vus dans l'obligation de soutenir la décision de la FCC ce qui complique encore une situation déjà passablement embrouillée. [...] A vrai dire, avec la nouvelle politique de réarmement qui entraîne déjà la raréfaction des pièces détachées et peut-être bientôt l'interdiction de vente des récepteurs de télévision, la querelle de la couleur prend une allure plutôt byzantine et passe à l'arrière-plan. On en reparlera lorsque l'atmosphère internationale sera éclaircie, c'est-à-dire dans un délai totalement indéterminé.« Stéphane Mallein, Rapport sur la mission effectuée à New York et Washington du 14 au 23 décembre 1950, Paris, 31 janvier 1951, 10 maschinegeschriebene Seiten, hier S. 4f, in: Archives nationales, 870714/Art. 14.

l'on part initialement d'un système blanc et noir à fréquence de ligne élevée et à large bande«[120].

Als sich die Studienkommission XI (Fernsehen) des CCIR und die von Dr. Gerber geleitete Unterstudiengruppe im Mai 1951 in Genf wiedertrafen, hatten sich die wirtschaftspolitischen und rundfunkpolitischen Kontexte im Vergleich zur vorangegangenen Tagung in London deutlich gewandelt. Im s/w-Normenstreit war ein technischer Gesichtspunkt aufgetaucht, der bislang im europäischen Diskurs nur ganz am Rande thematisiert worden war: die zukünftigen Normen und Standards des Farbfernsehens. Obwohl das französische Kalkül aufging, in Genf eine einheitliche Empfehlung seitens der CCIR zu vereiteln, konnte Frankreich außer Belgien und Luxemburg keine weiteren Anhänger für sein 819-Zeilensystem gewinnen. Auf der Vollversammlung der CCIR in Stockholm 1952, die im wesentlichen der Korrektur des 1948 in Kopenhagen festgelegten Wellenplans gewidmet war, wurde schließlich von den meisten europäischen Ländern die als »Gerber-Norm« bezeichnete 625-Zeilennorm als s/w-Standard übernommen.

De facto herrschten in Europa 1952 also drei verschiedene Zeilennormen: In Großbritannien blieb man vorerst bei 405 Zeilen, in Frankreich, Luxemburg, dem französischsprachigen Teil Belgiens und dem Vatikanstaat setzte sich das 819-Zeilensystem durch. In allen anderen europäischen Ländern (inklusive Sowjetunion) verständigte man sich auf das 625-Zeilensystem. Allerdings konnten auch bei gleicher Zeilenzahl noch Unterschiede bestehen. So hatten beispielsweise die sogenannten Ostblockländer einen von den westeuropäischen 625-Zeilenländern unterschiedlichen Ton-/Bildfrequenzabstand, so daß man zwar diesseits und jenseits des »Eisernen Vorhangs« s/w-Bilder empfangen konnte, aber entweder den Ton hören und kein Bild sehen konnte oder Bilder ohne Ton sah. Durch entsprechende Zusatzgeräte (Transcoder) ließ sich dieses Handicap aber lösen, vorausgesetzt man konnte sich die entsprechenden Teile besorgen und leisten.

Besonders absurd war die Situation in Belgien, wo sowohl der 819- als auch der 625-Zeilenstandard eingeführt wurde. Für die Studio- und Sendertechnik bedeutete dies einen enormen Mehraufwand, da alle Programme in zwei Normen aufgezeichnet und ausgestrahlt werden mußten. Für jene Belgier, die flämisches und französischsprachiges Fernsehen empfangen wollten, bedeutete dies, daß sie entsprechend teurere Mehrnormenempfänger kaufen mußten. Da Frankreich zudem einen von Belgien unterschiedlichen Ton-/Bildfrequenzabstand wählte, existierten in Belgien beim Schwarzweißfernsehen 4 verschiedene Standards: 2x 819 (französisch und wallonisch) und 2x 625 (niederländisch und flämisch). »Les téléviseurs belges acquirent à juste titre la réputation d'être les plus compliqués«, so der Rundfunkingenieur H.

[120] Ibid. S. 2.

d'Haese in einem Überblick über die belgische Rundfunkindustrie im Jahre 1963[121].

Bedeutete das Scheitern der Bemühungen eines einheitlichen s/w-Standards in Europa besonders für kleine, mehrsprachige Länder wie Belgien, Luxemburg oder die Schweiz einen enormen technischen und damit finanziellen Mehraufwand[122], stellte diese Normenvielfalt auch für den internationalen Programmaustausch ein großes Problem dar.

2.3.5. Eurovision – »ein Stück auf dem Weg zu einem gemeinsamen Europa«[123]?

Die Idee des internationalen Programmaustauschs beflügelte schon früh die Phantasie vieler Bildungspolitiker und Intellektueller[124]. So verwundert es kaum, daß diese Überlegungen nach der geistig-moralischen Krise Europas nach dem Zweiten Weltkrieg erneut aufflackerten – auf die Verwandtschaft von Völkerbund und UIR wurde ja bereits hingewiesen. Im Rahmen der Nachfolgeinstitution des Völkerbundes, der United Nations Organisation (UNO), begannen bereits 1947 die Diskussionen über die Möglichkeiten eines internationalen Programmaustausches als Mittel der kulturellen Völkerverständigung.

Motor dieser Bemühungen war der Schweizer Marcel Bezençon, der den Verwaltungsratsmitgliedern der neugegründeten EBU bereits auf ihrer zweiten Sitzung im Mai 1950 einen Plan zum Fernsehprogrammaustausch vorlegte[125]. Allerdings zeigten sich die Verantwortlichen der EBU recht zurückhaltend, verstanden sie sich doch als »technische Experten«, die kaum Bezug zur inhaltlichen Gestaltung des Fernsehrundfunks hatten. Nicht wenige hatten die Vermutung, daß auch die Programmleute von den angenehmen Nebeneffekten der internationalen Rundfunkorganisation profitieren wollten – das heißt von der Möglichkeit des vielen Reisens. »I suspected«, so der britische EBU-Vertreter Sir Ian Jacob, » – with some justification – that some of the

[121] H. D'Haese, Un récepteur TV pentastandard à automatisme intégral, in: Télévision 135 (1963) S. 179–182, hier S. 179.

[122] Vergessen sollte man hier auch nicht die oft mehrsprachigen europäischen Grenzregionen. Auch Frankreich bekam diese »Isolation« sehr bald zu spüren: »Les effets de notre isolement se sont vite fait sentir; très rapidement, il a fallu créer des récepteurs capables de recevoir les deux standards pour les régions frontalières, proches de l'Allemagne et de la Belgique; de tels récepteurs étaient forcément coûteux, compliqués et fragiles«. Chauvierre, La télévision, S. 38.

[123] Zitat aus Hans Rindfleisch, Die UER in ihrer Bedeutung für die europäische Fernsehtechnik, in: Rundfunktechnische Mitteilungen 8 (1964) 6 S. 315.

[124] Zur EBU und den Eurovisionsaktivitäten siehe als Standardwerk die Dissertation von Degenhardt, Siegen 2002.

[125] Siehe Degenhardt, Strautz, Auf der Suche nach dem europäischen Programm, S. 29.

Abb. 4: Die erste transnationale Live-Fernsehübertragung zwischen Frankreich und Großbritannien war technisch nur durch eine Transcodierung des französischen 819-Zeilenbildes in ein britisches 405-Zeilenbild möglich. Da 1950 noch keine elektronischen Transcoder zur Verfügung standen, geschah dies auf recht primitive Weise dadurch, das an der Schnittstelle der Verbindung des französischen mit dem britischen Übertragungsweges in Cassel (F) eine 405-Zeilen Fernsehkamera der BBC vor einen französischen 819-Zeilen-Empfänger plaziert wurde. Aus: BBC Audiovisual Archives, Brentford.

delegates, they wanted another annual jolly«[126]. Auch der technische Direktor des NDR, Hans Rindfleisch, fragte in einem Zeitschriftenartikel ironisch: »Ist sie [die EBU, A.d.V.] etwa eine Einrichtung, um einigen reiselustigen Rundfunkleuten ein paarmal im Jahr eine Art von Zusatzurlaub an einem schönen Fleck irgendwo in Europa zu ermöglichen?«[127]

Wie so häufig in der Geschichte des Rundfunks schaffte auch hier die technische Weiterentwicklung neue Tatsachen für die Programmplaner. Während man im Verwaltungsrat der EBU die juristischen Probleme des Programmaustauschs diskutierte, fand am 27. August 1950 das sogenannte »Calais-Experiment« statt, bei dem es britischen und französischen Fernsehfachleuten gelang, die erste stehende Fernsehverbindung über Funk zwischen beiden Ländern zu realisieren. Obwohl diese erste transnationale Fernsehverbindung in Europa als medienhistorische »entente cordiale« gefeiert wurde, handelte es sich nicht im eigentlichen Sinne um einen Programmaustausch, da die BBC ihr eigenes Fernsehteam mit britischer 405-Zeilentechnik nach Calais sandte. Ein Austausch auf der Basis realer Normwandlung hatte also nicht stattgefunden. Die ersten Normwandler wurden erst im Laufe des Jahres 1952 entwickelt. Sie waren die Voraussetzung für die erste wirkliche

126 Ibid. S. 27.

127 RINDFLEISCH, Die UER in ihrer Bedeutung für die europäische Fernsehtechnik, S. 310.

Live-Übertragung eines Ereignisses in verschiedene europäische Länder: der Krönung Elisabeth II. von England am 2. Juni 1953[128].

Zu Recht wird von zahlreichen Autoren darauf verwiesen, daß dieses Ereignis den eigentlichen Beginn des internationalen Programmaustausches, der Eurovision und damit auch des kommerziellen Fernsehens in Europa bildete[129]. Obwohl die EBU keinerlei organisatorische Verantwortung im Rahmen der Übertragung trug, gab die erfolgreiche bilaterale Zusammenarbeit den britischen, französischen, westdeutschen, niederländischen, dänischen, belgischen und italienischen Rundfunkorganisationen den entscheidenden Anstoß zur institutionellen Verankerung des Programmaustauschs in den Statuten der EBU. Auf der Verwaltungsratssitzung der EBU in Monte Carlo im November 1953 wurde auf Drängen Bezançons die »Fernsehkommission« der EBU gegründet[130].

Die Übertragung der Krönungsfeierlichkeiten war aber mehr als der technische Beweis der Möglichkeit internationalen Programmaustausches: Dieses Ereignis verhalf dem Medium Fernsehen als solchem zum Durchbruch und löste es aus dem Schatten des Radios, das bis zu diesem Zeitpunkt die Funktion des »Leitmediums« im massenmedialen Ensemble innehatte[131]. War das Fernsehen bis zu diesem Zeitpunkt in ähnliche kulturelle Legitimationsprobleme eingebunden wie das Radio zu seinen Anfangszeiten, verhalf die Faszination der Live-Bilder dem Fernsehen zur gesellschaftlichen Akzeptanz[132]. Die Krönungszeremonie der britischen Königin am heimischen Bildschirm

128 Zur technisch-organisatorischen Vorgeschichte dieser Übertragung siehe DEGENHARDT, STRAUTZ, Auf der Suche nach dem europäischen Programm, S. 33–38, sowie F. WILLIAMS, M. J. L. PULLING, Engineering Arrangements for Broadcasting on Sound and Television for the Coronation of her Majesty Queen Elizabeth II, in: EBU-Bulletin 20 (1953) S. 391.

129 »En tout cas, on peut dire que la retransmission du couronnement de la Reine d'Angleterre a été le signal de départ de la télévision commerciale (et non plus expérimentale) et de l'Eurovision«. CHAUVIERRE, La télévision, S. 41.

130 Siehe DEGENHARDT, STRAUTZ, Auf der Suche nach dem europäischen Programm, S. 40.

131 Zum Konzept der »massenmedialen Ensembles« siehe SCHILDT, Das Jahrhundert der Massenmedien. Zur Rolle der »Leitmedien« in der medialen Öffentlichkeit siehe WEISBROD, Medien als symbolische Form der Massengesellschaft.

132 Zu den Durchsetzungsproblemen des »Radios« und den raum-zeitlichen Herausforderungen dieses neuen Mediums für die Menschen in den zwanziger Jahren siehe die ausgezeichnete Arbeit von LENK, Die Erscheinung des Rundfunks. Zu den Problemen der gesellschaftlichen Akzeptanz des Fernsehens in Frankreich heißt es bei Henri de France: »Ceux que l'on appelle ›l'élite‹ française était dans sa grande majorité contre la télévision, perturbatrice de la vie sociale et surtout familiale. Combien de fois ai-je entendu que l'influence de la télévision sur les enfants est désastreuse, qu'elle donne le mauvais exemple, qu'ils ne font plus leurs devoirs, etc… Cette attitude de rejet devant la nouveauté est typiquement française«. Henri DE FRANCE, Mémoires, in: Bulletin du Comité d'histoire de la télévision 14 (juin 1986) S. 11. Siehe hierzu auch STEINMAURER, Tele-Visionen sowie SPIGEL, Make Room For TV und John ELLIS, Seeing Things.

Abb. 5: Kartographische Darstellung des EBU-Eurovision-Netzwerkes im Dezember 1954, aus: BBC Audiovisual Archives, Brentford.

verfolgen zu können war jene Form »privilegierten Sehens«, die zum zentralen Bestandteil der »medialen Identität« des Fernsehens wurde[133].

133 Siehe ELSNER , MÜLLER, SPANGENBERG, Der lange Weg eines schnellen Mediums, sowie BERNOLD, Fernsehen ist gestern. Eine konzise Definition der medialen Identität des Fernsehens bietet Jostein GRIPSRUD, Television, Broadcasting, Flow. Key Metaphors in TV Theory, in: Chri-

Das Fernsehen, das noch immer von vielen als technische Spielerei ohne Zukunft angesehen wurde, hatte seine Fähigkeit bewiesen, Bilder lebendig über Ländergrenzen hinweg zu transportieren. Der Aufwand dafür war enorm, das war unbestreitbar, aber der propagandistische Effekt dieser Pionierleistung für das Fernsehen war mit Geld kaum aufzuwiegen[134].

Auch die mentalitätsgeschichtliche Dimension der Eurovision sollte nicht unterschätzt werden. Zwar ist es schwierig, ihre identitätsstiftende Wirkung rezeptionsgeschichtlich nachzuweisen, so deutet das Selbstverständnis vieler technischer Akteure, welche diesen Programmaustausch erst ermöglichten, eindeutig in diese Richtung. Besonders deutliche Selbstzeugnisse dieser Art verfaßte der ehemalige Technische Direktor des NDR und langjährige Vertreter Westdeutschlands in zahllosen technischen Kommission der CCIR und EBU, Hans Rindfleisch. In einem Aufsatz aus dem Jahre 1959 mit dem Titel »Der gegenwärtige Ausbau des Fernsehrundfunks im In- und Ausland« heißt es:

Ein wenig ist sowohl die Verschiedenheit der Normen als auch ihre gleichzeitige weltweite Verbreitung ein Spiegelbild des gegenwärtigen Allgemeinzustandes der Menschheit, der durch seine Zerrissenheit und zugleich durch die weltweite Ausdehnung politisch-wirtschaftlicher Systeme gekennzeichnet ist. Auf dem Gebiet des Fernsehens wiegen glücklicherweise die Unterschiede der Normen nicht so schwer wie im politischen Bereich. Für den Austausch von Fernsehsendungen über die Grenzen hinweg ist die Bereitschaft zum Austausch allein entscheidend. Die Geschichte der Eurovision hat bewiesen, daß Unterschiede in der Norm, die in Westeuropa in denkbar bunter Fülle vorhanden sind, auf die Dauer kein ernsthaftes Hindernis für einen Programm-Austausch darstellen[135].

An anderer Stelle führt Rindfleisch aus:

Die Mitarbeit in internationalen Organisationen ist oft mühsam und langwierig. Man muß vor allem lernen, die Wünsche und Bedürfnisse anderer Nationen zu verstehen und zugleich die eigenen Wünsche und Bedürfnisse den anderen verständlich zu machen. Aber gerade dies ist der Weg zu einer wirklichen Gemeinsamkeit, und so ist die Mitarbeit in dem Kreis, von dem ich ihnen berichtete, zugleich ein Stück auf dem Weg zu einem gemeinsamen Europa[136].

Auch wenn es ein wenig pathetisch klingen mag, so kann man davon ausgehen, daß bei einigen dieser Akteure tatsächlich die Motivation zu »wahrhafter Kommunikation« im Jasperschen Sinne einen Antrieb für ihre Arbeit darstellte[137]. Auf die Rolle der Ingenieure und ihres Selbstverständnisses

stine Geraghty, David Lusted (Hg.), The Television Studies Book, London u.a. 1998, S. 17–32.

134 Degenhardt, Strautz, Auf der Suche nach dem europäischen Programm, S. 38.

135 Rindfleisch, Der gegenwärtige Ausbau des Fernsehrundfunks im In- und Ausland, S. 220.

136 Rindfleisch, Die UER in ihrer Bedeutung für die europäische Fernsehtechnik, S. 315.

137 In einem kurzen Vortrag mit dem Titel »Vom europäischen Geist«, den Karl Jaspers im September 1946 bei den »Rencontres Internationales de Genève« hielt, heißt es: »Was im ganzen geschieht, wird ermöglicht durch das, was jeder einzelne tut. Der einzelne muß von sich fordern: sich auf den Standpunkt eines jeden anderen versetzen, Wahrheit in Kommunkation an den Tag bringen, sein Herz nicht verhärten, sondern offen bleiben im Hören, in der Bereitschaft zu tätiger Hilfe und zum Revidieren eigener Ansichten. Die Möglichkeiten der Kommunkation werden zur

wird im Kapitel »nationale Technikstile und Technikkulturen« noch ausführlich eingegangen. An dieser Stelle mag der Hinweis auf die interessante Verbindung beruflicher Identifizierung technischer Akteure mit den gesellschaftspolitischen Kontexten genügen. Neben dieser psychohistorischen Komponente lassen sich aber weitere Informationen aus diesen Aussagen Rindfleischs gewinnen, so beispielsweise der »nichts-ist-unmöglich«-Glaube an die nahezu unbegrenzten Möglichkeiten der Technik. So bekundet auch Marc Chauvierre in Bezug auf das Problem der unterschiedlichen Zeilendefinitionen im Schwarzweißfernsehen: »Évidemment, il n'y a pas de problèmes que les techniciens ne sachent résoudre. Et ceux-ci ont créé les convertisseurs de standard«[138]. So einfach ist das also. Max Brusset, Abgeordneter im französischen Parlament, präzisierte 1953 in seinem »Exposé sommaire sur la situation de la télévision française et ses possibilités d'extension«:

> Les détracteurs du standard français ont conclu bien trop rapidement que la France, dans le jeu des échanges internationaux des programmes se trouverait isolée du fait de son standard. Il n'est possible d'avancer cette objection depuis juillet 1952. Grâce à l'ingéniosité des inventeurs français, un convertisseur de définitions a été mis au point[139].

Warum, so fragt man sich, hat man sich dann derart über die verschiedenen Varianten und deren Qualitäten gestritten? Auch auf diese Frage weiß Marc Chauvierre eine Antwort: »Le vrai problème ne réside pas dans la compatibilité des systèmes ou de l'importance du ›parc‹ en service. Les questions de personnalité (les techniciens ne sont pas des saints), de prestige pour les firmes et de nationalisme quand il s'agit de normes à l'échelle mondiale, jouent hélas beaucoup plus que tous les arguments«[140].

Diese Stellungnahme eines Menschen, der sich selbst als begeisterter Fernsehtechniker bezeichnet, weist den Weg in Richtung zwischenmenschlicher, sozialer und wirtschaftspolitischer Aspekte, die bei der anstehenden Analyse der Farbfernsehauseinandersetzung verstärkt berücksichtigt werden müssen. Reichen die innertechnischen Argumente für den Beweis des »besten Systems« nicht aus, so die These, werden außertechnische Faktoren bei der Entscheidungsfindung um so bedeutender. Im Falle von Netzwerktechnologien können dies staatliche, privatwirtschaftliche oder privatrechtliche Faktoren sein. Handelt es sich zudem wie im Falle der Fernsehstandards um die Aushandlung technischer Normen, kommen Faktoren wie die der Persönlichkeit der verhandelnden Akteure, soziale und institutionelle Handlungsspielräume sowie kulturelle Verhaltensmuster hinzu, die den Ausgang derartiger Verhandlungsprozesse unvorhersehbar machen. Standardisierungsprozesse bieten

Grundfrage des zu sich selbst kommenden Menschen.« Karl JASPERS, Vom europäischen Geist, München 1946, S. 24f.

138 CHAUVIERRE, La télévision, S. 41.

139 BRUSSET, Exposé sommaire, S. 39.

140 CHAUVIERRE, La télévision, S. 203.

sich aus diesem Grunde besonders dazu an, das teleologische Fortschrittsmodell der Technikentwicklung zu hinterfragen, beziehungsweise einen Beitrag zu seiner theoretischen Demontage zu leisten.

2.3.6. Das Scheitern der Bemühungen um einen europäischen s/w-Fernsehstandard – zusammenfassende Betrachtung

Versucht man die Gründe für das Scheitern einer europäischen s/w-Fernsehnorm für Europa zusammenzufassen, zeichnet sich ein breites Spektrum nachvollziehbarer Gründe für dieses Scheitern ab. Auch wenn der französischen Diskussion um das 819-Zeilen-System im Vorfeld aus begründetem Anlaß besondere Aufmerksamkeit geschenkt wurde, bietet sich folgendes Panorama von Erklärungsmustern an:

1) Fernsehen war zu dem Zeitpunkt, in dem die Entscheidung für einen einheitlichen europäischen Standard fallen mußte (1946–1952), in Europa kaum praktische Realität. Das Fernsehen war in seiner grundlegenden technischen Entwicklung kaum aus dem experimentellen Stadium herausgetreten. Der Elan, der die Fernsehforschung ab Mitte der dreißiger Jahre ausgezeichnet hatte, war durch den Zweiten Weltkrieg gebrochen worden. Zwar waren während des Krieges wichtige Forschungen in originär fernsehtechnischen Bereichen geleistet worden (Elektronenröhre, Zentimeterwellen, Richtfunk etc.), doch mußten diese unterschiedlichen Stränge nach 1945 erst wieder auf das zivile Anwendungsziel Fernsehen zusammengeführt werden. In Deutschland, einem der führenden Fernsehländer vor Ausbruch des Krieges, war nach 1945 jegliche Arbeit im fernsehtechnischen Bereich verboten. Es verwundert daher nicht, daß Deutschland in der Diskussion um die s/w-Zeilennorm kaum eine Rolle gespielt hat. Wie gesehen, wichen führende deutsche Fernsehtechniker nach Frankreich aus, um weiterhin im Bereich der Fernsehtechnik arbeiten zu können.

2) In Europa entfaltete das Fernsehen als neues Medium nicht jene visionäre Potenz, die ihm in den USA zugeschrieben wurde. Europa blieb vorerst »radiotreu«. Die Ablösung des Leitmediums Radio durch das Fernsehen im massenmedialen Ensemble setzte erst Ende der 1950er Jahre ein. Zudem hatten die totalitären Erfahrungen mehrerer europäischer Staaten die Möglichkeiten eines Mißbrauchs des Rundfunks gezeigt, so daß führende Kulturkritiker dem neuen elektronischen Bildmedium sehr skeptisch gegenüberstanden. Die suggestive Kraft und damit potentiell manipulative Wirkung, die dem bewegten Bild bis heute zugeschrieben wird, erschwerte dem Fernsehen die gesellschaftliche Akzeptanz, zumindest bei der kulturellen Elite. Es bedurfte der affektiven Aufladung des Mediums, um es in das allgemeine Bewußtsein zu bringen. »Media events« wie die Krönung Elisabeth II im Jahre 1953 wirkten hier bahnbrechend. In der Folgezeit waren es vor allem sportliche

Großveranstaltungen, welche diese Funktion übernahmen (Fußballweltmeisterschaft in Bern 1954; Olympische Sommerspiele in Rom 1960).

3) Da die nationalen Rundfunkorganisationen nach 1945 mehr oder minder damit beschäftigt waren, den Status quo der Vorkriegszeit wieder herzustellen, blieben Ideen wie die einer zukünftigen europäischen Zusammenarbeit Ausnahmeerscheinungen. Ein Problembewußtsein dafür, was unterschiedliche s/w-Normen für den internationalen Programmaustausch bedeuteten, war nicht vorhanden. Der Aufbau einer funktionierenden Rundfunkversorgung blieb im wesentlichen eine nationalstaatliche Angelegenheit.

4) Zusätzlich färbte die politische Großwetterlage Europas nach 1945 auf die internationalen Rundfunkorganisationen ab. Die völkerverbindenden Intentionen der Union Internationale de Radiodiffusion (UIR) scheiterten an den politischen Realitäten des Kalten Krieges. Die Spaltung der UIR in eine »östliche« (Organisation Internationale de Radiodiffusion, OIR) und »westliche« (Union Européenne de Radiodiffusion, UER) Organisation erschwerte die internationale Verständigung im Bereich der Rundfunkplanung.

5) Wie am Beispiel Frankreichs näher ausgeführt wurde, waren es nicht zuletzt wirtschaftspolitische Entscheidungen, die den nationalen Diskurs dominierten. Der Schutz der nationalen Rundfunkindustrie spielte auch in Großbritannien oder den USA eine bedeutende Rolle. Der rasche Aufbau einer nationalen Fernsehempfängerindustrie hatte das Ziel, andere Länder von den Vorteilen des eigenen Systems bzw. der Leistungsfähigkeit der eigenen Industrie zu überzeugen. Wirtschaftstheoretisch formuliert: Man erhoffte sich »first-mover«-Vorteile und damit erhöhte Exportchancen. Da der Fernsehmarkt ein »network market« ist, kommt es entscheidend darauf an, den eigenen Standard international durchzusetzen. In Frankreich kamen sicherlich auch protektionistische Interessen hinzu, um die noch schwache eigene Rundfunkindustrie vor der mächtigen amerikanischen und englischen Konkurrenz zu schützen.

6) Die relative Zurückhaltung, welche die Position der USA in der europäischen Auseinandersetzung um die s/w-Fernsehnormen auszeichnete, hatte zwei Gründe. Zum einen stieg das Schwarzweißfernsehen in den USA nach dem Zweiten Weltkrieg rasant zum massenmedialen Leitmedium auf. Der daraus resultierende Boom der Fernsehbranche verschaffte den USA einen erheblichen technologischen Vorsprung gegenüber der europäischen Konkurrenz. Obschon man auch in den USA Anfang der fünfziger Jahre noch weit von einem ersten Sättigungsgrad auf dem s/w-Fernsehmarkt entfernt war, beschäftigte die Rundfunkfachleute längst ein anderes Thema: das Farbfernsehen! Beide Faktoren erklären, warum man die – aus US-amerikanischer Perspektive – leidige europäische Diskussion um eine s/w-Zeilennorm recht gelassen beobachtet hat.

7) Die europäischen Länder, die sich aktiv für eine kommunikative Lösung des Standardisierungsproblems, das heißt auf Verhandlungsbasis im Rahmen der zuständigen internationalen Behörden (CCIR/EBU/OIR), stark gemacht haben, waren jene Länder, die aufgrund ihrer industriellen Struktur keine wirtschafts- oder industriepolitische Macht ausüben konnten. Besonders die kleinen, mehrsprachigen Länder (Schweiz, Luxemburg und Belgien) versuchten vergeblich, auf eine Kompromißlösung hinzuarbeiten. Das Scheitern dieser Bemühungen traf diese Länder besonders hart, da die Mehrnormigkeit auf Sender- und Empfängerseite hohe Kosten verursachte.

8) Wie das Beispiel Frankreichs zeigt, spielten in der nationalen Entscheidung für einen s/w-Standard neben politischen und wirtschaftlichen Fakten auch persönliche Interessen eine Rolle. Die engen Kontakte zwischen Vertretern der Firma Radio-Industries (v.a. Henri de France) und den Verantwortlichen der RTF (v.a. Wladimir Porché) haben dem 819-Zeilensystem letztlich zum Durchbruch verholfen. Insgesamt hatte man sich in Frankreich im Gegensatz zu den anderen europäischen Ländern aber auf das hochauflösende Fernsehen als der Zukunftstechnik festgelegt. Diese technologische Weichenstellung war auch Ausdruck eines französischen Selbstverständnisses, das sich durch höchste Qualitätsansprüche (= technische Elite) definierte.

2.4. Die Normung der Grundparameter für das Farbfernsehen in Europa 1955–1961

Waren die Bemühungen um einen einheitlichen s/w-Fernsehstandard in Europa mit der Stockholmer CCIR-Konferenz des Jahres 1952 de facto gescheitert, führten die Fortschritte des internationalen Programmaustausches im Rahmen der Eurovision dazu, daß den Verantwortlichen der europäischen Rundfunkanstalten der enorme Aufwand der Normwandlungen und die damit verbundenen Mehrkosten bei gleichzeitiger Einbuße an Bildgüte immer bewußter wurde. Sehr bald mehrten sich daraufhin die Stimmen, die vor einer Wiederholung einer solchen Fehlentwicklung im Bereich der noch zu definierenden Farbfernsehnormen warnten. Würde man sich nicht auf eine einheitliche Farbfernsehnorm einigen können, so der Tenor, würden die Schwierigkeiten für einen internationalen Programmaustausch im Farbfernsehen »praktisch unüberwindlich«[141] sein. Auf der CCIR-Zwischentagung in Brüssel im Frühjahr 1955 widmete sich die Studienkommission XI (Fernsehen) daraufhin erstmals dem Thema Farbfernsehen. »Unausgesprochen blieb dabei die Hoffnung«, so berichten Mitarbeiter des Fernmeldetechnischen Zentralamtes der Bundespost in Darmstadt, »daß man auf dem Weg über die gemeinsame Farbnorm schließlich doch noch zu einer gemeinsamen s/w-Norm kommen würde«[142]. Diese Hoffnungen sollten sich jedoch bald als illusorisch herausstellen. Dennoch gelang es, einen Katalog von technischen Fragen zu erarbeiten, der als Arbeitsplan für die zukünftigen Treffen der Studiengruppe XI dienen sollte. Folgende Punkte sollten bei der Diskussion über eine europäische Farbfernsehnorm berücksichtigt werden: befriedigende Bildgüte; sparsamer Gebrauch der Bandbreite; zuverlässige Empfänger mit tragbaren Kosten; Betrieb von Studio-, Sender- und Übertragungseinrichtungen; Empfindlichkeit gegen Störungen; Kompatibilität mit bestehenden Schwarzweißfernsehern; Frequenzplanung; internationaler Programmaustausch sowie die Unterschiede zwischen den Bandbereichen I/III und IV/V.

In Brüssel wurde zudem erstmals die Idee verfochten, daß man das farbige Fernsehen in Europa auf einen besonderen Wellenbereich beschränken sollte, und zwar den Dezimeter-Wellenbereich, der auf der Funkverwaltungskonferenz von Atlantic City 1947 den Bändern IV und V (470 bis 790 MHz) zugeschrieben worden war. Dieser Wellenbereich war bislang nicht für das Schwarzweißfernsehen in Anspruch genommen worden. Bis auf weiteres ver-

[141] Einen ausführlichen Überblick über die frühen Bemühungen um einen europäischen Farbfernsehstandard im Rahmen der CCIR und EBU/OIR bietet der Aufsatz des Oberpostdirektors und Leiter des Fernmeldetechnischen Zentralamtes (FTZ) in Darmstadt, Johannes MÜLLER, Die internationalen Bemühungen um eine europäische Farbfernsehnorm.

[142] J. MÜLLER, F. KIRSCHSTEIN, K. O. SCHMIDT, Die Bemühungen des CCIR um eine europäische Norm für das farbige Fernsehen, in: Nachrichtentechnische Zeitschrift 1 (1957) S. 20.

einbarte man daher ein »Stillhalteabkommen« was die Nutzung dieses Wellenbereichs betraf, um einer potentiellen Einigung für den Farbfernsehstandard keine Hindernisse in den Weg zu stellen.

Da in den meisten Ländern jedoch noch keinerlei Erfahrungen im Bereich des Farbfernsehens vorhanden waren, beschloß man, eine international besetzte Gruppe auf Studienreise in die USA zu entsenden. Diese sollte auch in Frankreich, England und den Niederlanden Station machen, die als einzige europäische Länder bereits gewisse Grundlagenarbeiten im Bereich des Farbfernsehens vorweisen konnten. Vom 6. März bis 12. April 1955 besuchte die Studiengruppe die USA, das einzige Land, das seit 1954 regelmäßig Farbsendungen nach dem NTSC-System ausstrahlte. Sämtlichen Größen der amerikanischen Rundfunkindustrie wurde ein Besuch abgestattet: den Laboratorien der Hazeltine Corporation, dem Forschungsinstitut der RCA in Princeton, den Bell-Laboratories von AT&T in Murray-Hill sowie der Philco-Corporation in Philadelphia. Hinzu kam der Besuch mehrerer Sendeanstalten und Produktionsstätten der oben genannten Firmen. Im Reisebericht der drei Mitarbeiter des FTZ in Darmstadt (Kirchstein, Müller und Schmidt) hieß es:

> Faßt man alle Eindrücke von den Vorführungen in den USA zusammen, so kann man vielleicht folgendes sagen: Es ist grundsätzlich möglich, mit dem NTSC-System gute, farbige Bilder zu übertragen, ohne daß im Äther ein breiteres Frequenzband belegt wird als bei Schwarz-Weiß-Übertragungen. Diese farbigen Sendungen sind mit den zur Zeit durchgeführten schwarz-weißen ›verträglich‹. Ein entsprechender farbiger Fernseh-Rundfunk muß jedoch zur Zeit mit gewissen Anfangsschwierigkeiten rechnen. Außerdem sind die derzeitigen Aufnahmegeräte (mit den drei Super-Orthicons) und die Wiedergaberöhren (in der Form der shadow-mask-tube) noch sehr kompliziert, so daß hier mit einer technischen Weiterentwicklung gerechnet werden muß[143].

Eine solche »Anfangsschwierigkeit« – die sich später jedoch als ernsthaftes »Dauerproblem« des NTSC-Systems herausstellen sollte – war, daß die Rundstrahlung farbiger Sendungen ernsthafte Probleme bereitete, was der Phasenverdrehung des amplitudenmodulierten Farbhilfsträgers angelastet wurde[144]. Vom 3. bis 7. April hielt sich die Studiengruppe in England auf, wo u. a. die Unternehmen Marconi und Electrical Music Industries (EMI) sowie die Forschungslaboratorien der BBC besichtigt wurden. Interessant an den englischen Vorführungen war, daß hier Farbfernsehsendungen nach dem NTSC-System sowohl in der 405- als auch 625-Zeilennorm vorgeführt wurden und auch deren gegenseitige Umwandlung realisiert wurde. Im Unterschied zu den Vorführungen in den USA und England zeigten die Reisen nach Holland und Frankreich Alternativen zum NTSC-System auf. In den

143 Ibid. S. 24.

144 »Echter Rundfunk-Empfang […] wirkte nicht immer überzeugend. […] Die Farben waren blaß und unnatürlich und auf den verschiedenen im gleichen Raum aufgestellten Empfängern ganz verschieden«, ibid. S. 22.

Niederlanden führten die Ingenieure der Philips-Forschungslaboratorien in Eindhoven ihr »Two-Sub-Carrier-System« (TSC-System) vor, das im Gegensatz zum NTSC-System zwei statt einen Farbhilfsträger im gleichen Kanal übertrug[145]. Aber auch bei Philips studierte man eindringlich das NTSC-System, das man der Studiengruppe ebenfalls in Experimentalvorträgen vorführte. Den Abschluß der Studienreise bildete der Besuch in Frankreich. Während alle anderen Länder sich mehr oder weniger eng an das NTSC-System anlehnten, ging man in Frankreich eigene Wege[146]. Die bereits bekannte »Société Radio Industries« führte ein von Henri de France entwickeltes Farbfernsehsystem auf 409-Zeilenbasis vor. Die »Laboratoires d'électronique et de physique appliquées« zeigten ein von Prof. Georges Albert Boutry entwickeltes System namens »Double Message«, und die Ingenieure der RTF stellten ein System des französischen Ingenieurs Georges Valensi vor. Alle drei französischen Systeme wurden aber von der Studiengruppe als »im Zustand der Laborentwicklung« beschrieben. Ihre Vergleichbarkeit mit dem NTSC-System wurde daher stark in Frage gestellt.

Als die Studiengruppe auf der nächsten CCIR-Vollversammlung im August 1956 in Warschau über die Ergebnisse der ausgiebigen Studienreise berichtete, erklärten die »Gerber-Länder« (also jene Länder, welche die 625-Zeilennorm bei einem Bild-/Tonträgerabstand von 5,5 MHz für ihr Schwarzweißfernsehen als Standard definiert hatten), daß sie von der Brauchbarkeit des NTSC-Systems prinzipiell überzeugt und daher bereit seien, »die Konzeption dieses Systems als Grundlage für die europäische Norm« anzunehmen. Auch die niederländische Postverwaltung erklärte sich bereit, im Interesse einer einheitlichen Lösung auf die Weiterentwicklung des TSC-Systems der Firma Philips zu verzichten. Die englische Delegation stimmte zwar der technischen Beurteilung des NTSC-Systems zu, hielt aber die Entscheidung über die Definition einer Zeilenzahl für das Farbfernsehen in Europa für verfrüht. Dagegen hielt die französische Delegation auch eine definitive technische Beurteilung des NTSC-Systems für voreilig, solange die in Frankreich laufenden Untersuchungen der Systeme »Henri de France«, »Double Message« und »Valensi« nicht beendet seien. In einem abschließenden Kommuniqué der Konferenz hieß es daraufhin: »Zur Zeit ist nur ein Farbfernsehsystem – nämlich das NTSC-System – so weitgehend erprobt,

145 Der Vorteil dieses Systems gegenüber dem NTSC-System war die geringere Empfindlichkeit gegenüber den Phasendrehungen der Farbhilfsträger verbunden mit einer einfacheren Empfängerschaltung, die durch den Wegfall der »synchronen Demodulation« des Hilfsträgers erreicht wurde. Nachteil war, daß die einfachere Demodulation der beiden Hilfsträger stärkere Rauschstörungen verursachte und die Amplitudenmodulation der Hilfsträger eine besondere Kunstschaltung erforderte. Siehe MÜLLER, KIRSCHSTEIN, SCHMIDT, Die Bemühungen des CCIR um eine europäische Norm für das farbige Fernsehen, S. 25.

146 Ibid. S. 26.

daß es für eine europäische Norm in Betracht gezogen werden kann. Dies soll aber nicht ausschließen, daß eine andere Norm erprobt und angenommen wird, wenn ihre Erprobung mit befriedigenden Ergebnissen abgeschlossen ist«[147].

Trotz dieser relativ vagen Abschlußerklärung waren sich die meisten Teilnehmer der Konferenz darüber im klaren, daß für die zukünftige Planung des Fernsehsendernetzes und für die Organisation des internationalen Programmaustausches folgende Grundparameter verbindlich definiert werden mußten: erstens die Zeilenzahl, zweitens das HF-Kanalraster und drittens die Farbhilfsträgerfrequenz. Diese »Normung der Grundparameter« war von zentraler Bedeutung und stellte die Diskussion um die jeweiligen Farbfernsehsysteme vorerst in den Schatten, die sich ›nur‹ in der Modulationsart des Farbhilfsträgers unterschieden.

Um dies zu erreichen, wurde außerhalb des offiziellen CCIR-Rahmens von den Delegationen aus der Schweiz, Italien, den Niederlanden und der Bundesrepublik Deutschland eine »Arbeitsgemeinschaft für das Farbfernsehen« unter dem Vorsitz des Schweizers Dr. Gerber (»Gerber-Ausschuß«) gebildet. Der Ausschuß setzte sich pro Land aus je einem Vertreter der Postverwaltung, der Industrie und der Rundfunkanstalten zusammen. Ziel dieser Arbeitsgruppe war es, »im kleinen Kreise, unabhängig vom CCIR, aber dennoch um die Arbeit des CCIR zu erleichtern«, die technischen Fragen und Probleme, die mit einer zukünftigen europäischen Farbfernsehnorm zusammenhingen, zu diskutieren und zu untersuchen. Gegebenenfalls sollten auch gemeinsame Übertragungsversuche durchgeführt werden[148].

Natürlich fällt auf, daß in dieser Arbeitsgruppe weder Franzosen noch Briten vertreten waren. Wie ein Brief des damaligen Technischen Direktors des NDR, Dr. Werner Nestel, an den Intendanten des Hessischen Rundfunks Beckmann vom 7. Mai 1955 zeigt, war man auf deutscher Seite zuversichtlich, mit Herrn Dr. Gerber die richtige Person für diese schwierige Aufgabe beauftragt zu haben: »Da Herr Dr. Gerber seinerzeit mit so großem Geschick die 625-Zeilen-Gerber-Norm in einer so großen Zahl von Ländern zur Annahme gebracht hat, können wir annehmen, daß sein Vorsitz die besten Voraussetzungen bietet, daß auch die zukünftige Farbnorm in unserem Sinne günstig gewählt wird«, so Nestel[149].

Tatsächlich avancierte die Arbeitsgruppe unter der Leitung des Schweizer Postdirektors Gerber in der Folgezeit zu einem zentralen Gremium, das die Notwendigkeit der Standardisierung der Parameter für das europäische Farb-

147 MÜLLER, Die internationalen Bemühungen um eine europäische Farbfernsehnorm, S. 229f.

148 Ibid. S. 230.

149 Brief von Dr. Werner Nestel an Herrn Intendant Beckmann/Hessischer Rundfunk, 7. Mai 1955, 4 maschinegeschriebene Seiten, hier S. 3, in: Historisches Archiv des Westdeutschen Rundfunks, Bestand Brack, Fernseh-Kommission der ARD 1952–1955, VSTO 119.

fernsehen immer wieder betonte und mit aller Kraft auf eine solche Einigung hinarbeitete. Nicht unerwähnt bleiben sollte, daß in diese Zeit der »Normung der Grundparameter« auch die Verhandlungen zur Gründung der Europäischen Wirtschaftsgemeinschaft fielen, die ihren Abschluß in den Römischen Verträgen 1957 fanden. Das Thema Farbfernsehen stand zwar nicht auf der Verhandlungsliste in Rom, die Bemühungen um einen harmonisierten europäischen Wirtschaftsraum wirkten sich indirekt aber auch auf die internationale Ordnung des Rundfunks sowie die europäische Rundfunkindustrie aus. So versuchten die EWG-Länder noch vor der CCIR-Tagung in Moskau im Juni 1958 einen gemeinsamen Standpunkt über ein HF-Kanalraster für das Schwarzweißfernsehen und das Farbfernsehen zu erarbeiten. Man einigte sich schließlich auf die Kanalbandbreite von 10 MHz[150].

In Moskau konnte man sich zwar nicht auf die Zahl von 625 Zeilen einigen, aber es zeichnete sich erstmals eine gewisse Bereitschaft ab, sich auf eine Bandbreite von 8 MHz für das Farbfernsehen verständigen zu können. Der nächste entscheidende Schritt wurde auf der IX. Vollversammlung der CCIR in Los Angeles im März 1959 getan. Mit Ausnahme von Frankreich bestand Konsens darüber, das Farbfernsehen generell auf die Bänder IV und V mit einem HF-Kanalraster von 8 MHz festzulegen[151]. Entscheidend für diese Wende war die Mitteilung der britischen Delegation, daß sie – vorbehaltlich der Entscheidung des Television Advisory Committee – bereit sei, in den Bereichen IV und V die 625-Zeilennorm bei einem Bild-/Tonträgerabstand von 6,5 MHz einzuführen, also im Bereich des Farbfernsehens ihre 405-Zeilennorm zugunsten der Gerbernorm aufzugeben. Selbst Frankreich, das wegen der Möglichkeit einer Kompatibilität mit dem 819-Zeilensystem auf der höheren Bandbreite von 16 MHz pochte, ließ erstmals eine gewisse Bereitschaft erkennen, für das Farbfernsehen auf ein 625-Zeilensystem überzugehen.

Trotz dieser positiven Entwicklungen hinterließ die CCIR-Tagung in Los Angeles keine sehr positiven Eindrücke von der »praktischen Realität« des amerikanischen Farbfernsehens. Es fanden weder Vorführungen von seiten der großen network-stations statt, noch waren in Geschäften, Restaurants oder Bars viele Empfänger zu sehen. Das »große Geschäft« mit den Farbempfängern setzte auch in den Vereinigten Staaten erst ab 1962 ein. Die Gründe für den zähen Start des Farbfernsehens in den USA sind klar: Die amerikanische Rundfunkindustrie war bis Anfang der 1960er Jahre voll damit ausgelastet, die US-amerikanische Bevölkerung mit s/w-Empfängern zu versorgen. Erst als der s/w-Markt gesättigt war, konnte der Vertrieb der wesentlich teureren Farbempfänger langsam in Angriff genommen werden.

150 MÜLLER, Die internationalen Bemühungen um eine europäische Farbfernsehnorm, S. 231.

151 Allerdings gingen auch in den Gerber-Ländern die Meinungen über den Bild-/Tonfrequenzabstand auseinander.

Zudem war das Programmangebot an Farbsendungen sehr beschränkt. So strahlten 1956 nur drei der sieben in New York befindlichen Fernsehsender circa 40 Stunden Farbprogramme pro Monat aus. Die Zahl der Farbfernsehempfänger im Sendegebiet belief sich auf schätzungsweise 50 000 Apparate[152].

Wurde der schleppende Start des Farbfernsehgeschäftes in den USA von europäischen Beobachtern auch der technischen Unausgereiftheit des NTSC-Systems zugesprochen, glaubt John Wentworth, daß die Gründe »in der nur schwer erfaßbaren Käuferpsychologie und im Prinzip der freien Marktwirtschaft« zu suchen seien, nicht aber in systembedingten technischen Mängeln[153]. Trotz der »neuen Dimension« Farbe sei das Farbfernsehen lediglich eine Verfeinerung der s/w-Technik, nicht aber so revolutionär neu wie das Schwarzweißfernsehen. Wentworth macht sogar einen »circulus vitiosus« aus, in dem die Einführung des Farbfernsehens gefangen gewesen sei: Da das Fernsehen in den USA vorwiegend durch Werbung finanziert wurde, die Produktion von Farbspots aber wesentlich teurer war als die von s/w-Spots, zudem noch viel mehr s/w-Zuschauer vorhanden waren als Farbfernsehbesitzer, konnte das Farbfernsehen nur schleppend in Gang kommen. Aus diesem »Dilemma«, so Wentworth, sei man erst durch einen »kühnen wirtschaftlichen Anstoß« herausgekommen, der das historische Verdienst der RCA sei. Die RCA habe vor allem auf dem Gebiet der Farbfernsehröhre geforscht und in Kundendienstwerkstätten ausgiebig über das Farbfernsehen informiert und geworben. Hinzu kam, daß die zögernde Programmproduktion den Kauf von Farbgeräten nicht attraktiv machte. Die Voraussetzung für eine erhöhte Produktion der kostspieligen Farbprogramme war wiederum an das Vorhandensein einer größeren Zuschauerzahl, das heißt von Farbgerätebesitzern gebunden.

Doch zurück zu den europäischen Bemühungen. Nachdem in Los Angeles deutliche Schritte auf einen »common sense« hin gemacht worden waren, kam man im Oktober des gleichen Jahres erneut zusammen. Unter der Leitung des Schweden Erik Esping, der auch Vorsitzender der Studiengruppe XI des CCIR war, kam man in Genf zu dem Ergebnis, daß als Grundlage für die Frequenzplanung in den Bereichen IV und V, insbesondere für das Farbfernsehen, nur noch Normen mit 625 Zeilen und einem einheitlichen HF-Raster von 8 MHz berücksichtigt werden sollten. Auf die Farbträgerfrequenz konnte man sich aber nicht verständigen. Dies geschah erst auf der »Expertentagung« in Cannes im Februar 1961, als man den britischen Vorschlag von 4,43 MHz bei einheitlichem HF-Abstand von 8 MHz festlegte. Dieser Vorschlag ging als Arbeitsgrundlage in die europäische Rundfunkkonferenz von

[152] MÜLLER, Die internationalen Bemühungen um eine europäische Farbfernsehnorm, S. 226f.

[153] John W. WENTWORTH, Zusammenfassung der praktischen Erfahrungen mit dem Farbfernsehen in den Vereinigten Staaten, in: Rundfunktechnische Mitteilungen 8 (1964) 4 S. 236–244.

Stockholm im Juni 1961 ein, wo sowohl Frankreich als auch Großbritannien erklärten, auch ihre s/w-Norm an diese neuen Charakteristika anpassen zu wollen. Die noch übriggebliebenen Unterschiede im Bereich der Ton-/Bildfrequenzabstände wurden im Vergleich zur erreichten Harmonisierung der anderen Parameter als »nicht sehr gravierend« angesehen. War die Entscheidung in Stockholm ein Meilenstein in der Geschichte der Harmonisierung der Fernsehnormen in Europa, bedeutete diese Entscheidung für Frankreich und Großbritannien, daß enorme finanzielle Belastungen auf sie zukommen würden. Die Umstellung von Studio-, Sender- und Empfangstechnik auf eine neue Zeilennorm war ein kostspieliges Unterfangen, das jahrelange Übergangslösungen mit entsprechenden »Überbrückungstechniken« erforderte.

Welche tiefgreifende Bedeutung die Entscheidung für die Einführung einer von der vorhandenen Norm abweichenden Zeilennorm für ein Land hatte, läßt sich beispielhaft an der Situation Englands demonstrieren. Im Juli 1960 wurde in England im Auftrag des Postmaster General das sogenannte »Pilkington Committee« unter Vorsitz von Sir Harry Pilkington gegründet. Aufgabe des Kommittees war die Erarbeitung eines Berichtes, der der englischen Regierung beziehungsweise dem Postminister u. a. eine Empfehlung über die auszuwählende Zeilennorm im Bereich des Farbfernsehens machen sollte[154]. Ähnlich wie in Frankreich gingen die Meinungen über die zu adoptierende Zeilennorm quer durch alle Lager (Postverwaltung, BBC und Rundfunkindustrie) ziemlich weit auseinander.

Die BBC richtete am 9. Dezember 1960 ein Schreiben an den Postmaster General, in dem sie die britische Regierung dazu aufforderte, für eine baldige Einführung des Farbfernsehens auf der Basis der bestehenden 405-Zeilennorm zu stimmen. Sir Carlton Greene, Generaldirektor der BBC, verwies in einem Schreiben darauf, daß die BBC bereits seit 1955 erfolgreich regelmäßige Farbfernsehversuche nach dem amerikanischen NTSC-System durchführe. »The BBC«, so Greene, »which started its television service well in advance of the rest of the world, does not believe that it should lag further behind the United States, Japan and the Soviet Union«[155]. Neben der politisch-symbolischen Bedeutung, die dem Farbfernsehen laut Greene zukam, stellte sich die BBC argumentativ auf die Konsumentenseite. Da eine europäische Entscheidung im Sinne eines einheitlichen Standards nach Meinung der BBC nicht zu erwarten war, bedeutete das Warten auf eine solche Entscheidung, daß England den fernsehtechnischen Vorsprung, den es damals im europäischen Kontext hatte, verlieren würde. Eine von der bestehenden

154 Zur Geschichte und Bedeutung des Pilkington-Kommitees siehe Asa Briggs, The History of Broadcasting in the United Kingdom, Bd. 5: Competition, Oxford 1995. Hier besonders das Kapitel 4, »Under Review: Pilkington«, S. 257–308.

155 Brief von Hugh Carlton Greene (Chairman of the BBC) an German (G.P.O. Headquarters), London, 9. 12. 1960, in: Public Record Office (PRO, London), Signatur HO 256/386.

405-Zeilennorm abweichende Entscheidung hätte zudem zur Folge gehabt, daß nur unter großem finanziellen Aufwand eine Benachteiligung der damaligen s/w-Fernsehbesitzer ausgeschlossen werden konnte[156].

Ein scharfer Gegner der BBC war die englische Firma PYE, führender Fernsehgeräteehersteller in England. Charles Stanley, Direktor von PYE, sah mit der Einführung eines Farbfernsehsystems auf 405-Zeilenbasis alle Exportchancen schwinden. Ablehnend gegenüber dem Vorschlag der BBC äußerte sich auch die Independant Television Authority (ITA), die staatliche Aufsichtsbehörde der privaten Fernsehkonkurrenz der BBC in England. Für die Beibehaltung des 405-Zeilensystems sprach sich dagegen mehrheitlich der Verband der englischen Rundfunkindustrie BREMA (British Radioelectronics Manufacturers Association) aus[157].

Da die BBC behauptete, binnen eines Jahres Farbfernsehen auf der Basis des NTSC-Systems angepaßt an die britische 405-Zeilennorm einführen zu können, stand der britische Postminister Wedgwood Benn vor der schwierigen Entscheidung, entweder dem Druck der BBC und der englischen Rundfunkindustrie nachzugeben, oder aber den Bericht des Pilkington-Committees abzuwarten. Pilkington hatte gleich zu Beginn seiner Arbeit klar gemacht, daß er es für sinnvoll ansehe, die Entscheidung im Bereich des Farbfernsehens an die europäischen Verhandlungen im Rahmen der CCIR zu binden. In einem ersten Arbeitsbericht des Pilkington-Committees hieß es:

> Further, we feel that the question of the definition standards to be adopted in Bands IV and V should not be determinated before a decision is reached in colour. If 625-line are to be introduced it is naturally desirable that colour when introduced should use this standard. It would not be helpful to introduce colour on 405-line standards in Bands I and III in the meantime[158].

Eine Entscheidung zugunsten des 625-Zeilensystems bedeutete, dessen war man sich im Postministerium bewußt, eine Verschiebung des Einführungstermins des Farbfernsehens bis mindestens 1965. Dennoch teilte das Postministerium der BBC am 10. Mai 1961 mit, daß man die Initiative zur frühen Einführung des Farbfernsehens leider ablehnen müsse. Zwar habe die BBC einige gute Gründe für den frühen Einführungstermin angeführt, aber die Exportchancen für ein 405-Zeilen Farbfernsehsystem seien gleich Null (außer nach Irland). Auch müsse man vor einer definitiven Entscheidung die Empfehlungen des Pilkington-Committees abwarten. Man könne jetzt nicht Leute

[156] I. R. Atkins, A. R. Stanley, S. N. Watson, A New Survey of the BBC Experimental Colour Transmissions, BBC Engineering Division Monograph Number 32, October 1960.

[157] Brief von Mr. Judd (General Post Office) an Wedgwood Benn (Postmaster General), London, 1. Mai 1961, 3 maschinegeschriebene Seiten, hier S. 2, in: PRO, Signatur HO 256/386.

[158] Siehe »Postmasters General's Questions on Colour Television«, dreiseitiger Frage- und Antwortkatalog, der die pro- und contra-Argumente aus der Perspektive der britischen Postverwaltung zusammenfaßt, ohne Datum (wahrscheinlich Anfang Mai 1961), in: PRO, Signatur HO 256/386.

zum Kauf eines Farbfernsehers ermuntern, wenn in zwei Jahren die Zeilennorm verändert würde[159].

Als das Pilkington-Committee am 27. Juni 1962 seinen 340-Seiten dicken Bericht vorlegte, fiel die Entscheidung zugunsten eines einheitlichen Fernsehbetriebes nach dem 625-Zeilenstandard sowohl für das Schwarzweißfernsehen als auch für das zukünftige Farbfernsehen aus. Für die Rundfunkindustrie in England bedeutete dies, daß sie ihre Produktion auf teurere und kompliziertere Zweinormenempfänger umstellen mußten. Die Mehrkosten der Produktion mußten zum Teil auf die Konsumenten abgewälzt werden, die für die Mehrnormenempfänger tiefer in die Tasche greifen mußten. Als dann 1963 in Europa ernsthafte Diskussionen darüber begannen, vielleicht ein anderes Farbfernsehsystem als das amerikanische NTSC-System einzuführen, war die Geduld der englischen Rundfunkgerätehersteller endgültig am Ende. In einem Brief des einflußreichen Geschäftsführers der Rank-Bush Murphy Ltd., Saward, an den Sekretär des Television Advisory Committee, Judd, vom 13. Mai 1963 heißt es:

> At the present time the set manufacturing industry is, as you know, heavily committed by the introduction of the complicated 405/625 line, VHF/UHF, dual standards receiver. To introduce a third standard before the first change is properly digested could prove quite desastrous to the set manufacturers. [...] It is our considerated opinion that the adoption of SECAM or PAL must inevitably put back the introduction of colour by at least two years[160].

Doch greifen wir hier schon der nächsten Etappe des komplexen Verhandlungsprozesses in der europäischen Farbfernsehdebatte vor. Ähnlich kompliziert wie in Großbritannien gestaltete sich auch die Diskussion über die europäische Zeilennorm für das Farbfernsehen in Frankreich[161]. Schon beim Wechsel vom 441-Zeilensystem auf die 819-Norm hatte sich auf Seiten der wenigen Fernsehbesitzer Widerstand geregt. Sie fürchteten um die Sicherheit ihrer Investition und gründeten gar einen eingetragenen Verein namens »Groupement de défense des téléspectateurs 441-lignes«, um gegen die Umstellung auf 819 Zeilen zu protestieren[162]. Die Entwicklung des Fernsehens im Bereich des internationalen Programmaustausches (Gründung der Eurovi-

[159] »I know I do not need to remind you that the Television Advisory Committee felt very firmly that colour should only be brought in using the line standards to be ultimately adopted for black and white transmissions, and that a decision about colour should follow a decision on line standards.« Brief von Bevins (HPG) an Forde (BBC), London, 10. Mai 1961, in: PRO, Signatur HO 256/386.

[160] Brief von Saward (Rank Bush Murphy Ltd.) an Judd (Secretary of the Television Advisory Committee), London, 13. Mai 1963, in: PRO, Signatur HO 256/386.

[161] »Unification des normes de télévision/Groupe de travail pour l'unification des normes de télévision en France, FNIE, 18.02.1965, in: ORTF, Les normes de télévision en France (internes Studiendokument der ORTF), in: Archives du CHTV/INA.

[162] In einem Dossier des RTF-Bestandes in den Archives nationales finden sich zahlreiche Klagebriefe von Leuten, die nach der Beendigung von Sendungen nach dem 441-Zeilensystem im

sion) und der langsame Anstieg der Fernsehzuschauer in Frankreich ließen dort bereits 1955 die Frage eines zweiten Fernsehprogramms aufkommen. Im August 1955 legte daraufhin das vom französischen Parlament eingesetzte »Comité d'études des problèmes de presse« einen »Rapport technique sur les possibilités de création d'une seconde chaine de télévision en France« vor, in dem die Frage der zukünftigen Zeilennorm für das Farbfernsehen als dringendes Problem erkannt wurde. Hypothetisch wurden drei Möglichkeiten durchgespielt, die sich bei der Einführung des Farbfernsehens für Frankreich ergeben könnten: a) ein mit dem bestehenden 819-Zeilensystem kompatibles Farbfernsehsystem; b) Beibehaltung der 819-Zeilennorm für s/w-Fernsehen und Einführung eines Farbfernsehsystems auf der Basis eines 625-Zeilensystems; c) Schwarzweiß- und Farbfernsehen auf der Basis eines zukünftigen europäischen Farbfernsehstandards mit 625 Zeilen.

Tatsächlich wurden in Frankreich alle drei Varianten als jeweils einzuschlagende Wege in chronologischer Reihenfolge verfolgt. 1958 war man sich einig, daß die Zukunft des französischen Fernsehens sowohl im Bereich der Farbe als auch beim Schwarzweißfernsehen auf der alleinigen Basis des 819-Zeilensystems zu gestalten sei. Doch schon ein Jahr später überwog die b-Variante bei den Technikern der RTF. Auf der CCIR-Tagung in Stockholm erreichte den französischen Delegationsleiter am 24. Mai 1961 die endgültige Weisung des französischen Informationsministers, für die Einführung des 625-Zeilensystems als Basis des Fernsehens in den Bändern IV und V zu stimmen[163]. Wie das »Pilkington Committee« in Großbritannien kam 1955 auch das »Comité d'études des problèmes de presse« in Frankreich zu dem Schluß, daß das Problem der zukünftigen Zeilennorm im Bereich des Farbfernsehens Rückwirkungen auf das bestehende Schwarzweißfernsehen haben werde, weshalb eine Entscheidung in diesem Bereich verfrüht erscheine:

On peut certes admettre comme base que le second réseau, étant donné son époque de mise en chantier, doit prévoir la couleur. Mais avec quel système? Cette question conditionne également le système en noir et blanc avec lequel débuterait l'exploitation. Il n'est pas possible actuellement de le dire, en absence de toute indication sur le futur système européen. Mais comme, en fait l'installation du second réseau doit avoir lieu dans les bandes IV et V, et comme notre pays s'est engagé à ne pas les occuper par un service régulier avant que l'on ait quelques précisions

Jahre 1956 (ein Brand auf dem Eiffelturm hatte den Sender zerstört) einen finanziellen Ausgleich vom Staat verlangten. Siehe Archives nationales, Signatur F-41/2302.

163 »Je vous confirme que le Gouvernement a, au cours d'un récent Conseil des Ministres, décidé d'adopter la définition de 625 lignes pour les émissions de télévision dans la bande de fréquences comprise entre 470 et 960 Mc/s (bandes IV et V)«, Note du Ministre de l'Information à Monsieur le Chef de la Délégation Française à la Conférence de Stockholm, 24. mai 1961, in: Archives nationales, Signatur F-41/2303.

sur le système européen, ces deux conditions coincident pour donner un certain délai à la nécessité de cette réponse[164].

Wie in England bedurfte es der Erfahrungen im Bereich der Eurovision, des Drucks seitens einiger Rundfunkindustrieller sowie eines Umdenkens auf politischer Ebene, um die Entscheidung für das 625-Zeilensystem herbeizuführen. Bedeutete diese Entscheidung enorme finanzielle Mehrbelastungen für den französischen Staat als Träger der RTF – 1965 wurden die Kosten auf 25 bis 30 Milliarden alte Francs geschätzt –[165], war es gleichzeitig die RTF, die diese Entscheidung besonders befürwortet hatte. »Le choix du système à 625 lignes remet la France dans la compétition«, so das deutliche Urteil des Chefingenieurs der RTF, Louis Goussot[166]. Vor welche finanziellen und technischen Herausforderungen dieser Normwechsel die Radiodiffusion Télévision Française stellte, wird in einer Studie der Forschungs- und Entwicklungsdirektion der ORTF aus dem Jahre 1965 deutlich. In einem »Rapport sur les normes de télévision en France« werden sämtliche Probleme detailliert aufgelistet, mit denen die ORTF durch die Umstellung auf 625 Zeilen konfrontiert wurde. Gleich zu Beginn der Studie heißt es:

Le fait d'avoir adopté après la guerre des normes de télévision différentes de celles des autres pays européens place la France devant de très graves difficultés, particulièrement à l'occasion de l'introduction d'un service de télévision en couleur; l'obstacle immédiat réside dans l'impossibilité, dans l'état actuel de la technique, de réaliser un récepteur couleur pouvant reproduire les émmissions du premier programme avec le balayage de 819 lignes[167].

In enger Kooperation mit dem Verband der französischen Elektroindustrie (Fédération nationale des industries électroniques, FNIE) war die ORTF 1965 zu dem Resultat gelangt, daß der Bau von Fernsehempfängern, die zugleich 819-Zeilen- und 625-Zeilenfernsehen umsetzen konnten, beim damaligen Stand der Technik unmöglich war. Diese technische Unmöglichkeit ließ für den Ausbau des Fernsehens bei der Einführung der Farbe (625-Zeilen) nur zwei mögliche Perspektiven zu. Die eine Perspektive (a) war, lediglich die Zeilenzahl für Schwarzweiß- und Farbsendungen zu harmonisieren. Die zweite Perspektive (b) ging darüber hinaus, indem sie den Fernsehbetrieb nicht nur mit 625-Zeilen vorsah, sondern ihn zudem komplett (d.h. auch den

164 Comité d'études des problèmes de presse, Rapport technique sur les possibilités de création d'une seconde chaîne de télévision en France, Paris, 12. August 1955, S. 11, in: Archives nationales, Signatur F-41/2303.

165 Note pour le Ministre de l'Information (A. Peyrefitte), Paris, 26.02.1965, in: Archives Diplomatiques du Quai d'Orsay, Affaires Économiques et Financières/Affaires Générales/Nr. 219a.

166 Goussot, Le choix des normes de la télévision en couleur en Europe, S. 10. Goussot bestätigte diese Einschätzung erneut im Interview mit dem Autor am 25. März 1999.

167 ORTF, Direction de l'équipement et de l'éxploitation: Les normes de télévision en France. Problèmes posés par l'introduction d'un service de télévision en couleur, Paris, Septembre 1965, Studienmappe mit 2 mehrseitigen Stellungnahmen zu diesem Thema von seiten der ORTF und der FNIE sowie drei mehrseitigen Anhängen, in: Archives du CHTV/INA.

bestehenden s/w-Betrieb) auf den UHF-Bereich der Bänder IV und V verlegte. Während die ORTF die erste Perspektive als realisierbar ansah, vertrat die FNIE die zweite Hypothese, »répondant à un souci de rationalisation et de logique tout à fait respectable«, wie es in der Studie hieß. Auf seiten der ORTF war man sich der Tragweite der zu treffenden Entscheidung bewußt:

La complexité de cette affaire est très sérieuse; aucune solution satisfaisante ne se dégage avec évidence; toutes présentent des inconvénients graves intéressant les relations de la F.N.I.E. avec sa clientèle ou de l'O.R.T.F. avec son public, c'est-à-dire dans les deux cas, les téléspectateurs. Cependant, une politique de la réception de télévision doit être esquissée: c'est l'avenir de la télévision en France qui en est bien la conséquence[168].

Der Ernst der Lage wird klar, wenn man erkennt, welche Bedeutung die Entscheidung für die eine oder andere Variante für den französischen Rundfunk, die Rundfunkindustrie und den Fernsehzuschauer bedeutete. Entschied man sich für die komplette Umstellung auf den 625-Zeilenbetrieb, beließ aber den Programmbetrieb des Ersten Programms im VHF-Bereich (Bänder I bis III), bedeutete dies für die Rundfunkindustrie immer noch, daß die zukünftigen Farbfernsehempfänger »bi-standard«-Geräte sein mußten, da das erste Programm (s/w) weiterhin in VHF, das zweite Programm (das zukünftige Farbprogramm) aber in UHF ausgestrahlt werden würde. Der Vorteil dieser Lösung aus Sicht der ORTF war, daß die bestehenden s/w-Empfänger relativ einfach auf 625-Zeilen s/w-Empfänger umgerüstet werden konnten. Dies war im Falle eines kompletten Bandwechsels (UHF-Betrieb) wesentlich aufwendiger. Die FNIE weigerte sich aber strikt, sich an den Kosten für eine solche Operation zu beteiligen, die sich mehrere Jahre hinziehen würde und deren Kosten sie auf 450 Millionen Francs schätzte. »La divergence fondamentale, entre l'industrie électronique et l'ORTF«, so der Technische Direktor der ORTF, Claude Mercier, »réside dans la méthode d'exploitation entre l'apparition des premières émissions couleur [...] et l'échéance à préciser de l'abandon des normes 819 lignes«[169].

Um die Nachteile möglichst klein zu halten, die in der Phase zwischen dem Beginn der ersten Farbsendungen in den Bändern IV und V und dem Ende der Sendungen im 819-Zeilensystem auf die französischen Fernsehzuschauer zukamen, plädierte die FNIE für eine Verdopplung der s/w-Programme des Ersten Programms (Band I bis III, 819 Zeilen) auf Band IV und V (625 Zeilen). Dies bedeutete de facto die Etablierung eines Dritten Pro-

168 Claude Mercier, Rapport sur les normes de télévision en France, Paris, Septembre 1965, in: Ibid. S. 2.

169 Claude Mercier, Note sur les problèmes, particuliers à la France, posés par l'introduction d'un service de télévision en couleur. Cette note analyse des points de vue exprimés par la FNIE et l'ORTF à l'égard de ces problèmes au cours d'une réunion tenue le 3 février 1966 sous la présidence de M. Dupont, Directeur Général de l'ORTF, Paris, le 15 Février 1966, 7 maschinegeschriebene Seiten, hier S. 5, in: Archives du CHTV/INA.

gramms (das Zweite sollte den Farbsendungen vorbehalten sein). Diese »Verdopplungsstrategie« wurde von den Verantwortlichen der ORTF auch unterstützt, allerdings sollte dies nur für den Sender der Hauptstadt Paris gelten. Die FNIE forderte jedoch eine Ausdehnung dieser Technik auf zehn weitere Sender, so daß mindestens 40% der Bevölkerung von dieser Lösung profitieren konnten.

Ohne weiter auf die unterschiedlichen Details in den Szenarien der ORTF und der FNIE eingehen zu können, sollte dieser kurze Einblick verdeutlichen, vor welche Probleme eine staatliche Rundfunkorganisation und die Rundfunkindustrie eines Landes bei einem Normwechsel gestellt wurden bzw. werden. Sowohl in Frankreich als auch in England kulminierte dieses Ereignis mit der Einführung der Farbfernsehtechnik, die den Fernsehingenieuren schon genügend Sorgen bereitete. In Frankreich kamen, wie zu zeigen sein wird, gewaltige strukturelle Probleme hinzu, da der staatliche französische Fernsehrundfunk ein neues organisatorisches Gesicht erhielt (Wandel von RTF zur ORTF)[170]. Die Entscheidung darüber, welches Farbfernsehübertragungssystem letztlich zum Einsatz kam, war vor diesem Hintergrund für die staatlichen Rundfunkanstalten in vielerlei Hinsicht »nebensächlich«.

170 Ausführlich hierzu BOURDON, Télévision sous de Gaulle.

2.5. »Zwischen Süßlila und Bonbonrosa«. Die europäischen Alternativen zum NTSC

Obwohl – wie in Kap. 2.2. gesehen – das National Television System Committee das Problem eines kompatiblen Farbfernsehsystems »in genialer Weise«[171] gelöst hatte, zeigten sich beim Betrieb des Farbfernsehens in den USA bald gewisse Mängel. Probleme bereiteten vor allem so genannte Phasenverzerrungen des Farbhilfsträgers, die während der Übertragung der Signale durch künstliche (Hochhäuser) oder natürliche (Gebirge) Hindernisse hervorgerufen werden konnten. Da, wie gesehen, die Phase des Farbhilfsträgers auf optischer Ebene gleichzusetzen ist mit dem Farbton, hatten Phasenverschiebungen unschöne Farbtonänderungen des Fernsehbildes zur Folge. Ein ursprünglich blauer Himmel konnte so unter ungünstigen Empfangsbedingungen purpur oder cyan erscheinen. Dieser Umstand war dafür verantwortlich, daß die Abkürzung NTSC unter Fernsehingenieuren auch als Synonym für »Never Twice the Same Colour« gebraucht wurde. Um dieser Schwäche des Systems zu begegnen, stattete man die NTSC-Empfänger mit einem manuell zu bedienenden Regelknopf aus, mit dem der Fernsehzuschauer die Farbtonänderungen korrigieren konnte. Dieser Mechanismus veranlaßte manchen Kritiker dazu, sich ein wenig spöttisch über die Qualität des NTSC-Systems zu äußern. So schrieb der Redakteur der Fachzeitschrift Funkschau, Otto Limann: »Der amerikanische Farbfernseh-Teilnehmer kann selbst wählen zwischen Süßlila und Bonbonrosa. […] Man kann also ein mittleres Rot willkürlich sowohl ins Rostbraune als auch in das Violette herüberziehen. Das läßt dem persönlichen Geschmack und dem Streit im Familienkreis über die angenehmste Farbe breitesten Spielraum[172]«.

In den USA kursierte der Witz, daß man beim Kauf eines Farbfernsehempfängers gleich einen Service-Ingenieur mitkaufen solle[173]. In der Zeitschrift »Radio-Electronics« sprach der Fernsehtechniker Homer Davidson seinen Kollegen Mut zu – sie sollten sich von den täglichen Anrufen entnervter Farbfernsehzuschauer nicht aus der Ruhe bringen lassen:

> Will you please send a man over this morning to check my color TV? The color seems to come and go, and sometimes it's terrible. […] It really isn't too difficult to trouble shoot color, if you progress logically through the set, function by function, stage by stage. Don't skip any links in the chain from the station signal to the CRT screen. And don't assume that something is okay just because it's supposed to be. Be sceptical, and you'll find the trouble[174].

171 Jaeschke, Europa vor der Einführung des Farbfernsehens, S. 260.

172 Otto Limann, Das Ziel der europäischen Farbfernsehnorm. Erste Farbfernsehtagung in der Öffentlichkeit, in: Funkschau 36 (1964) 14 S. 373.

173 E. R. Friedländer, Farbfernsehen in Großbritannien, in: Funk-Technik 23 (1968) 7 S. 231.

174 Homer Davidson, Exploring the Jungle of Color Troubles, in: Radio Electronics 38 (1967) 1 S. 58.

Erstaunlich ist, daß diese technischen Mängel des NTSC-Systems auf den amerikanischen Kunden nicht so abstoßend wirkten, wie man es vermuten könnte. So berichtet John Wentworth darüber, daß es für den »Durchschnittsamerikaner« kein Problem sei, den Fernsehtechniker wegen diverser Probleme mit seinem Farbfernsehempfänger vier bis fünf Mal pro Jahr zu sich zu bestellen. Selbst beim s/w-Empfänger komme der Techniker im Durchschnitt zwei bis drei Mal pro Jahr ins Haus. Dies hatte auch mit dem Umstand zu tun, daß beim Kauf eines Farbempfängers in den USA in fast 50% der Fälle gegen einen geringen Aufpreis ein Kundendienstvertrag abgeschlossen wurde, der die zukünftigen Serviceleistungen abdeckte. Die ständige Verbesserung der produzierten Empfänger machte das NTSC-System ab Anfang der sechziger Jahre aber zu einem durchaus stabilen System, das den Einsatz der »Farbregler« recht selten werden ließ[175].

Vielleicht läßt sich aus diesen Aussagen auch ein grundsätzlicher Unterschied zwischen Amerikanern und Europäern herauslesen, was die Erwartungshaltung gegenüber technischen Artefakten angeht. An eine Technologie wird von den Amerikanern weniger der Anspruch der Perfektion als der Praktikabilität erhoben. Mit anderen Worten: Besser ist es, recht früh in den Besitz einer neuen Technologie zu gelangen und ihre ›Kinderkrankheiten‹ in Kauf nehmen, als – wie im Falle des Farbfernsehens in Europa – dreizehn Jahre bis zur Einführung der neuen Technologie warten zu müssen. Außerdem wurde die Möglichkeit der individuellen Farbeinstellung als Ausdruck der Freiheit des Individuums verkauft – über Geschmack läßt sich bekanntlich nicht streiten. Im Gegensatz zu dieser liberalen Einstellung gegenüber neuen Technologien stellte der ›Durchschnittseuropäer‹ erheblich höhere Qualitätsanforderungen. Aus zahlreichen Gesprächen mit europäischen Fernsehingenieuren geht hervor, daß eine Einführung des Farbfernsehens in Europa nach der 1954 erreichten Qualitätsstufe nicht denkbar gewesen wäre[176]. In diesem Punkt wird ein Aspekt dessen deutlich, was später unter dem Stichwort »nationale Technikstile« zu diskutieren sein wird.

Ein weiteres Argument, das aus amerikanischer Perspektive für die frühe Einführung von »noch nicht perfekten« Technologien sprach, war im Falle des Farbfernsehens die Belebung des »Dritten Sektors« (Dienstleistungen) der Wirtschaft, d.h. des Reparaturgeschäftes. Für die etwas unkritischere

175 »Da in einem stetigen Fortschritt die Qualität der Studiosignale verbessert und die Verzerrung der Übertragung herabgesetzt werden, ist die Bedienung dieser Regler immer seltener notwendig. Sie ermöglichen jedoch gewisse Änderungen der Farbbildwiedergabe, um dem individuellen Geschmack entgegenzukommen. Farbe ist, trotz allem, eine subjektive Empfindung, und nicht alle Beobachter sind mit dem zufrieden, was ein Wissenschaftler als optimale Farbwiedergabe bezeichnet«. WENTWORTH, Zusammenfassung der praktischen Erfahrungen mit dem Farbfernsehen in den Vereinigten Staaten, S. 244.

176 Diese Interpretation wird durch die Interviews des Autors mit Lang/Hausdörfer, Goussot, Melchior und In der Smitten bestätigt.

Aufnahme des Farbfernsehens in den USA kann noch ein weiterer Punkt als mögliche Erklärung angeführt werden: die zeitlich eng beieinanderliegende Einführung des s/w- und des Farbfernsehens. In den führenden Fernsehländern Frankreich, England und Deutschland fällt die erste, wenn auch zaghafte Verbreitung des Schwarzweißfernsehens in die Phase der späten dreißiger Jahre. Bis zur ebenso zaghaften Verbreitung der Farbfernsehtechnologie vergingen nicht weniger als dreißig Jahre. Auch wenn man die Bedeutung des Zweiten Weltkrieges als folgenschwere Zäsur in den europäischen Ländern nicht unterschätzen darf, vergingen in den USA zwischen der Einführung des s/w-Fernsehens und der Einführung des Farbfernsehens nur zwölf Jahre. Während sich in den USA das »Faszinosum« Fernsehen für viele Menschen nicht in Schwarzweiß- und Farbtechnik spaltete, sondern eine mehr oder minder vage technologische Einheit bildete, ermöglichte die lange Zeitspanne zwischen Schwarzweiß- und Farbfernseheinführung in Europa ein Abebben der Faszination für das Phänomen Fernsehen bei gleichzeitigem Anstieg des kritischen Sehvermögens[177]. In einem Leitartikel der Fachzeitschrift Funk-Technik wird diese kulturanthropologische Differenz in der Aneignung der neuen Farbfernsehtechnologie beispielhaft herausgestellt:

> Der europäische Fernsehteilnehmer ist gewohnt, an das empfangene Bild hohe Anforderungen zu stellen. Automatiken und Stabilisierungen im Empfänger geben ihm ein Fernsehbild, das auch beim Umschalten auf einen anderen Sender keiner Nachregelung bedarf. Es ist deshalb nur logisch, wenn der Fernsehteilnehmer bei dem kommenden Farbfernsehen als einer neuen Technik auch eine Stabilisierung des Farbtons als selbstverständlich voraussetzt. [...] Anders aber als damals [bei der Einführung der s/w-Technik, A.d.V.], fasziniert heute nicht das Wunder Fernsehen als solches, sondern der ein qualitativ gutes und stabiles Bild gewohnte Fernsehteilnehmer will sich einen Eindruck von der Wirkung der Farbe machen. Wenn dann die Farbqualität zu wünschen übrig läßt, dann breitet sich nur zu leicht mit Windeseile die Meinung aus: ›Das Farbfernsehen steckt noch in den Kinderschuhen‹. Eine solche Meinung aber kann, wenn sie erst einmal weite Kreise erfaßt hat, den Start und den Durchbruch des Farbfernsehens erheblich erschweren[178].

Die unterschiedlichen Erwartungshaltungen der amerikanischen und europäischen Konsumenten an die Qualität der Unterhaltungselektronik sind bis heute festzustellen. Auch Walter Bruch und Heide Riedel können als Zeugen dieser These angeführt werden. In ihrem PAL-Buch berichtet Bruch über die Erfahrungen mit dem Farbfernsehen in den USA im September 1953:

177 Eine Parallele kann hier zur Einführung des Hörrundfunks in Deutschland gezogen werden. Während in den Anfangsjahren nach Beginn der öffentlichen Rundfunksendungen (1923) der »Apparat« als solcher im Mittelpunkt des Interesses stand, rückte im Laufe der Jahre das gesendete Programm in den Vordergrund der Wahrnehmung. Carsten Lenk beschreibt dieses Phänomen als »Domestizierung des Apparates« mit weitreichenden Folgen für die Sender- (Programmgestaltung) und Empfängerseite (geschlechterspezifische Aneignungsformen, Apparat wird zum Möbelstück etc.). Lenk, Die Erscheinung des Rundfunks. Zur Domestizierung des Fernsehapparates siehe Spigel, Make Room For TV.

178 N.N., Zur europäischen Farbfernsehnorm, in: Funk-Technik 20 (1965). 5 S. 155.

Als ich dann nach einem Besuch der Proben im Farbfernsehstudio der NBC die roten Haare von Heidi gesehen hatte, am Abend im Hotel dann die Sendung einschaltete und es mir mit keiner Einstellung gelang, die roten Haare so zu sehen, wie sie am Nachmittag auf den Monitoren im Studio geleuchtet hatten, da war mir klar: so konnte das für uns in Deutschland nicht eingeführt werden. Nur dann, so war jedenfalls meine Meinung, konnte uns Farbfernsehen im Heim in die angenehme Grundstimmung des Staunens, Wunderns und Behagens versetzen, wenn das Bild unverfälscht so ankam, wie es die Macher im Studio für uns gewählt hatten[179].

Auch aus Frankreich waren ähnliche Stimmen zu vernehmen. So urteilte der Technische Generaldirektor der CSF, Roger Aubert, noch im Mai 1964, einer der wichtigsten Vorteile des SECAM-Systems sei »[...] de permettre de mettre entre les mains du public des récepteurs sans aucun réglage supplémentaire pour la couleur, ce qui me paraît une condition impérative pour une diffusion effective de la télévision en couleurs«[180]. Allerdings sollte sich Aubert in seiner abschließenden Einschätzung über den Ausgang der europäischen Bemühungen um einen einheitlichen Farbfernsehstandard irren, als er sagte: »Ce qui est certain, c'est qu'un seul système sera choisi pour l'Europe. Lequel? Il est encore bien difficile de se prononcer«[181].

Das, was sich auf technischer Ebene im Anschluß an die Einführung des Farbfernsehens in den USA in Europa abspielte, kann mit den Worten des Funkschau-Redakteurs Otto Limann als die Suche nach einer »Automatikschaltung zum Einhalten der exakten Farbtöne« beschrieben werden[182]. An dieser Suche waren zahlreiche europäische Firmen beteiligt. Es muß darauf verzichtet werden, jede der entwickelten Alternativlösungen im Detail vorzustellen. Dies würde bedeuten, den Schwerpunkt der Darstellung auf die Diskussion technischer Details zu verlegen. Dabei wäre die Gefahr groß, jene übergeordnete Fragestellungen aus dem Auge zu verlieren, die im Mittelpunkt der historischen Analyse stehen sollten. Im Sinne einer historischen Innovationsforschung ist danach zu fragen, weshalb sich aus der Vielzahl technischer Alternativen gerade jene zwei Systeme (PAL und SECAM) als

179 Bruch, Riedel, PAL – Das Farbfernsehen, S. 65f. Etwas weniger pathetisch formuliert es Bruch 1973 in einem Interview mit Funkschau-Chefredakteur Karl Tetzner: »Ich habe gesehen, da gibt es ein amerikanisches Farbfernsehen, ich habe es studiert, ich habe es bewundert, und ich bewundere es auch heute noch, aber ich habe auch gesehen, daß die Amerikaner anspruchslose Menschen in bezug auf die Farbe sind, sich mehr schlecht als recht mit dem Gebotenen zufrieden geben. Und es war mir völlig klar, daß wir niemals in der BRD auf diese Weise ein Farbfernsehen aufbauen könnten.« Interview Karl Tetzner mit Walter Bruch am 09.02.1973 in Ikking, 17 maschinegeschriebene Seiten, hier S. 2f., in: Privatarchiv Prof. Tetzner, Icking bei München.

180 Roger Aubert, La télévision en couleurs – le problème européen, in: Bulletin de la Société Française des Électriciens (mai 1964) S. 11.

181 Ibid. S. 11.

182 Siehe Otto Limann, Das Ziel der europäischen Farbfernsehnorm. Erste Farbfernsehtagung in der Öffentlichkeit, in: Funkschau 36 (1964) 14 S. 373.

ernst zu nehmende europäische Konkurrenten des NTSC-Systems durchsetzen konnten? Welche technischen, industriellen, wirtschaftlichen und politischen Faktoren können als bedeutende Kontexte herausgearbeitet werden, die den Entscheidungsfindungsprozeß beeinflußt haben? Bevor diese Fragen ausführlich diskutiert werden, sollen die beiden Konkurrenzsysteme PAL und SECAM in knappen Zügen technisch charakterisiert werden.

2.5.1. Das SECAM-System

Wie bereits erwähnt, war das von Henri de France entwickelte und anfangs nach ihm benannte Farbfernsehsystem eines von drei in Frankreich entwickelten Systemen. Laut eigenen Aussagen hatte Henri de France bereits 1949 mit Experimenten im Bereich des elektro-mechanischen Farbfernsehens begonnen[183]. Diese Experimente mündeten schließlich 1956 in das von ihm patentierte Farbfernsehsystem »Séquentiel Couleur à Mémoire«, später SECAM abgekürzt[184]. Was verbirgt sich hinter dieser Abkürzung? Henri de France' Ideen beruhten auf dem Gedanken, daß man ohne wesentliche Qualitätseinbuße die Vertikalauflösung eines Farbfernsehbildes verringern konnte, da die Fähigkeit des menschlichen Auges, Farbunterschiede bei sehr kleinen Strukturen (beispielsweise einen Bildpunkt) wahrzunehmen, beschränkt ist. De France setzte voraus, daß sich der zeitliche Verlauf der Farbinformation von einer Bildzeile zur zeitlich darauf folgenden Bildzeile nur unwesentlich ändert. Aus diesem Grunde, so seine Überlegung, bräuchten die für die Farbinformation erforderlichen Farbdifferenzsignale (B-Y) und (R-Y) nicht gleichzeitig (simultan) übertragen zu werden, sondern man könnte sie auch in jeweils zwei zeitlich aufeinander folgenden Zeilen nacheinander (sequentiell) übertragen. Im Empfänger setzt man dann die gesamte Farbinformation aus den in zwei aufeinanderfolgenden Zeilen übertragenen Komponenten wieder zusammen.

Dies war nur möglich, wenn es gelang, einen Speicher im Empfänger einzubauen, mit dem die Signalfolge einer Zeile für die Dauer einer Zeilenperiode gespeichert und mit der Signalfolge der nächsten Zeile gemeinsam verarbeitet werden konnte. Als Speichermedium benutzte Henri de France eine sogenannte Verzögerungsleitung (ligne à retard)[185]. Diese Verzögerungsleitung war das Herzstück des SECAM-Verfahrens, und sie wurde selbst von

183 Siehe die unveröffentlichen Memoiren von Henri de France, in: Archives du CHTV/INA, S. 67f.

184 Die Patenterteilung in Frankreich erfolgte am 25. Mai 1956, in der Bundesrepublik als Patentschrift Nr. 951152 am 4. Oktober 1956.

185 Siehe das Telefunken-Fachbuch »Farb-Fernseh-Technik«, hrsg. von der Telefunken A.G., Ulm 1966, S. 105–111.

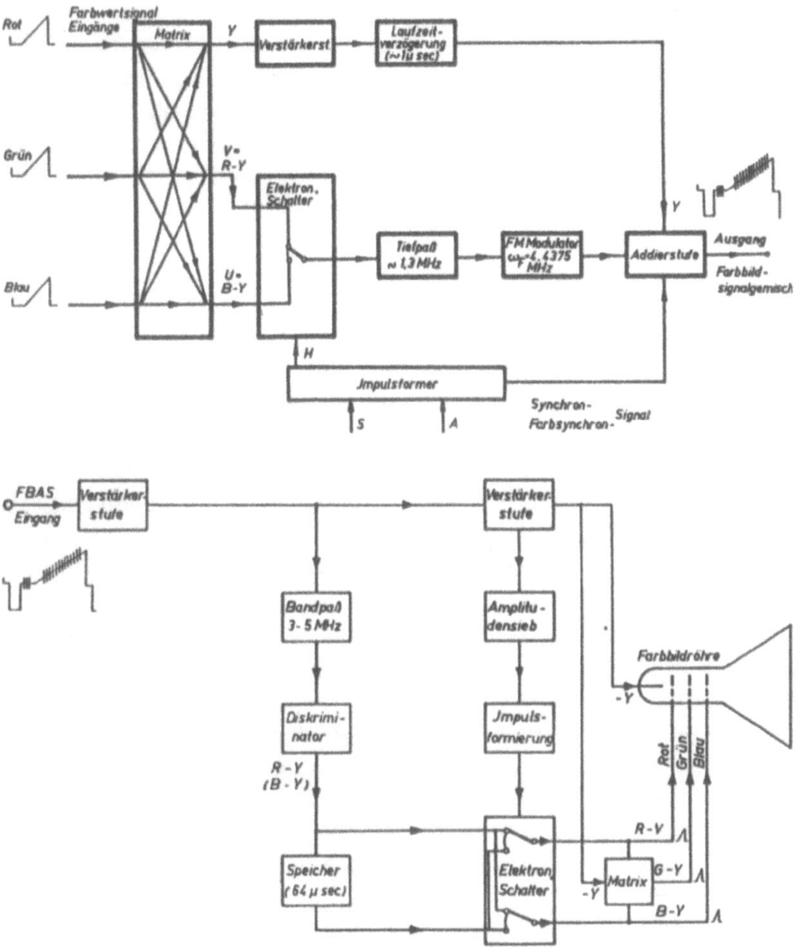

Abb. 6: Vereinfachtes Schema des SECAM-Verfahrens, aus: MAYER, *Technik des Farbfernsehens, S. 231.*

Kritikern de France' als große Erfindung gewürdigt[186]. Von diesen beiden Charakteristika – zeilensequentielle Übertragung der beiden Chrominanz-

[186] Trotz der anfänglichen Schwierigkeiten, die man bei der Realisierung einer funktionsfähigen Verzögerungsleitung hatte, bemerkt Johannes Müller in einem rückblickenden Kommentar: »Dennoch wirkte der Impuls, den Henri de France mit seiner Idee der sequentiellen Übertragung der beiden Farbkomponenten gegeben hat, in der Suche nach besseren Kodierungsverfahren weiter« – vor allem im PAL-System! MÜLLER, Die internationalen Bemühungen um eine europäische Farbfernsehnorm, S. 235. Auch Walter Bruch bescheinigte Henri de France, mit der Verzögerungsleitung eine »geniale Idee« gehabt zu haben, allerdings nicht, ohne diese Genialität im nächsten Satz ein wenig zu relativieren: »Ein guter Vorschlag, aber seine Realisation führte zu anderen Schwierigkeiten«. BRUCH, RIEDEL, PAL – Das Farbfernsehen, S. 65.

komponenten und die Notwendigkeit ihrer Verzögerung um eine Zeile im Decoder des Empfängers – erhielt das Henri de France-System den Namen SECAM (Séquentiel Couleur à Mémoire)[187]. Pierre Braillard beschreibt die Funktion der Verzögerungsleitung im SECAM-System wie folgt: »Jetzt kann der Empfänger die ganze Zeile mit den drei Grundfarben bilden: dem Rot, das er im Augenblick empfängt, dem Blau, das er zum Zweiten Mal benutzt, und dem Grün, das er aus der Differenz berechnet«[188].

Worin lag der Vorteil dieses Übertragungssystems? Wie gesehen, mußten beim NTSC-System beide Farbdifferenzsignale gleichzeitig übertragen werden, wofür die aufwendige Quadratur-Amplitudenmodulation angewendet wurde. Da das SECAM-System die beiden Komponenten der Farbinformation nacheinander übertrug, war keine Quadratur-Modulation notwendig – die Anfälligkeit des Farbhilfsträgers gegenüber Phasenverschiebungen (das große Problem des NTSC-Systems) fiel somit fort. Die Modulationsart der Farbhilfsträger konnte demnach frei gewählt werden. In seiner ersten Patentanmeldung verwendete das System zur Übertragung der Farbdifferenzsignale die einfache Amplitudenmodulation. Erst im Laufe weiterer Entwicklungen am System, die hauptsächlich von Mitarbeitern de France' bei der CFT geleistet wurden, meldete man im Oktober 1960 ein neues SECAM-Patent mit Frequenzmodulation der Farbdifferenzsignale an[189]. Der Übergang zur Frequenzmodulation bedeutete, daß das SECAM-System gegenüber Phasenfehlern »praktisch unempfindlich« war. Das zentrale Problem des NTSC-Systems war – zumindest theoretisch – auf diese Weise behoben[190].

Allerdings stellte die Realisierung einer funktionsfähigen Verzögerungsleitung für die Mannschaft um Henri de France in der Anfangszeit ein großes Problem dar. Die elektrische Signalübertragung forderte eine sehr exakt berechnete Laufzeit des Signals, also der Dauer, die ein Signal für das Durch-

[187] In seinen Memoiren berichtet Henri de France darüber, daß es eigentlich SEQUAM hätte heißen müssen, aber: »[…] alors SEQUAM, c'était pas très joli, alors on a dit: ça ne sonne pas bien, on va mettre SECAM, C'est resté comme ça.« Henri DE FRANCE, Mémoires, in: Archives du CHTV, S. 68.

[188] Pierre BRAILLARD, Die Geheimnisse des SECAM-Systems, in: Europa 16 (1965) 4 S. 50.

[189] Das Patent trägt den Namen »Perfectionnements aux dispositifs de transmission utilisant une onde modulée notamment en fréquence«. Es wurde am 29. Oktober 1960 mit der Patentnummer 1 278 157 von Henri de France und Gérard Melchior angemeldet. Für eine Auflistung der wichtigsten Patentanmeldungen im Bereich der SECAM-Empfängertechnik siehe Brevets concernant le récepteur SECAM, in: Archives du MAE, Affaires Économiques et Financières, Affaires Générales, Nr. 922, dossier »SECAM en Hongrie«, 8 maschinegeschriebene Seiten. In diesem Dokument werden systematisch alle Anmeldedaten in ausländischen Patentämtern aufgeführt.

[190] Eine ausführliche Beschreibung des SECAM-Systems kurz nach dem Wechsel von der Amplituden- zur Frequenzmodulation der Farbhilfsträger beschreiben die beiden Mitarbeiter von Henri de France, Pierre Cassagne und Marc Sauvanet in ihrem Aufsatz »Le Système de télévision en couleurs SECAM, comparaison avec le système NTSC, in: Annales de radioélectricité 63 (1961) S. 109–121.

Abb. 7: Verzögerungsleitung aus Metall, aus: Industrie-Ausstellung, Berlin 1966, S. 5, aus: Archives du CHTV/INA, Nachlaß Michel Dubail.

laufen einer Fernsehbildzeile benötigte. Nimmt man im Falle der europäischen Normen eine Zeilenzahl von 625 Zeilen und eine Bildfrequenz (f B) von 25 Hz an, ergibt sich eine Zeilenfrequenz (f H) von 625x 25 = 15 625 Hz. Daraus ergibt sich für die Dauer einer Bildzeile folgende Gleichung: TH = 1/fH = 64 µs.

Die erste Verzögerungsleitung, welche Henri de France zur Speicherung eines Farbdifferenzsignals benutzte, war ein 64 Meter langes Koaxialkabel von 8 mm Durchmesser, in dem ein Videosignal (Ausbreitungsgeschwindigkeit von 300 000 km/s) eine Strecke von einem Meter pro Mikrosekunde zurücklegte. Marc Chauvierre beschrieb die Schwierigkeit, mit der eine solche Konstruktion verbunden war, auf recht anschauliche Weise:

> Seulement, les 64 mètres d'un câble qui fait environ 8 millimètres de diamètre tiennent beaucoup de place, même enroulés en spirale. Si j'ai bonne mémoire, cela représentait un coffre cubique d'environ cinquante centimètre de côté; disposé sous le récepteur, et ne parlons pas du prix de l'ensemble. Autrement dit, avec une ligne de retard de ce type, le système SECAM n'avait aucun avenir commercial et il fallait trouver autre chose[191].

Eine Lösung dieses Problems bot die Idee, das elektrische Signal in eine Schallwelle umzuwandeln, deren Ausbreitung wesentlich langsamer war – dementsprechend kleiner wurden die Abmessungen des Leitungskörpers. Am Ende des Leiters, man benutzte hierzu ein Metallstück von ca. 20 Zentimetern Länge, wurde die Schallwelle mittels eines Signalwandlers (als piezoelektrisches Element wurde meist ein Barium-Titanat-Wandler benutzt) wieder in das elektrische Ausgangssignal umgewandelt. Die Ultraschallfrequenz

[191] CHAUVIERRE, La télévision, S. 57.

der akustischen Welle machte diese für den Fernsehzuschauer unhörbar. Da sie zudem aus Metall gefertigt wurde, konnte sie relativ kostengünstig in Serie produziert werden. Allerdings sollte sie schon bald durch Verzögerungsleitungen aus Glas ersetzt werden, da die Temperaturveränderungen im Fernsehempfänger das Metall in seiner Leitfähigkeit beeinflußten[192].

Von der ursprünglich patentierten Idee bis zur Konstruktion eines in Serie produzierbaren SECAM-Empfängers sollten aber fast zehn Jahre vergehen. Dem ursprünglichen »Henri-de-France«-System mit amplitudenmoduliertem Farbhilfsträger (SECAM I) folgte 1961 das SECAM II-System mit frequenzmodulierten Farbdifferenzsignalen. Die Frequenzmodulation machte zwar gegen Phasenfehler unempfindlich, aber da sich im Gegensatz zur Amplitudenmodulation der Farbträger nicht unterdrücken läßt, konnte es zu stark störenden Farbträgermustern auf dem Bildschirm kommen, wenn man Farbsendungen mit einem s/w-Empfänger anschauen wollte. Aus diesem Grund mußte der Farbträger im Coder des Senders abgeschwächt werden, was wiederum zu einer größeren Störempfindlichkeit des frequenzmodulierten Signals führen konnte (sogenannte Rauschstörungen)[193]. Schließlich wurden beim SECAM III-System für die Modulation der beiden Chrominanzkomponenten zwei unterschiedliche Trägerfrequenzen verwendet, um die Störungen des kompatiblen s/w-Empfangs durch den Farbträger weiter zu verringern[194]. Letztendlich führte man 1967 in Frankreich und der UdSSR das sogenannte »SECAM IIIb optimalisé« ein.

Diese ständige, schrittweise Modifikation des SECAM-Systems hat nicht gerade dazu beigetragen, das Image des Systems – vor allem bei deutschen Ingenieuren – zu fördern. Besonders deutlich tritt diese Kritik in einer Notiz von Walter Bruch an seinen Vorgesetzten Prof. Werner Nestel vom 6. September 1967 zutage. Hier bekannte Bruch:

> Wie Sie wissen, bin ich ja nach meinen letzten Experimenten nicht mehr in der Lage, so viel gegen SECAM zu sagen. [...] Trotzdem bin ich nach wie vor nach allen Experimenten 100% ge-

192 Temperaturkonstante Glasverzögerungsleitungen waren bereits während des Zweiten Weltkrieges konzipiert worden. Dr. Fritz Kruse entwickelte 1942 bei Telefunken ein Spezialglas, bei dem das Signal proportional zur Erwärmung des Glases schneller lief. Allerdings war Anfang der sechziger Jahre nur die US-amerikanische Firma Corning Glass in der Lage, diese Ultraschall-Glasverzögerungsleitungen herzustellen. Siehe Bruch, Riedel, PAL – Das Farbfernsehen, S. 67f.; N.N., Nouvelle ligne à retard pour le SECAM, in: Télévision (1963) 133 S. 127; Cassagne, Sauvanet, Le Système de télévision en couleurs SECAM.

193 Um dies zu erreichen, wendete man die sogenannte Pre-Emphasis-Technik an. Sie besteht darin, daß das aufzumodulierende Signal im Bereich seiner höheren Frequenzen angehoben wird. Die damit gegebene Anhebung der Signale im Bereich höherer Modulationsfrequenzen wird im Empfänger nach der Demodulation rückgängig gemacht. Siehe Telefunken AG (Hg.), Farb-Fernseh-Technik, S. 106f.

194 Jacques Fagot, Application de la mudulation de fréquence à la transmission du signal de chrominance de la télévision en couleur. Étude de la modulation SECAM, comparaison avec le NTSC, in: Annales de radioélectricité (janvier 1963) S. 3–15.

Abb. 8: Henri de France, aus: Archiv des Deutschen Museums München, Nachlaß Walter Bruch, Signatur NL 101, Nr. 123.

gen SECAM. Aber nur aus einem einzigen Grunde, weil SECAM sich so schwer realisieren läßt. [...] Leider läßt sich nicht in Worten ausdrücken, wie unsympathisch mir und all meinen Ingenieuren SECAM ist, weil es letzten Endes erbastelt wurde und nicht logisch enstand, daher sich mathematisch auch nicht exakt ausdrücken läßt, im Gegensatz zu PAL, das analytisch sehr einfach berechnet werden kann[195].

Wie »logisch« bzw. »wenig erbastelt« das PAL-System war, wird noch zu zeigen sein. Tatsächlich ist der Prozeß der »Systemverfeinerung« des SECAM-Systems vor allem als Reaktion auf den durch den neuen Konkurrenten PAL erzeugten Qualitätsdruck zu verstehen. Seit Ende des Jahres 1962 entwickelte sich zwischen beiden Systemen ein Konkurrenzkampf, der sich nicht zuletzt in immer weiteren technischen Verfeinerungen der beiden Systeme niederschlug. Die schrittweise Verbesserung der Systeme – also ›Bastelei‹ im Sinne experimenteller Versuche – läßt sich dabei genau so gut auf deutscher wie auf französischer Seite konstatieren.

Allerdings wurde dem SECAM-Erfinder Henri de France auch in Frankreich eher das Attribut eines »bricoleur de génie« als das eines systematischen Entwicklungsingenieurs zugestanden. Diese versteckt pejorative Charakterisierung der Fähigkeiten de France' aus den Reihen der französischen Kollegen ist mit hoher Wahrscheinlichkeit dem französischen Elitesystem

195 Notiz von Walter Bruch an Werner Nestel, »Vergleich PAL/SECAM«, Hannover, 6.09.1967, 2 Seiten, in: Telefunken-Archiv, Deutsches Technikmuseum Berlin, Signatur GS 1648.

universitärer Ingenieurausbildung zu verdanken. Aus den Mündern erlesener »Polytechniciens« sollte die Bezeichnung »bricoleur de génie« nicht als Lob mißverstanden werden[196]. Fakt ist, daß das SECAM-System seine Entwicklung vom »genialen Einfall« zum praktikablen System wesentlich den Ingenieuren der Compagnie Française de Télévision sowie den Ingenieuren der ORTF verdankte, die Henri de France großzügig zuarbeiteten. In den Hochzeiten der Systemauseinandersetzung zwischen PAL und SECAM waren es nicht weniger als hundert Ingenieure, Techniker und technische Zeichner, die bei der CFT mit der Entwicklung des SECAM-Systems beschäftigt waren. Henri de France sah sich selber eher in der Rolle des gedanken- oder impulsgebenden »Erfinders«, der seine über Nacht ausgebrüteten Ideen am nächsten Morgen an seine Entwicklungsingenieure weitergab. Diese sollten dann überprüfen, ob sich aus seinen »Grübeleien« etwas Verwertbares machen ließ. So schreibt er in seinen Erinnerungen:

Je m'endors et je me dis: sapristi, il n'y a pas de solution à ce problème; alors je pose les données et je m'endors et le lendemain matin je dis: ah! Ben, c'est ça qu'il faut, on va essayer ça… ça ne réussit pas toujours hein, mais je dis: on va essayer ça, je vais trouver les amis ingénieurs, je dis: qu'est-ce que vous pensez si on essayait ça? Bon, bon, monsieur de France, on va essayer ça, oui, c'est peut-être à voir, bon…[197].

Resultat dieser Arbeitsweise war, daß Henri de France nur an zwei von 25 Patenten namentlich beteiligt war, die zwischen 1956 und 1967 alleine im Bereich des SECAM-Empfängers angemeldet wurden[198]. In den Erinnerungen enger Mitarbeiter wird Henri de France eher als »Seher zukünftiger Entwicklungen« denn als Mann des konkreten experimentellen Arbeitens beschrieben. Pierre Cassagne, der als Entwicklungsingenieur der CFT ein wichtiger SECAM-Mitstreiter von de France war, schrieb:

Pour Henri de France, ce n'était pourtant là que des péripéties qu'il laissait à d'autres le soin de résoudre car son véritable combat était toujours un peu au-delà du présent. Je crois que ce fut une caractéristique constante de son action que d'avoir tourner sa réflexion vers le stade ultérieur de développement qu'il imaginait pour l'avenir. Il y avait là quelquefois de quoi dérouter ses collaborateurs souvent empêtrés dans les problèmes d'intendance si l'on peut appeler ainsi la poursuite d'une amélioration du rapport signal à bruit ou d'un gain de quelques francs sur le coût des circuits de réception[199].

196 Siehe die Interviews mit Louis Goussot, Jacques Fagot und Yves Angel.

197 Henri DE FRANCE, Mémoires, in: Archives du CHTV/INA, S. 77.

198 Es waren die engen Mitarbeiter von de France bei der CFT wie G. Melchior, D. Brouard, M. Sauvanet, C. Ragot oder P. Cassagne, welche die meisten »brevets d'améliorations« des SECAM-Empfängers anmeldeten. Siehe Brevets concernant le récepteur SECAM, in: Archives du MAE, Affaires Economiques et Financières, Affaires Générales, Nr. 922, dossier »SECAM en Hongrie«, 8 maschinegeschriebene Seiten.

199 Pierre CASSAGNE, Au-delà du présent, in: Bulletin du Comité d'histoire de la télévision 14 (juin 1986), S. 28. Diese Nummer der Zeitschrift ist ganz der Erinnerung an Henri de France gewidmet und beinhaltet neben Erinnerungsfragmenten von Marc Chauvierre, Jacques Donnay, Michel Dubail, Armand Gaillard, André Goubert und André Debrie auch eine Zusammenstellung

Allerdings hat Henri de France die ›gute Nase‹ bei der Abschätzung zukünftiger technologischer Entwicklungen nur selten in profitable unternehmerische Aktivitäten umsetzen können. Wie er selbst zugibt, gehörte ein ausgefeilter Geschäftssinn nicht zu seinen hervorstechendsten Charakterzügen. Die Übernahme der Geschäftsführung von Radio Industries im Jahre 1940, die durch den Einmarsch deutscher Truppen in Frankreich bedingt war, »a très, très, très mal tourné«[200]. Letztlich war es wohl sein »génie de persuasion«, das Unternehmer, Banken und Politiker für seine Ideen zu gewinnen verstand. Bevor allerdings die Durchsetzungsstrategien auf nationaler und internationaler Ebene untersucht werden, muß mit dem PAL-System der dritte und letzte echte Konkurrent im Rennen um den potentiellen europäischen Farbfernsehstandard vorgestellt werden.

2.5.2. Das PAL-System – »le troisième larron de la faible«[201]?

2.5.2.1. Die Entwicklungsgeschichte

In der französischen Fachzeitschrift »Télévision« wurde das Erscheinen des PAL-Systems im Jahre 1963 mit folgenden Worten beschrieben: »Très inspiré du NTSC, peut-être un peu du SECAM, ce dernier-né de la technique TV en couleurs semble extrêmement intéressant, et pourrait bien devenir le troisième larron de la faible«[202]. Wie sich herausstellte, sollte der unbekannte Verfasser dieser Zeilen recht behalten. Allerdings war, wie zu zeigen sein wird, der Entwickler des PAL-Systems, Telefunken-Ingenieur Walter Bruch, mehr als nur ein bißchen vom SECAM-System inspiriert. Nach der Einführung des NTSC-Systems in den USA im Jahre 1953 (und 1960 in Japan) wurde in mehreren europäischen Laboratorien an der Verbesserung des Systems gearbeitet. Auch in Deutschland beschäftigte man sich sowohl in der

einiger Passagen der unveröffentlichten »Memoiren« von Henri de France sowie einen Lebenslauf desselben.

200 Henri de France wurde Präsident von Radio Industries, weil der bisherige Präsident, sein Schwiegervater A. Vorms, als Jude die Geschäftsführung abgeben mußte. Siehe Henri DE FRANCE, Mémoires, in: Archives du CHTV/INA, S. 85f. Yves Angel geht sogar so weit, die finanziellen Pleiten als Charakteristikum de Francescher Unternehmungen auszumachen. »La caractéristique des krachs qui ont jalonné toute sa vie est qu'à chaque reprise de sa société moribonde par une société de bonne santé, Defrance retrouvait une place de direction qui ne tardait pas à devenir la place du patron, au moins de fait. Et quelques années plus tard, le processus recommencait, la proie grossissant à chaque fois. Il avait le génie de la persuasion pour emporter les affaires«. ANGEL, Brève histoire des débuts de la tv française, S. 4.

201 Zitat aus N.N., Un troisième système de tv couleur: PAL, in: Télévision 137 (1963) S. 238. Im Neuen Testament werden die beiden Personen, die neben Jesus gekreuzigt wurden, als »larrons« (Schächer oder Mörder) bezeichnet. Der Ausdruck »le troisième larron« bedeutet im übertragenen Sinne »der Dritte im Bunde«.

202 Ibid.

Rundfunkindustrie als auch in den Laboratorien der Landesrundfunkanstalten bzw. im zentralen Entwicklungslabor der ARD, dem Institut für Rundfunktechnik (IRT) in München, mit dem Farbfernsehen. Auch das Forschungslabor der Post, das Fernmeldetechnische Zentralamt (FTZ) in Darmstadt, machte ab Mitte der fünfziger Jahre Untersuchungen zum Farbfernsehen. Primär war diese Beschäftigung nicht mit dem Ziel verbunden, technische Verbesserungen des NTSC-Systems zu realisieren, sondern im Vordergrund stand das Bedürfnis, sich mit der für Deutschland noch in weiter Ferne liegendenden Technik – zumindest was ihre öffentliche Einführung in Form von Farbfernsehsendungen anbelangte – aus wissenschaftlich-technischer Perspektive vertraut zu machen. Auch die deutsche Rundfunkindustrie betrachtete das Farbfernsehen bis Anfang der 1960er Jahre eher als theoretisches Aktionsfeld, da das Geschäft mit dem Schwarzweißfernsehen erst seit Ende der fünfziger Jahre einen realen Aufschwung erlebte. Eine ernsthafte Auseinandersetzung mit dem Thema Farbe setzte – zumindest für die meisten Firmen des Zentralverbandes der Deutschen Elektroindustrie (ZVEI) erst zu dem Zeitpunkt ein, als eine erste Sättigungskurve im s/w-Geschäft abzusehen war, was erst 1964 der Fall war[203].

Dennoch gab es vereinzelt Bemühungen, sich dem Thema Farbfernsehen intensiver zu widmen. So auch bei der Firma Telefunken, die durch ihre intensiven Kontakte zur französischen CSF schon früh mit dem Thema Farbfernsehen konfrontiert wurde. Bereits 1958 begann man auf Veranlassung des Direktors der Forschungsabteilung, des Vorstandsmitglieds Prof. Werner Nestel, mit der Untersuchung des NTSC-Systems in seiner an die europäische Zeilennorm und Bildfrequenz angepaßten Variante. Intensiver wurden die Beschäftigungen mit dem Farbfernsehen ab Dezember 1958. Bei einem der in regelmäßigen Abständen stattfindenden Besuche von Entwicklungsingenieuren von Telefunken bei ihren französischen Partnern der CSF in Paris führte man Bruch und Nestel das mittlerweile SECAM getaufte Farbfernsehsystem vor. Nach Deutschland zurückgekehrt berichtete Bruch auf der Sitzung der Funkbetriebskommission der ARD über das SECAM-Verfahren, wo es großes Interesse erzeugte. Man beschloß, »das Verfahren zu prüfen und in die Überlegungen für ein zukünftiges Farbfernsehen einzubezie-

203 Siehe Gespräch Bruch bei von Bismarck (Intendant des WDR) in Köln, Hannover, 3.7.1964, in: Archiv des Deutschen Museums München, Nachlaß Walter Bruch, Signatur NL 101, Nr. 202. Dort heißt es: »Herr Meyer als Vorsitzender der Fachabteilung 14 erklärte, daß die Industrie in der Fernsehproduktion eine Durststrecke bekomme und unbedingt 1967 Farbfernsehen brauche. Bismarck wollte als Einführungstermin lieber 1968, weil für den Rundfunk die Saison erst um die Weihnachtszeit beginne; dies wurde vom ZVEI strikt abgelehnt, da die Saison mit der Funkausstellung im Herbst beginnen muß«.

hen«[204]. Als Prüfer wurden Walter Bruch und Prof. Richard Theile vom Institut für Rundfunktechnik (IRT) in München benannt. Bereits am 23. Dezember folgte aus Paris die positive Antwort, daß man dem IRT einen SECAM-Coder und -Decoder zwecks experimenteller Untersuchungen des Systems zur Verfügung stellen werde[205].

Schon beim nächsten Besuch von Richard Theile und Walter Bruch in Paris im Januar 1959 wurde den beiden deutlich gemacht, daß die freundliche Atmosphäre, die den beiden während ihres Aufenthaltes entgegengebracht wurde, rundfunkpolitischen Hintergedanken zu verdanken war: Die Franzosen erhofften sich eine Unterstützung des SECAM-Systems auf der XI. CCIR-Vollversammlung in Los Angeles. Dies war aber für Bruch und Nestel nur denkbar, wenn sich die Franzosen auf den 625-Zeilenstandard für das Farbfernsehen in den Bändern IV und V zu bewegten. Da sich diese Wende im französischen Denken in Los Angeles andeutete, kam auch die deutsche Delegation mit einer günstigen Beurteilung des SECAM-Systems aus Los Angeles zurück. Im April 1960 legten die Ingenieure des IRT dann die ersten eigenen Untersuchungsergebnisse des SECAM-Systems vor. In Kurzform lautete »Ergebnis Erprobung IRT« wie folgt: »SECAM in seiner Leistungsfähigkeit gleich NTSC, aber verringerte Anforderungen an Sende- und Richtfunkgeräte«[206].

Dieses positive Gutachten aus München führte dazu, daß die Verantwortlichen der CSF einen offiziellen Antrag um Unterstützung des SECAM-Systems in Deutschland an Telefunken richtete. In den Notizen Walter Bruchs liest man:

> CSF sprach den Wunsch aus, Telefunken möge sich voll und ganz gegenüber den deutschen Behörden für ihren Vorschlag einsetzen. Versteckte Drohung einer Zusammenarbeit mit Siemens. Zusage eines Briefes von Telefunken an CSF mit Erklärung des prinzipiellen Interesses, aber der Notwendigkeit eigener empfängerseitiger Versuche mit CSF-Apparatur. CSF braucht einen solchen Brief gegenüber den französischen Behörden. Der Brief verpflichtet uns in keiner Weise[207].

Am 10. Mai 1960 erhielten die Verantwortlichen der CSF in Paris einen Brief in vorstehendem Sinne und diese bestätigten ihrerseits die Bereitschaft zu intensiver Zusammenarbeit. Da das SECAM-System nun auch Aufnahme in die Testversuche des Gerber-Ausschusses fand und somit in die internationale Diskussion im Rahmen der CCIR eingebunden war, bot die CSF ihrem deutschen Partner im Dezember einen »Pionier-Vertrag« an, der Telefunken

204 Siehe die chronologische Auflistung der Telefunken-CSF/CFT-Kontakte zwischen 1958 und 1967, 28 maschinegeschriebene Seiten, hier S. 2, wahrscheinlich von Walter Bruch zusammengestellt, in: Bruch-Nachlaß im Archiv des Deutschen Museums München, Signatur NL 101, Nr. 202. Im folgenden zitiert als »Telefunken-CSF/CFT-Kontakte«.

205 Ibid. S. 2.

206 Ibid. S. 4.

207 Ibid.

eine bevorrechtigte Position bei der Vergabe der CSF-Patente auf dem Farbfernsehsektor garantieren sollte. Außerdem wurde erwogen, auf der nächsten CCIR-Zwischentagung in Cannes einen Unterausschuß zum Vergleich des NTSC-Systems mit dem SECAM-System zu gründen. Beide Initiativen der Franzosen fanden in Hannover positive Reaktionen, doch als am 19. Juni 1960 ein erster Entwurf des »Pionier-Vertrages« eintraf, stellten sich die möglichen Nachteile dieses Abkommens größer als die potentiellen Vorteile heraus. Zu den Vertragsklauseln heißt es in den Aufzeichnungen von Walter Bruch:

Beschäftigung mit konkurrierenden Systemen untersagt (einschließlich Entwicklungsaufgaben für andere); Zwang der Werbung für SECAM nicht nur in Deutschland sondern international; Kündigungsmöglichkeiten für CFT, wenn Telefunken nach ihrer Ansicht nicht genug tut; fast keine Rechte für eventuelle eigene Erfindungen an SECAM; die für die Vorführungen notwendigen nicht spezifischen Anlagen auf eigene Kosten herzustellen. Gegenleistung: meistbegünstigte, nicht ausschließliche, später festzulegende Schutzrechts- und Nachbaulizenz, Beteiligung von anderen in Deutschland mit 10%, aus Europa mit 5%[208].

Obschon sich die Verhandlung über den »Pionier-Vertrag« zwischen Telefunken und der CSF/CFT über anderthalb Jahre hinzogen, kam es letztlich nicht zu einem Vertragsabschluß. Zwar bedeutete dies nicht, daß Telefunken seine Förderung des SECAM-Systems gänzlich einstellte. Im Gegenteil. Durch die Unterstützung des SECAM-Systems »in Form wohlwollender Neutralität«[209] durch Telefunken bei der CCIR Zwischentagung in Bad Kreuznach vom 13. bis 29. Juni 1962 gelang es, den Vorsitzenden der Studiengruppe XI, den Schweden Erik Esping, von der Notwendigkeit weiterer Systemuntersuchungen zu überzeugen und eine endgültige Entscheidung über die Empfehlung eines europäischen Farbfernsehstandards aufzuschieben[210].

Die »wohlwollende Neutralität« Telefunkens war aber nicht so uneigennützig, wie dies auf den ersten Blick scheinen mag. Zum einen erhoffte man sich bei Telefunken, daß »wenn sich die deutsche Industrie mit der SECAM-Frage beschäftigt [...], dann sollte man uns in Deutschland die Führung in dieser Angelegenheit überlassen«[211]. Zum anderen waren zu diesem Zeitpunkt Walter Bruchs eigene Forschungsarbeiten an einem verbesserten »NTSC/SECAM-System« schon so weit fortgeschritten, daß sie auf dem Zweiten Internationalen Farbfernsehsymposium in Montreux im Mai 1962

208 Ibid. S. 7.

209 In den Notizen von Walter Bruch vom 18.04.1962 heißt es: »Telefunken bietet weiterhin Unterstützung in Form ›wohlwollender Neutralität‹ an wie bisher, dabei aber weitere eigene Labor-Beschäftigung mit SECAM bzw. einer Kombination SECAM/NTSC«, in: Telefunken-CSF/CFT-Kontakte, S. 12.

210 Siehe Hans Rindfleisch, Zwischentagung des CCIR in Bad Kreuznach in der Zeit vom 13. bis 29. Juni 1962, in: Rundfunktechnische Mitteilungen 6 (1962) S. 219.

211 Telefunken-CSF/CFT-Kontakte, S. 15.

vorgetragen werden konnten. Ein Teilnehmer der Tagung schrieb, die Vorführungen des SECAM-Systems durch Ingenieure der CFT sowie die durch Walter Bruch präsentierten Verbesserungen des NTSC-Systems hätten gezeigt, »daß Möglichkeiten bestehen, die entscheidende Problematik des NTSC-Verfahrens, die Empfindlichkeit gegen differentielle Phasenverzerrungen, weitgehend zu lösen, so daß der sonst übliche ›Farbtonknopf‹ beim Empfänger entfallen kann«[212]. Bruch behauptet in seinen Notizen sogar, er habe diesen Vortrag in Montreux nur gehalten, »damit die CFT in der Diskussion auf Verbesserungen von SECAM eingehen kann«[213]. Dies muß, wie zu zeigen sein wird, aus mehreren Gründen bezweifelt werden. Den Beginn seiner eigenen Entwicklungen im Sinne einer Kombination der beiden Systeme NTSC und SECAM datiert Bruch in internen Notizen mit dem 7. Juli 1961. Dort heißt es: »Nach Einstellung der Arbeiten an SECAM einen Gedanken in einem provisorischen Aufbau verwirklicht, der zum Erfolg geführt hat. [...] in zeitlicher Folge das Übertragungssystem so zu durchlaufen, daß hintereinander entgegengesetzte Farbfehler entstehen und entweder in der Matrix oder auf elektrischem Wege oder durch das Auge durch optische Integration diese Fehler ausgemittelt werden«[214].

Bereits im November 1961 gelang es Bruch bei einem »kurzen improvisierten Versuch schon erstaunlich gute Bilder« mit seiner »Variante des SECAM-Sytems [...] mit Ultraschall-Verzögerungsleitung mit Amplitudenmodulation bei unterdrücktem Träger« zu erzielen[215]. Wie mehrere Stellen bestätigen, fanden diese Experimente Bruchs mehr oder minder »schwarz« statt, denn Arbeiten im Bereich der Farbfernsehübertragungssysteme lagen außerhalb seines Forschungs- und Entwicklungsauftrages[216]. Dieser sah lediglich Aktivitäten im Bereich der Empfängerentwicklung vor, nicht aber im Bereich der Übertragungssysteme für Farbsignale. Was ihn dennoch bewog,

212 Siehe Friedrich von Rautenfeld, Zweites internationales Fernsehsymposion in Montreux in der Zeit vom 30. April bis 4. Mai 1962, in: Rundfunktechnische Mitteilungen 6 (1962) S. 220f.

213 Telefunken-CSF/CFT-Kontakte, S. 13.

214 Ibid. S. 7.

215 Ibid. S. 10.

216 In den Interviews mit Felix Herriger, Franz In der Smitten sowie mit Michael Hausdörffer und Heinwig Lang kommt zur Sprache, daß Walter Bruch ohne konkreten Entwicklungsauftrag an »seinem« System gebastelt habe. Und dies, obwohl ihm Ende 1962 wegen der Entscheidung des Telefunken-Vorstandes, die F&E-Aufgaben zukünftig auf den Bereich der Großrechner zu konzentrieren, die Hälfte der ihm in Hannover unterstehenden Entwicklungsingenieure abgezogen worden waren. Bruch kommentierte diesen herben Schlag für ihn wie folgt: »So verblieben mir noch vier Ingenieure, ein Sachbearbeiter und eine Zeichnerin, dazu zwei Mechaniker und eine Fülle mir übertragener Entwicklungen für das Schwarzweißfernsehen. Meine Absicht, zu einer anderen Firma überzuwechseln, ließ sich nicht durchführen, da mein Anstellungsvertrag eine Konkurrenzklausel enthielt, die mir zwei Jahre nach dem Ausscheiden eine Arbeit auf dem gleichen Arbeitsgebiet versagte«. Bruch, Riedel, PAL – Das Farbfernsehen, S. 70.

in diesem Feld aktiv zu werden, beschrieb Bruch in seinem PAL-Vermächtnis: »Bei den Untersuchungen an dem ersten SECAM waren mir bald die Mängel aufgefallen, die seiner Einführung als Einheitssystem für Europa im Wege standen. Das Vorpreschen der Franzosen hatte mir Mut gemacht, mich an eigenen Ideen experimentell zu versuchen«. Forschungen im Bereich des Farbfernsehens sollten – von dem SECAM-Auftrag abgesehen – »nur so weit [gehen] – nach den Wünschen der Geschäftsleitung –, wie es die in Hannover später zu produzierenden Farbfernsehempfänger betraf. Doch die mir als wichtig übertragene Arbeit an SECAM vorschiebend, gelang es mir, – mehr oder minder schwarz –, Entwicklungen an eigenen Systemen durchzuführen[217]«.

Wie Bruch in mehreren zeitgenössischen Darstellungen betonte, ging es ihm ursprünglich nicht darum, ein eigenes Farbfernsehübertragungssystem zu entwickeln, sondern die vorhandenen technischen Alternativen zu optimieren. In einem internen Telefunken-Papier aus dem Jahre 1970 hat Walter Bruch dem Leiter der Telefunken-Patentabteilung, Dr. Johannesson, seine Version zur Entstehungsgeschichte des PAL-Systems vorgelegt. In dem neunseitigen Vortrag mit dem Titel »Wie kam es zu PAL und zum alternierenden Burst?« erklärte Bruch:

> Ich hatte nicht die Vermessenheit daran zu denken, daß ich das NTSC-System je vom Geber her ändern könnte. [...] Ich selbst habe damals nie die Absicht gehabt, ein neues System zu entwickeln. Meine Gedanken gingen immer dahin, das NTSC-System im Empfängereingang so abzuwandeln, daß es fehlerlos durch den Empfänger geht. [...] Gesucht wurde von mir eine Beseitigung der Seitenbandfehler, nicht einer Beseitigung der Fehler der Grundphase. Damals war ich noch überzeugt, daß man das mit einem Knopf einstellen kann[218].

Immer wieder betont Bruch in diesem Vortrag, daß ihn seine damaligen Vorgesetzten ständig darauf hingewiesen hätten, seine F&E-Bemühungen ganz auf das Gebiet der Farbempfänger zu konzentrieren, weshalb er nie auf die Idee gekommen sei, seine frühen Ideen im Bereich der Farbsignalübertragung zu patentieren. Die Idee der sequentiellen Übertragung der Farbsignale, so Bruch, sei ihm bereits vor Bekanntwerden des »Henri de France«-Systems eingefallen.

Es fällt ein wenig schwer, diese retrospektive Darstellung Bruchs im Detail als »wahrheitsgetreu« zu akzeptieren, auch wenn nur indirekte Beweise als Gegendarstellung herangezogen werden können. So schreibt Bruch selber in seinem PAL-Buch, das Vorpreschen der Franzosen habe ihm Mut gemacht, sich »an eigenen Ideen experimentell zu versuchen«[219]. Dieser Schil-

217 Ibid., S. 65.

218 Walter Bruch, Wie kam es zu PAL und zum alternierenden Burst?, ein Vortrag vor dem Leiter der Patentabteilung, Dr. Johannesson, im Sommer 1970, in: Archiv des Deutschen Museums München, Nachlaß Walter Bruch, Signatur NL 101, Nr. 178, 9 maschinegeschriebene Seiten.

219 Bruch, Riedel, PAL – Das Farbfernsehen, S. 65.

Abb. 9: Walter Bruch während eines PAL-Demonstrationsvortrages 1966 vor dem Verband Deutscher Elektroingenieure (VDE) und dem Verband der Postingenieure im Auditorium Maximum der Ingenieurhochschule Hannover, aus: Archiv des Deutschen Museums München, Nachlaß Walter Bruch, Signatur NL 101, Nr. 259.

derung widerspricht er an anderer Stelle, wo es heißt, daß er sich an das »Henri de France«-System, von dessen Existenz er 1956 in Paris erstmals in einem Vortrag von R. Cahen gehört habe, nur »nebelhaft« erinnert habe. Genau in dieses Jahr 1956 fallen aber Bruchs erste experimentelle Versuche im Bereich der sequentiellen Übertragung der Farbhilfsträger. Auch die Idee des alternierenden Bursts, also die Bildung des späteren PAL-Farbsignals durch die videofrequente Umpolung, habe er in Unwissenheit der Ideen von Loughlin entwickelt, heißt es in diesem Bericht[220]. An anderer Stelle gibt er aber zu, daß er, als er sein neues System erstmals auf dem Farbfernsehsymposium in Montreux im Mai 1962 vorgestellt habe, sogar ausdrücklich auf die Vorarbeiten von Loughlin hingewiesen habe[221].

Diese Widersprüche scheinen auf den ersten Blick nicht von großer Wichtigkeit, sollten aber in der späteren Phase der PAL-Propagierung von entscheidender Bedeutung sein, als es um die patentrechtlichen Grundlagen der Lizenzforderungen ging, die in einem späteren Abschnitt geschildert werden. Es ist daher nicht erstaunlich, daß der erste Versuch von Bruch, sein Kombinationssystem von SECAM und NTSC im Jahre 1962 zu patentieren, vom deutschen Patentamt abgelehnt wurde.

220 »Der Gedanke, die Punktkombination umzupolen, ein Gedanke, den vor mir schon Herr Loughlin gehabt hatte, dessen Arbeiten ich nicht kannte, und der von ganz anderen Gesichtspunkten ausging [...]«. Bruch, Wie kam es zu PAL und zum alternierenden Burst, S. 6.

221 Bruch, Riedel, PAL – Das Farbfernsehen, S. 66.

Dieses als »Volks-PAL« oder »Simple-PAL« bezeichnete und am 29. September 1962 beim Deutschen Patentamt in München eingegangene »Farbfernsehübertragungssystem«, das Telefunken-intern die Bezeichnung »W 3807« trug, wurde am 17. April 1963 vom zuständigen Sachbearbeiter zurückgewiesen. In der Begründung von Dipl. Ing. Költer hieß es speziell zu Bruchs Idee der alternierenden Übertragung der Phasenlage des Farbvektors:

Bei dieser Sachlage erscheint es verhältnismäßig naheliegend, anstatt den Farbsynchronimpuls zu unterdrücken, diesen in der Phase um 180° zu drehen. Dies ist ein in der Nachrichtentechnik bekanntes Prinzip [...] Wird der Anspruch 1 aufrechterhalten, so muß mit der Zurückweisung der Anmeldung mangels ausreichender Erfindungshöhe und mangels Ausschaltung von unbrauchbaren Lösungen (zeilenfrequente Umschaltung) gerechnet werden[222].

Nach sechsjährigem Hin und Her mit der Patentbehörde wurde im Mai 1968 die als »PAL 1« bezeichnete Patentanmeldung von Telefunken zurückgezogen, da – wie es in einem internen Telefunken-Schreiben heißt – »wegen der zweifelhaften Offenbarung aufgrund des Zwischenbescheides vom 21.4.1967 die Aussicht [besteht], daß W 3084 versagt wird«[223]. Dieser Verzicht war jedoch für Telefunken unproblematisch, da der Schutzumfang von W 3084 in dem Patentantrag W 3935, dem später tatsächlich gewährten Patent, wiederholt wurde und somit den gleichen Schutzumfang bot. Erst das am 31.12.1962 angemeldete Patent »Ein Farbfernsehempfänger für ein farbgetreues NTSC-System«[224], das später als »Standard-PAL«-Patent bezeichnet wurde, wurde von der Patentbehörde akzeptiert, da es die Mittelung der von Zeile zu Zeile ankommenden Signale nicht mehr durch das Auge vorsah, sondern dies nun elektronisch im Empfänger durch einen speziell entwickelten Decoder geschah[225]. Es hatte also mehrerer Anläufe bedurft, bis das PAL-System vor dem Deutschen Patentamt den Status »ausreichender Offenbarung« erhielt.

Auf Grund der Ungereimtheiten in den Selbstdarstellungen Bruchs sowie der komplizierten patentrechtlichen Lage fällt es schwer, Bruchs erfinderische Leistung objektiv einzuschätzen. Fest steht, daß Bruch – was auch in seinen frühen PAL-Publikationen zum Ausdruck kommt – anfangs nicht dar-

222 Spätere Autoren weisen mehrfach auf Loughlins 1951 patentierte Idee der alternierenden Übertragung der Phasenlage des Farbvektors hin. Siehe beispielsweise MÜLLER, Die internationalen Bemühungen um eine europäische Farbfernsehnorm; G. B. TOWNSEND, PAL Programm, Organization. A First Look at all the Problems, in: The Royal Television Society Journal 12 (1968) 1 S. 2–11.

223 Bei W 3084 handelt es sich um den Patentantrag DAS 1.161.949 (PAL 1). Siehe Aktennotiz, F&E, Hannover, 20.5.1968, in: Archiv des Deutschen Museums München, Nachlaß Walter Bruch, Signatur NL 101, Nr. 175.

224 Die Telefunken-interne Bezeichnung lautete W 3935 (»Laufzeitdemodulator«).

225 Gerhard MAHLER, Entwicklung und Einführung von PAL, in: BTS – Broadcast Television Systems (Hg.): 25 Jahre PAL-Farbfernsehen in Deutschland, firmeninterne Publikation, 1992, S. 9.

an dachte, seine Weiterentwicklung des NTSC-Systems als »neues System« zu propagieren. Auch wenn das – wie sein ehemaliger Mitarbeiter Gerhard Mahler betont –, was Bruch de facto in seinem Labor tat, eher auf die Entwicklung eines eigenen Systems hinauslief[226]. In einem Brief an den damaligen Vorsitzenden des Fachverbandes 14 des ZVEI, Herrn Boom, bekannte Bruch Ende des Jahres 1964:

> In jener ersten Zeit war ich noch keineswegs 100% für PAL. PAL war nur eine der Möglichkeiten, die ich demonstriert habe, und Sie werden sich erinnern, daß ich auch das von mir entwikkelte SECAM-System vorgeführt habe und außerdem NTSC. [...] Ich hätte auch – wenn ich mich nicht für ein eigenes System entschieden hätte – irgendwie Stellung bezogen, denn das ist so meine Art. Ich bin heute nicht sicher, ob diese Entscheidung nicht vielleicht SECAM gewesen wäre, aber allerdings ein SECAM-System, das stark gegen das heutige SECAM-System verändert gewesen wäre. Die wesentlichen Vorteile von SECAM – die SECAM ohne Zweifel hat – sind verlorengegangen im Laufe der Entwicklung von SECAM I zu SECAM III. Ob sich ein SECAM-System hätte finden lassen, das alle unsere Wünsche befriedigt hätte, ist heute nicht sicher. Aber meine Meinung ist ganz eindeutig: SECAM III nie! [227]

Den bereits erwähnten Vorwurf von Walter Bruch an die Adresse von Henri de France, das SECAM-System sei »erbastelt« und nicht »logisch entwikkelt«, muß sich Bruch wohl oder übel selbst gefallen lassen. Der Weg vom »SECAM I« zum »SECAM IIIb optimalisé« war nicht weniger wandlungsreich als der vom »Volks-PAL« über »Standard-PAL« bis zum »PAL-de-Luxe« – er war nur länger! Die Länge des Weges bzw. die Dauer des Optimierungsprozesses eines technischen Systems kann aber kein Indikator für die Qualität des letztlich erreichten technischen Artefakts sein.

2.5.2.2. Die Technik des PAL-Systems

Obschon Bruch in einem 1973 mit Funkschau-Chefredakteur Karl Tetzner geführten Interview seine Leistung als »Verkäufer« des PAL-Systems höher einschätzte als seine »Erfindertätigkeit«[228], müssen die grundlegenden technischen Charakteristika des PAL-Systems im folgenden kurz dargestellt werden. In knappen Worten umschrieb Johannes Müller, leitender Direktor des Forschungstechnischen Zentralamtes (FTZ) der Bundespost in Darmstadt, das PAL-System mit folgenden Worten:

226 Ibid. S. 6.

227 Bei dieser Quelle handelt es sich um den von Bruch auf Tonkassette diktierten und transkribierten Entwurf eines Briefes an Herrn Boom, der leider nicht datiert ist. Da im Brief aber Bezug auf die Entscheidung des ZVEI genommen wird, dessen Technische Kommission am 12.11.1964 seine Entscheidung bekanntgegeben hatte, das die deutsche Elektroindustrie das PAL-System als europäische Farbfernsehalternative unterstützen werde, ist eine Datierung Ende November 1964 wahrscheinlich. In: Archiv des Deutschen Museums, Nachlaß Walter Bruch, Signatur NL 101, Nr. 202, 4 maschinegeschriebene Seiten mit handschriftlichen Korrekturen von Walter Bruch.

228 Siehe Interview Prof. Tetzner mit Walter Bruch, 09.02.1973 in Icking bei München, 17 maschinegeschriebene Seiten, hier S. 2, in: Privatarchiv Karl Tetzner.

So versuchte Walter Bruch in der Abteilung für Grundlagenentwicklung bei der Firma Telefunken, die Vorteile der sequentiellen Übertragung der Farbkomponenten (SECAM) mit der bewährten Amplitudenmodulation mit unterdrücktem Träger (NTSC) zu kombinieren, um dadurch die Nachteile der schlechteren Kompatibilität des SECAM-Verfahrens zu umgehen. [...] Das sequentielle Prinzip wird im PAL-Verfahren aber nur insoweit angewendet, als nicht die einzelnen Farbdifferenzsignale, sondern nur die Phasenlage des aus beiden Farbdifferenzsignalen resultierenden Farbvektors zeilenweise im Wechsel übertragen wird[229].

Im Unterschied zum SECAM-System zielt beim PAL-System das Prinzip der sequentiellen Übertragung der Farbdifferenzsignale nicht auf die Auswahl jeweils nur eines Farbdifferenzsignals für die Trägermodulation, sondern auf den periodischen Wechsel der Phasenlage eines der beiden *stets gleichzeitig* gesendeten Farbdifferenzsignale. Die im NTSC-Verfahren gewählte Amplituden-Quadraturmodulation wird also beibehalten. Der Unterschied besteht aber darin, daß jeweils von Zeile zu Zeile die Phasenlage eines der beiden Farbdifferenzsignale periodisch umgeschaltet wird – daher der Name PAL = Phase Alternation Line. Dadurch wechseln die durch Phasenverzerrungen hervorgerufenen Farbtonfehler entsprechend ihren Drehsinn (auf die komplexe Farbebene übertragen) und können sich bei geeigneter Empfangsart ausmitteln[230].

Die eigentliche Neuheit des PAL-Systems war, die von Loughlin entwickelte Idee der alternierenden Übertragung der Phasenlage mit Henri de France' Idee der zeilensequentiellen Speicherung der Farbinformation eines Farbdifferenzsignals zu kombinieren. Die Mittelung des Farbtonwertes wurde durch eine elektronische Schaltung im Empfänger realisiert (Standard-PAL). »Richtig ausgenutzt wird das PAL-Prinzip erst mit Hilfe der – aus der SECAM-Technik bekannten und dort für die wirtschaftliche Massenproduktion entwickelten – Ultraschall-Verzögerungsleitung«, so die Einschätzung des Direktors des IRT in München, Prof. Richard Theile[231]. Es war also die Entwicklung eines speziellen Decoders mit Laufzeitleitung, die das PAL-System zu einer echten Alternative des NTSC-Systems machte. Mittels dieses Decoders wurde die lang ersehnte Stabilisierung des Farbtons erreicht, die noch bei Phasenfehlern gelang, die etwa 15 mal so groß sein konnten wie jene, die bei einem normalen NTSC-Empfänger zu starken Farbtonverzerrungen führten[232].

Zentraler technischer Baustein des PAL-Systems war demnach die bereits beim SECAM-System vorgestellte Ultraschall-Verzögerungsleitung. Auch die Verzögerungsleitung wurde zum Streitobjekt zwischen der CFT und Telefun-

229 MÜLLER, Die internationalen Bemühungen um eine europäische Farbfernsehnorm, S. 236.

230 Siehe Richard THEILE, Die Entwicklung der kompatiblen Farbfernsehtechnik unter besonderer Berücksichtigung der verschiedenen Vorschläge für die Übertragung der Farbart-Signale (Farbträgermodulation), in: Rundfunktechnische Mitteilungen 9 (1965) 5 S. 241–250, hier S. 248f.

231 Ibid. S. 248.

232 M. KOUBEK, Zwanzig Jahre kompatibles Farbfernsehen. Der Stand der Farbfernsehtechnik – Rückblick und Ausblick, in: Radio-Elektronikschau 16 (1966) 4 S. 210.

ken. Bereits 1964 wurde über die mögliche Abhängigkeit des PAL-Systems vom SECAM-System debattiert. Dieser Streit zog sich bis 1968 hin, als zwischen beiden Parteien ein sogenannter »Nichtangriffs-Pakt« geschlossen wurde, auf den an späterer Stelle noch eingegangen wird. Tatsächlich kamen Walter Bruch und seine Mitarbeiter erstmals im Mai 1960 in den Besitz einer CFT-Verzögerungsleitung, als dem Telefunken-Labor die SECAM-Versuchsanlage vom IRT zu Versuchszwecken weitergeleitet worden war[233]. Bei dieser ersten Verzögerungsleitung handelte es sich um ein Videoverzögerungskabel mit einem ferromagnetischen Kern als Koaxialkabel von 32 Metern Länge. Das Kabel ermöglichte also zwei Mikrosekunden Verzögerung pro Meter[234] und war damit nur mehr halb so lang wie die ursprünglich von Henri de France benutzte Leitung. Wie bereits beschrieben, wäre das SECAM-System mit einer solchen Verzögerungsleitung nie als ernsthafte technische Alternative zum NTSC diskutiert worden. Erst die Entwicklung einer Ultraschall-Verzögerungsleitung löste dieses Problem. Interessant ist, daß Walter Bruch immer wieder darauf hingewiesen hat, daß er es gewesen sei, der den CFT-Ingenieur Pierre Cassagne auf die Möglichkeit einer solchen Ultraschall-Verzögerungsleitung hingewiesen habe. In seinem Vortrag vor dem Leiter der Patentabteilung Dr. Johannesson im Sommer 1970 hieß es diesbezüglich:

> Ich möchte noch einmal ausdrücklich darauf hinweisen, daß ich Herrn Cassagne auf die Ultraschallverzögerungsleitung hingewiesen habe. Ich hatte ihn damals auf eine Leitung hingewiesen, die die Firma Mullard aus England aus Quecksilber herstellte. Ich habe selbst darauf hingewiesen, daß ich mit Mullard darüber Verbindungen geknüpft habe, die aber erfolglos waren, weil Mullard diese Leitungen nur für Radar-Zwecke gebaut hat. In der Zwischenzeit konnte sich SECAM [gemeint ist sicher die CFT, A.d.V.] eine Leitung von der Firma Quarz und Silice beschaffen und freundlicherweise beschaffte man für mich eine solche Leitung mit[235].

In mehreren Quellen erwähnt Bruch, daß die Idee der Ultraschallverzögerung eines elektrischen Signals eine Erfindung des Hauses Telefunken während des Zweiten Weltkrieges gewesen sei. Er habe zusammen mit dem Erfinder, Herrn Dr. Kruse, Ultraschallverzögerungsleitungen aus Glas für das Gerät »Rehbock« gebaut[236]. Während Bruch in seinem PAL-Buch bezüglich der

233 Telefunken-CSF/CFT-Kontakte, S. 4.

234 Das Kabel stammte von der Hannover Firma Hackethal (heute Kabelmetall) und entspricht genau den Beschreibungen, die Marc Chauvierre überliefert hat. Ein wenig übertreibend erinnert sich Chauvierre: »La ligne à retard d'Henri de France était un monstre: elle était constituée par des centaines de mètres d'un câble coaxial enroulé sur lui-même dans une caisse aussi grosse que le récepteur«. Siehe Marc CHAUVIERRE, Un homme passionné, in: Bulletin du Comité d'histoire de la télévision 14 (juin 1986) S. 36. Siehe auch MAHLER, Entwicklung und Einführung von PAL, S. 6.

235 BRUCH, Wie kam es zu PAL und zum alternierenden Burst?, S. 5.

236 Dabei handelte es sich um die Versuchskonstruktion eines Radarmeßgerätes. Siehe BRUCH, RIEDEL, PAL – Das Farbfernsehen, S. 67. Bruchs unkritische und wenig distanzierte Haltung zum Nazi-Regime und zum Zweiten Weltkrieg kommt deutlich in seinem Aufsatz »Peenemünde

Idee, Ultraschallverzögerungsleitungen für den Einsatz beim Farbfernsehen vorzusehen, sagt, »wer zuerst auf die Idee kam, weiß ich nicht mehr«, heißt es in eben jenem Vortrag vor Dr. Johannesson:

Ich weiß noch ganz genau, daß Herr Anderson – heute Chef der RCA-Fernsehentwicklung und Fabrikation in Indianapolis – mit mir sehr ausführlich über solche Leitungen diskutiert hat, weil ich einmal im Krieg – wohl als erster außer dem Erfinder Herrn Dr. Kruse – mit Ultraschallverzögerungsleitungen für das Gerät ›Rehbock‹ gearbeitet habe. Damals [Ende 1956, A.d.V.] kam mir der Gedanke auf, eine solche Verzögerungsleitung auch für die Fehlerkompensation für das Farbfernsehen zu verwenden. SECAM war damals noch nicht erfunden[237].

Abgesehen von der Tatsache, daß das SECAM-System unter dem Namen »Henri-de-France«-System bereits existierte und Bruch selber im April 1956 in Paris von diesem System erfahren hatte, dauert es laut Angaben Bruchs seltsamerweise bis zum November 1961, bis er sich in Hannover mit seinem Kollegen Cassagne von der CFT über die Ultraschall-Verzögerungsleitung unterhalten haben will[238]. 1961 verfügte die CFT aber bereits über eine funktionierende Ultraschall-Verzögerungsleitung der Firma Quarz und Silice, wie aus einer Publikation der beiden CFT-Ingenieure Pierre Cassagne und Marc Sauvanet hervorgeht[239].

Auch in diesem Falle fällt es schwer, die »Wirklichkeit« des Erfindungs- bzw. Entwicklungsprozesses zu rekonstruieren. Zum einen sind die Aussagen Walter Bruchs widersprüchlich, zum anderen decken sie sich nicht mit der französischen Überlieferung[240]. Fest steht, daß eine patentrechtlich abgesicherte Unabhängigkeit des PAL-Systems vom SECAM-System gerade aufgrund der in beiden Systemen verwendeten Ultraschall-Verzögerungsleitung nie festgestellt werden konnte, da beide Seiten letztlich den Gang vor das Patentgericht scheuten und sich außergerichtlich im so genannten »Nichtangriffs-Pakt« einigten[241].

1942: Die Anfänge des ›Industriefernsehens‹. Erinnerungen an einmalige Erlebnisse in der Pionierzeit des Fernsehens« zum Ausdruck. In: Funkschau 5 (1974) S. 142–146.

237 Bruch, Wie kam es zu PAL und zum alternierenden Burst?, S. 4.

238 Ibid. S. 8f.

239 Pierre Cassagne, Marc Sauvanet, Le système de télévision en couleurs SECAM en comparaison avec le système NTSC, in: Annales de Radioéléctricité 63 (1966) S. 115.

240 Siehe die Interviews mit Gérard Melchior, Michel Dubail und Louis Goussot.

241 Als der CFT-Direktor Henri Peyroles auf der CCIR-Konferenz in Wien 1965 öffentlich behauptete, PAL sei von SECAM-Patenten (Verzögerungsleitung) abhängig, bereitete man sich bei Telefunken auf eine Gegendarstellung vor. Patentanwalt Dr. Johannesson teilte dem Vorstandsmitglied und Leiter der Forschung, Prof. Werner Nestel, in einer Note vom 31. Mai 1965 mit, daß die Idee der Ultraschallverzögerungsleitung eine Erfindung aus dem Hause Telefunken sei. »Es ist also gerade so, daß das SECAM-System von dem genannten, allerdings längst erloschenen Telefunken-Patent abhängig ist.« In: Archiv des Deutschen Museums München, Nachlaß Walter Bruch, Signatur NL 101, Nr. 202.

Abb. 10: »Einem ›on-dit‹ zufolge geht SECAM auch noch zu Bruch«, Karikatur vom November 1967, aus: Archiv des Deutschen Museums München, Nachlaß Walter Bruch, Signatur NL 101, Nr. 123.

2.5.3. SECAM und PAL: Erfindungskontexte und Entwicklungsakteure im Vergleich

Ohne im folgenden auf die reichhaltige Forschungsliteratur zum Thema »historische Innovationsforschung« oder Technikgenese eingehen zu können, scheint es ratsam, die soeben geschilderten Entwicklungsphasen der SECAM- und der PAL-Technologie bis zu ihrem Eintreten in die Phase der ernsthaften europäischen Standardisierungsbemühungen zu rekapitulieren[242].

[242] Siehe als anregenden Beitrag zu der Frage, was historische Innovationsforschung sein kann, was sie leisten könnte und was ihr als methodisches Instrumentarium zur Verfügung steht den Beitrag von Karl H. MÜLLER, Wie Neues entsteht, in: Österreichische Zeitschrift für Geschichtswissenschaft 11 (2000) 1 S. 87–128. Einen knappen, aber gut strukturierten und prägnanten Überblick über den Stand der historischen und soziologischen Innovationsforschung bietet Holger BRAUN-THÜRMANN, Innovation. Bielefeld 2005. Einen Überblick über die interdisziplinäre und dennoch stark wirtschaftstheoretisch dominierte Forschungslandschaft im Bereich der Innovationsstudien bietet Jan FAGERBERG, Innovation. A Guide to the Literature, in: DERS. (Hg.), The Oxford Handbook of Innovation, Oxford 2004, S. 1–26. Innovativere Ansätze, die sich verstärkt der Rolle des Konsumenten im Innovationsprozeß annehmen, tauchen in Fagerbergs Darstellung

Für die beiden zentralen Akteure des hier geschilderten Entwicklungsprozesses war, wie bereits mehrfach betont, nicht die Erfindung eines gänzlich neuen Farbfernsehsystems die ursprüngliche Motivation ihrer Forschungsaktivität. Vielmehr ging es beiden darum, ein vorhandenes System, dessen »Genialität« von keiner Seite in Frage gestellt wurde, zu verbessern. In der evolutionären Logik von Thomas Hughes' Konzept der »large technological systems« handelt es sich demnach um »konservative« Innovationen, um Weiterentwicklungen der »radikalen« Innovation namens NTSC. Der Wunsch nach Optimierung des NTSC-Systems speiste sich aus unterschiedlichen Quellen.

Zum einen galt es, das für amerikanische Verhältnisse ausgelegte System (525 Zeilen bei einer Bildwechselfrequenz von 30Hz) auf seine Anwendbarkeit im europäischen Kontext zu untersuchen. Wie gesehen bauten die frühen Bemühungen der Farbfernsehentwicklung in Frankreich Mitte der fünfziger Jahre auf der Basis eines hochauflösenden s/w-Zeilenstandards auf. Das von Henri de France vorgestellte Farbfernsehsystem war mit seiner auf 409 Zeilen ausgelegten Zeilenzahl mit der bestehenden 819-Zeilennorm des Schwarzweißfernsehens kompatibel. Es waren die engen Kontakte zwischen der CSF und Telefunken im Bereich der Forschung und Entwicklung (cross-licensing-Abkommen), die dazu führten, daß sich Walter Bruch im Telefunken Grundlagenlaboratorium in Hannover ab 1958 intensiv mit dem SECAM-System beschäftigte. Bruch untersuchte die Anwendbarkeit des Systems für den sogenannten Gerber-Standard, das heißt für die in weiten Teilen Europas eingeführte 625-Zeilennorm für das Schwarzweißfernsehen. Daß beide Seiten die praktische Realisierbarkeit des SECAM-Systems in zahllosen Vorführungen demonstrierten, trug wesentlich dazu bei, das SECAM-System als mögliche europäische Alternative des NTSC-Systems ›hoffähig‹ zu machen.

Zum anderen spiegelt sich in den Bemühungen um die Weiterentwicklung des NTSC-Systems auch die höhere Qualitätsanforderung wider, welche die Europäer an die Fernsehtechnik stellten – vor allem im Bereich der Empfängertechnik. Wie gesehen hat dies auch mit kulturanthropologischen Differenzen zwischen Amerika und Europa in der Aneignung neuer Technologien zu tun[243]. Dieses Qualitätskriterium muß zusätzlich vor dem Hintergrund unter-

jedoch überhaupt nicht auf. Siehe hierzu beispielhaft Eric VON HIPPEL, Democratizing Innovation, Cambridge M.A., London 2005.

243 Als anschauliches Beispiel unterschiedlicher Aneignungsformen von Technik in verschiedenen kulturellen Kontexten siehe Martina HESSLER, »Mrs. Modern Woman«. Zur Sozial- und Kulturgeschichte der Haushaltstechnisierung, Frankfurt a. M. u. a. 2001 sowie Onno DE WIT, Adri DE LA BRUHÈZE, Marja BERENDSEN, Ausgehandelter Konsum: Die Verbreitung der modernen Küche, des Kofferradios und des Snack-Food in den Niederlanden, in: Technikgeschichte 68 (2001) 2 S. 133–156. Für eine vergleichende europäische Perspektive siehe Hartmut KAELBLE, Jürgen KOCKA, Hannes SIEGRIST (Hg.), Europäische Konsumgeschichte: Zur Gesellschafts- und Kultur-

schiedlicher Konsummodelle im Europa und in den Vereinigten Staaten der fünfziger und sechziger Jahre gesehen werden[244]. Viele Konsumgüter, die in den Vereinigten Staaten zu dieser Zeit bereits als reale Konsumgüter bezeichnet werden können, hatten in den europäischen Ländern noch den Status eines exquisiten Luxusgutes. Während der s/w-Empfänger Ende der 1950er Jahre in den USA in über 80% aller Haushalte (durchschnittliche Haushaltsgröße: 3,27 Personen) zu finden war, betrug der Anteil in der BRD knappe 20% (durchschnittliche Haushaltsgröße 3,2 Personen). Eine Ausnahme in Europa bildete Großbritannien mit einer Fernsehgerätedichte pro Haushalt (durchschnittliche Haushaltsgröße 3,15 Personen) von über 50% Ende der 1950er Jahre[245]. In der Bundesrepublik Deutschland dauerte der Wandel vom Statussymbol zum Konsumgut beim s/w-Fernsehgerätes mit Sicherheit bis in die siebziger Jahre, beim Farbfernsehgerät gar bis Mitte der achtziger Jahre. Wie unsicher selbst Kenner der Fernsehbranche hinsichtlich der zukünftigen Entwicklung der Fernsehlandschaft noch im Jahr der Farbfernseheinführung in der Bundesrepublik 1967 waren, zeigt folgendes Zitat des Funkschau-Chefredakteurs Karl Tetzner: »Die Zeit muß zeigen, ob der Wunschtraum der Hersteller – das große repräsentative, ein Statussymbol darstellende Farbgerät ständig im Wohnzimmer und ein kleines, tragbares Schwarzweiß-Gerät von Fall zu Fall herbeigeholt – in Erfüllung geht, oder ob kleinere und tragbare Farbgeräte verlangt werden, die man zu den kurzen Farbprogrammzeiten aufstellt«[246]. Immerhin dauerte es bis 1980, bis die Zahl der Farbempfänger in den privaten Haushalten der Bundesrepublik zu jener der s/w-Empfänger aufschließen konnte[247].

Was die Bewertung der erfinderischen oder innovativen Leistungen angeht, die in der Entwicklung des SECAM- bzw. des PAL-Systems zum Ausdruck kommen, ist eindeutig, daß die Arbeiten von Henri de France eher den Status einer innovativen technischen Lösung der Farbfernsehfrage für sich beanspruchen können als jene von Walter Bruch. Sowohl das Prinzip der sequentiellen Übertragung der Farbinformation von Zeile zu Zeile als auch die

geschichte des Konsums (18.-20. Jahrhundert), Frankfurt a. M., New York 1997. Als technikhistorisch motivierte Überblicksdarstellung siehe Wolfgang König, Geschichte der Konsumgesellschaft, Stuttgart 2000.

244 Siehe Schildt, Sywottek, Modernisierung im Wiederaufbau. Zur Konsumgeschichte in Deutschland siehe Arne Andersen, Der Traum vom guten Leben: Alltags- und Konsumgeschichte vom Wirtschaftswunder bis heute, Frankfurt a. M. 1999.

245 Reinhard Schneider, Fernsehen in einer technisierten Welt, in: Rundfunktechnische Mitteilungen 8 (1964) 6 S. 316–322. Siehe auch Hans Rindfleisch, Der gegenwärtige Ausbau des Fernsehrundfunks im In- und Ausland, in: Rundfunktechnische Mitteilungen 3 (1959) S. 219–227.

246 Karl Tetzner, Die Farbe im Fernsehen: Technik – Wirtschaft – Organisation, in: Radio und Fernsehen 15 (1967) 2 S. 120.

247 Siehe Statistische Jahrbücher der Bundesrepublik Deutschland.

Idee der Verzögerung und Speicherung dieser Information, um sie zusammen mit der Information der darauffolgenden Bildzeile zu verarbeiten, wurden international als kreative Neuerungen anerkannt. Auch der spätere Übergang zur Frequenzmodulation der Farbhilfsträger wurde von einigen Ingenieuren als technischer Fortschritt beurteilt, auch wenn damit weitreichende Folgen im Bereich der weiteren Signalverarbeitung in der Studiotechnik verbunden waren.

Im Gegensatz dazu handelt es sich bei Walter Bruchs Entwicklung des PAL-Systems nicht um eine »Erfindung« im eigentlichen Sinne des Wortes. Die Schwierigkeiten, die mit der Patentierung des PAL-Systems verbunden waren, können als Indiz für diese These gelten. Besser würde man von einer intelligenten Systemoptimierung sprechen, die selbstverständlich für sich beanspruchen kann, wichtige neue Teilkomponenten einer Netzwerktechnologie entwickelt zu haben. Wie sich später zeigen sollte, war es gerade die Nähe das PAL-Systems zum einzig in der Praxis bewährten System, dem amerikanischen NTSC-System, die sich als entscheidender Faktor in pro-PAL-Haltung früherer NTSC-Verfechter erweisen sollte. Dieser Durchbruch, so die These, war weniger der technischen Genialität der Systemalternative PAL zuzuschreiben als vielmehr der effektiven und konsequenten Vermarktung des Systems durch seinen Entwickler Walter Bruch.

Hier wird ein entscheidender Unterschied zwischen den beiden zentralen »Systementwicklern« Henri de France und Walter Bruch deutlich. Während Henri de France kaum auf dem internationalen Parkett zu sehen war und selbst in Frankreich das Image des Bastlers und pfeiferauchenden Grüblers besaß, welches mit der klassischen Definition eines Erfinders korreliert[248], und sich diese Rolle zudem – so die Vermutung des Autors – mit der Selbsteinschätzung de France' deckte, haben wir es bei Bruch mit einem professionellen Entwicklungsingenieur eines großen Unternehmens zu tun, dessen Forschungsaktivitäten sich in fest definierten Bahnen bewegten. Ohne damit der Logik einer »path-dependancy« von Bruchs Entwicklungsaktivitäten das Wort reden zu wollen, und darauf hinweisend, daß kaum wesentliche Unterschiede in der praktischen Arbeitsweise beider Forscher feststellbar sind, scheint dieser Umstand auf eine bedeutende strukturelle Differenz hinzuweisen. Zwar sind die Intentionen beider Forscher ähnlich – beiden geht es letztlich auch um die Durchsetzung der ihnen nach dem Patentrecht zustehenden Erfindervergütung –, doch waren ihre unternehmerischen Motivationen verschieden. Während es im Falle Henri de France außenstehende Akteure in Form der beiden Großkonzerne Saint-Gobain und CSF waren, die seine Patente aufkauften und in Form der Wiederbelebung der Compagnie Française

248 Siehe Peter FRIESS und Peter M. STEINER, Artur Fischer und Hans-Jürgen Warnecke sprechen über Erfindungen und Kreativität, TechnikDialog Nr. 10 des Deutschen Museums Bonn, Bonn 1996.

de Télévision zielgerichtet zu vermarkten suchten, mußte Bruch seine Entwicklung gegen Widerstände in der eigenen Firma und in der deutschen Rundfunkindustrie behaupten.

Im folgenden kommt es deshalb darauf an, diese strukturellen Differenzen in Form unterschiedlicher Entwicklungskontexte herauszuarbeiten. Besonders wichtig erscheint vor diesem Hintergrund, die zentralen Akteure im Bereich der Rundfunkindustrie in Frankreich und der Bundesrepublik zu skizzieren. Neben den »menschlichen Akteuren«, den Entwicklungsingenieuren, Technikern und Managern, handelt es sich dabei auch um »strukturelle Akteure« (Firmen, Staaten, Standardisierungsbehörden). Beide »Akteure« müssen auf ihre Bedeutung für die Durchsetzung der Netzwerktechnologie hin untersucht werden.

3. LE TERRAIN INDUSTRIEL

Will man den europäischen Verlauf der Farbfernsehkontroverse verstehen, ist eine Darstellung des industriellen und industriepolitischen Kontextes unumgänglich. Entsprechend der Funktion, die das Radiogerät bis Anfang der fünfziger Jahre als Leitmedium im massenmedialen Ensemble innehatte, bildete die Radiogeräteproduktion den Schwerpunkt der Rundfunkindustrie. Erst mit der Ablösung des Leitmediums Radio durch das Fernsehen begann der Aufstieg des Fernsehgerätes zum »fordistischen Leitprodukt«[1] und damit zum Indikator der modernen Konsumgesellschaft. Dieser Wandel vom Radio- zum Fernsehzeitalter bescherte der elektronischen Konsumgüterindustrie in der ganzen Welt einen beispiellosen Boom. Dennoch, und dies ist für die folgende Untersuchung von Bedeutung, fand dieser rasante Aufstieg einer Industriebranche in durchaus unterschiedlichen nationalen »Modernisierungsmustern« statt, die sich sowohl auf der Produktions- wie auf der Konsumseite nachweisen lassen.

Diese unterschiedlichen Muster oder Entwicklungspfade sind der Ausdruck eines wirtschafts- und sozialpolitischen Pluralismus, der die nationalen Volkswirtschaften im europäischen Kontext nach 1945 kennzeichnet[2]. Sie reichen von planwirtschaftlichen Modellen zentralistischer Staatsintervention bis zum Neoliberalismus oder kurzfristig angelegter Konjunkturpolitik. Im folgenden gilt es, die Entwicklung der elektrotechnischen Konsumgüterindustrie in diese unterschiedlichen nationalen Kontexte einzubetten, ihre Besonderheiten herauszuarbeiten ohne natürlich den gemeinsamen Nenner, den Weltmarkt, aus dem Auge zu verlieren. Nur diese parallele Betrachtung von

[1] Siehe Volker WITTKE, Wie entstand industrielle Massenproduktion? Die diskontinuierliche Entwicklung der deutschen Elektroindustrie von den Anfängen der »großen Industrie« bis zur Entfaltung des Fordismus (1880–1975), Berlin 1996.

[2] Gerold AMBROSIUS, Wirtschaftsraum Europa: Vom Ende der Nationalökonomien, Frankfurt a. M. 1996, S. 20f. Als Definitionsversuch des schwer faßbaren Begriffs der Modernisierung sei jener von Werner Abelshauser zitiert: »Modernisierung meint die Entwicklung der vergangenen zwei Jahrhunderte als ein Bündel gleichgerichteter Abläufe, die die jeweiligen Gesellschaften von traditionalen in moderne transformierten und die inhaltlich bestimmt sind durch strukturveränderndes Wachstum der materiellen und nicht-materiellen Güter, verstärkte gesellschaftliche Differenzierungsvorgänge und erhöhte Selbststeuerungskapazitäten der Gesellschaft durch Partizipation und Institutionen zur geregelten Konfliktaustragung«. Werner ABELSHAUSER, Westeuropäische Trends und Außenhandelsverflechtungen, in: SCHILDT, SYWOTTEK, Modernisierung im Wiederaufbau, S. 43. Zum Vergleich des deutschen und französischen Weges siehe Thomas BITTNER, Das westeuropäische Wirtschaftswachstum nach dem Zweiten Weltkrieg. Eine Analyse unter besonderer Berücksichtigung der Planification und der sozialen Marktwirtschaft, Münster 2001. Eine allgemeine wenn auch stark soziologisch ausgerichtete Einführung in die Modernisierungstheorien bieten Nina DEGELE, Christian DRIES, Modernisierungstheorie: Eine Einführung, München 2005.

nationaler Industriepolitik und industrieller Landschaft erlaubt eine systematische Analyse des komplexen Beziehungsgeflechts zwischen Staat und Unternehmertum. Die Entflechtung der teilweise direkt sichtbaren, manchmal nur indirekt nachweisbaren Beziehungen zwischen Wirtschaft und Politik kann nur unvollständig geleistet werden. Zu verschlungen sind manche Beziehungen, zu bruchstückhaft das überlieferte oder zugängliche Archivmaterial, um eine lückenlose Rekonstruktion der wirtschaftspolitischen und unternehmensstrategischen Kontexte beanspruchen zu können.

3.1. Der europäische Kontext

Trotz unterschiedlicher theoretischer Erklärungsansätze für die Gründe des Zustandekommens der »Wirtschaftswunder« nach dem Zweiten Weltkrieg sind sich die Wirtschaftshistoriker darin einig, daß die europäische Wirtschaft in der Zeit zwischen 1945 und 1972 eine in der Geschichte der Industrialisierung bislang einmalige Wachstumsphase erlebte[3]. Einmalig nicht nur wegen der Dynamik, die der Eintritt in das Zeitalter des industriellen Massenkonsums entfaltete, sondern auch wegen der Breitenwirkung. Die in dieser Phase beobachtbare individuelle und kollektive, private und öffentliche Wohlstandssteigerung bleibt nicht wie in früheren Prosperitätsschüben auf wenige Regionen oder Länder beschränkt, sondern sie tritt in fast allen westeuropäischen Ländern ein. Es verwundert daher nicht, daß dieses Phänomen in verschiedenen Sprachen begrifflich zu fassen gesucht wurde. Während sich in Deutschland der Terminus des »Wirtschaftswunders«[4] durchsetzte, spricht man in Frankreich von den »trente glorieuses«[5] und in der angelsächsischen Welt vom »Golden Age of Capitalism«[6].

Das Interessante an diesem Phänomen ist aber weniger die Tatsache der wirtschaftlichen und sozialen Prosperitätsphase Europas, sondern die Beobachtung, daß in den verschiedenen europäischen Ländern durchaus unterschiedliche Wege zur »Rekonstruktion«, zum »Wiederaufbau« oder – wie es Axel Schildt und Arnold Sywottek für den westdeutschen Fall auf den Punkt bringen – zur »Modernisierung im Wiederaufbau« eingeschlagen wurden[7]. Dies wird besonders deutlich, wenn man die Durchsetzung massenindustriell gefertigter Konsumgüter zum Indikator der Modernisierung der Produktions- wie der Konsumstrukturen macht. Wie Volker Wittke nachweist, sorgten nationale Kontexte für eine durchaus unterschiedliche Prägung der »Konsumgüter-Revolution«:

3 Zur Weitläufigkeit des »Wunder«-Begriffs im Bereich der Ökonomie siehe Alain PEYREFITTE, Du »miracle« en économie, Leçons au Collège de France, Paris 1995. Interessanter Weise spricht Peyrefitte in diesem Essay vom britischen (erste industrielle Revolution), französischen (trente glorieuses), asiatischen oder chinesischen Wirtschaftswunder, das »deutsche Wirtschaftswunder« – so tief verankert im Wortschatz und Selbstverständnis der Deutschen – taucht jedoch nicht auf.

4 Philipp HELDMANN, Das »Wirtschaftswunder« in Westdeutschland. Überlegungen zu Periodisierung und Ursachen, in: Archiv für Sozialgeschichte 36 (1996) S. 323–344, sowie Werner ABELSHAUSER, Wirtschaftsgeschichte der Bundesrepublik Deutschland 1945–1980, Frankfurt a.M. 1983.

5 Jean FOURASTIÉ, Les Trente Glorieuses, Paris 1979.

6 Sidney POLLARD, The Integration of the European Economy since 1815, London 1984.

7 Eine kritische Diskussion der unterschiedlichen Modernisierungstheorien soziologischer und ökonomischer Natur findet sich bei Werner ABELSHAUSER, Die langen fünfziger Jahre. Wirtschaft und Gesellschaft in der Bundesrepublik Deutschland 1949–1966, Düsseldorf 1987. Zur »Modernisierung im Wiederaufbau« siehe Arnold SYWOTTEK, Wege in die 50er Jahre, in: SCHILDT, SYWOTTEK (Hg.), Modernisierung im Wiederaufbau, S. 13f.

In allen entwickelten westlichen Industrieländern veränderte sich die Lebensweise in den Dimensionen ›Mobilität‹, ›Reproduktion‹ und ›Freizeitverhalten‹, und in allen diesen gesellschaftlichen Transformationsprozessen spielte derselbe Kanon fordistischer Leitprodukte eine Schlüsselrolle – soweit die Gemeinsamkeiten. Allerdings lief die Herausbildung der ›modernen Lebensweise‹ keineswegs als international und interkulturell einheitlicher Prozeß ab. Die massenhafte Verbreitung der Leitprodukte fand in den unterschiedlichen Gesellschaften weder in denselben Zeiträumen (›timing‹) noch in derselben Reihenfolge (›sequenzing‹) statt. [...] Mit anderen Worten: Die Konsumgüter-Revolution bewegte sich in Form differenter nationaler Entwicklungsmuster[8].

Damit bringt Wittke die Forschungsergebnisse der Wirtschaftsgeschichte der letzten zwanzig Jahre auf den Punkt, die sich generell durch eine Abkehr oder zumindest eine Relativierung des festen Kanons von Charakterisierungen auszeichnen, die das Phänomen der »Modernisierung« auf einen allgemeingültigen Nenner zu bringen versuchten[9]. Zwar gelten laut Arnold Sywottek die klassischen Parameter der Modernisierung – Rationalisierung, Differenzierung und Individualisierung – als »modernisierungstypische Tendenzen« auch in der postmodernen Gesellschaft fort, doch komme es nun darauf an, die vielen »feinen Unterschiede« herauszuarbeiten, die bei der näheren Analyse nationaler oder regionaler Modernisierungswege sichtbar würden[10]. Einen »kapitalistischen Königsweg«, so der französische Wirtschaftshistoriker Jean Bouvier, könne es nicht geben. Gerade darin liege aber die Herausforderung für die Historiker: »Notre difficulté centrale d'analyse est la mise en relation d'éléments mesurables et d'autres non quantifiables; de ›données‹ (construits par nous) économiques et de comportements de groupes et de milieux; de logiques de systèmes et de mentalités longuement durables, porteuses à la fois de résistance et de mouvement«[11].

Auf jeden Fall sei es notwendig, so Bouvier weiter, simplifizierende Relationen wie die von demografischer Struktur und Wirtschaftswachstum durch komplexere Betrachtungsmuster zu ersetzen, in denen professionelle und geografische Mobilität sowie sozio-ökonomische Faktoren stärkere Beachtung fänden. Obwohl viele Wirtschaftshistoriker den wie auch immer gewonnenen »harten« Zahlen gerne mehr Beachtung schenken, plädieren neuere Ansätze für eine Betonung der »weichen« Wachstumsfaktoren, zu denen auch sozio-psychologische Faktoren wie Mentalitäten (Arbeitsmoral, berufliches Selbstverständnis, Zeitwahrnehmung) oder implizites Wissen

[8] WITTKE, Wie entstand industrielle Massenproduktion?, S. 85.

[9] Siehe den nützlichen Literaturbericht von Alexander NÜTZENADEL, Abschied vom »Sonderweg«. Neuere Forschungen zur Wirtschafts- und Sozialgeschichte der Bundesrepublik, in: Neue Politische Literatur (2002) 2 S. 277–299.

[10] SYWOTTEK, Wege in die 50er Jahre, S. 13f.

[11] Jean BOUVIER, Libres propos autour d'une démarche révisionniste, in: Patrick FRIDENSON, André STRAUS (Hg.), Le Capitalisme français (XIXe-XXe siècle). Blocages et dynamismes d'une croissance, Paris 1987, S. 13.

zählen[12]. »Les facteurs de la croissance constituent bien une combinaison, et non une addition«, so Bouvier[13].

Bevor diese unterschiedlichen nationalen Entwicklungsmuster am Beispiel der deutschen und französischen Gesellschaft verdeutlicht werden, sollte bei aller Suche nach nationalen »Sonderwegen« aber nicht übersehen werden, daß es nach 1945 generell zu einer Annäherung der wirtschafts- und sozialpolitischen Realitäten in Europa gekommen ist. Ein wichtiger Grund dieser Annäherung waren mit Sicherheit die wirtschaftspolitischen Entwicklungen im Rahmen der europäischen Integration[14]. Die Arbeiten von Hartmut Kaelble zeigen deutlich, daß viele der »Gräben«, die beispielsweise die französische Gesellschaft vor dem Zweiten Weltkrieg von der deutschen Gesellschaft (oder umgekehrt) trennten, im Rahmen der sozialen Integration Westeuropas nach 1945 nach und nach zugeschüttet worden sind[15]. Unbestritten ist auch, daß es besonders die Expansion der Konsumgüterindustrie war, die in Europa zu einer Harmonisierung der Lebensstile führte[16]. Die zentrale Rolle, welche Radio und Fernsehen als symbolische und mediale Katalysatoren dieses Prozesses spielten, kann kaum überschätzt werden.

Ein weiterer gemeinsamer Nenner im europäischen Modernisierungsprozeß ist der »consumer gap«, der die europäischen Konsumenten von den US-Amerikanern trennte. Die Durchsetzung industriell gefertigter Konsumgüter begann in den USA bereits im ersten Jahrzehnt des 20. Jahrhunderts. Die lange Wachstumsphase der amerikanischen Industrie – zwischen 1900 und 1929 hatte sich das Bruttosozialprodukt von 18,3 Mrd. US-Dollar auf 103,1 Mrd. US-Dollar mehr als verfünffacht – machte die Vereinigten Staaten zur ersten Massenkonsumgesellschaft. In der Zwischenkriegszeit konnten sich in den USA mit Ausnahme des Fernsehens alle »fordistischen Leitprodukte« massenhaft verbreiten. Das Leitprodukt des Fordismus war in den USA das Automobil, während es in Europa das Radio war. Interessanter Weise, so Wittke, war es das teuerste Produkt, welches in den USA als erstes breiten Ein-

12 Siehe beispeilsweise Gerold AMBROSIUS (Hg.), Moderne Wirtschaftsgeschichte: Eine Einführung für Historiker und Ökonomen, München ²2006, sowie Toni PIERENKEMPER, Wirtschaftsgeschichte: Eine Einführung – oder: wie wir reich wurden, München, Wien 2005.

13 Ibid. S. 20.

14 Einen Überblick bietet Werner BÜHRER, Von der Geschichte der westeuropäischen Integration zur Europäischen Geschichte, in: Archiv für Sozialgeschichte 40 (2000) S. 510–523. Siehe auch Jack HAYWARD, Industrial Enterprise and European Integration. From National to International Champions in Western Europe, Oxford 1995.

15 Hartmut KAELBLE, Die soziale Integration Europas. Annäherungen und Verflechtungen westeuropäischer Gesellschaften seit dem Zweiten Weltkrieg, in: Eckart SCHREMMER (HG.), Wirtschaftliche und soziale Integration in historischer Sicht, VSWG Beihefte 128, Stuttgart 1996, S. 304–344, sowie DERS.: Auf dem Weg zu einer europäischen Gesellschaft. Eine Sozialgeschichte Westeuropas 1880–1980, München 1987.

16 Siehe KAELBLE, KOCKA, SIEGRIST (Hg.), Europäische Konsumgeschichte.

gang in den Massenkonsum fand. Dies zeige, welch zentralen Stellenwert die Mobilität im »American way of life« habe[17]. Für Europa hingegen gelte die Faustregel: Je teurer das Produkt, desto größer der »time lag« gegenüber den USA! Erstaunlich ist auch, daß die Ausbreitungsdynamik der oben aufgeführten Konsumgüter auch durch die Weltwirtschaftskrise kaum gebremst wurde. Der fast dreißigjährige »Vorsprung« der amerikanischen Konsumgesellschaft auf Europa macht die Faszination und die Anziehungskraft des amerikanischen Lebensstils für viele Europäer verständlich, zumal die USA ihre Vorreiterrolle als Protagonisten fordistischer Leitprodukte nach dem Zweiten Weltkrieg wiederholten.

Die wirtschaftliche Potenz der USA nach 1945 führte Mitte der sechziger Jahre in verschiedenen europäischen Ländern zu der öffentlichkeitswirksamen Diskussion um den »technological gap«, der Europa anscheinend von den Vereinigten Staaten trennte. Inwiefern diese in Frankreich oder Deutschland recht unterschiedlich geführte Diskussion Ausdruck der unterschiedlichen Modernisierungskonzepte war, wird im Laufe der Arbeit zu klären sein[18]. Fest steht, daß die Reaktionen auf das massive Eindringen des amerikanischen Konsumverhaltens in den europäischen Ländern durchaus unterschiedlich ausfielen. Für die einen war die »Amerikanisierung« der Gesellschaft traumhaft, für die anderen war sie ein Alptraum[19].

Aus wirtschafts- und technologiepolitischer als auch aus kulturhistorischer Perspektive lassen sich in Frankreich und der Bundesrepublik Deutschland deutlich voneinander abweichende Muster in der Auseinandersetzung mit der »amerikanischen Herausforderung« beobachten[20]. Während die Diskussion

17 WITTKE, Wie entstand industrielle Massenproduktion?, S. 86.

18 Einen guten Überblick über die europäische Diskussion des »technological gap« in den 60er Jahren liefert der Aufsatz von Hubert ZIMMERMANN, Western Europe and the American Challenge: Conflict and Cooperation in Technology and Monetary Policy, 1965–1973, in: Journal of European Integration History 6 (2000) 2 S. 85–110.

19 Als allgemeinen Überblick zu diesem Thema siehe: Philipp GASSERT, Amerikanismus, Antiamerikanismus, Amerikanisierung, S. 531–561. Zu Europa allgemein siehe Rob KROES, If You've Seen One, You've Seen Them All. Europeans and American Mass Culture, Urbana 1996; Richard PELLS, Not Like Us. How Europeans Have Loved, Hated, and Transformed American Culture since World War II, New York 1997. Zu Frankreich siehe Philippe ROGER, Rêves et cauchemars américains: Les Etats-Unis au miroir de l'opinion publique française (1945–1953), Paris 1996; David STRAUSS, Menace in the West: The Rise of French Anti-Americanism in Modern Times, Westport 1978; Richard F. KUISEL, Seducing the French. The Dilemma of Americanization, Berkeley 1993. Zu Deutschland siehe DOERING-MANTEUFFEL, Wie westlich sind die Deutschen?; Bernd GREINER, »Test the West«: über die »Amerikanisierung« der Bundesrepublik Deutschland, in: Mittelweg 36 (1997/98) 5, S. 4–40; Konrad JARAUSCH, Amerikanisierung und Sowjetisierung in Deutschland 1950–1970, Frankfurt a.M., New York 1997; Axel SCHILDT, Ankunft im Westen. Ein Essay zur Erfolgsgeschichte der Bundesrepublik, Frankfurt a.M. 1999; POIGER, Jazz, Rock, and Rebels.

20 Eine scharfsinnige Analyse der technological-gap-Diskussion im Kontext des Kalten Krieges lieferte der Schweizer Peter Sager bereits 1971 mit dem Buch »Die technologische Lücke zwi-

um den »défi américain« in Frankreich primär in den Kontext der französischen »politique de la grandeur« einzubetten ist, also als ein Ausdruck der Suche nach nationaler Identität nach 1945 zu verstehen ist, markiert die »Lücken-Diskussion« in der Bundesrepublik erst den zarten Beginn eines wiedererwachenden wissenschaftlich-technischen Selbstbewußtseins, in dem die USA jedoch immer die Rolle des potentiellen Partners, nie die des Feindes gespielt haben.[21]

Ein wesentlicher Grund für diese unterschiedlichen nationalen Deutungen der europäischen Lage im wissenschaftlich-technischen Bereich ist in der militärischen Ausgangslage der Staaten zu sehen. Erst die Überlegenheit der USA und der Sowjetunion im Bereich der Nukleartechnik hatte das Bewußtsein eines wissenschaftlich-technischen Rückstandes in Europa geschaffen. Die restriktive Wissens- oder Techniktransferpolitik der USA in diesem Bereich[22] sowie Bemühungen um eine europäische Zusammenarbeit im Rahmen der Euratom-Verhandlungen[23] hoben die Bereiche Wissenschaft und Technik auf die Ebene der Außen- und Wirtschaftspolitik und damit in das Feld der öffentlichen Wahrnehmung. Der Höhepunkt der technological-gap-Diskussion (Oktober-Dezember 1966) fällt genau in die Zeit des Scheiterns der Bemühungen um einen einheitlichen europäischen Standard beim Farbfernsehen (Juni 1966). Dies darf wohl als deutliches Zeichen für die ambivalente Technologiepolitik einzelner europäischer Staaten im Kontext der europäischen Integrationsbemühungen verstanden werden[24].

schen Ost und West«, Bern 1971. Zur Position der Bundesrepublik Deutschland in dieser Debatte siehe Johannes Bähr, Die »amerikanische Herausforderung«. Anfänge der Technologiepolitik in der Bundesrepublik Deutschland, in: Archiv für Sozialgeschichte 35 (1995) S. 115–130. Hervorzuheben ist in diesem Kontext die Arbeit des amerikanischen Politologen Robert Gilpin, der bereits 1968, als die Diskussion ihren Höhepunkt kaum überschritten hatte, die französische Auseinandersetzung mit dem »défi américain« einer systematischen Kritik unterzog. Robert Gilpin, France in the Age of Scientific State, Princeton, New Jersey 1968.

21 Bähr, Die »amerikanische Herausforderung«. Joachim Radkau stellt fest, daß eine auf zukunftsorientierte Branchen ausgerichtete Technologiepolitik in der Bundesrepublik Deutschland bis zur Gründung des Atomministeriums unter Strauß eigentlich nicht vorhanden gewesen sei. Selbst nach der Gründung dieses Ministeriums sei eine Politik, die dem Namen »Technologiepolitik« gerecht werde, nur zögernd nachweisbar. Joachim Radkau, »Wirtschaftswunder« ohne technologische Innovation? Technische Modernität in den 50er Jahren, in: Schildt, Sywottek (Hg.), Modernisierung im Wiederaufbau, S. 129–154.

22 Siehe hierzu Zimmermann, Western Europe and the American Challenge.

23 Henry R. Nau, National Politics and International Technology. Nuclear Reactor Development in Western Europe, Baltimore 1974.

24 Im September 1964 wurde in der französischen Zeitschrift »Le progrès scientifique« ein Aufsatz mit dem Titel »Recherche scientifique et indépendance« veröffentlicht, in dem vor dem Ungleichgewicht zwischen Frankreich und den USA im Bereich von Wissenschaft und Technik gewarnt wurde. Diese Veröffentlichung kann als Beginn der »technological gap«-Debatte und der »défi américain«-These angesehen werden. Im Anschluß an diesen Artikel haben sich zahlreiche Politiker zu diesem Thema geäußert, wie beispielsweise Gaston Deffere in Frankreich oder Franz

Die »amerikanische Herausforderung« war für die Europäer gleichzeitig eine »europäische Herausforderung«: Das Zugeständnis amerikanischer Überlegenheit wurde überlagert von der sich nur zögerlich durchsetzenden Einsicht, daß man dieser Überlegenheit nur in einer europäischen Gemeinschaftsanstrengung wirklich entgegenwirken konnte. Das Eingeständnis nationaler Begrenztheit der wissenschaftlich-technischen Ressourcen in der angebrochenen Ära von »big science« fiel den vergangenen Größen auf diesem Feld jedoch nicht leicht[25].

Nachdem mit der generellen wirtschaftlichen Dynamik, der daraus resultierenden sozialen Integration der europäischen Gesellschaften, dem Aufbau supranationaler Institutionen, dem »consumer gap« zwischen den USA und Europa und dem Mitte der sechziger Jahre einsetzenden Bewußtsein eines »technological gap« einige gemeinsame Nenner genannt worden sind, die als Hintergrund sowohl des französischen als auch des bundesdeutschen Modernisierungsprozesses angesehen werden können, sollen im folgenden die elementaren und feinen Unterschiede herausgearbeitet werden, die den französischen Weg von demjenigen der Bundesrepublik unterscheiden. Am Beispiel der elektronischen Konsumgüterindustrie sollen diese Differenzen beispielhaft verdeutlicht werden. Erst vor diesem Hintergrund werden die unterschiedlichen wirtschaftlichen und politischen Strategien verständlich, die den Verlauf der Farbfernsehkontroverse in seiner ›heißen Phase‹ wesentlich bestimmt haben.

Josef Strauß in der Bundesrepublik. Der italienische Außenminister Amintore Fanfani plädierte am 7. Oktober 1966 für einen technologischen Marshall-Plan, der englische Premier Wilson schlug am 15. November gar die Bildung einer »European Technological Community« vor – natürlich unter Einschluß der Briten! Siehe hierzu GILPIN, France in the Age of Scientific State, S. 3f.

25 Peter GALISON, Bruce HEVLY (Hg.), Big Science: The Growth of Large-Scale Research, Stanford 1992.

3.2. Die Bundesrepublik zwischen »Wirtschaftswunder« und »konservativer Modernisierung«

In der Interpretation der wirtschaftlichen Entwicklung der Bundesrepublik Deutschland lassen sich drei Phasen unterscheiden, die jeweils an dominierende Deutungsmuster und Untersuchungsperspektiven in der Wirtschaftsgeschichte gebunden waren. Mit Philipp Heldmann könnte man die erste Phase als jene bezeichnen, in der die »Strukturbruchthese« dominierte, nach der der wirtschaftliche Aufschwung der frühen Bundesrepublik hauptsächlich das Resultat eines erzwungenen radikalen wirtschaftlichen wie gesellschaftlichem Neuaufbaus war[26]. Die wirtschaftliche Überwindung der »Stunde Null« war laut dieser These zu einem großen Teil der US-amerikanischen Wiederaufbauhilfe im Rahmen des Marshall-Plans zu verdanken. Wie Werner Abelshauser in mehreren Studien nachzuweisen versucht hat, fiel sowohl die erwartete als auch die tatsächlich eingetretene Wirkung der US-amerikanischen Finanzhilfen weitaus geringer aus, als führende Wirtschaftspolitiker erhofft und frühe historische Einschätzungen angenommen hatten[27]. Abelshauser setzte der »Strukturbruchthese« seine auf langfristige Entwicklungstendenzen gestützte »Rekonstruktionsthese« entgegen, nach der es in den »langen fünfziger Jahren« zu einer »nachholenden Modernisierung« gekommen sei[28]. Das Wirtschaftswunder der Bundesrepublik war nach Abelshauser das Resultat einer größtenteils auf bestehenden Produktionsstrukturen aufbauenden Phase nachholenden Konsums.

Abelshausers Thesen wurden aber von Volkswirten und Wirtschaftshistorikern wie Rainer Klump, Christoph Buchheim und Knut Borchardt kritisiert, die Abelshauser unter anderem methodische Unzulänglichkeiten in der Interpretation des quantitativ ermittelten Zahlenmaterials vorwarfen[29]. Die Debatte um die Deutung des außergewöhnlichen Wirtschaftswachstums in der Phase des »golden age« dauert bis heute an. Wie Thomas Bittner in seiner Studie zum westeuropäischen Wirtschaftswachstum nach dem Zweiten Weltkrieg gezeigt hat, vermag bislang kein Ansatz – weder in theoretischer noch in em-

[26] HELDMANN, Das »Wirtschaftswunder« in Deutschland, S. 323.

[27] ABELSHAUSER, Wirtschaftsgeschichte der Bundesrepublik Deutschland.

[28] DERS, Die langen fünfziger Jahre. Wirtschaft und Gesellschaft der Bundesrepublik Deutschland, 1949–1966, Düsseldorf 1987.

[29] Siehe Rainer KLUMP, Wirtschaftsgeschichte der Bundesrepublik Deutschland. Zur Kritik neuerer Interpretationen aus ordnungspolitischer Sicht, Wiesbaden 1985; Christoph BUCHHEIM, Die Wiedereingliederung Westdeutschlands in die Weltwirtschaft 1945–1958, München 1990; Knut BORCHARDT, Trend, Zyklus, Strukturbrüche, Zufälle: Was bestimmt die deutsche Wirtschaftsgeschichte des 20. Jahrhunderts?, in: DERS., Wachstum, Krisen, Handlungsspielräume der Wirtschaftspolitik, Göttingen 1982. Eine knappe Zusammenfassung der unterschiedlichen Interpretationen liefert Rolf WALTER, Wirtschaftsgeschichte. Vom Merkantilismus bis zur Gegenwart, Köln u. a. 1995, S. 194–236.

pirischer Sicht – das hohe Einkommenswachstum zwischen 1950 und 1970 tatsächlich zu erklären[30]!

Für Gerold Ambrosius weist das bundesdeutsche Wirtschaftswunder die Züge einer »konservativen Modernisierung« auf. Die Führungsbranchen der industriellen Modernisierung der Bundesrepublik seien im wesentlichen die gleichen wie die der »zweiten industriellen Revolution« Ende des 19./Anfang des 20. Jahrhunderts gewesen: Chemieindustrie, Maschinen- und Fahrzeugbau sowie die Elektroindustrie. Lediglich das Tempo des industriellen Strukturwandels (Abbau des primären, Stärkung des sekundären Sektors) sei stark angestiegen. Insgesamt zeichne sich der bundesdeutsche Rekonstruktionsprozeß jedoch durch eine hohe strukturelle Invarianz aus. Als Ursache für diese strukturelle Inflexibilität sieht Ambrosius, »daß der Nachholbedarf der Deutschen die strukturellen Produktionsverluste der traditionellen Verbrauchsgüterindustrie abmilderte und damit die Positionsgewinne der expansiven Branchen bremste«[31].

Übereinstimmung herrscht bei den meisten Wirtschaftshistorikern und historisch argumentierenden Volkswirten darüber, daß das »deutsche Wirtschaftswunder« nicht das Resultat einer radikalen neo-liberalen Wirtschaftspolitik war, wie sie immer wieder vom »Vater des Wirtschaftswunders«, Bundeswirtschaftsminister Ludwig Erhard, propagiert wurde. Der deutsche Wiederaufbau weist deutliche ordnungspolitische Elemente auf, die Werner Abelshauser veranlassen, vom Modell einer »korporativen Marktwirtschaft« zu sprechen[32]. Das normative Leitbild der sozialen Marktwirtschaft, so Wolfgang Neumann und Henrik Uterwedde, habe nie mit der wirtschaftlichen und wirtschaftspolitischen Realität der Bundesrepublik übereingestimmt: »Unbestritten aber hat es eine erhebliche politische Wirkung entfaltet, die vor allem auf die überaus erfolgreiche Bewältigung der Wiederaufbauprobleme zurückzuführen ist und die wirtschaftspolitische Diskussion in der Bundesrepublik bis heute prägt«[33].

[30] BITTNER, Das westeuropäische Wirtschaftswachstum nach dem Zweiten Weltkrieg.

[31] Gerold AMBROSIUS, Wirtschaftlicher Strukturwandel und Technikentwicklung, in: SCHILDT, SYWOTTEK (Hg.), Modernisierung im Wiederaufbau, S. 111.

[32] ABELSHAUSER, Wirtschaftsgeschichte der Bundesrepublik Deutschland, S. 76f. »Strukturpolitische Interventionen, wie sie sich unter anderem im Investitionshilfegesetz niederschlugen«, so der Volkswirt Karl Georg Zinn, »beweisen, daß der deutsche Wiederaufbau keineswegs ohne Planung und Lenkung seitens des Staates gelaufen ist. Eine Entwicklung, die völlig den freien Marktkräften überlassen worden wäre, hätte wahrscheinlich weder den raschen Strukturwandel noch das starke Wachstum von Produktion und Beschäftigung in den 50er Jahren gewährleisten können«. Karl Georg ZINN, Soziale Marktwirtschaft. Idee, Entwicklung und Politik der bundesdeutschen Wirtschaftsordnung, Mannheim 1992, S. 76.

[33] Wolfgang NEUMANN, Henrik UTERWEDDE, Industriepolitik. Ein deutsch-französischer Vergleich, Leverkusen 1986, S. 42.

Daß sich die »Strukturbruchthese« auch aus akteurzentrierter Perspektive nicht halten läßt, zeigen neuere Studien im Bereich der Unternehmensgeschichte und Elite-Bildung[34]. So weist Hervé Joly in seiner soziologischen Untersuchung der Vorstandsmitglieder der 26 größten Industriekonzerne des Dritten Reiches nach, daß der Zusammenbruch 1945 zwar zu einer »außerordentlich großen Störung in den etablierten Positionen der Wirtschaft« geführt habe, daß die meisten Industriellen nach dem Ende der Entnazifizierung jedoch wieder auf ihre ursprünglichen Positionen zurückgekehrt seien[35]. Wenn es, so Christof Biggeleben in seiner Rezension des von Dieter Ziegler herausgegebenen Sammelbandes »Großbürger und Unternehmer. Die deutsche Wirtschaftselite im 20. Jahrhundert«, nach 1918, 1933 und 1945 überhaupt zu einem Teilaustausch von Personen kam, dann »wiesen die Nachfolger in der Regel dieselben sozialen Merkmale (soziale Herkunft, Bildungsniveau etc.) auf wie ihre Vorgänger«[36]. Die personellen Kontinuitäten wirtschaftlicher Eliten nach 1945 tragen demnach ebenfalls zur Falsifikation der »Strukturbruchthese« bei.

Wie kommt es, so muß man sich nach den wirtschaftshistorischen Forschungsergebnissen fragen, daß die Vorstellung eines bundesdeutschen Wirtschaftswunders dennoch eine solche ideengeschichtliche Wirkungsmacht entfalten konnte? Um diese Frage zu beantworten, bedarf es des ›Seitenwechsels‹ der historischen Betrachtung: Nicht die Produktionsstrukturen stehen dabei im Vordergrund des Interesses, sondern die Konsumstrukturen. Will man das Phänomen des »Wirtschaftswunders« begreifen, muß man sich verstärkt dem zweiten Substantiv des Kompositums zuwenden. Es waren die Konsumenten, welche »Wundersames« in der Veränderung ihres alltäglichen Kaufumfeldes zu erkennen glaubten, als – ausgelöst durch Währungsreform und Korea-Boom – die lange ersehnten Konsumgüter die Warenhäuser füllten. Es ist das Merkmal der dritten Phase wirtschaftshistorischer Studien, sich verstärkt den psychologischen Faktoren der »Konsumgüter-Revolution« in der Bundesrepublik zugewendet zu haben. Überzeugend ist der Ansatz von Volkswirt Karl Georg Zinn, der das Phänomen des »Wirtschaftswunders« durch die Historisierung der Wahrnehmung zu erklären versucht:

[34] Siehe Paul Erker, Toni Pierenkemper (Hg.), Deutsche Unternehmer zwischen Kriegswirtschaft und Wiederaufbau. Studien zur Erfahrungsbildung von Industrie-Eliten, München 1999, sowie Hervé Joly, Patrons d'Allemagne: sociologie d'une élite industrielle 1933–1989, Paris 1996. Beispielhaft demonstriert wird dieser neue Ansatz in der Dissertation von Bernhard Lorentz, Industrieelite und Wirtschaftspolitik 1928–1950. Heinrich Dräger und das Drägerwerk, Paderborn 2001.

[35] Hervé Joly, Großunternehmer in Deutschland: Soziologie einer industriellen Elite (1933–1989), Leipzig 1998.

[36] Christof Biggeleben, Rezension des Buches von Dieter Ziegler (Hg.), Großbürger und Unternehmer. Die deutsche Wirtschaftselite im 20. Jahrhundert, Göttingen 2000, in: www.h-soz-u-kult.de/rezensionen.htm

Für die Generation, die die zerstörten deutschen Städte wiederaufbaute, die Verkehrswege erneuerte und die gleichzeitig noch einen Anstieg ihres Konsumniveaus erlebte, konnte das alles ›wie ein Wunder‹ erscheinen, auch wenn es der eigenen Arbeit zu verdanken war. Integration der Heimatvertriebenen, Beschäftigungswachstum bis zum Erreichen der Vollbeschäftigung 1960 (Arbeitslosenquote 0,6%), das bereits erwähnte Wohnungsbauvolumen von über 350 000 fertiggestellten Einheiten pro Jahr (Jahresdurchschnitt von 1949–1967), wovon knapp die Hälfte auf den staatlich geförderten Wohnungsbau verfiel, eine Verdreifachung des realen privaten Konsums zwischen 1950 und 1967 bei einem Anstieg der durchschnittlichen Wochenverdienste des Industriearbeiters um 242% zwischen 1950 und 1967 bildeten die materiellen Faktoren der Wahrnehmung eines ›Wirtschaftswunders‹[37].

Robert Frank geht in seiner Deutung des deutschen Wirtschaftswunders aus mentalitätshistorischer Perspektive noch einen Schritt weiter, wenn er es als die bundesdeutsche Antwort auf die Krise nationaler Identität deutet. Die »Flucht« in den materiellen Wiederaufbau Deutschlands habe sich als erfolgreiche Strategie zur Überwindung des »Stunde-Null-Syndroms« erwiesen[38]. Auch Joachim Radkau deutet die Konzentration auf den Wiederaufbau in ähnlicher Weise als eine Art Vergangenheitsbewältigung, die unter anderem vom »Kult der Technik« heilen sollte[39]. Radkau überträgt in diesem Sinne Werner Sombarts These der Industrialisierung Deutschlands im 19. Jahrhundert auf die Nachkriegszeit: Es sei in erster Linie Anpassungsfähigkeit gewesen, durch welche die Deutschen die Stellung am Weltmarkt erobert hätten[40]. Damit spricht Radkau ein Thema an, daß besonders für den Vergleich der deutsch-französischen Modernisierungswege nach 1945 bedeutend ist: Die Frage, ob es eine gezielte Politik der Modernisierung gegeben hat oder nicht? Wie Radkau sind auch Uterwedde und Neumann sowie Peters der Meinung, daß eine Industrie- oder Strukturpolitik im Konzept der »sozialen Marktwirtschaft« keinen Platz hatte[41]. Daß dies in Frankreich gänzlich anders aussah, wird im Laufe der Darstellung deutlich werden.

37 ZINN, Soziale Marktwirtschaft, S. 76f.

38 Robert FRANK, Mentalitäten, Vorstellungen und internationale Beziehungen, in: Wilfried LOTH, Jürgen OSTERHAMMEL (Hg.), Internationale Geschichte. Themen, Ergebnisse, Aussichten, München 2000, S. 179.

39 Damit wehrt sich Radkau gegen die weitverbreitete Interpretation des Nationalsozialismus als »antimodernistische« Strömung. Der Kult der Technik sei in der DDR viel charakteristischer als in der Bundesrepublik gewesen. Erst mit der Kernenergie und dem Sputnik-Schock habe eine neue Begeisterung für Technik in der BRD eingesetzt. Joachim RADKAU, Nationalsozialismus und Modernisierung, in: Hans-Ulrich WEHLER (Hg.), Scheidewege der deutschen Geschichte. Von der Reformation bis zur Wende 1617–1989, München 1995, S. 183–197.

40 »Weil wir keinen Staat hatten, der uns mit Stolz zu erfüllen vermocht hätte […] lernten wir Demut und Bescheidenheit, waren ohne Mühe bereit, die eigene Art den Bedürfnissen anderer anzupassen«, so Werner Sombart in seiner Studie »Die deutsche Volkswirtschaft im 19. Jahrhundert«. Zitiert nach RADKAU, »Wirtschaftswunder« ohne technologische Innovation?, S. 135.

41 NEUMANN, UTERWEDDE, Industriepolitik, S. 42; »Das wirtschaftspolitische Leitbild der Bundesregierungen bis etwa Mitte der fünfziger Jahre war ausschließlich ordnungspolitisch bestimmt.« Erst Ende der sechziger Jahre sei es zur Einfügung strukturpolitischer Elemente in die

Axel Schildt und Arnold Sywottek haben die für die bundesdeutsche Geschichte der fünfziger Jahre charakteristische ambivalente Situation von Wiederaufbau und Modernisierung treffend als »konservative Modernisierung« oder »Modernisierung im Wiederaufbau« beschrieben[42]. Obwohl die Rekonstruktion der Wirtschaft auf den klassischen industriellen Sektoren fußte, kam es seit Beginn der 50er Jahre zu einer enormen Steigerung des privaten Konsums, die in den Anfangsjahren der Bundesrepublik unter anderem durch eine staatlich festgelegte Preispolitik gefördert wurde. Entgegen des Leitbildes der Erhardschen Konsumpolitik (»so viel Freiheit wie möglich, so wenig Regulierung wie nötig«), war die Konsumfreiheit zu Beginn der fünfziger Jahre stark eingeschränkt. Harm Schröter behauptet gar:

> Wenn alle Sektoren zusammengenommen werden, in denen Behörden direkt und indirekt die Preise ganz oder teilweise gestalten, so muß festgestellt werden, daß der Konsument zu Beginn der 50er Jahre fast ausschließlich auf regulierte Preise traf. Je direkter die entsprechenden Waren und Dienstleistungen zu den unmittelbaren Lebensnotwendigkeiten gehörten, desto stärker und länger blieben die entsprechenden Preise und Qualitäten vorgeschrieben[43].

Die Festlegung bestimmter Preise für öffentliche Verkehrsmittel (Bundesbahn, öffentlicher Nahverkehr), den Nachrichtensektor (Telefon, Post, Rundfunk), öffentliche Ver- und Entsorgungsbetriebe (Gas, Wasser, Elektrizität, Müll) sowie zahlreicher Nahrungsmittel (z.B. »Konsumbrot«) erzeugte aber beim Verbraucher nicht den Eindruck, daß die Regulierung zu seinen Ungunsten stattfände. Was oftmals als verbraucherfreundlich galt, so Harm Schröter, entpuppt sich bei näherem Hinsehen als »krasser Fall von ausgenutzter Produzentensouveränität«. Besonders deutlich sei dies im Falle der Energieversorger zu beobachten, die zum Teil »exorbitante Monopolprofite« erwirtschaftet hätten[44].

Trotzdem, und hier soll wieder die Wahrnehmungsperspektive des »kleinen Mannes« eingenommen werden, erlebten viele Bundesbürger die fünfziger und vor allem die sechziger Jahre als eine Phase rasant ansteigenden Konsums und damit der Verbesserung ihres Lebensstils. Typisch für die Entwicklung des privaten Konsums war dabei, daß der Anteil der Ausgaben für Nahrungs- und Genußmittel sowie Kleidung ständig gesunken ist, während jener für Wohnungsmiete, langlebige Konsumgüter (Radio- und Fernsehgerä-

wirtschaftspolitische Konzeption der Bundesregierung gekommen, da die reine Nachholphase beendet war. Hans-Rudolf PETERS, Grundlagen der Mesoökonomie und Strukturpolitik, Bern, Stuttgart 1981, S. 394f.

42 SCHILDT, SYWOTTEK (Hg.), Modernisierung im Wiederaufbau.

43 Harm G. SCHRÖTER, Konsumpolitik und »soziale Marktwirtschaft«. Die Koexistenz liberalisierter und regulierter Verbrauchsgütermärkte in der Bundesrepublik der 1950er Jahre, in: Hartmut BERGHOFF (Hg.), Konsumpolitik. Die Regulierung des privaten Verbrauchs im 20. Jahrhundert, Göttingen 1999, S. 116.

44 Ibid. S. 115f.

te, Waschmaschine, Kühlschrank) ständig gestiegen ist. Auch die Ausgaben für Verkehr (v.a. Autos) und Nachrichtenübermittlung (v.a. Telefon) haben sich in der Zeitspanne von 1950 bis 1970 fast verdreifacht.

Auch aus technikhistorischer Perspektive, so Joachim Radkau, weisen die fünfziger und sechziger Jahre mit der Durchsetzung der »fordistischen Leitprodukte« Automobil, Fernsehgerät, Waschmaschine und Kühlschrank während der Konsumgüter-Revolution »markante Epochenmerkmale« auf. Damit widerspricht Radkau der verbreiteten Auffassung, daß die Aufbauzeit der Bundesrepublik aus technikhistorischer Sicht »ein strukturloser weißer Fleck« gewesen sei und verweist auf die Unzulänglichkeiten des herkömmlichen technikhistorischen Zugriffs:

> Es zeigt beispielhaft die Grenzen einer allzu stark auf Basisinnovationen, auf technische Pionierleistungen, auf spektakuläre Superlative und auf ein enges Spektrum ›neuer Technologien‹ konzentrierten Betrachtungsweise, und es zeigt die Folgen der Vernachlässigung trivialer und konventioneller Technik, der Technik-Anwendung, der Herausbildung eines breiten technischen Durchschnittsniveaus, der Veralltäglichung technischer Produkte, der Integration neuer Technologien in organisatorische Strukturen und Arbeitsgewohnheiten und der Anpassung technischer Innovation an Marktbedingungen und Konsumentenpräferenzen. [...] Aus der westdeutschen wie aus der japanischen Erfolgsgeschichte der Nachkriegszeit kann man lernen, daß es nicht auf die aufsehenerregenden technischen Großprojekte, nicht auf Erdsatelliten und Riesenkraftwerke ankommt, und daß es oft nicht einmal nützlich ist, bei teuren Spitzentechniken unbedingt der Erste zu sein, sondern daß Arbeitsmoral, ein nüchtern-pragmatischer Umgang mit Technik und die kreative Anpassung der Produktion an den Bedarf viel wichtiger sind[45].

So nachvollziehbar dieses Plädoyer Radkaus für eine generelle Erweiterung der technikhistorischen Betrachtungsweise in Richtung alltags- und mentalitätshistorischer Fragestellungen ist, zeigt das Beispiel der PAL-SECAM-Kontroverse, daß die symbolische Bedeutung, welche die »technischen Pionierleistungen« im Modernisierungsprozeß gespielt haben, nicht unterschätzt werden darf. Weniger aus immanent technikwissenschaftlicher Perspektive, sondern aus mentalitätshistorischer Perspektive: Gerade das französische Beispiel zeigt, daß »technologischen Meisterleistungen« (Stichwort »champion national«) eine zentrale Stellung im französischen Modernitätsdiskurs zukam. Aus diskursanalytischer Sicht lohnt die Beschäftigung mit diesen Superlativen daher allemal, wie neuere Arbeiten deutlich unter Beweis gestellt haben[46].

[45] Radkau, Wirtschaftswunder ohne technologische Innovation?, in: Schildt, Sywottek (Hg.), Modernisierung im Wiederaufbau, S. 130.

[46] Siehe hierzu Kapitel 3.2.2.1. Technologische Großprojekte und »champions nationaux«.

3.2.1. Die elektrotechnische Industrie als »Leitsektor« der Konsumgüterrevolution

Folgt man der These von Volker Wittke, nahmen die elektrotechnischen Konsumgüter eine Leitfunktion in der Konsumgüterrevolution ein. Auch wenn die Durchsetzung dieser Konsumgüter, wie gesehen, mit fast dreißigjährigem Rückstand auf die USA erfolgte – erst 1955 erreichte das Pro-Kopf-Einkommen in der Bundesrepublik das Niveau, welches in den USA zu Anfang der 1930er Jahre herrschte – so stieg der private Verbrauch langfristiger Konsumgüter in der Bundesrepublik zwischen 1954 und 1964 um das 2,5fache. Im selben Zeitraum wuchsen jedoch Nachfrage und Absatz im Bereich elektrotechnischer Konsumgüter um das 8,5fache[47]! Damit nehmen elektrotechnische Konsumgüter innerhalb der verschiedenen »Wellen« des Konsums eine zentrale Rolle ein, zumal die Herstellung dieser Konsumgüter eine hohe Produktions- und Arbeitsteilung forderten[48]. Die Durchsetzung des fordistischen Modells der Massenproduktion und das Aufkommen des Massenkonsums gingen im Bereich der elektrotechnischen Konsumgüter jedoch keineswegs Hand in Hand. Die eigentlichen Vorreiter der Konsumgüterproduktion in der Elektroindustrie waren Branchenneulinge:

> Bei Radios und bei Hausgeräten stellten die Startphasen massenhafter Verbreitung der neuen Produkte jeweils Zeiträume dar, in denen zahlreiche Neueinsteiger mit ausgesprochen vielfältigen Produktideen und Konzeptionen in den noch wenig konkurrierenden Märkten auftauchten. Ob Radio, Kühlschrank oder Waschmaschine: vor allem Newcomer waren es, die der aufkeimenden Nachfrage mit den verschiedensten Formen technischer Umsetzung der Funktionsprinzipien Nahrung boten[49].

In diesem Punkt unterscheidet sich die erste von der zweiten Konsumgüterrevolution: Während es in der Durchsetzungsphase der Starkstromtechnik als Voraussetzung der generellen Elektrifizierung wenige Unternehmen waren, die als »global player« in der Lage waren, die hohen Investitionsleistungen aufzubringen, bildeten sich in der zweiten Phase jeweils einheimische Konsumgüter-Industrien aus:

> Aus der Perspektive der Branchenentwicklung betrachtet war demnach der jeweilige Ablauf der Konsumgüter-Revolution in den einzelnen Ländern ausschlaggebend dafür, wann und in welchem Umfang sich der Schwerpunkt der Elektroindustrie von der Investitions- auf die Konsumgüterproduktion verlagerte. Und weil von der Konsumgüterproduktion in diesem Zeitraum die

47 Wittke, Wie entstand industrielle Massenproduktion?, S. 92.

48 Gerold Ambrosius macht zahlreiche solcher »Nachfragewellen« aus: Eßwelle, Bekleidungswelle, Wohnungs- und Einrichtungswelle, Autowelle und schließlich die Reisewelle folgten einander in kurzen Abständen. Sie alle sind ein Zeichen dafür, daß der private Verbrauch der mit Abstand dominierende Nachfrageblock war. Gerold Ambrosius, Wirtschaftlicher Strukturwandel und Technikentwicklung, in: Schildt, Sywottek (Hg.), Modernisierung im Wiederaufbau, S. 113.

49 Wittke, Wie entstand industrielle Massenproduktion?, S. 109.

größte Wachstumsdynamik ausging, entwickelten sich die Elektroindustrien dort besonders expansiv, wo dieser Strukturwandel früh einsetzte. Kurz gesagt: die nationalen Entwicklungsmuster der Konsumgüter-Revolution schlugen sich in national variierenden Industrialisierungsverläufen nieder[50].

Sicherlich bildete das Radiogeschäft die Grundlage für den Wiederaufbau der elektronischen Konsumgüterproduktion. Neben den alten Branchenriesen Siemens, AEG, Philips sowie dem neuen Star Grundig waren es Firmen wie Telefunken, Saba, Loewe-Opta, Nordmende, Kuba-Imperial, Braun, Graetz, Schaub-Lorentz, Blaupunkt, Akkord-Radio Metz oder Tonfunk, die der deutschen Rundfunkindustrie zu einem extrem dynamischen Wachstum verhalfen[51]. Besaßen die beiden Branchenriesen Siemens und AEG auf dem Höhepunkt der Starkstrom-Ära vor dem Ersten Weltkrieg einen Anteil an der Gesamtproduktion der deutschen Elektroindustrie von 65%, sackte dieser Anteil im Zuge der Konsumgüterrevolution auf rund 31% im Jahre 1960[52]. Diese Verschiebung ist nicht nur ein Indiz für die enorme Steigerung des Konsumgütersektors in der gesamten elektrotechnischen Industrie, sondern auch ein Hinweis dafür, daß eine der Stärken der Universalhersteller – die hohe vertikale Integration und der breite »scope« – für das erfolgreiche Agieren auf dem Konsumgütermarkt zum Nachteil werden konnte.

Im Vergleich zu den Universalherstellern handelte es sich bei den kleineren und mittleren Rundfunkgerätefirmen um »Spezialisten«, die sich untereinander durch abweichende Fabrikationsprogramme unterschieden[53]. Die meisten Firmen konzentrierten sich auf die Endmontage sowie auf das Design der Geräte, waren aber beim Kauf der zentralen Bausteine des Empfängers (vor allem Elektronenröhren und später Transistoren) wieder auf die ›Großen‹ angewiesen. In diesem Sinne profitierten sowohl die alten Monopolisten im Röhrengeschäft (Telefunken, Siemens, Valvo, Philips) als auch die kleineren Spezialhersteller vom Boom in der Konsumgüterrevolution. Allerdings setzte sich bei den Universalherstellern die Erkenntnis, sich aus dem Konsumgütergeschäft besser zurückzuziehen und sich auf die klassischen Geschäftsfelder zu konzentrieren, nur sehr langsam durch. Trotz des Versuchs, die Spagatsituation zwischen Anlagen- und Verkaufsgeschäft durch die Gründung spezialisierter Tochtergesellschaften zu lösen, sind sowohl Siemens als auch AEG an dieser Aufgabe gescheitert[54]. Wittke ist der Meinung,

50 Ibid. S. 96.

51 1955 gab es 36 westdeutsche Firmen, die Radiogeräte herstellten, Fernsehempfänger wurden von 21 Firmen produziert. 1954 näherte sich die Zahl der Radiogeräteproduktion in der Bundesrepublik der 3-Millionen-Grenze. Konkret bedeutet dies, daß 1955 rund 75% der westdeutschen Haushalte mit einem Radiogerät ausgestattet waren. Siehe Fickers, »Der Transistor«, S. 30f.

52 Wittke, Wie entstand industrielle Massenproduktion?, S. 117f.

53 Fickers, »Der Transistor«, S. 30f.

54 Siemens hatte 1957 die »Siemens-Electrogeräte GmbH« gegründet. Für die Hausgeräteproduktion wurde 1966 zusammen mit Bosch die »Bosch-Siemens-Hausgeräte GmbH« gegründet.

daß die AEG nicht zuletzt daran zugrunde gegangen ist, daß man sich zwischen Großunternehmen »alten« und »neuen« Typs nicht habe entscheiden können[55].

Die mittelständischen Rundfunkunternehmen konnten in den fünfziger und sechziger Jahren dagegen ihre Position auf dem nationalen wie internationalen Markt immer weiter ausbauen. Dabei kamen den deutschen Herstellern drei Faktoren zugute: Zum ersten die bereits seit Ende der zwanziger Jahre existierenden Produktionsstrukturen und Fertigungserfahrungen, die im Sinne der Rekonstruktionsthese zu einem schnellen Wiederaufbau der Rundfunkindustrie führten. Zum zweiten der hohe Grad an Vertrautheit mit dem Medium Rundfunk, das bereits in den dreißiger Jahren zum neuen Leitmedium im massenmedialen Ensemble aufstieg und von den Nationalsozialisten konsequent propagiert worden war. Zum dritten die durch politische Ausgrenzung erzwungene frühe Umstellung des Senderbetriebs auf den UKW-Rundfunk.

Vor allem dieser dritte Faktor wurde für die deutsche Rundfunkindustrie zum entscheidenden Marktvorteil, als sich die Technik des UKW-Rundfunks Ende der fünfziger Jahre international durchsetzte. Waren die Deutschen durch die diskriminierende Verteilung der Mittelwellenfrequenzen auf der Kopenhagener Wellenkonferenz des Jahres 1948 gezwungen worden, nach einer technischen Alternative zum Mittelwellenrundfunk zu suchen, stellte dies für die anderen europäischen Staaten unmittelbar keine Notwendigkeit dar, da ein flächendeckender Rundfunkbetrieb auf den ihnen zur Verfügung stehenden Mittel- und Langwellen möglich war[56]. Dieser Nachteil für Deutschland, der im politisierten Technikerjargon des Kalten Krieges als »Wellendemontage« bezeichnet wurde, sollte sich aus wirtschaftstheoretischer Perspektive als »first-mover«-Vorteil herausstellen. Mit einigen Jahren Vorsprung im Bereich der Fertigungstechnik und im Marketing gelang es der deutschen Rundfunkindustrie, binnen kurzem eine marktführende Position im europäischen Ausland zu erlangen. Innerhalb von vier Jahren von 1951 bis

Siehe hierzu Bernhard PLETTNER, Abenteuer Elektrotechnik. Siemens und die Entwicklung der Elektrotechnik seit 1945, München 1994, sowie Wilfried FELDENKIRCHEN, Siemens 1918–1945, München 1995.

55 WITTKE, Wie entstand industrielle Massenproduktion?, S. 121. Diese Sicht wird indirekt auch vom ehemaligen Vorstandsvorsitzenden von Telefunken, Dr. Felix Herriger, bestätigt, der sich in einem Interview mit dem Autor in ähnlicher Weise äußerte. Wittke argumentiert, daß sich die AEG nach der Fusion mit Telefunken gerade in jenem Augenblick zum »global player« der Konsumgüterproduktion emporschwingen wollte, als die zweite Konsumgüterrevolution in ihre Endphase trat (Ende der sechziger/Anfang siebziger Jahre). Erreichen wollte man diese Stellung vor allem durch die Übernahme mittlerer Spezialunternehmen. Zwischen 1965 und 1973 wurden insgesamt acht Hausgerätehersteller von AEG-Telefunken übernommen, so unter anderem die Linde AG, Neff, Zanker, BBC und Küppersbusch.

56 FICKERS, »Der Transistor«, S. 9f.

1954 vervierfachte sich die Empfängerausfuhr auf jährlich 867 000 Radiogeräte.

Die »Welle der Freude«, so wurde der UKW-Rundfunk in der Bundesrepublik wegen der erheblich besseren Tonqualität genannt, schwappte unerwartet schnell in die anderen europäischen Länder über, so daß das Rundfunkexportgeschäft bereits 1955 als »bedeutender stabilisierender Faktor der gesamten Radiowirtschaft« bezeichnet werden konnte. In einem Artikel der Fachzeitschrift »Funkschau« des Jahres 1955 heißt es hierzu: »Die deutsche Rundfunkindustrie kann daher wohl für sich in Anspruch nehmen, in Europa die Wegbereiterin der guten Tonwiedergabe gewesen zu sein. Namhafte deutsche Firmen [...] haben dazu beigetragen, den Gedanken des ›guten Tons‹ in Europa volkstümlich und darüber hinaus Deutschland zum größten Rundfunkgeräte-Exporteur der Welt zu machen«[57]. Das »symbolische Kapital«, das sich Rundfunkgeräte »Made in Germany« in dieser Zeit erarbeitet haben, ist teilweise bis heute spürbar[58].

Obschon man Mitte der fünfziger Jahre auch in der Bundesrepublik Deutschland noch weit von einem ersten Sättigungsgrad im Bereich der Radioempfänger entfernt war, kündigte sich mit dem Fernsehgeschäft ein weiterer Boom in der Rundfunkindustrie an. Obwohl noch in den Kinderschuhen, stieg die Fernsehgeräteproduktion innerhalb eines Jahres um 200% von 52 583 Empfängern im Jahr 1953 auf 147 583 im Jahr 1954[59]. Noch deutli-

[57] Fischer, Schmitz, Betrachtungen über den Rundfunkgeräte-Export, in: Funkschau 8 (1955) S. 157.

[58] Dies wurde auf einer Tagung zum Thema »Radio in Afrika« deutlich. Dort berichteten zahlreiche Seminarteilnehmer aus afrikanischen Ländern, daß heute noch jeder, der etwas auf sich halte, ein »Grundig«- oder ein »Telefunken«-Gerät besitzen müsse! Daß das Innenleben dieser Geräte heute in asiatischen Ländern gefertigt und zusammengebaut wird, interessiert in diesem Zusammenhang nicht. Es ist der Name, der zählt – »ein Grundig muß es sein«. Siehe hierzu Andreas Fickers, Transistorradio in Afrika: Geschichte, Politik und Technik, in: DGB-Bildungswerk (Hg.), Radio. Kommunikation in Afrika, Düsseldorf 2002, S. 36–41, sowie Richard Fardon, Graham Furniss (Hg.), African Broadcast Cultures. Radio in Transition, Oxford u. a. 2000. Der Export der »Welle der Freude«-Empfänger wurde für viele ausländische Radiohersteller zur »Welle der Pleite«. Am Beispiel der Schweiz lässt sich zeigen, wie massiv die westdeutsche Rundfunkindustrie in ausländische Märkte einbrach. Allein im Jahre 1956 mußten acht Schweizer Radiofirmen Konkurs anmelden. In der Neuen Zürcher Zeitung vom 5. Juni 1956 hieß es: »Ursache dieses großen ›Sterbens‹ ist vor allem die aggressive und anscheinend übermächtige Konkurrenz Westdeutschlands. Die deutsche Radioindustrie hat sich vor einigen Jahren anheischig gemacht, auf dem schweizerischen Radiomarkt wuchtig einzubrechen, und sie hatte dabei einen derartigen Erfolg, daß von einem eigentlichen Umbruch gesprochen werden muss. [...] Die westdeutsche Radioindustrie hat zahlreiche Märkte im Sturm genommen, und die Bundesrepublik hat sich in dieser Branche zum ersten Weltexporteur aufgeschwungen. Eine lange Reihe nationaler Produzenten ist dem vehementen Vorstoß erlegen und auf der Strecke geblieben«. N.N., Ein Wirtschaftswunder hat zwei Seiten!, in: Radio und Fernsehen 22 (1956) S. 669.

[59] Fickers, »Der Transistor«, S. 30.

cher wird der rasante Produktionsanstieg, wenn man sich die Zahlen bei Grundig anschaut:

Tabelle 3: Produktions-, Beschäftigungs- und Umsatzzahlen bei Grundig, aus: Egon FEIN, *Sieben Tage im Leben des Max Grundig, München 1983.*

	1953	1954	1955	1956	1957	1958	1959	1960
Radios inkl. Musikschränke	489.508			638.331	489.508	704.160		850.808
Fernseher	7.399	19.677	35.520	80.470	125.937	222.450	241.254	256.214
Beschäftigte	6.000	8.369	8.597			16.470	15.384	16.495
Umsatz (Mio. DM)		128	150			360	399	426

Der Geschäftsführer der Deutschen Philips GmbH, Kurt Hertenstein, beurteilte die günstige Lage der deutschen Rundfunkindustrie auch nach dem hohen technischen Leistungsstand bei gleichzeitig günstigem Preisniveau:

Die Rundfunk- und Fernsehindustrie ist die einzige Branche innerhalb der Konsumgüterindustrie, die heute noch ihre Erzeugnisse unter dem Preisniveau von 1938 anbietet, so daß man beim Kauf eines Rundfunkgerätes im Vergleich zu anderen Konsumgütern den höchsten Gegenwert erhält. Das ist ein Positivum, mit dem wohl kaum ein anderer Wirtschaftszweig in Deutschland aufwarten kann[60].

Die sechziger Jahre weisen für die gesamte Elektroindustrie in der Bundesrepublik eine exzeptionelle Wachstumsdynamik auf, mit einer jährlichen Zunahme der Produktion von durchschnittlich 18,5%. Diese Wachstumsrate ging, wie auch das Beispiel Grundig zeigt, mit einer starken Beschäftigungszunahme einher. Von 1950 bis 1960 stieg die Anzahl der in der westdeutschen Elektroindustrie beschäftigten Menschen von rund 300 000 auf 800 000 an. 1970 waren 1,1 Millionen Arbeitnehmer in der Elektroindustrie beschäftigt. Damit waren 1960 rund 10,1% aller in der Industrie tätigen Arbeitnehmer in der Elektroindustrie beschäftigt, und der Anteil an der industriellen Gesamtproduktion bzw. dem industriellen Gesamtumsatz lag bei 7,6%[61].

Ohne weiter auf wirtschaftshistorische Rahmendaten eingehen zu wollen, sollten diese Zahlen verdeutlichen, in welch dynamischem Sektor sich Anfang der 1960er Jahre derjenige Industriezweig befand, für den das Farbfernsehen eine weitere Etappe der wirtschaftlichen Expansion eröffnete. Aus diesem Grunde ist es wichtig, sich die zentralen Akteure und Institutionen, die

[60] Kurt HERTENSTEIN, Ein neues Rundfunk- und Fernsehjahr, in: Funk-Technik 13 (1955) S. 351.

[61] Zahlen aus WITTKE, Wie entstand industrielle Massenproduktion?, S. 132.

in der Bundesrepublik mit der strukturellen und technischen Durchsetzung des Farbfernsehens betraut waren, im folgenden Kapitel näher anzusehen.

3.2.2. Die »drei Säulen« der PAL-Durchsetzung in der Bundesrepublik Deutschland

Daß die Farbfernsehvorbereitungen im Bundesgebiet letztlich einen so kontinuierlichen und reibungslosen Verlauf nehmen – das steht im angenehmen Widerspruch zu der Entwicklung in einigen anderen europäischen Ländern – ist der guten Zusammenarbeit der drei ›Säulen‹ des Fernsehens zu danken: Rundfunkanstalten (für Studiotechnik, Sender des Ersten Programms und Programmvorbereitungen), Deutsche Bundespost (für Übertragungstechnik) und Rundfunk-Geräteindustrie[62].

Dieses Zitat des Funkschau-Chefredakteurs Karl Tetzner kann als Wegweiser der nun folgenden Darstellung der Institutionen und Akteure dienen, die an der Einführung des Farbfernsehens in der Bundesrepublik beteiligt waren. Wie am Beispiel der französischen 819-Zeilendiskussion gesehen, konnten unterschiedliche Vorstellungen und Strategien der an der Normdiskussion beteiligten Akteure (Rundfunkindustrie, Informationsministerium, Staatliche Rundfunkanstalt) dazu führen, daß die von allen Beteiligten geteilte Intention, nämlich die Förderung eines zukunftsweisenden industriellen Sektors, eher verhindert denn gefördert wurde. Die daraus resultierende europäische Isolation war nicht zuletzt das Resultat einer Kommunikationsverweigerung bzw. des bewußten Ausschlusses einer »Säule« im nationalen Diskurs – im französischen Fall des Ausschlusses des Verbandes der Elektroindustrie (FNIE).

Die Einführung des Farbfernsehens in der Bundesrepublik dagegen kann als gelungenes Beispiel des Aufbaus eines Informations- und Kommunikationsnetzwerkes gesehen werden. Zwar könnte man in diesem Netzwerk lediglich die logische organisatorische Folge der föderalen Struktur des Rundfunks in der Bundesrepublik sehen, doch geht die funktionale Organisation des Netzwerkes über diese bloße Notwendigkeit hinaus. Wie zu zeigen sein wird, können die unterschiedlichen Funktionseinheiten dieses Netzwerkes auch als das Resultat eines gezielten Spezialisierungsprozesses verstanden werden, in dem jede der »drei Säulen« strategisch agierte, um ihre jeweiligen Kompetenzen und Zuständigkeiten zu wahren oder auszubauen.

Am Falle Walter Bruchs als Repräsentant der Säule »Rundfunkindustrie« wird demonstriert, wie wichtig die Besetzung zentraler Knotenpunkte des Netzwerkes für die Durchsetzung eigener Strategien und – im Falle der Rundfunkindustrie – Verkaufsziele war. Nicht zuletzt bot die ständige Präsenz in Ausschüssen und Gremien einigen zentralen Akteuren die Möglich-

62 Tetzner, Die Farbe im Fernsehen, S. 117.

keit zur Profilierung und zur Anhäufung »symbolischen Kapitals«. Daß die »Ökonomie der Aufmerksamkeit«[63] auch monetäre Vorzüge mit sich brachte, darf sicherlich als zusätzliche Motivation für »unermüdliches Engagement« gedeutet werden.

3.2.2.1. Die technische Ausgangslage des westdeutschen Fernsehens

Noch während der Phase konkurrierender Vorstellungen der alliierten Besatzungsmächte über die zukünftige Gestaltung des Rundfunks in den drei Westzonen beschloß der Verwaltungsrat des Nordwestdeutschen Rundfunks (NWDR) mit Zustimmung der britischen Militärregierung im Jahre 1948, Vorbereitungen für den Wiederaufbau eines regelmäßigen Fernsehbetriebs zu treffen. Der NWDR mit Sitz in Hamburg bot personell und materiell die besten Bedingungen für den Wiederaufbau des Fernsehrundfunks und die Senderreichweite umfaßte zudem etwa die Hälfte der Bevölkerung in den drei Westzonen[64]. Am 27. November 1950 startete der NWDR ein Fernsehversuchsprogramm, bis zur offiziellen Eröffnung des regelmäßigen Programmbetriebs sollte es aber noch zwei Jahre dauern. In seiner Eröffnungsansprache am ersten Weihnachtstag 1952 faßte Fernsehintendant Werner Pleister seine Erwartungen an das neue Medium in folgende Worte:

> Wir versprechen Ihnen, uns zu bemühen, das neue, geheimnisvolle Fenster zu ihrer Wohnung, das Fenster in die Welt, Ihren Fernsehempfänger, mit dem zu erfüllen, was Sie interessiert, Sie erfreut und Ihr Leben schöner macht. Man hat das Fernsehen eine neue Form menschlicher Verständigung genannt. In der Tat: es kann dazu führen, daß die Menschen einander besser verstehen. Man hat auch die Befürchtung geäußert, das Fernsehen könne dem Menschen schaden, da es im Zuge der Technisierung der Schöpfung sein Leben weiter mechanisiert. Es kommt auf uns an, ob dieses technische Mittel schadet oder nützt.[65]

Auch wenn der weitere technische Ausbau des Fernsehrundfunks zu keinem Zeitpunkt ernsthaft in Frage gestellt wurde, macht dieses Zitat deutlich, wie ernst man den »öffentlich-rechtlichen« Auftrag des Fernsehrundfunks nahm.

[63] Siehe den anregenden Essay des Wiener Professors für Architektur Georg FRANCK, Ökonomie der Aufmerksamkeit: Ein Entwurf, München u. a. 1998.

[64] Zur Aufbauphase des NWDR-Fernsehens siehe HICKETHIER, Geschichte des deutschen Fernsehens, S. 66f. Zur technikhistorischen Dimension siehe die unveröffentlichte Magisterarbeit an der Universität Hamburg von Klaas KLAASSEN, Die Wiedereinführung des Fernsehens beim Nordwestdeutschen Rundfunk 1948–1955. Zur Beziehung von Fernsehtechnik und Programmgestaltung, Hamburg 1997. Ein ausführlicher institutionen- und programmgeschichtliche Überblick wurde zum sechzigjährigen Jubiläum des NWDR im Jahre 2005 veröffentlicht. Siehe Peter von RÜDEN, Hans Ulrich WAGNER,(Hg.), Die Geschichte des Nordwestdeutschen Rundfunks. Hamburg 2005

[65] HICKETHIER, Geschichte des deutschen Fernsehens, S. 76. Zum Fernsehen als neuen Tabernakel im Heim siehe John HARTLEY, The Uses of Television, London 1999, sowie Christina BARTZ, Spiegel und Zauberspiegel. Zur Beobachtung und Konstruktion des Fernsehens in der frühen Bundesrepublik, in: Irmela SCHNEIDER, Peter M. SPANGENBERG (Hg.), Medienkultur der 50er Jahre. Diskursgeschichte der Medien nach 1945, Bd. 1, S. 155–176.

Die kulturkritische Dimension des Zitats spiegelt jene Ambivalenz wieder, die man dem neuen Medium aus intellektuellen Kreisen entgegen brachte. Ähnlich wie Pleister äußerte sich auch der Generaldirektor des NWDR, Adolf Grimme. In bewußter Distanzierung von der am eigenen Leib erlebten Instrumentalisierung des Mediums Rundfunk unter den Nationalsozialisten erinnerte er 1953 an die Aufgaben, die nun auch dem Bild-Rundfunk zukämen. Das Fernsehen habe nur dann eine tiefere Bedeutung, so Grimme, »wenn der Mensch auf dem Umweg über das Sehen wieder zu sich selbst kommt«. An anderer Stelle heißt es: »Was früher der Kamin war, wie einst die Petroleumlampe den Familienkreis vereinte, das muß im deutschen Haus der Rundfunk werden: der Mittelpunkt der inneren Sammlung«[66].

Paßte der erste Teil des Satzes auch problemlos in die »Volksempfänger-Rhetorik« der Nationalsozialisten, schließt der Schlußteil an die »volkspädagogische« Mission des Rundfunks an, wie sie u.a. vom »Vater des deutschen Rundfunks« in den zwanziger Jahren, Staatssekretär Hans Bredow, immer wieder verlautbart worden war[67]. War der Radioempfänger Anfang der 1950er Jahre längst zum festen Bestandteil des häuslichen Inventars und der massenmedialen Umwelt geworden, sorgte der Fernsehrundfunk als bildmäßige Erweiterung der Nachrichtenüberlieferung für eine erneute Beschleunigung der Informationsübermittlung[68]. Alle, sowohl Kritiker wie Befürworter des Fernsehens, waren sich der Macht des Bildes bewußt.

Über die kulturhistorischen Folgen, welche diese neue Form massenmedialer Partizipation sowohl für den Einzelnen als auch für die Masse darstellte, wurde je nach politischem oder intellektuellem Lager heftig spekuliert. Die »Verschränkung von Öffentlichkeit und Privatheit«, die das »televisuelle Dabeisein«[69] schaffte, die scheinbare Auflösung von Nähe und Ferne, die durch die Live-Übertragung stattfand und den Zuschauer zum anonymen Teil »historischer Augenblicke« werden ließ – all dies macht die teilweise heftige

[66] HICKETHIER, Geschichte des deutschen Fernsehens, S. 66.

[67] Zu Bredow siehe Hans BAUSCH, Der Rundfunk im Kräftespiel der Weimarer Republik, 1923–1933, Tübingen 1956, sowie LERG, Rundfunkpolitik in der Weimarer Republik, und Hans BREDOW, Im Banne der Ätherwellen, Stuttgart 1956. Einen interessanten Vergleich der Mediendiskurse während der Einführungsphase des Radios und des Fernsehens in Deutschland bietet die Dissertation von Clas DAMANN, Stimme aus dem Äther – Fenster zur Welt. Die Anfänge von Radio und Fernsehen in Deutschland. Köln 2005.

[68] Zum Thema »audiovisuelle Revolution« siehe den anregende Essay von Siegfried ZIELINSKI, Audiovisionen. Kino und Fernsehen als Zwischenspiele der Geschichte, Reinbek bei Hamburg 1989.

[69] Die wahrnehmungstheoretischen Aspekte der »Herausforderung Fernsehen« werden in dem Aufsatz von Monika Bernold beispielhaft thematisiert. Dort heißt es: »Die Idee der Moderne, daß ein Ereignis erst nach dem Ablauf einer gewissen Zeit ›Geschichte‹ wird, daß die Zeit des Ereignisses und die seiner Repräsentation voneinander zu unterscheiden sind, wurde durch die Technologie des Fernsehens tendenziell in Frage gestellt«. BERNOLD, Fernsehen ist gestern, S. 12.

Diskussion um Sinn und Zweck des Fernsehens verständlich[70]. Der Medienwissenschaftler Knut Hickethier beschreibt dies aus der Perspektive des Fernsehzuschauers wie folgt:

> Man konnte ungehemmt auf das Angebot reagieren, mußte nicht bestimmten Kleidungs- und Verhaltensnormen gehorchen, konnte – so das populäre Bild vom fernsehsehenden Zuschauer – unrasiert, in Pantoffeln und im Hemd, mit einer Flasche Bier in der Hand, dem Präsidenten ins Auge sehen, sich eine Oper anschauen oder einer Sportveranstaltung folgen. Die Zuschauer (und vor allem die Zuschauerinnen) konnten audiovisuell teilhaben am Weltgeschehen – und zugleich ganz privat sein[71].

Die von Hickethier beschriebene Verschränkung von Privatheit und Öffentlichkeit zählt zweifellos zu den Phänomenen, die bei einer alltags- und mentalitätshistorischen Analyse des Fernsehens in den Mittelpunkt der Betrachtung gehörten, doch scheint seine »populäre« Beschreibung des Fernsehzuschauers eher eine unzulässige Übertragung heutiger Zustände in die Vergangenheit. Vieles deutet darauf hin, daß das »FernSehen« in den fünfziger und sechziger Jahren in relativ starre räumliche wie gesellschaftliche Strukturen eingebettet war, in denen geschlechtsspezifische und kulturelle Muster zum Ausdruck kamen[72]. Die Historisierung dieser Debatte wäre aber die Aufgabe einer rezeptionsgeschichtlichen Analyse des Mediums und seiner programmlichen Inhalte, die an dieser Stelle nicht geleistet werden will[73].

Wie bereits erwähnt, gestaltete sich der rasche technische Ausbau des Fernsehrundfunks in der jungen Bundesrepublik weitgehend ungestört von

[70] Siehe hierzu die Pionierarbeit des amerikanischen Literaturwissenschaftlers und »Vordenkers« der britischen Cultural Studies, Raymond Williams, der das Konzept der »mobilen Privatisierung« entwickelte. Williams interpretiert Mobilität und Privatisierung als die beiden zentralen Faktoren der Modernisierung im 20. Jahrhundert. Diese beiden Pole stellen ein »Gravitationsfeld« her, innerhalb dessen die Entwicklung des Fernsehens in seiner Verknüpfung mit gesellschaftlichen Einflüssen dargestellt werden kann. Williams war der erste, der das Paradox der zunehmenden Mobilisierung (also Enthäuslichung) bei gleichzeitig zunehmender Privatisierung (Häuslichkeit) als Phänomen der postmodernen Gesellschaft analysiert hat. Siehe Raymond WILLIAMS, Television. Technology and Cultural Form, New York 1975; DERS., Mobile Privatisierung, in: Das Argument (März/April 1984) S. 260–263.

[71] HICKETHIER, Geschichte des deutschen Fernsehens, S. 61.

[72] Vergleich etwa SCHILDT, Der Beginn des Fernsehzeitalters: Ein neues Massenmedium setzt sich durch, in: SCHILDT, SYWOTTEK (Hg.), Modernisierung im Wiederaufbau, S. 477–492.

[73] Gerade in der Frühzeit des Fernsehens (fünfziger Jahre) war das Fernsehschauen sehr häufig eine inszenierte und hochgradig ritualisierte Gemeinschaftsaktivität. Während der Besuch von Nachbarn und/oder Bekannten und Freunden die häufigste Form des kollektiven Fernseherlebnisses dargestellt haben dürfte, gab es auch regelrechte Fernsehclubs, in denen sich die Mitglieder regelmäßig zum gemeinsamen Fernsehen trafen. Siehe hierzu beispielsweise Marie-Françoise LÉVY, La création des télé-clubs. L'expérience de l'Aisne, in: DIES., La télévision dans la République. Les années 50, Paris 1999, S. 107–132. Die profundeste deutschsprachige rezeptionsgeschichtliche Analyse aus kulturhistorischer Perspektive bietet der Österreicher Thomas Steinmaurer in seinem Buch Tele-Visionen.

der kulturkritischen Diskussion um die gesellschaftlichen Aufgaben des neuen Mediums. Mit der Wiedererlangung der Souveränität im Jahre 1955 ging auch die Rundfunkhoheit auf die Bundesrepublik beziehungsweise die einzelnen Bundesländer über. Am 31. März 1955 trat der Staatsvertrag in Kraft, der die Auflösung des NWDR und die Schaffung des Westdeutschen (WDR) und des Norddeutschen (NDR) Rundfunks festlegte. Trotz der Zusammenfassung der öffentlich-rechtlichen Landesrundfunkanstalten unter das Dach der Arbeitsgemeinschaft der Rundfunkanstalten Deutschlands (ARD), die 1950 mit dem Zweck gegründet worden war, ein gemeinsames Handeln bei Verhandlungen mit Dritten (z.B. bei Urheberrechtsfragen) oder der Repräsentanz nach außen (z.B. in der EBU) zu ermöglichen, kam es in der Folge zu einer für die Fernsehentwicklung förderlichen Konkurrenz zwischen den verschiedenen Landesrundfunkanstalten. Federführend in der technischen Entwicklung des Fernsehens blieben aber weiterhin der NDR und der WDR, während sich ersterer eher auf die Senderentwicklung, der zweite eher auf die Studiotechnik konzentrierte[74]. Parallel zum Aufbau fernsehtechnischer Produktionsanlagen in den verschiedenen Landesrundfunkanstalten sorgte die Deutsche Bundespost für die Realisierung eines Fernseh-Übertragungsnetzes.

Auf der Stockholmer Wellenkonferenz des Jahres 1952 waren der Bundesrepublik zur Ausstrahlung des Ersten Fernsehprogramms zehn Kanäle in den Bändern I und III zugesprochen worden. Diese reichten jedoch nur zu einer 85%-Versorgung des Landes aus. Schon 1953 wurden dem NWDR von der CCIR auf Anfrage und zu Versuchszwecken fünf Kanäle in Band IV zugesprochen. Da sich die Wellen der Sender in den Bänder I und III im Ultrakurzwellenbereich annähernd so ausbreiten wie Licht, ist die Reichweite der Sender mit einer Leistung von 100 kW auf einen Radius von ca. 70 bis 100 km vom Sender beschränkt. Bei hohem Aufwand für die Empfangsantennen lassen sich maximale Reichweiten von 120 bis 180 km erzielen. Da die Versorgungsweite also ungefähr gleich der Sichtweite ist, war es besonders wichtig, geeignete Standorte für die jeweiligen Sender und Relaisstationen ausfindig zu machen. Im Stockholmer Wellenplan wurden zwar Sendeleistung und Frequenzen der Sender festgelegt, die Höhe der Masten blieb jedoch undefiniert.

Doch die Auswahl von Sendemaststandorten wurde neben technischen Gesichtspunkten auch von politischen Überlegungen beeinflußt. Dies wird besonders deutlich, wenn man sich die geopolitischen Realitäten Deutschlands Anfang der fünfziger Jahre vergegenwärtigt. Es fällt auf, daß die Installation von Sendemasten sowohl auf seiten der drei Westzonen als auch auf seiten der Sowjetzone immer in der Nähe der Zonengrenze realisiert wurde. In ei-

[74] Siehe Interview des Autors mit dem Leiter des Farbfernseh-Versuchsstudios beim WDR, Dr. Franz-Josef In der Smitten.

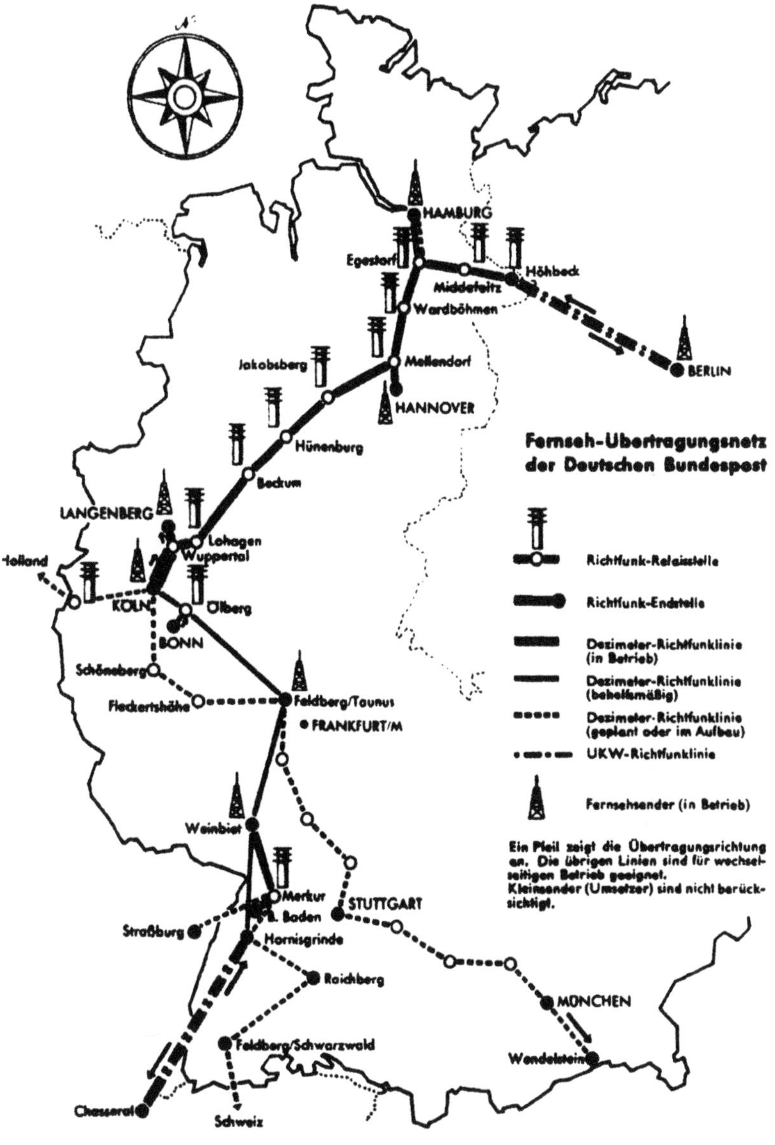

Abb. 11: Fernsehübertragungsnetz der DBP, aus: HICKETHIER, *Geschichte des deutschen Fernsehens, S. 78.*

nem Memorandum mit dem Titel »Zur gegenwärtigen technischen Situation des deutschen Rundfunks« vom November 1960 stellte der Technische Direktor des NDR, Dr. Hans Rindfleisch, fest:

Der Versorgungsbereich eines Senders reicht also noch sehr weit über den Horizont hinaus. An einer Reihe wichtiger Standorte wurden daher extrem hohe Masten errichtet, so z. B. ein 300 m-Mast in Hamburg und ein 250 m-Mast bei Torfhaus (Harz) in unmittelbarer Nähe der Zonengrenze. Diese für einen Bergsender ungewöhnliche Masthöhe wurde gewählt, um über den Brokken hinweg weit in das Gebiet der sowjetischen Zone wirken zu können. [...] Die Forderung nach einer möglichst weit in die SBZ reichende Wirkung war von Anfang an einer der maßgebenden Gesichtspunkte für die Planung der Fernsehsender in der Bundesrepublik[75].

Insgesamt waren acht Sender in der Bundesrepublik in den Wellenbändern I, III, IV und V darauf ausgerichtet, ihre Senderreichweite so weit wie möglich in die DDR auszudehnen[76]. Die DDR verfolgte dieselbe Politik. Von ihr aus strahlten die vier Band III-Sender Katzenstein, Inselsberg, Brocken und Schwerin sowie der Band IV-Sender in Dequede in Richtung Bundesrepublik. Hinzu kam der Sender Berlin-Ost, der selbstverständlich auch Westberlin abdeckte. Rindfleisch schätzte, daß etwa 60 bis 70% der Bevölkerung in der Sowjetzone das Erste Fernsehprogramm empfangen könnten, während in der Bundesrepublik etwa 30 bis 35% »im Wirkungsbereich der sowjetzonalen Fernsehsender« lebten[77]. Da mit zunehmender Wellenlänge auch deren Reichweite sinkt, kam Rindfleisch zu dem Urteil, daß für die zukünftigen Sender in den Bändern IV und V (Dezimeterwellen-Bereich) – also auch für den zukünftigen Sendebereich des Farbfernsehens – selbst bei größerer Senderleistung (500 bis 1000 kW) keine weitere Ausdehnung des Empfangsbereichs in der Sowjetzone zu erwarten sei:

Kein weiteres Fernsehsendernetz wird daher so weit in die Sowjetzone hineinreichen können wie das bereits bestehende Sendernetz für das Erste Fernsehprogramm in den Bändern I und III. Vergleicht man die bisher bekanntgewordenen Planungen der Bundespost mit denen der Rundfunkanstalten für je ein weiteres Sendernetz in Band IV/V, so ist festzustellen, daß das Sendernetz der ARD, die sich schon vor Jahren die besten Standorte auswählen konnte, eindeutig überlegen ist[78].

[75] Hans RINDFLEISCH: »Zur gegenwärtigen technischen Situation des deutschen Rundfunks«, Hamburg, 26. November 1960, in: Historisches Archiv des WDR, Signatur 05534, 10 maschinegeschriebene Seiten, hier S. 5f. und S. 8.

[76] Es handelte sich um die Senderstandorte Ochsenknopf (BR), Kreuzberg (BR), Hoher Meissner (HR), Harz West (NDR) und Hamburg (NDR). In den Bändern IV und V kamen Bungsberg (NDR) und Dannenberg (NDR) hinzu. Natürlich muß hier auch der Sender des SFB hinzu gerechnet werden, der naturgemäß den besten Wirkungsbereich hatte.

[77] RINDFLEISCH, »Zur gegenwärtigen technischen Situation des deutschen Rundfunks«, Hamburg, 26. November 1960, in: Historisches Archiv des WDR, Signatur 05534, 10 maschinegeschriebene Seiten, hier S. 9.

[78] Ibid. S. 10. Sicherlich spielt Rindfleisch in seinem letzten Satz auf die Planungen zur Gründung des Zweiten Deutschen Fernsehens (ZDF) an, nachdem Bundesinnenminister Gerhard Schröder am 3. Juni 1959 ein Bundesrundfunkgesetz angekündigt hatte, das den Aufbau eines zweiten Fernsehprogramms auf bundesstaatlicher Ebene regeln sollte. Bis zur Unterzeichnung des Staatsvertrags zur Gründung des ZDF durch die Ministerpräsidenten der bundesdeutschen Länder sollten aber noch zwei Jahre vergehen (6.6.1961).

Bis Ende 1958 war der Ausbau des westdeutschen Sendernetzes weitgehend abgeschlossen. 1960 existierten in der Bundesrepublik 31 Fernsehsender und über 200 Umsetzer (automatisch arbeitende Kleinsender), davon arbeiteten 13 Sender bereits in den Bändern IV und V, um die aus dem Stockholmer Wellenplan übriggebliebenen Versorgungslücken zu schließen. Nachdem auf der IX. Vollversammlung der CCIR in Los Angeles 1959 die Weichen für die Harmonisierung der Zeilennorm für den Fernsehrundfunk in den Bändern IV und V gestellt worden waren (625 Zeilen), machte man sich auch in der Bundesrepublik daran, einen neuen Frequenzplan für den Fernsehbetrieb auszuarbeiten. Die Übertragung der Entscheidungen von Los Angeles auf die BRD ergab, daß die 40 Kanäle, die nunmehr in den Bändern IV und V zur Verfügung standen, ausreichten, um die vollständige Versorgung der BRD mit zwei weiteren Fernsehprogrammen sowie der Schließung der Versorgungslücken des Ersten Programms sicherzustellen.

Waren damit die Weichen für den weiteren Ausbau des Fernsehrundfunks in der Bundesrepublik aus frequenzplanerischer Sicht gestellt, rückte nun auch für die Landesrundfunkanstalten ein bislang marginales Thema in den Vordergrund: das Thema Farbfernsehen. Zwar besaß der Ausbau des s/w-Programms im Rahmen des Gründung des ZDF sowie der »Dritten Programme« weiterhin oberste Priorität, doch sorgten die internationale Diskussion um die zukünftige europäische Farbfernsehnorm sowie die praktische Einführung des Farbfernsehens in den USA und Japan zunehmend für Aufmerksamkeit. In einem Brief vom 19. Juni 1961 an den Intendanten des WDR, Klaus von Bismarck, brachte der Staatssekretär im Nordrhein-Westfälischen Ministerium für Wirtschaft und Verkehr, Prof. Leo Brandt, seine Überlegungen diesbezüglich wie folgt zum Ausdruck:

> Die Notwendigkeit, das Schwarz-Weiß-Fernsehen mit seinem 1., 2. und 3. Programm in Deutschland auszubauen, würde vielleicht nahelegen, die Arbeit auf diesem Gebiet [des Farbfernsehens, A.d.V.] terminlich nicht so sehr zu forcieren. Andererseits sind die Nachrichten aus den USA, England, UdSSR und Ostdeutschland doch so eindeutig, daß man mit einer baldigen breiten Einführung des Farbfernsehens in diesen Ländern rechnen muß, und deshalb der Wunsch begründet erscheint, daß auch in Deutschland eine Initiative in nicht zu ferner Zukunft ergriffen wird[79].

Konkret schlug Brandt vor, den WDR, der in seinen Augen »einen technischen Fortschritt auf dem Fernseh-Gebiet an[strebe] und [sich] zu einer gewissen Pionierrolle verpflichtet [fühle]«, mit vergleichenden Untersuchungen auf dem Gebiet der Farbfernsehtechnik zu betrauen. Statt lediglich die amerikanische Technik zu kopieren bestünde gerade in der Möglichkeit einer vergleichenden Beurteilung der bislang in der Diskussion befindlichen Systeme

[79] Brief von Staatssekretär Leo Brandt an den Intendanten des WDR, Klaus von Bismarck, Düsseldorf, 19. Juni 1961, in: Historisches Archiv des WDR, Signatur 526, 4 maschinegeschriebene Seiten, hier S. 3f.

(NTSC, SECAM und FAM) die Chance, einen eigenen Beitrag zur qualitativen Verbesserung des Farbfernsehen zu leisten: »Ich bin sicher«, so Brandt weiter, »daß Einrichtungen, die in deutschen Laboratorien entstehen, entsprechend der Tatsache der höheren Bildqualität des Schwarz-Weiß-Fernsehens auch weit bessere Übertragungen beim Farbfernsehen ergeben werden; sicherlich besser als dasjenige, was heute in den USA akzeptiert wird«[80].

Brandts Vertrauen in die Überlegenheit deutscher Technik wurde von Fernsehexperten wie Fritz Schröter oder Richard Theile differenzierter beurteilt, da sie sich des Verlustes früherer »Größe« der deutschen Fernsehtechnik bewußt waren. Dagegen teilten sie Brandts Einschätzung, daß man in der Bundesrepublik nun dringend an die technisch-wissenschaftliche Erprobung des Farbfernsehens gehen müsse, wolle man nicht ganz ins fernsehtechnische Abseits fallen. »Obwohl seit Jahren in unserem Institut für Rundfunktechnik (IRT) in München, in Laboratorien der Bundespost, der Industrie und in Hochschulen an den Problemen des Farbfernsehens gearbeitet wird«, so Prof. Theile in einem Erfahrungsbericht, »sind wir dem Ausland gegenüber im Rückstand«[81]. Um diesen Rückstand aufzuholen sei es dringend notwendig, daß in der Bundesrepublik so bald wie möglich mit Farbfernsehversuchssendungen innerhalb der Testbild-Sendezeit begonnen werde. Zwar seien die Sender und Richtfunkstrecken der Deutschen Bundespost bereits prinzipiell »farbfernsehtauglich«, jedoch könnten wichtige Erfahrungen im Bereich der Meß- und Justierarbeiten erst in der Praxis gewonnen werden. Außerdem, so Theile weiter, seien Versuchssendungen dringend notwendig, weil erst hierdurch die Mitarbeit der Industrie ermöglicht werde: »Farbfernsehempfänger-Entwicklung braucht Sendungen«[82]! Im Namen der Technischen Direktoren der ARD bat Theile darum dringend um einen entsprechenden Beschluß seitens der Intendanten sowie des Bundespostministeriums.

Brandts Initiative, die u. a. die Gründung einer Arbeitskommission »Farbfernsehen« vorsah, sowie die Äußerungen des IRT-Chefs Theile trafen bei den Direktoren des WDR auf offene Ohren. Der Aufbau eines Farbfernseh-Versuchs-studios beim WDR schien ihnen der richtige Weg zu sein, um die Vielzahl der anfallenden programmtechnischen Probleme rechtzeitig studieren zu können. In einem Schreiben an den Intendanten des WDR, Klaus von Bismarck, wies die Technische Direktion des WDR jedoch darauf hin, daß in der Funkbetriebskommission bereits seit längerem ein Unterausschuß »Farbfernsehen« existiere. Die Funkbetriebskommission der Bundesrepublik, beauftragt mit der Regelung nachrichtentechnischer Fragen wie beispielsweise

80 Ibid. S. 2.

81 Memorandum von Prof. Richard Theile, betr. »Farbfernseh-Versuchssendungen«, München, 19. Januar 1962, in: Historisches Archiv des WDR, Protokolle der Technischen Direktion 1961–1964, Signatur 526, 3 maschinegeschriebene Seiten, hier S. 1.

82 Ibid. S. 2.

der Zuweisung von Sendefrequenzen, unterhielt als ständigen Ausschuß einen »Fernsehausschuß«, dem Vertreter der ARD, des IRT, der Bundespost, der Rundfunkindustrie sowie des ZVEI angehörten. Der bereits erwähnte Unterausschuß »Farbfernsehen« wurde von Prof. Kirschstein (TU Braunschweig) geleitet. Ihm gehörte neben Walter Bruch (Telefunken) als Vertreter der Rundfunkindustrie auch Prof. Richard Theile (IRT) an. Auch der Zentralverband der Deutschen Elektroindustrie (ZVEI) hatte in seiner Technischen Kommission einen Unterausschuß »Farbfernsehen« gebildet, dessen Vorsitz Walter Bruch hatte. Da diese beiden Ausschüsse bereits existierten und die Diskussion der technischen Probleme des Farbfernsehens so in kompetenten Händen waren, schien die Gründung eines weiteren Ausschusses aus der Perspektive der Technischen Direktion des WDR vorerst nicht notwendig[83].

Schienen die Überlegungen der Technischen Direktion aus Gründen der Arbeitsökonomie vernünftig, kam es Anfang Juli 1962 dennoch zur Gründung eines weiteren Farbfernsehausschusses, der unter dem Terminus »Dreierausschuß« in die Geschichte einging. Dieser »Dreierausschuß«, bestehend aus Prof. Theile als dem Vertreter der ARD, Walter Bruch als Vertreter der Industrie und Oberpostrat Dr. Johannes Müller vom Fernsehtechnischen Zentralamt (FTZ) als Vertreter der Bundespost, hatte die Aufgabe, die nunmehr anstehenden Farbfernsehversuchssendungen zwischen Bundespost, Landesrundfunkanstalten und Rundfunkindustrie zu koordinieren.

Dieses »Triumvirat ohne Kompetenzen, aber mit beträchtlichem Einfluß«[84], so die Worte des Funkschau-Chefredakteurs Karl Tetzner, wurde in der Folgezeit zur organisatorischen Achse der Farbfernsehplanungen in der Bundesrepublik. Auch wenn ihre jeweiligen Kompetenzen auf bundesrepublikanische Institutionen beschränkt waren, reichte ihr Einfluß, wie zu zeigen sein wird, weit über den nationalen Rahmen hinaus.

Nach der Gründung des Dreierausschusses, die während einer Besprechung am 3. Juli 1962 im Bundespostministerium beschlossen worden war, wurde folgendes Pressecommuniqué veröffentlicht, das die Öffentlichkeit über die anstehenden Farbfernsehversuchssendungen informieren sollte:

> Auf dem Gebiet des Farbfernsehens wird in der BRD, wie auch in anderen Ländern, seit Jahren intensiv gearbeitet. Die bisherigen Laborarbeiten müssen nun durch versuchsweise Ausstrahlung

[83] »Nach der Klärung aller technischen und programmlichen Probleme wird es in zwei bis drei Jahren wahrscheinlich zweckmäßig sein, einen technisch-politischen Ausschuß zwischen den Partnern Bundespost/Rundfunk/Industrie auf höchster Ebene zu gründen, um den Zeitpunkt der offiziellen Einführung des Farbfernsehens vom rundfunkpolitischen und wirtschaftlichen Standpunkt aus zu beraten«. Brief von Schulz, Technische Direktion des WDR, an den Intendanten Klaus von Bismarck, Köln, 2. Februar 1962, in: Historisches Archiv des WDR, Protokolle der Technischen Direktion 1961–1964, Signatur 526, 3 maschinegeschrieben Seiten, hier S. 3.

[84] Tetzner, Die Farbe im Fernsehen, S. 117.

Abb. 12: Der Dreierausschuß (das »Triumvirat«) der deutschen Farbfernsehtechnik, v.l.n.r.: Johannes Müller (Deutsche Bundespost), Walter Bruch (Telefunken), Richard Theile (Institut für Rundfunktechnik, ARD), aus: Archiv des Deutschen Museums, Nachlaß Walter Bruch, Signatur NL 101, Nr. 123.

von farbigen Testbildern erweitert werden und ergänzt werden. Ziel ist die Erreichung einer gemeinsamen europäischen Norm. Die Versuchssendungen sind nicht für die Öffentlichkeit bestimmt. Zur Vorbereitung dieser Versuche und weiterer gemeinsamer Arbeiten sind Experten der Deutschen Bundespost, der ARD und der Rundfunkindustrie am 3. Juli 1962 im Bundespostministerium zu einer Besprechung zusammengekommen. Ein Zeitpunkt für die Aufnahme eines farbigen Fernsehprogramms kann heute noch nicht festgelegt werden. Auch bei Einsatz aller Mittel der beteiligten Stellen, Rundfunkanstalten, Bundespost und Industrie, wird es noch einige Jahre dauern, bis wir ein Farb-Fernsehprogramm haben werden[85].

Wie ist diese Beschleunigung der Aktivitäten in der Bundesrepublik zu erklären? Ausschlaggebend für diesen Aktionismus war eine Zwischentagung der XI. Studienkommission (Fernsehen) des CCIR, die vom 13. bis 29. Juni 1962 in Bad Kreuznach stattgefunden hatte[86]. Auf dieser Tagung konnten unter anderem dank der Unterstützung von Telefunken überzeugende Vorführungen des französischen SECAM-Verfahrens realisiert werden, die in der Folge dazu führen sollten, das SECAM-System als echte europäische Alternative

[85] »Ereignisniederschrift über die Besprechung über die Aufnahme von Farbfernsehversuchssendungen am 3. Juli 1962 im BPM«, in: Historisches Archiv des WDR, Protokolle der Technischen Direktion 1961–1964, Signatur 526, 3 maschinegeschriebene Seiten, S. 3.

[86] Hans Rindfleisch, Zwischentagung des CCIR in Bad Kreuznach in der Zeit vom 13. bis 29. Juni 1962, in: Rundfunktechnische Mitteilungen 6 (1962) S. 219.

zum amerikanischen NTSC-System im Rahmen der CCIR-Studien anzuerkennen und somit die endgültige Entscheidung über einen Farbfernsehstandard weiter aufzuschieben[87]. Da Walter Bruch, wie in Kap. 2.5. geschildert, zu dieser Zeit bereits ernsthaft an der Entwicklung einer eigenen Farbfernsehübertragungsvariante beschäftigt war, verwundert es nicht, daß Bruchs Vorgesetzter, Telefunken-Vorstandsmitglied Prof. Werner Nestel, sich bereits kurz nach Ablauf der Tagung in Bad Kreuznach an den Verwaltungsratsvorsitzenden des WDR, den Nordrhein-Westfälischen Innenminister Josef Dufhues wandte. In diesem Brief sprach Nestel die Bitte aus, »in Deutschland nicht nur einfach das amerikanische Farbfernsehsystem zur Einführung zu bringen, sondern ein sorgfältiges Versuchsprogramm aufzustellen, in dem die über das amerikanische System hinausgehenden Verbesserungsvorschläge geprüft werden und ihre praktische Verwendbarkeit ermittelt wird«[88].

Die Tagung in Bad Kreuznach habe gezeigt, so Nestel, daß man in Europa durchaus bereit sei, nach Alternativen zum amerikanischen NTSC-System zu suchen. Ein wenig pathetisch forderte Nestel:

> Hieraus ergibt sich nun eine Aufgabe, der für die Zukunft des Farbfernsehens verantwortlichen Stellen in Deutschland, sich an der Klärung dieser Fragen aktiv zu beteiligen, um an die Tradition der Pionierrolle Deutschlands aus früherer Zeit wieder anzuknüpfen. [...] Ich glaube, Sie würden für die deutsche Forschung und Entwicklung eine sehr starke Förderung erreichen können, wenn Sie eine deutsche Beteiligung an diesen Aufgaben veranlassen könnten[89].

Während Werner Nestel aus verständlichen Gründen für die Förderung der deutschen Farbfernsehtechnik warb, die de facto ja eine reine Telefunken-Aktivität war, stand die deutsche Rundfunkindustrie dem Thema Farbfernsehen 1962 noch mehrheitlich zurückhaltend bis feindlich gegenüber. Die »Erweckung frühzeitiger Erwartungen«, so die Befürchtung, könne »eine Absatzstörung für die Schwarz-Weiß-Empfänger« erzeugen[90]. Das klassische

[87] Laut Aufzeichnungen von Walter Bruch zeigte sich der Vorsitzende der Studienkommission XI des CCIR, der Schwede Erik Esping, beeindruckt von den Verbesserungen des SECAM-Systems. »Gemeinsame Auffassung in Bad Kreuznach: nicht endgültige Norm festzulegen, da die neuesten Untersuchungen bei CFT und Telefunken gezeigt haben, daß es auch noch Verbesserungsmöglichkeiten für NTSC gibt. [...] Dies soll nun nicht etwa heißen, daß das SECAM-System augenblicklich ein ernster Konkurrent des NTSC-Systems ist, es bedeutet vielmehr, daß dieses System jetzt technisch so weit gediehen ist, daß es sich für die einzelnen Nationen lohnt, sich näher damit zu beschäftigen.« Siehe die Aufzeichnungen von Bruch über Beziehungen Telefunken/CFT, 28 maschinegeschriebene Seiten, in: Archiv des Deutschen Museums München, Nachlaß Walter Bruch, Signatur NL 101, Nr. 202, hier S. 14 und 15.

[88] Brief von Werner Nestel an Innenminister Josef Dufhues, Ulm, 18. Juli 1962, 2 maschinengeschriebene Seiten, in: Historisches Archiv des WDR, Protokolle der Technischen Direktion 1961–1964, Signatur 526, hier S. 1.

[89] Ibid. S. 1 und S. 2.

[90] Siehe das Memorandum von Dr. Rindfleisch und Prof. Theile: »Technische Vorbereitungen für das Farbfernsehen«, Hamburg, München, 17. September 1962, in: Historisches Archiv des WDR, Signatur 526.

»Sättigungsgrad-Argument« findet sich immer wieder in der Begründungsrhetorik des ZVEI. Aber auch von seiten der Programmacher wurde das Farbfernsehen sehr kritisch beäugt. Der Fernsehdirektor des Bayerischen Rundfunks, Dr. Clemens Münster, wandte sich im Dezember 1962 in einem Schreiben besorgt an seinen WDR-Kollegen, Klaus von Bismarck:

> Ich habe den Eindruck, daß wir in der Weiterentwicklung der Fernsehtechnik einen falschen Weg gehen. Wichtiger als die Verbesserung des Farbfernsehens scheint mir die Verbesserung der Qualität des Schwarz-Weiß-Bildes zu sein, abgesehen davon, daß die Entwicklung des Farbfernsehens sich einem finanziellen Obligo nähert, dem wir kaum gewachsen sein werden. Ich habe dabei natürlich nicht im Auge, das Farbfernsehen zu verhindern, obwohl es meiner Meinung nach wertlos ist. Aber ich meine, man sollte die Entwicklung bremsen, statt sie zu fördern[91].

Mit dieser Meinung stand Münster nicht alleine da. Für viele Fernsehfilmregisseure war der ästhetische Gewinn der Farbe im Fernsehen sehr umstritten. Aber Klaus von Bismarck beschwichtigte: Beim WDR sei keineswegs ein »Farbfernseh-Euphorismus« ausgebrochen, versichert er Münster, man habe lediglich der Technik grünes Licht gegeben, »um die Entwicklung zu verfolgen und parat zu sein, wenn für bestimmte Teile unseres Fernsehprogramms Experimente mit Farben ratsam scheinen«[92]. Das grüne Licht bedeutete immerhin, daß der Verwaltungsrat des WDR die Einrichtung eines Farbfernsehversuchsstudios im Haushalt des Jahres 1962 eingeplant hatte. De facto beliefen sich die Ausgaben auf 960 000 DM, mittels derer eine elektronische Farbfernsehkamera, ein 35 mm Farbfilmabtaster, eine Farbdiaübertragungsanlage, diverse Farbfernsehempfänger und -monitore sowie zentrale Versorgungs- und Meßgeräte angeschafft wurden[93]. Mit diesen Einrichtungen waren erste Untersuchungen im Bereich der Farbfernsehstudiotechnik möglich, insbesondere die Klärung von Ausleuchtungsfragen, Farbfragen beim Kulissenbau und bei der Schminktechnik. Das Fernfernsehversuchsstudio des WDR unter der Leitung von Dr. Franz-Josef In der Smitten entwikkelte sich in den folgenden Jahren zur zentralen Anlaufstelle aller technischen Fragen im Bereich der Farbfernsehstudiotechnik für die bundesdeutschen Rundfunkanstalten. Ab Januar 1964 wurden von hier aus alle Farbversuchssendungen für das Sendernetz der ARD und der Deutschen Bundespost realisiert.

[91] Brief von Dr. Clemens Münster an Klaus von Bismarck, München, 6. Dezember 1962, in: Historisches Archiv des WDR, Protokolle der Technischen Direktion 1961–1964, Signatur 526.

[92] Brief von Klaus von Bismarck an Clemens Münster, Köln, 17. Dezember 1962, in: Historisches Archiv des WDR, Protokolle der Technischen Direktion 1961–1964, Signatur 526.

[93] Siehe »Referat des Intendanten in der gemeinsamen Sitzung der Gremien des Westdeutschen Rundfunks am 17. Dezember 1965 zum Thema Farbfernsehen«, in: Historisches Archiv des WDR, Intendanz 432/Korrespondenz UER – Technische Kommission ARD, Signatur 411.

3.2.2.2. Walter Bruch und Telefunken: die zentralen Industrieakteure der PAL-Entwicklung

Hatte der WDR mit der Gründung des Farbfernsehversuchsstudios eine wichtige technische Voraussetzung für die praktische Erprobung des Farbfernsehens getroffen, wurde das Thema Farbfernsehen auch im Rahmen der EBU und der CCIR immer intensiver diskutiert. Einen entscheidenden Schub erhielt diese Debatte während einer Farbfernsehtagung der EBU, die vom 19. bis 21. November 1962 in London stattfand. Über vierzig Fernsehexperten aus den sechs europäischen Ländern, in denen bereits gewisse Vorleistungen im Bereich der Farbfernsehtechnik erbracht worden waren[94], diskutierten über die Möglichkeiten einer gemeinsamen europäischen Norm im Bereich des Farbfernsehens. Man stellte sich das ehrgeizige Ziel, innerhalb eines Jahres zu einer gemeinsamen Empfehlung über die europäischen Farbfernsehnormen zu gelangen. Um dieses Ziel zu erreichen, wurde die Gründung einer »ad-hoc-Kommission Farbfernsehen« beschlossen, deren Vorsitz Prof. Theile vom IRT anvertraut wurde. Mit der Gründung des »ad-hoc-committee on colour television« begann die »heiße Phase« des technischen Systemvergleichs. Wie der Technische Direktor des NDR, Dr. Hans Rindfleisch, zwei Tage nach seiner Rückkehr aus London berichtete, sollten Untergruppen in gemeinsamer Arbeit die noch offenen Fragen des Systemvergleichs – nach Sachgebieten aufgeteilt – klären. Zu diesen Sachgebieten zählten: allgemeine Fragen, Empfänger, Ausbreitung, Strahleranlagen, Leitungen (inkl. internationale Verbindungen) und Studioanlagen. Interessant an Rindfleischs Bericht ist weniger die genaue Auflistung der Arbeitsfelder der Kommission, sondern der Schluß seines Berichtes, in dem die zu vergleichenden Übertragungssysteme genannt werden. Dort heißt es: »Zur Diskussion stehen zur Zeit zwei Normenvorschläge, eine auf die europäische Zeilenzahl abgewandelte Version der amerikanischen NTSC-Norm und eine in Frankreich unter dem Namen SECAM entwickelte Variante dieses Verfahrens. Unter Umständen wird auch noch eine weitere Variante in den Kreis der Prüfung einbezogen werden. Die nächste Sitzung der ad-hoc-Kommission soll bereits Anfang Januar in Hannover stattfinden«[95].

Es ist erstaunlich, daß Rindfleisch in diesem Bericht vom November 1962 indirekt bereits das PAL-Verfahren als möglichen dritten Kandidaten im Bunde ankündigt, obwohl die erste öffentliche PAL-Vorführung erst zwei Monate später, am 3. Januar 1963, von Walter Bruch bei Telefunken in Hannover realisiert werden sollte. Zwar können hier nur Vermutungen darüber angestellt werden, warum die erste Tagung der ad-hoc-Kommission aus-

[94] Es handelte sich um Großbritannien, Frankreich, die Bundesrepublik Deutschland, Italien, die Niederlande und die Schweiz.

[95] Dr. Hans Rindfleisch: »Farbfernseh-Tagung der UER in London«, Hamburg, 23. November 1962, in: Historisches Archiv des WDR, Protokolle der Technischen Direktion, Signatur 526.

gerechnet im Grundlagenlabor von Telefunken in Hannover stattfand, doch scheint dies alles nicht so zufällig gewesen zu sein, wie es später veröffentliche Bekundungen glauben machen. Schließlich war Walter Bruch auf Empfehlung von Hans Rindfleisch als Mitglied der ad-hoc-Kommission bestimmt worden, und Richard Theile als Vorsitzender der Kommission hatte der Einladung von Telefunken sicherlich nichts entgegenzusetzen. In einem Brief vom 3. Mai 1963 berichtet Bruch dem Telefunken Vorstandsmitglied Nowack über die erfolgreichen PAL-Experimente, die so großzügig von der Bundespost und vom IRT unterstützt worden seien. Bruch schreibt:

[Es war] nämlich Herr Dr. Rindfleisch, der veranlaßt hatte, daß ich als deutscher Industrievertreter in die Ad Hoc-Gruppe Farbfernsehen, in die Empfängergruppe Farbfernsehen und in die Studiengruppe für Systeme berufen wurde. Keine andere Firma in einem anderen Land hat einen Vertreter in so vielen Gruppen. Das Wohlwollen der Technischen Direktoren und der technischen Seite des Rundfunks steht in einem solchen Maße auf unserer Seite, wie es keine andere Firma hat[96].

Diese Aussage Bruchs ist in mehrfacher Hinsicht von zentraler Wichtigkeit. Sie macht deutlich, welche Bedeutung der Besetzung entscheidender Positionen im Rahmen der technischen Diskussion um den zukünftigen europäischen Farbfernsehstandard zukam. Bruch selbst hat alle entscheidenden Schnittstellen im Netzwerk der nationalen und internationalen Normendiskussion besetzt. In Deutschland war er Leiter der Farbfernseh-Studiengruppe des ZVEI und Mitglied des »Dreierausschusses« von Bundespost, Rundfunkanstalten und Rundfunkindustrie. Als Vertreter der deutschen Rundfunkindustrie in der ad-hoc-Kommission der EBU kam schließlich das international wichtigste Entscheidungsgremium hinzu. In diesem Netzwerk, so wird sich zeigen, lernte Bruch im Laufe der Zeit ganz gezielt seine Macht in Form von Wissensvorsprung oder Informiertheit einzusetzen und zum Vorteil seiner Firma zu nutzen.

Doch erst einmal galt es, die Schwierigkeiten im eigenen Hause zu überwinden. Wie bereits erwähnt, hatten Umstrukturierungen im Hause Telefunken dazu geführt, daß Bruch die Leitung des Grundlagenlaboratoriums entzogen und ihm statt dessen die Leitung des Fernsehlabors mit einem reduzierten Mitarbeiterstamm übertragen worden war. Als sich Bruchs PAL-Vorführungen während der ersten Sitzungen der ad-hoc-Kommission immer größerer Zustimmung erfreuten, sah sich dieser aber nicht mehr in der Lage, die steigenden wissenschaftlich-technischen Anforderungen mit dieser »geschrumpften« Mannschaft zu bewältigen. Damit man anderenorts auch mit PAL experimentieren könne, so Bruch, würden zunehmend Bitten um tech-

96 Brief von Bruch an Nowack, 3. Mai 1963, in: Archiv des Deutschen Museums München, Nachlaß Walter Bruch, Signatur NL 101, Nr. 202.

Abb. 13: PAL Demonstrationsaufbau, aus: Archiv des Deutschen Museums München, Nachlaß Walter Bruch, Signatur NL 101, Nr. 259.

nische Assistenz an ihn gerichtet, die er im Rahmen seiner jetzigen Möglichkeiten jedoch nicht realisieren könne. In einem Brief an den Bereichsvorstand erklärte Bruch: »Wie man [...] ersieht, hat das PAL-System eine große Resonanz gefunden und selbst wenn es nicht angenommen wird, ist die Firma Telefunken durch diese Arbeiten international weit in den Vordergrund gerückt. Auf der anderen Seite weiß ich nicht, wie ich mit meinem um neun Menschen verkleinerten Labor und dem vorgesehenen Betrag für Investitionen eine solch große Aufgabe bearbeiten kann«[97].

Bruchs Sorgen waren nicht unberechtigt. Schon während der ersten Tagungen der EBU ad-hoc-Kommission in Brüssel und Paris vom 21. bis 30. März 1963 war offiziell beschlossen worden, das PAL-System als dritte Systemalternative in die vergleichenden Untersuchungen aufzunehmen. Dies war mit der Bitte an Telefunken verbunden, Decoder und Encoder sowie entsprechende Schaltungen zur Verfügung zu stellen. Die großen Rundfunkanstalten wie die britische BBC, die italienische RAI oder die französische RTF waren dar-

97 Walter Bruch: »Zusammengefasster Bericht der EBU-Sitzungen vom 21.-30.3.1963 in Brüssel und Paris«, Hannover, 1. April 1963, in: Archiv des Deutschen Museums München, Signatur NL 101, Nr. 202.

an interessiert, so schnell wie möglich Versuche mit dem PAL-System machen zu können.

Da die ad-hoc-Kommission das Ziel hatte, bereits gegen Ende des Jahres 1963 die vergleichenden Experimente soweit abzuschließen, daß man sich fachmännisch über die Wahl eines Systems unterhalten konnte, werden Bruchs Sorgen verständlich. Bereits am 8. März 1963 hatte Bruch daraufhin die Arbeitsziele seines Labors neu zu definieren gesucht. »Die Verkleinerung der Grundlagenentwicklung um neun Mitarbeiter im Verlauf des letzten Geschäftsjahres«, so Bruch in einem Brief an den neuen Leiter der Grundlagenentwicklung Bolle, »bedingt eine Beschränkung auf wenige Aufgaben, wenn das Labor Erfolg haben soll. [...] Es müssen daher alle Aufgaben, die nicht Farbfernsehen betreffen, vorläufig zurückgestellt werden, mit Ausnahme des Studiums der Fernseh-Stereophonie«[98]. Anschließend entwarf Bruch das Arbeitsprogramm seines Fernsehlabors für die folgenden zwei Jahre. Folgende Punkte wurden aufgelistet: Weiterentwicklung des PAL-Systems und Hilfeleistung für Bundespost und IRT bei der Erstellung eigener PAL-Anlagen; Beteiligungen an den gemeinsamen deutschen und internationalen Farbfernsehversuchen; Mitarbeit an internationalen Ausschüssen für die Farbfernseh-Norm (EBU); Bearbeitung von Patenten; USA-Reise zum Studium der neuesten Farbempfänger-Technik; Entwicklung eines NTSC-Empfängers und die Entwicklung eines PAL-Heimempfängers.

Glaubt man den Aussagen verschiedener Zeitzeugen[99], war die schwierigste Hürde, die Bruch und »sein« PAL-System zu nehmen hatten, die Überzeugung des eigenen Arbeitgebers. Aus unternehmerischer Sicht war entscheidend, ob mit dem PAL-System überhaupt ein Geschäft zu erwarten war. Entscheidendes Kriterium zur Abschätzung dieser Frage war die Patentlage. Bereits im April 1963 richtete daher der Leiter der Forschungsabteilung, Prof. Werner Nestel, eine entsprechende Anfrage über die Patentabhängigkeit des PAL-Systems von den Grundlagenpatenten des NTSC-Systems an Walter Bruch. Bruch gab unmißverständlich zu erkennen, daß das PAL-System »in großen Zügen zunächst einmal von dem NTSC-System abhängig« sei. Doch, und dies ist eine interessante Deutung, sah Bruch in dieser Abhängigkeit keine Gefahr, sondern eher eine Chance für das PAL-System:

> Es wäre wohl möglich, beim PAL-System durch eine abgeänderte Variante von diesen Philco-Patenten freizukommen. Eine solche Entwicklung wäre aber gefährlich. Es besteht nämlich nur dann eine Chance für das PAL-System, wenn es mit möglichst geringfügiger Änderung vom NTSC-System her umgesetzt werden kann. [...] Sowohl das IRT, die Bundespost wie auch die Herren der BBC haben mich dringend davor gewarnt, vorläufig solch einschneidende Änderun-

[98] Brief Bruch an Bolle, Hannover, 08.03.1963, in: Archiv des Deutschen Museums München, Signatur NL 101, Nr. 202.

[99] Dies geht aus den Interviews mit Felix Herriger, Robert Einsel, Franz Josef In der Smitten, Michael Hausdörffer und Heinwig Lang hervor.

gen vorzuschlagen. Bei den Vorführungen hat gerade die einfache Umschaltung von NTSC auf PAL den größten Eindruck gemacht. Man muß daher alle diese Fragen zurückstellen, bis PAL noch mehr an Boden gewonnen hat und dann erst kann man vorsichtig versuchen, das PAL-System vom NTSC-Ballast zu befreien[100].

Bruchs Einschätzung der Durchsetzungsfähigkeit von PAL zu dieser frühen Zeit des Systemvergleichs ist bemerkenswert und sollte sich als vollkommen richtig herausstellen. Auch die Abhängigkeit des PAL-Systems von den Grundpatenten des NTSC-Systems sah Bruch sehr gelassen: »Persönlich halte ich die Patentlage für absolut unwichtig; da das NTSC-System bereits 1953 genormt wurde, sind alle Basis-Ideen mindestens 10 Jahre alt. Bei einer Laufzeit von 17 Jahren sind diese Patente etwa 1970 erloschen und vor 1970 ist ein merklicher Umsatz an Farbfernseh-Geräten nicht zu erwarten«[101].

Auch diese Einschätzung Bruchs ist bemerkenswert, waren zum Zeitpunkt dieser Aussage doch nicht weniger als 25 Philco-Patente und 17 Hazeltine-Patente im Bereich des NTSC-Systems als Farbfernsehpatente in der Bundesrepublik Deutschland angemeldet, deren Laufzeiten aber in der Tat meist um 1971 endeten[102]. Stand der weiteren Entwicklung des PAL-Systems somit aus patentrechtlicher Situation bei Telefunken kein wesentlicher Hinderungsgrund im Wege, galt es in einem zweiten Schritt, die deutsche Rundfunkindustrie von den Vorteilen des PAL-Systems zu überzeugen.

Für die deutsche Rundfunkindustrie war die potentielle Mehrbelastung durch zusätzlich anfallende PAL-Lizenzforderungen ein entscheidendes Kriterium in der Bewertung der Systemfrage. Aus diesem Grunde bat der Fachausschuß Farbfernsehen des ZVEI den Patentanwalt von Telefunken auf einer Sitzung am 8. November 1963 in Hannover um eine Stellungnahme bezüglich der Patentlage auf dem Farbfernsehgebiet. Dr. Johannesson erläuterte, daß bei einem angenommenen Durchschnittsnettofakturenpreis für einen Farbfernsehempfänger im Jahre 1966 voraussichtlich eine Lizenzbelastung von 1,75% des Nettopreises alleine von den amerikanischen Patentrechten zu erwarten sei. Hinzu kämen einige Schutzrechte, die noch auf dem s/w-Empfänger lasteten, so daß mit einer Gesamtbelastung von 2,125% zu rechnen sei. Im Falle der Benutzung von SECAM- oder PAL-Patenten sei mit einer Erhöhung der Gesamtlizenzgebühren auf ca. 3% des Netto-Fakturenpreises

100 Brief von Walter Bruch an Werner Nestel, Betr.: »Philco-Schutzrechte auf dem Farbfernsehgebiet«, Hannover, 18.04.1963, in: Archiv des Deutschen Museums München, Signatur NL 101, Nr. 202.

101 Ibid.

102 Siehe die detaillierte Auflistung der Hazeltine- und Philco-Patente mit bundesdeutscher Patentnummer, Prioritätsanmeldedatum und Ablaufdatum in der Aktennotiz »RCA-Patente Farbfernsehen« vom 26. November 1963 (4 maschinegeschriebene Seiten) sowie der Aktennotiz »Hazeltine-Patente Farbfernsehen« vom 22. November 1963 (drei maschinegeschriebene Seiten) in: Archiv des Deutschen Museums München, Signatur NL 101, Nr. 175.

zu rechnen[103]. Interessant ist, daß auf dieser Sitzung bereits das Thema einer eventuellen Patentabhängigkeit des PAL-Systems von SECAM-Schutzrechten angeschnitten wurde. Zwar verweigerte Johannesson eine Äußerung zu dieser Frage, da, wie es heißt, »Schutzrechte Dritter« betroffen seien, doch stellt er fest: »Zu beachten wird sein, daß es sich um zwei grundsätzlich verschiedene Lösungen handelt, nie kann aber sicher vorausgesehen werden, wie der Bundesgerichtshof den Schutzumfang eines Patentes endgültig festlegen wird. Sollte Abhängigkeit zwischen SECAM und PAL bestehen, so wäre es nicht ungünstig, wenn Telefunken mit verhältnismäßig niedrigen PAL-Gebühren beispielhaft vorangeht«[104].

Trotz dieser Versicherung von Johannesson stand die deutsche Rundfunkindustrie dem PAL-Verfahren in der Anfangszeit aus vornehmlich lizenzpolitischen Gründen feindlich gegenüber. So berichtete Dr. Hans Rindfleisch, Technischer Direktor des NDR, auf der 62. Tagung der Technischen Direktoren der ARD vom 4. bis 5. Mai 1963 in Köln über Meinungsverschiedenheiten zwischen der Empfängerindustrie und der Firma Telefunken in bezug auf die Zweckmäßigkeit des PAL-Systems, da die Netto-Produktionskosten für PAL angeblich 200 DM höher liegen würden als bei NTSC. »Der Sprecher des ZVEI«, so Rindfleisch weiter, »nannte als weiteres Argument für NTSC die Tatsache, daß dieses System allein in größerem Umfang erprobt sei«[105]. Wie ernst man die Kritik des ZVEI am PAL-System nahm, zeigte sich unter anderem darin, daß der Leiter des IRT, Prof. Richard Theile, vorschlug, den »Dreierausschuß« von dieser Situation zu informieren und »bei dieser Gelegenheit auf eine Reorganisation des Ausschusses hinzuweisen«. Konkret sollte mit dieser »Reorganisation« die Forderung verbunden werden, daß »die Empfängerindustrie [...] zweckmäßigerweise durch Herrn Boom in diesem Ausschuß vertreten sein [sollte]«[106].

An dieser Stelle sei vorweggenommen, daß die von Theile vorgeschlagene personelle Umstrukturierung des »Dreierausschusses« nicht umgesetzt worden ist. Wie folgenreich diese für die Durchsetzungschancen des PAL-Systems in Deutschland gewesen wäre, ist leicht antizipierbar. Auch bei Telefunken war man sich der negativen Haltung des ZVEI gegenüber PAL bewußt[107]. Um die deutsche Rundfunkindustrie dennoch für PAL zu gewinnen,

103 Siehe Aktennotiz Dr. Johannesson, betr.: »Sitzung ZVEI, Fachausschuß Farbfernsehen in Hannover am 8.11.1963, in: Archiv des Deutschen Museums München, Signatur NL 101, Nr. 202.

104 Ibid.

105 Protokoll der 62. Tagung der Technischen Direktoren der ARD vom 3. bis 5. Mai 1963 in Köln, in: Historisches Archiv des WDR, Protokolle der Technischen Direktion 1961–1964.

106 Ibid.

107 Siehe »Niederschrift über Besprechung am 17. Januar 1964 in Hannover über die derzeitige Situation auf dem Gebiet des Farbfernsehens«, in dem Telefunken-Vorstandsmitglied Nowack über die »derzeit negative Haltung der deutschen Empfängerindustrie gegenüber PAL« berichtete, in: AEG-Telefunken Archiv, Deutsches Technikmuseum Berlin, Signatur GS 1749.

mußte Telefunken in doppelter Weise aktiv werden. Zum einen mußte Telefunken die PAL-Lizenzgebühren für die anderen deutschen Fernsehgeräteher-steller so niedrig halten, daß diese keine wesentliche Mehrbelastung für die Herstellerfirmen bedeutete. Zum anderen galt es, die deutsche Rundfunkindustrie von den internationalen Marktchancen des PAL-Systems zu überzeugen. Nur wenn ein größeres Exportgeschäft für PAL-Empfänger zu erwarten war, ließen sich zusätzliche Lizenzgebühren sowie der Mehraufwand an Investitionen in neuartiges Produktionswissen rechtfertigen.

Welchen Drahtseilakt diese Situation für die Person Walter Bruchs gleichermaßen als Vertreter der Firma Telefunken im »Unterausschuß Farbfernsehen« des Studienkreises 14 des ZVEI sowie als Sprecher der gesamten deutschen Rundfunkindustrie im »Dreierausschuß« und der EBU ad-hoc-Kommission bedeutete, wird in einem Dokument aus dem Jahre 1967 deutlich, in dem Bruch über die Mitarbeit anderer deutscher Rundfunkunternehmen an der PAL-Entwicklung Rechenschaft ablegt. In diesem Dokument gibt Bruch unverhohlen zu, daß die Technische Kommission des ZVEI unter Leitung von Herrn Boom anfangs eindeutig »pro-NTSC« gewesen sei. Er versichert: »Als Vertreter der deutschen Industrie hatte ich diesen Standpunkt auch bei den Sitzungen der EBU zu vertreten«. Doch schon im nächsten Satz kommt die ambivalente Verhaltensweise Bruchs in dieser Frage deutlich zum Ausdruck: »Ich habe dort [in der ad-hoc-Kommission der EBU, A.d.V.] immer ganz deutlich meine eigene Meinung vertreten, indem ich mich leidenschaftlich für PAL eingesetzt habe, und dann aber namens der deutschen Industrie erklärt, daß diese in ihrer Mehrheit noch für NTSC ist aber wohlwollend PAL weiter prüft. In dieser Zeit haben sich nur die RAI und Dr. Bernath von der Schweizer PTT für PAL eingesetzt«[108]. Die Entscheidung der deutschen Rundfunkindustrie für PAL sei letztlich aber aus rein wissenschaftlich-technischen Gesichtspunkten getroffen worden, so versicherte Bruch. Es sei doch »die selbstverständliche Pflicht eines jeden verantwortlichen Technikers« gewesen, so Bruch weiter, sich eingehend mit PAL zu beschäftigen: »Genau so, wie wir ständig das SECAM-System untersucht haben, obwohl meine Meinung als verantwortlicher Techniker längst für PAL war«[109]!

Es bedarf einiger Argumentationsakrobatik, den Bruchschen »Pflicht- und Verantwortungsbegriff« im Sinne einer wertneutralen Berufsethik oder einer wissenschaftlich-technischen Logik zu deuten. Dies wäre aber auch nicht sinnvoll. Vielmehr ist dieses Dokument ein deutlicher Beweis dafür, wie stark sich subjektive und objektive Kriterien bei der beruflichen Selbstdefinition vermischen können. Sicherlich darf man den zeitlichen und inhalt-

108 »Bericht von Bruch zur Frage der Mitarbeit von SEL bzw. Graetz bei PAL«, Hannover, 14.8.1967, in: AEG-Telefunken Archiv, Deutsches Technikmuseum Berlin, Signatur GS 1648.

109 Ibid.

lichen Kontext, in dem dieses Dokument entstanden ist, nicht vernachlässigen. Schließlich stand Bruch im August 1967 als »PAL-Vater« auf dem Höhepunkt seines gesellschaftlichen Ansehens, und die Frage nach dem Anteil anderer Firmen an der Durchsetzung oder Entwicklung von PAL hat ihn vielleicht in seinem Ehrgefühl verletzt, zumal damit die Frage nach der Erfindervergütung verbunden war. Diese Umstände machen sein leidenschaftliches Plädoyer für die Bedeutung seiner Leistung verständlicher:

Ich darf hier einmal feststellen, daß die Einführung von PAL in der ersten Zeit ausschließlich von mir ganz alleine vorangetrieben wurde. [...] In der ersten Zeit hat keine einzige Stelle, auch nicht die Deutsche Bundespost oder das Deutsche Fernsehen – abgesehen von Herrn Tielke vom NDR – irgendeine dieser Arbeiten durch eigene Geräte unterstützt. [...] Bis heute ist kein einziger Beitrag zur Schaltungstechnik der Empfänger von einer Industriefirma in Deutschland geliefert worden. Man kann also von mir auch nicht erwarten, daß ich auf die Lizenzanteile, die mir laut dem Deutschen Erfinderrecht, das dem Erfinder eine ›angemessene Vergütung‹ zusichert, verzichte[110].

In einem Interview mit Funkschau-Chefredakteur Karl Tetzner wenige Jahre später sah Walter Bruch die Sache schon wieder ein wenig anders. Dort hieß es zur Durchsetzung des PAL-Systems: »Hier muß ich mich ganz groß bei der Bundespost und dem NDR bedanken. Ohne die Freundschaft zu beiden Stellen hätte ich das nicht machen können. Wissen Sie, wenn man so sagt, es sei ein Team, das PAL durchgezogen habe, nein, es gehört eine ganze Gesellschaft dazu«[111]!

Auf die zentrale Rolle des Akteurs Walter Bruch bei der Durchsetzung des PAL-Systems im nationalen wie internationalen Kontext wurde bereits mehrfach hingewiesen. Dennoch hing die Entscheidung der deutschen Rundfunkindustrie, wie eben erwähnt, mit Sicherheit nicht nur vom Engagement Walter Bruchs ab. Um PAL für die deutsche Rundfunkindustrie attraktiv zu machen, galt es als erstes die Lizenzgebühren auf ein verträgliches Maß fest zu legen. Bereits im Januar 1964 wurde Telefunkens Patentanwalt Dr. Johannesson mit dem Verfassen eines entsprechenden Lizenzangebotes an die Adresse des ZVEI beauftragt. Mit 0,3% des Netto-Fakturenpreises eines PAL-Empfängers entschied man sich bei Telefunken für eine sehr moderate Lizenzpolitik gegenüber der deutschen Rundfunkindustrie, die zudem bis Ende des Jahres 1968 von jeglichen Lizenzzahlungen befreit wurde, um den Start des Farbfernsehens in der Bundesrepublik zu erleichtern[112]. Mit Ausnahme der DDR und dem heiß umkämpften Italien, denen man später ebenfalls diesen

110 Ibid.

111 Interview von Prof. Karl Tetzner mit Walter Bruch am 9.2.1973 in Icking, 17 maschinegeschriebene Seiten, hier S. 8, in: Privatarchiv Prof. Tetzner, Icking.

112 Brief von Prof. Werner Nestel an die Dresdner Band AG, Ulm, 14. Juli 1967, in: AEG-Telefunken-Archiv, Deutsches Technikmuseum Berlin, Signatur GS 1646.

günstigen Lizenzprozentsatz von 0,3 anbot, forderte Telefunken von allen ausländischen Lizenznehmern 0,5% des Ab-Werk-Preises der Empfänger[113].

Wichtiger noch als die Höhe der PAL-Lizenzgebühren war für die deutsche Rundfunkindustrie die Frage, wie hoch die Chancen einzuschätzen waren, daß das PAL-System als europäische Alternative zum NTSC-System eingeführt werden würde. Hiervon hingen die Exportmöglichkeiten und damit die Gewinnerwartungen bei einer Serienfertigung von PAL-Empfängern ab. Wie es letztlich gelang, die im ZVEI organisierte deutsche Rundfunkindustrie für die Telefunken-Entwicklung zu gewinnen, kann mangels eindeutiger Quellen nicht rekonstruiert werden. Dr. Felix Herriger, damals Vorstandsvorsitzender der Telefunken AG, gab in einem Interview mit dem Autor zu erkennen, daß er sich persönlich bei den führenden Männern der Rundfunkbranche, allen voran bei den Herren Grundig und Mende, um die Übernahme des PAL-Systems bemüht habe[114].

Ein wichtiger Gesichtspunkt in diesen Verhandlungen war die Frage der Mehrkosten, die durch die kompliziertere PAL-Schaltung mit Ultraschall-Verzögerungsleitung verursacht wurden. Ende November 1964 sicherte Telefunken dem Vorsitzenden des ZVEI schließlich zu, Telefunken werde der deutschen Empfängerindustrie im Falle der Einführung von PAL-Laufzeitleitungen für die Massenproduktion liefern, deren Preis nicht über dem von Corning Glass, das heißt 5 DM pro Stück liege[115]. Von größerer Bedeutung als die pro-Stück-Kosten der Verzögerungsleitungen war die Frage der Farbbildröhre. Die Farbbildröhre stellte das technologische Herzstück des Farbempfängers dar, deren Massenfertigung zu den anspruchsvollsten produktionstechnischen Herausforderungen der Elektroindustrie zählte. Bei Telefunken selbst hatte man keinerlei Produktionserfahrung mit Farbbildröhren und war somit auf die Übernahme fertiger Röhren aus den USA oder England angewiesen. Felix Herriger berichtet, er sei damals persönlich nach Eindhoven zu Fritz Philips gereist, um diesen zu einer Kooperation mit Telefunken auf dem Gebiet der Farbempfängerproduktion zu gewinnen. Folgendes Kalkül soll Fritz Philips schließlich für die Kooperation gewonnen haben: Wenn Telefunken in Lizenz Farbbildröhren von Philips nachbaue und sich Philips im

113 In einem Brief von Dr. Johannesson an Dr. Jelinek, VVB Rundfunk und Fernsehen, vom 17.2.1965 teilte Johannesson Jelinek mit, daß Telefunken die Lizenzgebühren für PAL in der DDR von 0,5 auf 0,3% des Nettopreises des Farbfernsehgerätes gesenkt habe! Somit würden in der DDR die gleichen Bedingungen wie in der BRD herrschen. Siehe Deutsches Museum München, Nachlaß Walter Bruch, Signatur: NL 101, Nr. 202. Zum Kampf um den italienischen Markt siehe Andreas Fickers, »Pourqui ne feraient-ils pas un procès à Telefunken?« Georges Pompidou et la promotion du SECAM, in: Pascal Griset (Hg.), Georges Pompidou et la modernité. Les tensions de l'innovation (1962–1974), Brüssel u.a. 2006, S. 171–192.

114 Interview mit Dr. Felix Herriger, Ulm, 7. August 1997.

115 Telefonnotiz von Mantz nach Gespräch mit Boom, Hannover, 30.11.1964, in: AEG-Telefunken Archiv, Deutsches Technikmuseum Berlin, Signatur GS 1648.

Gegenzug bei den Engländern zugunsten von PAL stark machen würde, würden beide Firmen von der Einführung des PAL-Systems profitieren[116].

Fest steht, daß der Fachverband 14 (Rundfunk und Fernsehen) des ZVEI in der Sitzung seiner Technischen Kommission vom 12. November 1964 zu einer abschließenden Bewertung der Farbfernsehsystemfrage gekommen ist. Aus einem Kolloquium des Verbandes, das am 5. und 6. November beim NDR in Hamburg veranstaltet wurde, war ein sechzigseitiger Untersuchungsbericht hervorgegangen, in dem alle drei Systeme einer gründlichen Analyse unterzogen worden waren. Als Ergebnis dieses Kolloquiums wurde festgehalten:

Alle Interessenten [...] bevorzugen PAL, da man sich ›leichter tut‹. Wegen der Möglichkeit apparativer Verbesserungen und der Transcodierbarkeit PAL-NTSC erklärt man aber, jedes System machen zu können, mit deutlicher Präferenz für die ›NTSC-Familie‹ PAL/NTSC. [...] Tendenz allgemein: Rundfunkanstalten und Deutsche Bundespost bevorzugen ›NTSC-Familie‹, möchten aber zwischen NTSC und PAL das Gewicht der Entscheidung auf die Industrie verlagern[117].

Kurioserweise war das französische SECAM-System, mit dem sich im Rahmen des Unterausschusses Farbfernsehen ebenfalls einige Fernsehexperten unter Leitung des Ingenieurs A. Rappold von der Firma Standard Elektrik Lorenz A.G. beschäftigt hatten, zu keinem Zeitpunkt als ernsthafte Systemalternative diskutiert worden. Wie ein Brief von Rappold an Bruch vom 23. April 1964 beweist, war den Herren des Farbausschusses auch nicht daran gelegen, sich ernsthaft mit dem französischen System zu beschäftigen. Bereits im Anschreiben heißt es: »Beiliegend erhalten Sie den Entwurf zu einem Statement gegen SECAM. Vielleicht können wir in Hannover, zunächst in kleinerem Kreis, über die weitere Formulierung oder Verbesserungen sprechen«[118].

Schon die »Vorbemerkung« des anschließenden Entwurfs zu einer »Stellungnahme zu den Eigenschaften des SECAM-Farbfernsehsystems« machte die Intention des Schreibens mehr als deutlich:

Nachdem es den Anschein hat, daß die Diskussion um ein optimales, für Gesamteuropa verbindliches Farbfernsehsystem die sachlich-technische Ebene zu verlassen droht, dagegen firmenpolitische Argumente und Prestigemomente in den Vordergrund treten, wurde gelegentlich der letzten Sitzung der TK [Technischen Kommission, A.d.V.], Unterausschuß Farbfernsehen, beschlossen, einen aus Vertretern dreier Mitgliedsfirmen bestehenden Arbeitskreis zu bilden, der sich insbesondere mit den Vor- und Nachteilen des SECAM-Systems befassen soll. Man war sich einig, daß das SECAM-System Nachteile gegenüber anderen gezeigt hat. Es wird angestrebt, diese Feststellung durch technische Ausarbeitungen und eigene Untersuchungen zu untermauern und

116 Ibid.

117 Bericht über die Sitzung der Technischen Kommission am 12. November 1964 um 14.30 Uhr in Bad-Nauheim, in: Archiv des Deutschen Museums, Nachlaß Walter Bruch, Signatur NL 101, Nr. 203.

118 Brief von A. Rappold an Walter Bruch, Pforzheim, 23.4.1964, in: Archiv des Deutschen Museums München, Nachlaß Walter Bruch, Signatur NL 101, Nr. 202.

möglichst als CCIR-Beitrag so rechtzeitig vorzubereiten, daß er der nächsten Konferenz im Frühjahr 1965 vorliegt[119].

In der Zusammenfassung schließlich hieß es:

Wenn alle Argumente zur Notwendigkeit eines besseren Systems als NTSC berechtigt wären, dann müßte die Wahl des PAL- und nicht des SECAM-Systems die logische Folge sein. [...] Eine Einführung des SECAM-Systems würde eine Wiederholung der gleichen Fehler bedeuten, die man bei der Wahl der verschiedenen Zeilenzahlen in Europa machte. Die Korrektur dieser damaligen Fehler verursacht heute, insbesondere in Frankreich, unübersehbare Kosten. Man sollte sich die damaligen Vorgänge, die eine gewisse Parallele zu den heutigen Verhandlungen um ein Farbfernsehsystem haben, ins Gedächtnis zurückrufen[120].

Glaubwürdiger hätte sich die deutsche Rundfunkindustrie im Kampf gegen »firmenpolitische Argumente und Prestigemomente« wohl kaum engagieren können! Nachdem alle Mitglieder des Untersuchungsausschusses Gelegenheit hatten, die einzelnen Berichte ausführlich zu studieren, kam es am 12. November zu folgender Abstimmung: 7 Kommissionsmitglieder stimmten für PAL, 3 für NTSC, 2 blieben indifferent und zwei ohne Stimmabgabe. Damit hatte sich die deutsche Rundfunkindustrie wenige Monate vor der ersten entscheidenden CCIR-Konferenz in Wien hinter Telefunken und PAL gestellt. Nach dieser Entscheidung wurde der Unterausschuß Farbfernsehen der Technischen Kommission des ZVEI aufgelöst.

Nachdem die Entscheidung für PAL gefallen war, wandte sich Bruch in einem Dankesschreiben an den Vorsitzenden der Technischen Kommission, Herrn Boom, und bekannte diesem, er sei »überrascht und erfreut, daß die deutsche Industrie mit ihrer Referenz für PAL mir eine echte Anerkennung meiner Arbeit ausgesprochen hat«. Da er sich als Leiter des Unterausschusses Farbe so sehr für PAL eingesetzt habe, seien in ihm sogar Rücktrittsgedanken in den Sinn gekommen. »Man hat mir aber trotzdem zugesprochen«, so Bruch weiter, »daß ich die Geschäfte des Arbeitsausschusses einigermaßen neutral leitete«. Das, was man sich einmal unter dem Arbeitsausschuß Farbfernsehen vorgestellt habe, eine »echte gleichberechtigte, neutrale Gemeinschaftsarbeit« sei aber in dieser Art nie zum Tragen gekommen – »verständlich, weil eine große Zahl der Beteiligten ja sozusagen erst Farbfernsehen lernen muß«[121].

Trotz der anfänglich negativen Haltung der deutschen Rundfunkindustrie gegenüber PAL ist es Bruch und Telefunken gelungen, die Stimmung in Richtung einer positiven Einschätzung von PAL zu beeinflussen. Neben dem hohen persönlichen Einsatz des zentralen PAL-Akteurs Walter Bruch war

119 Ibid.

120 Ibid.

121 Siehe Briefentwurf von Bruch an Boom, von Bruch auf Band diktiert und von seiner Sekretärin auf 5 maschinegeschriebene Seiten abgetippt, in: Archiv des Deutschen Museums München, Nachlaß Walter Bruch, Signatur NL 101, Nr. 202, hier S. 2.

dies auch der gelungenen Überzeugungs- und Lobbyarbeit des Telefunken Vorstandsvorsitzenden Felix Herriger zu verdanken. Die von Herriger ausgehandelte Kooperation im Bereich der Röhrenproduktion mit dem Branchenriesen aus den Niederlanden war ein wichtiger Meilenstein auf dem Weg zur bundesdeutschen Unterstützung des PAL-Verfahrens nicht nur in der Bundesrepublik sondern auch im Ausland. Nicht zuletzt förderten die günstige PAL-Lizenzpolitik sowie die garantierten Absatzpreise für wichtige PAL-Bauteile ein positives PAL-Klima. Wenige Monate vor der CCIR-Konferenz in Wien im März 1965 war es Telefunken somit gelungen, die wirtschaftlich mächtige deutsche Rundfunkindustrie hinter den Fahnen des PAL-Systems zu versammeln.

Die Unterstützung des PAL-Systems durch die in Europa marktführende bundesdeutsche Rundfunkindustrie war ein nicht zu unterschätzender Argumentationsfaktor in den CCIR-Verhandlungen. Die symbolische Verschmelzung des PAL-Systems mit dem Image deutscher Rundfunktechnik war durchaus in der Lage, die Attraktivität des PAL-Systems für kleinere oder weniger potente Rundfunkländer wesentlich zu steigern. Aber, wie zu zeigen sein wird, sollte sich auch die französische Seite für die Wiener Zusammenkunft rüsten, und zwar mit Waffen, die der bundesdeutschen Delegation nicht zur Verfügung standen. Bevor die Wiener Konferenz in den Mittelpunkt der Aufmerksamkeit gerückt wird, ist es notwendig, sich die wirtschaftspolitische Ausgangssituation der französischen Rundfunkindustrie vor Augen zu führen.

3.3. »Modernisation à la française«

Wie bereits beschrieben, gab es durchaus unterschiedliche Muster und Entwicklungspfade bei der Rekonstruktion der europäischen Volkswirtschaften nach 1945. Der französische Weg unterscheidet sich in vielfacher Weise von dem der Bundesrepublik Deutschland. Um die Entwicklung der französischen Rundfunk- bzw. Elektroindustrie in diesen nationalen Kontext einbetten zu können, ist es ratsam, die generellen Charakteristika des französischen Modernisierungsweges im industriellen und wirtschaftspolitischen Sektor kurz zu skizzieren. In einem zweiten Schritt kann dann die kulturgeschichtliche Dimension dieses Wandels beschrieben werden, die es erlaubt, die Besonderheiten der »modernisation à la française« zu fassen.

3.3.1. Das französische Wirtschaftswunder: die »trente glorieuses«

Ähnlich wie für Deutschland kann auch die Beschreibung der industriellen Entwicklung Frankreichs unterschiedlichen Phasen wirtschaftshistorischer Betrachtung zugewiesen werden. Wie Jean Bouvier treffend zusammenfaßt, war die Historiographie der industriellen Entwicklung Frankreichs lange Zeit von der »Litanei« um die sogenannte »société bloquée« bestimmt[122]. Grund für diese Einschätzung, die meist auf einem direkten Vergleich der französischen mit der englischen oder deutschen Entwicklung basierte, waren u. a. die Postulierung einer direkten Beziehung zwischen demographischer Entwicklung und industriellem Wachstum sowie simplifizierende Klassifizierungen bestimmter gesellschaftlicher Schichten und Strukturen – beispielsweise der Landwirtschaft – als »rückständig« oder »hemmend«.

Mit dem Ziel, diese verengte Sichtweise zu relativieren oder gänzlich in Frage zu stellen, sind die sogenannten »Revisionisten« in den letzten Jahrzehnten angetreten[123]. Meist lag der historische Fokus dieser Arbeiten jedoch auf der ersten Phase der Industrialisierung, auch »Erste Industrielle Revolution« genannt. Das, was die französische Wirtschaft während der Zwischenkriegszeit und vor allem nach dem Zweiten Weltkrieg kennzeichnete, hat jedoch nur wenig oder gar nichts mit dem gemein, was man als »société bloquée« bezeichnet hat. Der Wirtschaftshistoriker François Caron bezeichnet die Phase zwischen 1945 und 1954 als Zeit einer »explosion du capitalisme«, Wilfried Loth spricht in diesem Zusammenhang von der »take-off-Phase französischer Dynamisierung«[124]. Fragt man nach den Gründen dieser »Ex-

[122] Bouvier, Libres propos autour d'une démarche révisionniste.

[123] Beispielhaft für diese Schule seien nur die Namen von Patrick Verley und Louis Bergeron genannt.

[124] Wilfried Loth, Geschichte Frankreichs im 20. Jahrhundert, Frankfurt a. M. 1995. Siehe v.a. Kapitel 13 »Das französische Wirtschaftswunder«, S. 188–200.

plosion« oder »Dynamisierung«, tauchen in der Literatur immer wieder zwei Stichworte auf, die als Programm des französischen Wirtschaftsaufschwungs fungieren: »planification« und »nationalisation«. Hans-Rudolf Peters beschreibt das französische Wirtschaftsmodell auch als System der »indikativen Wirtschaftsplanung«. Von der imperativen Zentralplanung – wie sie in den sozialistischen Zentralverwaltungswirtschaften Osteuropas üblich war – unterschied sich die indikative Strukturplanung durch ihren nur orientierenden Charakter und ihre Unverbindlichkeit[125].

Die indikative Strukturplanung ist ein Plansystem, das unter Bewahrung der Entscheidungsdezentralisierung im mikroökonomischen (einzelwirtschaftlichen) Bereich eine Informationszentralisierung auf makroökonomischer (gesamtwirtschaftlicher) Ebene und eine Informationsweitergabe in Form sektorspezifischer Prognosen an den mesoökonomischen (branchenmäßigen) Bereich sowie eine freiwillige Plankoordinierung der Einzelwirtschaften in Orientierung an den sektoralen Zielprojektionen anstrebt[126].

Doch zuerst einige Zahlen, die den rapiden Aufschwung der industriellen Produktion nach 1945 verdeutlichen sollen. Ende 1944 war die französische Industrieproduktion auf 40% des Standes von 1938 gesunken. Selbst die landwirtschaftliche Produktionsrate blieb 20% hinter der des Jahres 1938 zurück[127]. In der gleichen Zeit waren die Gehälter gesunken und die Inflation kräftig gestiegen. In dieser schwierigen Lage versuchte der französische Wirtschaftsminister Pierre Mendès France die wirtschaftliche und monetäre Situation mittels einer dirigistischen Planpolitik zu stabilisieren. Obschon Mendès France bereits im April 1945 von seinem schwierigen Amt zurücktrat, überlebte die Idee der Planpolitik. Am 3. Januar 1946 wurde per Regierungsdekret das »Commissariat Général au Plan« geschaffen, an dessen Spitze der Finanzexperte Jean Monnet berufen wurde. Jean Monnet, der zu dieser Zeit als Leiter des französischen Versorgungskomitees in Washington tätig war, sollte die amerikanische Wiederaufbauhilfe im Rahmen des Marshall-Plans mit der Idee einer planmäßigen Modernisierung der französischen Großindustrie verbinden[128].

Die planmäßige Strukturierung der industriellen Produktion war aber keine Erfindung Monnets, sondern langjährige Praxis zahlreicher totalitärer Staaten wie der Sowjetunion oder auch dem nationalsozialistischen Deutschland gewe-

125 Das bedeutet jedoch nicht, wie Peters betont, daß von ihr praktisch überhaupt keine Wirkungen ausgehen. Im Gegenteil, die Konzeption der reinen indikativen Strukturplanung geht von einer ›Logik des Plans‹ aus, die angeblich eine gewisse Selbstverwirklichungskraft des indikativen Plans schafft. Zur Realisierung des Plans ist demnach ein zentrales Planungsgremium notwendig.

126 Hans-Rudolf PETERS, Grundlagen der Mesoökonomie und Strukturpolitik, Bern 1981, S. 372f.

127 Siehe Jean-François SIRINELLI, Robert VANDENBUSSCHE, Jean VAVASSEUR-DESPIERRES, La France de 1914 à nos jours, Paris 1993, S. 228f.

128 Zur Person und Aufgabe Jean Monnets siehe Eric ROUSSEL, Jean Monnet (1888–1979), Paris 1996.

sen. Auch die französische Wirtschaft des Vichy-Regimes praktizierte eine Form der Planwirtschaft, die durch Korporatismus, zentralistische Planung und dem Willen zur Kollaboration mit dem nationalsozialistischen Deutschland gekennzeichnet war[129]. Die typisch französische Färbung erhielt diese Form der Wirtschaftspolitik und -organisation aber dadurch, daß es zu einer funktionierenden Symbiose zwischen industriellen und administrativen Eliten kam:

Dix-huit commissions de modernisation sont chargées de fixer les objectifs de chaque branche. Elles sont composées de hauts fonctionnaires, de représentants des centrales syndicales, de chefs d'entreprises et d'experts. La concertation a l'avantage de garantir la qualité des travaux préparartoires et d'impliquer les agents de l'économie dans l'élaboration. Le plan se présente comme l'outil de la modernisation[130].

War die Planpolitik also einerseits eine staatliche Reaktion auf die durch den Zweiten Weltkrieg verursachten beispiellosen materiellen Dringlichkeiten[131], kann sie im französischen Fall zudem als Ausdruck eines kulturelles Bruchs verstanden werden. Wie Robert Frank überzeugend nachweist, war die staatliche Planpolitik auch der Versuch der französischen Gesellschaft, sich ihres durch die »étrange défaite« verlorengegangenen Nationalstolzes zu vergewissern. Das »Syndrom von Vichy« – die Kapitulation von 1940 –, so Robert Frank, habe im Nachkriegsfrankreich ein tiefempfundenes Bedürfnis nach wirtschaftlicher Modernisierung und nach einer wirksamen Verteidigung geschaffen[132]. Die Staatsidee – und damit auch die Möglichkeit zentralstaatlicher Eingriffe in die Wirtschaft – war, wie Jean-Pierre Rioux betont, eine der wenigen Kräfte, die das erschöpfte Frankreich nach 1945 aufrechterhielt[133]. In diesem nationalen Konsens, so der Politologe Pierre Rosanvallon, fand die Einheit der Résistance ihre Fortsetzung:

[129] Siehe hierzu Richard F. KUISEL, Vichy et les origines de la planification économique 1940–1946, in: Le mouvement social 98 (1977) S. 77–102, sowie Henry ROUSSO, L'économie, pénurie et modernisation, in: Jean-Pierre AZÉMA. François BÉDARIDA (Hg.), La France des années noires, Bd.1, De la défaite à Vichy, Paris 2000, S. 441–453.

[130] Denis WORONOFF, Histoire de l'industrie en France du XVIe siècle à nos jours, Paris 1998, S. 493.

[131] Auch in anderen europäischen Ländern wurden nach dem Zweiten Weltkrieg wirtschaftspolitische Pläne entwickelt, mittels derer die Volkswirtschaft wieder auf die Beine kommen sollten. So wurde 1946 in den Niederlanden ein Vierjahresplan verabschiedet, der anschließend bis 1952 verlängert wurde, und in Belgien wurde ein »Bureau de programmation« etabliert. Auch in Italien und sogar in Großbritannien wurde mit planwirtschaftlichen Behörden experimentiert. Siehe hierzu Eric BUSSIÈRE, Pascal GRISET, Christophe BOUNEAU, Jean-Pierre WILLIOT, Industrialisation et sociétés en Europe occidentale 1880–1970, Paris 1998, S. 78f.

[132] FRANK, Mentalitäten, in: LOTH, OSTERHAMMEL (Hg.), Internationale Geschichte, S. 187f. sowie DERS., La hantise du déclin. Le rang de la France en Europe, 1920–1960. Finances, défense et identité nationale, Paris 1994.

[133] Siehe Vorwort von Jean-Pierre RIOUX in: Jean BOUVIER, François BLOCH-LAINÉ, La France restaurée, 1944–1954, Paris 1986.

Die wichtigste Ursache für die gewachsene wirtschaftspolitische Bedeutung des Staates waren also die politischen Verhältnisse. […] 1945 feierte man den Staat wie man 1789 die Souveränität der Nation gefeiert hatte. […] Deshalb wurde staatliche Politik jetzt auch nicht mehr nur als zeitweilige und rückgängig zu machende Intervention verstanden, wie dies noch in den Jahren nach dem Ersten Weltkrieg der Fall gewesen war. Staatliche Politik erhielt jetzt gewissermaßen eine langfristige Perspektive. Das kommt in den beiden großen Strukturreformen, den Nationalisierungen und der Planification, zum Ausdruck[134].

Die französische Politik der »planification« kann aus heutiger Perspektive als der gelungene Versuch einer »modernisation par en haut« (Patrick Fridenson) angesehen werden. Mittels einer staatlichen Industriepolitik, die gezielt ganze industrielle Sektoren durch Subventionen förderte oder einzelne Betriebe durch Nationalisierung vor internationaler Konkurrenz schützte[135], sollten die verschiedenen Pläne eine gezielte Modernisierung der industriellen Landschaft Frankreichs herbeiführen[136]. Als technopolitische Hybride waren die Pläne der Versuch, die gesamte französische Nation in ein ehrgeiziges Projekt soziotechnischer Modernisierung einzubinden[137].

Die verschiedenen Pläne hatten jeweils unterschiedliche Schwerpunkte. Der erste Plan war ganz dem Wiederaufbau der alten schwerindustriellen Leitsektoren (Kohle und Stahl) gewidmet, während der zweite Plan staatliche Förderungen im Bereich der Konsumgüterindustrie vorsah, die auch »dem kleinen Mann« zugute kommen sollten. Der zweite Plan war somit auch eine Reaktion auf den zunehmenden Unmut der arbeitenden Bevölkerung in Frankreich. Ab April 1947 kam es zu einer Welle oftmals lang anhaltender Streiks, da die Einkaufskraft eines durchschnittlichen Arbeiters 1947 noch immer um ein Drittel niedriger als 1938 war[138].

134 Pierre Rosanvallon, Der Staat in Frankreich. Von 1789 bis heute, Münster 2000, S. 169f.

135 Es darf jedoch nicht vergessen werden, daß es eine lange Tradition staatlicher Intervention in die Privatwirtschaft gibt. Nach 1945 konnten Nationalisierungen zudem die ›Quittung‹ für Kollaborationen mit den Deutschen während des Zweiten Weltkrieges sein. Die Nationalisierung der Renault-Werke im Januar 1945 war eine solche Maßnahme. Siehe Bussière u. a., Industrialisation et sociétés en Europe occidentale, S. 80.

136 Zur Industriepolitik Frankreichs im Vergleich mit der Bundesrepublik siehe die aufschlußreiche Arbeit von Neumann, Uterwedde, Industriepolitik. Eine Zusammenfassung der Forschungsresultate dieser Arbeit liefert der Aufsatz Wolfgang Neumann, Henrik Uterwedde, Industrie- und Technologiepolitik in Frankreich und in der Bundesrepublik seit 1945, in: Yves Cohen, Klaus Manfrass (Hg.), Frankreich und Deutschland. Forschung, Technologie und industrielle Entwicklung im 19. und 20. Jahrhundert, München 1990, S. 433–449.

137 Siehe Gabrielle Hecht, Planning a Technological Nation: Systems Thinking and the Politics of National Identity in Postwar France, in: Agatha and Thomas Hughes (Hg.), Systems, Experts, and Computers: The Systems Approach in Management and Engineering, World War II and After, Cambridge u. a. 2000, S. 133–160, hier S. 153.

138 Woronoff, Histoire de l'industrie en France, S. 505f.

Es muß an dieser Stelle darauf verzichtet werden, die zahlreichen Faktoren und Einflüsse zu rekonstruieren[139], die schließlich zu jenem dynamischen »take-off« der französischen Wirtschaft geführt haben, der sich in den folgenden Zahlen wieder spiegelt: Bereits 1948 erreichte das französische Nationaleinkommen wieder den Vorkriegsstand, 1950 das Niveau der Zeit vor der Weltwirtschaftskrise. Die durchschnittliche Steigerung des Bruttoinlandproduktes zwischen 1949 und 1959 betrug jährlich 4,5%, zwischen 1955 bis 1968 durchschnittlich 5,7% und von 1969 bis 1973 sogar 6,1%. Die Expansion zeigt sich besonders, wenn man die Zuwachsraten der industriellen Produktion betrachtet. Legt man den Produktionsindex des Jahres 1938 als Marke (=100) fest, wuchs dieser bis 1958 auf 213 an, stieg bis 1967 noch einmal knapp um die Hälfte auf 338 um bis 1973 auf 452 Punkte zu steigen. Dies bedeutet, daß die Industrieproduktion in den »trente glorieuses« von 1944 bis 1974 auf das Viereinhalbfache des Vorkriegsstandes stieg und damit deutlich über den Zuwachsraten in den USA, in Großbritannien oder in Belgien lag. Lediglich die Bundesrepublik und Japan konnten einen steileren Anstieg der Industrieproduktion im gleichen Zeitraum verzeichnen[140].

War dieses dynamische Wachstum nun einzig das Resultat des französischen Weges von »planification« und »nationalisation«? Mit Sicherheit nicht. Aber, so Wilfried Loth mit kritischem Blick auf den »Mythos soziale Marktwirtschaft« der Bundesrepublik, der französische Weg zeige, daß eine weitgehende Liberalisierung der Wirtschaftspolitik keineswegs eine notwendige Voraussetzung für eine wirtschaftliche und gesellschaftliche Dynamisierung sei: »Der offenkundige Erfolg der französischen ›planification‹ gibt zu der Frage Anlaß«, so Loth, »ob eine weitgehend staatlich initiierte und moderierte Modernisierung für nachholende Gesellschaften nicht den geeigneten Weg zur Integration in einen entwickelten Markt darstellt«[141].

Trotz des von Loth konstatierten »technokratischen Elans« gibt es durchaus auch kritische Beurteilungen der französischen Wirtschafts- und Industriepolitik nach 1945. In Frankreich hat es immer wieder prominente liberale Stimmen gegeben, die vor einer allzu starken etatistischen Wirtschaftsfüh-

[139] Zu diesen zählen unzweifelhaft der europäische Kontext (EGKS, EWG), die Dekolonialisierung und die Bedeutung der Absatzmärkte in »outre-mer«, währungspolitische Entscheidungen sowie der generelle Nachfrageüberhang. Siehe hierzu WORONOFF, Histoire de l'industrie en France, FOURASTIÉ, Les trente glorieuses, sowie Hubert BONIN, Histoire économique de la IVe République, Paris 1987.

[140] Zu den Zahlen siehe LOTH, Der Durchbruch zur Dynamisierung, in: SCHILDT, SYWOTTEK (Hg.), Modernisierung im Wiederaufbau, S. 70f. sowie WORONOFF, Histoire de l'industrie in France, S. 535f.

[141] LOTH, Der Durchbruch zur Dynamisierung, S. 78. Zur Debatte um das Konzept der »nachholenden Modernisierung« siehe Roger MAGRAW, »Not backward but different?« The debate on French »economic retardation«, in: Martin S. ALEXANDER (Hg.), French History since Napoleon, London 1999, S. 336–363.

rung gewarnt haben. Eine differenzierte Bewertung der »planification« lieferte der französische Wirtschaftshistoriker Patrick Fridenson 1987 in dem Aufsatz »Atouts et limites de la modernisation par en haut: les entreprises publiques face à leurs critiques (1944–1986)«[142]. Obwohl kritische Einschätzungen der französischen Planpolitik bis heute in abgewandelter Form immer wieder zu hören sind, warnt Fridenson davor, bei der Bewertung der Nationalisierungen alle Betriebe ohne Unterscheidungen über einen Kamm zu scheren. Vielmehr müsse man genau unterscheiden, ob man es mit Betrieben zu habe, die vornehmlich auf dem nationalen Markt agierten (z. B. im Bereich der Elektrizität, Eisenbahn, Metro, Banken und Versicherungen), und jenen, die der internationalen Konkurrenz ausgesetzt seien (beispielsweise Flugverkehr, Atomenergie, Öl und Raumfahrt). Vor allem bei Betrieben der ersten Kategorie sei es im Laufe der Zeit zu wachsenden Problemen gekommen[143]. Die zweite Kategorie von Staatsunternehmen seien aber jene, die eher der internationalen Konkurrenz ausgesetzt seien, und die daher zu Recht als strategische Bereiche bezeichnet werden könnten. Zu diesen strategischen Bereichen zählt laut Fridenson auch die Fernsehindustrie. Die Strategien des Staates, um die industrie- oder technologiepolitischen Ziele zu erreichen, können dabei unterschiedliche Formen annehmen:

142 Patrick FRIDENSON, Atouts et limites de la modernisation par en haut: les entreprises publiques face à leurs critiques (1944–1986), in: FRIDENSON, STRAUS (Hg.), Le capitalisme francais (XIXe–XXe siècle). Blocages et dynamismes d'une croissance, Paris 1987, S. 175–196. Fridenson faßt fünf der zentralen Kritikpunkte am System der planification wie folgt zusammen: 1) Staatliche Betriebe hätten nur technische Perfektion im Sinn, jedoch keine Ader für das Geschäft. Ein Ausspruch von Antoine Pinay bringt diese Meinung auf den Punkt: »La SNCF a le culte de la minute et le mépris du milliard«. 2) Den Staatsbetrieben wird schlechtes Management vorgeworfen. Grund dafür sei die Besetzung der zentralen Führungsposition mit hochrangigen Verwaltungskadern (z. B. ENA-Absolventen), die jedoch wie Staatsbeamte denken würden, nicht wie Industriemanager. 3) Die staatlichen Großbetriebe hätten aufgrund ihrer Größe und Statik anhaltend mit strukturellen Defiziten zu kämpfen. 4) Die Politisierung: Durch die Besetzung der Führungsschichten mit staatlichen Eliten wechseln die Führungspositionen mit den politischen Mehrheiten im Parlament. Zudem führe diese Politisierung zu einem ständigen Abschieben von Verantwortung auf die nächst höhere politische Ebene. 5) Schließlich das Risiko, daß Frankreich den Status eines »freien Landes« verliere. Fridenson zitiert hier einen der bekanntesten Wortführer dieser Kritik, Valérie Giscard d'Estaing: »Non seulement le capitalisme d'État est le plus tyrannique, le plus étouffant qui soit, mais son extension risquerait d'imposer au pays une expérience théorique dont il ferait les frais.«

143 Zum Thema Nationalisierung der Wirtschaft siehe auch Jean-Charles ASSELAIN, Nationalisations: la grande vague de la Libération, in: Jacques MARSEILLE (Hg.), Puissance et faiblesses de la France industrielle (XIXe–XXe siècle), Paris 1997, S. 197–228. In diesem Sammelband finden sich zahlreiche Fallstudien zu einzelnen Branchen oder Unternehmen der Industrie sowie zu einflußreichen Akteuren des französischen Wirtschaftslebens, die als »capitaines« oder »soldats de l'industrie« beschrieben werden.

1) Das Abschirmen nationaler Interessen durch die Einführung international nicht gebräuchlicher Normen oder Standards (Fridenson nennt hier das Beispiel der 819 Zeilen beim s/w-Fernsehen);

2) Der Staat hebt die internationale Konkurrenz auf, indem er ein nicht rentables Produkt so subventioniert, daß es dennoch gebaut wird (Bsp. Concorde);

3) Überinvestitionen wegen unbeschränkter Kreditvergabe seitens des Staates (Bsp. Elf-Aquitaine).

Fridenson plädiert aus diesem Grund dafür, zwei Aspekte des staatlichen Eingriffs in die Wirtschaft zu unterscheiden: erstens die Industriepolitik des Staates, zweitens die Finanzierung der Staatsbetriebe. Was die Industriepolitik betreffe, sind sich die Forscher einig, daß die staatlichen Interventionen im Bereich der öffentlichen Unternehmen entweder ineffizient oder gar schädlich für die Entwicklung dieser Unternehmen gewesen ist. Was die Finanzierungshilfen angehe, so habe sich der Staat in dieser Phase als ein »actionnaire qui n'est pas très généreux« herausgestellt. Hierzu zählt Fridenson aber nicht die staatlichen Leihgaben oder Kredite für Forschung und Entwicklung, die durchaus beträchtlich sein konnten[144].

Erst mit dem Beginn der sozialistischen Präsidentschaft François Mitterrands im Jahre 1982 sind die Nationalisierungsbestrebungen wiederaufgeflammt. Der in dieser Zeit einsetzende massive Kapitalfluß vom Staat in die Privatindustrie wurde in Frankreich auch als »révolution financière« oder »leçon de capitalisme« bezeichnet. Im Bereich der Elektroindustrie hat diese massive Finanzspritze seitens des französischen Staates für einige Betriebe die Rettung (Bull) oder die erfolgreiche Stabilisierung (CIT-Alcatel, Thomson, Matra) bedeutet. Der unbestreitbare Erfolg dieser »zweiten Welle« der Nationalisierungen im Gegensatz zu den eher mageren Resultaten der »ersten Welle« liegt laut Fridenson darin begründet, daß der Staat nicht versucht habe, die industrielle Landschaft unter staatlicher Kontrolle umzustrukturieren, sondern durch finanzpolitische Regulierungen (Kreditvergabe, Beteiligung als Aktionär) eingewirkt habe: »La rentabilité financière devient un objectif pour l'État«[145]. Die staatlich kontrollierten Banken haben eine zentrale Rolle in der Kreditvergabe und damit in der erfolgreichen Kapitalpolitik in der zweiten Welle der Verstaatlichungen von 1982 bis 1986 gespielt.

Ähnlich wie Fridenson beurteilt auch Pierre Rosanvallon die realen Wirkungen der »planification« eher kritisch. Zwar habe sich das Verhältnis zwischen Staat und Wirtschaft in Frankreich nach 1945 tatsächlich grundlegend

144 Ibid. S. 183.

145 Ibid. S. 189. Als weiteren Vorteil der Nationalisierungen sieht Fridenson, daß die Verstaatlichung den Angestellten im Bereich der Altersversorgung und Sozailleistungen zugute gekommen sind. Aus das sei ein nicht zu unterschätzender Beitrag zur »modernisation de la société française« gewesen.

gewandelt, aber in diesem Wandlungsprozeß sei die »planification« eher als symbolischer Ausdruck von Veränderungen zu sehen, deren Ursache auf anderen Ebenen lagen: »Um zu verstehen, wie sich die Beziehung zwischen Staat und Wirtschaft nach 1945 wirklich veränderten, muß man, zumindest für einen kurzen Moment, die Existenz der Pläne vergessen. Dann treten zwei andere Faktoren in den Vordergrund: die keynesianische Revolution und der Amtsantritt einer neuen Generation hoher, der Modernisierung verpflichteter Beamter«[146].

Für Rosanvallon war die Durchsetzung der keynesianischen Ideen eine intellektuelle Revolution, die auch das Selbstverständnis des Staates grundlegend veränderte, da dieser sich vom allenfalls punktuell eingreifenden Marktbeobachter zum strategischen ökonomischen Akteur wandeln mußte. Erst aus dieser Einsicht ergab sich die Staatsfunktion der Regulierung, die sich von den früheren Formen staatlicher Intervention deutlich unterscheidet. »Die vom alltäglichen Funktionieren des Staates abhängigen Variablen«, so Rosanvallon, »wurden zu Instrumenten einer das Gesellschaftsganze umfassenden Politik erhoben«[147]. Eben diese »régulation«, von Peters »indikative Wirtschaftsplanung« genannt, war nur mittels eines neuen Steuerungsapparates möglich, der im »Commissariat Général du Plan« eine Konkretisierung erfuhr. Dieser Apparat konnte aber nur funktionieren, wenn in ihm die besten Fachleute – Verwaltungs- und Finanzexperten, Wissenschaftler oder Industriekapitäne – zusammengefaßt wurden. Zur Ausbildung dieser »technokratischen Elite« wurde auf Initiative von Michel Debré 1945 die École Nationale d'Administration (ENA) gegründet, die ihren Ruf als oberste französische Kaderschmiede bis heute verteidigt. Aus ihr sollten jene Männer – denn Frauen waren und sind dort die Ausnahme – kommen, die Frankreich den Weg in die Moderne weisen sollten[148].

Die Besetzung zentraler Entscheidungsstellen in Verwaltung, Wirtschaft und Politik mit Absolventen der ENA, deren Gebäude sich, wie der Soziologe Alain Touraine in einem ironischen Nebensatz formulierte, »symbolisch auf halbem Wege zwischen Regierungsviertel und dem Quartier Latin« befänden[149], hat dazu geführt, daß die Grenzen zwischen »öffentlichen« und »privaten« Interessen in vielen Fällen nur noch sehr schwer auszumachen

[146] ROSANVALLON, Der Staat in Frankreich, S. 174.

[147] Ibid. S. 175.

[148] Siehe hierzu den Aufsatz von Alfred DIAMANT, Tradition und Innovation in der französischen Verwaltung, in: Gilbert ZIEBURA, Gerhart HAUPT (Hg.), Wirtschaft und Gesellschaft in Frankreich seit 1789, Gütersloh 1975, S. 331–346.

[149] Alain TOURAINE, Die französische Gesellschaft: Wachstum und Krise, in: ZIEBURA, HAUPT (Hg.), Wirtschaft und Gesellschaft in Frankreich seit 1789, S. 347–358, hier S. 356.

sind[150]. Ezra Suleiman sieht in den Eliten dieser »Technostruktur« sogar die Elite der französischen Elite: eben jene, die Wissen und Macht in Personalunion vereinen. Der Modernisierungsschub und Wiederaufbau Frankreichs in den fünfziger und sechziger Jahren hat diesen Männern eine besondere Stellung im politischen Leben gegeben: »La permanence des Grands Corps et du pouvoir de la technostructure repose en fait sur deux principes: savoir s'adapter et savoir se rendre indispensable«[151].

Gabrielle Hecht geht sogar so weit, das Selbstverständnis mancher Technokraten, dem »Plan zu dienen«, als quasi-religiöses Experiment zu deuten: »Thus the Plan could furnish a means for enacting the spiritual dimension of the material world, of invention. A quintessential manifestation of the ›attitude prospective‹, the Plan, by its very existence, would turn the nation into a system«[152]. Simon Nora, einer der führenden Technokraten dieser Zeit, der für kurze Zeit auch das Amt des »Délégué interministériel pour la propagation du SECAM« innehatte, schrieb 1986 in einem selbstkritischen Rückblick auf seine eigene Tätigkeit als Staatsdiener:

> Wir waren die kleine Zahl derer, die besser als alle anderen wußten, was gut war für dieses Land – und damit lagen wir völlig falsch. Wir hielten uns für die Schönsten, die Intelligentesten, die Ehrlichsten und für die Hüter der Legitimität. Man muß sich klar machen, daß diese hier ein wenig ironisierend formulierte Sicht der Technokraten dreißig bis vierzig Jahre lang von der öffentlichen Meinung geteilt wurde[153].

Insgesamt werden die staatlichen Eingriffe in die französische Industrie- oder Wirtschaftspolitik während der »trente glorieuses« daher recht ambivalent bewertet[154]. Will man den Verlauf der staatlich moderierten »modernisation à la française« verstehen, kommt man jedoch nicht daran vorbei, sich mit den zentralen Akteuren dieses Prozesses, der »technokratischen Elite«, zu be-

[150] DIAMANT, Tradition und Innovation in der französischen Verwaltung, S. 334. Zur Rolle des französischen Elite-Ausbildungssystems siehe u. a. Pierre BIRNBAUM, Les sommets de l'État. Essai sur l'élite du pouvoir en France, Paris 1994 sowie Pierre BOURDIEU, La noblesse d'État. Grandes écoles et esprit de corps, Paris 1989.

[151] Ezra N. SULEIMAN, Politique et technostructure, in: SOUTOU, BELTRAN (Hg.), Pierre Guillaumat, S. 163.

[152] HECHT, Planning a Technological Nation, S. 149f.

[153] Simon NORA, Servir l'État, in: Le Débat, 40 (mai/séptembre 1986), S. 102, hier zitiert nach ROSANVALLON, Der Staat in Frankreich, S. 179.

[154] Siehe hierzu u. a. Bernard CAZES, Philippe MIOCHE (Hg.), Modernisation ou décadence. Études, témoignages et documents sur la planification française, Aix en Provence 1990; Henry ROUSSO (HG.), De Monnet à Massé. Enjeux politiques et objectifs économiques dans le cadre des quatre premiers plans 1946–1965, Paris 1986; DERS.: La planification en crises (1965–1985), Paris 1988; Pierre BAUCHET, La planification française du Ier au VIe Plan, Paris 1970; Saul ESTRIN, Peter HOLMES, French Planning in Theory and Practice, London 1983. Eine Fallstudie zur Nationalisierung und planification im Bereich der Petrochemie und Ölindustrie liefert der Band von Georges-Henri SOUTOU, Alain BELTRAN (Hg.), Pierre Guillaumat: La passion des grands projets industriels, Paris 1995.

schäftigen. Bevor dies am Beispiel der französischen Elektroindustrie und spezieller anhand der an der »bataille du SECAM« beteiligten Institutionen und Akteure versucht wird, soll neben der »keynesianischen Dimension« des französischen Modernisierungsprozesses auch die kulturelle Dimension kurz angedeutet werden, ohne die die »politique des champions nationaux« nicht verständlich wird.

3.3.2. Frankreichs Weg in die Moderne im Spannungsfeld zwischen Tradition und Vision

Die Konzentration der Darstellung auf industrielle oder technologische Phänomene bedeutet nicht, daß die französischen Modernisierungsbestrebungen auf diese Sektoren zu beschränken wären. Die Spannung zwischen Tradition und Vision ließe sich aus gesellschafts- oder kulturhistorischer Perspektive ebensogut am Beispiel der Landwirtschaft, der Städteplanung, der Kulturpolitik oder an allgemeinen außenpolitischen Themen wie der Dekolonialisierung oder der Verteidigungspolitik demonstrieren. Die Beschränkung auf den technisch-industriellen Sektor geschieht mit der Intention, die Analyse der französischen SECAM-Politik in die großen Linien der französischen Industriepolitik und Modernisierungsbemühungen einzubetten. Daß auch in diesen Sektoren ähnlich wie in der Landwirtschaft Widerstände gegen die Fortschrittseuphorie der Technokraten aufzufinden ist, mag nicht weiter verwundern. Wie Alain Touraine bemerkt, war das französische Leben trotz der Reformen, die aus der Energie der »libération« in Gang gesetzt worden waren, »voller Bezüge auf die Vergangenheit«[155]. Touraine deutet hier die besonders für den de Gaulleschen Politikstil charakteristische Verschmelzung rückwärts- und vorwärtsgewandter Entwürfe über die Zukunft Frankreichs an, die zu jener schwer faßbaren politischen Identität des Nachkriegsfrankreichs der fünfziger und sechziger Jahre führten.

Entsprechend dieser Ambivalenz können sowohl »modernistische« als auch »konservative« Elemente im französischen Modernisierungsprozeß ausgemacht werden. Die Sprache der »Fortschrittlichen« war deutlich: »Modernisierung oder Untergang«, so lautete der wirtschaftspolitische Imperativ Jean Monnets[156]. Hinter diesem Slogan verbarg sich aber nicht nur die Forderung des wirtschaftlichen Wiederaufbaus Frankreichs nach dem Zweiten Weltkrieg, sondern die Modernisierung der ganzen französischen Gesellschaft als nationale Aufgabe. Daß die Franzosen von der Notwendigkeit dieser Aufgabe erst überzeugt werden mußten, zeigt folgendes Zitat des Planungskommissars Pierre Massé:

155 TOURAINE, Die französische Gesellschaft, S. 350.
156 Zitiert nach NEUMANN, UTERWEDDE, Industriepolitik, S. 38.

My profession was to send a message that would not falsify the truth, but that would be accessible to labor union members, politicians, [and] public opinion. I had to convince the Government to adopt my plan project, to convince the Economic and Social Council to emit a favorable overall opinion, [and] to convince the Parliament to vote it [into effect]. I repeat the word ›convince‹ three times because this was an essential part of my job, carried out for seven years with a respectable measure of success. Voting for the plan [into effect] is an important act – the Nation's commitment to itself [...] In sum, I had a responsability of a political nature that went beyond the mission of the experts[157].

Im Unterschied zur Bundesrepublik, wo es beim Wiederaufbau primär um die Rekonstruktion bereits angelegter Wirtschaftsstrukturen ging, galt dies für die französische Gesellschaft nicht. Hier waren es sozio-ökonomische Modernisierungsdefizite, die es in einem umfassenden »Plan der Modernisierung und Ausrüstung« (Monnet) aufzuholen galt[158]. Die Sprache der Bewahrer war meist indirekter Natur, und da sie nicht in den Pariser Magazinen oder Verlagshäusern reproduziert wurde, droht sie leicht in Vergessenheit zu geraten. Daß die französische Gesellschaft in dem überwiegend agrarisch geprägten Land noch tief in den traditionalen Strukturen einer Klassengesellschaft verwurzelt war, sollte bei aller Prominenz des Fortschrittsdiskurses nicht übersehen werden. In seinem Buch »La République se meurt« hat der französische Historiker Michel Winock den spannungsreichen »Geisteszustand« dieser Zeit mit einiger Ironie nachgezeichnet:

Frankreich war damals nicht zwischen der Rechten und der Linken zerrissen, sondern zwischen den Anhängern der Modernität und den Verteidigern der vorkapitalistischen und malthusianischen Gesellschaft [...] Zum ersten Lager zählte man alle Sektierer des Fortschritts, die saint-simonistischen Ingenieure, die Polytechniker, die Freunde der menschlichen Gattung, die fortschrittlichen Pfarrer, die gelehrten Frauen, die Studenten der ENA, die Automobilbauer, die Gewerkschafter, die Leser von Fourastié, die Wachstumsökonomen, die Verkünder des Marxismus, die keynesianischen Professoren, die Eisen- und Stahlwerker, die Bediensteten der INSEE, die Journalisten von Le Monde, der Verlag Éditions du Seuil und die militanten Vertreter der birth control [...] Im anderen Lager tummelte sich, wer das Landleben pries [...], die kleinen Händler, die Schankwirte, die Bistros, die Monsieur Paul Ricard reich machten, das radikale, protektionistische, flaggenschwenkende Frankreich des 19. Jahrhunderts, mit allem, was dazugehört: Notare, Anwälte, Amtsdiener, traditionelle Pfarrer, Boulespieler mit Baskenmütze, bellende Hunde, mit Glasscherben eingefaßte Mauern, aktive Mitglieder des Guillaume-Budé-Verbandes, Branntweinbrenner, Kolonialverwalter und alte Bordellinhaber. Zu ihnen allen gesellten sich jene hinzu, die Marschall Pétain treu geblieben waren[159].

Diese ironisch überspitzte Darstellung bringt die Spannungen innerhalb der französischen Gesellschaft auf den Punkt. Um diese konkreter zu veranschaulichen, wird im folgenden versucht, einige exponierte technologische Projekte zu beschreiben, die als »champions nationaux« stellvertretend für

157 HECHT, Planning a Technological Nation, S. 154.

158 Werner ABELSHAUSER, Westeuropäische Trends und Außenhandelsverflechtungen, in: SCHILDT, SYWOTTEK (Hg.), Modernisierung im Wiederaufbau, S. 44.

159 Michel WINOCK, La République se meurt, zitiert nach ROSANVALLON, Der Staat in Frankreich, S. 180.

den Versuch einer staatlich geplanten Modernisierung in Frankreich analysiert werden.

Nach Pierre Rosanvallon stellte die Politik der Initiierung großer industrieller Projekte neben der Strategie der »ökonomischen und industriellen Erziehung der Nation« und der Praxis einer korporatistischen Administration den dritten Pfeiler der Beziehungen des modernisierenden Staates zur französischen Wirtschaft in der Zeit zwischen 1945 und 1970 dar[160]. Während die beiden letzteren Pfeiler auch als Konzept einer »horizontalen Industriepolitik« beschrieben werden könnten, die darauf abzielte, ein flächendeckendes industrielles Wachstum zu fördern, wurde mit der Präsidentschaft de Gaulles zunehmend eine »selektive Industriepolitik« betrieben, die durch gezielte sektorale Eingriffe vorangetrieben wurde. Spiegel dieser selektiven Industriepolitik sind zum einen die zahlreichen Konzentrationsprozesse in Form von Unternehmensfusionen, zum anderen die ehrgeizigen technologischen Großprojekte in einer Reihe strategischer Industriezweige.

Die komplexen Verflechtungen des französischen Staates mit der Privatwirtschaft (Beteiligungen, Kreditvergabe, Subventionen) machen die wirtschaftshistorische Rekonstruktion dieser Beziehungen zu einem hochkomplizierten Geflecht, das zu analysieren an dieser Stelle nicht einmal annähernd unternommen werden kann. Fernand Braudel und Ernest Labrousse bringen diesen komplexen Sachverhalt in ihrer Wirtschafts- und Sozialgeschichte Frankreichs in einem Satz auf den Punkt. »Der Staat«, so heißt es dort kurz und bündig, »war bei den großen Fusionen, die sich Ende der 60er Jahre vollzogen haben, niemals abwesend«[161]. An dieser Stelle sollen lediglich einige dieser Großprojekte skizzenhaft vorgestellt und stellvertretend als Symbole der »modernisation à la française« analysiert werden.

3.3.2.1. Technologische Großprojekte und »champions nationaux«

Et enfin, il y avait une valeur de prestige, d'intérêt national, qui s'attachait à tout ça, notamment notre prestige auprès des pays du tiers-monde; il s'agit de montrer que notre pays, qui à la réputation d'être le pays des parfums, des fromages et de la mode, est aussi une grande nation scientifique et technique[162].

Dieses Zitat des französischen Staatspräsidenten Charles de Gaulle ist nur eines von vielen, das man anführen könnte, um jenen Stellenwert zu demonstrieren, den de Gaulle der modernen Technik im Prozeß der französischen Identitätskonstruktion nach 1945 zusprach. Trotz der bekannten Zitate zu diesem Thema aus dem reichen Bestand seiner »Mémoires« ist de Gaulles Ver-

160 ROSANVALLON, Der Staat in Frankreich, S. 180ff.

161 Fernand BRAUDEL, Ernest LABROUSSE (Hg.), Histoire économique et sociale de la France, Bd. 4, L'ère industrielle et la société d'aujourd'hui (1880–1980), Paris 1982, S. 1134.

162 Alain PEYREFITTE, C'était de Gaulle, Bd. 2, Paris 2000, S. 400.

hältnis zu Technik und Wissenschaft bislang kaum thematisiert worden[163]. In einem der wenigen Artikel zu diesem Thema weist Olivier Wieviorka auf den Einfluß von Denkern wie Maurice Barrès oder Henri Bergson auf de Gaulles Technikverständnis hin[164]. Während die reine Wissenschaft kaum de Gaulles Interesse fand, hat er der angewandten Technik, auch wegen ihrer großen militärischen Bedeutung, immer besondere Aufmerksamkeit geschenkt. Im Gegensatz zur Wissenschaft, in der es laut de Gaulle alleine um die Frage der Wahrheit geht, habe die Technik immer einen direkten Einfluß auf den menschlichen Handlungsspielraum gehabt. Wieviorka charaktersiert de Gaulles Verhältnis zur Technik mit den Worten: »Aucune technique n'est, en soi, bonne ou mauvaise. La technique subordonnée à l'action, la matière rejetée dans le domaine des forces mécaniques. [...] Charles de Gaulle se situe décidément dans le droit fil d'une tradition philosophique qu'il complète par une lecture historique de la société technicienne«[165].

Es verwundert daher nicht, daß die Anwendung einer gänzlich neuen und politisch wie militärisch machtvollen Technologie bereits 1945 zu einem der zentralen Anliegen de Gaullescher Politik wurde: die Entwicklung einer französischen Atombombe. Allerdings nuanciert Robert Frank die pur militärische Dimension der Atombombe im Politikdesign de Gaulles. Laut Frank waren de Gaulles Atombombenpläne von Anfang an als Antwort auf die Krise der nationalen Identität Frankreichs gedacht und nur zum Teil den objektiven Sicherheitsbedürfnissen Frankreichs geschuldet[166].

Doch soll an dieser Stelle nicht die französische Sicherheitspolitik (Stichwort »force de frappe«) diskutiert werden, sondern gezeigt werden, welche industriepolitischen Weichen und kulturellen Modernisierungsbestrebungen mit dem Aufbau einer französischen Nukleartechnik verbunden waren[167]. Mit der 1945 initiierten Gründung des Commissariat à l'Énergie Atomique (CEA) hatte de Gaulle die Weichen für Frankreichs Eintritt in das »nukleare Zeitalter« gestellt. Die Atombombe war für de Gaulle aber nicht nur Symbol

163 Dies hat sicherlich auch mit der schwierigen Quellenlage zu tun. Dem Autor war es nicht gestattet, den Nachlaß von Charles de Gaulle einzusehen, der im Centre d'Études Charles de Gaulle konserviert wird. Auch die Präsidentschaftspapiere des Elysées unterliegen noch der archivalischen Sperrfrist von personengebundenen Akten.

164 Olivier Wieviorka, Charles de Gaulle, la technique et les masses, in: Institut Charles de Gaulle (Hg.), De Gaulle en son siècle, Bd. 3, Paris 1993, S. 713–723.

165 Ibid. S. 714f.

166 Frank, Mentalitäten, S. 178.

167 Zur Rolle der Atomenergie im französischen Sicherheitsdenken siehe Philip G. Cerny, Frankreich und die Nukleardebatte der Atlantischen Allianz 1956–1966, Opladen 1998. Aus wissenschaft- und technikhistorischer Sicht siehe die Beiträge Paul Rigal, Marcel Duval, André Cachin, Henri Piatier, Pierre Lurien und Paul Bonnet in dem vom Comité pour l'histoire de l'armement herausgegebenen Band »Les ingénieurs militaires et l'émergence d'une nouvelle industrie française de l'armement (1945–1960)«, Paris 2000.

technischen Forschritts und militärischer Macht, sondern auch Ausdruck der amerikanischen Überlegenheit. Insofern verkörpert das französische Nuklearprogramm neben dem Bedürfnis, sich der eigenen wissenschaftlich-technischen Leistungsfähigkeit zu vergewissern, auch eine klare machtpolitische Demonstration, die als Ausdruck eines unterschwelligen Anti-Amerikanismus gedeutet werden kann. Bereits 1968 deutete der amerikanische Politologe Robert Gilpin die französische Planpolitik im Bereich der Forschung und Entwicklung als modernistische Variante französischen Politikverständnisses im Sinne der »politique de grandeur« und des »besoin de rayonnement«:

This capacity to express French genius in the world (le besoin de rayonnement) is believed to be threatened by the expansion of American power and influence throughout the world [...] In place of the callous competition and Babel of modern materialism which Frenchmen identify with business-dominated American society, the plan is considered to be an essential instrument by means of which the state can guide economic and social modernization while preserving the integrity of French civilization[168].

Auch wenn der Anti-Amerikanismus als Faktor in der französischen nationalen Identitätsbildung nicht überschätzt werden sollte, bringt Gilpin einen zentralen Gedanken der französischen Planpolitik auf den Punkt: Modernisierung ja, aber: à la française! Das heißt, ohne das missionarische Projekt der »civilisation française« zu gefährden. Der innige Zusammenhang zwischen Modernisierungsbestrebungen auf der einen und der Wahrung einer wie auch immer gearteten »Frenchness«, »civilisation française« oder »nationalen Identität« auf der anderen Seite zeichnet den ambivalenten Prozeß französischer Modernisierung nach 1945 aus. Diese Ambivalenz von Modernisierung und Bewahrung, Tradition und Vision verlangte von den politischen, intellektuellen oder wirtschaftlichen Eliten Frankreichs aber, daß sie ständig deutlich machen mußten, was denn nun das eigentlich französische ihrer Modernisierungsbestrebungen war. Schließlich wurde nicht nur in Frankreich im Bereich der Atomenergie geforscht, wurde nicht nur in Frankreich an der Entwicklung neuer Technologien im Bereich des Transports oder der Telekommunkation gearbeitet.

Die oft wiederkehrende Gegenüberstellung »französischer Zivilisation« und »amerikanischer Kommerzialisierung« wurde diesem Kunstgriff nicht gerecht[169]. Es bedurfte schon besonderer sprachlicher Fähigkeiten, diese Ambivalenz in einprägsame Formulierungen zu übersetzen. Wie so häufig gelang dies Charles de Gaulle – auch bezüglich des französischen Atombombenprogramms – auf beeindruckende Weise. Es gehe darum, wie der Meister

168 GILPIN, France in the Age of Scientific State, S. 12f.

169 Siehe hierzu den Literaturbericht von Herrick CHAPMAN, Modernity and National Identity in Postwar France, in: French Historical Studies 22 (1999) 2 S. 291–314.

wohlüberlegter Worte[170] knapp formulierte, zu zeigen, »que la défense de la France soit française«[171]! Als am 13. Februar 1960 die erste französische Atombombe in der Sahara gezündet wurde, telegrafierte de Gaulle dem ehemaligen Leiter der CEA und damaligen Verteidigungsminister Pierre Guillaumat seine herzlichsten Glückwünsche: »Hourra pour la France! Depuis ce matin, elle est plus forte et plus fière. Du fond du coeur, merci à vous et à ceux qui ont pour elle remporté ce magnifique succès«[172].

Es ist der amerikanischen Technikhistorikerin Gabrielle Hecht zu verdanken, die komplexe Beziehung zwischen dem Aufbau der französischen Nukleartechnik und der Konstruktion nationaler Identität im Nachkriegsfrankreich in ihrem Buch »The Radiance of France: Nuclear Power and National Identity after World War II« analysiert zu haben[173]. Für Hecht stellt der französische Diskurs über nationale Identität nach 1945 jene Brücke dar, welche »a mythologized past and a coveted future« verbinde:

> In postwar France, the notion of radiance is precisely such a bridge: radiant through its empire before the war, France must maintain its radiance to maintain its Frenchness.[...] Technological prowess has staked a firm claim as a basic element of French national identity. At least rhetorically, the builders of a high-speed train (the TGV), the Minitel communication system, the Concorde airliner, the Ariane rocket, and numerous other technological systems continue to cultivate the association between technology and French radiance – even when these systems are developed in cooperation with other European nations«[174].

Sich konzentrierend auf die beiden Institutionen Commissariat à l'Énergie Atomique (CEA) und der nationalen Elektrizitätsgesellschaft Electricité de France (EDF) hat Hecht die in politischen oder wirtschaftlichen Entscheidungsgremien oftmals unterschiedlichen Vorstellungen über die Zukunft Frankreichs als Atommacht untersucht. Interessanter noch als die Analyse der unterschiedlichen Modernisierungsstrategien, die anhand der konkurrierenden Vorstellungen über die einzuschlagende Reaktortechnik sichtbar werden, ist Hechts Beschreibung der Reaktion der ländlichen Bevölkerung auf den Bau von Atomreaktoren in ihrer Umgebung. Dadurch gelingt es ihr, das abstrakte Phänomen der »modernisation à la française« auf die Ebene vergleichender Regionalgeschichte »herunterzudimmen«. Dabei weist sie nach, daß der Bau und der Betrieb von Atomkraftwerken als nationale »Spektakel«

170 Zur Bedeutung der Sprache im politischen Auftreten de Gaulles siehe: Frank Costigliola, Power and Language: The French Connection, in: Contemporary European History 2 (1993) 1 S. 69–80. Dort heißt es: »De Gaulle's entire career demonstrated that language, carefully crafted and masterfully delivered, was power«, S. 77.

171 Zitiert nach Jean Touchard, Le Gaullisme (1940–1969), Paris 1978, S. 199.

172 Ibid. S. 200.

173 Gabrielle Hecht, The Radiance of France. Nuclear Power and National Identity after World War II, Cambridge, London 1998. Siehe auch die Rezension, die der Autor in der Zeitschrift Technikgeschichte 68 (2001) 3 S. 288–289, veröffentlicht hat.

174 Hecht, The Radiance of France, S. 13 und 329.

inszeniert wurden, welche die Form eines Dramas oder einer Zurschaustellung annehmen konnten. Während die dramatische Form der Inszenierung darauf abzielte, die französischen Atomkraftwerke als den wiedergewonnenen Anschluß Frankreichs an die technologische Weltspitze zu feiern, machte die Zurschaustellung die Atomkraftwerke zu modernen Kathedralen und Touristenattraktionen: »Both kinds of spectacle«, so Hecht, »made large-scale technological change into something the public could consume – be regarding, gazing, and touring. [...] The spectacle of nuclear development in the Gard [Region im Rhônetal, A.d.V.] took the form of dramatic narratives in which modernity became reconciled with the tradition in order to save the region from decline«.[175]

Der Vergleich von Atomkraftwerken mit architektonischen Kunstwerken wie dem Eiffelturm, dem Arc de Triomphe oder Notre-Dame machte es möglich, auch die entlegensten Ortschaften in der französischen Provinz zu Zentren des Fortschritts und kultureller Größe zu erheben. Im Gegensatz zu den verschmutzten Kohlekraftwerken konnten Atomkraftwerke problemlos zu »strahlenden« Kunstwerken mutieren, die als Ausflugsziel sonntäglicher Spazierfahrten dienten. Das Kernkraftwerk in Marcoule an der Rhône konnte sich so mühelos in die Tradition einer Urlaubs- und Erhohlungslandschaft einreihen, denn »esthetic considerations concerned local officials more than safety issues«[176]!

Gehören die französischen Modernisierungsanstrengungen im Bereich der Nukleartechnik zu den markantesten Beispielen französischer Wissenschafts- und Industriepolitik der Nachkriegszeit, könnten zahlreiche weitere Beispiele angeführt werden. So etwa die international bekannten Bemühungen im Bereich der zivilen (Concorde[177], Airbus[178]) wie militärischen (Mi-

[175] Ibid. S. 202 und 220.

[176] Ibid. S. 121. Das Beispiel Marcoule führt Hecht auch in dem Aufsatz »Peasants, Engineers, and Atomic Cathedrals: Narrating Modernization in Postwar Provincial France« weiter aus. Siehe French Historical Studies 20 (1997) 3 S. 381–418. Zum Thema Verschmelzung von Natur und Technik siehe Sarah Pritchard, Reconstructing the Rhône: The Politics of Nature and Nation in Contemporary France (1945–1997), in: French Historical Studies 27 (2004) 4 S. 765–800.

[177] Elliot J. Feldmann, Concorde and Dissent: Explaining High-Technology Project Failures in Britain and France, New York 1985; Hartmut Berg, Gerhard Mammen, Alternative Strategien staatlicher Technologieförderung: eine Analyse der Projekte »Concorde« und »Airbus«, Essen 1981; Kenneth Owen, Concorde and the Americans: International Politics of the Supersonic Transport, Washington 1997; Geoffrey Jackson, Concorde Diplomacy: The Ambassador's Role in the World of Today, London 1981.

[178] Ulrich Kirchner, Das Airbus-Projekt (1965–1990). Genese, Eigendynamik und Etablierung am Markt, in: Johannes Weyer, Ulrich Kirchner, Lars Riedl, Johannes K. Schmidt (Hg.), Technik, die Gesellschaft schafft. Soziale Netzwerke als Ort der Technikgenese, Berlin 1997, S. 101–146; Pierre Muller, Airbus, l'ambition européenne: logique d'Etat, logique du marché, Paris 1989; David Weldon Thornton, Airbus Industrie: The Politics of an International Industrial Collaboration, New York 1995.

rage[179]) Luftfahrt, der schienengebundenen Fahrzeugtechnologie (TGV[180]), der Raumfahrt (Ariane) oder der Elektronik (Plan Calcul[181]) und Telekommunikation (Minitel[182]). Aber auch weniger spektakuläre Programme wie das 1967 beschlossene Eisenhüttenprojekt von Fos-sur-Mer[183], das 1976 entwickelte Programm zur Produktion elektronisch gesteuerter Werkzeugmaschinen[184], die generellen Modernisierungsbemühungen im Bereich der Landwirtschaft[185] oder die großen Pariser Wohnungsbauvorhaben in La Villette oder La Défense könnte man als Beispiel staatlich initiierter und moderierter Modernisierungspolitik anführen[186].

Ist der technische Output dieser Projekte in der Mehrzahl durchaus positiv zu bewerten, fällt die ökonomische Bilanz insgesamt weniger eindeutig aus[187]. So wurde alleine das Nettodefizit der »Opération Concorde« im Jahre 1980 auf 35 Milliarden Francs beziffert und der »Plan Calcul« als »fiasco de 40 millions« beschrieben. In der politischen Strategie der Großprojekte wurde das ökonomische Kalkül dem symbolischen Mehrwert jedoch untergeordnet. Das Konzept der staatlichen Förderung strategischer Sektoren wurde von dem politischen Bestreben getragen, nationale Prestigeobjekte zu fördern.

179 François LE ROY, The Elusive Pursuit of Grandeur and Independance: Mirage Diplomacy, French Foreign Policy and International Affairs, 1958–1970, Diss. University of Kentucky 1997.

180 Babette NIEDER, TGV und ICE im Spannungsfeld von Politik, Verwaltung und Industrie (1968–1991). Ein deutsch-französischer Vergleich, Herne 1997; E. R. POWELL, The TGV-Project: A Case of Technico-Economic Dirigism?, in: Modern and Contemporary France 5 (1997) S. 197–214; Stefan ZEILINGER, Wettfahrt auf der Schiene. Die Entwicklung von Hochgeschwindigkeitszügen im europäischen Vergleich, Frankfurt a. M. 2003.

181 Pierre MOUNIER-KUHN, History of Computing in France, New York u. a. 1989; DERS., La compagnie des machines Bull et l'industrie informatique américaine: compétition et coopération, in: Hans POHL (Hg.), Competition and Cooperation of Enterprises on National and International Markets (19th-20th century), Stuttgart 1997, S. 87–103; Pascal GRISET (Hg.), Informatique, politique industrielle, Europe entre Plan Calcul et Unidata, Paris 1998; Pierre GADONNEIX, The plan calcul. An Attempt to Meet the U.S. Challenge in the French Computer Industry, Diss. Harvard Univ. 1975; Jean-Pierre BRULÉ, L'informatique, malade de l'État: du Plan Calcul à Bull nationalisée, un fiasco de 40 milliards, Paris 1993.

182 Michel ABADIE, Minitel Story: le dessous d'un succès, Lausanne 1988; Jean-Yves RINCÉ, Le minitel, Paris 1994; Amy L. FLETCHER, France Enters the Information Age: A Political History of Minitel, in: History and Technology, 18 (2002) 2 S. 103–117.

183 Bernard PAILLARD, La damnation de Fos, Paris 1981.

184 Zur metallverarbeitenden Industrie siehe Jean G. PADIOLEAU, Quand la France s'enferre, Paris 1981 sowie Michel FREYSSENET, La sidérurgie française 1945–1975, Paris 1979.

185 Pierre MULLER, Le Technocrate et le Paysan, Paris 1984.

186 ROSANVALLON, Der Staat in Frankreich, S. 184. Zum Thema »aménagement du territoire« siehe Olivier GUICHARD, Aménager la France, Paris 1965, sowie Michel ROCHEFORT, Catherine BIDAULT, Michèle PETIT, Aménager le térritoire, Paris 1970.

187 Eine kritische Analyse der Politik der Großprojekte findet sich bei Elie COHEN, Le Colbertisme »high-tech«, Paris 1992, sowie DERS., France: National Champions in Search of a Mission, in: Jack HAYWARD, (Hg.), Industrial Enterprise and European Integration. From National to International Champions in Western Europe, Oxford 1995, S. 23–47.

Pierre Rosanvallon faßt die Bedeutung dieser Politik der Großprojekte wie folgt zusammen:

> Vor allem wurden diese gefördert, weil sie den Eindruck effektiven Staatshandelns vermitteln konnten. Die Politik der Großprojekte bildete den Kern der Rhetorik über politische Strategien. Dazu war sie besonders geeignet, weil sie den Abstand zwischen Entscheidung und der Ausführung aufhob. Dem Großprojekt ist zu eigen, daß es die Gleichzeitigkeit von Programmatik und Realisierung möglich macht. [...] Insofern vereinfacht die Lancierung eines Großprojektes die Beziehung zwischen Staat und Gesellschaft: durch die Verringerung des Abstandes zwischen Sagen und Tun wird die Möglichkeit des Scheiterns ausgeschlossen; das Großprojekt ist ein Monument, welches staatliche Herrschaft über die materielle Welt zum Ausdruck bringen soll. Insofern ist das wirtschaftliche Ergebnis in gewisser Weise von sekundärer Bedeutung. Vielmehr scheint es, als ob es vor allem darauf ankomme, daß der Staat symbolisch vorführt, daß er kann, wenn er nur will[188].

Wie Michael Bess aufgrund der Analyse von Meinungsumfragen nachgewiesen hat, wurden die Großprojekte von der überwiegenden Mehrheit der Franzosen als durchaus positiv für Frankreich gewertet[189]. Im Gegensatz zu den teilweise heftigen Angriffen von seiten der Privatindustrie scheint das Konzept der »modernisation par en haut« aus mentalitätshistorischer Perspektive somit aufgegangen zu sein. Will man sich dem komplexen Phänomen der Modernisierung jedoch in alltagsgeschichtlicher und kulturhistorischer Perspektive nähern, kommt man an regionalhistorischen Untersuchungen nicht vorbei[190]. Erst der kleinere Fokus regional begrenzter Untersuchungsräume macht es möglich, die komplexe Beziehung von staatlicher Modernisierungspolitik und Identitätsbildung halbwegs nachvollziehbar zu machen. Auch wenn zu diesem Fragenkomplex in den letzten Jahren bereits einige Arbeiten vorgelegt wurden, bleibt auf diesem Gebiet noch viel zu tun[191].

Neben dem geographischen Fokus sind generationenspezifische Untersuchungen eine weitere Möglichkeit, makro- und mikrohistorische Fragestellungen in einen fruchtbaren Bezug zueinander zu bringen[192]. Erst diese Stu-

188 ROSANVALLON, Der Staat in Frankreich, S. 184.

189 Michael BESS, Ecology and Artifice: Shifting Perceptions of Nature and High Technology in Postwar France, in: Technology and Culture 36 (1995), S. 830–862.

190 Eine interessante Perspektive bietet der Filmhistoriker Pierre Sorlin in dem Aufsatz »Stop the Rural Exodus«: Images of the Country in French Films of the 1950s, in: Historical Journal of Film, Radio and Television 18 (1998) 2, S. 183–197, sowie Marie-Françoise LÉVY, Television, Family and Society in France 1949–1968, in: ibid. S. 199–212.

191 Siehe beispielsweise Susan Carol ROGERS, Shaping Modern Times in Rural France: The Transformation and Reproduction of an Aveyronnais Community, Princeton 1991; Rosemary WAKEMAN, Modernizing the Provincial City: Toulouse 1945–1975, Cambridge 1997; Robert L. FROST, The Flood of »Progress«: Technocrats and Peasants at Tignes (Savoy), 1946–1952, in: French Historical Studies 14 (1985) 1, S. 117–140; Hubert BONIN, Sylvie GUILLAUME, Bernard LACHAISE (Hg.), Bordeaux et la Gironde pendant la Réconstruction (1945–1954), Bordeaux 1997.

192 Siehe Anne-Marie SOHN, Âge tendre et tête de bois. Histoire des jeunes des années 1960, Paris 2001; Jean-François SIRINELLI, Les baby-boomers: une génération (1945–1969), Paris

dien werden es erlauben, die »feinen Unterschiede« in der lokalen oder regionalen Wahrnehmung und individuellen oder kollektiven Deutung der französischen Modernisierungsanstrengungen herauszuarbeiten. Vielleicht werden diese Arbeiten dazu führen, die heute unter den Schlagworten »Amerikanisierung«, »Westernization« oder »Anti-Amerikanismus« kursierenden kulturhistorischen Untersuchungen stärker an die erlebnishafte Realität der historischen Akteure zu binden[193]. Wie die Arbeit von Rosemary Wakeman über Toulouse zeigt, müssen jene eher abstrakt argumentierenden Studien, die die französische Nachkriegsgesellschaft generell als »amerikafeindlich« und »chauvinistisch« charakterisieren, einer nuancierteren Bewertung weichen: »For most people in Toulouse, the issue was not so much Americanization as the danger that the venerable old capital of the southwest would come to resemble Paris and its suburbs«[194]!

Bevor nun das französische SECAM-Farbfernsehsystem als Beispiel der staatlich instrumentalisierten Modernisierungskampagne und Medium der außenpolitischen Neuorientierung Frankreichs unter de Gaulle analysiert wird, muß – wie für die Bundesrepublik ebenfalls geschehen – der engere rundfunkindustrielle Rahmen abgesteckt werden, innerhalb dessen die zentralen SECAM-Akteure agiert haben. Zu diesem Zweck wird in einem ersten Schritt der gröbere Kontext der französischen Modernisierungsbestrebungen im Bereich der Elektroindustrie vorgestellt, um dann auf die an der Entwicklung und Vermarktung des SECAM-Systems unmittelbar beteiligten Unternehmen und Institutionen eingehen zu können.

3.3.3. Die französische Elektroindustrie zwischen Staat und Markt[195]

Quelle que soit l'orientation politique des pouvoirs publics, l'électronique a toujours fait le consensus: elle est considérée comme une branche industrielle noble, de ›pointe‹, susceptible de permettre à la France d'affronter la compétition internationale«[196].

2003; Dietmar Hüser, RAPublikanische Synthese. Eine französische Zeitgeschichte populärer Musik und politischer Kultur, Köln u.a. 2004.

193 Siehe hierzu den anregenden Aufsatz von Michèle Lamont, National Identity and National Boundary Patterns in France and the United States, in: French Historical Studies, 19 (1995) 2 S. 349–365.

194 Chapman, Modernity and National Identity in Postwar France, S. 307. Chapmans Kritik richtet sich gegen die manchmal zu oberflächlich argumentierende Studie von Kuisel, Seducing the French.

195 Diese Kapitalüberschrift ist als Referenz auf das Werk von John Zysman: L'industrie française entre l'État et le marché, Paris 1972, zu verstehen.

196 Jocelyne Barreau, Abdelaziz Mouline, L'industrie électronique française: 29 ans de relations État-groupes industriels (1958–1986), Paris 1987.

Mit diesem Statement beginnen die beiden französischen Wirtschaftswissenschaftler Jocelyne Barreau und Abdelaziz Mouline ihre 1986 publizierte Darstellung der Beziehungen des französischen Staates zur elektrotechnischen Industrie in Frankreich zwischen 1958 und 1986. Obschon einige wenige Arbeiten im Bereich der Geschichte der französischen Elektroindustrie, spezieller im elektronischen Konsumgüterbereich vorliegen[197], konzentrieren sich die folgenden Ausführungen über die engen Beziehungen zwischen dem französischen Staat und der elektrotechnischen Industrie im wesentlichen auf die Arbeit von Barreau und Mouline, da sie in prägnanter Weise die strukturelle Verflechtung beider Wirtschaftsakteure rekonstruieren und somit personelle und institutionelle Beziehungen verdeutlichen[198].

Gleich zu Beginn ihrer Darstellung differenzieren die beiden Autoren die zentralen wirtschaftspolitischen Akteure auf staatlicher und privatwirtschaftlicher Ebene. Dabei unterscheiden sie auf staatlicher Ebene drei Kompetenz- oder Einflußbereiche: 1. Les organismes de tutelle sectorielle; 2. Les organismes de tutelle fonctionelle und 3. Les organismes interministériels. Die »sektoriellen Schutzorganismen« haben die Aufgabe, Beziehungen zu einem bestimmten industriellen Sektor zu unterhalten. Diese Beziehungen können die Form beobachtender Natur, begleitender Unterstützung oder direkter Einflußnahme haben. So können etwa technische Entscheidungen der »Direction Générale des Télécommunications« unmittelbare Auswirkungen auf die Unternehmen der Telekommunikationsindustrie haben, deren Hauptkunde wiederum der französische Staat ist. Die »funktionellen Schutzorganismen« haben präzisere Aufgaben, die den industriellen Sektor weit überschreiten können. Hier geht es um Preisfestlegungen, Exportförderungen oder direkte Subventionen. Als staatliche Institutionen dieser Kategorie fungieren die unterschiedlichen Abteilungen des Finanzministeriums (Steuer, Haushalt, Schatzmeister) sowie die »satellites para-administratifs« wie der Crédit National oder die Caisse Nationale des Marchés de l'Etat. Schließlich bilden die »interministeriellen Organismen« eine dritte Kategorie von staatlichen Eingriffsmöglichkeiten in die Privatwirtschaft. Diese interministeriellen Organismen fungieren dabei eher als Koordinationsstellen der unterschiedlichen staatlichen Aktivitäten in einem industriellen Sektor. In diese Kategorie gehört auch das bereits ausführlich beschriebene Commissariat Général au Plan

197 Siehe Chantal LE BOLLOC'H-PUGES, La Politique industrielle française dans l'électronique, Paris 1991; GRISET (Hg.): Informatique, politique industrielle.

198 Zu Recht weist Pierre Mounier-Kuhn in der Einleitung seiner Dissertation darauf hin, daß es sich bei der Arbeit von Barreau und Mouline nicht um eine im eigentlichen Sinne historische Arbeit handelt, da sie fast ausschließlich Sekundärliteratur für ihre Argumentation heranziehen. Wegen der strukturellen Analyse der Beziehungen zwischen französischem Staat und der Industrie ist sie für unserer Zwecke dennoch hilfreich. Siehe Pierre MOUNIER-KUHN, Histoire de l'informatique en France, Paris 1995.

oder die »Délégation à l'aménagement du Territoire et à l'Action Régionale« (DATAR), eine zentrale Behörde, die den französischen Zentralismus abschwächen und die Regionalisierung fördern sollte.

Die Ernennung eines »Délégué interministériel pour la télévision en couleurs« im Frühjahr 1965 macht klar, daß wir es bei der Farbfernsehfrage vor allem mit der dritten Form staatlicher Einflußnahme zu tun haben. Da die Interventionen in allen drei Bereichen indirekter (z. B. durch Einwirkung auf das Umfeld, in dem ein Unternehmen agiert) oder direkter Natur sein können, ist es für den rekonstruierenden Historiker nicht leicht, die komplexen Entscheidungswege und Handlungsmuster genau nachzuvollziehen.

Neben den staatlichen Akteuren gestehen Barreau und Mouline auch den großen industriellen Konzernen die Rolle industriepolitischer Akteure zu. Oftmals mit Hilfe staatlicher Subventionen oder Beteiligungen entstanden, bestimmten einige wenige große Unternehmen die elektrotechnische Unternehmenslandschaft in Frankreich seit Mitte der sechziger Jahre. Zu ihnen zählen Firmen wie Thomson, CGE, MATRA, CSF oder BULL, die Anfang der achtziger Jahre 50% der elektrotechnischen Produktion Frankreichs herstellten[199]. Barreau und Mouline gehen in ihrer Darstellung der französischen Elektroindustrie von der Hypothese aus, »que l'on ne peut comprendre la situation actuelle de l'industrie électronique française sans analyser les relations complexes qui s'établissent entre le système de décision étatique et le système de décision des groupes industriels. Nous sommes donc en présence de deux systèmes de décision profondément interdépendants et hétérogènes«[200].

Um diese komplexe Abhängigkeit staatlicher und privatwirtschaftlicher Entscheidungsstrukturen zu visualisieren, haben die beiden Autoren ein Organigramm entwickelt, welches die Interdependenzen zwischen staatlichen und privatwirtschaftlichen Akteuren aufzeigt. Wie Barreau und Mouline betonen, funktionierten die beiden dargestellten Entscheidungsebenen bis Ende der sechziger Jahre in einem ökonomischen, politischen und sozialen Umfeld, das vornehmlich national geprägt war, während es ab Anfang der 70er Jahre zunehmend international geprägt war. Da sich der Zeitraum unseres Unter-

199 Barreau, Mouline, L'industrie électronique française, S. 11. Auch im Bereich der Rundfunkindustrie ist eine ähnliche Konzentration zu beobachten: Gab es 1948 noch ca. 3 000 Firmen im Branchenverzeichnis »Hörfunk und Fernsehen«, sank diese Zahl im Laufe der 50er Jahre kontinuierlich um 1963 den Stand von 183 Unternehmen zu erreichen. Von diesen 183 Firmen realisierten 25 mehr als 83% der Produktion und 81% des Umsatzes. 1965 waren es nur noch 168 Unternehmen, von denen 4 (Thomson-Brandt, Philips, CSF und Continental Edison) 50% Marktanteile hatten. Nach der Fusion von Thomson-Brandt und CSF 1967 machen die drei »global player« Thomson-CSF, Philips und die zu CGE gehörende Continental Edison 80% der Produktion auf dem Radio- und Fernsehgebiet unter sich aus. Siehe Roger Andrey, L'électronique française face à la couleur II, in: La Technique de l'exploitation cinématographique 289 (octobre 1967) S. 41–44.

200 Ibid. S. 13.

suchungsgegenstandes schwerpunktmäßig in den 1960er Jahren befindet, haben wir es in diesem Fall mit einem überwiegend national geprägten Umfeld zu tun, in das Eingriffe anderer Staaten oder Konzerne eher selten waren. Wie sich im Laufe der Darstellung zeigen wird, können viele der Beziehungen, die Mouline und Barreau in ihrer Verflechtung der beiden Entscheidungsstrukturen aufgezeigt haben, auch im Falle der SECAM-Propagation wiedergefunden werden.

Dennoch deutete sich gerade in den Jahren von de Gaulles Präsidentschaft ein grundlegender Wandel der französischen Wirtschaftspolitik an, der von Wirtschaftshistorikern unter dem Stichwort »Öffnung zum europäischen Markt« behandelt wird. Die bewußte Wahl, die in den fünfziger Jahren stark protektionierte französische Wirtschaft verstärkt der europäischen Konkurrenz auszusetzen, bedeutete aber nicht, daß man zu einer liberalen Wirtschaftspolitik übergegangen war. Planwirtschaftliche Eingriffe waren auch für de Gaulle »une ardente obligation«. Charakteristisch für die Wirtschaftspolitik de Gaulles war vielmehr das Nebeneinander mehrerer Zielsetzungen, die sich auf den ersten Blick zu wiedersprechen scheinen: »Les grandes orientations économiques décisives pour le devenir de l'industrie française furent le choix de la compétition européenne, le recours à une planification indicative et le refus de la domination des techniques américaines«[201].

Das erklärte Ziel de Gaulles, die französische Industrie mit der europäischen Konkurrenz zu konfrontieren, erforderte eine entsprechende Umstrukturierung der Verwaltungsorganisation, die sich rückblickend vor allem in der sukzessiven Schwächung des Industrieministeriums zugunsten des Finanzministeriums zeigt. Dieser schleichende Kompetenzabbau des Industrieministeriums, so McArthur und Scott, ist aber nicht wirklich mit einer Neudefinition der gesamtstaatlichen Strukturen einher gegangen[202].

Ein deutlicher Hinweis für die wachsende Bedeutung der Elektronik im industriepolitischen Kalkül Frankreichs ist die Gründung der »Commission Permanente de l'Électronique du Plan«, die 1961 gegründet wurde. Sie war die einzige permanente Kommission des Planungsbüros und hatte die Aufgabe, die Bedeutung der Elektronik für die anderen industriellen Branchen zu beurteilen. In einem Perspektivplan der Kommission aus dem Jahre 1963, in der die Entwicklungsperspektiven, die aktuelle wirtschaftliche Bedeutung und die militärische Bedeutung einzelner Wirtschaftssektoren analysiert wurden, nahm die elektrotechnische Branche nach dem Erdöl bereits den zweiten Platz ein und war somit vorrangiger als die Branchen Chemie und Automobilbau[203]. Obschon die zentrale Bedeutung der elektrotechnischen Industrie –

201 Ibid. S. 25.

202 John McArthur, Bruce R. Scott, L'industrie française face aux plans: Harvard ausculte la France, Industrial Planning in France, Paris 1970.

203 Barreau, Mouline, L'industrie électronique française, S. 34.

vor allem im Bereich der elektronischen Bauteile – somit bereits Anfang der sechziger Jahre erkannt wurde, gab erst die »affaire Bull« im Jahre 1964 den Anstoß zu einer massiven staatlichen Intervention in den Bereich eines elektrotechnischen Konsumgütersektors: der Rechnerindustrie. Aber auch die Radio- und Fernsehindustrie war Teil des Plans. Am 22. April 1964 wurde im Zentralen Planungsbüro die Gründung der »Commission de la Radiodiffusion et de la Télévision« beschlossen, die die industrielle Bedeutung des Rundfunks für den anstehenden fünften Plan abschätzen sollte[204]. Aushängeschild des fünften Plans (1966–1970), der ganz den Konzentrationsbemühungen in industriellen Leitsektoren gewidmet war, wurde mit dem »Plan Calcul« jedoch ein ehrgeiziges Entwicklungsprogramm im Bereich der Informatikindustrie, dessen Resultate sehr kontrovers bewertet wurden.

Obwohl der »Plan Calcul« als Paradebeispiel der staatlichen Industriepolitik im Bereich der Elektroindustrie gilt, liegen diese Bemühungen zeitlich hinter den Ereignissen, die für die Geschichte der Farbfernsehkontroverse von Bedeutung sind. Es ist daher notwendig, sich jenen Institutionen auf staatlicher und privatwirtschaftlicher Ebene zuzuwenden, die seit Anfang der sechziger Jahre als Akteure der SECAM-Offensive aufgetreten sind.

3.3.3.1. Henri de France und die »Compagnie Française de Télévision« (CFT)

In Frankreich war die Entwicklung des SECAM-Systems mit dem Namen eines Mannes (Henri de France) und die Vermarktung des Systems mit dem einer Firma (CFT) verbunden. Im Gegensatz zur bundesdeutschen Entwicklung haben wir es bei Henri de France und der CFT jedoch nicht mit »Einzelkämpfern« zu tun, sondern mit einem ganzen SECAM-Netzwerk, in das industrielle und politische Akteure eng miteinander verwoben waren. Am Beginn der Ausbildung dieses Netzwerkes stand die SECAM-Patentanmeldung durch Henri de France im Mai 1956. Durch seine zahlreichen Kontakte gelang es Henri de France, den Generaldirektor der Compagnie de Télégrafie sans Fil (CSF), Maurice Ponte[205], für sein Farbfernsehsystem zu interessieren. Da Ponte von der industriellen Zukunft des Farbfernsehens überzeugt war, kam es am 1. Dezember 1957 zur »Wiederbelebung« einer Firma namens Compagnie Française de Télévision, die seit einigen Jahren nur mehr auf dem Papier existierte. Maurice Ponte hatte den Generaldirektor des großen französischen Glaskonzerns Saint-Gobain, M. Grandgeorges, dafür gewinnen können, als Kapitalgeber für die Wiederbelebung der CFT aufzutreten. Beide Unternehmen (CSF und Saint-Gobain) waren mit 50% an der CFT beteiligt, die Prä-

204 Siehe »Commission de la radiodiffusion et de la télévision au Commissariat Général du Plan d'Équipement et de la Productivité«, in: Bulletin de la FNIE 25 (juin/juillet/août 1964) S. (25)-5–130.

205 Zur Person von Maurice Ponte siehe den Beitrag von L. Neel, wie Ponte Mitglied der Acedémie Française, in: http://www.radar-france.net/eloge_Ponte.htm (15. September 2005)

sidentschaft sollte alternierend von Ponte und Grandgeorges wahrgenommen werden[206]. Als Direktor der CFT wurde der Sohn des berühmten Generals Weygand, Edouard Weygand, eingesetzt[207]. Ziel der CFT-Aktivitäten war es, das SECAM-System international bekannt zu machen und es – wenn möglich – als europäische Alternative zum NTSC durchzusetzen. Zu diesem Zweck wurde 1959 in Levallois ein Entwicklungszentrum eingerichtet, in dem Henri de France nach dem Konkurs seiner Firma Radio Industries mit einigen Mitarbeitern an der Weiterentwicklung des SECAM-Systems sowie der Entwicklung einer neuartigen Farbfernsehröhre forschen sollte[208].

Obwohl der »Durchbruch« für das SECAM-System wie bereits geschildert erst mit den Demonstrationen auf der CCIR-Zwischentagung in Bad-Kreuznach im Juni 1962 gelang, setzten die Werbeaktivitäten bereits wesentlich früher ein. Schon auf der CCIR-Tagung in Moskau im Juni 1958 hatte Henri de France als Mitglied der französischen Delegation und CFT-Angestellter bei den sowjetischen Behörden für das SECAM-System geworben. Im Oktober 1959 wurde an den sowjetischen Minister für Telekommunikation, M. Krivocheiev, ein offizielles Schreiben adressiert, das diesem einen Besuch von CFT-Ingenieuren zwecks Demonstration des SECAM-Systems vorschlug[209]. Bereits im April des darauffolgenden Jahres machte sich eine CFT-Delegation auf den Weg nach Moskau, um dort vom 15. März bis 6. April 1960 mit sämtlichen fernsehtechnischen Experten der Sowjetunion zusammenzutreffen. Der Reisebericht des CFT-Ingenieurs François Dognin klang aber wenig enthusiastisch: »Découvertes successives des points faibles du système Henri de France par les techniciens russes. [...] Notre moral est très bas ce soir. Un Russe, dont je ne connais pas le nom, a trouvé très drôle (presque absurde) de se servir deux fois de la même information«[210].

Auch wenn die Vorführungen demnach nicht so positiv verlaufen waren wie erhofft, wurde mit diesem ersten Besuch der CFT-Techniker in Moskau

206 Siehe »La Compagnie Française de Télévision (CFT) de 1958 à 1968«, Privatunterlagen von Jacques Fagot (Paris), 6 maschinegeschriebene Seiten.

207 Jacques Fagot bezeichnet Weygand als »trop gentil«, was darauf hindeutet, daß Weygand als Generaldirektor wohl eher eine Fehlbesetzung war. Siehe Entretien avec Jacques Fagot, ingénieur Thomson, Paris, 25.05.1984, in: Archives du CHTV/INA, Bry-sur-Marne.

208 Zu den Mitarbeitern Henri de Frances zählten am Anfang Pierre Cassagne, Roland Fessard und Bernard Dognin, die an der Optimierung des SECAM-Systems arbeiteten, sowie Roger Cahen und François Dognin, die an der Röhrenentwicklung arbeiteten.

209 In einer Mitteilung von M. Chaste von der Direction Générale Technique de la C.S.F. an Eduard Weygand (CFT) vom 23. Dezember 1959 heißt es: »Dans cette lettre dont nous joignons copie à la présente note, nous proposions une visite en URSS dans le but (exposé en termes diplomatiques) d'y défendre le système de la France«. In: Archives du CHTV/INA, Nachlaß Michel Dubail.

210 Reisebericht von François Dognin, »Déplacement de Moscou, 15 mars – 6 avril 1960« vom 21. April 1960, in: Archives du CHTV/INA, Nachlaß Michel Dubail.

Abb. 14: »new colour tv system from Europe«. 1962 werben »the world-famous French glass maker« Saint-Gobain und »the largest electronics company in France« CSF in einer Anzeige des »Time Magazine« vom 28. Dezember für das SECAM-System. Gerichtet an eine amerikanische Leserschaft, wird SECAM als europäische Alternative zum NTSC präsentiert! Aus: Archives du CHTV/INA, Nachlaß Michel Dubail.

der Grundstein für eine intensive Beziehung zwischen der CFT und entsprechenden sowjetischen Behörden gelegt. Bereits im September 1961 wurde den sowjetischen Fernsehspezialisten vom Telekommunikationsministerium eine komplette SECAM-Experimentieranlage für sechs Monate überlassen, welche die CFT auf der Moskauer Wirtschaftsmesse ausgestellt hatte[211]. Die eigentliche »propagation du SECAM«, die Werbetour für das SECAM-System, begann aber erst nach der Aufnahme des SECAM-Systems als zu untersuchende Systemvariante im Rahmen der EBU ad-hoc-Kommission Ende 1962. Um die verschiedenen Aktivitäten (F&E, Werbung, Zusammenarbeit mit RTF und staatlichen Stellen) der CFT zu koordinieren, wurde ein »Comité de Direction« gegründet, das die Entscheidungen der Generaldirektion der CFT sowie der beiden Kapitalgeber CSF und Saint-Gobain unterstützen sollte[212]. Im Zuge der zunehmenden politischen Bedeutung der SECAM-Technologie wuchs die CFT-Mannschaft von anfänglich sechs Ingenieuren auf über hundert Personen im Jahre 1966 an. Entsprechend aufwendig wurde auch die Ausstattung, die aus mobilen Demonstrationsanlagen, Studios, Empfängerparks, Codier- und Decodieranlagen etc. bestand. Zudem mußten zahlreiche SECAM-Versuchsanlagen an entsprechend interessierte Stellen geliefert und mit dem nötigen Informationsmaterial versorgt werden[213]. Bevor jedoch näher auf diese internationalen Bemühungen der SECAM-Promotion eingegangen wird, die eng mit der Politisierung des SECAM-Systems verbunden waren, muß ein Blick auf das Verhältnis der CFT zur übrigen Rundfunkindustrie Frankreichs und deren Einstellung gegenüber dem SECAM-System geworfen werden.

Wie in der Bundesrepublik war auch die elektrotechnische Industrie in Frankreich in einem Zentralverband organisiert, der Fédération Nationale des Industries Électroniques (FNIE), heute Fédération des Industries Électriques, Electroniques et de Communications (FIEEC). Dieser Verband, der im Sinne des Beziehungsgeflechts von Barreau und Mouline ebenfalls als zentraler industrie- und wirtschaftspolitischer Akteur verstanden werden kann, war nicht nur Sprachrohr der französischen Elektroindustrie, sondern trug in Form von Studiengruppen oder Vertretungen bei internationalen Standardisierungsbehörden ebenfalls zu technischen Entwicklungen bei. So wurden beispielsweise Studiengruppen der FNIE zur Besichtigung der Farbfernsehaktivitäten in die USA oder nach Japan gesandt. Ähnlich wie in der Bundesrepublik wurden auch in Frankreich eigene Entwicklungsarbeiten im Bereich der Farbfernsehtechnik vor allem mit dem höheren Qualitätsanspruch der Europäer begründet:

211 Brief von Weygand an M. Fedorovitch, Direction Générale Technique du Ministère des Télécommunications, Moskau, 13. September 1961, in: Archives du CHTV/INA, Nachlaß Michel Dubail.

212 Diesem Komitee gehörten zeitweilig die Herren Aubert, Polonsky, Peycher, Charles und Fagot an. Nach dem Einstieg der Groupe Floirat in das SECAM-Unternehmen im Jahre 1965 dann auch Sylvain Floirat selber sowie M. Lagardère.

213 Bereits 1959 wurden die Techniker des Schweizer Post- und Telekommunikationsministeriums sowie das IRT in München mit Versuchseinrichtungen versorgt. Es folgten die Techniker der PTT in Italien und Moskau, sowie Telefunken und die BBC in London 1960.

Nous devions en outre tenir compte du fait que les publics européens sont beaucoup plus sensibles à la notion de qualité et sont de ce fait très exigeants et difficiles à convaincre. Cet esprit critique que nous avons appris à mesurer par les réactions du public français est finalement constructif quand il s'oppose à des innovations qui ne se justifieraient pas par un avantage induscutable aisément perceptible[214].

Um diesem selbst gesetzten Qualitätsanspruch gerecht zu werden, wurde bereits im September 1962 eine entsprechende Studienkommission eingesetzt, um die neuartigen Entwicklungen im Farbfernsehsektor detailliert zu untersuchen und zu bewerten. Leitlinien der Untersuchungen waren folgende vier Gesichtspunkte: 1. Die Funktionssicherheit des Systems; 2. Die Bildqualität im Empfänger; 3. Die Kompatibilität mit dem s/w-Bild (819-Zeilen); 4. Die Bedienungsfreundlichkeit für den Zuschauer[215]. Während der erste Punkt in Absprache mit den verantwortlichen Ingenieuren der FNIE im wesentlichen von den technischen Experten der RTF/ORTF untersucht wurde, wurden die anderen drei Punkte meist in enger Kooperation mit diesen realisiert. Ähnlich wie in der Bundesrepublik mußten die zuständigen Stellen des staatlichen Fernsehrundfunks entsprechende Studio- und Sendeanlagen bereitstellen, damit die Rundfunkindustrie die Testprogramme zur Empfängerentwicklung nutzen konnten. Ab 1962 wurden von einem neu eingerichteten Sender der RTF in Paris (Buttes Chaumont) sowie von dem ebenfalls farbtauglich gemachten Sender auf dem Eiffelturm wöchentlich 47 Stunden farbige Testprogramme ausgestrahlt.

Das Arbeitsprogramm der Studienkommission der FNIE wurde sehr eng an die Untersuchungen im Rahmen der EBU ad-hoc-Kommission gekoppelt, an der ebenfalls sechs französische Rundfunkfirmen beteiligt waren:

C'est ce même programme d'essais qui fût repris et adopté par la Commission des experts de la Fédération qui, après une longue et minutieuse étude et de nombreuses expérimentations en vraie grandeur fut en mesure de donner un avis solidement motivé aux organismes Directeurs de notre Fédération. Après une étude attentive de ce rapport, le Conseil de la Direction de la Fédération a pris la décision de donner préférence au système SECAM en raison notamment de son incontestable supériorité dans le domaine de la facilité d'utilisation qui constitue un élément fondamental dont dépend le développement rationnel et rapide du nouveau marché de la télévision en couleurs[216].

214 »L'Industrie électronique française devant le problème de la télévision en couleurs«, in: Bulletin de la FNIE 27 (1965) S. 173.

215 Ibid.

216 Ibid. S. 174f. Michel Dubail, ehemaliger Generaldirektor der CFT, gab im Interview zu erkennen, daß Philips Frankreich eine entscheidende Rolle im Entscheidungsprozeß der FNIE gespielt habe. Erst als Philips Frankreich seine Unterstützung für das SECAM-System zugesagt habe, seien auch die anderen Firmen auf den SECAM-Kurs eingeschwenkt. Laut Dubail wollte sich Philips Frankreich mit dieser Entscheidung mehr Autonomie gegenüber dem niederländischen Mutterhaus erkämpfen.

Obschon somit bereits Ende des Jahres 1964 die Entscheidung der französischen Rundfunkindustrie zugunsten des SECAM-Systems gefallen war, beschloss die FNIE, weitere Versuche mit dem SECAM-Empfänger zu unternehmen, vor allem um praktische Erfahrung bei der industriellen Produktion zu gewinnen. Zu diesem Zweck wurde ein »100-Empfänger-Programm« beschlossen, an dem zehn führende Rundfunkunternehmen beteiligt waren – »malgré la rivalité commerciale qui les opposait couramment«[217]. Der wahre Grund für die Initiierung des »100-Empfänger-Programms« war jedoch, daß den Franzosen auf diversen Sitzungen der EBU ad-hoc-Kommission immer wieder vorgehalten wurde, daß das SECAM-System zwar eine interessante technische Alternative darstelle, man aber über das Experimentierstadium bislang nicht hinaus gelangt sei, das heißt, daß man keinerlei praktische Erfahrungen im Bereich der industriellen Fertigung des komplizierten SECAM-Empfängers vorweisen könne. So berichtete der technische Berater des Informationsministers Alain Peyrefitte, Jean Cerez, diesem nach seiner Rückkehr von der CCIR-Tagung in London im November 1964, daß man den Franzosen vorgeworfen habe, daß sie einen schwierig zu realisierenden Empfänger hätten und keinerlei praktische Erfahrung im Bereich der Produktion. Daraufhin, so Cerez, habe die ORTF das SCART (Syndicat des Constructeurs d'Appareils Récepteurs de Télévision) gebeten, augenblicklich einige »dizaines de récepteurs« zu bauen, damit man diese praktische Erfahrung vorweisen könne[218]. Wenn diese Hürde genommen sei, so der Senator Edouard Bonnefous in einer Senatsdebatte, sei Frankreich bereit für die Verteidigung des SECAM-Systems auf der anstehenden CCIR-Konferenz in Wien 1965: »Cette expérience permettra de dissiper les incertitudes qui pouvaient encore subsister dans certains esprits et donnera à l'administration française, lors de la prochaine confrontation prévue pour avril 1965, les moyens de réfuter de façon pertinente les objections avancées à la rencontre du système français«[219].

Das Problem der mangelnden Fertigungserfahrung spielte jedoch schon viel früher eine Rolle in der internen Diskussion des SECAM-Verfahrens. Bereits im Januar 1964 hatte Alain Peyrefitte dieses Problem in einem Brief an den Premierminister Georges Pompidou angeschnitten. In der dem Brief beigefügten »Note concernant la télévision en couleurs« heißt es:

217 Ibid. S. 175.

218 Note de Jean Cerez à Alain Peyrefitte, Paris, 13.11.1964, in: Archives du MAE, Affaires Économiques et Financières, Affaires Générales, Nr. 219a.

219 Edouard Bonnefous (1907–1992) hatte von 1952 bis 1959 diverse Ministerämter inne und war ab 1959 französischer Senator. Seit 1958 war er Mitglied, ab 1968 Präsident der einflußreichen »Académie des sciences politiques et morales«. Zitat in: Archives nationales, Signatur F-41 bis/1910.

Le procédé français n'est pas au stade de l'exploitation industrielle alors que le procédé américain a derrière lui une expérience déjà longue et bénéfice d'une organisation industrielle très solide. C'est là où notre défense est la plus faible. Beaucoup de nos interlocuteurs considèrent que le procédé SECAM est un bricolage très ingénieux, même supérieur en technique pure au procédé américain, mais qui n'a pas subi l'épreuve de l'exploitation à grande échelle. Il est bien vrai que la CSF, malgré l'aide très utile de la RTF, n'a qu'à peine dépassé le stade expérimental et dispose à l'heure actuelle de quelques récepteurs seulement de télévision couleur[220].

Um diesem negativen Image zu begegnen, wurde, wie bereits erwähnt, das sogenannte »100-Empfänger-Programm« auf die Beine gestellt, das die Leistungsfähigkeit der französischen Rundfunkindustrie unter Beweis stellen sollte. Zusätzlich zu der gewonnenen Produktionserfahrung sollten diese 100 Empfangsgeräte aber auch eine propagandistische Funktion erfüllen, indem 72 dieser Empfänger sogenannten »observateurs« zur Verfügung gestellt wurden. Von diesen 72 Beobachtern sollten 40% aus dem Kader der ORTF stammen, 40% aus dem Bereich der Privatindustrie. Die restlichen 20% der Empfänger wurden an »personnalités sans qualification technique particulière« verteilt. In die letzte Kategorie fielen unter anderem der französische Staatspräsident (2 Empfänger standen im Elysée-Palast) sowie der Premierminister, der Informationsminister und der Industrieminister, die jeweils mit einem Empfänger bedacht wurden[221]. Die Ergebnisse dieser Beobachtungen, die, wie es in dem Bericht der FNIE heißt, mit »äußerster Gewissenhaftigkeit und Unparteilichkeit« durchgeführt worden seien, hätten schließlich zur einmütigen Bevorzugung des SECAM-Systems geführt: »Les énormes risques commerciaux encourus, l'importance des investissements qu'éxigera la fabrication en grande série des téléviseurs couleur et l'engagement pour un très long terme qui résultera du choix du système ont obligé l'industrie française à n'être pas influencée par l'origine du procédé. Bien qu'elle ne peut se féliciter de son origine française, il ne pouvait s'agir d'une raison déterminante en faveur de son adoption«[222].

Es bedarf kaum des Hinweises darauf, daß diese Worte schon der Ausdruck eines politisierten Diskurses sind, in dem der französischen Rundfunkindustrie – ähnlich wie im Falle der 819-Zeilendiskussion – die Rolle eines patriotischen Akteurs zugedacht wurde. Doch so einmütig, wie dieser Abschlußbericht der FNIE glauben machen möchte, war die Reaktion der französischen Rundfunkindustrie auf das SECAM-System keineswegs. Dies lag weniger an der technischen Bewertung des SECAM-Systems als an der Art

220 Brief von Alain Peyrefitte an Georges Pompidou, Paris, 27 Januar 1964, Annexe »Note concernant la situation de la télévision en couleurs, 6 maschinegeschriebene Seiten, hier S. 2, in: Archives nationales, Signatur F-41/2310.

221 Siehe Note de Jean Cerez à Alain Peyrefitte, Paris, 13.11.1964, in: Archives du MAE, Affaires Économiques et Financières,Affaires Générales, Nr. 219a.

222 »L'Industrie électronique française devant le problème de la télévision en couleurs«, in: Bulletin de la FNIE 27 (1965) S. 175.

und Weise, in der die CFT versuchte, politische Unterstützung für die SECAM-Propagation zu erlangen und sich somit zur Schnittstelle privatwirtschaftlicher und industriepolitischer Interessen zu machen. In einer ausführlichen Note über die Frage des Farbfernsehens von Philippe Olivier, einem Technischer Berater im Kabinett von Alain Peyrefitte, vom 2. September 1965 heißt es diesbezüglich:

Lorsqu'il [le gouvernement, A.d.V.] prit la décision d'engager une action en faveur du SECAM, dont la CFT détient le brevet, le gouvernement français connaissait cet état de choses, mais il escomptait que le manque de moyens de la CFT-CSF la conduirait à associer à l'oeuvre de promotion industrielle du SECAM l'ensemble de l'industrie électronique française. Ce calcul devait se révéler faux, en raison de la position de la CFT-CSF désireuse avant tout d'agir seule, fut-ce en renonçant à conquérir des positions à l'extérieur. Pour leur part, les autres industriels de l'électronique, prenant acte de ce refus de coopérer de la CFT-CSF, n'étaient pas disposées à soutenir financièrement cette dernière, à laquelle en définitive profiterait surtout ce soutien. C'est donc en orde dispersé que l'industrie électronique française abordait et mène encore à ce jour la bataille du SECAM[223].

Im Prinzip handelte es sich also um eine gegenseitige Schuldzuweisung: Während die Mehrzahl der Rundfunkunternehmen beklagte, nicht in das Kalkül und die Planungen der CFT-CSF eingebunden gewesen zu sein, beanstandete der Generaldirektor der CSF, Maurice Ponte, die lediglich »platonische« Unterstützung, welche die CSF von den anderen Firmen erhalten habe: »La ›solidarité‹ des autres industriels de l'électronique à l'égard de la CFT-CSF est demeurée platonique et ils ont refusé de s'engager financièrement à ses côtés, n'hésitant pas à affirmer qu'ils n'avaient, en fin de compte, pas plus d'intérêt sur le plan matériel à l'adoption du SECAM qu'à cette du procédé américain ou du procédé allemand«[224].

Diese Zitate geben deutlich die ambivalente Situation wieder, in der sich die Mehrheit der französischen Rundfunkunternehmen Ende 1964 befand: Zum einen war den meisten Firmen klar, daß sie im Falle der Wahl eines einheitlichen europäischen Systems dem Druck der bundesdeutschen und englischen Rundfunkindustrie kaum gewachsen waren, zum anderen existierte die Angst vor der erneuten Isolation (Stichwort 819 Zeilen), die auf lange Sicht jedwede Exportmöglichkeiten zunichte machen würde. Philippe Olivier brachte diese Sorge in seinem Bericht für den Informationsminister deutlich zum Ausdruck:

223 »Note a.s. de la Télévision en couleurs«, von Philippe Olivier, Paris, 2.09.1965, 21 maschinegeschriebene Seiten, hier S. 6, in: Archives du M.A.E., Affaires Économiques et Financières, Affaires Générales, Nr. 220c.

224 Brief von Jean-Jacques de Bresson, Kabinettschef von Alain Peyrefitte, an Burin de Roziers, Secrétaire Général de la Présidence de la République, Paris, 8.10.1965, in: Archives du MAE, Affaires Économiques et Financières, Affaires Générales, Nr. 220c. Bresson gibt hier die Meinung Ponte's wieder, mit dem er zuvor über diese Frage gesprochen hatte.

La capacité de production de la R.F.A. en matière de récepteurs de télévision est supérieure aux besoins de l'Allemagne. Les prix de production en R.F.A. sont inférieurs de 25 à 30% aux prix de production des mêmes matériels en France. Dans ces conditions, le fait que la R.F.A. et la France auraient adopté le méme système aurait pour conséquence de mettre l'industrie française en concurrence directe, sans protection contingentaire ni douanière, avec l'industrie allemande, alors que pour le moment ou plusieures années encore l'industrie française n'est compétitive. Il en résulte chez nombre d'industriels français, consciemment ou non, un réflexe protectionniste[225].

Daß sich die französische Rundfunkindustrie letztlich dennoch für das SECAM-System entschieden hat, ist mehreren Faktoren zuzuschreiben. Während sich die Patentinhaber des SECAM-Systems (CFT bzw. CSF/Saint-Gobain) im Falle der Einführung von SECAM satte Lizenzeinnahmen erhofften, herrschte bei den meisten mittelständischen Betrieben Angst vor der mächtigen bundesdeutschen und englischen Konkurrenz. Diese Sorge war berechtigt, vor allem wegen der Bestimmungen der Römischen Verträge, die ab 1. Januar 1968 den Wegfall der Binnenzölle innerhalb der EWG und die Aufhebung der Gesetze zur mengenmäßigen Beschränkung der Einfuhr von Gütern aus EWG-Ländern vorsah.

Die Tatsache, daß der »réflexe protectionniste« im Falle der 819-Zeilennorm zu einer Isolation und einem verzögerten Wachstum der französischen Rundfunkindustrie im europäischen Vergleich geführt hatte, wurde in der politisierten Debatte nur von wenigen Personen in Erinnerung gerufen[226]. Mit ähnlichen Problemen sollte die französische Rundfunkindustrie auch nach der Einführung des Farbfernsehens im Jahre 1967 zu kämpfen haben, was jedoch vor allem mit der ungesättigten Lage des s/w-Marktes zu tun hatte. Hinzu kamen die hohen Preise für Farbfernsehempfänger, die mit 4 000 bis 5 000 Francs so viel wie ein Kleinwagen kosteten[227]! Die eigentlichen Verlierer dieser Situation waren also die französischen Fernsehzuschauer, die für die komplizierteren Mehrnormenempfänger deutlich tiefer in die Tasche greifen mußten als ihre deutschen Nachbarn.

225 »Note pour le Ministre« (Alain Peyrefitte), Paris, 26.02.1965, 6 maschinegeschriebene Seiten, hier S. 4f, in: Archives du MAE, Affaires Économiques et Financières, Affaires Générales, Nr. 219a.

226 Über diese kritischen Stimmen, die vor allem von Seiten der ORTF-Ingenieure sowie aus der Finanzabteilung des Außenministeriums geäußert wurden, wird später ausführlich berichtet werden.

227 »Zum zweiten muß gesagt werden, daß die Geräte für den Durchschnittsbürger praktisch unerschwinglich teuer sind. Für den gleichen Preis kann man einen Kleinwagen kaufen, und damit ist diese Frage für den Durchschnittsfranzosen überhaupt keine Frage: Das Auto geht vor.« N.N., Farbfernsehen in Frankreich, in: Funk-Technik 23 (1968) 5 S. 154.

3.4. Zusammenfassender Vergleich

Wenige Monate vor der CCIR-Konferenz im Frühjahr 1965 in Wien, auf der über ein einheitliches europäisches Farbfernsehsystem verhandelt werden sollte, hatten sich sowohl die deutsche als auch die französische Rundfunkindustrie hinter die jeweiligen Systemalternativen PAL und SECAM gestellt. Wie gesehen war dieser Entscheidungsprozeß in beiden Ländern von durchaus unterschiedlichen Motivationslagen geprägt. In der Bundesrepublik war die Entscheidung für das PAL-System das Resultat eines Verhandlungsprozesses zwischen den »drei Säulen« des Fernsehrundfunks: den Landesrundfunkanstalten, der Bundespost und der Rundfunkindustrie. Zentraler Akteur in diesem Netzwerk war der Telefunken-Ingenieur und PAL-Entwickler Walter Bruch, der alle entscheidenden Schnittstellen des Netzwerkes besetzte. Bruch gelang so die schrittweise Gewinnung seines Arbeitgebers, der deutschen Rundfunkindustrie sowie der technischen Experten der Bundespost und der Landesrundfunkanstalten für »sein« PAL-System. Nachdem technische Untersuchungen die Gleichwertigkeit des PAL-Systems mit dem amerikanischen NTSC-System gezeigt hatten, überließen Bundespost und Landesrundfunkanstalten die Entscheidung zugunsten einer dieser Systemvarianten der Rundfunkindustrie. Für die Rundfunkindustrie waren letztlich zwei Kriterien entscheidend: die Höhe der Lizenzgebühren sowie die Exportchancen. Vor allem das von dem Telefunken-Vorstandsvorsitzenden Dr. Felix Herriger ausgehandelte Abkommen mit Fritz Philips in Eindhoven über die Kooperation im Bereich der Farbfernsehröhre kann als entscheidender Schritt zur Gewinnung des ZVEI für PAL interpretiert werden.

War die Entscheidung der deutschen Rundfunkindustrie für das PAL-System somit aus rein wirtschaftsstrategischen Überlegungen gefällt worden, standen auf französischer Seite industriepolitische Interessen im Vordergrund. Auch wenn die enge Verzahnung politischer und privatwirtschaftlicher Interessen im Fall der SECAM-Promotion erst im folgenden Kapitel detailliert rekonstruiert wird, ist es wichtig darauf hinzuweisen, daß das SECAM-System vom Beginn der strategischen CFT-Wiederbelebung bis zur offiziellen Rückendeckung durch die FNIE in das industriepolitische Klima der de Gaulleschen »politique de la grandeur« eingebunden war. Das SECAM-System wurde sukzessive zum »champion national« aufgebaut und kann in diesem Sinne als ein Ergebnis der »modernisation à la française« gedeutet werden.

In beiden Entscheidungswegen sind typische Muster der unterschiedlichen Modernisierungskonzepte beider Länder nach 1945 erkennbar. Während die bundesdeutsche Rundfunkindustrie lange Zeit das amerikanische NTSC-System bevorzugte, sah man in Frankreich im SECAM-System sehr früh eine Chance, sich von der amerikanischen Marktherrschaft zu emanzipieren.

Abb. 15: Symbolhafte Konfrontation: Kleintransporter der CFT und von Telefunken vor dem Studio der RAI in Rom 1963, aus: Archiv des Deutschen Museums München, Nachlaß Walter Bruch, Signatur NL 101, Nr. 123.

Auch wenn sich die französische Rundfunkindustrie vor einer erneuten Isolation fürchtete, überwogen in der Entscheidungsfindung letztlich industriepolitische Argumente. Vor dem Erfahrungshintergrund staatlich regulierter Wirtschaftslenkung und in Erwartung entsprechender protektionistischer Schutzmaßnahmen versammelte sich die französische Rundfunkindustrie trotz Meinungsverschiedenheiten mit der CFT hinter SECAM.

Mit dem Selbstvertrauen wirtschaftlicher Potenz auf deutscher und dem Vertrauen auf politische Einflußnahme auf französischer Seite traten so beide Seiten als wirtschaftliche Akteure in die Endphase der Systemauseinandersetzung ein, die im folgenden Kapitel geschildert wird.

4. LE TERRAIN POLITIQUE

Beide Systemalternativen PAL und SECAM treten nach Erscheinen des »troisième larron« in eine Phase intensivierter Konkurrenz, die vom Kontext der europäischen (EBU) bzw. internationalen Bemühungen (CCIR) um die Schaffung eines einheitlichen Farbfernsehstandards beeinflußt waren. Der »late comer« PAL setzte vor allem die SECAM-Entwickler unter Druck. Daß es aber kaum genügt, wirtschaftstheoretische Modelle (first-mover-Vorteile etc.) als ausreichende Erklärungshilfen für die Beschreibung der abgelaufenen Systemkonkurrenz heranzuziehen, geschweige denn mittels dieser Modelle den Ausgang der Kontroverse zu erklären, wird im folgenden Abschnitt zu demonstrieren sein[1]. Schon bevor sich die beiden Systemalternativen bzw. deren Entwickler die Unterstützung ihrer nationalen Industrieverbände sichern konnten, schalteten sich Politiker dies- und jenseits des Rheins in die Farbfernsehfrage ein.

Ziel des folgenden Kapitels ist es, die politische Dimension der PAL-SECAM-Auseinandersetzung auf nationalem, bilateralem und internationalem Boden nachzuzeichnen. Dies geschieht in drei Stufen. Zu Beginn kommt es darauf an, die Bedeutung des Fernsehens als Medium der politischen Öffentlichkeit zu beschreiben. In beiden Ländern setzte sich das Fernsehen als neues Leitmedium der politischen Öffentlichkeit durch und nahm aus diesem Grunde einen prominenten Platz im politischen Diskurs der Nachkriegszeit ein. Dennoch war die Einschätzung der politischen Bedeutung und dementsprechend die staatliche Instrumentalisierung des Fernsehens im Frankreich de Gaulles und in der Adenauer-Republik sehr verschieden. Diese nationalen Differenzen gilt es im folgenden aufzuzeigen.

In einem zweiten Schritt geht es darum, die Farbfernsehkontroverse in den Kontext der deutsch-französischen Beziehungen einzubetten. Die seit dem

[1] Die Studie von Uwe-Jean Heuser über das Scheitern der Bemühungen um einen einheitlichen Standard im Bereich des hochauflösenden Fernsehens (HDTV) unternimmt den Versuch, das Scheitern mit wirtschaftstheoretischen Modellen zu untersuchen und zu erklären. Dabei, so die These des Autors, wird aber eher die Unzulänglichkeit der herangezogenen Theorien und Modelle nachgewiesen, als daß ausreichende Erklärungen für das Scheitern angeboten werden. Uwe-Jean Heuser, Hochauflösendes Fernsehen: Fallstudie und Analyse des internationalen Standardisierungsprozesses, unveröffentlichte Diss. Univ., Köln 1992. Auch Christian Henrich-Frankes Arbeit, welche die Regulierungsproblematiken im Bereich der internationalen Frequenzregelung mittels der sogenannten Neuen Institutionenökonmik analysiert kommt zu dem selbstkritischen Schluß, daß »eindimensionale Erklärung über Kosten-Nutzen-Relationen nicht-ökonomische Wirkungszusammenhänge wie Ideologien, Macht oder Wechselwirkung mit anderen Politikbereichen unbeachtet [läßt], die jenseits des Transaktionskostenarguments einen Einfluß auf das Funkregime bzw. dessen Wandlung nehmen.« Siehe Christian Henrich-Franke, Globale Regulierungsproblematiken in historischer Perspektive. Der Fall des Funkfrequenzspektrums 1945–1988, Baden-Baden 2005, S. 330.

deutsch-französischen »Freundschaftsvertrag« vom Januar 1963 regelmäßig stattfindenden bilateralen Konsultationen erlauben eine detaillierte Rekonstruktion der Bedeutung, die das Thema Farbfernsehen im Rahmen dieser deutsch-französischen Gespräche einnahm. Die zentralen Akteure dieser politischen Begegnungen, Informationsminister Alain Peyrefitte und der Leiter des Bundespresse- und Informationsamtes Karl-Günter von Hase, haben maßgeblich zur Politisierung der Farbfernsehfrage beigetragen, wenn auch mit durchaus unterschiedlichen Motivationen.

Schließlich gilt es drittens, die Gründe für das Scheitern einer politischen Lösung des Standardisierungskonflikts zu analysieren. Hierbei müssen außenpolitische Neuorientierungen auf der einen und wirtschaftspolitische Strategien auf der anderen Seite berücksichtigt werden.

4.1. Das Fernsehen als neues Leitmedium politischer Öffentlichkeit

Anläßlich der Eröffnung der Rundfunk- und Phonoausstellung in Düsseldorf am 29. August 1953 hielt der Generaldirektor des Nordwestdeutschen Rundfunks, Adolf Grimme, eine Rede, in der er die Hoffnung äußerte, daß das Fernsehen einen wichtigen Beitrag zur Demokratisierung der deutschen Bevölkerung beitragen werde:

Übrigens, antike Politik! Was diese zur Anteilnahme eines ganzen Volkes machte, kehrt inmitten des Zeitalters der Massen durch das Fernsehen abgewandelt wieder: die Agora, die Versammlung des ganzen Volkes, die direkte Demokratie. Gewiß, an einer Sitzung des Bundestages nehmen aktiv auch fernerhin nur die Repräsentanten des Volkes teil. Aber was dort entschieden wird und wie, das wird fortan zum Miterleben für jedermann, und wir gewinnen damit ein Stück unmittelbarer Demokratie zurück. Das Parlament bleibt dann auch Ausdruck des Repräsentativsystems, aber nicht mehr nur. Es tritt ein neues auf und hinzu: das Volk ist mit dabei[2].

Zwar gibt der Inhalt dieses Zitates weder die Realität der athenischen Demokratie noch die der bundesdeutschen Fernsehlandschaft im Jahre 1953 wieder, doch spricht aus diesen Worten die Hoffnung, das Medium Fernsehen zum wichtigen Bestandteil der politischen Öffentlichkeit in der jungen Bundesrepublik zu machen. Obschon das Fernsehen im Prinzip in demselben institutionellen und legislativen Rahmen wie der Hörrundfunk entwickelt wurde, kam dem Fernsehen eine neue ästhetische und wahrnehmungsstrukturierende Dimension hinzu, die das bisherige Medienerlebnis transzendierte. Hatte bereits das Radio die Trennung von Privatheit und Öffentlichkeit aufgehoben und damit das bürgerliche Modell von Öffentlichkeit, das durch die Vereins und Geselligkeitskultur bestimmt war, in Frage gestellt, wurde nun im privaten Raum der Anschluß an die Öffentlichkeit möglich, ohne daß dieser Anschluß kontrollierbar gewesen wäre[3]. Setzte die bürgerliche Vereinskultur einen ersten »Strukturwandel der Öffentlichkeit« hin zur aufgeklärten bürgerlichen Öffentlichkeit des 19. Jahrhunderts in Gang, kam mit dem Rundfunk ein zweiter Strukturwandel hin zum Zeitalter der Fundamentaldemokratisierung und des politischen Massenmarktes, in dem die modernen Massenmedien immer neue Kommunikationsgemeinschaften am Meinungs- und Unterhaltungsmarkt etablierten[4].

[2] Zitiert nach Monika ELSNER, Thomas MÜLLER, Peter M. SPANGENBERG, Zur Entstehung des Dispositivs Fernsehen in der Bundesrepublik Deutschland der fünfziger Jahre, in: Helmut KREUZER, Christian W. THOMSON (Hg.), Geschichte des Fernsehens in der Bundesrepublik Deutschland, Bd.1 Perioden, Zäsuren, Epochen, München 1993, S. 43f.

[3] Inge MARSSOLEK, Radio in Deutschland 1923–1960. Zur Sozialgeschichte eines Mediums, in: Geschichte und Gesellschaft 27 (2001) 2 S. 207–239, hier S. 212.

[4] Jürgen HABERMAS, Strukturwandel der Öffentlichkeit. Untersuchungen zu einer Kategorie der bürgerlichen Gesellschaft, Frankfurt a.M. 1990. Zur kritischen Weiterentwicklung des Konzeptes aus medientheoretischer Perspektive siehe John B. THOMPSON, The Media and Modernity. A Social Theory of the Media, Cambridge 1995 sowie als konzisen Forschungsüberblick Hans VER-

Bernd Weisbrod plädiert zu Recht dafür, jedes Medium in seiner je eigenen Strukturlogik zu betrachten, das heißt, die jedem Medium eigene semantische Logik und diskursive Plastizität herauszuarbeiten. In einem Vergleich des Mediums Photographie mit dem Medium Hörrundfunk macht Weisbrod die unterschiedlichen »Strukturlogiken« deutlich: »Während der besondere optische Wert der photographischen Information in der Illusion der Raumgleichheit bei Zeitungleichheit beruht – man sieht sich zeitversetzt in den Raum hinein – so besteht der akustische Wert der Rundfunkinformation in der Illusion der Zeitgleichheit bei Raumungleichheit – man hört sich gewissermaßen raumversetzt in die Zeit hinein«[5].

War der spezifische Code des Rundfunkmediums die Einprägung einer unverkennbaren Hörspur, trat mit dem Fernsehen die Dimension bewegter Bilder hinzu. Im Fernsehen fusionierten sozusagen die beiden von Weisbrod beschriebenen Charakteristika der photographischen und tonmäßigen Informationsübertragung zu jenem neuen »Dispositiv« Fernsehen, dessen Qualität am treffendsten mit dem Begriff »televisuelles Dabeisein« umschrieben wird[6]. Vor allem der Live-Charakter des frühen Fernsehens ließ eine neue Kommunikationssituation entstehen, die – ähnlich wie beim Radio – *zwischen* den Erfahrungsräumen »Öffentlichkeit« und »Privatheit« angesiedelt war. Diese Verschmelzung privater und öffentlicher Erfahrungsräume im Prozeß medialer Teilhabe hat zur Konstruktion einer gänzlich neuen Ebene von medialer Realität geführt, die von Hans Ulrich Gumbrecht als »Fernsehwirklichkeit« beschrieben wird[7]. »The liveness of events is their dasein: their magical, edged, unfolding, self-disclosing, unpredictable, mood-creating being«, so der

STRAETEN, The Media and the Transformation of the Public Sphere. A Contribution for a Political Economy of the Public Sphere, in: European Journal of Communication 11 (1996) 3 S. 347–370.

5 WEISBROD, Medien als symbolische Form der Massengesellschaft, S. 277.

6 Zum Dispositiv-Begriff, der von Foucault geprägt und von Jean-Louis Baudry im Zusammenhang mit theoretischen Überlegungen zum Kino in den medienwissenschaftlichen Kontext eingebracht wurde, siehe STEINMAURER, Tele-Visionen, S. 14–70; Carsten LENK, Das Dispositiv als theoretisches Paradigma der Medienforschung. Überlegungen zu einer integrativen Nutzungsgeschichte des Rundfunks, in: Mitteilungen des Studienkreises Rundfunk und Geschichte 22 (1996) 1 S. 5–17; Noël NEL, Les dispositifs télévisuels, in: BOURDON, JOST (Hg.), Penser la télévision, S. 59–74 sowie KESSLER, Notes on Dispositif. Eine präzise Beschreibung der zentralen Metaphern, die als Charakteristika des Televisuellen benutzt werden, liefert GRIPSRUD, Television, Broadcasting, Flow.

7 Hans Ulrich GUMBRECHT, »Ihr Fenster zur Welt« oder: Wie aus dem Medium »Fernsehen« die »Fernsehwirklichkeit« wurde, in: Hans-Georg SOEFFNER (Hg.), Kultur und Alltag. Soziale Welt, Sonderband Nr. 6, Göttingen 1988, S. 243–250. Zur Theorie der Medien und ihres Einflusses auf Kommunikationsräume und Wirklichkeitsmodelle siehe Klaus MERTEN, Siegfried J. SCHMIDT, Siegfried WEISCHENBERG (Hg.), Die Wirklichkeit der Medien. Eine Einführung in die Kommunikationswissenschaft, Opladen 1994.

britische Rundfunkhistoriker Paddy Scannell in seiner phänomenologischen Studie des Fernsehens[8].

Dieser neuen Wirklichkeitsdimension des Mediums Fernsehen muß man sich bewußt sein, will man den Einfluß des Fernsehens auf die politische Öffentlichkeit untersuchen[9]. Im Prozeß der Mediatisierung der Gesellschaft, so Peter Ludes, hat das Fernsehen dem Auge auch im Bereich medialer Wirklichkeitsvermittlung zu jener Vormachtstellung verholfen, den der Sehsinn im natürlichen Wahrnehmungsapparat des Menschen auch einnimmt. Dem Fernsehen kommt demnach eine privilegierte Rolle im »Visualisierungsprozeß« moderner Gesellschaften zu, den Ludes als einen Teilprozeß der »Modernisierung der Moderne« beschreibt[10].

Daß auch die Politiker das Fernsehen als Ausdruck medialer Modernisierung begriffen haben, steht außer Zweifel. Dennoch fiel die Würdigung dieses neuen Mediums als Instrument zur Herstellung politischer Öffentlichkeit durchaus unterschiedlich aus. Vor dem Hintergrund der nachfolgenden Darstellung der Politisierung der Farbfernsehfrage macht es Sinn, sich die unterschiedliche parteipolitische oder regierungsmäßige »Nutzbarmachung« des Fernsehen am Beispiel der Bundesrepublik Deutschland und Frankreichs in den fünfziger und sechziger Jahren vor Augen zu führen.

4.1.1. Bund- oder Ländersache?
Grundzüge der Fernsehentwicklung in der Adenauer-Republik

In einem 1991 veröffentlichten Aufsatz machte der Medienwissenschaftler Knut Hickethier den Vorschlag, die Geschichte des Fernsehens in der Bundesrepublik Deutschland in drei Phasen zu gliedern, wobei er die erste Phase (1948–1963) als jene des »ARD-Monopols« beschrieb[11]. Zu Recht stellt Hik-

[8] Paddy SCANNELL, Television and Modern Life: A Phenomenological Approach, Oxford 1996, S. 92.

[9] Ein Vorschlag zur systematischen Analyse der Beziehung von Öffentlichkeitsstrukturen und Medien im historischen Prozeß findet sich bei FÜHRER, HICKETHIER, SCHILDT, Öffentlichkeit – Medien – Geschichte, S. 1–38.

[10] Peter LUDES, Visualisierung als Teilprozeß der Modernisierung der Moderne, in: KREUZER, THOMSON (Hg.), Geschichte des Fernsehens in Deutschland, Bd. 1, S. 353–370, hier S. 367. Zum Verhältnis von Hörsinn und Sehsinn bzw. zur Visualisierung des Hörprozesses siehe Andreas FICKERS, Sichtbar hörbar! Radioapparat und Stadt als Knoten im vernetzten Kommunikationsraum, in: Clemens Zimmermann (Hg.), Zentralität und Raumgefüge der Großstädte im 20. Jahrhundert, Stuttgart 2006, S. 83–103.

[11] Knut HICKETHIER, Phasenbildung in der Fernsehgeschichte – ein Diskussionsvorschlag, in: Helmut KREUZER, Helmut SCHANZE (Hg.), Fernsehen in der Bundesrepublik Deutschland: Perioden, Zäsuren, Epochen, Heidelberg 1991, S. 11–37. In Anlehnung an die politische Geschichte der BRD sowie die institutionen- und programmgeschichtliche Entwicklung des Fernsehens schlägt Hickethier folgende drei Phasen vor: 1. Phase: (1948–1963) Das ARD-Monopol; 2. Phase: (1963–1982) ARD und ZDF im Kontrast; 3. Phase: (1982–1989) Öffentlich-rechtliche und

kethier damit ein wesentliches Merkmal des frühen Fernsehrundfunks in der Bundesrepublik als »Epochenmerkmal« heraus, gab es doch bis zur Gründung des »Zweiten Deutschen Fernsehens« durch den Beschluß der Ministerpräsidenten der Länder am 6. Juni 1961 keine Alternative zum Programm der ARD-Anstalten. Die Formung der bundesdeutschen »Fernsehnation« lag bis zum Start des Programmbetriebs des ZDF im April 1963 somit in der alleinigen Macht und Verantwortung der ARD-Anstalten[12].

Wenn auch die Bedeutung dieser Monopolstellung im Bereich der Programmverantwortung aus kulturgeschichtlicher Sicht nicht unterschätzt werden darf, waren in der Phase der institutionellen Konsolidierung des Fernsehrundfunks in der Bundesrepublik andere Fragen von zentraler Bedeutung für die Entwicklung der bundesdeutschen Fernsehlandschaft. Charakteristisches Merkmal der frühen Entwicklungsphase des Fernsehens in der Bundesrepublik war die Auseinandersetzung zwischen dem Bund und den Ländern um die verfassungsrechtlich nicht eindeutig definierten Kompetenzen im Bereich des Rundfunks[13]. Wie bereits geschildert war die strukturelle Form, in der der Wiederaufbau des Rundfunks in Deutschland nach dem Ende des Zweiten Weltkriegs stattfand, ein Spiegel der unterschiedlichen Interessen der alliierten Besatzungsmächte. Resultat der oftmals divergierenden alliierten Interessen war eine Rundfunklandschaft, in der den Ländern die Kulturhoheit und damit letztlich die Rundfunkhoheit zugesprochen worden war, der Post jedoch – und damit einer Bundesbehörde – besondere Rechte in der Fernmeldetechnik eingeräumt wurden[14].

Wie Hans Bausch in seiner Studie zur Rundfunkpolitik nach 1945 formulierte, war der Konflikt zwischen Bund und Ländern aus diesem Grund »so

kommerzielle Konkurrenz. Hickethiers Beschreibung der ersten Phase als Monopolphase der ARD deckt sich mehr oder minder mit John Ellis Charakterisierung der Frühphase des Fernsehens als »age of scarcity«. Siehe Ellis, Seeing Things.

12 Die kulturhistorische Bedeutung dieses Phänomens der »Fernsehnation« wird von Monika Bernold beispielhaft für Österreich analysiert. Siehe Bernold, Fernsehen ist gestern.

13 Zu den juristischen Fragen des Aufbaus des Fernsehrundfunks in der Bundesrepublik siehe Hans Brack, Günther Herrmann, Hans-Peter Hillig (Hg.), Organisation des Rundfunks in der Bundesrepublik Deutschland 1948–1962, Hamburg 1962. In diesem Band befindet sich ein Anhang mit den wichtigsten Satzungen, Gesetzestexten und Staatsverträgen zum Rundfunk in der Bundesrepublik Deutschland. Siehe außerdem Hans Brack, Organisation und wirtschaftliche Grundlagen des Hörfunks und des Fernsehens in Deutschland, Schriftenreihe des Instituts für Rundfunkrecht an der Universität Köln, Bd. 2, München 1968.

14 Bausch, Rundfunkpolitik nach 1945, in: ders. (Hg.): Rundfunk in Deutschland, Bd. 3, S. 13–160. Siehe auch die Aufsätze von Winfried Lerg »Über die Entstehung der deutschen Rundfunktopografie«, Klaus Pabst »Kulturlandschaften als Alibi: Strukturfragen der frühen Sendegesellschaften« sowie Wolf Bierbach »Besatzungszonen und Länder. Föderale und zentralistische Rundfunkanstalten« in dem Sammelband von Walter Förster (Hg.), Rundfunk in der Region. Probleme und Möglichkeiten der Regionalität, Annalen des Westdeutschen Rundfunks, Bd. 6, Köln 1983.

gut wie vorprogrammiert«. Nachdem die Bemühungen um ein Bundesrundfunkgesetz der Adenauer-Regierung im Jahre 1953 am Widerstand der Alliierten gescheitert waren, ein zweiter Anlauf in Form von Bund-Länder-Verhandlungen auch durch Verweigerungen der CDU-geführten Länder vereitelt worden war, setzte Adenauer nach Erringung der absoluten Mehrheit bei der Bundestagswahl 1957 zu einem dritten Anlauf an. Die im Deutschlandvertrag des Jahres 1955 wiedererlangte Souveränität hatte dem Bund auch die Funkhoheit übertragen, so daß Adenauer verfassungsrechtlich und innenpolitisch gestärkt in eine neue Verhandlungsrunde mit den Ländern eintreten konnte.

Neben den veränderten innen- wie außenpolitischen Rahmenbedingungen waren es aber auch wirtschaftliche und kulturelle Faktoren, welche die Bundesregierung zum Handeln drängten. Zum einen war 1957 die erste Teilnehmermillion des bundesdeutschen Fernsehens erreicht worden, die den Bedeutungsanstieg des Mediums aus wirtschaftlicher wie gesellschaftlicher Ebene eindrucksvoll dokumentierte. Zum anderen drängte die deutsche Wirtschaft – angeregt vom amerikanischen und englischen Beispiel – auf eine bundesrechtliche Regelung der Sendezeiten für die kommerzielle Fernsehwerbung. Vor allem der Aufbau eines kommerziellen zweiten Fernsehprogramms in Großbritannien (ITV) zeigte, daß ein privatrechtliches Programm neben einem öffentlich-rechtlichen Programm (dem der BBC) erfolgreich bestehen konnte[15]. Doch die Vorstöße von Bundesinnenminister Schröder, den Aufbau eines zweiten Fernsehprogramms zur bundesstaatlichen Angelegenheit zu machen, trafen auf den erbitterten Widerstand der Landesregierungen, die ihrerseits beschlossen, ein zweites Fernsehprogramm in Form eines Fernsehverbandes auf Länderebene zu entwickeln (Kieler Beschlüsse vom 19. und 20. Juni 1959). Da eine einvernehmliche Lösung nicht in Aussicht schien, setzte die Bundesregierung auf eine »privatwirtschaftliche Lösung«, die auf den vielversprechenden Namen »Freies Fernsehen GmbH« getauft wurde. Am 25. Juli 1960 unterzeichnete Bundeskanzler Adenauer zum Entsetzen vieler Fernsehjournalisten und Intendanten der Landesrundfunkanstalten den Vertrag zur Gründung der »Deutschland-Fernsehen GmbH«[16].

Hans Bausch, damals Intendant des Süddeutschen Rundfunks (SDR), kritisierte das Vorgehen des Bundeskanzlers während eines Interviews in der Tagesschau scharf als Angriff auf die Pressefreiheit und warnte vor den Folgen für »Gesellschaft« und »politisches Leben« in der Bundesrepublik[17]. Der Ministerpräsident von Hessen, Dr. Georg August Zinn, sprach gar von einem

[15] HICKETHIER, Geschichte des deutschen Fernsehens, S. 115.

[16] Zum Thema »Deutschland-Fernsehen GmbH« siehe Florian KAIN, Das Privatfernsehen, der Axel Springer Verlag und die deutsche Presse. Die medienpolitische Debatte in den sechziger Jahren, Münster u. a. 2003, sowie Rüdiger STEINMETZ, Freies Fernsehen. Das erste privat-kommerzielle Fernsehprogramm in Deutschland, Konstanz 1996.

[17] BAUSCH, Rundfunkpolitik nach 1945, S. 419.

»Husarenstreich« und verglich das Vorgehen Adenauers mit der Politik des Reichskanzlers Franz von Papens gegen Preußen im Jahre 1932[18]!

Tatsächlich bewies die Satzung der »Deutschland-Fernsehen GmbH«, daß sie als eine vom Bund beherrschte privatrechtliche Gesellschaft konzipiert war, und das Wort vom »Adenauer-Fernsehen« war bald in aller Munde. Doch der politische Widerstand gegen Adenauers Pläne ließ nicht lange auf sich warten. Bereits am 19. August reichte das Land Hamburg eine Klage gegen das Vorgehen Adenauers beim Bundesverfassungsgericht in Karlsruhe ein, der sich wenig später die Länder Hessen, Bremen und Niedersachsen anschließen sollten. Als der ehemalige SDR-Intendant und vehemente Verfechter der Rundfunkhoheit der Länder, Hans Bausch, 1980 seine Studie zur »Rundfunkpolitik in Deutschland nach 1945« vorlegte, war die Empörung über das damalige Vorgehen Adenauers in seinen Worten immer noch lebendig. Er schreibt:

> Wenn es die Beteiligten nicht eines Tages schonungslos offenlegen, wird das Spiel, das zwischen dem frühen Winter 1958 und dem späten Winter 1961 zwischen Unternehmern und Bundesregierung gespielt wurde, historisch niemals voll und ganz auszuleuchten sein. [...] Die Periode der rundfunkpolitischen ›Irrungen, Wirrungen‹ endete exakt um die Mittagsstunde des 28. Februar 1961, als das Bundesverfassungsgericht zu Karlsruhe sein für den Gang der Rundfunkgeschichte entscheidendes ›Fernseh-Urteil‹ verkündete[19].

Das von Bausch auch als »Magna-Charta« des bundesrepublikanischen Rundfunks bezeichnete Urteil des Bundesverfassungsgerichts verbot jedenfalls das »Adenauer-Fernsehen« und bestätigte die Rundfunkhoheit der Länder, schrieb den öffentlich-rechtlichen Status des Fernsehens fest und zwang den Bund zur Aufgabe seiner Pläne eines staatsnahen Fernsehprogramms. Dieses Urteil wird zu Recht auch als politische Niederlage Adenauers gedeutet, dessen politischer Stern nach der gescheiterten Kandidatur für das Amt des Bundespräsidenten im Jahre 1959 den Zenit überschritten hatte[20].

Das »Fernseh-Urteil« ist mit Sicherheit das populärste Beispiel zur Demonstration des Verhältnisses, welches Bundeskanzler Adenauer mit der Presse pflegte. Zwar sollte die »Spiegel-Affäre« die Schlagzeilen um das »Fernseh-Urteil« in den Schatten stellen[21], doch müsse es nachdenklich stimmen, so Kurt Koszyk, »daß nicht das Schicksal einzelner Journalisten zu verfassungsrechtlicher Überprüfung der Praktiken des Bundeskanzlers führte,

[18] Ibid. S. 422.

[19] Ibid. S. 422 und 305.

[20] Siehe Heinrich KÜPPERS, Adenauer und Altmeier im Fernsehstreit 1958–1961, in: Vierteljahreshefte für Zeitgeschichte 35 (1987) S. 625–659.

[21] Zur Spiegel-Affäre siehe Christoph KLESSMANN, Zwei Staaten, eine Nation. Deutsche Geschichte 1955–1970, Bonn 1988, S. 162–166 sowie ausführlich KAIN, Das Privatfernsehen.

sondern erst sein Zugriff auf das wirksamste Massenmedium unserer Tage, das Fernsehen«[22]. Adenauers Ambitionen im Bereich der Pressepolitik beschränkten sich aber nicht auf das neue Medium Fernsehen.

Die in den fünfziger Jahren unbestritten mächtigste Rolle im Prozeß der politischen Meinungsbildung übten die Zeitungen aus. Mit dem Aufbau des Bundespresse- und Informationsamtes, das dem Bundeskanzleramt direkt unterstellt war, schuf sich Konrad Adenauer bzw. die Bundesregierung ein »Hör- und Sprachrohr«, mit dem Ziel, eine zentrale Informationsstelle für alle die Regierung betreffenden Informationen zu etablieren[23]. Der Geschäftsverteilungsplan des Bundespresse- und Informationsamtes vom Juni 1951 sah sieben Inlands- sowie acht Auslandsreferate vor, zwei Referate für die allgemeine Verwaltung sowie sechs Arbeitsgruppen für die Abteilungen Archiv, Bibliothek und amtliche Publikationen. Das Amt verfügte über Millionenbeträge, »nicht zuletzt zur Beeinflussung genehmer Presseorgane, zu denen bis 1954 auch die rechtsradikale ›Deutsche Soldaten-Zeitung‹ gehörte«[24].

Es verwundert daher nicht, daß die politischen Magazinsendungen im Fernsehen immer wieder ins Kreuzfeuer amtlicher Kritik gerieten, was aber kaum als alleiniges Privileg der Adenauer-Ära gelten kann. In einem 1966 publizierten Aufsatz mit dem Titel »Der Kritiker lebt gefährlich. Aber: Mut ist kein Berufsrisiko mehr« schrieb Joachim Fest, zu dieser Zeit Chefredakteur des Fernsehpolitmagazins »Panorama«:

> Zu sprechen ist aber auch von einer anderen Schwierigkeit des Sprechers im Fernsehen, die sich anzeigt in den Protesten und Interventionen von außen, denen er sich unablässig ausgesetzt sieht. Die Industrie und die Gewerkschaften, die Kirchen, die Vertriebenen, die Parteien und großen Verbände verfolgen das Programm mit eigens angesetzten Beobachtern, geben teilweise eigene Korrespondenzen heraus und scheuen gelegentlich auch vor nachdrücklichen Interventionen nicht zurück[25].

Überraschender als diese Verteidigungsrhetorik für die Pressefreiheit ist Fests anschließende Bemerkung, die auf die »hierzulande verbreitete Aversion gegen Kritik und Auffassungsgegensatz« anspielt:

> Insgesamt sind es aber noch immer vielmehr moralische Gründe, die dazu führen, daß der Spielraum redaktioneller Freiheit bisweilen beengt scheint: das heißt, verantwortlich dafür sind weni-

22 Kurt Koszyk, Presse und Pressekonzentration in den 50er Jahren, in: Schildt, Sywottek (Hg.), Modernisierung im Wiederaufbau, S. 449.

23 Walter Kordes, Hans Polmann, Das Presse- und Informationsamt der Bundesregierung, Düsseldorf [9] 1985; Horst O. Walker, Das Presse- und Informationsamt der Bundesregierung. Eine Untersuchung zu Fragen der Organisation, Koordination und Kontrolle der Presse- und Öffentlichkeitsarbeit der Bundesregierung, Frankfurt a. M. 1982.

24 Arnulf Baring, Am Anfang war Adenauer, München 1984, S. 84, hier zitiert nach Koszyk, Presse und Pressekonzentration in den 50er Jahren, S. 447.

25 Joachim Fest, Der Kritiker lebt gefährlich. Aber: Mut ist kein Berufsrisiko mehr, in: Arbeitgeber 1966, S. 664f., hier zitiert nach Klessmann, Zwei Staaten, eine Nation, S. 519.

ger die Interventionen von außen, sondern die eher freiwilligen Verzichthaltungen im Inneren, die dumpfe Nachgiebigkeit gegenüber dem allgemeinen Konformitätsdruck. Das ist, was man ›Gefälligkeitsdemokratie von unten‹ nennen könnte. Sie vor allem verspielt, gedankenlos oder opportunistisch sich anpassend, die journalistische Bewegungsfreiheit[26].

Damit sprach Fest das Phänomen der Selbstzensur an, das besonders im Bereich des Fernsehjournalismus zu Beginn des Fernsehens häufig zu beobachten war, sei es aus Gründen der satzungsmäßigen Programmleitlinien der »öffentlich-rechtlichen« Rundfunkanstalten, sei es – wie Fest betont – aus mangelnder Streitkultur[27]. Allerdings war dies kein genuin bundesdeutsches Phänomen, wie ein Zitat des bekannten französischen Fernsehjournalisten Léon Zitrone zeigt. Auf das Problem der staatlichen Zensur angesprochen, antwortete Zitrone: »Ich beherrsche vier Sprachen: Französisch, Englisch, Russisch und Gehorsamkeit«[28]!

Die staatlich verordneten oder selbstauferlegten Formen der Zensur vermochten die Attraktivität des Mediums Fernsehens jedoch in keiner Weise zu schmälern. Die Fernsehteilnehmerzahlen in der Bundesrepublik stiegen in der zweiten Hälfte der fünfziger Jahre rapide an, von 1958 bis 1972 mit einer durchschnittlichen Zuwachsrate von ca. 1,3 Millionen pro Jahr. War die erste Phase der Fernsehwahrnehmung durch Gaststättenbesuche oder Schaufensteransichten geprägt, begann um 1958 der massive Einzug des Fernsehgeräts in die privaten Haushalte. Bedingung für diese Verschiebung war auch die Preispolitik der Rundfunkunternehmen. Diese hatten zunehmend mit der Konkurrenz des boomenden Versandhandels zu kämpfen, so daß 1956 bereits Empfangsgeräte unter 600 Mark zu haben waren[29]. Steigende Einkommen und gleichzeitig fallende Empfängerpreise führten dazu, daß 1960 bereits jeder vierte Haushalt der Bundesrepublik mit einem Fernsehempfänger ausgestattet war und das Fernsehen zur liebsten »Freizeitbeschäftigung« der Deutschen aufsteigen konnte.

Damit leitete der Fernsehrundfunk jene Epoche neuer Häuslichkeit ein, die der amerikanische Kulturwissenschaftler Raymond Williams treffend als

26 Ibid.

27 Zur Geschichte der politischen Fernsehmagazine und zum Stand des investigativen Fernsehjournalismus siehe Gerhard Lampe, Panorama, Report und Monitor. Geschichte der politischen Fernsehmagazine 1957–1990, Konstanz 2000. Zur Rolle des Mediums Fernsehen im demokratischen Aufbau der Bundesrepublik siehe Nicolas Pethes, »Don't talk back« oder Fernsehdemokratie? Die Selbstbeschreibung der Gesellschaft im Fernsehdiskurs der frühen Bundesrepublik, in: Schneider, Spangenberg (Hg.), Medienkultur der 50er Jahre, S. 213–226, sowie Fickers, Radio und Fernsehen als nationale Sozialisierungsinstanzen.

28 Jérôme Bourdon, Censorship and Television in France, in: Historical Journal of Film, Radio and Television 18 (1998) 2 S. 231–235, hier S. 232.

29 1954 lagen die Durchschnittspreise bei 1500 Mark für einen s/w-Empfänger mit einer Bildröhre von 36 cm Durchmesser.

»mobile Privatisierung« beschrieben hat[30]. Wie Axel Schildt bemerkt, wurde diese Wandlung des Familienlebens zur »neuen Häuslichkeit« vor allem in der stärkeren Anwesenheit des Mannes im Heim sichtbar, was von der Mehrzahl der Fernsehzuschauer als »familienbindend« begrüßt wurde[31]. Die Folgen dieser Verschiebung abendlicher Vergnügungsaktivitäten von »außen« nach »innen« waren aber nicht nur familiärer oder sozialer Natur. Sie machten sich auch in Form massiver Finanzeinbußen in der Kino-, Kneipen- oder Tanzlokalbranche bemerkbar. Anfang der sechziger Jahre war das Fernsehen endgültig zum neuen massenmedialen Leitmedium aufgestiegen und damit nicht nur zum gesellschaftlichen Faktor ersten Ranges, sondern auch zum Objekt der politischen Willensbildung aufgestiegen[32]. Wie sah im Vergleich zur Bundesrepublik die Implementierung des Fernsehrundfunks in Frankreich aus?

4.1.2. Fernsehen in Frankreich 1945–1969: »Télécratie« statt Mediendemokratie

Anders als in Deutschland, wo die alliierten Besatzungsmächte die Organisation des Rundfunks im Wiederaufbau übernahmen, mußten die Franzosen nach der Libération selbst über die Zukunft des Rundfunks bestimmen. Auch wenn die französischen Fernsehtechniker, wie im ersten Kapitel beschrieben, auf die technischen Anlagen des »Fernsehsenders Paris« zurückgreifen und so bereits 1945 wieder mit Fernsehsendungen beginnen konnten, wurde der Fernsehrundfunk von den politisch Verantwortlichen dieser schwierigen Zeit vollkommen ignoriert. »A la Libération«, so Jérôme Bourdon, »les gouvernants ont d'autres soucis que la télévision«[33]. Dafür war der Hörfunk um so tiefer in die politischen Wirren der Nachkriegszeit eingebunden. Wie der Rundfunkjournalist Jean Quéval 1946 bemerkte, habe es den Anschein, daß der Direktor des französischen Rundfunks Ministerrang habe: »La France change-t-elle de gouvernement, aussitôt la radio doit changer de directeur«[34]! Dies hatte mit dem unklaren Statut der »Radiodiffusion Française« (RDF) zu tun, das lediglich durch zwei Regierungserlasse vom 9. August 1944 und 23.

30 Raymond WILLIAMS, Television. Technology and Cultural Form, London 1975. Zum Thema »private mobilization« und »domestication« siehe besonders SPIGEL, Make Room For TV.

31 SCHILDT, Der Beginn des Fernsehzeitalters, in: DERS., SYWOTTEK (Hg.), Modernisierung im Wiederaufbau, S. 477–492; Christina BARTZ, Die Masse allein zu Hause. Alte Funktionen und neue Medien, in: SCHNEIDER, SPANGENBERG (Hg.), Medienkultur der 50er Jahre, S. 109–122.

32 Konrad DUSSEL, Vom Radio- zum Fernsehzeitalter. Mediumumbrüche in sozialgeschichtlicher Perspektive, in: Axel SCHILDT, Detlef SIEGFRIED, Karl Christian LAMMERS (Hg.), Dynamische Zeiten. Die 60er Jahre in den beiden deutschen Gesellschaften, Hamburg 2000, S. 673–694.

33 BOURDON, Haute Fidélité, S. 29.

34 Jean Quéval, zitiert nach BOURDON, Haute Fidélité, S. 29.

März 1945 definiert war und dessen Aufgabe sich in der Funktion eines offiziellen Sprachrohrs der Regierung erschöpfte. Erst am 4. Februar 1949 wurde die RDF per Regierungsdekret zur »Radiodiffusion Télévision française« (RTF), die jedoch immer noch nicht über ein exakt definiertes juristisches Statut verfügte, auch wenn sie ein eigenes Budget erhielt. De facto und de jure blieb die RTF der finanziellen und politischen Kontrolle des Staates untergeordnet.

Es dauerte bis zum Jahre 1953, bis das Fernsehen die ernste Aufmerksamkeit einiger politisch Verantwortlicher fand und das französische Parlament am 31. Dezember 1953 schließlich einen Fünfjahresplan zur Entwicklung des Fernsehens beschloß. Auch in Frankreich war die Live-Übertragung der Krönungsfeierlichkeiten der englischen Königin Elisabeth II (Juni 1952) der Durchbruch in der öffentlichen Wahrnehmung der Möglichkeiten des Fernsehens. Dennoch hatte die enge Verbindung des Fernsehens mit den Regierungsinteressen in der politisch labilen Vierten Republik dazu geführt, daß die Fernsehentwicklung in Frankreich im Vergleich zu anderen Nationen stark gebremst worden war:

> Quant aux responsables de politiques de la IVe République, s'ils n'ignorent pas l'existence de la télévision et son irréversible développement – alors même que la France en ce domaine se caractérise par un retard non négligeable au regard de la situation anglaise –, ils débattent, âprement partagés, sur le statut juridique et économique dont il conviendrait de doter l'instance ayant en charge l'organisation, la production et la réalisation d'émissions[35].

Der von Marie-Françoise Lévy angesprochene Rückstand der französischen Fernsehentwicklung zeigt sich auch, wenn man die Verbreitungsgeschwindigkeit der Fernsehempfänger, das heißt deren Einzug in die privaten Haushalte betrachtet. Pierre Albert weist darauf hin, daß das Erreichen der 1-Million-Empfängergrenze in Frankreich doppelt so lange gedauert hat wie in England oder Deutschland. In Großbritannien war diese Zahl fünf Jahre nach Wiederaufnahme des regelmäßigen Programmbetriebes erreicht (1951). Die 10-Millionen-Grenze wurde 1960 erreicht. In der BRD, wo der Programmbetrieb erst 1952 startete, war die 1-Millionen-Grenze 1957, die 10-Millionen-Grenze 1964 erreicht. Setzt man den regelmäßigen Programmbetrieb in Frankreich mit Beginn der 819-Zeilennorm im Jahre 1949 an, dauerte es bis zur ersten Million zehn Jahre, bis zum Erreichen der 10-Millionen-Grenze 20 Jahre[36].

Auch in Frankreich war die erste Phase der Verbreitung des Fernsehens nicht jene des privaten Fernsehkonsums, sondern die des Gemeinschaftsempfangs in Cafés oder »Télé-Clubs«, die das Fernsehen besonders im ländlichen

35 Marie-Françoise LÉVY, Introduction, in: DIES. (Hg.), La Télévision dans la République. Les années 50, Paris 1999, S. 11 f.

36 ALBERT, Remarques sur la lenteur du développement de la télévision en France.

Raum zu einer Art privaten Kinoveranstaltung machten[37]. Die beiden Fernsehjournalisten Jean Quéval und Jean Thévenot faßten 1957 die Ursachen und Gründe zusammen, die ihrer Meinung nach für den Rückstand der französischen Entwicklung verantwortlich waren:

La TV, pour eux [die französische Regierung, A.d.V.], ce n'était d'abord qu'une curiosité scientifique [...], puis une sorte de Guignol pour grandes personnes un peu demeurées. Mais, quand ils eurent pris connaissance de sa puissance et de son efficacité possibles et même déjà vérifiées, ils entendirent en faire leur jouet et faire de ceux qui assument les charges grandes ou petites de l'exploitation leurs marionettes[38].

Auch wenn die Programmverantwortlichen der RTF, allen voran Programmdirektor Jean d'Arcy, nicht müde wurden, die kulturpolitische Bedeutung des neuen Mediums zu propagieren[39], fristete das Fernsehen in Frankreich während der IV. Republik ein eher klägliches Dasein. Das absolute Monopol des Staates im Bereich des Fernsehrundfunks wurde zu keinem Zeitpunkt von einer der vierzehn Regierungen in Frage gestellt: »La tutelle de l'État sur l'information audiovisuelle«, so Jérôme Bourdon, »a vraiment valeur de dogme intangible«[40]. Erst mit dem Fernsehstatut vom 4. Februar 1959, das die RTF in eine öffentliche Anstalt mit industriellem und wirtschaftlichen Charakter verwandelte, konnte sich das Fernsehen aus dem »cadre structurant« des Vorläufers Radio lösen und eine eigene Identität als neues Leitmedium entwickeln[41].

Zwar änderte sich an der staatlichen Bevormundung des Fernsehens auch mit dem Beginn der IV. Republik nichts, dennoch markierte der Beginn der Präsidentschaft Charles de Gaulles einen fundamentalen Wandel der Stellung des Fernsehens in der politischen Öffentlichkeit Frankreichs. Dieser Wandel manifestierte sich zum einen durch die juristischen und institutionellen Veränderungen, deren Eckdaten die schon erwähnte Umwandlung der RTF in eine öffentlich-rechtliche Anstalt 1959 und die erneute Umwandlung zur

[37] Zu den Télé-Clubs siehe LÉVY, La création des télé-clubs, in: DIES. (Hg.), La télévision dans la République, S. 107–132. Zur Rezeptionsgeschichte des Fernsehens siehe Anne-Marie SOHN, Pour une histoire de la société au regard des médias, S. 287–306.

[38] Jean QUÉVAL, Jean THÉVENOT, TV, Paris 1957, S. 178, hier zitiert nach BOURDON, Haute Fidélité, S. 38.

[39] Auf einer UNO-Konferenz im März 1955 sprach Jean d'Arcy davon, daß das Fernsehen mehr sei als die bloße Übertragung eines Spektakels ins Heim. Vielmehr eröffnete es die einmalige Möglichkeit, »de vaincre le temps et la distance par l'image«. Die Fernsehkamera, so d'Arcy, sei vielmehr ein »instrument de vérité et d'authenticité extraordinaire«. Zitiert nach BOURDON, Haute Fidélité, S. 31.

[40] Ibid. S. 39. Eine vergleichende Übersicht zum Stand der historischen Forschung im Bereich der Fernsehnachrichtensendungen findet sich bei Andreas FICKERS, Bernadette KESTER, Veel nieuws – weinig geschiedenis. Een historisch-historiografisch essay over internationaal televisienieuws, in: Tijdschrift voor Mediageschiedenis 8 (2005) 2 S. 111–142.

[41] Stéphane OLIVESI, Histoire politique de la télévision, Paris 1998, S. 114f.

ORTF (Office de radiodiffusion télévision française) im Jahre 1964 sind[42]. Zum anderen sorgte der Ausbau der Sendezeit (2 451 Stunden im Jahr 1958; 5 232 Stunden im Jahr 1968) und der Senderreichweiten bzw. der Empfangsdichte (1958 erfaßte der Sender Paris nur 30% der Bevölkerung; 1969 deckte das erste Programm 95%, das zweite Programm 82% der Bevölkerung ab) in den 1960er Jahren für eine flächendeckende Versorgung der Franzosen mit den staatlichen Fernsehprogrammen. Die schleichende Entwicklung des Fernsehens während der IV. Republik vor Augen, mag diese »décollage de la télévision« in den sechziger Jahren erstaunen.

Tatsächlich ist dieser Wandel ohne eine Analyse der Rolle, welche die Person von Charles de Gaulle in diesem Prozeß eingenommen hat, nicht verständlich. Die Bedeutung, die der französische Präsident dem Medium Fernsehen von Beginn seiner Amtszeit im Elysée-Palast zugemessen hat, ist im europäischen Vergleich beispiellos. Jacques Manier, der viele Fernsehauftritte de Gaulles geplant und organisiert hat, brachte die Bedeutung de Gaulles für die Entwicklung des französischen Fernsehens auf den Punkt: »Il a fallu ›l'incident de Gaulle‹ pour que l'image retienne à nouveau toute l'attention politique«[43]. »Le premier téléspectateur de la France«, wie de Gaulle von »Le Monde« Journalist Romain Gary genannt wurde, war sich der Bedeutung des Fernsehens im öffentlichen und damit politischen Leben Frankreichs von Anfang an bewußt. Wie erklärt sich dieses Bewußtsein de Gaulles angesichts der eher zögerlichen bis feindlichen Reaktionen, die andere Staatsmänner dem Medium Fernsehen Ende der fünfziger Jahre entgegenbrachten[44]?

Jérôme Bourdon, unbezweifelt der beste Kenner der Fernsehgeschichte der de Gaulle-Ära, weist zurecht auf die Vertrautheit des Generals mit dem Medium Rundfunk hin. De Gaulles Rundfunkansprachen aus London an das französische Volk während des Zweiten Weltkrieges hatten legendären Charakter und brachten de Gaulle den Spitznamen »Général Micro« ein[45]. Die Stimme des »Freien Frankreichs«, die während des Krieges täglich von 20.25 bis 20.30 Uhr von der BBC über den Äther gesendet wurde, begründete de Gaulles Ruf als meisterhaften Rhetoriker, und die zahlreichen Dankesbriefe, die dem Sender aus dem Heimatland zugingen, stärkten de Gaulles Selbstvertrauen als oberster Widerstandskämpfer der Franzosen. Im ersten Band seiner »Mémoires de guerre« schreibt er: »Tous les huit jours environ, je parlais

42 Die langwierigen politischen und personellen Auseinandersetzungen, die mit der Diskussion um das Statut der RTF bzw. ORTF verbunden waren, werden im Detail in der Arbeit von Jérôme Bourdon »Histoire de la télévision sous de Gaulle« rekonstruiert.

43 Jacques MANIER, »La meilleure image du monde...«, in: Bulletin du Comité d'histoire de la télévision 24 (juin 1992) S. 26.

44 Zu den Reaktionen der britischen, kanadischen und australischen Ministerpräsidenten auf das Fernsehen nach 1945 siehe Colin, SEYMOUR-URE, Prime Ministers Reactions to Television, in: Media, Culture & Society (1989) S. 309f.

45 Siehe BOURDON, Haute Fidélité, S. 53.

Télévision en couleur jusqu'à l'Oural... (« Die Weltwoche »).

Abb. 16: »La Gaullovision« oder: »Télévision en couleur jusqu'à l'Oural«, aus: Archiv des Deutschen Museums München, Nachlaß Walter Bruch, Signatur NL 101, Nr. 123.

moi-même, avec l'émouvante impression d'accomplir, pour des millions d'auditeurs qui m'écoutaient dans l'angoisse à travers d'affreux brouillages, une espèce de sacerdoce«[46]. Man ist geneigt, de Gaulles Selbstverständnis als »Rundfunkprediger« nahtlos auf dessen Fernsehauftritte zu übertragen, die ihn gewissermaßen zum »Fernsehpriester« machten. In seinen »Memoiren der Hoffnung« bringt de Gaulle sein Verhältnis zum Fernsehen auf den Punkt:

Mais c'est au peuple lui-même, et non seulement à ses cadres, que je veux être lié par les yeux et les oreilles. Il faut que les Français me voient et m'entendent, que je les entende et les voie. La télévision et les voyages publics m'en donnent la possibilité. Or, voici que la combinaison du micro et de l'écran s'offre à moi au moment même où l'innovation commence son foudroyant développement. Pour être présent partout, c'est là soudain un moyen sans égal [...] Par le son et par l'image, je suis proche de la nation[47].

[46] Charles DE GAULLE, Mémoires de guerre. Bd. 1, L'appel (1940–1942), Paris 1954, S. 132.
[47] Charles DE GAULLE, Mémoires d'espoir, Bd. 1, Le renouveau, Paris 1970, S. 301.

Daß de Gaulle die mediale Nähe zum Volk auch praktizierte, beweisen alleine die 32 Fernsehansprachen, die der Staatspräsident in den ersten zwei Jahren seiner Amtszeit inszenierte. Bei aller Liebe zum Volk ging es de Gaulle aber vor allem darum, das Fernsehen als Mittel der politischen Machtausübung einzusetzen. Dies um so mehr, als er die Bedeutung der anderen Massenmedien als Instrumente der politischen Meinungsbildung im Vergleich zum Fernsehen deutlich abstufte. Seinem Informationsminister Alain Peyrefitte gestand de Gaulle im März 1964:

> La télévision prend une place de plus en plus grande dans la vie d'aujourd'hui. Elle grignote sans cesse le cinéma, la radio, les journaux. Elle finira par les reléguer dans un coin, quand elle sera passée à la couleur. C'est le grand moyen de communication de demain, avec les individus comme avec les masses: pour l'information, pour la culture, pour l'enseignement, pour la formation professionelle, pour les loisirs, elle va se substituer à tous les moyens traditionnels. Ce sera l'instrument qui forgera l'esprit public. [...] Qui tient la télévision tient un pays[48].

Die Abbildungen machen deutlich, daß de Gaulles Fernsehauftritte das Resultat einer genauen Vorbereitung waren, in der Rhetorik und Gestik exakt aufeinander abgestimmt waren. Hatte sich de Gaulle durch die zahlreichen Rundfunkansprachen jene meisterhafte Wortwahl und Betonung zu eigen gemacht, die seinen Ruf als politischen Redner begründeten, mußte er den Auftritt vor der Fernsehkamera erst noch lernen.

Wie Jérôme Bourdon berichtet, war es der Pionier der französischen Werbewirtschaft, Marcel Bleustein-Blanchet, der sich gegenüber Vertrauten des Präsidenten entsetzt über die erste Fernsehansprache de Gaulles am 13. Juni 1958 äußerte. De Gaulle müsse den Blick in die Kamera richten und mehr Körpersprache einsetzen, so Bleustein-Blanchet: »Quand on est le Général de Gaulle, on n'entre pas comme ça chez les gens«[49]. Ähnliche Kritik äußerten auch Philippe Ragueneau und Pierre Sabbagh, enger Vertrauter des Generals der eine, Fernsehregisseur der andere. »Enfin«, so Bourdon, »une anecdote, jamais confirmée [jamais démentie non plus, so Bourdon in der Fußnote,

[48] Peyrefitte, C'était de Gaulle, S. 525f. Ein ähnliches Zitat de Gaulles wird in einem Schreiben des WDR-Intendanten Klaus von Bismarck wiedergegeben. Dort heißt es: »General de Gaulle glaubt anscheinend, daß man die Einflüsse der durchweg kritischen Presse durch den Gebrauch des Fernsehens für die Zwecke der Regierung ausgleichen müsse (in Paris kursiert eine Äußerung über den Informationsminister [sic!] ›Mon cher Peyrefitte, la télévision, c'est l'État‹». Siehe «Vertrauliche Information über die RTF (Radiodiffusion Télévision Française), Köln, 23.04.1963, in: Bundesarchiv Koblenz, Signatur B 145/4514, Deutsch-französische Zusammenarbeit auf dem Gebiet des Rundfunks und Fernsehens, Bd. 1, Nr. 954.

[49] Marcel Bleustein-Blanchet, La rage de convaincre, zitiert nach Jean-Pierre Guichard, De Gaulle et les mass media. L'image du Général, Paris 1985, S. 130.

Abb. 17: De Gaulle als »Fernsehpriester«. Bildserie aus: Der Spiegel, Nr. 24 (1965) S. 58.

A.d.V.], veut qu'un sociétaire de la Comédie Française se soit rendu à l'Élysée donner des leçons de diction«[50].

Fest steht, daß de Gaulle seine Fernsehauftritte sehr rasch so perfekt inszenierte, daß sie die Fernsehzuschauer in ihren Bann zogen. Jean-Pierre Guichard, der die mediale Wirkung de Gaulles bis ins kleinste Detail mittels semiotischer, psycholgischer und mediensoziologischer Theorien studiert hat, kommt zu dem überzeugenden Urteil, daß die Erscheinung de Gaulles auf dem Fernsehbildschirm die Zuschauer nur selten unberührt gelassen habe, sie statt dessen fast immer zu einer Stellungnahme, zu einer mehr oder weniger bewußten Interpretation des Gesehenen aufgefordert habe. Indem de Gaulle die direkte Ansprache (»Françaises, Français«), das bewußte Miteinbeziehen der Zuschauer (»C'est pourquoi je me tourne vers vous...«) oder gar die direkte Aufforderung zur Reaktion (»Aidez-moi!«) gezielt in seine Fernseh-

50 BOURDON, Haute Fidélité, S. 55. Siehe auch die Zeitzeugenaussagen von Philippe Ragueneau, Alexandre Tarta, Jacques Manier und Jean-Louis Guillaud, die ihre Erinnerungen an die Fernsehauftritte de Gaulles vor und hinter der Kamera wiedergeben in: »De Gaulle, homme de télévision«, in: Bulletin du Comité d'histoire de la télévision 24 (1992) S. 3–26.

rhetorik eingebaut habe, sei es ihm gelungen, eine persönliche, privilegierte Kommunikationssituation mit jedem einzelnen der Millionen von Fernsehzuschauern aufzubauen. »Finalement«, so Guichard, »la télévision, par l'image et par le son, s'avère un excellent vecteur et même un vecteur essentiel sous la Ve République du message gaullien, qui vient la pluspart du temps sous forme d'un appel, solliciter chaque citoyen dans l'intimité de son être, c'est-à-dire dans sa conscience et dans son âme«[51].

Es muß an dieser Stelle darauf verzichtet werden, weiter auf die interessante Frage der Beziehung von medialer Kompetenz und politischer Wirkmächtigkeit einzugehen[52]. Es steht außer Zweifel, daß die Bedeutung der medialen Wirkung der Persönlichkeit de Gaulles in der Einschätzung seiner politischen Rolle nicht unterschätzt werden darf. Bisherige Darstellungen de Gaullescher Politik lassen audiovisuelles Quellenmaterial bei ihren Analysen jedoch vollkommen unbeachtet[53].

Zusammenfassend kann man sagen, daß de Gaulle die »épreuve cathodique«[54] des beginnenden Fernsehzeitalters wie wohl kaum ein anderer europäischer Staatsmann in den sechziger Jahren gemeistert hat. An de Gaulle manifestiert sich in Europa damit erstmals das in den USA schon seit den frühen fünfziger Jahren feststellbare Phänomen der »Personifizierung« der politischen Macht, der Substitution des politischen Programms zugunsten des einzelnen politischen Akteurs: »La promotion, par la télévision, de l'imagerie, du spectaculaire et de la personnalisation en politique, a pour corollaire un certain recul des idéologies et une déprogrammation. [...] A la télévision, la prestation de ›l'acteur‹ politique a, autant, sinon plus, d'importance que la teneur idéologique de ses déclarations verbales«[55]. Die Inszenierung der Person de Gaulles, des »Generals«, zum zentralen Akteur französischer Politik folgte dem Ziel, über die Darstellung der Einzigartigkeit der Symbolfigur de Gaulle die Einigkeit ganz Frankreichs zum Ausdruck zu bringen. De Gaulle war Frankreich und Frankreich de Gaulle – »das Vaterbild kommt frei Haus«[56]!

[51] GUICHARD, De Gaulle et les mass media, S. 139.

[52] Eine kompakte und gut strukturierte Analyse des Verhältnisses de Gaulle/Massenmedien auf deutsch liefert Daniela HOYER, Charles de Gaulle und die Massenmedien. Wie ein Politiker Presse und Rundfunk instrumentalisierte, Mainz 1998.

[53] Siehe beispielsweise die Studien von Serge BERSTEIN, Histoire du Gaullisme, Paris 2001 und Maurice VAÏSSE, La grandeur: Politique étrangère du général de Gaulle 1958–1969, Paris 1998.

[54] »L'épreuve cathodique«, so Stéphane Olivesi, »devient une condition première d'existence sur la – les – scène(s) politique(s).« OLIVESI, Histoire politique de la télévision, S. 141.

[55] GUICHARD, De Gaulle et les mass media, S. 114.

[56] In einem ausführlichen De Gaulle-Porträt wies Spiegel-Chefredakteur Rudolf Augstein 1965 auf die zentrale Bedeutung des Fernsehens als Medium der politischen Selbstdarstellung de Gaulles hin. Augstein ging sogar so weit, de Gaulle in einer Reihe mit Mussolini, Hitler und Castro zu nennen: »Wahr ist, daß Napoleon III. nicht das Fernsehen hatte. Hitler und Mussolini hat-

Die institutionelle und personalpolitische Organisation des Rundfunks in Frankreich machte dieses Medium zum vollwertigen Instrument de Gaullescher Politik. Zum »Handlanger« der Umsetzung der politischen Vorgaben de Gaulles im Rundfunkbereich wurde »sein« Informationsminister Alain Peyrefitte[57]. In den vier Jahren (April 1962 bis Januar 1966), in denen Peyrefitte die Position des Informationsministers innehatte – übrigens eine ungewöhnlich lange Zeit für diesen als »Schleudersitz« bekannten Posten –, verstand er es auf gekonnte Weise, sowohl die eigenen als auch die Interessen de Gaulles in äußerst effektiver Art und Weise zu vertreten. Sich selbst als »liberalen Gaullist« verkaufend, entwickelte sich Peyrefitte hinter den verschlossenen Türen der ORTF zum obersten Zensor des französischen Fernsehens, »contrôlant personnellement les moindres rouages de la RTF«[58].

Zwar rühmt sich Peyrefitte in seinem Werk »Le mal Français« dafür, die Klingelknöpfe am Schreibtisch seines Vorgängers abgeschafft zu haben, die es erlaubten, die verantwortlichen Direktoren der RTF jederzeit zum Rapport beim Minister erscheinen zu lassen[59]. Als »Kompensation« dafür baute er jedoch den »Service des liaison interministérielles pour l'information« (SLII) auf, der Schritt für Schritt zur zentralen informationspolitischen Kontrollagentur der Regierung ausgebaut wurde[60]. Durch diese Behörde wurde Alain

ten noch nicht das Fernsehen. Castro hat (und nutzt) das Fernsehen. Aber schon zu Hitlers und Mussolinis Zeiten galt, daß ein ›Mann der Vorsehung‹ nicht von innen gestürzt werden kann, wenn er das Radio und die Presse beherrscht. Heute genügt vielleicht schon das Fernsehen. Das ›Vaterbild‹ kommt frei Haus.« Rudolf AUGSTEIN, Die Ziege des Herrn Seguin. Charles de Gaulle und sein Gaullismus, in: Der Spiegel 24 (1965) S. 40–63, hier S. 60.

57 Die Institution des Informationsministeriums geht auf ein Dekret des französischen Präsidenten Paul Reynaud vom 1. April 1940 zurück, wurde aber schon im Juni von der Vichy-Regierung abgeschafft und durch das »Hochkommissariat für Propaganda« ersetzt. Unter der Leitung de Gaulles wurde nach der Libération durch zwei Ordonnanzen vom 23. Oktober 1944 und 19. Oktober 1945 erneut ein Informationsministerium geschaffen, das gewissermaßen die Fortsetzung des »Commissariat à l'information« antrat, welches in Algier unter der Exilregierung de Gaulles existiert hatte. Während der IV. und V. Republik wechselten sich die Bezeichnungen »Ministre de l'information« oder »Secrétaire d'État de l'information« mehrfach ab, ohne daß sich damit an der Kompetenz des jeweiligen Amtsinhabers etwas geändert hätte. Siehe Emil HUGHES, Le ministère de l'information en France, in: Revue politique des idées et des institutions 17 (1955) S. 513–520. Zur Person Alain Peyrefittes siehe den leicht hagiographisch angehauchten Artikel von Pierre DE BOISDEFFRE, Alain Peyrefitte, le Tocqueville du XXe siècle, in: Revue des deux mondes 10 (1999) S. 128–137.

58 BOURDON, Histoire de la télévision sous de Gaulle, S. 96.

59 Alain PEYREFITTE, Le Mal Français, Paris 1976, S. 69.

60 Nach Zustimmung des Ministerrats wurde der SLII am 31. Juli 1963 im Rahmen eines Finanzgesetzes gegründet und dem Informationsminister unterstellt. Dem SLII wurde eine dreifache »Mission« zugewiesen: 1) eine organische Verbindung zwischen den verschiedenen Ministerien herzustellen, um die offizielle Informationspolitik der Regierung zu koordinieren; 2) für eine engere Kooperation mit den staatlichen Medienanstalten (Presse, Hörfunk, Fernsehen) zu sorgen; 3) die Öffentlichkeitsarbeit der Regierung durch eigene Publikationen zu begleiten. Die täglichen (!) Konferenzen des SLII – Peyrefitte selber nahm einmal wöchentlich an einer Sitzung

Peyrefitte zum »bestinformierten Regierungsmitglied«, was nicht unbedingt zur Popularität des Informationsministers bei seinen Kollegen sowie jenen Vertretern des Hör- und Fernsehfunks beitrug, die an den täglichen Sitzungen des SLII teilnehmen mußten.

Ohne weiter auf die Funktionsdetails des SLII eingehen zu wollen, hatte Peyrefitte bzw. die französische Regierung mit dieser interministeriellen Behörde einen effektiven Apparat zur Kontrolle der staatlichen Informationspolitik geschaffen, dessen Kompetenzen weit über jene des bundesdeutschen Presse- und Informationsamtes hinaus gingen. Diese direkte politische Kontrolle des französischen Rundfunks schlug sich nicht zuletzt in der Personalpolitik der RTF nieder. So gelang es Peyrefitte, die Behörde Schritt für Schritt mit gaullistischen Gefolgsmännern zu besetzen, die eine »Intervention von oben« durch vorauseilenden Gehorsam überflüssig machten[61]. Das von Fest für die Bundesrepublik beschriebene Phänomen der Selbstzensur kann demnach durchaus auf die französischen Verhältnisse übertragen werden.

Wie tief die enge Verzahnung regierungspolitischer Interessen mit der Struktur des Rundfunks im Bewußtsein der politisch Verantwortlichen auch nach de Gaulles Abtritt im Jahre 1969 noch war, zeigt ein Zitat seines Amtsnachfolgers Georges Pompidou, der auf einer Pressekonferenz am 21. September 1973 erklärte: »Qu'on le veuille ou non – et je sais qu'il y en a qui ne me croient pas – le journaliste de télévision n'est pas un journaliste comme les autres. Il a des responsabilités supplémentaires. Qu'on le veuille ou non, la télévision est considérée comme la Voix de la France, et par les Français et par l'étranger«[62].

Nicht alle Franzosen teilten diese Auffassung. Der Journalist Claude Durieux nahm 1976 in seinem aufsehenerregenden Buch »La Télécratie« kein Blatt vor den Mund. »La bande à Peyrefitte«, so Durieux, habe die ORTF während zehn Jahren mit einer Politik eingeschleuster Mittelsmänner be-

teil, dienten als »Lagebesprechung, in denen jeder Teilnehmer erfuhr, was bei seinen Kollegen [aus den anderen Ministerien, A.d.V.] geschah«. Siehe Hoyer, Charles de Gaulle und die Massenmedien, S. 91–102.

[61] In einem Schreiben des WDR-Intendanten Klaus von Bismarck vom 23.04.1963 heißt es diesbezüglich: »Besonders die Arbeit der Abteilung Information für Radio und Fernsehen der RTF (Journal Parlé, Journal Télévisé) unter M. Gérard wird in der französischen Öffentlichkeit allgemein als die eines Regierungsbulletins bezeichnet. M. Gérard verfügt über direkte persönliche Verbindungen zum Élysée (M. Chameau, M. Lefranc). Er ist wahrscheinlich ein besonders markantes, aber keineswegs das einzige Beispiel dafür, wie die RTF durch Selbstkontrolle und Selbstzensur eine Kontrolle von außen ergänzt und z.T. ersetzt: Die Gaullisten aller Schattierungen in der Direktion der RTF versuchen, Interventionen ›von oben‹ überflüssig zu machen.« Siehe «Vertrauliche Information über die RTF (Radiodiffusion Télévision Française), Köln, 23.04.1963, in: Bundesarchiv Koblenz, Signatur B 145/4514, Deutsch-französische Zusammenarbeit auf dem Gebiet des Rundfunks und Fernsehens, Bd. 1, Nr. 954.

[62] Bourdon, Histoire de la télévision sous de Gaulle, S. 17. Zur Rolle Pompidous in der PAL-SECAM-Affaire siehe Fickers, »Pourquoi ne feraient-ils pas un procès à Telefunken?«.

herrscht – von Meinungsfreiheit keine Spur[63]. Diese regierungspolitische Instrumentalisierung des Fernsehens in Frankreich wirkte sich natürlich auch auf die Erwartungshaltungen der Zuschauer aus. Das Fernsehen wurde von kritischen Intellektuellen immer wieder als totalitäres Machtinstrument beschimpft. Das zentrale Medium politischer Auseinandersetzung blieb in Frankreich daher die Presse[64].

Vergleicht man die Situation des Rundfunks in Frankreich und Deutschland in den fünfziger und sechziger Jahren miteinander, so wird deutlich, daß die Bemühungen darum, das neue Leitmedium Fernsehen politisch zu instrumentalisieren, sowohl in der Adenauer-Republik als auch in der IV. Republik und der Amtszeit de Gaulles zentrales Merkmal des informationspolitischen Selbstverständnisses der beiden Regierungen war[65]. In der Bundesrepublik verhinderte die föderale Rundfunkorganisation letztlich den Aufbau eines »Staatsfernsehens«, während der direkte politische Zugriff auf den Rundfunk in Frankreich aufgrund des fehlenden juristischen Statuts der RTF bzw. ORTF nie in Frage gestellt wurde. Trotz des Interesses, das Bundeskanzler Adenauer dem Fernsehen entgegen brachte, wurde die Bedeutung des Fernsehens für die politische Öffentlichkeitsarbeit von den meisten bundesrepublikanischen Politikern verkannt. Der damalige »deutsche Informationsminister« und spätere Intendant des ZDF, Karl Günther von Hase, merkte im Interview an, daß das Fernsehen im Bewußtsein der deutschen Politiker nicht annähernd die Bedeutung gehabt habe wie bei den französischen Kollegen. Eindeutiges Indiz hierfür sei auch, daß das Farbfernsehen nie Thema einer Kabinettssitzung in Bonn gewesen sei[66]. Selbst wenn dieses Bewußtsein vorhanden gewesen wäre, zeigt das Beispiel der »Deutschland-Fernsehen GmbH« deutlich, daß die Landesrundfunkanstalten die Versuche einer bundespolitischen Einflußnahme erfolgreich abwehrten.

In Frankreich dagegen war das Fernsehen bis Mitte der siebziger Jahre Medium der regierungspolitischen Interessen, die staatliche Rundfunkorganisation wurde zum Sprachrohr gaullistischer Botschaften und stand unter direkter Kontrolle des französischen Informationsministeriums. Wie der Intendant des WDR, Klaus von Bismarck, in einer »vertraulichen Information über die RTF« im April 1963 mitteilte, dürfe die Bezeichnung der RTF als

[63] Claude Durieux, La Télécratie, Paris 1976.

[64] Zum Beziehungsgeflecht von Politik und Medien in Frankreich siehe die Überblicksdarstellungen von Fabrice d'Alemeida, Christian Delporte, Histoire des médias en France de la Grande Guerre à nos jours, Paris 2003; Jean-Noël Jeanneney, Une histoire des médias des origines à nos jours, Paris 2001; Bernard Lamizet, Histoire des médias audiovisuels, Lonrai 1999.

[65] Johannes Georg Müller, Staats- und Parteieneinfluß auf die Rundfunkanstalten in Frankreich und Deutschland – Eine vergleichende Analyse, Frankfurt a.M. u.a. 1987.

[66] So die Aussage von Karl-Günther von Hase im Interview mit dem Autor, Bonn, 14.06.2000.

»établissement publique« nicht zu der Annahme verleiten, daß man es mit einer selbständigen Anstalt zu tun habe:

Während das Regierungspersonal seit 1958 nur in Nuancen gewechselt hat, sind die oberen Ränge der RTF häufig ausgewechselt worden. In der IV. Republik wechselten die Regierungen, aber das leitende Personal der RTF blieb. [...] Die gegenwärtige Organsiation der RTF kennzeichnet demnach ein hierarchisch-bürokratischer Aufbau mit strenger Unterordnung der RTF unter das Informationsministerium, die Regierung und den Élysée-Palast, aus deren Mitte dauernd das Recht der direkten Intervention beansprucht wird[67].

Trotz dieser strukturellen Differenzen im Bereich der institutionellen Ausprägung und politischen Einbettung des Rundfunks in beiden Ländern läßt sich aber eine funktionelle Gemeinsamkeit des Fernsehens nicht abstreiten. In beiden Ländern nahm das Fernsehen eine wichtige Stellung in der medialen Konstruktion eines nationalen Erfahrungsraumes ein. Als »nationale Sozialisierungsinstanz«[68] übte das neue Leitmedium diesseits wie jenseits des Rheins die Funktion eines identitätsstiftenden Kommunikationsraumes aus, der bloße Akt des Fernsehens wurde zur symbolischen Teilnahme an einer Fernsehwirklichkeit, die – als Resultat des technopolitischen Nationalismus im Bereich der Fernsehnormen – fast ausschließlich eine rein nationale Erfahrungsgemeinschaft war. »La télévision«, so Évelyne Cohen, »donne à voir aux Français le spectacle du contact entre le peuple et le chef de l'État, elle crée entre les Français un véritable langage national, devient un véhicule privilégié du sentiment national et de la communauté nationale«[69]. Es ist wohl diese im Begriff der »Fernsehnation« zum Ausdruck kommende privilegierte Beziehung zwischen Fernsehen und Gesellschaft, welche den Wunsch staatlicher bzw. regierungspolitischer Einflußnahme auf dieses Medium verständlich macht.

Auch wenn sich Alain Peyrefitte der strukturellen Differenzen zwischen seinem Amt und dem seines bundesdeutschen Kollegen Karl-Günther von Hase bewußt war[70], begannen bereits Ende des Jahres 1963 Gespräche zwischen diesen beiden Akteuren zum Thema Farbfernsehen im Rahmen der regelmäßigen deutsch-französischen Konsultationen, wie sie im »Freundschaftsvertrag« vereinbart worden waren. Diese Gespräche, die das Thema

67 Siehe »Vertrauliche Information über die RTF (Radiodiffusion Télévision Française), Köln, 23.04.1963, in: Bundesarchiv Koblenz, Signatur B 145/4514, Deutsch-französische Zusammenarbeit auf dem Gebiet des Rundfunks und Fernsehens, Bd. 1, Nr. 954.

68 Fickers, Radio und Fernsehen als nationale Sozialisierungsinstanzen?

69 Évelyne Cohen, Télévision, pouvoir et citoyenneté, in: Lévy (Hg.), La télévision dans la République, S. 23–42, hier S. 32.

70 In einem Brief von Alain Peyrefitte an Georges Pompidou vom 27. Januar 1964 heißt es: »J'ai déjà eu l'occasion de m'en entretenir avec le Secrétaire d'État à l'Information allemand, M. Von Hase, mais sa position dans le gouvernement allemand et l'organisation particulière de la télévision en Allemagne limitent ses possibilités d'intervention dans ce domaine.« In: Archives nationales, Signatur F-41/2310.

Farbfernsehen auf die oberste politische Ebene der deutsch-französischen Beziehungen hoben, werden im folgenden detailliert nachgezeichnet, da sie den Schlüssel zum Verständnis der Politisierung der PAL-SECAM-Kontroverse bilden.

4.2. Das Farbfernsehen im Zeichen der deutsch-französischen Freundschaft

Über die Entstehungsgeschichte, Bedeutung und Wirkung des deutsch-französischen »Freundschaftsvertrages« ist so viel publiziert worden, daß an dieser Stelle auf eine Würdigung dieser Annäherung verzichtet werden kann[71]. Unter Punkt II. A 2 des Vertrages wird aufgeführt: »Die auf dem Gebiet des Informationswesens bereits bestehende Zusammenarbeit wird zwischen den beteiligten Dienststellen in Bonn und Paris und zwischen den Vertretungen in Drittstaaten fortgeführt und ausgebaut«. Der Vertrag sah vor, daß regelmäßige Konsultationen (alle drei Monate) stattfinden sollten, abwechselnd auf deutschem und französischem Boden. Bereits im Mai 1963 fand daraufhin ein erstes Treffen zwischen den Verantwortlichen der französischen (RTF) und bundesdeutschen (ARD) Rundfunkanstalten statt. Auf der anschließenden Sitzung der Gremienvorsitzenden der ARD am 22. Mai bedankte sich der Leiter des Bundespresse- und Informationsamtes, Karl-Günther

[71] Per Fischer, Der diplomatische Prozeß der Entstehung des deutsch-französischen Vertrages von 1963, in: Vierteljahreshefte für Zeitgeschichte 41 (1993) S. 101–116. Eine detaillierte Beschreibung des Zustandekommens des Élysée-Vertrages findet sich bei Lappenküper, Die deutsch-französischen Beziehungen sowie bei Baumann, Begegnung der Völker? und Corine Defrance, Ulrich Pfeil (Hg.), Der Élysée-Vertrag und die deutsch-französischen Beziehungen, 1945–1963–2003, München 2005. Knapper, prägnanter und in eine längerfristige Perspektive des deutsch-französischen Verhältnisses eingebettet ist die Darstellung von Gilbert Ziebura, Die deutsch-französischen Beziehungen seit 1945. Mythen und Realitäten, Stuttgart ²1997. Einen generellen Überblick liefert die Sondernummer der Zeitschrift Dokumente/Documents: Die deutsch-französischen Beziehungen: Chronologie und Dokumente 1948–1999, Bonn 1999. Aus deutscher Perspektive siehe Martin Koopmann, Das schwierige Bündnis. Die deutsch-französischen Beziehungen und die Außenpolitik der Bundesrepublik Deutschland, 1958–1965, Baden-Baden 2000. Aus innenpolitischer Sicht siehe Reiner Marcowitz, Option für Paris? Unionsparteien, SPD und Charles de Gaulle 1958–1969, München 1996. Aus französischer Perspektive mit dem Schwerpunkt Sicherheitspolitik siehe Georges-Henri Soutou, L'Alliance incertaine: les rapports politico-stratégiques franco-allemands 1954–1996, Paris 1996 sowie Pierre Guillen, La question allemande – 1945 à nos jours, Paris 1996. Aus amerikanischer Perspektive siehe Eckart Conze, Die gaullistische Herausforderung. Die deutsch-französischen Beziehungen in der amerikanischen Europapolitik 1958–63, München 1995. Einen längsschnittartigen Überblick über die deutsch-französischen Beziehungen liefert der Sammelband von Peter Schöttler, Patrice Veit, Michael Werner (Hg.), Plurales Deutschland – Allemagne Plurielle (Festschrift für Étienne François), Göttingen 1999. Zur Rolle der internationalen Beziehungen im deutsch-französischen Verhältnis siehe Klaus Müller, Dieter Baechler (Hg.), Dritte in den deutsch-französischen Beziehungen, München 1996. Eine einführende Übersicht in das komplexe deutsch-französische Gefüge der sechziger Jahre vor dem Hintergrund europäischer Politik liefert der von Band von Wilfried Loth, Robert Picht (Hg.), De Gaulle, Deutschland und Europa, Opladen 1991. Die Bedeutung der Pariser Verträge für die deutsch-französischen Beziehungen werden ausführlich dargestellt in dem Sammelband von Hélène Miard-Delacroix, Rainer Hudemann (Hg.), Wandel und Integration. Die Pariser Verträge von 1954 im Prozeß der deutsch-französischen Annäherung der Nachkriegszeit, München 2005.

von Hase, für die gelungene Vorbereitung des Treffens seitens der ARD. Die Franzosen hätten den Verlauf und das Ergebnis der Tagung positiv aufgenommen. Auf dem Gebiet des Hörfunks und des Fernsehens könne nach Meinung der Bundesregierung eine vertrauensvolle Zusammenarbeit zustandekommen. Die Bundesregierung sehe bei diesen Gesprächen ihre Rolle darin, als »Beobachter und Vermittler« zu dienen[72].

Vielleicht war von Hases Bedürfnis, als »Beobachter und Vermittler« tätig zu werden auch von dem Gefühl motiviert, daß einige der Intendanten der Landesrundfunkanstalten keine besonders hohe Meinung von ihren französischen Kollegen hatten. So war der WDR-Intendant und ARD-Vorsitzende, Klaus von Bismarck, im April 1963 zu seinen Kollegen der RTF nach Paris gereist und berichtete seinen Intendantenkollegen am 23. April 1963:

> Herr Bordaz [Generaldirektor der R.T.F., A.d.V.] – am Tage meines Besuches in seiner Zeit-Disposition offenbar durch die Fernseh-Ansprache de Gaulles im besonderen zur Rolle eines eifrigen Befehls-Empfängers degradiert – macht einen schwachen Eindruck. Neu war mir, daß die Spitze der RTF von einem ›Kabinett Bordaz‹ gebildet wird, d.h. von drei politisch bestimmten engsten Mitarbeitern des General-Direktors, die dieser sich auswählt (die also auch mit ihm gehen würden!). Diese Spitze steht über den Direktoren. [...] Die Herren in der Spitze der RTF waren wenig oder gar nicht über die Struktur des Rundfunks und Fernsehens in der Bundesrepublik orientiert[73].

Karl-Günther von Hases Selbstverständnis als »Vermittler« war vielleicht auch aus diesem Grunde beim Thema Farbfernsehen notwendig. Bereits beim Treffen von Peyrefitte und von Hase am 22. November 1963 in Paris schlug Alain Peyrefitte seinem deutschen Gesprächspartner vor, die nationalen Rundfunkanstalten beider Länder zu einer Zusammenarbeit auf dem Gebiet des Farbfernsehens zu bewegen. Beweisen zahlreiche spätere Dokumente, daß von Hase von diesem Zeitpunkt an tatsächlich an einer deutsch-französischen Gemeinschaftsaktion im Geiste des »Freundschaftsvertrages« gelegen war, war die Initiative Peyrefittes von vornherein Teil einer politischen Strategie: »M. von Hase«, so Informationsminister Peyrefitte in einem Brief an den Außenminister Couve de Murville vom 24. Dezember 1963, »a manifesté le désir que les responsables allemands des services de télévision aient des consultations sur ce sujet avec leurs collègues français. J'ai prié le Directeur Général de la RTF d'envoyer une mission de spécialistes en Allemagne pour tenter de convaincre les Allemands de la supériorité du procédé français et les amener à porter leur choix sur celui-ci«[74].

[72] Siehe Niederschrift der Sitzung der Gremienvorsitzenden vom 22.5.1963 in Baden-Baden, in: Historisches Archiv des WDR, Signatur: WDR/II ARD/5. Tag (Prot.), 1963–1969; Gremiensitzung.

[73] Schreiben Klaus von Bismarcks an die Intendanten der Landesrundfunkanstalten (persönlich-vertraulich), Hamburg, 23.04.1963, in: Bundesarchiv Koblenz, Signatur B 145/4514, Deutsch-französische Zusammenarbeit auf dem Gebiet des Rundfunks und Fernsehens, Bd. 1, Nr. 954.

[74] Brief von Peyrefitte an Couve de Murville, 24. Dezember 1963, in: Archives nationales, Signatur F-41/2310.

Sah Peyrefitte die Aufgabe der Experten der RTF also darin, die deutschen Kollegen der ARD von der Überlegenheit des SECAM-Systems zu überzeugen, versicherten sich von Hase und von Bismarck in gegenseitigem Einvernehmen, daß »bei der Erarbeitung und Einführung einer europäischen Norm keine einseitigen nationalen Interessen ausschlaggebend sein dürfen«[75]. Dieses Bekenntnis zur unpolitischen, rein auf technischen Kriterien basierenden Urteilsbildung in der Farbfernsehsystemfrage war bis zur Wiener CCIR-Konferenz im April 1965 das handlungspolitische Credo sämtlicher bundesdeutscher Behörden, die an der Normdiskussion beteiligt waren. Sowohl die Landesrundfunkanstalten als auch die zuständigen Ministerien (Post- und Fernmeldewesen, Wirtschaftsministerium und Bundespresse- und Informationsamt) waren sich darin einig, daß »die Frage des Farbfernsehens in der BRD nicht nach politischen, sondern ausschließlich nach fachlichen und technischen Gesichtspunkten« beurteilt werden durfte[76].

Nicht selten waren diese Bekenntnisse zur unpolitischen und rein technisch-wissenschaftlich motivierten Handlungsweise aber mit Bemerkungen versehen, die von einer unterschwelligen Aversion gegen die französischen Bemühungen zur politischen »propagation« des SECAM-Systems zeugen. Besonders beliebt war dabei der Verweis auf die frühere »Fehlentscheidung« der Franzosen, als diese das 819-Zeilensystem in »anti-europäischer« Gesinnung eingeführt hätten[77]. Sogar der Papst, so Dr. Hans Stercken, Leiter des Frankreichreferats im Bundespresse- und Informationsamt, zeige sich besorgt über die mögliche Spaltung der europäischen Fernsehlandschaft[78]!

[75] Brief von Klaus von Bismarck an Karl-Günther von Hase, Köln, 24. Dezember 1963, und Antwortschreiben von Hase an Bismarck, 7. Januar 1964, in: Bundeszwischenarchiv Bonn, Signatur B 145/1356.

[76] Siehe beispielhaft das Schreiben des Bundespostministers Stücklen an Wirtschaftsminister Schmücker vom 4. Mai 1964, in dem Stücklen die Politisierung der Frage durch Herrn Peyrefitte kritisiert. In: Bundeszwischenarchiv Bonn, Signatur B 145/1356.

[77] Siehe beispielhaft den Vermerk des Leiters des Fernsehreferats im Bundespresse- und Informationsamt, Dr. Matern, vom 26. Juni 1964 in Bonn: »Die Entscheidung über das beste Normverfahren kann nicht aus politischen Gründen erzwungen werden. Es hat schon einmal eine Fehlentscheidung gegeben, als Frankreich sich für das 819-Zeilen-System entschied«. In: Bundeszwischenarchiv Bonn, Signatur B 145/1356.

[78] »Er [Pietro Quaroni, ehemaliger italienischer Botschafter in Bonn und 1964 Vorsitzender des Verwaltungsrates der RAI, A.d.V.] wies darauf hin, daß er bei einem Besuch des Papstes auch mit diesem über die Gefahren bereits gesprochen habe, die sich bei der Anwendung unterschiedlicher Systeme in Europa ergeben könnten. Der Papst habe sich hier sehr sorgenvoll gezeigt, insbesondere wohl wegen der Konsequenz, daß das österreichische und das deutsche Fernsehen in Ungarn, der Tschechoslowakei sowie in der SBZ nicht mehr empfangen werden könnten«. Vermerk von Dr. Hans Stercken, Bonn, 9. November 1964, in: Bundeszwischenarchiv Bonn, Signatur B 145/1356. Abgesehen davon, daß die obigen Behauptungen aus technischer Sicht falsch sind, rührte die Sensibilität des Heiligen Vaters für Fragen der Standardisierung in der Fernsehtechnik vielleicht daher, daß der Vatikan 1950 das französische 819-Zeilensystem eingeführt hatte, das ihm von Frankreich »geschenkt« worden war! Stercken selbst korrespondierte Ende 1964

Bemühte man sich auf bundesdeutscher Seite demnach darum, die Diskussion um die zukünftige europäische Farbfernsehnorm auf der Ebene wissenschaftlich-technischer Argumente zu halten, wurde das Thema Farbfernsehen in Frankreich zusehends auf die Ebene außen- und wirtschaftspolitischer Interessen gehoben. Bereits im Januar 1964 wandte sich Informationsminister Alain Peyrefitte in einem ausführlichen Schreiben an den Premierminister Georges Pompidou, um diesem seine Ansichten über die politische Dimension der Farbfernsehfrage darzulegen. Peyrefitte zeigte sich überzeugt davon, daß der Erfolg des SECAM-Systems im wesentlichen davon abhängig sei, ob es gelingen werde, die Deutschen auf die SECAM-Seite zu ziehen. Genau darauf habe er in den bisherigen Gesprächen mit Karl-Günther von Hase hingearbeitet, doch habe dieser keinen Einfluß auf den öffentlich-rechtlichen Rundfunk in der Bundesrepublik noch auf die deutsche Rundfunkindustrie. Aus diesem Grunde hielt Peyrefitte es für ratsam, die Sache entsprechend »höher« anzusiedeln, nämlich auf Ebene der Regierungschefs beider Länder:

C'est pourquoi je pense qu'il serait très souhaitable qu'une intervention du gouvernement français auprès du gouvernement allemand soit faite dans les prochains jours pour marquer, sur le plan général des rapports entre les deux pays, l'intérêt qui s'attacherait à voir un accord se réaliser entre les industriels et les techniciens français et allemands pour l'adoption du procédé SECAM. Si vous partagiez cette manière de voir, je souhaiterais très vivement qu'il vous soit possible d'intervenir, par lettre, auprès du Chancelier Erhard, afin de faire connaître notre position et lui demander si son Gouvernement pourrait faire sa part à l'industrie allemande de son vœu de voir un accord se réaliser entre les techniciens et les industriels compétents en Allemagne et en France[79].

Zwar war es nach Meinung von Peyrefitte vor allem Sache der Industrie auf eine Einigung mit Telefunken hinzuwirken, doch könne eine gewisse politische Rückendeckung in dieser Angelegenheit durchaus förderlich sein. Eines war auch Peyrefitte von Anfang an klar: daß es im Bereich der Farbfernseh-

mit Pater Superior Schmitz vom Radio Vatican über die Farbfernsehfrage und bemühte sich, diesem Kontakt keine offiziellen politischen Weihen zu geben. Dennoch wies er auf die gemeinsamen Interessen der Bundesregierung und des Vatikans hin: »Das Unternehmen [der Kontakt des Bundespresse- und Informationsamtes mit dem Staatssekretariat des Vatikans, A.d.V.] war auch weniger als ein diplomatisches Manöver vorgesehen, sondern gründete sich vielmehr auf die Überzeugung, daß die Kirche an den mit der Frage verbundenen seelsorgerischen Problemen Anteil nehme und gerade daher umso eher in der Lage gewesen wäre, als höhere moralische Autorität die politischen und technischen Auseinandersetzungen zu beseitigen. Nur diese Intervention der Kirche, sozusagen also in eigener Sache, interessiert uns, weil wir glauben, daß dieses Anliegen mit dem unsrigen übereinstimmt. Ich brauche nicht darauf zu verweisen, daß die augenblicklichen Spannungen zwischen Paris und Bonn nur noch verkompliziert werden könnten, wenn die Franzosen den Eindruck gewinnen würden, daß wir die Autorität des Staatssekretariats mißbrauchen, um eine im Endergebnis für sie vielleicht ungünstige Regelung herbeizuführen«. Brief von Dr. Hans Stercken an Pater Superior Schmitz, Bonn, 19. Dezember 1964, in: Bundeszwischenarchiv Bonn, Signatur B 145/1356.

79 Brief von Alain Peyrefitte an Georges Pompidou, Paris, 27. Januar 1964, in: Archives nationales, Signatur F-41/2310.

technologie – im Gegensatz zur früheren s/w-Entwicklung – keinem Land möglich sein werde, einen nationalen Alleingang zu riskieren:

Il est presque certain, étant donné l'énormité des moyens industriels à mettre en jeu et l'avènement de l'Eurovision et de la Mondovision, qu'aucune nation européenne ne pourra s'aventurier sans risque à faire cavalier seul et à adopter un procédé qui ne serait pas celui retenu par les autres nations. [...] L'exemple de la France, qui joue en Europe le rôle de franc-tireur, avec son 819-lignes, définition qu'elle a dû abandonner pour la deuxième chaîne, est révélateur en la matière[80].

Wenige Wochen später war das Farbfernsehen erstmals Thema einer Ministerratssitzung, über die Peyrefitte in seiner de Gaulle-Biographie ausführlich berichtet. De Gaulle bekräftigte Peyrefitte in seinen Bemühungen, dem SECAM-System international Geltung zu verschaffen. »Cette affaire de la télévision en couleurs est importante. Elle va être symbolique. L'Europe sera-t-elle capable, oui ou non, de relever le défi«, so de Gaulle zu Peyrefitte[81]. Für de Gaulle genoß die Farbfernsehfrage seit diesem Zeitpunkt oberste politische Priorität. Es ist gerade jene enge Verzahnung der Farbfernsehfrage mit den politischen Visionen des französischen Staatspräsidenten, welche die PAL-SECAM-Kontroverse zum Spiegel seines außenpolitischen Kurswechsels machte, der unter dem Schlagwort »Europa vom Atlantik bis zum Ural« oder »détente-entente-coopération« bekannt wurde.

Die außenpolitischen Intentionen, die de Gaulle mit dem SECAM-System verband, blieben auch dem wichtigsten europäischen »Gegenspieler« Frankreichs nicht verborgen – den Briten. Auch wenn die folgende Quelle aus der Zeit der Wiener Konferenz im März 1965 stammt und daher der Entwicklung zeitlich vorgreift, wird sie im folgenden ausführlich zitiert, da sie die britische Einschätzung der de Gaulleschen SECAM-Politik auf den Punkt bringt:

He [de Gaulle, A.d.V.] recently informed the Directeur Economique at the Quai d'Orsay that the adoption of SECAM was at present at greater importance to him than the French campaign to avoid the formation of a MLF [multi lateral force, A.d.V.]. [...] While at first sight it may appear strange that despite his other preoccupations General de Gaulle should be paying such attention to this matter, there is no reason to doubt the explanation the French themselves are giving us, namely that the General sees in the Russion adoption of SECAM the first concrete stop towards the rapprochement [Unterstreichung im Original] with Russia which is now a the centre of his policy. In short SECAM has now become for the French the symbol of Franco-Russian collaboration, much as the Concorde is for Anglo-French collaboration[82].

Wie erklärt sich der außenpolitische Kurswechsel de Gaulles, dessen oberste außenpolitische Maxime vor kurzem noch die deutsch-französische Aussöh-

80 Siehe die sechsseitige »Note concernant la télévision en couleur«, die dem Brief von Peyrefitte an Pompidou vom 27. Januar 1964 beigefügt ist. In: Archives nationales, Signatur F-41/2310.

81 PEYREFITTE, C'était de Gaulle, Bd. 2, S. 525.

82 Telegramm vom britischen Botschafter Sir P. Reilly in Paris an das Foreign Office in London, Paris, 30. März 1965, in: PRO, Signatur INFI/848.

nung und ein europapolitisches Zusammengehen beider Staaten gewesen war? Zahlreiche Faktoren hatten das kurz aufgeblühte deutsch-französische Verhältnis bereits kurz nach der feierlichen Unterzeichnung des deutsch-französischen Freundschaftsvertrages in den Augen de Gaulles wieder welken lassen: Zu den wichtigsten zählten mit Sicherheit die dem Vertrag vor der Ratifizierung vom deutschen Bundestag vorangestellte »Präambel« sowie der Kanzlerwechsel vom »Gaullisten« Adenauer zum »Atlantiker« Erhard. Bereits vor dem vereinbarten Rücktritt Adenauers im Oktober 1963 rechnete man im Élysée-Palast damit, daß sich die deutsch-französischen Beziehungen nach dem Amtsantritt Erhards abkühlen würden.

Als im Juni 1963 der amerikanische Präsident zu Besuch in der Bundesrepublik war, berichtete der französische Botschafter in Bonn, Roland de Margerie, über Kennedys Rede in der Paulskirche zu Frankfurt am Main: »Mais il est clair qu'il [Kennedy, A.d.V.] ne peut manquer d'exercer au moins pour un temps, une action profonde sur la plupart des ministres du cabinet fédéral, et sur M. Erhard en particulier, dont la télévision laissait voir les applaudissements enthousiasmés. Seul M. Adenauer reste irréductiblement à l'abri de ces séductions et de ces blandices«[83].

De Gaulle machte aus seiner Enttäuschung über die in seinen Augen gescheiterte deutsch-französische Annäherung keinen Hehl und verglich den Élysée-Vertrag bereits während der Ratifizierungsdebatte im französischen Parlament mit Rosen und jungen Mädchen, die beide nur kurze Zeit blühten[84]. Auf einer Pressekonferenz vom 23. Juli 1964 wurde de Gaulle noch deutlicher und beklagte, daß der Vertrag zwar zu regelmäßigen und durchaus angenehmen Kontakten zwischen den Regierungen und Verwaltungen beider Länder geführt habe, »daß aber der französisch-deutsche Vertrag bis zur Stunde nicht zu einer gemeinsamen Haltung geführt hat«[85]. Der britische Botschafter in Berlin, General Peel Yates, kommentierte die unterschiedlichen Positionen Erhards und de Gaulles im Juni 1965 sehr treffend, als er schrieb: »De Gaulle was very much disappointed with the way the Franco-German Treaty was working. He complained that the French and Germans were not on the same wavelength: the French had regarded the Treaty as a political matter, the Germans had made it a sentimental one«[86].

[83] Bericht von Roland de Margerie an das Quai d'Orsay, in: Archives du MAE, Signatur: Europe 1961–70, sous-série R.F.A., Nr. 1600.

[84] »Verträge sind wie Rosen und junge Mädchen – sie haben ihre Zeit«, zitiert nach: »Deutschland – Frankreich. Ein neues Kapitel ihrer Geschichte (1948–1988). Chronologie«, hg. von der Zeitschrift Dokumente und dem Deutsch-Französischen Institut Ludwigsburg, Bonn 1988, S. 37.

[85] Ibid. S. 39.

[86] Telegramm von General Peel Yates, britische Botschaft in Berlin, an das Foreign Office in London, Berlin, 11. Juni 1965, in: PRO, Signatur PREM 13/899.

Deutlichstes Zeichen für den außenpolitischen Kurswechsel de Gaulles[87] war der Rückzug der französischen Atlantik- und Ärmelkanalflotte aus den Verbänden der NATO im Juni 1963, die offizielle Aufnahme diplomatischer Beziehungen mit der kommunistischen Republik China im Januar 1964 sowie die »Politik des leeren Stuhls« in Brüssel (1. Juli 1965 bis 31. Dezember 1965), da die französischen Forderungen im Bereich der Agrarpolitik auf Widerstand der EWG-Partner stießen[88]. Genau in diese Phase außenpoliti-

[87] Es scheint ratsam, vom außenpolitischen Kurswechsel de Gaulles und nicht der französischen Regierung zu sprechen, da das französische Außenministerium durchaus divergierende Interessen vertrat. Außenminister Couve de Murville tat sich vor allem mit de Gaulles Annäherung an die Sowjetunion schwer, wofür er von de Gaulle scharf kritisiert wurde. Von de Gaulle über die Stimmung im Quai d'Orsay unterrichtet, die eindeutig in Richtung eines Arrangements mit der Bundesrepublik in Fragen des Farbfernsehens wies, erwiderte de Gaulle: »Bon sang, mais qu'est-ce qu'on leur a fait à ces gens du Quai d'Orsay? Ils ne peuvent pas admettre que la France gagne! [...] Vous avez des types qui n'ont qu'une idée en tête, c'est qu'il faut s'arranger avec les Allemands. Ils ont tout fait pour ça. Alors que le procédé allemand n'existe que si nous voulons bien qu'il existe! [De Gaulle spielt hier auf die angebliche Patentabhängigkeit des PAL-Systems von SECAM an, A.d.V.] C'est une manie de ce sacré Quai d'Orsay. Pourquoi? La négociation qui réussit, à leurs yeux, c'est une négociation dans laquelle la France disparaît. C'est une tare qu'ils ont dans le sang«. Zitiert nach PEYREFITTE, C'était de Gaulle, Bd. 2, S. 537f.

[88] Während sich unter dem amerikanischen Präsidenten Kennedy und dem russischen Präsidenten Chruschtschow Anzeichen einer »Entspannung« des weltpolitischen Klimas abzeichneten, war es de Gaulles Europapolitik, die innerhalb Europas und auch weltweit immer wieder für Irritationen sorgte. Die amerikanische Politik des »grand design«, innerhalb derer Europa eine »atlantic partnership« im Sinne einer »Allianz für den Fortschritt« angeboten wurde, widersprach de Gaulles Europapolitik, in der Frankreich als »grande nation au premier rang« eine führende Rolle spielen sollte. Frankreichs Ablehnung des englischen Beitrittsgesuchs zur EWG am 14. 1. 1963 war ein deutliches Zeichen in diese Richtung. Das ›Außen-Vorlassen‹ der Engländer sollte eine Amerikanisierung Europas verhindern, die sich aus der Sicht de Gaulles durch die englisch-amerikanische »special relationship« ergeben müßte. Frankreichs Bemühungen konzentrierten sich in der Folge auf ein Werben um Deutschland als Partner für ein »europäisches Europa« und später auf eine stärkere Einbeziehung der Sowjetunion als politischen und wirtschaftlichen Verbündeten Frankreichs. Mit dem Amtsantritt Erhards als Bundeskanzler und unter dem Einfluß des Außenministers Gerhard Schröder wechselte die politische Spitze der Bundesrepublik jedoch vom Lager der »Gaullisten« in das Lager der »Atlantiker«. Hatte der Élysée-Vertrag unter dem »Gaullisten« Adenauer noch auf den Vorrang der deutsch-französischen Beziehungen verwiesen, so sah sich Erhard durch die wachsenden französisch-amerikanischen Spannungen gezwungen, die deutsche Politik auf Kosten dieses Vertrags neu zu definieren. Es waren vor allem verteidigungspolitische Interessen und die damit verbundene »deutsche Frage«, die den Handlungsspielraum der bundesdeutschen Außenpolitik einengten. Zusammenfassend kann man sagen, daß die französische Diplomatie Mitte der sechziger Jahre darauf abzielte, durch die Lockerungen der Bindungen Frankreichs an die europäische und atlantische Gemeinschaft und die Annäherung an die Sowjetunion mehr Bewegungsfreiheit zu gewinnen, um so eine Sonderstellung der »grande nation« in Europa zu erhalten. Solange Deutschland geteilt blieb und sich die hegemonialen Bestrebungen der Sowjetunion auf Mitteleuropa richteten, sah die Bundesrepublik aber in den USA den eigentlichen Garanten ihrer Sicherheit und – neben der Sowjetunion – den wichtigsten Faktor, den es bei der Wiedervereinigungspolitik zu berücksichtigen galt.

scher Neuorientierung fiel auch die verschärfte Politisierung der Farbfernsehfrage in Frankreich.

Nachdem auf der CCIR-Tagung in London im April 1964 erstmals auch Vertreter der OIRT an der Diskussion um die europäische Farbfernsehnorm teilgenommen hatten, war man sich auf französischer Seite sicher, daß die Sowjetunion eine Schlüsselrolle bei der definitiven Systemwahl einnehmen würde. In einem Brief berichtete der Generaldirektor der CFT, Henri Peyroles, seinem indirekten Vorgesetzten Maurice Ponte von der Londoner Tagung. »Il est possible«, so Peyroles Überzeugung, »de gagner définitivement cette affaire dans les prochains mois. Tout le monde le souhaite – soit par conviction ou intérêt, soit par lassitude«[89]. Um die sowjetischen Fernsehtechniker von den Vorteilen des SECAM-Systems zu überzeugen, reiste sowohl CSF-Chef Maurice Ponte als auch ORTF-Generaldirektor Robert Bordaz im Juni 1964 nach Moskau. Wie der Sonderbeauftragte der französischen Regierung in Moskau, François de Laboulaye, in mehreren Schreiben an Außenminister Couve de Murville berichtete, waren die Russen sehr am französischen System interessiert, doch schreckte sie der im Vergleich zum NTSC-System höhere Empfängerpreis ein wenig ab[90].

Die französischen Aktivitäten in Moskau blieben auch den bundesdeutschen Stellen nicht verborgen. So informierte Walter Bruch seinen Vorgesetzten Werner Nestel über »Gerüchte«, daß die französische Regierung mit SECAM ein »Kompensationsgeschäft« mit den Russen plane: »Es hat meines Erachtens nichts mit dem technischen Interesse der Russen zu tun«, so Bruch. »Es scheinen reine politische Abkommen. Daher müßte unser Besuch in Moskau oder ein Besuch der Russen bei uns in Hannover durch Einladung der Bundesregierung erfolgen«[91]. Während die offizielle Einschaltung der Bundesregierung in die Farbfernsehfrage zugunsten von PAL ein frommer Wunsch von Walter Bruch bleiben sollte, brachte in Frankreich der Präsident persönlich die SECAM-Sache ins Rollen. Als Peyrefitte ihm im Oktober 1964 berichtete, daß die französische elektrotechnische Industrie von vielen ausländischen Beobachtern nicht als wirklich konkurrenzfähig mit der bundesdeutschen angesehen werde, reagierte de Gaulle mit Entsetzen: »Pour

[89] Brief von Peyroles an Ponte, 24.04.1964, in: Archives du CHTV/INA, Nachlaß Michel Dubail.

[90] In einem Brief von Cantacuzene (Attaché Scientifique à l'Ambassade français de Moscou) an Peyroles vom 25. Juni 1964 heißt es: »Les Soviétiques reconnaissent que le système français est techniquement le meilleur, mais ils sont sensibles à la différence de prix impliquée par cette différence de qualité.« Cantacuzene glaubt aber nicht daran, daß der Preis die Sowjets letztlich von einem besseren System abschrecken werde. In: Archives du CHTV/INA, Nachlaß Michel Dubail.

[91] Brief von Bruch an Nestel, Hannover, 10.06.1964, in: Archiv des Deutschen Museums München, NL 101, Nr. 202.

les autos, ou les avions, ou les hélicoptères, les Allemands ne font pas mieux que nous, ou font moins bien! Et notre métro de Montréal? Et nos camions en Chine? Pourquoi ne ferions-nous pas de téléviseurs aussi bien qu'eux«[92]?

De Gaulle empfiehl seinem Informationsminister daraufhin, den sowjetischen Botschafter in Paris, Winogradow, aufzusuchen, allerdings ohne das Quai d'Orsay von diesem Treffen zu informieren. Da Peyrefitte bereits mehrfach Einladungen zu Besuchen in die Sowjetunion bekommen hatte, schien ihm nun der richtige Zeitpunkt gekommen, einen Besuch in Moskau mit einer Werbeaktion für das SECAM-System zu verbinden. Anfang November wurden im Informationsministerium die entsprechenden Kontakte geknüpft, und Peyrefitte gestand seinem Kabinettschef Jean-Jacques de Bresson in einer persönlichen Note:

> Je suis de plus en plus persuadé que nous ne pourrons l'emporter dans l'affaire de la télévision en couleurs que par l'intermédiaire des Russes. Or, je rappelle que nous devons avoir à cet égard un rôle de leader, dont j'ai été chargé au Conseil des Ministres. [...] Vinogradov me relance sans cesse pour aller en Russie. Ne peut-on monter un voyage sérieux, qui pourrait emporter le morceau avant le congrès de Vienne, où la décision doit être prise entre Européens? [...] Notre procédé l'emportera si les Russes et les démocraties orientales prennent position en sa faveur à Vienne[93].

Mit dieser Meinung stand Peyrefitte nicht alleine da. Auch Maurice Ponte war der Überzeugung, daß ein stärkeres Engagement seitens der politischen Institutionen in Moskau eine entsprechende Wirkung haben werde. In den Gesprächen zwischen Peyrefitte und Ponte Ende November 1964 tauchte auch erstmals ein Faktor auf, der in der zukünftigen Strategie der Franzosen eine entscheidende Rolle spielen sollte: die DDR[94]. »Il [M. Ponte, A.d.V.]

[92] PEYREFITTE, C'était de Gaulle, Bd. 2, S. 527.

[93] Note d'Alain Peyrefitte à J. J. de Bresson, Paris, 6.11.1964, in: Archives du MAE, Affaires Économiques et Financières, Affaires Générales, Nr. 220a.

[94] Obwohl eine entsprechende Quellenarbeit bereits verrichtet war, wurde eine eingehende Analyse der Rolle der DDR in der deutsch-französischen Auseinandersetzung um den Farbfernsehstandard in diese Arbeit nicht mit aufgenommen. Dies liegt darin begründet, daß der Autor das von der DFG geförderte Forschungsprojekt am Lehrstuhl für Geschichte der Technik der RWTH Aachen nach einem Jahr verließ um eine Stelle als Assistent am Lehrstuhl für Neueste Geschichte des Historischen Instituts der RWTH Aachen anzunehmen. Während die vorliegende Arbeit sich primär mit der deutsch-französischen Dimension der PAL-SECAM-Kontroverse beschäftigt, hat sich der Nachfolger des Autors im DFG-Projekt explizit auf der Rolle der DDR konzentriert. Siehe Gerald GLAUBITZ, Die PAL-SECAM-Kontroverse in der DDR. Die politisch-ideologische Instrumentalisierung der Farbfernsehfrage durch den ostdeutschen Staat zwischen 1965 und 1969, Berlin u. a. 2003. Zur Rolle der DDR siehe zudem die Arbeiten von Ulrich PFEIL, Die »anderen« deutsch-französischen Beziehungen. Die DDR und Frankreich 1949–1990, Köln 2004; DERS., Von der Politisierung eines technischen Wettstreits in den deutsch-französischen Beziehungen: Die PAL-SECAM-Kontroverse, in: Revue d'Allemagne et des pays de langue allemande 37 (2005) 1 S. 45–64.

considère lui aussi«, so berichtete Peyrefitte seinem Kabinettschef de Bresson nach einem Gespräch mit Ponte am 13. November 1964, »que la meilleure manière de forcer la main des Allemands est d'entraîner les Russes; les pays de l'Est, y compris la DDR qui a une position clef«[95]. Als de Gaulle Peyrefitte am 19. November schließlich empfahl, einen »Délégué interministériel« für die SECAM-Frage zu ernennen, wurde die Farbfernsehfrage ganz offiziell zu einer Angelegenheit mit oberster nationaler Priorität erklärt[96]. Am 27. Januar 1965 ernannte Alain Peyrefitte den bisher in Moskau als »Chargé d'Affaires de la France en URSS« aktiven François de Laboulaye zum »Ministre Plénipotentiaire« und zum Präsidenten der neu gegründeten Gesellschaft FRANTECO (Association pour la promotion et la diffusion du procédé français de télévision en couleur)[97]. Die FRANTECO hatte den Status einer 100% staatlichen Gesellschaft, deren Gründungsmitglieder der Informationsminister, der Generaldirektor der ORTF sowie der Präsident der Compagnie Française de Télévision (CFT) waren. Das Budget der FRANTECO stammte zu gleichen Teilen aus dem Informationsministerium und der ORTF und sollte von einem staatlichen Wirtschaftsprüfer, der auch für die ORTF zuständig war, kontrolliert werden[98].

In einer Note vom 2. September 1965 faßte Philippe Olivier, Kabinettsmitglied von Alain Peyrefitte, die zentrale Motivation zusammen, welche die französische Politik dazu bewogen hat, sich der SECAM-Frage in dieser Weise anzunehmen:

95 Gesprächsnotiz von Peyrefitte über Gespräch mit Ponte bestimmt für de Bresson, Paris, 13.11.1964, in: Archives du MAE, Affaires Économiques et Financières, Affaires Générales, Nr. 219a.

96 »Si vous n'avez pas un délégué interministériel qui vous soit personellement rattaché, qui soit pleinement responsable sous votre autorité, qui ne fasse rien d'autre que de penser à ça toute la journée et de joindre tous les fils, ça ne marchera jamais.« De Gaulle, zitiert nach Peyrefitte, C'était de Gaulle, Bd. 2, S. 529.

97 Siehe Brief von Alain Peyrefitte an François de Laboulaye, Ministre Plénipotentiaire, 27. Januar 1965: »J'ai l'honneur de vous faire savoir, qu'en accord avec le Ministre des Affaires Étrangères, le Ministre des Finances, le Ministre de l'Industrie et le Ministre des Postes et Télécommunications, j'ai décidé de vous charger sous mon autorité, de la mission de coordonner l'ensemble des actions menées par la France pour la diffusion du procédé français de télévision en couleurs.«, in: Archives nationales, Signatur F-41/2310.

98 In der Bekanntmachung der FRANTECO durch den Informationsminister Alain Peyrefitte am 21. Januar 1965 heißt es: »J'ai l'honneur de vous faire connaître qu'à l'issue des délibérations du Conseil des Ministres du mercredi, 13 janvier, une ›Association pour la promotion et la diffusion du procédé français de télévison en couleur‹ vient d'être créée. Cette association comprend à titre de membres fondateurs: l'État français représenté par le Ministre de l'Information, l'Office de Radiodiffusion-Télévision Française représenté par son Directeur Général et la Compagnie Française de Télévision représentée par son Président Directeur Général. Je vous serais obligé de bien vouloir envisager de soumettre cette association dont le budget comporte une cotisation de l'État et une cotisation de l'ORTF au contrôle financier du contrôleur d'État de l'ORTF«, in: Archives nationales, Signatur F-41/2310.

C'est au mois de décembre 1964 que le gouvernement français décide de faire de l'adoption du procédé SECAM par les pays européens, sans exclure bien entendu les autres, une affaire d'intérêt national. [...] Le SECAM est un procédé de haute qualité, il intéresse une industrie pilote de notre économie, son adoption par le continent européen tout entier constituerait un succès industriel et technique certes, mais essentiellement politique de première grandeur pour notre pays[99].

Eindeutig wurde SECAM als Aushängeschild und Symbol französischer grandeur definiert und zum »champion national« stilisiert, was auf der internationalen Bühne deutlich demonstriert werden sollte. Doch die Zeit drängte. Die entscheidende CCIR-Konferenz in Wien fand bereits im April 1965 statt, so daß den Franzosen nicht mehr allzuviel Zeit blieb, wollten sie die Sowjetunion auf die Seite der SECAM-Anhänger ziehen. Denn auch in London oder Washington war man sich der Schlüsselfunktion der Sowjetunion im europäischen Entscheidungsprozeß bewußt und scheute weder Mühen noch Kosten, letztere von der Überlegenheit des NTSC-Systems zu überzeugen. Bereits im September 1964 berichtete CFT-Direktor André Danzin während eines Aufenthaltes in Moskau davon, daß die BBC vor Ort ständig daran arbeite, den sowjetischen Technikern die Schwachstellen des SECAM-Systems zu demonstrieren[100]. War der Besuch von Peyrefitte in Moskau ursprünglich bereits Ende Dezember 1964 geplant, wurde er kurzfristig auf Mitte Januar 1965 verschoben, da zu diesem Zeitpunkt sowohl Fachleute von der BBC und Ingenieure der RCA das NTSC-System in Moskau vorführten.

Die Sowjetunion war sich ihrer Rolle als entscheidender technopolitischer Akteur im europäischen Standardisierungsprozeß bewußt und spielte geschickt auf dem diplomatischen Klavier, um aus der Lage des »Umworbenen« in der Farbfernsehfrage optimales politisches und industrielles Kapital zu schlagen. Wie auch den Franzosen bald klar wurde, ging es der Sowjetunion weniger um die Frage der Adoption der technisch besten Systemalternative – insofern es sie überhaupt gab –, sondern um die Verknüpfung der Farbfernsehfrage mit dem Abschluß eines möglichst umfassenden technisch-wissenschaftlichen Kooperationsabkommens mit einem kapitalistischen Staat, um so in den Besitz wichtigen technischen oder industriellen Know-Hows zu gelangen.

99 Note von Phillip Olivier, confidentiel, Paris, 2.09.1965, 21 maschinengeschriebene Seiten, hier S. 1f., in: Archives du MAE, Affaires Économiques et Financières, Affaires Générales, Nr. 220c. Bei dieser Note handelt es sich um ein Dokument, welches die politische Bedeutung des SECAM-Systems auf eindrucksvolle Weise belegt und die strategische Vorgehensweise der Regierung Schritt für Schritt aufführt und argumentativ begründet.

100 »D'après les renseignements que nous avons pu avoir, la foi des Russes dans le procédé SECAM est systématiquement combattue par la BBC qui exerce une action quasi permanente sur place et ne fait état que des infériorités du procédé sans jamais mettre en evidence ses supériorités«. Brief von Danzin an Peyroles, Moskau, 20.10.1964, in: Archives du CHTV/INA, Nachlaß Michel Dubail.

So teilte der stellvertretende Vorsitzende des Komitees für Koordinierung der Wissenschaft und Technik in der Sowjetunion, Dïzermen M. Gwischiani, dem Generaldirektor der CFT, Henri Peyroles, bei dessen Moskau-Visite im November 1964 mit: »Cette affaire de télévision doit être l'occasion et le point de départ d'une collaboration plus large: à égalité technique c'est l'étendu du champ de collaboration, attaché à chaque système, qui décidera du choix«[101]. Peyroles schlußfolgerte, daß man den Russen SECAM wohl nur dann »schmackhaft« machen könne, wenn es mit einem Paket anderer Zutaten versehen werde, zu denen er Meßgeräte, Verzögerungsleitungen, Farbröhren, Halbleiterbauelemente wie Transistoren und Dioden und sogar eine komplette Fabrik zur Halbleiterproduktion zählte.

Diese »Zutaten« waren nicht unproblematisch, da einige von ihnen auf der COCOM-Liste standen, so beispielsweise Geräte für die magnetische Aufzeichnung von Fernsehbildern oder Hochfrequenz-Meßgeräte[102]. Machte man sich im Informationsministerium[103] und vor allem im Außenministerium[104] ernsthafte Gedanken über eine eventuelle Verletzung der COCOM-Bestimmungen im Falle eines breiter angelegten wissenschaftlich-technischen Abkommens mit der Sowjetunion, hatte General de Gaulle für diese Bedenken nur wenig Verständnis: »Eh bien, il n'y a qu'à violer le Cocom! Et puis

[101] Reisebericht von Peyroles über seine Moskaureise vom 19.-26. November 1964, 5 maschinengeschriebene Seiten, Paris, 27. November 1964, in: Archives du CHTV/INA, Nachlaß Michel Dubail.

[102] Das COCOM (Coordinating Committee on East-West Trade Policy) war ein direktes Produkt des Kalten Krieges. Gegründet 1950 mit Sitz in Paris basierte es auf einer Art »gentlemen's agreement« ohne völkerrechtliche Grundlage. Die rechtliche Bindung existierte lediglich in Form bilateraler Verträge. 1994 wurde das COCOM offiziell aufgelöst. Zur Geschichte und wirtschaftspolitischen Bedeutung des COCOM siehe Gary K. Bertsch (Hg.), Controlling East-West Trade and Technology Transfer. Power, Politics and Policies, Durham 1988.

[103] So fand am 2. März 1965 unter der Leitung des Kabinettschefs von Peyrefitte, Jean-Jacques de Bresson, ein Treffen zwischen den Herren Brosse (Kabinettsmitglied des Premierministers), Laboulaye (als Président de l'Association pour la télévision en couleurs), Admiral Salmon und Fregattenkapitän Blanc (als Vertreter des Secrétaire Général de la Défense Nationale), Jordan (Außenministerium), Richer (Beigeordneter von Laboulaye) und Thibau (Conseiller technique im Kabinett von Peyrefitte) statt, bei dem es hauptsächlich um die Frage ging, wie man – im Falle eines generelleren Kooperationsabkommens zwischen sowjetischen Stellen und der CSF/CFT – die Bestimmungen des COCOM umgehen konnte. Die von Maurice Ponte erstellte Liste mit den entsprechenden Materialien wurde aber von allen Beteiligten als mehr oder minder unproblematisch angesehen. Siehe Note sur la Télévision en couleurs, réunion chez de Bresson, 2. 3. 1965, in: Archives du MAE, Affaires Économiques et Financières, Affaires Générales, Nr. 219 a.

[104] So wies M. Jordan vom MAE in einem Telegramm an die französische Botschaft in Moskau darauf hin, daß das Gerät für die magnetische Bildaufzeichnung, das für die Farbfernsehvorführungen gebraucht werde, auf der Liste der COCOM-Güter stehe! Es dürfe also nur von den französischen Technikern benutzt werden. Die Amerikaner hätten es bei ihren Vorführungen in Moskau sogar jeden Abend mit in die amerikanische Botschaft genommen! Siehe Telegramm von Jordan an die französische Botschaft in Moskau, Paris, 10. 12. 1964, in: Archives du MAE, Affaires Économiques et Financières, Affaires Générales, Nr. 219 a.

d'ailleurs, tout le monde le viole tous les jours, à commencer par les Anglais. Ce machin a été inventé par les Américains pour nous ficeler«[105].

In seiner Einschätzung lag de Gaulle richtig. Selbst die Amerikaner diskutierten darüber, die COCOM-Bestimmungen zu lockern, um den Sowjets das NTSC-System schmackhaft zu machen[106]! Drei Tage vor seiner Reise nach Moskau erbat sich Peyrefitte noch eine »Spezialaudienz« bei de Gaulle, um mit diesem die letzten Einzelheiten der Reise abzuklären. De Gaulle zeigte sich guter Dinge, da Winigradow ihm am ersten Januar positive Signale bezüglich eines französisch-sowjetischen Abkommens übermittelt habe. De Gaulle entließ Peyrefitte mit den weihevollen Worten: »Cette affaire de la télévision en couleurs peut jouer un rôle pionnier. C'est l'affaire de la Force multilatérale en petit: si le procédé américain triomphe, la colonisation américaine va encore progresser en Europe«[107].

In Moskau traf Peyrefitte sowohl mit dem Vorsitzenden des Komitees für Koordinierung der Wissenschaft und Technik, Roudniev, als auch mit Premierminister Alexeij Kossygin zusammen. Während letzterer den Eindruck machte, daß er sehr an einem schnellen »accord de principe« interessiert sei, wies Roudniev mehrfach auf die langjährigen Erfahrungen und Vorarbeiten hin, die die sowjetischen Fernsehexperten durch das Experimentieren mit dem amerikanischen Farbfernsehsystem gewonnen hätten. Falls es zu einer Kooperation zwischen Frankreich und der Sowjetunion komme, müsse diesen Vorarbeiten entsprechend Rechnung getragen werden. Insgesamt zogen aber alle Beteiligten ein positives Fazit des Peyrefitte-Besuches in Moskau. Botschafter Baudet schickte noch während der Anwesenheit Peyrefittes in Moskau am 9. Januar ein Telegramm nach Paris, in dem er die symbolische Bedeutung des Treffens hervorhob: »Il est clair au demeurant que pour M. Roudnev, comme pour M. Gvichiani, et encore plus peut-être pour M. Kossyguine, cette coopération dans le domaine de la télévision en couleurs a une valeur de symbole. Dans leur esprit, elle s'inscrit même comme un premier pas dans une voie qui mène au-delà de la technique vers la politique«[108].

Diese Worte mußten wie Musik in de Gaulles Ohren klingen, der das Telegramm Baudets ebenfalls gelesen hatte. Am 27. Januar traf de Gaulle erneut mit Botschafter Winigradow in Paris zusammen. Im Anschluß an dieses Treffen berichtete de Gaulle seinem Informationsminister, Winogradow habe ihn erneut auf die zahlreichen Gemeinsamkeiten der französischen und so-

105 Zitiert nach PEYREFITTE, C'était de Gaulle, Bd. 2, S. 535.

106 Telegramm von Baudet, frz. Botschaft in Moskau, an das Quai d'Orsay, Moskau, 10. 2. 1965, in: Archives du MAE, Affaires Économiques et Financières, Affaires Générales, Nr. 219 a.

107 Zitiert nach PEYREFITTE, C'était de Gaulle, Bd. 2, S. 530.

108 Telegramm von Baudet an das MAE, Moskau, 9. Januar 1964, 3 maschinengeschriebene Seiten, hier S. 3, in: Archives du MAE, Affaires Économiques et Financières, Affaires Générales, Nr. 219 a.

wjetischen Positionen bezüglich vieler außenpolitischer Fragen hingewiesen (Laos, Abrüstung, UNO, NATO) und vorgeschlagen, nun einen Schritt weiter zu gehen. In den Aufzeichnungen, die Alain Peyrefitte von diesem Gespräch machte, heißt es:

L'Union Soviétique ne demande qu'à aller de l'avant: un premier exemple, un premier pas [...] pourrait être effectué très prochainement dans le domaine de la télévision en couleurs. [...] Le Général de Gaulle a pris acte des paroles de M. Vinogradov, s'en est félicité et a estimé que la télévision en couleurs constituait bien le premier exemple d'une coopération franco-soviétique[109].

Das SECAM-System, soviel stand nun fest, sollte zum Symbol des neuen außenpolitischen Kurses de Gaulles werden. Ein Symbol, das die technische Dimension der französisch-sowjetischen Kooperation bewußt transzendieren sollte und international als Zeichen des neuen europapolitischen Kurses wahrgenommen werden sollte. Während einer Sitzung im Informationsministerium am 1. März wurde schließlich die definitive Taktik der Franzosen festgelegt, um erstens zu einem Abkommen mit der Sowjetunion zu kommen (»solution minimale«) und zweitens in Wien das SECAM-System als europäischen Farbfernsehstandard durchzusetzen (»l'objectif maximae«)[110]. Schien eine französisch-sowjetische Einigung auf politischer Ebene damit so gut wie besiegelt, versuchten die sowjetischen Verhandlungspartner alle Trümpfe auszuspielen, die ihnen beim Verhandlungsprozeß zur Verfügung standen. Geschickt nutzten die sowjetischen Politiker vor allem den Zeitfaktor aus. Ziel der französischen Bemühungen war es, einen offiziellen französisch-sowjetischen Kooperationsvertrag noch vor Eröffnung der CCIR-Konferenz in Wien zu erreichen, die am 24. März 1965 begann. Nur so hatte die französische Strategie Aussicht auf Erfolg, auf dem Wege eines Abkommens mit der Sowjetunion auch sämtliche Satellitenstaaten – darunter besonders die DDR – für SECAM zu gewinnen und somit ein symbolisches Übergewicht in Wien zu erreichen.

Anfang März 1964 spitzten sich die Verhandlungen in Moskau zu. Grund für diese Zuspitzung waren die sowjetischen Forderungen, die sich wie folgt

109 Note von Alain Peyrefitte, 27.1.1965, in: Archives du MAE, Affaires Économiques et Financières, Affaires Générales, Nr. 219a.

110 Unter dem Vorsitz von Alain Peyrefitte versammelten sich alle zentralen Akteure der SECAM-Propagation am 1. März 1965 im Informationsministerium, um, wie es im originalen Wortlaut heißt, zu einer »définition de la tactique à suivre avant et jusqu'à la conférence de Vienne« zu gelangen. Anwesend waren neben Peyrefitte sein Kabinettschef de Bresson, CSF-Chef Maurice Ponte, François Laboulaye als FRANTECO-Chef sowie Jacques Thibau, Technischer Berater im Informationsministerium. Während des Treffens wurden die taktischen Schritte der nächsten Verhandlungsrunde mit der Sowjetunion sowie das anschließende Vorgehen in Wien definiert. Siehe »Note sur la télévision en couleurs, réunion du 1er mars 1965«, 4 maschinegeschriebene Seiten, in: Archives du MAE, Affaires Économiques et Financières, Affaires Générales, Nr. 219a.

zusammenfassen lassen: 1. Übernahme des SECAM-Systems nur unter der Bedingung, daß parallel zu diesem Abkommen ein erweitertes Abkommen zur wissenschaftlich-technischen Zusammenarbeit abgeschlossen wurde (»accord intergouvernemental«); 2. Für das SECAM-System würden keinerlei Lizenzgebühren zu zahlen sein; 3. Die UdSSR müsse das Recht haben, in Eigenverantwortung Weiterentwicklungen am SECAM-System zu machen. Als Gegenleistung bot die sowjetische Seite die Unterstützung des SECAM-Systems in Wien an, d.h. die Übernahme der Garantie, daß alle Satellitenstaaten ebenfalls für SECAM votieren würden[111].

Aus verhandlungstheoretischer Sicht hatten die Russen selbstverständlich die besseren Karten. So wiesen sie des öfteren darauf hin, daß sowohl die Amerikaner als auch die Briten ihnen mehrfach eine volle materiell-technische Unterstützung für den Aufbau einer Farbfernsehindustrie zugesagt hätten, falls man sich für das NTSC-System entscheide. Selbst die Vorteile des SECAM-Konkurrenten PAL wurden mehrfach angemahnt, doch hatte man selbst bei der CFT den Eindruck, daß es sich dabei lediglich um verbale Aufrüstung im Verhandlungskampf handelte[112]. Für die CFT bzw. CSF stellten die sowjetischen Forderungen jedoch ein nicht unerhebliches Problem dar. Hatte Maurice Ponte gehofft, den Russen das SECAM-System für 200 Millionen französische Franken verkaufen zu können, forderten diese die Benutzung der SECAM-Patente zum Nulltarif. Der von Ponte in Moskau mit den Verhandlungen betraute François Demichel faßte die Verhandlungsposition seiner sowjetischen Gesprächspartner treffend zusammen:

> Par contre, Moscou entend monnayer sa position d'arbitre et en tirer tous les avantages matériels possibles. [...] L'attitude des milieux soviétiques n'a rien de surprenant pour quelqu'un qui est averti de leurs méthodes de négociations. Il ne s'agit de rien d'autre que de prendre une position qui est susceptible de diminuer les prétentions en matière commerciale et financière des interlocuteurs[113].

Damit unterschied sich Demichels Einschätzung nur wenig von der des britischen Botschafters in Moskau, der nach einem Gespräch mit Laboulaye nach London telegrafierte: »The Russians will presumbly keep the French guessing until they have got them tied up as they want on offers of technical assistance, supply of components etc.«[114].

111 Siehe Telegramm (très urgent/diffusion réservée) von Baudet, französische Botschaft in Moskau, an das Quai d'Orsay, Moskau, 5.3.1965, 4 maschinegeschriebene Seiten, in: Archives du MAE, Affaires Économiques et Financières, Affaires Générales, Nr. 219a.

112 »La concurrence du PAL est souvent avancée, mais j'ai eu l'impression d'une arme de négociation«. So André Danzin in seinem Moskauer Reisebericht vom 20. Oktober 1964, in: Archives du CHTV/INA, Nachlaß Michel Dubail.

113 Brief von Demichel an Ponte, Paris, 22.2.1965, 3 maschinegeschriebene Seiten, hier S. 1 und 2, in: Archives du CHTV/INA, Nachlaß Michel Dubail.

114 Telegramm der britischen Botschaft in Moskau an das Foreign Office/London, Moskau, 12.3.1965, in: PRO, Signatur FO 371/181313.

War die erste sowjetische Forderungen aus Sicht der zuständigen politischen Stellen in Paris kein Problem, mußte für den Verzicht auf Lizenzgebühren aus Sicht der CFT erst eine entsprechende Kompensation gefunden werden. Dies gelang dadurch, daß man dem Kooperationsabkommen einen später nicht veröffentlichen »Annexe« beifügte, in dem zahlreiche Geschäfte zwischen der CSF und sowjetischen Betrieben im Bereich der Studiotechnik, Halbleitertechnik sowie im Bereich der Farbröhrenproduktion vereinbart wurden. Diese vertraglich festgelegten Geschäftsverbindungen, so die Hoffnung des CSF-Präsidenten Maurice Ponte, würden einer Kompensation des Verzichts auf Lizenzgebühren für das SECAM-System gleichkommen.

Unerwartet heikel gestalteten sich jedoch die Verhandlungen über den letzten Punkt der sowjetischen Forderungen, die Frage der Weiterentwicklung des SECAM-Systems. Weiß man um den weiteren Verlauf der Farbfernsehkontroverse, so erscheint gerade dieser Punkt in einem anderen Licht, als ihn die Beteiligten zum Zeitpunkt der Verhandlungen sahen. Wie Baudet in einem ausführlichen Telegramm aus Moskau vom 6. März 1965 berichtete, drohten die Verhandlungen am Wortlaut einer einzigen Formulierung zu scheitern. Der sowjetische Verhandlungsleiter Dïzermen Gwischiani hatte vorgeschlagen, folgende Formulierung als Grundlage des Vertragstextes anzunehmen: »le système franco-soviétique sur la base du SECAM«. Henri Peyroles dagegen forderte, daß man eine präzisere Definition des Systems festschreiben müsse, die zum Beispiel »le procédé SECAM avec son standard« lauten könne. Die von Gwischiani geforderten Weiterentwicklungen, so Peyroles, könnten sich auf entsprechende Elemente wie Aufzeichnungsgeräte, Kameras oder Transcodiereinrichtungen beziehen. Zu dieser exakten Definition war Gwischiani aber nur unter dem Umstand bereit, daß die Sowjetunion auf sämtliche Zahlungen zur Einführung des SECAM-Systems verzichten könne. Am 6. März 1965, auf dem Höhepunkt der Verhandlungen in Moskau, telegrafierte FRANTECO-Chef François de Laboulaye dem Informationsminister:

> Le vice-président du KNIR [Gwischiani, A.d.V.] a, en effet, lié l'acceptation d'une formule aussi précise à une concession considérable sur le plan financier (gratuite). En contrepartie de cette gratuité il s'est dit prêt à se rallier à une formule du type suivant: ›Les parties sont convenues de réunir leurs efforts pour l'étude de la mise en exploitation du système de télévision en couleurs SECAM et coopéront dans la création sur la base de ce système à un ensemble télévision en couleurs commun franco-soviétique'[115].

Tatsächlich einigte man sich schließlich auf die salomonische Formulierung »sur la base du procédé SECAM et de son standard«. Wie sich zeigen wird, wurde die »Basis« des Standards von den sowjetischen Technikern bereits

[115] Telegramm von Laboulaye an Peyrefitte, Moskau, 6.03.1965, 4 maschinegeschriebene Seiten, hier S. 3, in: Archives du MAE, Affaires Économiques et Financières, Affaires Générales, Nr. 219a.

Abb. 18: Unterzeichnung des französisch-sowjetischen Farbfernsehabkommens durch den Vorsitzenden des sowjetischen Komitees für Koordinierung der Wissenschaft und Technik (KNIR), Dizermen M. Gwischiani, und den Kabinettschef von Informationsminister Alain Peyrefitte, Jean-Jacques de Bresson am 22. März 1965 in Paris. Auch Alain Peryerfitte (3.v.l.) sowie der CSF-Vorstandsvorsitzende Maurice Ponte (2.v.l.) waren zugegen. Aus: Archives du CHTV/INA, Nachlaß Michel Dubail.

wenige Wochen nach der feierlichen Unterzeichnung des französisch-sowjetischen Abkommens am 22. März 1965 in Paris durchaus kreativ ausgelegt. Daß es letztlich zu einem erfolgreichen Vertragsabschluß zwischen Frankreich und der Sowjetunion kam, war unzweifelhaft der politischen Dimension des Abkommens geschuldet. Sowohl von französischer als auch von sowjetischer Seite war es die symbolische Dimension des Abkommens, welche die wirtschaftlichen und industriellen Vereinbarungen in ihrer Bedeutung überwog. Sowohl die Amerikaner als auch die Briten hatten bis zur Unterzeichnung des französisch-sowjetischen Abkommens zahlreiche Versuche unternommen, um die sowjetischen Behörden vom NTSC-System zu überzeugen. Allerdings wurden die Initiativen des wichtigsten amerikanischen Akteurs, Dr. George Brown von der RCA, von den entsprechenden politischen Stellen in Washington wenig gefördert[116]. Die britische Botschaft berichtete sogar

[116] George BROWN, ... and Part of which I Was. Recollections of a Research Engineer, Princeton 1982. Siehe besonders Kapitel 14 »The Russians are coming«. Knackpunkt der Gespräche mit der RCA war für die Russen vor allem die Frage der »shadow-mask«-Patente. Im Gegensatz zu den Franzosen war die RCA nicht bereit, auf die Lizenzeinnahmen bei der Röhrenproduktion zu verzichten.

darüber, daß das State Department die Einreise von Brown in die Sowjetunion verzögert habe, um entsprechende Kontakte vor Wien zu vermeiden[117].

Im Gegensatz zu den USA, wo die politisch Verantwortlichen den Technologietransfer in die Sowjetunion ablehnten, war es im britischen Fall die Rundfunkindustrie, die sich wenig begeistert über industrielle Kontakte mit der Sowjetunion auf dem Fernsehgebiet zeigte. Erst recht nicht, wenn es darum ging, SECAM als möglichen europäischen Standard zu unterstützen: »There is no British manufacturing interested in SECAM«, so die knappe Mitteilung des Foreign Office an die britische Botschaft in Paris[118]. Alle britischen Farbfernsehhersteller würden NTSC den Vorzug geben. Dagegen wären sowohl die BBC als auch das britische Postministerium bereit gewesen, »to give every practicable assistance to their Russian counterparts«[119]. Generell war bei der britischen Radioindustrie aber eine gewisse Zurückhaltung bezüglich der Förderung russischer Initiativen sichtbar. Besonders Mullard, neben Thorn die einzige englische Firma, die zu diesem Zeitpunkt die serienmäßige Herstellung von Farbfernsehröhren beherrschte, war sehr zurückhaltend[120]. Wie Mullard betonte, würde eine Zusammenarbeit bedeuten, daß man den Russen ermöglichte, einen zehnjährigen Technikrückstand zu überbrücken[121]!

117 »In the State Committee's discussion with RCA, Dr. Brown has repeatedly referred the necessity of State Department approval and the State Department had, in fact, delayed the entry of the RCA demonstration unit into the USSR from Finland. What guarantee was there that such hindrances could be avoided in future? Dr. Brown of RCA, alone on the Amercan side, was the only one to have made any proposals«. Telegramm von Trevelyan, britische Botschaft in Moskau, an das Foreign Office in London, Moskau, 12.03.1965, in: PRO, Signatur BT 11/6433.

118 Telegramm vom Foreign Office an die britische Botschaft in Paris, 8.03.1965, in: PRO, Signatur BT 11/6433.

119 Telegramm vom Foreign Office an die britische Botschaft in Moskau, 10.03.1965, in: PRO, Signatur BT 11/6433.

120 »As regards the transmission end Marconi are enthousiastic to supply all that might be required and Rank-Bush-Murphy are also eager to quote for certain items of equipment. But at the receiver end where the Russians have so far shown the most interest and have suggested that they would like to help in setting up colour tube factories, Mullard and Thorn, the makers of the colour tubes, have made only a guarded response in view of the magnitude of the task of closing the 10-year gap between Russian technology and our own.« Telegramm vom Foreign Office an die britische Botschaft in Moskau, 10.03.1965, in: PRO, Signatur BT 11/6433.

121 Einzige Ausnahme in der britischen Rundfunkindustrie war Marconi. In einem Brief von D. G. Smee (Assistant General Manager von Marconi in GB) an J. Leckie (Ministry of Technology) vom 25.02.1965 sagte Smee der britischen Regierung seine volle Unterstützung für die Promotion von NTSC seitens Marconi zu: »You will see from all of this that our policy is to prosecute this business as wholeheartedly as we can within the framework of, fundamentally, British Government decisions. We are able and willing to provide the Russian authorities with every type of support – engineering planning, supply of equipment, training of engineers, etc. – to the maximum extend in which we are permitted by British Government regulations and to the need to negociate satisfactory commercial contracts«. In: PRO, Signatur BT 11/6433. Dagegen wandte sich F. E. Jones, General Manager von Mullard Ltd., in einem Brief vom 23. Februar 1965 an J.

Auch auf deutscher Seite war man vor Wien aktiv geworden, um für eine positive Stimmung für PAL zu sorgen. Im Gegensatz zu den Franzosen, Briten oder Amerikanern konzentrierten sich die Bemühungen von Telefunken nicht auf die Sowjetunion, sondern auf die Ostblockstaaten Polen und Tschechoslowakei sowie die Skandinavischen Länder. So berichtete Werner Nestel seinen Vorstandskollegen von Telefunken über seine Reisen nach Stockholm, Oslo und Helsinki, die das Ziel verfolgt hatten, »Einfluß zu nehmen auf eine skandinavische Vorentscheidung«[122]. Wenige Wochen später machte sich auch Bruch zu einer PAL-Webetour in die Ostblockstaaten Polen und Tschechoslowakei auf. In Warschau, wo Bruch am 15. März zu Gast beim Institut für Post- und Fernmeldewesen war, schaute sich auch der stellvertretende Minister und Präsident der polnischen Akademie der Wissenschaften die PAL-Vorführungen an. Bruch berichtete: »Die Polen waren sehr SECAM-freundlich und die polnisch-französischen Beziehungen sind ja auch sehr viel besser als die polnisch-deutschen.[...] Zusammenfassend kann man sagen, daß sowohl in Prag wie auch in Warschau [...] mit unerhörten Anstrengungen in Form von technisch-politischen Unterhaltungen mehr von mir erreicht wurde, als ich eigentlich erwartet habe«[123].

Kurz vor Beginn der Wiener CCIR-Konferenz hatten somit sowohl die Anhänger des NTSC-Systems (USA und GB) als auch die SECAM- und PAL-Fraktionen keine Mühen und Kosten gescheut, den Boden der Wiener Verhandlungsbühne hinter den offiziellen Kulissen der CCIR durch Werbe- und Überzeugungsarbeit vorzubereiten. Doch bevor das Parkett der Wiener Verhandlungsbühne betreten werden kann, müssen zuerst jene Reaktionen beschrieben werden, die das zwei Tage vor Beginn der CCIR-Konferenz in Wien publik gemachte französisch-sowjetische Abkommen in der Welt der

Leckie, Staatssekretär im Ministerium für Technologie, um diesem die Zurückhaltung Mullards in Fragen des Techniktransfers mit der Sowjetunion mitzuteilen: »[...] there are many things that we as tube makers would give priority to in front of assistance to the Russians, for the competition in the whole field of electronics is extremely great, especially from the USA, and it is proving as much as we can do with our limited technical expertise to continue to play an important part in the home market against American competition, and to build up a useful export activity. However, if the Government think that it would be in the national interest to divert some of our efforts to giving technical assistance to the Russians, then of course, we would do so«. In: PRO, Signatur BT 11/6433.

122 Protokoll der Vorstandssitzung vom 23.2.1965 in Berlin, in: AEG-Telefunken-Archiv, Deutsches Technikmuseum Berlin, Signatur GS/VS 038.

123 Vom 17. bis 24. Februar war Bruch mit einer kleinen Telefunken-Mannschaft in Prag, vom 25. Februar bis zum 2. März in Warschau. Siehe die beiden »Kurzberichte über eine Demonstrationsreise nach Prag /bzw. Warschau«, die Bruch am 15. März 1965 anfertigte. In: Archiv des Deutschen Museums München, Signatur NL 101, Nr. 202. Bruch beschreibt die Atmosphäre in Prag als »menschlich recht freundlich«, es habe aber Tage gedauert, bis er die technischen Vorbehalte gegenüber PAL »durch Diskussionen, Vorträge und Demonstrationen auftauen konnte«.

Farbfernsehexperten und der politischen Öffentlichkeit ausgelöst hatte. Wie sich zeigt, sollte der Nachhall der Explosion dieser »diplomatischen Bombe« die Diskussion der technischen Experten über das vermeintlich »beste« Farbfernsehsystem für Europa kräftig erschüttern.

4.3. Französische »Schockdiplomatie«[124]: Das französisch-sowjetische Farbfernsehabkommen und die Wiener CCIR-Konferenz im März/April 1965

Die Wirkung der Veröffentlichung des französisch-sowjetischen Kooperationsabkommens im Bereich des Farbfernsehens läßt sich anhand der Schlagzeilen messen, welche die europäische Presselandschaft Ende März 1965 prägten. In dem Leitartikel von *La Nation* hieß es: »Zweifellos fiel Frankreich, dem Land der Künste, die Aufgabe zu, die Farbe mit diesem großen Pinselstrich aufzutragen, der – dank der Fernsehwellen – Europa vom Atlantik bis zum Ural deckt«[125]. Während man das Abkommen in Frankreich als »bedeutenden Sieg der französischen Technik« feierte[126], trugen die Pressestimmen in den meisten anderen europäischen Ländern kritische bis zynische Züge. »De Gaulle träumt in Farben« titelte *Die Welt*[127]; »even television is now dragged into the realm of international affairs and has a role to play in the prosecution of the cold war« hieß es in einem Artikel des britischen Blattes *The Guardian*[128]. Die *Frankfurter Allgemeine Zeitung* sprach von einem »Farbfernseh-Affront«[129], der *Nieuwe Rotterdamse Courant* von einem »Politieke triomf voor de Gaulle«[130], und die belgische Zeitung *La Libre Belgique* beklagte den französisch-sowjetischen »fait accompli«, der einen erneuten Keil zwischen Frankreich auf der einen und der Bundesrepublik und den USA auf der anderen Seite treibe[131]. Auch die Wochenzeitung *Die Zeit* stimmte am 26. März in den Kanon der kritischen Stimmen ein:

> Die gaullistische Europa-Vision ›vom Atlantik bis zum Ural‹ soll zuerst auf den Bildschirmen sichtbar werden – und zwar in französisch-russischen Farben. [...] Datum und Begleitmusik der Unterzeichnung des Abkommens lassen die politische Absicht deutlich erkennen. [...] Die Moskauer Verbeugung vor der Führungsrolle de Gaulles in Westeuropa war unübersehbar. Das gaullistische Frankreich hat die Lage ausgenutzt, um auf einem kleinen Gebiet einen großen Coup zu landen[132].

[124] Der Begriff der »Schockdiplomatie« stammt von dem französischen Historiker und Politologen Alfred Grosser.

[125] Dr. Hans Stercken, »Französische Presse zum französisch-sowjetischen Abkommen«, Bonn, 26.03.1965, in: Bundeszwischenarchiv Bonn, Signatur B 145/1356.

[126] Eine Presseschau der französischen Aufmachung des Abkommens lieferte ein Bericht mit dem Titel »... und die Presse sekundiert« in: Die Welt, 24.03.1965.

[127] N.N., De Gaulle träumt in Farbe, Die Welt, 24.03.1965.

[128] N.N., France, Russia and la vie en rose, The Guardian, 24.03.1965.

[129] N.N., Farbfernsehaffront, FAZ, 24.03.1965.

[130] N.N., Rusland aanvaardt het Franse systeem voor kleurentelevisie, Nieuwe Rotterdamse Courant, 23.04.1965.

[131] Zitiert nach einem Telegramm der französischen Botschaft in Brüssel, 26.03.1965, in: Archives du MAE, Affaires Economiques et Financières, Affaires Générales, Nr. 220a.

[132] E. W.: De Gaulles Fernseh-Allianz, in: Die Zeit, 26.03.1965.

Besonders scharfsinnig waren die Analysen der britischen Botschafter in Warschau und Paris, die die Farbfernsehfrage in den Kontext der »technological gap«-Debatte einbetteten und die Bedeutung der SECAM-Technologie in der französischen »politique de la grandeur« erkannten. Aus Warschau hieß es:

Without entering into the technological details of the SECAM system it is worth noticing that its acceptance by the Soviet Union makes it possible for France to extricate itself from the serious ›scientific impasse‹ in which it has been entangled for years. This problem is sufficiently important to direct attention to it. The French have realized for a long time that if their ambitions to play an independent political role in the world were to have any sense they had to be accompanied by scientific-technological progress[133].

Nicht ohne eine gewisse Anerkennung für die »Leistung« der französischen Diplomatie stellte der britische Botschafter in Paris am 24. März in einem Telegramm an die Adresse des Foreign Office in London fest:

By a skillful operation, combining political negociation with propaganda, the French appeared to have placed themselves in a strong position to secure a number of adherents for SECAM at the Vienna meeting. It is said that General de Gaulle attaches considerable importance to this operation especially in the context of Franco-Soviet relations. [...] It would suit General de Gaulle to be able to point to something which can be regarded as the application of his pan-European policies[134].

In Paris registrierte man die Pressestimmen des Auslandes sehr aufmerksam. Aus allen europäischen Hauptstädten schickten die Botschafter ausführliche Presseanalysen, die die internationale Öffentlichkeit reflektierten. Aus London meldete man:

Il n'est pas exagéré de dire que la nouvelle a semé la panique dans les milieux compétents [...] Dans la plupart des journaux, qui publient généralement la nouvelle en première page et en caractères gras, c'est le mot ›choc‹ qui revient le plus souvent. [...] La France et l'Union Soviétique sont accusées d'avoir machiné un mauvais coup dans l'ombre, d'avoir introduit un facteur politique décisif dans une affaire qui aurait du être maintenue sur le plan technique[135].

Aus Madrid kam die Nachricht, daß die meisten spanischen Zeitungen in dem Abkommen ein Symbol der anti-amerikanischen Politik de Gaulles erkannten und befürchteten, dieser Vertrag könne den Eurovisions- und Mondovisionsbemühungen das Genick brechen[136]. Aus Den Haag berichtete Botschaftsmitglied Crouy, daß man in den politischen Kreisen lebhaft über das

133 Bericht vom britischen Botschafter Chancery in Warschau über einen Artikel in der Zeitung *Zycie Warszawy* vom 25.03.1965, in: PRO, Signatur FO 173/181314.

134 Telegramm von der britischen Botschaft Paris nach London, 24.03.1965, in: PRO, Signatur BT 11/6433.

135 Telegramm von Courcel, französische Botschaft in London, 23.03.1965, in: Archives du MAE, Affaires Économiques et Financières, Affaires Générales, Nr. 220a.

136 Telegramm von Boisseson, französische Botschaft in Madrid, 24.03.1965, in: ibid.

französisch-sowjetische Abkommen diskutiere – »on en discute beaucoup et l'émotion est réelle«:

A quelques exceptions près, l'acceuil est en général mauvais et les critiques sont vives et parfois passionnées. On nous reproche, en toute mauvaise foi, de politiser l'affaire mais surtout ce qu'on appelle un ›fait accompli‹ à la veille de la réunion de Vienne et l'intention qu'on nous prête de heurter les États-Unis. Telle est, également, la réaction de la plupart de mes collègues européens. Nous aurions intérêt ces jours-ci, à insister sur les aspects de concurrence technique et commerciale de cette affaire[137].

Leichte Kritik am französischen Vorgehen kam auch vom französischen Botschafter in Bonn, François Seydoux, auch wenn er wenige Tage später in Bonn im Sinne der französischen Regierungsinteressen für SECAM aktiv werden sollte. So telegrafierte François Seydoux am 24. März 1965 von Bonn nach Paris: »Il est sûr en tout cas que, contrairement à l'affirmation des journaux français, dont on relève ici le ton triomphant, l'accord franco-soviétique n'est pas une contribution à l'unité de l'Europe. Il s'agit bien plus d'un geste unilateral qui n'a d'autre but que de servir le prestige du Gouvernement français«[138].

Obwohl man in Bonn zwei Tage vor der Veröffentlichung des französisch-sowjetischen Abkommens informiert worden war, machte dieses Abkommen die bundesdeutsche Position in Wien besonders schwierig. Die Strategie der Franzosen, über ein Abkommen mit der Sowjetunion alle Ostblockstaaten und damit auch die DDR für das SECAM-System zu gewinnen, machte die Farbfernsehfrage in Bonn ad hoc zu einem Problem gesamtdeutscher Natur. Staatssekretär von Hase faßte die schwierige Position, in der sich die bundesdeutsche Delegation in Wien nun befand, in einem Vermerk vom 24. März prägnant zusammen:

Für die Bundesrepublik verengt sich das Problem zu der Frage, ob wir zugunsten der gesamtdeutschen Farbfernseheinheit auf unseren technischen Nationalstolz und die technischen Vorteile zugunsten von SECAM verzichten sollen. Nach meiner Bewertung würde der Entschluß in der Öffentlichkeit nicht allzu gut aufgenommen werden, zumal die Industrie gegen eine solche Entscheidung polemisieren wird. Außenpolitisch betrachtet hätte eine solche Entscheidung manche Vorzüge[139].

Wie sich zeigen wird, beschreibt die Feststellung von Hases genau jenen Spannungsbogen, zwischen dem sich die bundesdeutsche Position zur Farbfernsehsystemfrage bis zur Entscheidung in Oslo 1966 bewegen sollte: zwischen außenpolitischen Interessen im Sinne der deutsch-französischen Annäherung auf der einen und wirtschaftspolitischen Interessen im Sinne des Erhardschen Liberalismus auf der anderen Seite. Daß diese unterschiedlichen

137 Telegramm von Crouy, französische Botschaft in den Haag, 25.03.1965, in: ibid.

138 Telegramm von François Seydoux an das Quai d'Orsay, 25.03.1965, in: ibid.

139 Vermerk von Karl-Günther von Hase »Betr.: Farbfernsehkonferenz in Wien«, Bonn, 24.03.1965, in: Bundeszwischenarchiv Bonn, Signatur B 145/4515.

Positionen in jeweils unterschiedlichen Ministerien bzw. Kompetenzbereichen angesiedelt waren – Bundespresse- und Informationsamt auf der einen und Bundeswirtschaftsministerium und Bundespostministerium auf der anderen Seite – machte die Aufgabe des zentralen bundespolitischen Akteurs in der Farbfernsehfrage, Karl-Günther von Hase, zu einem komplizierten Drahtseilakt innen- wie außenpolitischer Diplomatie.

Wie die Zitate aus diversen europäischen Presseorganen und internen Botschaftsberichten zeigen, war die öffentliche Meinung vor dem Beginn der CCIR-Zwischentagung am 25. März in Wien politisch aufgeladen und entsprach damit in keiner Weise jenem Verhandlungsklima, welches normalerweise bei Tagungen von Rundfunkexperten aus aller Welt herrschte. Dieses wurde von den technischen Akteuren immer wieder als offenes, vertrauenswürdiges Klima beschrieben. Die Intention der beteiligten Experten sei immer gewesen, so auch der Tenor der interviewten Ingenieure, die technisch »beste« Lösung in gemeinsamer Arbeit herauszufinden und als Standard zu empfehlen. Auch wenn viele dieser Beschreibungen ein wenig pathetisch und idealistisch klingen, weisen sie doch auf ein berufliches Selbstverständnis hin, das dem Bild des »neutralen Technikers« verpflichtet ist. Es verwundert daher nicht, daß sich diese »Bekenntnisse unpolitischer Ingenieure« während der Wiener Konferenz bei vielen Delegationsmitgliedern aus unterschiedlichsten Ländern wiederfinden. So schrieb Oberpostrat Dr. Johannes Müller rückblickend:

> Im Gegensatz zu früheren Gepflogenheiten waren diese rein technischen Fragen, die früher nur im Kreise von Fachleuten erörtert wurden, durch die Tagespresse an die Öffentlichkeit gezogen und zum Teil mit stark politischen Akzenten heftig diskutiert worden. [...] Dadurch war praktisch das Ergebnis der technischen Diskussionen durch eine politische Entscheidung vorweggenommen, und es war klar, welche Meinung insbesondere die osteuropäischen Verwaltungen und die von Frankreich beeinflußten Länder und Organisationen vertreten würden[140].

Der dänische Chefdelegierte in Wien und Oslo, der Generaldirektor der dänischen Postverwaltung G. Pedersen, resümierte in einer öffentlichen Rede vor dem CCIR-Plenum:

> Ich stelle fest, daß das Problem des Farbfernsehens hier im CCIR seit der Tagung in Wien nicht nur unter dem technischen Gesichtspunkt betrachtet wurde. Es gab eine starken Einfluß industrieller und politischer Interessen auf die technischen Studien. Ich hoffe sehr, daß diese Tendenz nicht zur ständigen Praxis in der CCIR-Arbeit wird. Das würde das gute Arbeitsklima, das wir in der Vergangenheit in der CCIR hatten, zugrunde richten[141].

Ähnliche Formulierung ließen sich in zahlreichen Varianten auch von französischen, englischen, schweizer oder skandinavischen Ingenieuren zitieren[142].

[140] Müller, Die internationalen Bemühungen um eine europäische Farbfernsehnorm, S. 242 f.

[141] Zitiert nach Pressler, Farbfernseh-Erinnerungen, S. 208.

[142] Sehr schön beschrieben wird die Arbeitsatmosphäre der CCIR-Arbeitsgruppen in dem »Summary Report on Interim Meetings of CCIR Study Group XI, Vienna, March 24 – April 7, 1965«.

Susanne Strautz und Wolfgang Degenhardt sprechen daher zurecht vom Vertrauen als dem grundlegenden »sozialen Habitus« der technischen Expertengruppen der EBU[143]. Daß dieses Vertrauen während der Wiener Konferenz nachhaltigen Schaden erlitten hat, bestätigen auch die Interviews, die mit einigen der zentralen Akteure geführt wurden[144].

Was wurde nun in Wien konkret verhandelt, wer waren die Verhandlungsteilnehmer? Wie bereits erwähnt handelte es sich um eine CCIR-Zwischentagung, an der im Gegensatz zu CCIR-Vollversammlungen immer nur bestimmte Studiengruppen der CCIR anwesend waren. In Wien waren dies die Studiengruppen X und XI, die sich mit den technischen Fragen des Hörfunks (X) und Fernsehfunks (XI) beschäftigten. Allgemeine Themen dieser Tagung waren unter anderem die Normen für den Stereo-Rundfunk, verbesserte Empfehlungen für den Austausch von Fernsehfilmen, Störabstände im Bereich des Lang- und Mittelwellenrundfunks sowie der Austausch technischer Daten für die Übertragung von Hörfunk- und Fernsehsendungen über Nach-

Dort heißt es: »Interim Meetings of CCIR Study Groups normally pass unrecorded. They are occasions when experts steeped with their subjects meet to discuss specific problems lying at the heart of international telecommunication. The business of these meetings is tedious, technical, detailed and – seen over experience of decades – cooperatively progressive. Without a free international technical forum of this sort there could be no room for technical manoeuvre; without room for technical manœuvre there can be no unanimity; without unanimity on vital technical issues, international telecommunication is inhibited, if not impracticable. Thus the conduct of the work of these study groups has always been on the basis of discussion, with statement of points of agreement and disagreement, and eventual erosion of the areas of disagreement.» In: PRO, Signatur HO 256/387. Zu einer ähnlichen Einschätzung kommt auch Christian Henrich-Franke in seiner Analyse der Entscheidungsfindungsprozesse im Rahmen der CCIR-Frequenzverteilungskonferenzen. Trotz des stark regulierten Verhandlungsrahmens wurde der Entscheidungsfindungsprozeß häufig durch eine informelle »Regierungskultur« beschleunigt oder gar erst ermöglicht. Internalisierte Handlungs- und Verhandlungsmuster, basierend auf einem durch alle Mitglieder geteilten Habitus und legitimiert durch technisch-wissenschaftliche Kompetenz, haben ein spezielles »Funkregime« ermöglicht, welches sich in den meisten Fällen positiv auf die hohen Verhandlungskosten der stark formalisierten Regulierungskultur auswirkten. Siehe Henrich-Franke, Globale Regulierungsproblematiken, S. 315–334.

143 Degenhardt, Strautz, Auf der Suche nach dem europäischen Programm. Degenhardt und Strautz analysieren in diesem Zusammenhang die sogenannte »Telstar-Krise« zwischen Frankreich und Großbritannien, die gezeigt habe, daß die EBU sehr stark vom Verhandlungsgeschick der jeweiligen Präsidenten abhing. »Insgesamt zeigten die Telstar-Versuche, wie stark die Zusammenarbeit innerhalb der EBU von einem unbedingten Vertrauensverhältnis aller Beteiligten zueinander abhing um wie leicht Vertrauensbrüche gemeinsame Projekte gefährden konnten». (S. 87) Der Ausgleich des wechselseitigen Eigeninteresses war in der EBU schon so zur Routine geworden, daß man die Formulierung und die Beachtung genauer Spielregeln vernachlässigt hatte, was sich im Falle des politischen Prestige-Objektes Telstar als Fehler herausgestellt habe. In der Folge hätten deshalb Revanche-Kämpfe stattgefunden, um die EBU-Posten mit Leuten aus »eigenen Reihe« zu besetzen! Als einen solchen politisch überformten Revanche-Kampf sehen die beiden Autoren auch die Farbfernsehkontroverse an.

144 Siehe die Interviews mit Goussot, Fagot, Melchior, Herriger, von Hase, Einsel, Hausdörffer/ Lang, de Bresson, Dubail, Tetzner, In der Smitten, Angel.

richtensatelliten[145]. Alle diese Fragen, so sind sich die diversen Chronisten der Tagung einig, traten jedoch weit zurück gegenüber den Auseinandersetzungen über die europäische Farbfernsehnorm in Studiengruppe XI[146].

Aufgabe der Delegationen, die zumeist von höheren Mitarbeitern der nationalen Post- und Telekommunikationsministerien angeführt wurden, war die Diskussion der im Rahmen der EBU ad-hoc-Kommission für das Farbfernsehen erarbeiteten Untersuchungsergebnisse zu diskutieren und – wenn möglich – zu einer einheitlichen Empfehlung eines europäischen Farbfernsehstandards zu gelangen. Im Laufe des fast zweieinhalbjährigen Bestehens der ad-hoc-Kommission waren knapp zweihundert Untersuchungsberichte entstanden, die sich mit allen Einzelheiten der drei Systemalternativen beschäftigt hatten. Die sechs Länder, die an den intensiven technischen Untersuchungen im Rahmen der ad-hoc-Kommission beteiligt gewesen waren (Frankreich, Bundesrepublik Deutschland, Großbritannien, Italien, Niederlande und Schweiz), nahmen aufgrund ihrer Erfahrungen eine zentrale Stellung während der Diskussionen in Wien ein.

In der ersten Tagungswoche ging es darum, die abschließenden Untersuchungsberichte der ad-hoc-Kommission Punkt für Punkt zu diskutieren, um so zu einem Urteil über die jeweiligen technischen Stärken und Schwächen der drei Systemalternativen zu gelangen. Grundlage der Diskussion war der vorläufige Abschlußbericht der ad-hoc-Kommission, der unter dem Titel »Characteristics of the Colour Television Systems – Order of Merit and Importance« am 19. Februar vom Technischen Zentrum der EBU in Brüssel veröffentlich worden war[147]. Aus diesem sowie zahlreichen früheren Berichten der ad-hoc-Kommission ging jedoch nur eine Sache wirklich eindeutig hervor, und zwar, daß es kein in allen Fragen wirklich »besseres« System gab, sondern alle drei Systemalternativen in jeweils bestimmten Parametern besondere Vorteile bzw. kleinere Nachteile aufwiesen. Es war den Experten

[145] Hans Rindfleisch, Tagung der Studiengruppe X und XI des CCIR in Wien in der Zeit vom 25. März bis 7. April 1965, in: Rundfunktechnische Mitteilungen 9 (1965) 3 S. 183f.

[146] Am Beginn der Tagung waren 175 Delegierte aus 25 Ländern anwesend, doch die Zahl der Teilnehmer sollte sich im Laufe der Tagung auf 230 Personen aus 45 Ländern steigern. Die ansteigende Teilnehmerzahl kam dadurch zustande, daß zahlreiche Länder, die in engem politischen Kontakt zu Frankreich standen, aufgefordert wurden, an der Tagung teilzunehmen, um so im Falle einer Abstimmung eine symbolische Mehrheit für das SECAM-System zu garantieren. Bei diesen Ländern handelte es sich zumeist um ehemalige französische Kolonialstaaten wie beispielsweise Algerien, Kamerun, Obervolta und Gabun, die allesamt durch Marokko vertreten wurden, oder Mali (vertreten durch Algerien), Marokko, Niger (vertreten durch Tunesien) und Tunesien. Siehe Rindfleisch, Bericht über die CCIR-Interimstagung der Studiengruppen X und XI in Wien vom 25. März bis 7. April 65 (nur für interne Verwendung!), in: AEG-Telefunken-Archiv, Deutsches Technikmuseum Berlin, Signatur GS 1750.

[147] »Characteristics of the Colour-Television Systems – Order of Merit and Importance«, als EBU-Dokument mit der Bezeichnung »Com.T.(E) 194-E« in Brüssel veröffentlicht. In der CCIR-Systematik wird der Bericht als »Doc. XI/38-E« aufgeführt.

nicht möglich, den fünfundzwanzig untersuchten Parametern eine eindeutige Wertigkeit zu geben.

Die verschiedenen Organisationen maßen den einzelnen untersuchten Systemeigenschaften wie der Kompatibilität, der Empfindlichkeit gegenüber Übertragungsverzerrungen, dem Verhalten bei magnetischer Bildaufzeichung, den Ausbreitungseffekten usw. unterschiedliche Bedeutung zu, so daß trotz der »Objektivität und der Fairneß«, mit denen die Untersuchungen durchgeführt worden waren, keine einheitliche Gesamtwertung und damit keine einheitliche technische Empfehlung zustande kam[148]. Bereits der erste Abschlußbericht der ad-hoc-Kommission im November 1963 war zu dem Resultat gelangt, »that with perfect equipment and in ideal conditions of reception the differences between the systems are small. It could be fairly stated that although in normal operating conditions the differences between the systems are larger than in ideal conditions, they are still relatively small«[149].

Damit stimmten die Abschlußberichte der EBU ad-hoc-Kommission auch mit den Ergebnissen aus den zahlreichen internationalen Publikationen überein, in denen der Vergleich der einzelnen Systemalternativen seit Jahren detailliert diskutiert worden war. Unter normalen Empfangsbedingungen, so das einmütige Fazit, lieferten alle drei Systeme zufriedenstellende Farbfernsehbilder[150]. Vielmehr kam es darauf an, einzelne Systemspezifika auf die je-

148 MÜLLER, Die internationalen Bemühungen, S. 242f.

149 »Draft Report of the EBU Adhoc Group on Colour Television« (Com.T. (E) 91-E) vom 22. November 1963, S. 29. Als Stärken des NTSC-Systems wurden die gute Kompatibilität zum s/w-Fernsehen sowie die Einfachheit (und damit kostengünstige Produktion) der Empfänger betont. Nachteile von NTSC waren die Störanfälligkeit für Phasenverschiebungen und die damit verbundenen Probleme der magnetischen Bildaufzeichnung. Als Vorteile des SECAM-Systems wurden besonders die Unanfälligkeit gegenüber Phasenstörungen und die damit verbundene einfache magnetische Bildaufzeichnung herausgestellt. Als Nachteile wurden die höheren Empfängerkosten sowie ein stärkeres Rauschen bei schlecht ausgerüsteten Empfängern benannt. Zudem stellte das SECAM-Signal in der Studiotechnik (Mischtechnik) wegen der Frequenzmodulation gewisse Probleme. Als Vorteile des PAL-Systems wurde wie beim SECAM-System die Unanfälligkeit gegenüber Phasenverschiebungen genannt. Auch mit einem einfacheren Empfänger als bei SECAM werde daher eine wesentliche Bildstabilitätssteigerung erreicht. Wegen der Ultraschall-Verzögerungsleitung, die exakter abgestimmt sein mußte als die in SECAM-Empfängern, waren PAL-Empfänger aber die teuersten.

150 Zum Beleg dieser Behauptung seien im folgenden einige Stimmen aus der internationalen Fachpresse wiedergegeben: »Zum Unglück sind die drei Verfahren, vor allem unter normalen Empfangsbedingungen so weitgehend ausgewogen in ihren Vor- und Nachteilen, daß sich keine zwingende Entscheidung ergibt«. Siehe N.N., Stand der Farbfernsehforschung, in: Frequenz 19 (1965) 9 S. 326; »Der Durchschnittsfernseher wäre daher wahrscheinlich mit jedem der drei Systeme vollauf zufrieden, zumal er ja nur Darbietungen nach einem der drei Systeme zu Gesicht bekäme und keine Vergleichsmöglichkeiten hätte. [...] Die Londoner Versuchssendungen haben in dieser Beziehung tatsächlich so gut wie keinen Unterschied zwischen den drei Systemen ergeben. [...] Käme es also ausschließlich auf die (hier unter verhältnismäßig günstigen Bedingungen

weilige topographische Beschaffenheit eines Landes zu übertragen, um so die für das jeweilige Land »angepaßteste« Systemvariante auszuwählen[151].

Diese technische Gleichwertigkeit der drei Systemalternativen war das eigentliche Dilemma, in dem die Fernsehexperten der CCIR in Wien steckten, da so im Grunde technische Kriterien zur Urteilsfindung ausschieden. Die Entscheidung darüber, welches System als europäischer Standard zu empfehlen war, konnte trotz der mahnenden Appelle seitens der »neutralen Techniker« nicht auf der Ebene wissenschaftlich-technischer Rationalität getroffen werden. Der Entscheidungsfindungsprozeß wurde aus diesem Grund immer stärker von außertechnischen Faktoren beeinflußt. Der verzweifelte Versuch, in immer neuen Tests Qualitätsunterschiede zwischen den Systemen zu finden, die eine qualitative Entscheidung zugunsten eines Systems erlaubt hätte, schlug fehl. Jede Entscheidung trug daher unweigerlich den Makel der politischen Begünstigung – oder, verhandlungstheoretisch gewendet: Es ging nicht mehr um die Aushandlung eines technischen Kompromisses im Sinne eines

zustandegekommene) Qualität der Bilder auf dem Schirm des Empfangsgeräts an, dann könnte die Entscheidung auch durch Los getroffen werden!« Siehe Friedrich KELLER, Um ein technisch einheitliches Farbfernsehsystem in Europa. Die Entscheidungen sind ebenso schwierig wie dringend, in: Berichte und Informationen des österreichischen Forschungsinstituts für Wirtschaft und Politik 18 (1963) 843 S. 13f. Auf einer Tagung von Fernsehspezialisten der Ostblockstaaten in Moskau vom 7. bis 14. Januar 1965 war man zu dem Resultat gekommen: »Bei optimalen Empfangs- und Betriebsbedingungen sichern alle drei Systeme eine fast gleichwertige Qualität des Bildes. [...] Beim Vorhandensein von Verzerrungen verhalten sich die Systeme verschieden und es gibt kein System, welches in allen Beziehungen besser ist als die anderen. [...] Die Empfänger der drei Systeme unterscheiden sich nur durch den Decoder; die Unterschiede im Preis sind aber gering, so daß diese Frage nicht entscheidend für die Auswahl eines Systems ist«. Der Bericht schloß daher mit der Empfehlung, daß man sich unbedingt um die Einführung eines einheitlichen europäischen Systems bemühen sollte! Siehe »Bericht über Beratung der zeitweiligen Arbeitsgruppe der Spezialisten zur Frage des einheitlichen Farbfernsehsystems«, Berlin, 22. 1. 1965, in: Bundesarchiv, Zweigstelle Coswig, Signatur: DM 3/BRF II/4691. Selbst Walter Bruch gab in einem Schreiben vom 17. Februar 1967 zu: »Bei allen Untersuchungen der EBU ad-hoc-Gruppe Farbfernsehen und den anderen Expertengruppen hat sich für keine Eigenschaft des SECAM-Systems ein so großer Nachteil ergeben, daß man sagen könnte, wegen dieser Eigenschaft ist SECAM bei uns nicht anwendbar. Wohl haben sich bei unzähligen einzelnen Gesichtspunkten geringfügige Nachteile gezeigt, die summiert zu einer Einstellung gegen SECAM geführt haben. Ganz ohne Zweifel ist das SECAM-System nicht sinnvoll und logisch entwickelt worden, die Übertragungseigenschaften können daher kaum berechnet werden und seine Realisierung ist schwierig. Daher war es den Experten unsympathisch. SECAM ist bestimmt nicht so zuende entwickelt wie PAL, keiner hat Lust, sich dieses vorzunehmen«. Siehe Schreiben von Bruch »Btr. Vergleich PAL/SECAM«, Hannover, 17.2.1967, in: AEG-Telefunken-Archiv, Deutsches Technikmuseum Berlin, Signatur GS 1648.

151 Die Qualität der empfangenen Signale hing nämlich erheblich von der Topographie der Städte oder Landschaften (Gebirge) ab. So waren beispielsweise die Vorteile des PAL-Systems gegenüber den beiden anderen Systemvarianten in flachen Gegenden »relativ gering«, während sie in bergigen Gebieten oder Großstädten mit Hochhäusern »merklich größer« waren. Siehe H. WENDT, Farbfernseh-Empfangsbeobachtungen in Großstädten mit den Systemen NTSC und PAL, in: Rundfunktechnische Mitteilungen 1 (1965) S. 48–50.

»arguing«-Prozesses, sondern um den Schlagabtausch politischer oder wirtschaftlicher »Argumente« im Sinne eines »bargaining«-Prozesses[152].

Da die Franzosen ihre Taktik für Wien auf eben jene Verhandlungsstrategie politischer Druckausübung (»bargaining«) abgestimmt hatten, waren sie auf die im spieltheoretischen Sinne als Nullsummenspiel zu bezeichnende Verhandlungssituation wesentlich besser vorbereitet als ihre »Gegner«. Bereits die selbst von Franzosen als »coup de théâtre diplomatique«[153] bezeichnete Veröffentlichung des französisch-sowjetischen Farbfernsehabkommens hatte den internationalen Akteuren in Wien deutlich vorgeführt, daß die Franzosen nicht daran dachten, sich an die alten Spielregeln der CCIR-Verhandlungsriten zu halten.

Wie sich im Laufe der Wiener Konferenz zeigte, hatten diejenigen Delegationen, die nicht in das Kalkül der Franzosen eingebunden waren, dem politischen Manöver der Franzosen keine auch nur annähernd so ausgefeilten strategischen Handlungsoptionen entgegenzusetzen[154]. Noch nie war ein Minister Mitglied einer Länderdelegation auf einer CCIR-Zwischentagung gewesen, und noch nie waren Abstimmungsmodi über technische Parameter im Bereich der Telekommunikation zum Gegenstand diplomatischer Inszenierung geworden. Beides geschah erstmals in Wien. François Laboulaye, der SECAM-Sonderbeauftragte des französischen Staates im Range eines Ministers, war zum offiziellen Mitglied der französischen Delegation ernannt worden und wachte persönlich über Redebeiträge der französischen Delegationsmitglieder. Vor allem entfaltete Laboulaye aber eine rege Verhandlungs- und Vermittlungstätigkeit außerhalb der regulären Sitzungen der CCIR-Experten, deren Ergebnisse – so der bundesdeutsche Delegationsleiter Hans Pressler in seinen »Farbfernseh-Erinnerungen« – dank der »tüchtigen Pressearbeit einiger weniger Delegationen« bereits am nächsten Tag in den Zeitungen nachgelesen werden konnten[155]. Es waren genau jene politischen Aktivitäten am Rande der CCIR-Zwischentagung in Wien, die ihre Wirksamkeit

[152] Zu diesen beiden Modi der Verhandlungskommunikation im Rahmen internationaler Beziehungen siehe die anregenden Beiträge von Ursula Lehmkuhl, die in Kapitel 5 »Analyse eines Scheiterns« ausführlicher diskutiert werden. Ursula Lehmkuhl, Diplomatiegeschichte als internationale Kulturgeschichte: Theoretische Ansätze und empirische Forschung zwischen Historischer Kulturwissenschaft und Soziologischem Institutionalismus, in: Geschichte und Gesellschaft 27 (2001) 3 S. 394–423, sowie Dies., Entscheidungsprozesse in der internationalen Geschichte: Möglichkeiten und Grenzen einer kulturwissenschaftlichen Fundierung außenpolitischer Entscheidungsmodelle, in: Loth, Osterhammel (Hg.), Internationale Geschichte, S. 187–207.

[153] »Certes, en prélude à la conférence des experts du CCIR, la signature et l'accord franco-soviétique sur l'adoption du SECAM fut un véritable coup de théâtre«, so der französische Chefredakteur der Fachzeitschrift Radio & Télévision in seinem Bericht über die Wiener Konferenz. Siehe Eugène Aisberg, L'Europe polychrome, in: Radio & Télévision 153 (1965) S. 99.

[154] Aus dieser »Niederlage« sollten besonders die Briten und die Deutschen lernen, wie sich ein Jahr später in Oslo zeigte.

[155] Pressler, Farbfernseh-Erinnerungen, S. 205–213.

nicht verfehlten. In einem Bericht der britischen Delegation heißt es, daß auch die bundesdeutsche Delegation durch die französischen Aktivitäten unter Druck geriet: »During the discussions outside the formal meetings it became clear that many countries were under severe pressure from the French, at government level, to support SECAM, and there appeared to be a grave danger that Germany in particular might be persuaded to do so«[156].

Selbstverständlich wußten die Franzosen, daß die bundesdeutschen Delegierten als PAL-Vertreter neben den Engländern und Niederländern als NTSC-Verfechter zu ihren mächtigsten Konkurrenten in Wien zählten. Aus diesem Grunde ließen sie nichts unversucht, um auch auf ihre bundesdeutschen »Partner« ein wenig politischen Druck auszuüben. Dieser kündigte sich in Form des Ministerialdirigenten Diehl vom Presse- und Informationsamt der Bundesregierung in Wien an. Diehl hatte am 2. April ein ausgiebiges Gespräch mit dem französischen Botschafter in Bonn, François Seydoux, in dem dieser Diehl die außerordentliche politische Dimension der Farbfernsehfrage nochmals vor Augen führte. Seydoux beklagte sich bei Diehl über die Haltung der bundesdeutschen Delegation in Wien, die »den Boden der technischen Diskussion verlasse und die französischen Auffassungen in einer polemischen Weise bekämpfe«[157]! Seydoux bat Diehl daraufhin, sofort nach Wien zu reisen, um dort Kontakt mit dem französischen Delegationsleiter François Laboulaye aufzunehmen, da der »kritische Moment« gekommen sei. Bereits zwei Tage später war Diehl in Wien, um sich mit den bundesdeutschen Delegationsmitgliedern Ministrialrat Dr. Hans Pressler (Delegationsleiter), Dr. Hans Rindfleisch (Technischer Direktor des NDR), Prof. Richard Theile (Direktor des IRT) und Prof. Werner Nestel (Telefunken-Vorstandsmitglied) zu treffen. Diesen teilte Diehl mit: »Herr Seydoux habe darauf verwiesen, daß ein Eiserner Vorhang zwischen der SBZ und Westdeutschland entstehe, wenn Westdeutschland nicht SECAM annehme. Das Presse- und Informationsamt halte es deshalb für notwendig, in Westdeutschland SECAM zur Einführung zu bringen«[158].

156 »Summary Report on Interim Meetings of CCIR Study Group XI, Vienna, March 24 – April 7, 1965«, in: PRO, Signatur HO 256/387.

157 »Vermerk über Gespräch mit Botschafter Seydoux und Botschaftsrat Delaye«, Bonn, 3. April 1965, in: Bundeszwischenarchiv Bonn, Signatur B 145/4514.

158 »Niederschrift über ein Gespräch mit Herrn Min. Dirigent Diehl vom Bundespresse- und Informationsamt am 29. März 1965 in Wien aus Anlaß der CCIR-Konferenz«, 3 maschinegeschriebene Seiten, in: AEG-Telefunken-Archiv, Deutsches Technikmuseum Berlin, Signatur GS 1749. In einem Telegramm von Karl-Günther von Hase an das Auswärtige Amt in Wien bat dieser, Pressler von der Ankunft Diehls zu informieren. »Ferner bitte ich Gesandten Laboulaye zu unterrichten, daß Herr Diehl seine Einladung zum Abendessen am 4. April annimmt.« Siehe Fernschreiben von von Hase an das Auswärtige Amt in Wien, Bonn, 2.4.1965, in: Bundeszwischenarchiv Bonn, Signatur B 145/4515.

Anlage

zum Vermerk 953-8-V vom 13.4.1965

Da in humorvollen, spritzigen Bemerkungen oft mehr Wahrheit liegt als in längeren Ausführungen, dürfte interessant sein, daß die Delegierten in Wien mit den Abkürzungen der verschiedenen Systeme folgenden Scherz trieben:

Für NTSC wurde die Definition "Never Twice the Same Color" ("Nie zweimal die gleiche Farbe") erdacht,
für PAL "Pay for Aditional Luxury" ("Zahle für zusätzlichen Luxus"),
für SECAM "System Elegante Contre l'Amerique" ("Elegantes System gegen die Amerikaner"),
für QUAM "Quick Austrian Mixture" ("Schnelle österreichische Mischung").

Abb. 19: Humorvolle Umdeutungen der Systemkürzel während der Wiener CCIR-Zwischentagung im März 1965, aus: Bundeszwischenarchiv Bonn, Signatur B 145/5673.

Auch wenn Diehls Auftritt in Wien für zeitweilige Nervosität innerhalb der bundesdeutschen Delegation und vor allem bei den Telefunken-Verantwortlichen sorgte, war Delegationsleiter Hans Pressler nicht an Diehls Empfehlungen gebunden, so daß es schließlich beim eindeutigen Votum der bundesdeutschen Delegation für PAL blieb[159]. Zudem hatte sich auch im Bundespresse- und Informationsamt die Vermutung verbreitet, daß der bundesdeutsche Delegationsleiter, der als Ministerialdirigent in Diensten des

[159] Sowohl Telefunken-Vorstandsvorsitzender Felix Herriger als auch der Journalist und Funkschau-Chefredakteur Karl Tetzner bestätigen in den mit ihnen geführten Interviews, daß die Anwesenheit von Diehl von den bundesdeutschen Delegationsmitgliedern als massive politische Einmischung aus Bonn verstanden und dementsprechend mißbilligt wurde. Karl-Günther von Hase bestätigte die Aktion, räumte ihr im Interview jedoch nur die Bedeutung eines »kleinen taktischen Manövers« zu. Walter Bruch berichtet in einem Vortrag auf einer Sitzung der Technischen Kommission des ZVEI am 26. April 1965 ebenfalls über diesen Vorfall: »Während unserer Tagung ist man auch in Bonn sehr aktiv gewesen. In Bonn ist man aufgewacht und es ist vor dieser letzten Abstimmung ein Vertreter vom Informationsamt aus Bonn gekommen, ein Ministerialrat Diehl [...] mit dem klaren Auftrag zu versuchen, uns noch mal [sic] von SECAM zu überzeugen. [...] Ich selbst habe an dieser Unterhaltung nicht teilgenommen, mit Absicht nicht, weil ich mich so geärgert habe, daß nun jetzt auf einmal Bonn sich einschaltet, nachdem das so weit gekommen ist«. Siehe »Vortrag des Herrn Bruch auf der Sitzung der Technischen Kommission des ZVEI«, 26.04.1965, 8seitige Transkription eines Tonbandmitschnittes, in: Archiv des Deutschen Museums München, NL 101, Nr. 202, S. 6.

Bundespostministeriums stand, sich eher der Position des Bundespostministeriums verbunden fühlte denn der des Bundespresse- und Informationsamtes. Im Gegensatz zu der als »frankreichfreundlich« einzustufenden Haltung des Bundespresse- und Informationsamtes handelte es sich sowohl bei Bundeswirtschaftsminister Schmücker als auch bei Bundespostminister Stücklen im Hildebrandschen Sinne um »Atlantiker«[160]. Beide Ministerien standen den Interessen der bundesdeutschen Industrie näher als denen der deutsch-französischen Annäherung im Sinne des »Freundschaftsvertrages«.

In einer späteren Analyse der Wiener Verhandlungen berichtete auch die französische Seite über die fehlgeschlagenen Bemühungen, die bundesdeutsche Seite mittels politischer Einflußnahme für SECAM gewinnen zu können: »En dépit d'un effort tenté par les ›éléments politiques‹ de la RFA pour trouver in extremis un accord avec la France, les techniciens allemands n'avaient pu ou voulu se laisser convaincre«[161]. Bei anderen Delegationen dagegen blieben die Bemühungen französischer Diplomatie nicht unfruchtbar. Dies manifestierte sich auf besonders auffällige Weise gegen Ende der Konferenz, als der Vorsitzende der Studiengruppe XI, der Schwede Erik Esping, an alle 45 vertretenen Delegationen einen Fragebogen austeilte, auf dem nur eine einzige Frage stand: »What system do you choose for a public colour television service«? Ziel dieses Fragebogens war es, ein Meinungsbild über die jeweiligen Systempräferenzen der einzelnen Länder zu erhalten, nachdem schon vorher klar geworden war, daß man sich im Laufe der Konferenz wohl nicht auf eine einheitliche Empfehlung für einen europäischen Farbfernsehstandard würde einigen können. Obwohl die Statuten der CCIR klar vorgaben, daß dort beschlossene Vereinbarungen lediglich den Charakter von technischen Expertisen bzw. Empfehlungen an die jeweiligen nationalen Exekutivorgane haben konnten, unterließen die Franzosen keine Anstrengung, der Meinungsumfrage in der Presse das symbolische Gewicht einer »Abstimmung« zukommen zu lassen – sehr zum Ärger zahlreicher Delegationen[162].

160 Klaus Hildebrand, »Atlantiker« versus »Gaullisten«. Zur Außenpolitik der BRD während der 60er Jahre, in: Revue d'Allemagne et des pays de langue allemande 22 (1990) 4 S. 583–592.

161 »Note sur la Télévision en Couleur« von Philippe Olivier, Paris, 2.09.1965, S. 10, in: Archives du MAE, Affaires Économiques et Financières, Affaires Générales, Nr. 220c.

162 Der Bericht der britischen Delegation liefert ein schönes Beispiel für die diplomatischen Bemühungen Frankreichs, die sich exemplarisch in dem Feilen an einzelnen Formulierungen zeigen. »In the final meetings the French – together with their procedural allies such as Cameroons – pressed vigorously for the replies to the questionnaires to be reproduced in summary form as a table of votes, but this was argued against by many delegates and the Chair. [...] The matter was left unresolved whilst the leaders of the French, British, Czechoslovak, U.S.A. delegations and the Chairman attempted to draft a Press Communiqué. During the long and hard discussions (France versus the rest) France first insisted on the results of the Conference beeing interpreted as an overwhelming majority in favour of SECAM. As she realized the impossiblity of securing agreement on any phrase that smacked of ›voting‹, she next proposed that the opinion should be expressed that ›but for the unsatisfactory procedures of the CCIR, it would have become evident

Damit diese »Abstimmung« möglichst positiv für Frankreich ausfiel, wurden alle diplomatischen Hebel in Bewegung gesetzt, um möglichst viele Länder für ein SECAM-Votum zu mobilisieren. So kam es, daß die anfänglich aus 27 Länderdelegationen bestehende Tagung gegen Ende der Konferenz auf 47 Ländervertretungen angewachsen war. Walter Bruch schilderte diese verblüffende »Stimmenvermehrung« anschaulich in einem Vortrag vor den Mitgliedern der Technischen Kommission des ZVEI kurz nach seiner Rückkehr aus Wien: »Inzwischen haben die Franzosen noch Nachschub geholt. Der Vertreter von Kamerun ist aufgetreten und hat gesagt: ›Ich vertrete auch Mali‹; der Vertreter von Marokko ist aufgetreten und hat gesagt: ›Ich vertrete Obervolta‹. Ich kenne diese Länder gar nicht alle, die sich hier also um das Farbfernsehen gerauft haben, Niger und Madagaskar und ähnliche Nationen«[163].

Die Tatsache, daß sich zahlreiche Länder, die noch weit davon entfernt waren, einen s/w-Fernsehfunk aufzubauen, zu vehementen Verteidigern des SECAM-Systems aufspielten, hinterließ bei manch einem Delegationsvertreter den bitteren Nachgeschmack einer politischen Satireveranstaltung. Bis zum letzten Tag der Konferenz, dem 6. April 1965 um 10.00 Uhr morgens, waren 44 der 45 ausgeteilten Fragebögen wieder beim Schweden Esping eingegangen. Das Resultat der Meinungsumfrage schien die französischen Anstrengungen zu belohnen: 22 Delegationen gaben an, daß sie beabsichtigten, das SECAM-System einzuführen, 12 gaben PAL an, 6 stimmten für NTSC und 3 Delegationen enthielten sich einer Meinungsabgabe.

Aber auch die SECAM-Kontrahenten hatten in letzter Minute versucht, der diplomatischen Offensive der Franzosen zumindest ein kleines Hindernis entgegenzusetzen. Zahlreiche Delegation lieferten nämlich parallel zum ausgefüllten Fragebogen eine Zusatzerklärung ab, in der sie erklärten: »The xxx delegation reaffirms its wish to reach agreement on a world-wide basis on the choice of a colour television system and sees in the Quadrature Amplitude Modulation (QAM) System the best possibility of achieving such a goal«. Diese »QAM«-Zauberformel war das Resultat einer deutsch-amerikanischen Absprache gewesen, die Bruch mit seinem amerikanischen Kollegen Allen erreicht hatte, um der NTSC-Familie zu einem größeren optischen Gegengewicht zum SECAM-System zu verhelfen.

Feierten die Franzosen das Resultat der Meinungsumfrage als überzeugenden Sieg ihres Systems, bemühten sich die Anhänger des PAL-oder NTSC-Systems um den Nachweis, daß es sich bei den Stimmen für SECAM ledig-

that there was an overwhelming majority etc...‹ [...] So much for procedures and tactical ploys«. Siehe »Summary Report on Interim Meetings of CCIR Study Group XI, Vienna, March 24 – April 7, 1965«, in: PRO, Signatur HO 256/387.

163 »Vortrag des Herrn Bruch auf der Sitzung der Technischen Kommission des ZVEI«, 26.04.1965, 8seitige Transkription eines Tonbandmitschnittes, in: Archiv des Deutschen Museums München, NL 101, Nr. 202, S. 2.

Abb. 20: Das »Orakel«, aus: Archiv des Deutschen Museums München, Nachlaß Walter Bruch, Signatur NL 101, Nr. 270.

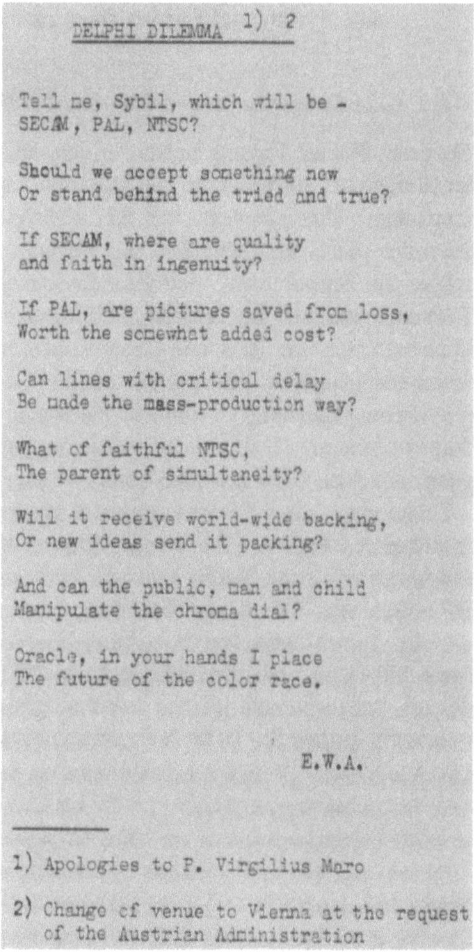

DELPHI DILEMMA 1) 2)

Tell me, Sybil, which will be -
SECAM, PAL, NTSC?

Should we accept something new
Or stand behind the tried and true?

If SECAM, where are quality
and faith in ingenuity?

If PAL, are pictures saved from loss,
Worth the somewhat added cost?

Can lines with critical delay
Be made the mass-production way?

What of faithful NTSC,
The parent of simultaneity?

Will it receive world-wide backing,
Or new ideas send it packing?

And can the public, man and child
Manipulate the chroma dial?

Oracle, in your hands I place
The future of the color race.

E.W.A.

1) Apologies to P. Virgilius Maro

2) Change of venue to Vienna at the request of the Austrian Administration

lich um eine zahlenmäßige Überlegenheit handele, die »qualitative Mehrheit« dagegen eindeutig auf Seiten des QAM-Lagers zu verorten sei. Ein weiser Unbekannter mit den Initialen E. W. A. verfaßte daraufhin ein Gedicht, welches den Urteilsspruch über »Sieger« oder »Verlierer« nach gutem alten Brauch dem Orakel überantwortete.

Da man sich auf der Wiener CCIR-Zwischentagung somit nicht auf die erhoffte Empfehlung für einen einheitlichen europäischen Farbfernsehstandard einigen konnte, wurde die Entscheidung auf die nächste CCIR-Vollversammlung vertagt, die im Juni 1966 in Oslo stattfand. Diese Frist von einem Jahr zwischen Wien und Oslo nutzten alle beteiligten Akteure, um sich strategisch neu zu formieren und für die letzte »Entscheidungsschlacht« zu wappnen.

4.4. Front- und Farbwechsel zwischen Wien und Oslo

4.4.1. Kalte Kriegsphantasien: Der deutsch-deutsche »Farbfernsehvorhang«

Nach der Wiener Tagung begann in den zuständigen Behörden die Analyse der Ereignisse. Herrschte im französischen Lager Zufriedenheit über die zahlenmäßige »Überlegenheit« des SECAM-Systems, klagte man auf bundesdeutscher Seite das Scheitern der versuchten europäischen Einigung und prägte die Formel vom »Farbfernsehvorhang«, der sich wie der »Eiserne Vorhang« zwischen die europäische Fernsehlandschaft zuziehen drohte. »Die Staatssekretäre von Hase und Carstens unterbreiteten die Nachricht von dem neuen televisionären Vorhang mit ernsten Gesichtern der Presse«, so lautete eine Zeitungsmeldung[164]. Obwohl Fachleute das Bild des »Farbfernsehvorhangs« offen als »Quatsch« bezeichneten, tauchte die Metapher in den Monaten zwischen Wien und Oslo immer wieder in der Presse auf[165].

Zeigte man sich auf Seiten der bundesdeutschen Rundfunkindustrie zufrieden über das Ergebnis der Wiener Konferenz, kann die vom Bundespresse- und Informationsamt häufig benutzte Vorhang-Metapher als Ausdruck ernsthafter Besorgnis über die politische Dimension der Farbfernsehfrage in bezug auf die deutsch-deutschen Beziehungen gedeutet werden. Da die DDR im Jahre 1965 kein offizielles Mitglied der CCIR war und aus diesem Grunde nur den Beobachterstatus eines OIRT-Mitgliedsstaates zugesprochen bekommen hatte, bildete die DDR die große Unbekannte im bundesdeutschen Kalkül. Aus diesem Grunde versuchte man im Bundespresse- und Informationsamt, möglichst vertrauenswürdige Einschätzungen über die Frage einzuholen, welches Farbfernsehsystem die DDR einzuführen gedenke.

Bereits am 14. April verfaßte Telefunken-Vorstandsmitglied Prof. Werner Nestel eine ausführliche Stellungnahme zu diesem Thema, in der er keinen Zweifel daran aufkommen ließ, daß sich die DDR für das PAL-System entscheiden werde. Er begründete diese Einschätzung damit, daß die »SBZ« – im offiziellen Schriftverkehr zwischen Telefunken und Bundesministerien war nie von DDR die Rede – sich bei Standardisierungsfragen bislang immer den technischen Normen Westdeutschlands angepaßt habe. Dies sei sowohl beim UKW-Rundfunk als auch bei der Gerber-Norm der Fall gewesen. Wenn die SBZ zu ihrer westdeutschen (d.h. Gerber-Norm) s/w-Norm eine SECAM-Farbnorm hinzufügen würde, so Nestel, könnte dies weder die fran-

164 N.N.: Zwei Lager im Farbfernsehstreit, in: Zeitungs-Verlag und Zeitschriften-Verlag 16/17 (1965) S. 651.

165 »In Darmstadt, beim Fernmeldetechnischen Zentralamt (FTZ), [...] bezeichnet man die Bonner Befürchtungen über den ›Farbfernsehvorhang‹ allerdings schlicht und einfach als ›Quatsch‹. Technisch, so meint man dort, ist das Problem des gegenseitigen Programmaustauschs ohne weiteres, wenngleich mit erheblichem finanziellen Aufwand, zu lösen.« In: ibid.

Abb. 21: Karikatur des »Farbfernsehvorhangs«, aus: Archiv des Deutschen Museums München, Nachlaß Walter Bruch, NL 101, Nr. 123.

zösische noch die »Ostblock-SECAM-Norm« sein, da beide sich von der ostdeutschen (=westdeutschen) s/w-Norm unterscheiden würden. »Dies ist aber in hohem Grade unwahrscheinlich«, so Nestel[166].

Wenige Tage später wurde Nestels Einschätzung auch vom Telefunken-Vorstandsvorsitzenden Dr. Felix Herriger in einem mehrseitigen Schreiben an Staatssekretär von Hase wiederholt. Herrigers primäres Anliegen war es, dem Staatssekretär nochmals die Situation Telefunkens nach der Wiener Konferenz zu erläutern und ihn um politische Unterstützung für das PAL-System zu bitten, besonders bei den Bemühungen Telefunkens, die Briten und Niederländer für das PAL-System zu gewinnen[167]. Das Datum des Schreibens, der 22. April 1965, war ganz bewußt gewählt worden, da vier Tage später die 14. deutsch-französischen Informationsgespräche zwischen Peyrefitte und von Hase in Bonn stattfanden.

Während dieser Informationsgespräche, die auf dem Rhein-Ausflugsdampfer »Mainz« stattfanden, wurde drei Stunden intensiv über das Thema Farbfernsehen geredet[168]. Von Hase machte aus seiner Enttäuschung keinen Hehl,

[166] Brief von Herrn Prof. Nestel an Staatssekretär von Hase, Berlin, 21.04.1965 mit vierseitigem Anhang vom 14.04. zu den Themen »Beziehungen Frankreich/Westdeutschland« und »Westdeutschland/sowjetische Besatzungszone auf dem Gebiet von Rundfunk und Fernsehen in den letzten 20 Jahren«, in: Bundeszwischenarchiv Bonn, Signatur B 145/4515.

[167] Brief von Dr. Felix Herriger an Staatssekretär von Hase, Berlin, 22.04.1965, 4 maschinegeschriebene Seiten, in: Bundeszwischenarchiv Bonn, Signatur B 145/1356.

[168] Alain Peyrefitte sollte sich dieser Begegnung in seinem 1976 erschienenen Buch »Le Mal Français« – in Deutschland unter dem Titel »Was wird aus Frankreich« erschienen – in pathetischer Weise erinnern. Siehe Alain PEYREFITTE, Was wird aus Frankreich?, Berlin, Frankfurt a.M. 1978, S. 28–31. In Peyrefittes Erinnerung wurde die Begegnung zu einer »Offenbarung«, die ihn veranlaßte, nach den Gründen für die unterschiedlichen deutsch-französischen Mentalitäten im Bereich der Forschung und Entwicklung nachzudenken. Verkürzt ließ sich Peyrefittes Reflexion auf die Stereotypen »französische Ingeniosität« versus »Deutsche Wertarbeit« reduzieren. Seine Besinnlichkeit wurde aber bald durch eine kämpferische gaullistische Rhetorik beendet: »Das SECAM-Verfahren war viel mehr als nur ein technisches Verfahren: wie die Atomwaffe

von der französischen Seite erst so spät über das französisch-sowjetische Farbfernsehabkommen unterrichtet worden zu sein. Peyrefitte erwiderte diesen indirekten Vorwurf mit der Bemerkung, daß der französisch-sowjetische Farbfernsehvertrag »ein Ergebnis zweijähriger erfolgloser Besprechungen zwischen Frankreich und der Bundesrepublik« sei und führte für das Festhalten Frankreichs an SECAM drei Gründe an: Zum ersten sei eine technische Verschmelzung der Systeme, wie sie von Hase immer wieder einforderte, nicht machbar. Zum Zweiten hätten sich in Wien 23 Länder für das französische System ausgesprochen. Diesen Ländern fühle man sich in Frankreich »moralisch verpflichtet«. Drittens könne Frankreich rein formaljuristisch nicht mehr vom französisch-sowjetischen Vertrag zurücktreten[169]. Zuletzt wies Peyrefitte auf die politische Bedeutung des Abkommens mit der Sowjetunion hin, da das SECAM-System »einen Einbruch in die Länder hinter dem Eisernen Vorhang« ermögliche und forderte Deutschland auf, sich dieser Entwicklung nicht zu verschließen.

Trotz der romantischen Kulisse für dieses deutsch-französische Treffen kam es zu keiner Annäherung der Positionen. Nüchtern hieß es in der gemeinsam beschlossenen Pressemitteilung:

> Staatssekretär von Hase und Staatssekretär Bornemann vom Bundesministerium für das Post- und Fernmeldewesen haben dargelegt, daß sie es für wünscheswert hielten, eine Formel zu finden, die die Technik der vorhandenen Verfahren verbindet. Der französische Informationsminister, nach dessen Ansicht ein solcher Versuch den Gegebenheiten nach ohne praktisches Ergebnis bleiben würde, hat dagegen eine breite technische Zusammenarbeit zwischen den öffentlichen und privaten Organisationen der beiden Länder vorgeschlagen, um ein einheitliches europäisches System auf der Basis von SECAM und seiner technischen Eigenschaften zu entwickeln und auszuwerten[170].

Die Pressemitteilung machte klar, daß es wohl kaum zu einer politischen Lösung der Farbfernsehfrage im Rahmen der deutsch-französischen Beziehungen kommen würde. Trotzdem gab man auf seiten des Bundespresse- und Informationsamtes die Hoffnung nicht auf, zu einer technischen »Verschmelzung« der beiden Systeme gelangen zu können. Die Möglichkeit einer solchen Verschmelzung der beiden Systemalternativen PAL und SECAM wurde aber von technischen Experten aller Lager immer wieder verneint. Auf einer Besprechung im Bundespostministerium über die in Deutschland einzuführende Farbfernsehnorm am 20. Mai 1965 in Bonn versicherte auch Walter Bruch, daß er keine Möglichkeit zur Vereinigung der Systeme sehe.

oder die Concorde war es ein Beweis dafür, daß die Herausforderung angenommen werden konnte«. Ibid. S. 30.

169 »Vermerk über die 14. deutsch-französischen Informationsgespräche von Dr. Matern«, BPIA, Bonn, 27.04.1965, 3 maschinegeschriebene Seiten, in: Bundeszwischenarchiv Bonn, Signatur B 145/1356.

170 Pressekommuniqué zum 14. deutsch-französischen Informationsgespräch, Bonn, 26.04.1965, in: Bundeszwischenarchiv Bonn, Signatur B 145/1356.

Abschließend hieß es, daß man auch den während des letzten deutsch-französischen Treffens auf Ebene der Informationsminister vereinbarten Gesprächen zwischen Rundfunkinstitutionen und Rundfunkindustrie keine Chancen gebe[171]. Einen Tag nach der Sitzung wurde vom Bundespostministerium ein fünfseitiges Memorandum veröffentlicht, in dem das Ministerium seine Unterstützung des PAL-Systems kundtat. Neben den bekannten technischen Gründen wurde als zentrales Argument für PAL die Annahme vertreten, daß die SBZ das SECAM-System nicht einführen werde[172]. Selbst wenn es zur Einführung von SECAM in der SBZ kommen sollte, so das Memorandum, könnten die Sendungen der BRD in der SBZ immer noch in s/w empfangen werden.

> Wenn diese Sendungen in der SBZ farbig empfangen werden sollen, wird die BRD in Gestalt zusätzlicher Sender nach dem SECAM-System in die Zone hineinstrahlen können, so daß der ›Farbfernsehvorhang‹ auf diese Weise nicht zustande käme. [...] Auf jeden Fall könnten technische Maßnahmen getroffen werden, um zu vermeiden, daß die politische Teilung Deutschlands durch das technische Problem des Farbfernsehens berührt würde[173].

Diese Stellungnahme des Bundespostministeriums sowie das Protokoll der vorhergegangenen Sitzung machen deutlich, daß sich die zentralen Akteure der technischen Seite des Rundfunks in der Bundesrepublik – d. h. Bundespostministerium, Fernmeldetechnisches Zentralamt, ARD, ZDF und die Rundfunkindustrie – eindeutig für das PAL-System als bundesdeutsche Farbfernsehnorm einsetzten und den baldmöglichsten Beginn von großangelegten Versuchssendungen forderten, damit man in der Bundesrepublik noch im Herbst des Jahres 1967 mit dem Farbfernsehen starten konnte. Besonders Telefunken-Vorstandsmitglied Werner Nestel wurde nicht müde, die angeblichen Nachteile des SECAM-Systems in immer neuen Stellungnahmen bei den entsprechenden Stellen im Bundespost- oder Wirtschaftsministerium zu propagieren. Dabei versäumte er es nicht, den Franzosen den »schwarzen Peter« einer möglichen europäischen Spaltung im Farbfernsehbereich zuzuschustern: Durch die Einführung der 819-Zeilennorm sowie einer von der Gerber-

171 Vermerk von Dr. Freibüter »Betr.: Besprechung im Bundespostministerium über die Einführung einer Farbfernsehnorm in der Bundesrepublik«, Bonn, 20.05.1965, 4 maschinegeschriebene Seiten, in: Bundeszwischenarchiv Bonn, Signatur B 145/2864.

172 Als Begründung dieser Annahme wurden folgende Punkte genannt: 1. die SBZ sei daran interessiert, ihre Sendungen im Bundesgebiet zu verbreiten; 2. die SBZ habe auch im s/w-Fernsehen eine andere Norm als die anderen Ostblockländer. Ein »Fernsehvorhang« bestehe also bereits; 3. daß im Falle der SECAM-Einführung eine eigene, dritte SECAM-Norm speziell für die SBZ eingeführt werden müsse; 4. daß erfahrungsgemäß ein fait accompli, d. h. die zeitlich frühere Einführung von PAL in der BRD, zur Anwendung des gleichen Systems in anderen Ländern führe. Siehe »Memorandum über die Einführung einer Farbfernsehnorm für die Bundesrepublik Deutschland«, Bundesminister für Post- und Fernmeldewesen, Bonn, 21.05.1965, 5 maschinegeschriebene Seiten, in: Bundeszwischenarchiv Bonn, Signatur B 145/2864.

173 Ibid. S. 4.

norm abweichenden 625-Zeilennorm habe Frankreich bereits »zweimal aus eigenem Willen einen ›Vorhang‹ zwischen Frankreich und Deutschland gelegt«[174].

Ende Mai 1965 stand das Bundespresse- und Informationsamt in seinen Bemühungen, auf eine deutsch-französische Einigung im Bereich des Farbfernsehens hinzuarbeiten, somit ziemlich isoliert da. Nachdem Frankreich zudem nicht auf die bundesdeutsche Offerte reagierte, die während der deutsch-französischen Konsultationen vereinbarten Gespräche zwischen Industriellen und Verantwortlichen der Rundfunkinstitutionen beider Länder in die Tat umzusetzen, wurde während der Kabinettssitzung vom 21. Juli 1965 beschlossen, mit ausgedehnten PAL-Versuchssendungen in der Bundesrepublik zu beginnen, damit die Rundfunkindustrie entsprechende Erfahrungen bei der Einstellung der Empfänger sammeln konnte. Staatssekretär von Hase schlug folgenden Kabinettsbeschluß vor, der anschließend einstimmig angenommen wurde:

Die Bundesregierung nimmt davon Kenntnis, daß für das im Herbst 1967 in der Bundesrepublik Deutschland einzuführende Farbfernsehen schon jetzt mit Versuchssendungen begonnen werden muß. Da es bislang nicht gelungen ist, sich auf eine einheitliche europäische Farbfernsehnorm zu einigen, stimmt die Bundesregierung zu, daß in der Bundesrepublik Deutschland mit dem PAL-Verfahren gearbeitet wird, solange es nicht zu einer Einigung über eine einheitliche europäische Farbfernsehnorm kommt[175].

Diese Formulierung hatte den Vorteil, daß sie vom Bundespresse- und Informationsamt als offen genug für eine mögliche europäische Einigung ausgelegt werden konnte, von den Befürwortern des PAL-Systems jedoch als Weichenstellung in Richtung definitiver Übernahme von PAL in der Bundesrepublik verkauft werden konnte[176]. Wie sich zeigen sollte, waren die offizielle Verlautbarung des Beginns von Versuchssendungen mit einem bestimmten System sowie der geplante Einführungstermin gewichtige Argumente in den Verhandlungen mit Drittstaaten, da sie als Ausdruck politischer Entschlossenheit ausgelegt werden konnten. Wie das britische Beispiel zei-

174 »Einige Angaben zur Frage der europäischen Farbfernsehnorm«, 3 maschinegeschriebene Seiten, Anhang eines Briefes von Dr. Herriger an Staatssekretär von Hase, 25.05.1965, in: Bundeszwischenarchiv Bonn, Signatur B 145/2864.

175 Mitteilung des Rechtsreferats, Bonn, 12.08.1965, in: Bundeszwischenarchiv Bonn, Signatur B 145/2864.

176 Genau in diesem Sinne wurde das frühere Pressekommuniqué des BPIA vom 22.07.1965, in dem der Beginn von PAL-Versuchssendungen angekündigt wurde, auch von seiten der britischen Diplomatie gedeutet. In einem Brief des britischen Botschafters in Bonn (Roberts) an O'Neill (Foreign Office) vom 22. Juli 1965 heißt es: »As so often, von Hase's remarks can be interpreted in more than one way. They may be no more than soft words to conceal, for the sake of French susceptibilities, a firm German decision to go ahead with PAL. But they may equally well be taken as a sign that the Germans'attachment to their own system is not as firm as it might appear and that they do not wholly exclude the possibility of a switch themselves«. In: PRO, FO 173/181314, General Department, Akte GT 41/79.

gen wird, war die Verlautbarung des Postmaster General, mit entsprechenden Farbfernsehversuchsendungen auf PAL-Basis zu beginnen, das entscheidende Signal für die britische Rundfunkindustrie, sich nun ernsthaft mit dem PAL-System zu beschäftigen. Ohne ein solches Signal waren die aufwendigen Investitionen aus Sicht der Rundfunkindustrie nicht zu rechtfertigen.

4.4.2. »Our major European partner«: Der deutsch-britische Schulterschluß

Obviously our own policy must be based on an agreed technical verdict, but you may feel as I do that there is a risk here of our missing. While the technical argument runs on, a very promising political opportunity of functional co-operation and alignment with what is now I suppose our major European partner[177].

Dieses Zitat aus einem Brief des britischen Botschafters in Bonn, Sir Frank Roberts, deutet auf eine entscheidende Wende der politischen Allianzen in der Farbfernsehkontroverse Mitte des Jahres 1965 hin, deren Ursache im folgenden Abschnitt näher erläutert wird. Die britische Delegation war in Wien mit der klaren Anweisung des Postmaster General angereist, »to press strongly for NTSC« und »strongly oppose the adoption of SECAM«[178]. Von diesem Kurs war man in Wien auch nicht abgewichen, dennoch traf man sich gegen Ende der Konferenz mit Vertretern der bundesdeutschen Delegation und vereinbarte ein baldiges Treffen zwischen Vertretern der Postministerien, Rundfunkanstalten und der Rundfunkindustrie beider Länder[179]. Im Foreign Office war man sich der neuen Dimension der Farbfernsehkontroverse seit dem französisch-sowjetischen Abkommen bewußt[180] und durchaus bereit, sich der politischen Auseinandersetzung mit den Franzosen auch auf diesem

177 Brief des britischen Botschafters in Bonn, Sir F. Roberts, an das Foreign Office vom 21.07.1965, in: PRO, FO 173/181314, General Department, Akte GT 41/79.

178 Brief von Willis (Chairman des Technical Advisory Committee) an Benn (Her Majesty's General Postmaster) vom 26.02.1965, in: PRO, Signatur HO 256/387.

179 »Recognizing, therefore, the particular positions of the U.K. and the Federal Republic of Germany at this stage, arrangements are being made for an informal and early exchange of views between experts of the Post Office, Broadcasting Authorities and Industry of the two countries with the objective of reviewing the problems that would rise in practice if we had to consider the coexistence of two or three colour systems«. Siehe »Summary Report on Interim Meetings of CCIR Study Group XI, Vienna, March 24 – April 7, 1965«, in: PRO, Signatur HO 256/387.

180 In einem Telegramm von Sir Patrick Reilly (britische Botschaft Paris) an das Foreign Office vom 25.03.1965 heißt es: »I know the technical reasons why we prefer the American NTSC system, and indeed we here have been giving them as much publicity as possible in attempt to counter the formidable French effort in favour of SECAM. I submit, however, that the conclusion of the French-Soviet agreement makes it impossible for us to continue to regard this question as a purely technical one and I feel bound to urge that in deciding whether to persist in our support of the American system we should take full account of the political aspects.« In: PRO, Signatur FO 371/181313.

Gebiet zu stellen. Noch während der Wiener Tagung verlautete es kämpferisch aus dem Foreign Office:

Thus the struggle is by no means over, and if it is a mark of a bad European to refuse to switch to SECAM, we are still in pretty good company. [...] If the General has luck with his present campaign, he may perhaps be able to manœuvre everyone into position where the UK attitude to SECAM becomes a test of our European spirit. But he has not yet achieved his result, so that, whatever may happen in the future, we see no need for us to submit such a test this week[181].

Wie dieses Zitat deutlich zeigt, entwickelte sich die Farbfernsehfrage nun auch in Großbritannien zu einem Politikum ersten Ranges. Vor dem Hintergrund der europapolitischen Realitäten wurde die PAL-SECAM-Kontroverse für die Briten zu einem weiteren Prüfstein der integrationspolitischen Kompromißbereitschaft.

Wenige Tage nach dem Ende der Wiener Konferenz kam es im britischen Postministerium zu einer Lagebesprechung des Television Advisory Committee (TAC), an der alle zentralen Akteure des britischen Rundfunks (Postministerium, Rundfunkanstalten, Industrie) beteiligt waren. Nach einem ausführlichen Bericht der Wiener Tagung seitens des britischen Delegationsleiters Merriman wurde diskutiert, welche Konsequenzen aus der Wiener Konferenz zu ziehen seien. Der allgemeine Tenor der Diskussion war, daß wohl wenig Aussichten darauf bestünden, daß sich in Europa eine größere Anzahl von NTSC-Anhängern finden würde. Besonders die Schweiz und die skandinavischen Länder hätten ihre Vorliebe für das PAL-System in Wien deutlich zum Ausdruck gebracht. Sir Hugh Green, Generaldirektor der BBC, berichtete zudem über die Entschlossenheit, mit der die zuständigen Rundfunkbehörden in der Bundesrepublik seiner Ansicht nach das PAL-System verteidigten. Sowohl der Vertreter der privaten Fernsehanstalt ITA, Sir Robert Fraser, als auch einige Vertreter der britischen Rundfunkindustrie teilten daraufhin mit, »that they would be prepared to accept PAL« – vorausgesetzt, daß weitere technische Studien durchgeführt würden[182]. Zusammenfassend hielt Sitzungsleiter Prof. Willis Jackson fest: »Although there was nothing in the technical discussions in Vienna which invalidated the United Kingdom view that NTSC was on technical grounds the best of the three systems for adoption in this country, nevertheless in the present situation there were good reasons why we should take a closer look at PAL with a view to assessing what penalties we should incur by adopting it«[183].

[181] Brief von Sir G. Johnston (Foreign Office) an Sir P. Reilly (britische Botschaft Paris) vom 31.03.1965, in: PRO, Signatur: FO 371/181313.

[182] »Minutes of a meeting [des Television Advisory Committee, A.d.V.] held at 10 a.m. on Thursday 15th April, 1965, at GPO Headquarters«, London, 5 maschinegeschriebene Seiten, in: PRO, Signatur HF 10/3.

[183] Ibid. S. 4.

Bereits Anfang Mai kam es daraufhin zu dem in Wien vereinbarten Besuch einer Gruppe bundesdeutscher Fernsehexperten in London[184]. Wie aus den Gesprächsprotokollen hervorgeht, sorgten die PAL-Vorführungen dafür, daß sich die technische Einschätzung der beiden diskutierten Verfahren (NTSC und PAL) in den Augen der britischen Fernsehexperten eindeutig zugunsten des PAL-Systems verschoben[185]. Der Abschlußbericht des »Technical Sub-Committee« des TAC brachte dies deutliche zur Sprache: »The TSC therefore considers that there are no technical or operational reasons why the U.K. should not abandon its strong support for NTSC and instead be prepared to adopt the PAL system«[186].

Begründet wurde diese Stellungnahme neben der technischen Gleichwertigkeit beider Systeme vor allen mit den strategischen Optionen, welche ein solcher Richtungswechsel eröffnen konnte. Wichtigstes Argument war, daß die Übernahme des PAL-Systems in Großbritannien auch die Niederlande zur Wahl von PAL bewegen könnte. Dies bedeutete konkret, daß die Zahl der in Europa diskutierten Systemvarianten auf zwei reduziert wurde. Auch bislang unentschiedene Länder wie Belgien oder Jugoslawien könnten, so die Meinung des TSC, durch diese Entscheidung auf die Seite des PAL-Lagers gezogen werden. Nicht zuletzt würden vielleicht einige osteuropäische Länder angeregt, über ihre bisherige pro-SECAM-Haltung nachzudenken. Das Kalkül des TSC schien sich zu bestätigen, als im Juni von der britischen Botschaft in Den Haag die Meldung kam, daß die Niederländer bei ihrer Untersuchung des PAL-Systems zur gleichen Einschätzung wie die Briten gekommen waren. Allerdings hatte man auch in Den Haag noch keine politische Entscheidung getroffen[187].

Obwohl sich also das »technische Gewissen« des Television Advisory Committee, dessen Aufgabe die Empfehlung rundfunktechnischer Entschei-

[184] Auf deutscher Seite waren Dr. Kronjäger und Dr. Müller vom FTZ, Prof. Theile vom IRT, Dr. Schwarz vom ZDF, Herr Boom vom ZVEI und Walter Bruch als Telefunken-Vertreter beteiligt. Auf britischer Seite waren Kilvington und Clinch (GPO), Dr. Maurice und Watson (BBC), Howe (ITA), Steele (Independant Television Contractors Association (ITCA), Jones und Rogers (BREMA) und Dr. Broadway (Electronic Engineering Association EEA) vertreten.

[185] In dem Abschlußbericht des Treffens heißt es: »While NTSC remains the first choice of the U.K. on technical grounds, a new appraisement of the situation in the light of recent developments in PAL suggests that the balance of advantage on technical grounds for NTSC is much less than it was thought to be. On operational grounds there are strong arguments for adopting PAL in the U.K. if, as now appears probable, a large proportion of Western Europe does likewise.«. Siehe »Television Advisory Committee, Technical Sub-Committee, Committee Paper No. 360, Report of informal discussion on the PAL television system, London 4./5. Mai 1965«, in: PRO, Signatur HO 256/387.

[186] »Colour Television/Report by the T.S.C.«, London, Mai 1954, in: PRO, Signatur: HO 256/387.

[187] Brief von P. Garran, britische Botschaft Den Haag, an Sir O'Neill, Foreign Office in London, Den Haag, 11.06.1965, in: FO 371/181314.

dungen an den Postmaster General war, im Prinzip für einen Wechsel der britischen Position zugunsten des PAL-Systems entschieden hatte, gab es nach Bekanntwerden des TSC-Reports Widerstände gegen diese Entscheidung. Die kritischen Stimmen kamen aus den Reihen der BBC, allen voran von BBC-Chefingenieur Francis McLean. Dieser erläuterte die Gründe für seinen Widerstand in einem Brief an Chefingenieur Barron vom britischen Postministerium. McLean plädierte dafür, in der ganzen Diskussion vier Punkte zu unterscheiden: 1. die technischen Charakteristika der einzelnen Systeme; 2. die operationalen Faktoren beim Programmaustausch; 3. die eingebundenen politischen Interessen; 4. die Exportfrage von Studio-, Sender- und Empfängeranlagen. Während McLean die technischen Charakteristika beider Systeme ähnlich wie seine Kollegen vom TSC durchaus ausgewogen beurteilte, warnte er vor einer allzu schnellen Beurteilung der politischen Dimension der Farbfernsehfrage. Für ihn war es keineswegs sicher, daß sich alle Ostblockstaaten und die Sowjetunion definitiv für SECAM entscheiden würden:

It has been suggested that, without our support of PAL, the whole of Continental Europe might adopt SECAM but I would rate this as highly unlikely. There seems to be no doubt anywhere that if the whole of Europe including the Eastern Bloc were to adopt the NTSC system this would be the happiest solution for Europe and the World and give the best outlook for the future[188].

Für die BBC war das Thema des Programmaustausches mit den USA von entscheidender Bedeutung. Der britische Postminister Anthony Wedgwood Benn brachte die komplizierte Lage Großbritanniens in einem Brief an den Leiter des Television Advisory Committee vom 7. Mai 1965 auf die einfache aber prägnante Formel: »Failing agreement on a worldwide standard will make the choice of a system for this country particularly difficult because we are linked to America by a common language and to Europe by geographical proxymity«[189]. Da die BBC ihren Widerstand gegen das TSC-Urteil in der Folgezeit nicht aufgab – McLean beklagte sich u.a. darüber, an der Abfassung des Berichtes nicht beteiligt gewesen zu sein, obwohl er offizielles Mitglied des TSC war[190] – spitzte sich die Farbfernsehdiskussion in Großbritannien zunehmend auf einen Konflikt zwischen dem Foreign Office und der BBC zu. Während im britischen Außenministerium die politische Dimension der Farbfernsehfrage im Vordergrund des Interesses stand, überwog im taktischen Kalkül der BBC die Hoffnung, in Europa doch noch einen ein-

188 Brief von McLean (Chief Engineer BBC) an Barron (Engineer-in-Chief GPO), London, 31.05.1965, in: PRO, Signatur HO 256/387.

189 Brief von Benn (MGP) an Willis (Chairman TAC), Mitte Mai 1965, in: PRO, Signatur HO 256/387.

190 Siehe Brief von McLean (Chief Engineer BBC) an Barron (Engineer-in-Chief GPO), London, 31.05.1965, in: PRO, Signatur HO 256/387.

heitlichen Farbfernsehstandard auf die Beine stellen zu können. Politischer Handlungsdruck ergab sich aus Sicht des Außenministeriums vor allem wegen des am 11. Juni anstehenden de Gaulle-Besuches in Bonn. In London befürchtete man, de Gaulle könne bei diesem Anlaß erneut versuchen, massiven politischen Druck auf die Bundesrepublik auszuüben, um die Westdeutschen zur Übernahme des SECAM-Systems zu bewegen[191].

Obwohl das Thema Farbfernsehen bei den Gesprächen zwischen de Gaulle und Erhard unangesprochen blieb, zeigte man sich im Foreign Office zunehmend ungehalten über die »Verweigerungshaltung« der BBC, die es Großbritannien nicht erlaube, eine aktivere Rolle in der europäischen Farbfernsehkontroverse einzunehmen. Foreign-Office Mitarbeiter D. D. Brown nahm in einem Brief vom 4. August 1965 kein Blatt vor dem Mund als er schrieb:

> I understand that the main difficulty is the reluctance of the Chief Engineer of the BBC, Mr. McLean, to abandon his support for the NTSC system. The result is that U.K. policy is paralysed, while the French continue their efforts to win support for SECAM, which our experts are unanimous in regarding as inferior to either of the alternatives. I recommend that the Secretary of State should send a minute to the Postmaster General in attempt to break this deadlock and get things moving[192].

Als Ende Oktober noch immer keine Entscheidung seitens des TAC getroffen worden war, schien die Geduld im Foreign Office zu Ende zu sein. In einem vertraulichen Schreiben hieß es, wenn die Techniker nun nicht zu einem endgültigen Urteil kommen würden, werde die Entscheidung auf einer höheren politischen Ebene getroffen – und dies sowohl aus politischer wie ökonomischer Notwendigkeit[193]. Die politische Notwendigkeit wurde im Foreign Of-

191 In einer Notiz von Brown (Foreign Office) vom 2.06.1965 heißt es: »There is a risk that General de Gaulle, in the course of his visit to Bonn on June 11, will try to push the Germans into some commitment on SECAM. It is therefore to our interest to encourage the Germans to stand firm on PAL, particularly as we ourselves are unlikely to be able to accept SECAM on technical grounds. I accordingly submit a draft letter to Mr. Tomkins, who will be in charge in Bonn from tomorrow, for Sir C. O'Neill's signature, suggesting that he should let the Germans know that there is a good chance of Ministers here deciding to support PAL. If the draft is approved, Sir P. Garran would be authorised to speak similarly to the Dutch«. In: PRO, Signatur FO 173/181314, General Department, Akte GT 41/74.

192 Brief von Brown (FO) an O'Neill (FO) vom 4.08.1965, in: PRO, Signatur: FO 173/181315, General Department, Akte GT 41/86. In die gleiche Kerbe schlug auch sein Kollege O'Neill in einem Telegramm an den britischen Botschafter Sir Roberts in Bonn wenige Tage später: »I entirely agree with what you say about the importance of seizing this opportunity for functional cooperation and alignment with the Federal Republic.[…] Unfortunately the Postmaster General's Television Advisory Committee is still deadlocked, apparently because of the continuing reluctance of the BBC to abondon NTSC, on which they, unlike the independent television people, have done a lot of work«. Siehe Telegramm von O'Neill (FO) an Roberts (britische Botschaft Bonn), London, 14.08.1965, in: ibid.

193 »[…] the technicians in the United Kingdom have now been discussing this question for a good six months. If they are still unable to reach agreement among themselves surely the time must come when a decision has to be taken by a higher authority, in the light not only of tech-

fice vor allem damit begründet, daß man dem massiven politischen Druck der Franzosen etwas entgegensetzen müsse, der sich zunehmend auch auf den außereuropäischen Bereich, etwa den Mittleren Osten und Afrika, ausdehne[194]. Allerdings war man sich im Foreign Office ebenfalls darüber im klaren, daß vieles von dem, was die Franzosen an diplomatischer Aktivität in Sachen SECAM entfalteten, nicht viel mehr als heiße Luft war. So urteilte Brown ein wenig süffisant über die vergeblichen Versuche von Laboulaye, den Briten das SECAM-System »schmackhaft« zu machen:

In general I do not think that we ought to make too heavy weather of the various French arguments. Surely the fact is that most of these arguments are simply ex post facto rationalisations of the General's determination to stymie the Americans and find something – anything – on which he can initiate technical cooperation with the Russians. The more closey one looks at de Laboulaye's cloud capped towers and gorgeous pinnacles, the more one gets the impression that they are all done with mirrors[195].

Trotz dieser Abgeklärtheit war man im Foreign Office unzufrieden darüber, daß man den Franzosen kein eigenes außenpolitisches Gewicht entgegensetzen konnte, solange der Postmaster General keine offizielle Empfehlung zugunsten von PAL abgegeben hatte. Erst Ende November war es schließlich soweit. Brown teilte der britischen Botschaft in Bonn am 30. November mit, daß der Postmaster General nun endlich eine Stellungnahme zugunsten von PAL abgeben werde. Zwar werde die offizielle Veröffentlichung erst nach Zustimmung der Regierung erfolgen können, aber, so Brown an den Botschafter Roberts gewandt, »you have discretion to let the Federal German authorities know of this recommendation«[196]. Am 2. Dezember informierte daraufhin Botschaftsrat Gorham Wirtschaftsminister Schmücker sowie Regierungssprecher Karl-Günther von Hase über die Entscheidung des TAC. Beide seien hocherfreut über diese Entscheidung gewesen, so Gorham, und würden natürlich verstehen, daß eine offizielle Verlautbarung noch nicht erfolgen könne[197].

nical advice but of political and economic considerations.« Siehe das vertrauliche Schreiben von Brown (FO), London, 27. Oktober 1965, in: PRO, Signatur: FO 173/181315.

194 Der britische Botschafter in Paris, Ramsbotham. berichtete diesbezüglich über ein Gespräch mit dem französischen »SECAM-Botschafter« Laboulaye, das er am 26. Juli mit diesem in Paris geführt habe.»The French also, of course, are thinking of the political dividends they would derive from extending the SECAM-system to the Middel East or even Africa. [...] All this may sound a little unreal but the French undoubtebly have big ideas for exploiting their invention. Certainly SECAM is an important element in General de Gaulle's policy towards the Eastern European countries.« Brief von Ramsbotham an Brown, Paris, 26.07.1965, in: PRO, Signatur FO 173/181315, General Department, Akte GT 41/86.

195 Brief von Brown (FO) an Logan (Brit. Botschaft in Paris), 6.10.1965, in: PRO, Signatur FO 173/181315, General Department, Akte GT 41/120.

196 Brief von Brown an Britische Botschaft in Bonn, 30.11.1965, in: PRO, Signatur: FO 173/181315, General Department, Akte GT 41/132.

197 Brief von Gorham (Britische Botschaft Bonn) an Miss Evans (FO), Bonn, 2.12.1965, in: PRO, Signatur FO 371/181315, General Department, Akte GT 41/138.

Schien mit dieser Entscheidung eine machtvolle deutsch-britische PAL-Allianz geschmiedet, die sich wenige Monate später auf der CCIR-Vollversammlung in Oslo durchaus bewähren sollte, so bleibt doch die Frage zu klären, weshalb es von seiten der BBC zu solch massivem Widerstand gegen das PAL-System gekommen war? Diese Haltung schien um so unverständlicher, da sich sowohl die technischen Experten des Postministeriums, des privaten Fernsehsenders ITV als auch die der britischen Rundfunkindustrie eindeutig für das PAL-System ausgesprochen hatten. Die Antwort auf diese Frage liefern einige versteckte Hinweise in der Korrespondenz zwischen BBC Chefingenieur Francis McLean und dem Scientific Attaché der britischen Botschaft in Moskau, Garrett, vom 9. Juni 1965. In einem Schreiben vom 9. Juni 1965 berichtet McLean von Gerüchten, daß die französisch-sowjetische Kooperation nicht so reibungslos verlaufe, wie die Franzosen sich das vorgestellt hätten:

A rumour is going round in Western Europe that all is not well with the Franco-Russian agreement. It is said that the French are not able to live up to the expectations of the Russian authorities in the supply of manufacturing information, particularly on colour tubes; and that the USSR has developed another system using quadrature modulation and is showing less interest in SECAM[198].

Wie sich zeigen sollte, hatten die von McLean als Gerüchte bezeichneten Informationen über die Probleme der französisch-sowjetischen Farbfernsehbeziehungen durchaus einen wahren Kern.

4.4.3. »A rumour is going round ...« Die sowjetische Systemvariante NIR

»Je sais qu'ils sont en train de le faire« – so lautete eine Bemerkung des SECAM-Sonderbeauftragten François de Laboulaye am 5. März auf dem Höhepunkt seiner Verhandlungen mit den sowjetischen Fernsehexperten in Moskau im März 1965[199]. Das zähe Ringen um die Vertragsformulierung »basé sur le procédé SECAM et de son standard« hatte Laboulaye, wie sich im Juni 1965 herausstellen sollte, richtigerweise als Hinweis darauf gedeutet, daß die sowjetischen Techniker an einer eigenen Systemvariante arbeiteten, die sie – falls sie es für taktisch notwendig hielten – als Faustpfand der sowjetischen Mitgift in die französisch-sowjetische Farbfernsehliaison aus dem Hut zaubern konnten. Daß dieses Faustpfand jedoch bereits kurz nach der Gründung der im Farbfernsehvertrag vereinbarten »Commission mixte franco-soviétique sur la télévision en couleurs« vom 10. bis 12. Mai 1965 in Moskau zum bestimmenden Thema der französisch-sowjetischen Beziehun-

198 Brief von McLean (BBC) an Garrett (britische Botschaft Moskau), London, 9.06.1965, in: PRO, Signatur HF 10/3.

199 Telegramm von Laboulaye an Peyrefitte, Moskau, 5. März 1965, in: Archiv du MAE, Affaires Économiques et Financières, Affaires Générales, Nr. 219a.

gen in dieser Frage werden sollte, kam für die Franzosen äußerst überraschend. Dabei war die französische Delegation voller Zuversicht von der Wiener CCIR-Zwischentagung nach Paris zurückgekehrt. Sogar im Quai d'Orsay, wo man den ehrgeizigen außenpolitischen Plänen de Gaulles – zumindest im Fall der SECAM-Frage – mit deutlicher Reserviertheit begegnet war, zeigte man sich erfreut über den gelungenen französisch-sowjetischen Schulterschluß in Wien:

Si les négociateurs français pouvaient, lors de la signature de l'Accord du 22 mars, s'interroger sur la volonté des Russes de s'engager de façon irréversible en faveur du procédé SECAM, la Conférence de Vienne devait contribuer à dissiper leurs appréhensions. En effet, dans l'atmosphère de crise qui a entouré les débats de la Conférence, les délégations française et soviétique ont étroitement concerté leur action, et le front uni présenté par les partisans du SECAM a contrasté avec l'improvisation des alliances dans le camp de ses adversaires. Ce premier test de la coopération entre les deux pays est donc satisfaisant et Moscou, tout comme nous, s'en félicite[200].

Bereits am 29. April 1965 reiste François Laboulaye in Begleitung des ORTF-Chefingenieurs Louis Goussot nach Moskau, um dort mit den Genossen Gwischiani und Roudniev alle nötigen Vorbereitungen für die erste Zusammenkunft der Commission Mixte zu treffen. Beide Seiten benannten ihre Delegationsmitglieder, stellten einen provisorischen Arbeitsplan auf, werteten die Ergebnisse der Wiener Konferenz in einem offenen Meinungsaustausch aus und diskutierten anschließend über die weiteren Schritte, die in gemeinsamem Interesse zur Förderung des SECAM-Systems unternommen werden müßten. Besondere Aufmerksamkeit wurde dabei der »deutschen Frage« gewidmet. Was die DDR angehe, so Gwischiani, werde die sowjetische Regierung alle notwendigen Schritte unternehmen, »pour que les autorités de Bonn n'aient plus aucun doute sur la détermination de celles de Berlin«[201]! Eine ähnliche Aktivität, so der Vizepräsident des Komitees für Koordinierung der Wissenschaft und Technik in der Sowjetunion, erwarte man auch von den französischen Behörden[202].

Bereits vierzehn Tage später (10.–12. Mai) trat die Commission mixte in Moskau zum ersten Mal zusammen. Nachdem sich die Kommission offiziell

200 »Note sur la Coopération franco-soviétique dans le domaine de la télévision en couleurs«, verfaßt von der Abteilung »Direction des Affaires Économiques et Financières« des Quai d'Orsay, Paris, 22.04.1965, 5 maschinegeschriebene Seiten, S. 4, in: Archives du MAE, Affaires Économiques et Financières, Affaires Générales, Nr. 219a.

201 »Note des conversations MM. de Laboulaye et Goussot avec MM. Roudniev et Gvishiani, les Jeudi 29 et Vendredi 30 avril 1965«, Paris, 3.05.1965, 6 maschinegeschriebene Seiten, hier S. 4, in: Archives du MAE, Affaires Économiques et Financières, Affaires Générales, Nr. 219a.

202 Laboulaye schlug daraufhin vor, eine Delegation von Fernsehtechnikern aus der DDR nach Paris einzuladen, damit diese zusammen mit Fachleuten der ORTF das SECAM-System studieren könnten. Außerdem werde die CFT in Kürze eine industrielle Mission in die DDR unternehmen. »M. Gvishiani a déclaré que ces deux mesures lui paraissaient judicieuses et suffisantes«. »Note des conversations MM. de Laboulaye et Goussot avec MM. Roudniev et Gvishiani«, S. 5, in: ibid.

konstitutiert und man sich auf alle Formalitäten der Arbeitsweise geeinigt hatte, fand noch am Abend des 10. Mai eine erste Arbeitssitzung statt. Waren die ersten Tagesordnungspunkte rein technischer Natur, kam es am Nachmittag des 11. Mai zur Analyse des Wiener Konferenzergebnisses und zur Festlegung des weiteren strategischen Vorgehens.

Der französische Delegationsleiter Laboulaye definierte ein 4 Punkte-Programm, das folgendermaßen aussah: 1. Da das SECAM-System in Wien eine deutliche Stimmenmehrheit erhalten habe, sei es nicht notwendig, die CCIR-Vollversammlung in Oslo abzuwarten, da sich an der technischen Ausgangslage sowieso nichts ändern werde. »De ce point de vue« so Laboulaye, »Oslo ne changera rien à ce qui a été dit à Vienne. Nous sommes donc justifiés à ne pas attendre une nouvelle délibération du CCIR. Seul le SECAM peut faire l'unanimité«[203]. 2. Eine Analyse dieser SECAM-Mehrheit ergebe, daß sich in dieser Gruppe Länder mit unterschiedlichem technisch-industriellen Entwicklungsstand befänden. Aus diesem Grunde müsse daran gearbeitet werden, enge industrielle und informelle Kontakte zwischen allen SECAM-Befürwortern herzustellen. 3. Die vorhandene SECAM-Mehrheit müsse weiter ausgebaut werden. Dies bedeute: »Rallier les hésitants; convertir les partisans des autres systèmes«[204]! Zu den »Zögernden« zählte Laboulaye Belgien, Finnland, Jugoslawien und die Türkei. Jedes dieser Länder müsse man einzeln für SECAM gewinnen, indem man politischen oder industriellen Druck ausübe – »ou les deux simultanément«! 4. Schließlich müsse man versuchen, auch außerhalb Europas Verbündete für SECAM zu gewinnen. Laboulaye dachte hier vor allem an den Mittleren Osten sowie afrikanische und südamerikanische Länder. Zusammenfassend erklärte Laboulaye: »En d'autres termes, il faut prouver le mouvement en marchant«[205]. Mit diesem kämpferischen Pathos endete die erste Sitzung der Commission Mixte, und beide Seiten gratulierten sich gegenseitig für diesen gelungenen Auftakt einer ohne Zweifel zukunftsreichen Zusammenarbeit.

Nur einen Tag später wurden zwei Ingenieure der ORTF und der Generalsekretär der FNIE in Moskau zu ihrer großen Überraschung zu einer Demonstration eingeladen, bei der sowjetische Fernsehtechniker ein Farbfernsehsystem namens NIR präsentierten, benannt nach dem sowjetischen Komitee für Koordinierung der Wissenschaft und Technik (KNIR)[206]. Zwar hatten die

203 »Commission Mixte Franco-Soviétique sur la télévision en couleurs. Compte rendu de la première réunion«, 14 maschinegeschriebene Seiten, hier S. 11, in: Archives du CHTV/INA, Nachlaß Michel Dubail.

204 Ibid. S. 12.

205 Ibid.

206 Das NIR-System verwendete die selben Modulationsprinzipien wie das NTSC- oder PAL-System, nämlich das Prinzip der Quadratur-Amplituden-Modulation. Während aber beim NTSC-System in jeder Zeile der Farbvektor (F) übertragen wird, dieser beim PAL-System zeilenweise abwechselnd mit dem spiegelsymmetrischen Farbvektor F' übertragen wird, wird beim NIR-Sy-

französischen Ingenieure keine Gelegenheit, Näheres über das sowjetische System zu erfahren, doch konnten sie selbst bei flüchtigem Blick feststellen, daß dieses System deutliche Unterschiede zum SECAM-System der CFT aufwies. Doch soviel stand fest: Die Aufgabe der im SECAM benutzten Frequenzmodulation des Farbhilfsträgers zugunsten der beim NTSC oder PAL benutzten Amplitudenmodulation machte es mehr als fraglich, ob man noch von einem System »basé sur le procédé SECAM et de son standard« sprechen konnte.

Auch wenn der wissenschaftliche Berater der sowjetischen Botschaft in Paris, Nederoub, sich Anfang Juli alle Mühe gab, den Präsidenten der FRANTECO davon zu überzeugen, daß es sich beim NIR-System durchaus um eine SECAMVariante im Sinne des französisch-sowjetischen Abkommens handele, war die Verwirrung in den politischen Kreisen groß[207]. Zum einen fühlte sich die französische Seite in gewisser Weise »übers Ohr gehauen« und empfand die NIR-Initiative als Vertrauensbruch, auch wenn – wie eine kritische Lektüre des Textes des französisch-sowjetischen Abkommens eindeutig ergab – die Formulierungen des Abkommens sprachlich so vage waren, daß eine juristische Vertragsverletzung sehr schwer nachzuweisen war. Zum anderen war man vor allem im politischen Lager erstaunt, daß die bislang von den Technikern immer als unmöglich bezeichnete »Fusion« zwischen dem PAL- und dem SECAM-System nun in Form des NIR-Systems doch Realität geworden zu sein schien.

Leider kann über die Motivation der sowjetischen Seite nur spekuliert werden, da keine direkten Überlieferungen aus sowjetischen Archiven eingesehen werden konnten. Allerdings lassen sich Grundzüge der sowjetischen Strategie indirekt über Bestände aus den Archiven der DDR rekonstruieren. Glaubt man der Darstellungen des Stellvertreters des Ministers für Post- und Fernmeldewesen der DDR, Genosse Probst, der in einem Schreiben seinen Minister (Schulze) über eine Aussprache mit Gwishiani vom 3. Juni 1965 über Fragen der sowjetisch-ostdeutschen Zusammenarbeit auf dem Gebiet des Farbfernsehens berichtete, so war Gwishiani selbst von der NIR-Initiative

stem zeilenweise abwechselnd der Farbvektor F und ein Farbvektor F'' gesendet, der mit der (B-Y)-Richtung zusammenfällt und als Vektor für die Referenzphase Null dient. Er überträgt damit im Unterschied zum NTSC- oder PAL-System nicht den Farbton, sondern nur die Farbsättigung. Auf der Empfängerseite wird mit Hilfe einer Verzögerungsleitung die Gleichzeitigkeit der beiden Farbartinformationen wieder hergestellt. Gegenüber den nichtlinearen Phasenfehlern hatte das NIR-System demnach die gleichen Vorteile wie das PAL-Verfahren. Bei Reflexionserscheinungen sowie sinusförmigen Störungen war das NIR-System jedoch störanfälliger und führte zum Phänomen der so genannten »farbigen Ränder«. Auch musste die verwendete Verzögerungsleitung zwei- bis dreimal so genau sein wie beim PAL-System.

207 »Note sur la télévision en couleurs« de Philippe Olivier, Ministère de l'Information, Paris, 2. September 1965, 21 Seiten, hier S. 7f., in: Archives du MAE, Affaires Économiques et Financières, Affaires Générales, Nr. 220c.

der sowjetischen Fernsehtechniker überrascht worden. Probst berichtet: »Genosse Gwishiani äußerte dazu, daß die Franzosen objektiv im Recht seien [daß es sich beim NIR nicht um eine Weiterentwicklung von SECAM in Sinne des französisch-sowjetischen Farbfernsehvertrages handele, A.d.V.] [...] Die entstandene komplizierte Situation beruhe auf dem unklugen und untaktischen Vorgehen einiger sowjetischer Wissenschaftler. [...] Genosse Gwishiani erklärte weiter, daß er möglichst bald mit den französischen Vertretern Kontakt aufnehmen würde, um die entstandenen Komplikationen zu bereinigen«[208].

Schon Ende Mai war eine DDR-Delegation bestehend aus Fernsehtechnikern und Beamten des Ministeriums für Post- und Fernmeldewesens in Moskau gewesen, um eine gemeinsame ostdeutsch-sowjetische Strategie für die anstehenden Verhandlungen der DDR mit der CFT über eine mögliche Übernahme des SECAM-Systems auszuarbeiten[209]. Nachdem man in Moskau beschlossen hatte, das Thema Farbfernsehen in den »Vertrag zwischen den Regierungen der UdSSR und der DDR über die Erweiterung und Vertiefung der wissenschaftlich-technischen Zusammenarbeit zwischen beiden Ländern auf einigen wichtigen Zweigen der Wissenschaft und Technik« aufzunehmen, war zwei Mitarbeitern des Rundfunk- und Fernsehtechnischen Zentralamtes auch das NIR-System vorgeführt worden[210].

Wie sich später zeigen sollte, funktionierte auch die sowjetisch-ostdeutsche Kooperation auf dem Gebiet des Farbfernsehens auf dem Papier wesentlich reibungsloser als in der Realität. Der Probst-Bericht über das Treffen mit Gwishiani ist aber aus einem anderen Grund von Interesse, da er auf eine Tatsache hinweist, die in der kommenden Schilderung der »NIR-Debatte« immer

208 »Information über eine Aussprache zwischen dem Stellvertreter des Ministers für Post- und Fernmeldewesen, Genosse Probst, und dem Stellvertreter des Vorsitzenden des Staatlichen Komitees für die Koordinierung der Forschungsarbeiten der UdSSR, Genosse Gwishiani, am 3.6.1965 von 18:30 bis 20:30«, Berlin, 4.6.1965, in: Bundesarchiv Coswig, Signatur DM 3/8290.

209 Bezüglich dieser Abstimmung heißt es im Bericht des Leiters der Abteilung Planung und Technik im Ministerium für Post- und Fernmeldewesen, Lipfert: »Bezüglich des taktischen Vorgehens wurde empfohlen, daß beide Seiten nach gemeinsam abgestimmten Richtlinien die Verhandlungen mit Frankreich führen. Dadurch soll erreicht werden, daß einerseits die UdSSR im Rahmen der Interessen der DDR auf Frankreich Einfluß nehmen kann, andererseits aber verhindert wird, daß Frankreich mit beiden Staaten Abkommen zu unterschiedlichen Bedingungen abschließt«. Bericht von Lipfert, Leiter der Abteilung Planung und Technik im Ministerium für Post- und Fernmeldewesen, über Reise nach Moskau bez. Zusammenarbeit auf dem Gebiet des Farbfernsehens, Berlin, 2.6.1965, 12 maschinegeschriebene Seiten, in: Bundesarchiv Coswig, Signatur DM 3/8290.

210 Bericht von Probst an Schulze, Berlin, 25.6.1965, über die Beratungen vom 26.-31.05.1965 in Moskau zur »Prüfung der Möglichkeiten der wissenschaftlich-technischen Zusammenarbeit auf dem Gebiet des Farbfernsehens zwischen der DDR und der UdSSR«, in: Bundesarchiv Coswig, Signatur DM 3/8290.

wieder auftauchen wird: die unterschiedlichen Interessen von politischen und technisch-wissenschaftlichen Entscheidungsträgern in der Endphase der europäischen Farbfernsehdiskussion. Je näher das Datum der CCIR-Vollversammlung von Oslo im Juli 1966 rückte – der letzten Gelegenheit zur Realisierung eines einheitlichen europäischen Farbfernsehstandards –, desto intensiver wurden die Bemühungen derjenigen Akteure und Institutionen, die diese Einigung unter allen Umständen erreichen wollten. Zu dieser Gruppe zählten vor allen Dingen die Techniker und Ingenieure der nationalen Rundfunkanstalten, da genau ihre Institutionen waren, die am unmittelbarsten mit dem technischen Mehraufwand und den finanziellen Belastungen konfrontiert wurden, die die Einführung unterschiedlicher Farbnormen bedeutete.

Obschon man auf französischer Seite alle Anstrengungen unternahm, ein Bekanntwerden der sowjetischen Entwicklung zu verhindern, sprach sich das NIR-System wie ein Lauffeuer in den europäischen Technikerkreisen herum. Wie das bereits wiedergegebene Zitat des BBC-Chefingenieurs McLean – »a rumour is going round«[211] – beweist, kursierten die Gerüchte über das neue System bereits Anfang Juni in den Farbfernsehgremien der EBU und CCIR. McLean selber entfaltete in den folgenden Monaten eine ungeheure Aktivität, um das als potentielle europäische Kompromißlösung im Raum schwebende NIR-System systematisch zu untersuchen und es so für die anstehende CCIR-Diskussion als europäische Alternative »hoffähig« zu machen. McLeans öffentlich bekundetes Interesse am NIR-System während der Tagung der EBU ad-hoc-Kommission in Hannover am 2. und 3. Juni brachten ihm sogar eine Rüge vom General Post Office ein, das ihn höflich aber bestimmt darauf hinwies, daß er auf den EBU-Tagungen die Interessen der britischen Regierung, nicht die der BBC zu vertreten habe! Der Direktor des Radio Services im General Post Office, Lillicrap, hoffte zumindest, daß seine Intervention bei McLean nicht ohne Folgen bleiben werde: »Perhaps my comments will not be without effect for the future«[212]. Allerdings machte sich McLean wenig aus diesen politischen Einmischungen und entwickelte sich bis zur Osloer Konferenz zum zentralen Akteur der Informations- und Werbearbeit für das NIR-System. Bevor diese Aktivitäten aber näher beschrieben werden, muß zuerst ein Blick auf die Reaktionen der Franzosen geworfen werden, deren Strategie durch das Erscheinen des NIR-Systems ernsthaft gefährdet zu sein schien.

211 Am 2. und 3. Juni tagte die EBU ad-hoc-Kommission in Hannover. Hier hatte BBC Chefingenieur Francis McLean die Gerüchte eines sowjetischen Systems aufgeschnappt und sich daraufhin an die britische Botschaft in Moskau gewandt, um nähere Informationen zu diesem System erhalten zu können. Siehe Brief von McLean (BBC) an Garrett (britische Botschaft Moskau), London, 9.06.1965, in: PRO, Signatur HF 10/3.

212 Brief von Lillicrap (GPO) an Merriman, Deputy Engineer-in-Chief, London, 5.07.1965, in: PRO, Signatur HO 256/387.

Während der Monate Juni, Juli und August versuchte man im Informationsministerium einzuschätzen, welches die politischen und technisch-industriellen Konsequenzen waren, die mit dem Erscheinen des NIR-Systems verbunden waren. Dabei waren die Meinungen und Ratschläge, die sich Informationsminister Alain Peyrefitte von seiten des Außenministeriums und der ORTF einholte, durchaus wenig ermunternd. Sowohl das Quai d'Orsay als auch das »Office« machten aus ihrer Zuneigung für das NIR-System als potentieller europäischer Einheitslösung keinen Hehl. So scheute sich Olivier Wormser in seiner Eigenschaft als Direktor der Finanzabteilung des Quai d'Orsay in einem Brief an Peyrefitte nicht davor, vor den Folgen einer erneuten europäischen Isolation Frankreichs zu warnen: »Au point où en sont les choses, la question me paraît être la suivante: le Gouvernement Français veut-il adopter, en matière de télévision en couleurs, un procédé technique que les autres pays de l'Europe occidentale n'adopteront très vraisemblablement pas? Veut-il, dans ce domaine, répéter l'expérience déjà faite en matière de télévision en blanc et noir«[213]? Die französische Regierung, so Wormser weiter, müsse in seinen Augen eine definitive Wahl treffen. Entweder müsse sie die Durchsetzung des SECAM-Systems mit allen politischen und wirtschaftlichen Mitteln und entsprechenden Konsequenzen vorantreiben, oder die Herbeiführung eines einheitlichen europäischen Standards unterstützen, was für Wormser gleichbedeutend mit der Aufgabe des SECAM-Systems zugunsten der PAL- oder NIR-Variante war.

Auch die Ingenieure der ORTF zeigten ein lebhaftes Interesse an der sowjetischen Systemvariante, auch wenn sie dieses Interesse gegenüber dem Informationsministerium offiziell nicht zum Ausdruck bringen durften! Hinter verschlossenen Türen, so bezeugen zahlreiche ORTF-Ingenieure in Interviews, wurde fleißig mit dem NIR-System experimentiert[214]. Trotz dieser versteckten Aktivitäten setzte sich letztlich der ursprünglich anvisierte politische Kurs durch. Nicht zuletzt deshalb, weil sich de Gaulle im Juli massiv für eine aktivere Rolle der französischen Politik in der SECAM-Frage stark machte. In einer Gesprächsnotiz vom 21. Juli notierte Alain Peyrefitte: »Le Général de Gaulle a déclaré: ›Ne vous laissez pas endormir pour la télévision en couleur. Rien ne s'est fait depuis plusieurs mois. On ne marque pas le progrès que l'on devrait marquer. Il faudra que vous en parliez au Conseil le moment venu‹. Et il a ajouté: ›Ne vous laissez pas faire par les Allemands‹«[215].

213 Brief von Olivier Wormser an Alain Peyrefitte, Paris, 18.08.1965, 4 maschinegeschriebene Seiten, in: Archives du MAE, Affaires Économiques et Financières, Affaires Générales, Nr. 220c.

214 Siehe Interviews mit Claude Mercier, Jean-Jacques Matras, Jacques Fagot, in: Archives du CHTV/INA sowie die Interviews des Autors mit Jacques Fagot, Gérard Melchior, Yves Angel und Louis Goussot.

215 Note von Alain Peyrefitte an Jean-Jacques de Bresson, Paris, 21.07.1965, in: Archives du MAE, Affaires Économiques et Financières, Affaires Générales, Nr. 220c.

Am 3. September beschloß die französische Regierung in einer Kabinettssitzung, daß man gemäß dem französisch-sowjetischen Farbfernsehabkommen alles daran setzen solle, das französische SECAM-System mit Hilfe der Sowjetunion bei einer größtmöglichen Zahl von Ländern als Farbfernsehwahl durchzusetzen. Zudem beschloß die Regierung, der CSF einen Kredit von 70 Millionen französischen Franken zu gewähren, damit sie entsprechende Entwicklungs- und Werbeaktivitäten entfalten konnte[216]. Um den französisch-sowjetischen Farbfernsehvertrag gemäß seiner Bestimmungen zu erfüllen, so schrieb Alain Peyrefitte an François Laboulaye, müsse man die wahren Hintergründe der sowjetischen NIR-Initiative ergründen, um so entsprechenden politischen Druck auf die Sowjetunion ausüben zu können[217].

Obwohl sich de Gaulle zufrieden über den Kabinettsbeschluß vom 3. September zeigte, vermutete er, daß man im Quai d'Orsay die SECAM-Angelegenheit nicht mit dem politischen Elan verfolgte, der in seinen Augen angemessen gewesen wäre[218]. Am 7. September unterrichtete Peyrefitte seinen Kabinettschef Jean-Jacques de Bresson über ein Gespräch, in dem er den General über den Kabinettsbeschluß informiert habe: »Il [de Gaulle, A.d.V.] approuve qu'on ait écarté l'idée de s'entendre avec le PAL. Il se méfie d'une tentation qu'éprouveraient, selon lui, M. de Laboulaye et les Services de l'ORTF, de se mettre d'accord avec les Allemands pour assurer une fallacieuse unité occidentale, à laquelle, pour sa part, il ne croit pas et où il voit

216 Brief von Alain Peyrefitte an Jacques Bernard Dupont, Generaldirektor der ORTF, Paris, 8.09.1965, in: ibid. In diesem Brief unterrichtet Peyrefitte Dupont von der Entscheidung der Regierung und empfiehlt diesem im Anschrieben, »de vous inspirer des indications contenues dans ce document«. Dies könnte, so die Vermutung des Autors, als Anspielung auf die in den Augen des Informationsministers zu zaghafte Unterstützung des SECAM-Systems seitens der ORTF interpretiert werden.

217 Brief von Alain Peyrefitte an François Laboulaye: »Instructions relatives à des missions à accomplir en URSS et en Italie«, Paris, ohne Datum (wahrscheinlich 8.09.1965), 5 maschinegeschriebene Seiten, in: ibid.

218 De Gaulle klagte in einem Gespräch mit Peyrefitte am 23.09.1965 darüber, daß man nun endlich die Widerstände in eigenen Lager überwinden müsse, um die SECAM-Angelegenheit zu einem erfolgreichen Ende zu führen: »Dans tout ça, on ne s'est pas débarrassé des arrière-pensées. Il y a celles des électroniciens. Du fait que la CSF, Ponte et de France ont un procédé, les concurrents sont contre, automatiquement, d'instinct. [...] Et puis, il y a les arrière-pensées du Quai d'Orsay, qui cherche toujours l'arrangement, par définition. Il n'a jamais fait que ça de sa vie. L'intérêt national, pour lui, est toujours secondaire. [...] Il y a même des arrière-pensées dans l'ORTF. Car, pour lui, le plus facile [le plus important?, A.d.V.], c'est l'échange des programmes. [...] Tout ça fait que cette affaire importante au point de vue national, faire triompher un procédé français et le faire adopter par l'Europe, ou tout au moins par une large partie de l'Europe, de préférence à un autre, se dilue dans l'esprit de beaucoup. On n'y va pas carrément«. Zitiert nach Peyrefitte: C'était de Gaulle, Bd. 2, S. 541.

surtout le moyen pour l'Amérique de nous dominer. Il estime indispensable d'aller de l'avant avec les Russes«[219].

Verantwortlich für die schleppenden Fortschritte machte de Gaulle vor allem den Ministre plénipotentiaire und FRANTECO-Chef François de Laboulaye. Bevor dieser von Peyrefitte als SECAM-Minister eingesetzt wurde, war Laboulaye als »Chargé d'Affaires« in Diensten des Quai d'Orsay in Moskau tätig gewesen. In den Augen de Gaulles fühlte sich Laboulaye aus diesem Grunde noch immer dem »falschen« Denken des Quai d'Orsay verpflichtet, das darin bestand, eine Kompromißlösung zu finden. De Gaulle setzte sich aus diesem Grund Mitte September 1965 energisch dafür ein, daß Laboulaye augenblicklich von seinen Funktionen entlassen werde[220]. In einem Telegramm an Außenminister Couve de Murville, der gerade an der Generalversammlung der UNO in New York teilnahm, berichtete Peyrefitte diesem von der Entschlossenheit de Gaulles, die SECAM-Angelegenheit mit neuem Schwung und neuem Personal anzugehen:

> Comme vous le savez, le Général de Gaulle avait, voici quelques jours, très nettement indiqué au Premier Ministre qu'il était opposé à l'envoi en mission à Moscou de François Laboulaye. [...] Le Chef de l'État est visiblement convaincu que toutes les administrations intéressées au problème de la télévision en couleur souhaitent au fond d'elles-mêmes qu'une fusion, sous une forme ou sous une autre, intervienne entre les procédés SECAM et PAL [...][221].

Allerdings, so Peyrefitte weiter, habe er Laboulaye noch nichts von dieser Entscheidung de Gaulles mitgeteilt. Vielleicht könne der Außenminister diese Frage nach seiner Rückkehr in die Hand nehmen – »il reste à trouver la formule qui permettra de dégager notre collègue de ses obligations sans le blesser ou le vexer inutilement«[222]! Als mögliche Nachfolger für Laboulaye hatte Peyrefitte unter anderem Olivier Wormser, den Polytechniker Chesson sowie seinen technischen Berater im Kabinett, Jacques Thibau, ins Auge gefaßt. Da Wormser – wie gesehen – aus seiner Reserviertheit gegenüber der SECAM-Politik des Generals kein Geheimnis machte, kam dieser für Peyrefitte nicht mehr für diesen Posten in Frage. Dagegen waren sich Couve de Murville und Peyrefitte darin einig, daß sich der Polytechniker Chesson wegen seiner doppelten Ausbildung als Diplomat und Ingenieur auf besondere Weise für diesen Posten eigne, da ihm weder die Ingenieure der ORTF noch

219 Note von Alain Peyrefitte an de Bresson, Paris, 7.09.1965, in: Archives du MAE, Affaires Économiques et Financières, Affaires Générales, Nr. 220c.

220 Seinem Informationsminister machte de Gaulle in deutlichen Worten klar, daß er wünsche, »que François Laboulaye fût immédiatement et totalement déchargé des responsabilités qui lui avaient été confiées en la matière.« Dieses berichtete Informationsminister Peyrefitte dem Außenminister Couve de Murville in einem Telegramm. In: Archives du MAE, Affaires Économiques et Financières, Affaires Générales, Nr. 220c.

221 Ibid.

222 Ibid.

die der CFT etwas vormachen könnten[223]! Aus welchen Gründen letztlich Jacques Thibau als Nachfolger von François Laboulaye bestimmt wurde, konnte aus den Quellen nicht rekonstruiert werden[224].

Die von de Gaulle angesprochene Mission nach Moskau zielte darauf, daß sich einige Ingenieure der ORTF ein detaillierteres Bild vom NIR-System machen sollten. Damit ein von politischen Beziehungen unabhängiges Urteil möglich wurde, schickte CSF-Generaldirektor Maurice Ponte seinen Technischen Direktor, Jacques Fagot, wenige Tage vor der ORTF-Mission ebenfalls nach Moskau. Vom 23. bis 29. September hatte Fagot die Gelegenheit, die technischen Details des NIR-Systems in Moskau zu studieren[225]. Fagots Bericht blieb jedoch nicht lange geheim. Bereits einen Tag nach seiner Rückkehr besuchte er die Ingenieure der ORTF, die wenige Tage später zu ihrer Mission aufbrechen sollten. Aus technischer Sicht lautete Fagots vorsichtiges Urteil, daß das NIR-System in einigen Bereichen durchaus Verbesserungen gegenüber dem SECAM-System vorweisen konnte, Fragen wie magnetische Aufzeichungsmöglichkeiten oder die Definition der geforderten Exaktheit der benötigten Verzögerungsleitung hingegen noch völlig im Dunkeln geblieben waren. Insgesamt schätzte Fagot, und dies war von zentralem Interesse für Maurice Ponte und die politischen Stellen, daß die Sowjets durchaus ernsthafte Ambitionen mit dem NIR-System verfolgten. War die Entwicklung des NIR-Systems bislang als reine Ambition einer kleinen Technikergruppe angesehen worden, zeigten – so Fagot – nun auch die politischen Funktionäre des KNIR mehr und mehr Interesse am NIR-System[226].

223 In einem Bericht über ein Gespräch zwischen Peyrefitte und Couve de Murville heißt es: »[...] Je [Peyrefitte] lui [Couve] indique que, polytechnicien, et admis à Normale Sciences, Chesson est en mesure de ne pas s'en laisser conter par les techniciens, soit de l'ORTF, soit de la CSF. Il [Couve] vérifie aussitôt cette origine dans l'annuaire et admet que de pareils titres, uniques dans la carrière diplomatique depuis la mort de Paris, font de lui un candidat tout désigné à la succession de Laboulaye«. Dieses Zitat verdeutlicht auf prägnante Weise das Elitedenken in der französischen Personalpolitik, so wie es von Pierre Bourdieu in seiner Studie »La noblesse d'État« untersucht worden ist. Siehe »Note pour M. de Bresson sur la conversation avec M. Couve de Murville le mardi 19 octobre 1965« von Alain Peyrefitte, Paris, 22.10.1965, in: Archives du MAE, Affaires Économiques et Financières, Affaires Générales, Nr. 220c.

224 In einer Gesprächsnotiz heißt es über Thibau: »J'explique à Couve l'intérêt qui s'attache au maintien de la cellule FRANTECO et, tout en chargeant Thibau de s'occuper de plus en plus de la télévision en couleur, je ne crois pas possible de ne pas donner de successeur à Laboulaye.« Siehe »Note pour M. de Bresson sur la conversation avec M. Couve de Murville le mardi 19 octobre 1965« von Alain Peyrefitte, Paris, 22.10.1965, in: Ibid.

225 Ein ausführlicher, 12seitiger Reisebericht von Fagot findet sich in: Archives du CHTV/INA, Nachlaße Michel Dubail.

226 »M. Fagot est convaincu que les Russes tiennent plus que jamais au NIR. Il s'est rendu compte que les fontionnaires du KNIR, neutres jusque là, ont maintenant tourné casaque et pris position en faveur du NIR.« So der Bericht des ORTF-Ingenieurs Jean-Jacques Matras an Jacques Thibau, Paris, 30.09.1965, in: Archives du MAE, Affaires Économiques et Financières, Affaires Générales, Nr. 220c.

Genau diese Einschätzung beunruhigte CSF-Chef Maurice Ponte, der davor warnte, die Russen nun politisch unter Druck zu setzen, indem man sie vor die Wahl stelle: entweder SECAM (CSF) oder NIR. Der Grund für Pontes Beunruhigung war selbstverständlich, daß er um die erfolgreiche Abwicklung der im Anhang zum französisch-sowjetischen Farbfernsehvertrag vereinbarten Geschäfte mit den Russen fürchtete[227]. Am 2. Oktober fand auch im Informationsministerium eine Auswertung der Fagot-Reise statt. CFT-Generaldirektor Henri Peyroles berichtete Kabinettschef Jean-Jacques de Bresson in einem langen Gespräch über die Eindrücke, die Fagot in Moskau hatte sammeln können. Peyroles wies erneut auf die aus Sicht der CSF sehr kritische Situation hin und brachte den Wunsch zum Ausdruck, »qu'on lui [Maurice Ponte, A.d.V.] laisse le temps d'achever la négociation de ses contrats industriels avant que la discussion ne soit, sur le plan français, portée sur un plan politico-industriel«[228]. Damit man die sowjetische Seite aber nicht vor den Kopf stoße, so Peyroles, müsse man ihnen ersthaftes Interesse am NIR-System vorspielen und sowjetische Techniker zu diesem Zweck nach Paris einladen:

La position de M. Ponte est au fond la suivante: Il faut accepter d'examiner le NIR pour ne pas braquer les Russes et risquer de faire échouer les négociations industrielles CSF/KNIR; cet examen doit viser à démolir le NIR, c'est-à-dire à prouver aux soviétiques que le NIR ›c'est un PAL qui n'ose avouer son nom‹. Mais il faut le démolir ›gentiment‹, de façon à aider les milieux soviétiques qui, dans cette affaire, sont pour le SECAM, par exemple M. Gvichiani; [...] plus on gagne du temps, moins les soviétiques seront en mesure de tenir la date de l'automne 1967 pour faire démarrer la télévision en couleur[229].

Diese Ausführungen machen klar, daß sich die strategischen Interessen der Industrie bzw. der CSF/CFT deutlich von denen der politischen Institutionen, allen voran von denen des Informationsministeriums und de Gaulles, unterschieden. Während der Kabinettsbeschluß vom 3. September die Weisung zu einer verstärkten politischen Offensive zur Durchsetzung des SECAM-Systems erteilt hatte, plädierte Ponte zu politischer Zurückhaltung, um seine industriellen Vertragsabschlüsse nicht zu gefährden. Pontes Situation wurde dadurch erschwert, daß die CSF insgesamt in einer kritischen finanziellen Lage war, die es dem Unternehmen unmöglich machte, weitere finanzielle Risiken

227 »M. Ponte observe que les Russes exercent sur lui un chantage: ›si vous n'acceptez pas le NIR, vous n'aurez pas vos accords industriels‹. M. Ponte n'a pas caché à M. Matras que la conclusion de ces accords industriels ›le préoccupait plus que tout‹». Siehe »Note pour le Ministre a.s. communication de M. Matras sur son entretien du 30. septembre avec M. Fagot«, angefertigt von Philippe Olivier, Paris, 30. September 1965, in: Ibid.

228 Bericht über das Gespräch zwischen Jean-Jacques de Bresson und Henri Peryroles vom 2.10.1965, Paris, 13. Oktober, 5 maschinegeschriebene Seiten, in: ibid, hier S. 2.

229 Ibid. S. 3.

bezüglich SECAM auf sich zu nehmen[230]. Bereits im August 1965 wurden daher Gespräche zwischen Ponte und dem französischen Selfmade-Millionär Floirat aufgenommen[231], der sich an einem Einstieg in das Farbfernsehgeschäft interessiert gezeigt hatte[232]. Erschwerend kam hinzu, daß die ORTF-Ingenieure nach ihrem Besuch in Moskau die Chance witterten, das NIR-System wegen seiner Zwitterstellung – ein bißchen PAL (Amplitudenmodulation), ein bißchen SECAM (Verzögerungsleitung) – als europäische Kompromißlösung hoffähig machen zu können.

Während ihrer Moskau-Reise Anfang Oktober 1965 hatten die ORTF-Ingenieure ohne Abstimmung mit dem Informationsministerium den »Erfinder« des sowjetischen NIR-Systems, Prof. Tesler, nach Paris eingeladen, um dort eine ausführliche Demonstration des Systems zu machen. Dieser Besuch soll-

230 Die hohen Verluste, die die CSF in den Jahren 1965 und 1966 einfahren sollte, führten 1967 sogar dazu, daß Ponte seinen Posten als Generaldirektor der CSF aufgrund des Druckes einer jüngeren Gruppe innerhalb des Managements von CSF und unter Führung der Banque de Paris et des Pays Bas (die mit 30% an der CSF beteiligt war) aufgeben mußte. Siehe Aktennotiz von Dr. Felix Herriger über eine Besprechung mit Botschafter a.D. Freiherr von Welck, Ulm, 16.08.1967, in: AEG-Telefunken-Archiv, Deutsches Technikmuseum Berlin, Signatur GS 7954. Von Welck vertrat seit April 1967 die Interessen der CSF in Deutschland und war aus diesem Grunde an den CSF/Telefunken-Verhandlungen über das »Nichtangriffs-Abkommen« beteiligt, das im Februar 1968 die Patentstreitigkeiten zwischen beiden Unternehmen friedlich regelte.

231 Zur Charakterisierung der Person Floirats heißt es in einer Notiz über eine Besprechung zwischen Dr. Eckert (Telefunken Frankreich) und M. Gruson (CSF) vom 4.3.1966 in Paris: »Der (baldige) dritte Gesellschafter der CFT, M. Floirat, scheint ein ausgesprochener Selfmademan zu sein. Er hat zuerst mit einer kleinen Karosseriefabrik angefangen, später eine Reihe von Transportunternehmen aufgekauft und mit dem daraus verdienten Geld aus Heeresbeständen in Indochina spottbillig Flugzeuge aufgekauft. Aus deren späterer Rückvermietung an die französische Regierung sind ihm Millioneneinnahmen zugeflossen, deren Transfer aus Indochina nach Frankreich ihm jedoch nur unter der Bedingung zugestanden wurde, daß er die damals illiquide Radio-France mit einem Teil des Geldes übernehme und stütze. Dies hat er getan, und eine der Tochtergesellschaften der Radio-France ist Europe 1. Die Vermutung, daß M. Floirat, dem auch die Flugzeugfabrik Breguet gehört, seine vitale Persönlichkeit in den Dienst der von de Gaulle geförderten SECAM-Sache stelle, um damit vermehrt Aufträge der französischen Regierung bei Breguet zu erreichen, wurde von M. Gruson für durchaus nicht abwegig gehalten.« In: AEG-Telefunken-Archiv, Deutsches Technikmuseum Berlin, Signatur GS 7954.

232 Alain Peyrefitte berichtete seinem Kabinettschef am 28.09.1965 über Gespräche, die er mit Floirat geführt habe. Floirat sage, daß Ponte das bisher von der CSF und Saint-Gobain in die CFT investierte Kapital auf 3 Milliarden alte Francs schätze. Ponte und Vogue (Chef Saint-Gobain) seien einverstanden, daß Floirat ein Drittel des Kapitals sowie den Vorsitz der CFT übernehme. Floirat sei bereit, neben der einen Milliarde (=1/3 des bisher investierten Kapitals) weitere hundert Millionen alte Francs »Eintrittsgeld« zu bezahlen. Außerdem verlangte Floirat von Peyrefitte (bzw. vom französischen Staat) Kredite in Höhe von 2 Milliarden alte Francs, um die SECAM-Aktivitäten entsprechend ausbauen zu können. Peyrefitte berichtet an dieser Stelle auch darüber, daß der französische Staat Ponte einen weiteren Kredit in Höhe von 3,5 Milliarden alte Francs gewähren werde, um die von der CSF erfundene neue Farbfernsehbildröhre produktionsreif zu machen. Siehe »Note pour M. Bresson«, Paris, 28.09.1965, in: Archives du MAE, Affaires Économiques et Financières, Affaires Générales, Nr. 220c.

te noch vor der nächsten Sitzung der Commission mixte stattfinden, die für den 22. November angesetzt worden war. Diese in den Augen des Informationsministeriums äußerst ungünstige Konstellation veranlaßte Alain Peyrefitte dazu, seinen sowjetischen Kollegen Gwishiani während seines Besuches in Paris am 20. November um eine Vertagung des zweiten Zusammentreffens der Commission mixte zu bitten, »notamment au fait que les techniciens soviétiques n'aient pu, jusqu'à présent, participer aux essais de la variante NIR du SECAM effectués dans les laboratoires de l'ORTF«[233]. Gwishiani war mit der Vertagung einverstanden und schlug vor, daß sich die Kommission Ende Dezember treffen sollte. Doch auch dieser Termin konnte nicht eingehalten werden, da ein anderes Ereignis die französische Lage erneut erschweren sollte.

Wie bereits erwähnt, verbreitete sich die Kunde eines neuen sowjetischen Farbfernsehsystems trotz der französischen Geheimhaltungsbemühungen in den entsprechenden Expertenkreisen sehr schnell. Als sich die Teilnehmer der EBU ad-hoc-Kommission vom 7. bis 9. Dezember 1965 in Rom trafen, um über die weiteren Fortschritte im Bereich der Farbfernsehtechnik zu beraten, war das sowjetische NIR-System zum inoffiziellen Haupttagungspunkt geworden. Besonders die Italiener und die BBC zeigten großes Interesse am NIR-System, doch gab die französische Delegation zu verstehen, daß man noch keine detaillierten Informationen preisgeben könne, da die Untersuchungen des NIR-Systems auch in Frankreich noch in vollem Gange seien. Im Tagungsbericht des BBC-Chefingenieurs McLean hieß es diesbezüglich:

> There was a very brief résumé to the meeting of the principles of the system, but the French would not in open meeting give any more particulars because they had not yet officially accepted it. In private however particulars give. [...] There is clearly a struggle going on in France. The CFT people are fighting for the conventional SECAM, but we were told that ORTF has made an official request to the French government that they should switch their support to the Russian proposal. [...] the RAI man said to me, did not this new Russian system represent the compromise for which we had all been looking[234]?

Ein Beobachter des britischen Postministeriums während der Tagung in Rom berichtete sogar, daß ihn der schwedische Delegationsleiter und Vorsitzende der Studiengruppe XI (Fernsehen), Erik Esping, darum gebeten habe, sich beim britischen Postminister dafür einzusetzen, die britische Entscheidung für das PAL-System noch herauszuzögern, da sich mit dem NIR-System eine

233 Telegramm von A. Jordan, Quai d'Orsay, an die französische Botschaft in Moskau, Paris, 23.11.1965, in: Archives du MAE, Affaires Économiques et Financières, Affaires Générales, Nr. 220d.

234 Siehe den von McLean verfassten »Report of the EBU ad hoc meeting in Rome«, in: PRO, Signatur: HO 256/387.

echte Chance für das Zustandebringen eines einheitlichen europäischen Standards eröffne[235].

Auf bundesdeutscher Seite, besonders bei Telefunken, wurde die französische Zurückhaltung als Scheitern der französisch-sowjetischen Beziehungen gedeutet. Gleichzeitig stand aber für Telefunken fest, daß das NIR-System wegen mangelhafter Möglichkeiten zur internationalen Untersuchung der technischen Parameter als ernsthafte Alternative in Oslo nicht auftauchen könne[236]. In Paris sorgte dieses internationale Interesse am NIR-System für Unbehagen, aber man war sich der Tatsache bewußt, daß eine Abweisung dieser Interessen nach den Gepflogenheiten internationaler Zusammenarbeit auf dem Gebiet der Rundfunktechnik kaum möglich sein würde[237]. Während die ORTF-Ingenieure dem NIR-System durch die Umbenennung in SECAM IV politisch den Rücken zu stärken versuchten, wurden im Informationsministerium die strategischen Konsequenzen durchgespielt, die ein offizielles Eintreten Frankreichs für das NIR-System haben könnte.

Während Außenminister Couve de Murville und der noch immer im Amt befindliche FRANTECO-Chef Laboulaye den Bericht der ORTF-Delegation aus Rom dahingehend deuteten, daß man in bilateralen Gesprächen mit Ländern wie der Bundesrepublik, der Schweiz, Italien und sogar Großbritannien versuchen sollte, dem NIR-System zum Durchbruch als neuem europäischen Standard zu verhelfen[238], fiel die Analyse des Ministerkollegen Peyrefitte an-

235 Brief von Clinch, General Post Office-observer at the EBU-Conference in Rome, 8.12.1965, in: PRO, Signatur: FO 371/181315, General Department, Akte GT 41/142.

236 In einem Vermerk von Dr. Freibüter vom Fernsehreferat des BPIA vom 1. Februar heißt es: »Trotz Befragens innerhalb der UER sind die Franzosen bislang nicht bereit gewesen, den zuständigen Ausschuß der UER über die russische SECAM-Variante zu informieren. Der Vorsitzende des zuständigen technischen Ausschusses, der auch in Wien bei der Tagung des CCIR die entsprechende Leitung hatte, der Schwede Esping, steht auf dem Standpunkt, daß in Oslo, wo die Entscheidung gefällt werden muß, nur über drei Systeme diskutiert werden kann (NTSC, SECAM, PAL), da ein viertes Verfahren dem Ausschuß bislang nicht zur Kenntnis gebracht worden ist. Würde das noch geschehen, so müßte dieses Verfahren erst geprüft werden. Eine Prüfung würde einige Jahre in Anspruch nehmen. So lange könnte die Entscheidung nicht hinausgeschoben werden. Die Entscheidung muß in diesem Sommer in Oslo fallen. Man ist sicher, daß die Entscheidung mit großer Mehrheit für PAL fallen wird«. In: Bundeszwischenarchiv Bonn, Signatur B 145/2864.

237 »Il me parait de plus en plus difficile de ne pas satisfaire la curiosité que manifestent les membres de l'UER à l'endroit des essais dont ils savent parfaitement qu'ils se déroulent à l'ORTF sur le procédé NIR-SECAM IV. Une telle attitude serait contraire aux usages, les ingénieurs des instituts de radio-télévision européens ayant depuis longtemps adopté le plus grand libéralisme quant aux échanges entre eux de renseignements techniques.« Siehe Note »Intérêt manifesté par les pays d'Europe occidentale pour le SECAM IV«, Paris, 6.01.1966, in: Archives du MAE, Affaires Économiques et Financières, Affaires Générales, Nr. 220d.

238 »Note pour M. de Bresson/a.s. télévision en couleurs«, Paris, 11.12.1965, in: ibid. Der ORTF-Ingenieur Jean-Jacques Matras erinnerte sich in einem Interview aus dem Jahre 1985 daran, daß Laboulaye dieses Eintreten nicht gut bekommen sei: »Il [Laboulaye] s'est révélé un par-

ders aus. Im Informationsministerium kam man zu dem Schluß, daß ein »Wechseln des Pferdes inmitten des Rennens«[239] aus industrieller wie aus politischer Sicht nur Nachteile mit sich bringen würde. In einer zehnseitigen Stellungnahme teilte man François Laboulaye und dem Quai d'Orsay mit, daß die ORTF-Ingenieure zwar festgestellt hätten, daß es sich beim NIR-System um eine SECAM-Variante handeln würde, es sich in Wirklichkeit jedoch um ein System »à mi-chemin entre le SECAM-CSF et le PAL« handele. Die Aufnahme von bilateralen Gesprächen würde daher mit Sicherheit als Schwächung der französischen Position aufgenommen werden. Außerdem bestünde die Gefahr, so die Einschätzung von Jean-Jacques de Bresson, daß es auf Seiten der SECAM-Gegner zu folgendem Kalkül kommen könnte: Wenn man in sich Frankreich für das NIR-System entschieden habe, das – daran ließen die Techniker keinen Zweifel – im Grunde mehr Verwandtschaft zum PAL-als zum SECAM-System aufweise, werde der nächste Schritt der PAL-Anhänger aus der Forderung bestehen, aus diesem Grunde doch gleich das NIR-System zugunsten des PAL-Systems aufzugeben[240]!

Ohne weiter auf die taktisch-strategischen Überlegungen eingehen zu können, stand die Handlungsanweisung für den neuen Leiter[241] der französischen Delegation bei der zweiten Sitzung der Commission mixte, Kabinettschef Jean-Jacques de Bresson, Mitte Januar 1965 fest: Weitere Untersuchung des NIR-Systems durch die technischen Experten beider Länder sollten stattfinden, aber keinenfalls sollte das französisch-sowjetischen Farbfernsehvertrag festgelegte Ziel aufgegeben werden, ein französisch-sowjetisches System »basé sur le procédé SECAM et de son standard« in beiden Ländern zur Ein-

tisan du SECAM IV [...] il avait une fonction importante au Quai d'Orsay, il a été aussitôt limogé«. Siehe Interview von Hélène Eck mit J.-J. Matras, September 1985, fünfseitige Transkription, in: Archives du CHTV/INA.

239 Im französischen Original heißt es »changer de cheval au milieu du gué«. Die komplizierte Abwägung der einzelnen Perspektiven (Vor- und Nachteile aus industrieller und politischer Perspektive) ist ausgiebig dokumentiert in der »Note a.s. de la Télévision en couleur« von Philippe Olivier für J.-J. de Bresson, Paris, 7.12.1965, 11 maschinegeschriebene Seiten, in: Archives du MAE, Affaires Économiques et Financières, Affaires Générales, Nr. 220d.

240 »Remarques sur la note du 10 décembre 1965 remise à M. le Ministre des Affaires Etrangères par le Président de FRANTECO«, verfaßt von Jean-Jacques de Bresson, Paris, 22.12.1965, 10 maschinegeschriebene Seiten, in: ibid.

241 Im Zuge der Kabinettsumstellung der Regierung Pompidou am 8. Januar 1966 wechselte Alain Peyrefitte auf den Posten des Wissenschaftsministers. Sein Nachfolger im Amt des Informationsministers wurde Yvon Bourges. Auf besonderen Wunsch von de Gaulle wurde Peyrefitte jedoch weiterhin mit allen Fragen des Farbfernsehens betraut. Peyrefittes Kabinettschef, Jean-Jacques de Bresson, wechselte auf den Posten des Directeur du Service Juridique im Außenministerium, blieb auf Wunsch von Peyrefitte jedoch ebenfalls mit den Farbfernsehfragen betraut. Nach den Unruhen im Mai 1968 und der damit verbundenen Krise der ORTF wurde de Bresson im Juli 1968 als enger Vertrauter von de Gaulle mit dem Posten des Generaldirektors der ORTF betraut, den er bis 1974 innehatte. Zu den politischen Einflüssen auf die Personalpolitik der RTF/ORTF unter de Gaulle siehe BOURDON, Histoire de la télévision sous de Gaulle.

führung zu bringen und – wenn möglich – als europäischen Standard durchzusetzen.

Mit genau diesen Empfehlungen gingen die beiden Delegationen nach der zweiten Sitzung der Commission mixte am 29. Januar 1966 auseinander. Es wurde eine Arbeitsgruppe gebildet, deren Aufgabe eine vertiefende Vergleichsuntersuchung der beiden Systemvarianten SECAM III und NIR – aus »political correctness« offiziell SECAM IV getauft – war[242], so daß auf der nächsten Sitzung der Kommission eine definitive Entscheidung getroffen werden konnte[243]. Vor allem die Ingenieure der ORTF bemühten sich in der Folgezeit das NIR-System experimentell so weit zu erforschen, daß es kritischen Nachfragen bezüglich seiner technischen Brauchbarkeit von seiten interessierter CCIR-Länder standhalten würde. Daß die ORTF-Aktivitäten gar nicht im Sinne der CSF waren, geht aus folgendem Zitat des ehemaligen Technischen Direktors der CSF, Jacques Fagot, hervor: »Les gens de l'ORTF ont travaillé le système russe énormément, parce qu'ils étaient persuadés qu'on pouvait arriver à une solution européenne sur cette variante russe. [...] La CSF a eu une peur bleue que si l'on préconise la variante russe on arrive au PAL«[244].

In der Zeit zwischen der zweiten und dritten Sitzung der Commission mixte (29. Januar bis 13. April 1966) sollte aber nicht nur in Frankreich und der Sowjetunion an der NIR-Variante geforscht werden. Besonders in den Laboratorien der BBC wurde das NIR-System eifrig studiert. McLean selbst war Anfang Februar 1966 nach Moskau gereist, um sich in persönlichen Gesprächen u. a. mit Gwishiani ein Bild von der Haltung der Sowjetunion zum NIR-System zu machen[245]. In den Gesprächen, die McLean während seines Moskauer Aufenthaltes mit den Beamten der britischen Botschaft hatte, machte

242 Jean-Jacques Matras erinnert sich bezüglich der Namensgebung: »Au cours d'un voyage à Moscou, on nous a fait part du NIR, qui nous est apparut comme un bon compromis entre PAL et SECAM – sur le plan politique. [...] Ce système plus ou moins proposé par les soviétiques [...] et mis au point par nous, nous nous sommes mis dans la tête un peu bêtement que ce système pourrait faire l'unité. Comme nous savions que le Gouvernement, le Général de Gaulle en particulier, était très attaché au mot SECAM, nous avions reussi à convaincre tout le monde du nom SECAM IV«. Siehe Transkription des Interviews von Hélène Eck mit Jean-Jacques Matras, September 1985, in: Archives du CHTV/INA.

243 »Protocole de la 2ème session de la Commission mixte franco-soviétique sur la télévision en couleur«, Paris, 29.01.1966, 11 maschinegeschriebene Seiten, in: Archives du CHTV/INA, Nachlaß Michel Dubail.

244 Siehe die Transkription des Interviews von Hélène Eck mit Jacques Fagot, 25.05.1984, in: Archives du CHTV/INA. Dieses Urteil wurde dem Autor auch von den Interviewpartnern Louis Goussot, Gérard Melchior, Jacques Fagot und Yves Angel bestätigt.

245 Über dieses Treffen berichtet Baudet (frz. Botschafter in Moskau) in einem Telegramm an das Quai d'Orsay, Moskau, 24.2.1966, in: Archives du MAE, Affaires Économiques et Financières, Affaires Générales, Nr. 220d. McLean soll bei dieser Gelegenheit auch eine sowjetische Delegation zu Demonstrationszwecken nach London eingeladen haben.

sich dieser für die neue sowjetische Variante stark. Botschaftsmitglied A. J. Williams berichtete dem Foreign Office am 4. März über McLeans Einstellung: »McLean told us that the performance of SECAM IV is very close to that of PAL, and that the BBC might well seriously consider lending their support to SECAM IV at the international meeting to be held at Oslo in June, if there seemed to be the likelihood of a European agreement on the basis of this system«[246].

Interessanterweise wurde das Interesse der BBC am NIR-System in Frankreich ganz anders gedeutet. Aus der französischen Botschaft in Moskau interpretierte man den Besuch McLeans dahingehend, daß man an ein Täuschungsmanöver der Briten glaubte: Die Briten wollten das NIR-System lediglich deshalb untersuchen, um in Oslo seine Schwächen aufzeigen zu können und es somit als mögliche europäische Alternative auszuschließen[247]! In England machte sich McLean mit seiner offenen Sympathie für SECAM IV jedoch nicht nur Freunde. Besonders im britischen Außenministerium war man über McLeans »Alleingänge« verärgert. Der Direktor der Radio Services im General Post Office, Lillicrap, der sich bereits im Juni 1965 über McLeans PAL-feindliche Haltung beschwert hatte, wandte sich am 24. März 1966 an dessen Vorgesetzten, den BBC-Generaldirektor Hugh Carleton Greene, um diesen von der Besorgnis der britischen Rundfunkgeräteherstel-ler-Vereinigung (British Radio and Electronic Manufacturer Association, BREMA) zu unterrichten:

What chiefly bothers us is that the BBC have put in a lot of work on the NIR system and given a series of demonstrations to visitors from other European countries. It is fair to say that they have been careful to avoid press publicity for the demonstrations in this country. But it will clearly not help us to secure support for PAL if the BBC plays a prominent part in the development and demonstration of a rival system[248].

[246] Telegramm von Williams (Britische Botschaft Moskau) an Brown (Foreign Office), Moskau, 4.03.1966, in: PRO, Signatur FO 173/187373.

[247] Telegramm von Baudet, französische Botschaft Moskau, an das Quai d'Orsay, Moskau, 24.02.1966, in: Archives du MAE, Affaires Économiques et Financières, Affaires Générales, Nr. 220d.

[248] Brief von Lillicrap (GPO) an Greene, London, 24.03.1966, in: PRO, Signatur: HO 256/387. Lillicraps Kollege Stanesby, der eine Kopie des Briefes an Greene erhalten hatte, zeigte sich aber wenig zuversichtlich, daß man McLean »ruhigstellen« könnte: »I hope that your letter to Sir Hugh Greene will help to bring McLean in line. But I must confess my concern about the damage that has already been done and the possibility, indeed my belief, that McLean will continue to draw attention to the BBC's work on NIR«. Note von Stanesby an Lillicrap, London, 29.03.1966, in: PRO, Signatur: HO 256/387. Wie die folgende Geschichte beweist, sollte Stanesby in seiner Einschätzung recht behalten. Aus einer Notiz von Merriman (FO) vom 2.06.1966 geht hervor, daß der Präsident der belgischen PTT kurz vor Beginn der CCIR-Tagung in Oslo um eine NIR-Demonstration der BBC bat. Da man im Postministerium Angst davor hatte, daß die BBC-Aktivitäten eine zu große Aufmerksamkeit erregen könnten, plante man nur den Chef der belgischen Postverwaltung Claeys und einem Assistenten unauffällig zu Vorführungen des NIR-Systems einzuladen. Daraus machte die BBC jedoch eine Aktion, an der Kollegen aus

Greene war sich der zwiespältigen Lage durchaus bewußt und wies Lillicraps Bedenken zurück. Die BBC stehe weiterhin zu der Empfehlung des Television Advisory Committee, in Großbritannien das PAL-System einzuführen. Allerdings bestehe, so Greene in einem Schreiben an das Postministerium, weiterhin großes Interesse seitens der BBC an einem europaweiten Standard, beziehungsweise herrsche Sorge vor einer Spaltung Europas und damit auch Afrikas und Asiens. Wenn das NIR-System in Oslo nicht diskutiert würde, so Greene, wäre eine Spaltung sicher. Aber: »If NIR is put forward I think it is still very doubtful as to whether it would be accepted by all countries, but it is a possibility«[249].

Auch in der Bundesrepublik erkannte man die strategische Bedeutung des NIR-Systems. Der Technische Direktor des NDR, Dr. Hans Rindfleisch, berichtete auf mehreren Sitzungen der Technischen Direktoren der ARD von den Diskussionen über das NIR-System im Rahmen der EBU ad-hoc-Kommission und machte darauf aufmerksam, daß vor allem die »ärmeren« Länder in Oslo mit großer Wahrscheinlichkeit darauf drängen würden, das technisch noch unausgereifte NIR-System weiteren Studien zu unterziehen[250]. Dies weniger, weil sie von dessen technischer Überlegenheit überzeugt waren, sondern aus dem einfachen Grunde, weitere Zeit bis zur Einführung des Farbfernsehens zu gewinnen. Damit dieser Fall nicht eintrete, so berichtete Werner Nestel in einer Telefonnotiz, habe Rindfleisch ihn darum gebeten, von seiten der Rundfunkindustrie entsprechenden Druck zu machen[251].

Genau dies tat man bei Telefunken seit Ende des Jahres 1965 in immer offensiverer Art und Weise. Besonders vor Auslandsreisen höherer Politiker, beispielsweise der Paris-Reise Erhards im Januar 1966, der Madrid- und Lissabon-Visite des Außenministers Schröder im März 1966 oder der Südamerikareise des Wirtschaftsministers Schmücker im Mai 1966, richteten sich die Vorstandskollegen Herriger und Nestel meist gemeinsam in einem Schreiben an die Herren Minister, um diesen entsprechende »Anregungen«

Holland, Irland, Spanien und Portugal beteiligt wurden. Im GPO war man darüber sehr erregt, schrieb McLean einen bösen Brief und brach die Aktion unmittelbar ab! In: PRO, Signatur HO 256/387.

249 Brief von Greene (BBC) an German (GPO), London, 25.03.1965, in: PRO, Signatur: HO 256/387.

250 Belgien zählte sicherlich nicht zu den »ärmeren« Ländern im Sinne von Rindfleisch und war dennoch sehr an der sowjetischen NIR-Variante interessiert. Neben dem Grund der Verschiebung des Einführungstermins war bei vielen kleinen und vor allen Dingen mehrsprachigen Ländern, die im Falle einer SECAM-PAL-Spaltung mit erheblichen Mehrkosten auf Sender- und Empfängerseite konfrontiert werden würden, das Interesse am NIR-System als potentiellem Einheitssystem besonders groß.

251 Telefonnotiz von Nestel über vier Telefongespräche am 1.3.1966 mit Intendant Hess (ARD), Dr. Rindfleisch (NDR), Oberpostdirektor Müller (FTZ) und Dr. Broadway (EMI, London), in: AEG-Telefunken-Archiv, Deutsches Technikmuseum Berlin, Signatur GS 1646.

über die politischen und wirtschaftlichen Interessen Deutschlands am PAL-System mit auf den Weg zu geben[252]. Auch verfaßte man bei Telefunken einen Entwurf zu einem Runderlaß des Auswärtigen Amtes, der allen diplomatischen Vertretungen der Bundesrepublik im Ausland zugeschickt werden sollte, um diese entsprechend zu instruieren. Der Wortlaut des Rundschreibens, das am 28. Februar verschickt wurde, läßt keinen Zweifel über die »Schuldfrage« zu, das heißt darüber, wem die zu diesem Zeitpunkt unklare techno-politische Lage zu verdanken sei. »Die französische Regierung hat von Anfang an die Ausbreitung des französischen Systems mit politischen Mitteln gefördert und diesbezüglich Vereinbarungen mit den Ostblockstaaten getroffen«, so der Wortlaut des Rundschreibens. Das Schreiben endete mit folgender Empfehlung des Ministerialdirigenten Diehl: »Für den Fall, daß von deutscher industrieller Seite in Ihrem Gastland Bemühungen unternommen werden, das deutsche PAL-System einzuführen, so bitte ich Sie – ohne Verwendung politischer Argumente – solche Bemühungen in geeigneter Weise zu fördern«[253].

Nachdem im Dezember 1965 auch die Bemühungen auf oberster industrieller Ebene gescheitert waren[254], ein deutsch-französisches bzw. CFT/Te-

252 Dem Schreiben vor der Reise des Bundesaußenministers Schröder wurde zudem die sechsseitige »Information über die Probleme, die sich bei der Auswahl eines Farbfernsehsystems in den europäischen Ländern ergeben« beigefügt, in der Werner Nestel seine sehr persönliche Deutung der bisherigen Farbfernsehkontroverse zum besten gab. Oberflächlich um technische Objektivität bemüht, ist das Schreiben im Grunde eine subtile Verdrehung der Lage zugunsten Deutschlands und des PAL-Systems, in: Bundeszwischenarchiv Bonn, Signatur B 145/2864.

253 Runderlaß des Auswärtigen Amtes, Bonn, 14.01.1966, in: Bundeszwischenarchiv Bonn, Signatur B 145/2864.

254 Bereits im Juli 1965 waren der Telefunken-Vorstandsvorsitzende Dr. Felix Herriger und der AEG- und Telefunken-Aufsichtsratsvorsitzende Dr. Heyne auf Einladung von CSF-Chef Maurice Ponte nach Paris gereist, um die Frage eines Zusammengehens von Telefunken und CSF zu diskutieren. Im Gedächtnisvermerk des Treffens heißt es diesbezüglich: »Die Möglichkeiten, das PAL- und das SECAM-System technisch zu verschmelzen, werden wegen der grundsätzlichen Unterschiede beider Systeme als sehr gering angesehen. Herrn Dr. Heynes Vorschlag, durch eine geeignete Namensgebung für ein einheitliches System einen Kompromiß zu ermöglichen, fand keine Resonanz«. Im Interview mit dem Autor (Ulm, 7.08.1997) berichtete Dr. Herriger darüber, daß Ponte sich alle Mühe gegeben habe, ein guter Gastgeber zu sein (»das Diner war hervorragend« ... »danach gab es sehr guten Cognac«), doch hätten Dr. Heyne und er beschlossen, die Sache zu überdenken. Beim Gegenbesuch von Ponte in Berlin im Dezember 1965 habe man diesem dann definitiv mitgeteilt, daß man keine Chancen für eine Einigung sehe. Allerdings standen zu diesem Zeitpunkt schon die Fragen einer möglichen Patentabhängigkeit PALs von SECAM im Vordergrund der Gespräche. In einem Brief von Herriger an Ponte vom 23.12.1965 stellte Herriger fest: »Wir stehen – wie wir es ja auch in der Besprechung gemeinsam festgestellt haben – heute vor einer in den letzten Jahren entstandenen Situation, die uns im Interesse der beiden Unternehmen nur mehr wenig Spielraum läßt. Bitte seien Sie überzeugt, daß wir unsererseits nach wie vor zu allen Überlegungen und Gesprächen bereit sind, die auch die von uns vertretene Geschäftspolitik in ausreichendem Maße berücksichtigen«, in: AEG-Telefunken-Archiv, Deutsches Technikmuseum Berlin, Signatur GS 7954.

lefunken-System auf die Beine zu stellen, betrieb man auf Seiten Telefunkens eine gezielte Anti-SECAM bzw. Anti-Frankreich Politik, die sich vor allem in zahlreichen Gesprächen und Briefen des Telefunken-Vorstandsmitgliedes Werner Nestel widerspiegelt. In einer Besprechung mit dem Botschafter der Bundesrepublik in Paris, Dr. Klaiber, wies Nestel eindeutig Frankreich den »schwarzen Peter« für die entstandene »Farbfernsehspaltung« zu:

> Dies ist nun schon die dritte Selbstisolierung Frankreichs, nachdem es sich bei der Einführung des Fernsehens zunächst für eine eigene 819-Zeilennorm entschieden hatte und später, als es bemerkte, daß dadurch der Programmaustausch für die Eurovision zu sehr erschwert wurde, eine 625-Zeilennorm festlegte, bei der es einige Daten anders wählte als bei der 625-Zeilennorm des übrigen Europa, angeblich um die eigene Industrie zu schützen[255].

Neben der negativen Darstellung der französischen Positionen richtete Telefunken seine PAL-Politik darauf aus, von seiten der Briten eine offizielle Erklärung des Postmaster General über den Eröffnungstermin des Farbfernsehens in Großbritannien zu erwirken. Allerdings äußerte sich der Direktor der britischen Telefunken-Partnergesellschaft EMI, Dr. Broadway, skeptisch zu der Möglichkeit einer öffentlichen Regierungserklärung zum Einführungstermin, da die Regierung gerade ihren Rücktritt erklärt habe und am 31. März Neuwahlen seien. Broadway sollte sich irren, da der Postmaster General zwei Tage nach dem Telefonat mit Nestel, am 3. März 1965, vor dem britischen Unterhaus bekanntgab, daß man das Farbfernsehen im Herbst 1967 einführen werde. Die britische Pro-PAL-Haltung in Großbritannien war somit offiziell. Lediglich Mc Lean, »den man zu PAL gezwungen habe«, so Broadway, übe nun aus persönlichen Gründen »Rache« durch sein Eintreten für NIR[256].

Mit der öffentlichen Bekanntgabe des Einführungstermins des Farbfernsehens in Großbritannien ging die Farbfernsehkontroverse in ihre entscheidende Phase. Drei Monate vor Beginn der CCIR-Vollversammlung in Oslo nahmen alle Beteiligten strategische Positionierungen vor. Das PAL-Lager wurde am 17. Juni – also wenige Tage vor Beginn der Vollversammlung – durch das offizielle Statement des niederländischen Postministeriums zugunsten des PAL-Systems weiter gestärkt[257]. Zwar hätten die niederländischen Rundfunk-

[255] Besprechung mit Botschafter Dr. Klaiber, Paris, 28.01.1966 (PAL/SECAM), 5 maschinegeschriebene Seiten, hier S. 2, in: Bundeszwischenarchiv Bonn, Signatur B 145/2864.

[256] Wie Nestel berichtete, glaubte Dr. Broadway aber nicht, daß McLeans Aktionen von Belang seien. Ibid.

[257] In der Ankündigung heißt es: »Aangezien de tijd, noodig voor de beproeving van andere, eventueel nog te ontwikkelen systemen [...] ontbreekt, is het noodzakelijk dat thans gekozen wordt uit de drie nu volledig bekende systemen, t.w. NTSC, PAL en SECAM.« Mit dieser Stellungnahme verwehrte sich das niederländische Postministerium indirekt auch gegen die Diskussion des NIR-Systems als potentielle »vierte Lösung« und rückte wie in Großbritannien und der Bundesrepublik das Kriterium »Einführungstermin« in den Vordergrund der Argumentation. Das

anstalten die Entscheidung über die Einführung des Farbfernsehens aus finanziellen Gründen gerne weiter aufgeschoben, doch war letztlich die Entscheidung des Postministeriums ausschlaggebend[258]. Das offizielle Bekenntnis der Niederlande zu PAL war ein wichtiger Baustein der symbolischen Verstärkung des PAL-Lagers, doch war man bei Telefunken seit dem Farbbildröhren-Abkommen mit Philips davon überzeugt, daß sich das Heimatland von Frits Philips für PAL entscheiden werde. Auch die Briten waren seit Ende 1965 davon überzeugt, daß die Niederländer sich für PAL entscheiden würden – »since Philips decides the Dutch government's policy in such matters«[259].

Mit der britischen und niederländischen Entscheidung für PAL, die im britischen Fall zudem mit der konkreten Festlegung des Einführungstermins im Herbst 1967 verbunden war, hatten sich die drei Länder mit den mächtigsten Rundfunkindustrien in Europa für die Telefunken-Farbfernsehvariante entschieden. Sowohl für die bundesdeutsche, niederländische als auch englische Industrie stand dabei die baldige Einführung des Farbfernsehens aus verkaufstechnischen und absatzstrategischen Gründen im Vordergrund. Ob es nun das PAL- oder NTSC-System war, welches eingeführt werden würde, trat – mit Ausnahme Telefunkens – dabei in den Hintergrund. Waren es die großen Rundfunkgerätehersteller gewesen, die Anfang der sechziger Jahre aus Sorge vor einem Absatzrückgang im s/w-Geschäft vor einer verfrühten öffentlichen Diskussion über das Farbfernsehen gewarnt hatten, machten sie sich 1966 aufgrund der ersten Sättigungserscheinungen des s/w-Marktes zu vehementen Fürsprechern des baldigen Beginns farbiger Fernsehsendun-

Kommuniqué findet sich im Anhang eines Briefes von Frits Philips an Werner Nestel vom 17.06.1966, in: AEG-Telefunken-Archiv, Deutsches Technikmuseum Berlin, Signatur GS 1649.

258 Am 14. Juni berichtet Werner Nestel über zwei Telefongespräche mit den Herren Wijns, Philips Hamburg, und le Clercq, Philips Eindhoven. Nestel bat beide um die Möglichkeit einer offiziellen pro-PAL-Stellungnahme der niederländischen Regierung. Auch bat er darum, daß man in Oslo keine Verzögerungstaktik anwende. Le Clercq habe ihm geantwortet: »Die Rundfunkanstalten in Holland haben Geldschwierigkeiten. Sie haben sich in Dubrownik der Gruppe der kleinen Länder angeschlossen, die die Einführung des Farbfernsehens verschieben wollen«. Bei der PTT (Post- und Telekommunikationsbehörde) bestehe aber keine Gefahr der Verzögerung, da der niederländische Delegationschef von der PTT gestellt werde. Siehe Telefonnotiz Nestel, 14.06.1966, in: AEG-Telefunken-Archiv, Deutsches Technikmuseum Berlin, Signatur GS 1649.

259 In einem Brief von Eland (Britische Botschaft Stockholm) an Hillier-Fry (FO) vom 12.10.1965 findet sich folgende interessante Bemerkung über die Situation in Holland: »Mr. von Utfall (Head of the technical branch of the Swedish Radio/Television, adviser of the Swedish government on technical questions about radio and television, member of the Swedish delegation at Vienna) told me that the director of the Swedish Philips Company (which controls 50% of the Swedish radio and television industry) had told him that he believed that the Dutch Government were now moving in the direction of PAL and away from NTSC. Mr. von Utfall thought that there was probably a lot of truth in this, since ›Philips decides the Dutch government's policy in such matters‹. [...] It seems that Philips has noted which way the wind is blowing«, in: PRO, Signatur BT 11/6433.

gen[260]. Bereits 1964 war abgeschätzt worden, daß der Einführungstermin Herbst 1967 günstig sei, um einen möglichst reibungslosen Produktionsfluß beim Übergang zur Farbe gewährleisten zu können[261].

Auch den Franzosen war klar, daß der anvisierte Einführungstermin des Farbfernsehens von zentraler Bedeutung für die Diskussion in Oslo werden würde. Auf der dritten Sitzung der Commission mixte setzten sie aus diesem Grunde alles daran, zu einer französisch-sowjetischen Systemdefinition zu gelangen, die der des SECAM III-Systems (CSF) entsprach[262]. Als die beiden Delegationen sich am 13. und 14. April in Moskau trafen, konnte das Arbeitsziel des Treffens aus französischer Perspektive daher nur lauten, die sowjetische Seite auf den »alten« SECAM-Kurs zu verpflichten. Bereits am 29. März hatte die während der zweiten Sitzung der Commission mixte zum Vergleich des SECAM- und NIR-Systems gegründete Arbeitsgruppe ihren Abschlußbericht vorgelegt, der als Arbeitsgrundlage der dritten Sitzung diente[263]. Die vergleichenden Untersuchungen, die zum größten Teil in den Laboratorien der ORTF in Paris gemacht worden waren, kamen zu dem Schluß, daß es sich beim NIR-System um ein im Prinzip gleichwertiges Farbfernsehsystem handele, viele wichtige Parameter aber noch nicht im Detail untersucht werden konnten. Vor allem fehle jegliche Erfahrung im Bereich der Empfängerproduktion, die für die baldige Einführung des Farbfernsehens

260 In einem Gespräch zwischen ZVEI, ZDF, ARD, IRT und Bundespost in Köln am 3.07.1964 hatte der Vorsitzende der Fachabteilung 14 (Fernsehen) des ZVEI, Herr Meyer, erklärt, daß die Industrie in der Fernsehproduktion eine Durststrecke bekomme und unbedingt 1967 Farbfernsehen brauche. Der Intendant des WDR, Klaus von Bismarck, wollte als Einführungstermin aber lieber 1968, weil für den Rundfunk die Saison erst um die Weihnachtszeit beginne; dies wurde vom ZVEI strikt abgelehnt, da die Saison mit der Funkausstellung im Herbst beginnen müsse. Abschließend bat Herr Meyer die anwesenden Intendanten noch um Unterstützung durch »Knüller« im s/w-Programm, die den schwächer werdenden s/w-Markt unterstützen könnten! Gesprächsnotiz von W. Bruch, Hannover, 3.07.1964, in: Archiv des Deutschen Museums München, Signatur NL 101, Nr. 202.

261 Stellungnahme des ZVEI auf der 65. Tagung der Technischen Direktoren der ARD vom 3. bis 4.09.1964 in Frankfurt a.M., in: Historisches Archiv des WDR/Protokolle der Technischen Direktion 1961–1964.

262 In einer Besprechungsnotiz von Dr. Eckart (Telefunken Frankreich) mit M. Gruson (CSF) vom 4.03.1966 heißt es: »Auch die CSF sieht daher die Frage, ob es beim Einführungstermin 1967 bleibt oder nicht als das wesentlichste Element für die kommende Entscheidung an. M. Gruson unterstellt, daß auf jeden Fall die englische und die deutsche Industrie, aber aus den beschriebenen Gründen auch die französische Industrie 1967 beginnen wollen, und somit die Chance für SECAM IV mangels rechtzeitiger Testergebnisse und Erfahrungswerte nicht groß sind. M. Gruson deutete sogar die Möglichkeit an, daß sich Rußland allein für SECAM IV entscheiden könnte, was nach dem franco-sowjetischen Vertrag möglich ist, da die Russen sich nur verpflichtet haben, ein System ›auf der Basis von SECAM‹ zu wählen«, in: AEG-Telefunken-Archiv, Deutsches Technikmuseum Berlin, Signatur GS 7954. Wie sich zeigen sollte, lag Gruson mit seiner Einschätzung richtig.

263 Siehe den 13seitigen »Rapport technique du groupe spécial mixte franco-soviétique pour la télévision en couleur«, Paris, 29.03.1966, in: Archives du CHTV/INA, Nachlaß Michel Dubail.

von zentraler Bedeutung sei. Aus diesem Grunde sei – im Falle der Wahl des SECAM IV-Systems – mit einer sechzehnmonatigen Verzögerung des Beginns des Farbfernsehens zu rechnen. Der Wortlaut des Berichtes läßt aber darauf schließen, daß man von seiten der Techniker darum bemüht war, klare pro- oder contra-Positionen zu vermeiden. Deutliches Zeichen dieser Zurückhaltung war, daß eine abschließende Bewertung der vergleichenden Untersuchungen vollkommen fehlte. Die Bewertung der Testergebnisse, so der Eindruck, sollte den politischen Entscheidungsträgern beider Delegationen im Rahmen der Commission mixte überlassen werden.

Genau dies geschah am 13. April in Moskau. Nachdem in offiziöser Diplomatensemantik die prinzipielle Überlegenheit sowohl des NIR- als auch des SECAM-Systems gegenüber den Varianten NTSC und PAL festgestellt worden war, gelangte man zu folgender Feststellung:

Compte tenu de ce que la variante SECAM III est la seule qui soit prête à être produite industriellement, qu'elle a été présentée avec succès sur le plan international lors d'émissions transmises par faisceaux hertziens et par le satellite soviétique Molnya I, que cette variante a déjà obtenu à la conférence du CCIR à Vienne, en 1965 l'approbation d'une majorité de pays, compte tenu de ce que la variante SECAM IV tout en étant également à un niveau technique élevé, n'a pas d'avantage décisif par rapport au SECAM III et se trouve encore au stade de l'élaboration, la Commission recommande l'adoption du SECAM III comme le système commun franco-soviétique de télévision en couleur prévu par l'Accord du 22. Mars 1965[264].

Aus diesem Wortlaut geht eindeutig hervor, daß sich die französische Position durchgesetzt hatte[265]. Als jedoch die Taktik für ein gemeinsames französisch-sowjetisches Vorgehen während der Olsoer Konferenz bestimmt wurde, ließ man dem NIR-System zumindest theoretisch eine Hintertür offen. Falls vor oder während der Osloer Tagung der Eindruck entstehen sollte, daß das NIR-System eine reale Chance hätte, sich als europäischer Standard durchzusetzen, würden sich weder Frankreich noch die Sowjetunion dieser Lösung widersetzen[266]. Zu diesem Zweck wurde vereinbart, daß man allen am NIR-

264 »Protocole de la 3ème session de la Commission mixte franco-soviétique sur la télévision en couleur«, Moskau, 14. 04. 1966, 6 maschinegeschriebene Seiten, hier S. 3f., in: Archives du CHTV/INA, Nachlaß Michel Dubail.

265 Allerdings hatte sich die französische Linie nicht aus den Gründen durchgesetzt, die Walter Bruch in der ihm eigenen, zur Übertreibung neigenden Weise formulierte: »Sie haben sicher gehört«, so schrieb Bruch in einem Brief an Werner Nestel, »daß sich die Russen für SECAM III entschieden haben. Ein Sieg für Herrn Ponte!! Ich darf hier feststellen, daß meine unermüdliche Arbeit, die Nachteile von NIR hinauszuexperimentieren [!] und wissenschaftlich zu untermauern und meine Demonstrationen sowie Interventionen in England mit zu dieser Entscheidung beigetragen haben«, in: AEG-Telefunken-Archiv, Deutsches Technikmuseum Berlin, Signatur: GS 1646.

266 »Si d'ici la réunion de l'Assemblée plénière du CCIR à Oslo ou au cours de l'Assemblée elle-même, il apparaissait que le SECAM IV est susceptible de recevoir réellement l'adhésion des pays dont le ralliement serait décisif pour l'adoption d'un système européen unique [= Bundesrepublik und Großbritannien, A.d.V.], la France et l'URSS seraient prêtes à choisir également

oder SECAM IV interessierten Ländern die von der gemeinsamen Expertenkommission erarbeiteten vergleichenden Untersuchungsergebnisse auf Anfrage zukommen lassen würde. Damit aber keine Mißverständnisse über die grundsätzliche Entscheidung der französischen und sowjetischen Position aufkommen könnten, müsse die Herausgabe dieser Dokumentation immer von einem schriftlichen Kommentar begleitet werden, der die Gründe der Entscheidung beider Länder für das SECAM III-System wiedergebe. Zu diesem Zweck wurde bereits zum Abschluß des Treffens ein gemeinsames Kommuniqué verfaßt, das entsprechende Verbreitung in der Presse finden sollte (siehe S. 313).

Vor der CCIR-Vollversammlung in Oslo waren damit die politischen und industriellen Weichen der zentralen Akteure der Farbfernsehkontroverse gestellt worden. Bevor die Verhandlungen in Oslo detailliert beschrieben werden, macht es Sinn, die wichtigsten Entwicklungen in der Farbfernsehkontroverse zwischen der CCIR-Zwischentagung in Wien im Frühjahr 1965 und dem Beginn der CCIR-Vollversammlung in Oslo Ende Juni 1966 noch einmal in vier Punkten zusammenzufassen.

1. Frankreich und die Sowjetunion vereinbarten in ihrem Farbfernsehabkommen vom 22. März 1965 eine Kooperation auf dem Gebiet des Farbfernsehens, die sich u.a. in der Einführung eines gemeinsamen Farbfernsehsystems auf der Basis des SECAM-Systems und seines Standards niederschlagen sollte. Politisch bedeutete dieses Abkommen den ersten Schritt zu einer vertraglich festgelegten Annäherung beider Staaten. Für Staatspräsident Charles de Gaulle wurde das Farbfernsehen so zum Medium und Katalysator seines neuen außenpolitischen Kurses, der Frankreichs Souveränität in dem Dreierschritt »détente – entente – coopération« zu verstärkter nationaler Souveränität führen und Frankreichs Rolle im Konzert der europäischen und internationalen Mächte stärken sollte. Dieser hohe Symbolwert des SECAM-Systems war letztlich ausschlaggebend dafür, daß es trotz der eher zurückhaltenden Unterstützung von seiten des Quai d'Orsay und der ORTF zur offiziellen Erklärung im Rahmen der Commission mixte kam, das französische SECAM III-System als gemeinsames französisch-sowjetisches System in Oslo zu vertreten. Die sowjetische NIR-Variante konnte sich trotz ihrer technischen Attraktivität als potentielle Kompromißlösung zwischen PAL und SECAM nicht durchsetzen. Hauptgrund dafür war ihre technische Unausgereiftheit. Die Entscheidung für das NIR-System wäre gleichbedeutend mit einem Aufschub des anvisierten Einführungstermins des Farbfernsehens (Herbst 1967) um mindestens anderthalb Jahre gewesen.

cette variante et à la présenter en commun«. Protocole de la 3e session de la Commission mixte franco-soviétique sur la télévision en couleur, Moskau, 14.04.1966, 6 maschinegeschriebene Seiten, hier S. 4, in: ibid.

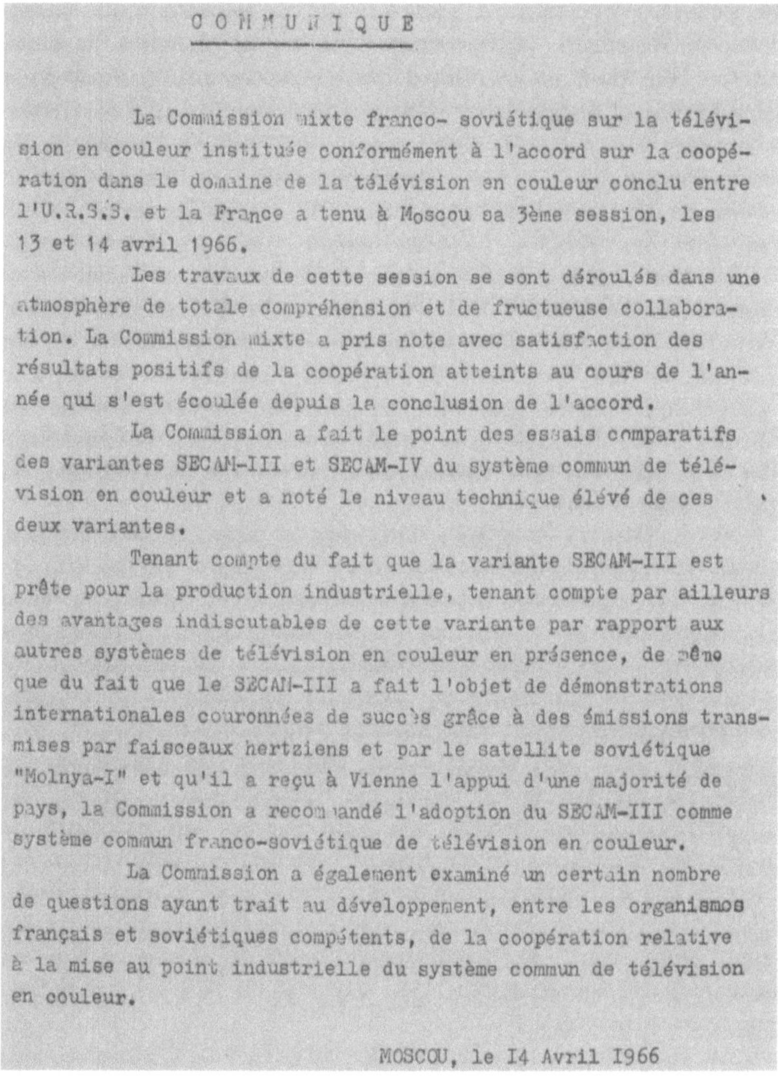

C O M M U N I Q U E

La Commission mixte franco- soviétique sur la télévision en couleur instituée conformément à l'accord sur la coopération dans le domaine de la télévision en couleur conclu entre l'U.R.S.S. et la France a tenu à Moscou sa 3ème session, les 13 et 14 avril 1966.

Les travaux de cette session se sont déroulés dans une atmosphère de totale compréhension et de fructueuse collaboration. La Commission mixte a pris note avec satisfaction des résultats positifs de la coopération atteints au cours de l'année qui s'est écoulée depuis la conclusion de l'accord.

La Commission a fait le point des essais comparatifs des variantes SECAM-III et SECAM-IV du système commun de télévision en couleur et a noté le niveau technique élévé de ces deux variantes.

Tenant compte du fait que la variante SECAM-III est prête pour la production industrielle, tenant compte par ailleurs des avantages indiscutables de cette variante par rapport aux autres systèmes de télévision en couleur en présence, de même que du fait que le SECAM-III a fait l'objet de démonstrations internationales couronnées de succès grâce à des émissions transmises par faisceaux hertziens et par le satellite soviétique "Molnya-I" et qu'il a reçu à Vienne l'appui d'une majorité de pays, la Commission a recommandé l'adoption du SECAM-III comme système commun franco-soviétique de télévision en couleur.

La Commission a également examiné un certain nombre de questions ayant trait au développement, entre les organismes français et soviétiques compétents, de la coopération relative à la mise au point industrielle du système commun de télévision en couleur.

MOSCOU, le I4 Avril I966

Abb. 22: »Communiqué« der französisch-sowjetischen Farbfernsehkommission vom 14. April 1966, aus: Archives du CHTV/INA, Nachlaß Michel Dubail.

2. Die neue Ostpolitik de Gaulles war u.a. ein Resultat der französischen Unzufriedenheit über die Entwicklung der deutsch-französischen Beziehungen. Der französisch-sowjetische Farbfernsehvertrag stellte Bonn vor vollendete Tatsachen. Die nachfolgenden Bemühungen des französischen Informationsministers und seines bundesdeutschen Gegenübers doch noch zu einer deutsch-französischen Einigung zu gelangen, scheiterten nicht zuletzt an

den politischen Weisungen de Gaulles sowie am Desinteresse des bundesdeutschen Wirtschafts- und Postministeriums und der deutschen Rundfunkindustrie. War damit die französische Strategie gescheitert, die Bundesrepublik über den politischen Hebel DDR zur Übernahme des SECAM-Systems zu bewegen, kam es statt dessen zu einer deutsch-britischen Annäherung, die von bundesdeutscher Seite sogar als »Kompensation« der französischen Ablehnung des britischen Beitrittsgesuchs zur EWG verstanden wurde[267]. Auch von seiten des britischen Außenministeriums wurde die Übernahme des PAL-Systems als politische Annäherung an die Bundesrepublik verstanden. Lediglich die BBC hielt bis Ende 1965 eisern an der Bevorzugung des amerikanischen NTSC fest, während die britische Rundfunkindustrie mit der Entscheidung für PAL die Chance einer gewissen Emanzipation von der amerikanischen Konkurrenz erkannte. Die offiziellen Bekanntmachungen der Übernahme des PAL-Systems in Großbritannien und den Niederlanden im März bzw. Juni 1966 waren eine wichtige symbolische Rückendeckung für das PAL-Lager in Oslo.

3. Aus industrieller Perspektive bedeuteten die oben genannten Stellungnahmen der britischen und niederländischen Regierungen, daß das PAL-System die drei mächtigsten europäischen Rundfunkindustrienationen hinter sich versammelt hatte. In allen drei Ländern wurde aber nicht die Entscheidung der Wahl eines der drei Systemalternativen zum zentralen Anliegen ihrer industriepolitischen Aktivitäten, sondern die Herbeiführung eines konkreten Einführungstermins des Farbfernsehens. Absatzschwierigkeiten im Fernsehgeschäft, zum Teil bedingt durch eine erste Sättigungskurve des s/w-Marktes, machten die Einführung des Farbfernsehens im Herbst 1967 zur geschäftspolitischen Priorität. Eine Aufnahme des NIR-Systems in das Konzert der europäischen Farbfernsehsystemalternativen hätte unweigerlich bedeutet, daß der Einführungstermin wegen zusätzlicher technischer Untersuchungen um schätzungsweise eineinhalb Jahre verzögert worden wäre. Aus diesem Grund setzten die Rundfunkunternehmen der Bundesrepublik, der Niederlande und Großbritanniens alles daran, daß die NIR-Variante in Oslo keine Rolle spielen würde.

4. Für viele nationale Rundfunkanstalten entwickelte sich gerade das NIR-System zum letzten Hoffnungsträger eines möglichen Kompromisses als europäischer Farbfernsehstandard. Zu den zentralen Akteuren einer systematischen Untersuchung und damit der Einbeziehung des NIR-Systems in die europäische Diskussion zählten die Ingenieure der britischen BBC und der französischen ORTF. Unterstützt von vielen kleineren Ländern, die sich von der Untersuchung des NIR-Systems eine weitere Aufschiebung des Einführungstermins des Farbfernsehens erhofften, sowie der mehrsprachigen Län-

[267] So die Interpretation von Karl-Günther von Hase im Interview mit dem Autor.

der, die unter allen Umständen einen einheitlichen europäischen Farbfernsehstandard durchsetzen wollten, investierten beide Anstalten in die technische Entwicklung und Werbung für das System auf der EBU- und CCIR-Ebene.

Mit diesen politischen und industriellen Hintergründen vor Augen werden die Ereignisse verständlich, die sich im Rahmen der CCIR-Vollversammlung vom 22. Juni bis 22. Juli 1966 in Oslo abspielten.

4.5. »De coloribus disputandum est«[268] Oslo, 22. Juni bis 22. Juli 1966

Als am 22. Juni 1966 die CCIR-Mitgliedsstaaten zu ihrer elften Vollversammlung in Oslo zusammenkamen, handelte es sich um die bislang teilnehmerreichste Zusammenkunft in der Geschichte der CCIR. Wie der bundesdeutsche Delegationsleiter, Ministerialdirigent Hans Pressler, in seinen »Farbfernseh-Erinnerungen« schrieb, war der Konferenzsaal so groß, daß der Vorsitzende Wortmeldungen mit dem Fernglas identifizieren mußte[269]! Allerdings fanden nur die Eröffnungs- und Abschlußsitzungen in dieser großen Runde statt, ansonsten kamen die technischen Experten der verschiedenen Delegationen in den elf Studienkommissionen der CCIR zusammen, die sich – wie im Falle der Studienkommission XI (Fernsehen) – wiederum in verschiedene Untergruppen mit speziellen Arbeitsthemen unterteilten[270]. Der große Andrang in Oslo erklärt sich unter anderem wegen der bedeutenden Aktivitäten, die seit der letzten Vollversammlung im Jahre 1963 von den Studienkommissionen im Bereich der Farbfernsehtechnik oder im Bereich der Satellitentechnik (Studienkommission IV) geleistet worden waren. Dementsprechend hoch waren die Erwartungen, die man von seiten der nationalen Post- und Telekommunikationsbehörden, der Rundfunkindustrie und der Rundfunkorganisationen an diese Vollversammlung hatte, da die im Rahmen der CCIR erarbeiteten Empfehlungen meist mit der internationalen Standardisierung wichtiger technischer Parameter im Telekommunikationsbereich verbunden waren.

Der Chefredakteur der französischen Fachzeitschrift »Radio & Télévision«, Eugène Aisberg, der schon die Wiener Tagung mit einem leidenschaftli-

268 Eugène Aisberg, Heures décisives pour la télévision en couleurs, in: Radio & Télévision 141 (1964) S. 34. Dort heißt es: »On devine sans peine quel écheveau de considérations techniques préoccupe ceux sur qui pèse la lourde responsabilité d'opérer le choix. [...] Il est, cependant, difficile de présumer la décision finale. Aux considérations purement techniques voudraient se mêler des questions de politique, d'une certaine forme de nationalisme et aussi l'influence d'énormes intérêts financiers. Mais nous sommes persuadés que la sagesse prévaudra et que le choix sera opéré en toute indépendance et avec une totale objectivité au terme d'une discussion qui ne manquera pas d'être animée. Car, contrairement à ce qu'affirment les anciens, de coloribus disputandum est...«. Die Entscheidungsträger in Oslo ließen sich aber nicht von Aisbergs weisen Worten inspirieren...

269 Hans Pressler, Farbfernseh-Erinnerungen, S. 212.

270 Die Studiengruppe XI teilte sich in drei Untergruppen auf: Arbeitsgruppe A unter der Leitung des Schweden Erik Esping; Arbeitsgruppe B unter der Leitung des Italieners Cappucini und Arbeitsgruppe C unter der Leitung von Dr. Johannes Müller vom FTZ Darmstadt. Die Arbeitsgruppe A war wiederum in zwei Untergruppen geteilt. Untergruppe A 1 unter der Leitung des Tschechoslowaken Swoboda beschäftigte sich mit Normfragen im Bereich des s/w-Fernsehens. Lediglich die Arbeitsgruppe A 2 beschäftigte sich in Oslo mit den Problemen des Farbfernsehens.

chen Plädoyer für eine entpolitisierte Diskussion der Farbfernsehfrage kommentiert hatte[271], stimmte seine Leser in einem pathetischen Leitartikel mit dem Titel »Unité avant tout!« auf die anstehende Entscheidung in Oslo ein:

Ce qui n'a pas pu être fait pour le noir et blanc, doit l'être pour la couleur. Nous n'avons pas le droit de laisser échapper cette chance unique qui s'offre à nous: un seul système de TV couleurs pour toute l'Europe. [...] Et que le meilleur gagne! [...] La politique n'a rien à faire dans cette question, pas plus que de ridicules considérations d'amour-propre national ou de cupides calculs financiers[272].

Mit Sicherheit spiegeln die Worte Aisbergs die Hoffnungen vieler Delegierter, in Oslo doch noch zu einem einheitlichen europäischen Farbfernsehstandard zu finden. Nüchterner kommentierte dagegen der im Fernmeldetechnischen Zentralamt der Bundespost in Darmstadt für Farbfernsehuntersuchungen zuständige Ingenieur Fritz Jaeschke die Situtation vor Oslo. In seinem Artikel »Europa vor der Einführung des Farbfernsehens« in der Zeitschrift »Umschau in Wissenschaft und Technik« schrieb Jaeschke kurz vor Beginn der Vollversammlung in Olso: »Drei Systeme stehen also zur Wahl, und es ist schon jetzt zu sagen, daß ein einheitliches Farbfernsehsystem in Europa in den nächsten Jahren jedenfalls nicht durchzusetzen sein wird, denn sowohl die SECAM- als auch die PAL-Anhänger sind – zum Teil aus technisch-wirtschaftlichen, zum Teil aus politischen Motiven – überzeugt, an ihrer Konzeption festhalten zu müssen«[273].

Beide sollten letztlich recht behalten – zum einen kam es zu der von Aisberg befürchteten Politisierung der Diskussionen, zum anderen hatte Jaeschke das Ergebnis dieser Diskussionen korrekt vorausgesagt. Doch gilt es zunächst, sich die einmonatigen Verhandlungen in Oslo sowie die diplomatischen und industriepolitischen Aktivitäten, die sich im Rücken der Osloer Delegationen abspielten, näher anzuschauen.

Wie bereits beschrieben, waren wichtige außen- und industriepolitische Rahmenbedingungen bereits vor Beginn der Verhandlungen geklärt worden. Entsprechend instruiert reisten die jeweiligen Delegationsleiter nach Oslo. Im Bundespostministerium hatte am 10. Juni 1966 nochmals eine vorbereitende Besprechung zwischen Bundespost, ARD, ZDF und ZVEI für die CCIR-Vollversammlung stattgefunden, auf der beschlossen worden war, daß die deutsche Delegation in Oslo für das PAL-System eintreten sollte. Man hielt

[271] »Quel que soit le système adopté, il faudrait faire taire tous les sentiments d'amour-propre national pour, dans un ésprit d'unité européenne, l'adopter à l'exemple de tous les autres pays. Bien entendu, nous n'avons jamais caché nos préférences personelles qui vont au système SECAM. Et cette préférence n'est nullement fondée sur un stupide chauvinisme, mais sur une étude approfondie des qualités et des défauts comparés des trois systèmes en présence«. Eugène Aisberg, Le suspense, in: Radio & Télévision 152 (1965) S. 65.

[272] Eugène Aisberg, Unité avant tout, in: Radio & Télévision 163 (1966) S. 105.

[273] Fritz Jaeschke, Europa vor der Einführung des Farbfernsehens, in: Umschau in Wissenschaft und Technik 66 (1966) 8 S. 257–261, hier S. 257.

demnach an der Entscheidung fest, die bereits im März 1966 getroffen worden war[274]. Da man in Bonn sehr wohl um die feste Haltung der Franzosen wußte, hatte man sich mehr oder weniger mit der Tatsache abgefunden, daß es in Oslo wohl nicht zu einer einheitlichen Empfehlung kommen werde.

Auch dem britischen Delegationsleiter Stanesby waren entsprechende Weisungen des Postmaster General Wedgwood Benn mit auf die Reise nach Oslo gegeben worden. Diese faßte der Vorsitzende des Technical Sub-Committee des Television Advisory Committee, Lord Barron, knapp und präzise zusammen: »press strongly for PAL – strongly oppose SECAM III – not initiate any discussion about NIR«[275]. Im Gegensatz zur Bundesrepublik hatte es Postminister Anthony Wedgwood Benn auch nicht für notwendig gehalten, die britischen Botschaften in Europa in Form eines »Runderlasses« über die Position der britischen Regierung in der Farbfernsehfrage zu informieren. Vielmehr sah er die Sache recht pragmatisch. Falls konkreter Handlungsbedarf entstehe, werde man entsprechend agieren: »A considerable amount of lobbying would go on at Oslo, and if it was felt that during the conference it would be helpful, in the case of a country which was wavering, if we were to put political pressure on the country in the European capital concerned then the U.K. delegation will transmit their request through our Ambassy in Oslo«[276].

Generell ging man auch in Großbritannien davon aus, daß viele der kleineren Länder, die den Programmaustausch mit größeren Fernsehnationen dringend brauchten, versuchen würden, eine Entscheidung über ein einheitliches System möglichst zu verschieben, »in the hope of beeing able to persuade France to abandon SECAM III for SECAM IV«. Da die britische Regierung die Einführung des Farbfernsehens für Ende des Jahres 1967 beschlossen hatte, war man jedoch weder im Postministerium noch im Außenministerium an einer Verschiebung des Einführungstermins interessiert[277].

274 Auf der 72. Tagung der Technischen Kommission der ARD in Trier vom 4.-5.04.1966 berichtete Dr. Hans Rindfleisch über die Sitzung vom 2.03.1966 im Bundespostministerium, bei der die bundesdeutsche Strategie für Oslo definiert worden war: »Bei dieser Besprechung kam man zu der Überzeugung, daß voraussichtlich in Oslo 3 Farbfernsehverfahren zur Debatte stehen werden. Beim derzeitigen Sachstand wird vermutlich keine CCIR-Empfehlung, sondern nur ein Bericht, der die drei Farbfernsehverfahren festhält und beschreibt, verabschiedet werden. Bei der Besprechung in Bonn wurde verabredet, eine offiziöse Fühlungnahme mit den Engländern einzuleiten, um ein abgestimmtes Vorgehen in Oslo zu besprechen. Herr Ministerialdirigent Pressler hat dem Vorsitzenden der Technischen Kommission diese Fühlungnahme erneut zugesagt«. Siehe Bericht über die 72. Tagung der Technischen Kommission der ARD in Trier, in: Historisches Archiv des WDR, Protokolle der Technischen Kommission/ARD/1956–1968.

275 Brief von Barron (Chairman of the Technical Sub-Committee of the TAC) an Willis (Chairman of the TAC), London, 2.06.1966, in: PRO, Signatur HO 256/387.

276 Handschriftliche Notiz von Brown (FO) über Gespräch mit Birchall (GPO), London, 17.06.1966, in: PRO, Signatur: FO 371/181315, General Department, Akte GT 41/26.

277 Brief von Dunrossil (FO) an K. A. East (Britische Botschaft Oslo), London, 14.06.1966. Entgegen der Beteuerungen von Wedgwood Benn hatte man im Außenministerium dennoch ver-

Wie diese Beispiele demonstrieren, reisten die Delegationen der zentralen Akteure allesamt mit klaren Weisungen und strategischen Absprachen nach Oslo. Damit widersetzten sie sich eindeutig dem Beschluß, welcher der UER-Verwaltungsrat auf seiner letzten Sitzung vor Oslo Anfang Juni 1966 in Dubrovnik gefaßt hatte, nämlich seinen Mitgliedern zu empfehlen, alles dafür zu tun, um bei der Tagung in Oslo zu einer einheitlichen Empfehlung für einen europäischen Farbfernsehstandard zu kommen. Außerdem wurde auf der Sitzung festgestellt, daß PAL und SECAM III schlecht konvertierbar seien, SECAM IV aber relativ einfach mit PAL konvertiert werden könne. Da für SECAM IV aber noch nicht genügend Erprobungszeit vorgelegen habe, sollte auf der Konferenz in Oslo angestrebt werden, die für SECAM IV erforderliche Erprobungszeit durch Vertagung zu ermöglichen[278].

Mit entsprechend unterschiedlichen Erwartungshaltungen trafen sich die in Oslo anwesenden Delegationen der Studiengruppe XI am 24. Juni zur ersten Arbeitssitzung. Wie in Wien war dem Schweden Erik Esping die Leitung der Arbeitsgruppe Farbfernsehen übertragen worden, und wie in Wien begann die Tagung mit der Erstellung eines »Meinungsbildes« anhand eines Fragebogens, der alle Delegationen aufforderte, ihre Systempräferenz und den anvisierten Einführungstermin des Farbfernsehens in ihrem Land anzugeben[279]. Als das Resultat dieser Fragebogenaktion am 1. Juli in einem 15seitigen Bericht publiziert wurde, konnte man das Ergebnis als eine deutliche Polarisierung der anwesenden Delegationen in ein PAL- und ein SECAM-Lager sowie einer kleinen Fraktion von NIR- oder SECAM IV-Anhängern (v.a. Belgien, Luxemburg, Portugal, Tunesien) deuten. Auch die Angaben über den geplanten Einführungstermin variierten zwischen exakten Jahresangaben[280] und so unbestimmten Formulierungen wie »not yet fixed« (Saudi-Arabien), »not in the near future« (Australien) oder »probablement en 1970«

sucht, der britischen Delegation politische Weisungen mit auf den Weg zu geben. In dem oben zitierten Brief sagt Dunrossil, daß er East einen Umschlag mit den politischen Anweisungen für die britische Delegation in Oslo zuschicken werde. Am 25.06. schrieb East an Lord Dunrossil, daß die Anweisungen zum politischen Verhalten der Delegation in Oslo diese nicht erreicht hätte, da der Koffer, in dem die Anweisungen enthalten waren, wegen Übergewichtes nicht mit nach Oslo geflogen sei. Dunrossils Bemerkung zu dieser merkwürdigen Geschichte: »I really think someone must be taken to task about this«. Es kann vermutet werden, daß Dunrossil mit diesem »jemand« BBC Chefingenieur McLean meinte. In: PRO, Signatur FO 371/181315, General Department, Akte GT 41/25.

278 Auf der Tagung berichtet Dr. Rindfleisch über die Beschlüsse des EBU-Verwaltungsrates in Dubrovnik. »Niederschrift der 73. Tagung der Technischen Kommission der ARD vom 14.–15.6.1966 in Hamburg«, in: Historisches Archiv des WDR, Protokolle der Technischen Kommission/ARD/1956–1968.

279 Documents on CCIR Study Groups Period 1963–1966, Doc.Temp./138, 1.7.1966.

280 12 Länder gaben an, 1967 mit Farbfernsehen beginnen zu wollen, 4 im Jahre 1968, 6 ein Jahr später, 16 Länder planten, 1970 mit Farbfernsehen zu beginnen.

(Liechtenstein). Einige Delegationen gaben sogar an, gar nicht zu wissen, ob und wann sie Farbfernsehen einzuführen gedachten[281]!

Angesichts dieser unterschiedlichen Meinungsäußerungen, die – wie unschwer zu erkennen – den technisch-industriellen Entwicklungsstand der Länder spiegelten, wurde am 4. Juli aus arbeitstechnischen Gründen beschlossen, eine Untergruppe der Studiengruppe XI (XI A 2 getauft) zu bilden, in der nur die Delegationen folgender Länder vertreten waren: Frankreich, Bundesrepublik Deutschland, Großbritannien, Yugoslawien, Tschechoslowakei, Italien, Sowjetunion, Niederlande und Schweiz.

Als diese am 7. Juli ihre Arbeit aufnahm, kam es zu einer überraschenden Initiative der französischen Delegation, die – wie in Wien – durch hochrangige diplomatische Vertreter »verstärkt« worden war[282]. Zur zentralen Figur dieser Inszenierung wurde Philippe Olivier, der als technischer Berater im Kabinett von Alain Peyrefitte bereits als Nachfolger für François Laboulaye gehandelt worden war[283]. Was die Mitglieder der französisch-sowjetischen Commission mixte während ihrer dritten Sitzung im April 1966 als eher unwahrscheinliche Annahme ins Protokoll aufgenommen hatten, nämlich den Verzicht auf die Durchsetzung von SECAM III zugunsten der SECAM IV-Variante im Falle der berechtigten Hoffnung, daß diese Systemalternative echte Chancen als einheitliches europäisches Farbfernsehsystem haben werde[284], wurde den Mitgliedern der Untergruppe XI A 2 von französischer Seite am 7. Juli tatsächlich als »großzügiges Angebot« offeriert. Sowohl die französische als auch die sowjetische Delegation erklärte, zugunsten von SECAM IV auf SECAM III zu verzichten, falls sich die Anhänger des PAL-Systems dazu bereit erklärten, sich ebenfalls dieser Systemvariante anzuschließen. Die Übernahme des NIR- oder SECAM IV-Systems, so betonten die Franzosen, würde aber einen Aufschub des Einführungstermins des Farbfernsehens um mindestens sechs Monate bedeuten. Zudem sollten sich alle anwesenden Länder dazu verpflichten, in diesen sechs bis maximal zwölf Monaten

281 Die Kenyanische Delegation gab beispielsweise folgende Erklärung ab: »There are no plans at the present time for the introduction of colour television«. Siehe Documents on CCIR Study Groups Period 1963–1966, Doc.Temp./138, 1.7.1966, S. 8.

282 Louis Goussot als Vertreter der ORTF und Jacques Fagot als Vertreter der CSF in der französischen Delegation gaben im Interview an, daß den technischen Experten (also ihnen) von den anwesenden politischen Vertretern sogar offiziell der Mund verboten worden sei. Die anwesenden Vertreter des Quai d'Orsay bzw. des Informationsministeriums hätten das alleinige Recht beansprucht, offizielle Verlautbarungen im Namen der französischen Delegation zu machen. Als einer dieser politischen Vertreter bestätigte auch Jean-Jacques de Bresson dies im Gespräch.

283 Neben Olivier waren mit M. Rodocanachi und Louis Amigues auch zwei Vertreter aus der Verwaltung des Quai d'Orsay Mitglieder der französischen Delegation.

284 »Protocole de la 3ème session de la Commission mixte franco-soviétique sur la télévision en couleur«, Moskau, 14.04.1966, 6 maschinegeschriebene Seiten, S. 4, in: Archives du CHTV/INA, Nachlaß Michel Dubail.

ihre Forschungen auf dem Gebiet des Farbfernsehens auf die SECAM IV-Variante zu beschränken.

Mit diesem überraschenden Angebot reagierten die Franzosen auf eine Initiative der dänischen Delegation, die der Untergruppe bei ihrem ersten Zusammentreffen am 4. Juli ein Dokument zum Studium zukommen ließ, das ein System namens »SEQAM« als europäischen Farbfernsehstandard vorschlug[285]. Tatsächlich handelte es sich bei dem von der dänischen Delegation vorgeschlagenen System – das von der britischen und bundesdeutschen Delegation unterstützt wurde[286] – lediglich um ein neu getauftes PAL. Alleine diese begriffliche Annäherung an das SECAM-System stellte in den Augen des Leiters der britischen Delegation, H. Stanesby, ein »großes Opfer« für die PAL-Anhänger dar[287]. Die französische Offerte sorgte dagegen im bundesdeutschen und britischen Lager für Aufregung. Mit der Bereitschaft der Franzosen, ihr SECAM III-System zugunsten der sowjetischen Variante aufzugeben, hatten weder die Deutschen noch die Briten gerechnet. Der Vorschlag der Franzosen erfreute sich zudem der spontanen Unterstützung zweier wichtiger Persönlichkeiten, die als ständige Vertreter der EBU bzw. CCIR an den Sitzungen teilnahmen: EBU-Direktor George Hansen sowie der amerikanische CCIR-Direktor Leslie Hayes. Beide wiesen darauf hin, daß die Erreichung einer einheitlichen Norm – egal welche Systemvariante dafür in Frage komme – das oberste Ziel der gemeinsamen Bemühungen im Rahmen der CCIR-Vollversammlung sein sollte, »même si la solution n'est pas la meilleure [...] même s'il faut 5 mois pour essayer d'y arriver«[288].

Aufgrund der positiven Reaktionen wandte sich Studiengruppenleiter Eric Esping mit der Frage an die bundesdeutsche und britische Delegation, ob sie dazu bereit seien, die Einführung des Farbfernsehens in ihren Ländern zu-

285 Documents on CCIR Study Groups Period 1963–1966, Doc.Temp./179, 4.7.1966.

286 In einem Brief von Stanesby, dem Leiter der britischen Delegation in Oslo, an Merriman (FO), berichtet Stanesby von der geplanten Aktion der Dänen (in Absprache mit Deutschland und England), SEQUAM (Sequential European Quadrature Amplitude Memory Method) als Alternative einzubringen. Zitat: »I think it important that such a document be issued before the NIR/SECAM IV offensive gets underway«. In einem Telegramm vom 5.07. heißt es dazu: »British Delegation are lobbying hard in support of Danish proposal for general acceptance of PAL under face-saving formula (SEQUAM). They consider that Italy and to a lesser extent Austria, Spain, Belgium and Luxembourg may be key delegations and would appreciate any lobbying which can be carried out in capitals«, in: PRO, Signatur HO 256/388.

287 Siehe die 41 Seiten handschriftliche Aufzeichnungen über den Verlauf der Osloer Verhandlungen (ohne Angabe des Autors), in: Archives nationales, Signatur ORTF/Année 1999, Nr. 44, zukünftig zitiert als »Oslo-Tagebuch«. Das Manuskript ermöglicht eine bis ins kleinste Detail reichende Rekonstruktion der Verhandlungsabläufe in Oslo, da sowohl präzise Zeitangaben als auch die einzelnen Redebeiträge mit Angabe der entsprechenden Namen bzw. Delegation aufgeführt werden. Es muß von einem Mitglied der französischen Delegation verfaßt worden sein. Leider finden sich keine Hinweise auf den Autor.

288 Siehe Oslo-Tagebuch, S. 16, in: ibid.

gunsten eines einheitlichen europäischen Farbfernsehstandards um ein halbes Jahr zu verschieben. Sowohl Hans Pressler als auch der Brite Stanesby erklärten, daß eine Entscheidung darüber, ob eine Verschiebung des Einführungstermins des Farbfernsehens möglich sei, außerhalb ihrer Kompetenz liege. Auch die von den Franzosen geforderte Forschungskonzentration auf das SECAM IV-System wurde von beiden Delegationsleitern als unmögliche Forderung zurückgewiesen, da man – so die Argumentation – der an der Farbfernsehtechnik wesentlich beteiligten Rundfunkindustrie nicht vorschreiben könne, an welchen Systemen sie zu arbeiten habe bzw. woran sie nicht arbeiten dürfe. Dieser Rückzug auf die Ebene rein formal-juristischer Argumentation kann aber als Zeichen dafür gedeutet werden, daß sich die bundesdeutsche und britische Delegation erheblichem »moralischen« Druck ausgesetzt sahen. Denn, wie auch Stanesby am Abend des 7. Juli nach London telegrafierte, standen er und seine Kollege Hans Pressler ziemlich alleine in ihrer harten pro-PAL-Haltung da:

> Unfortunately the French proposal appeared to gain a large measure of support and of those delegations represented at the meeting only the F.R.G., the U.K. and – in a luke-warm measure – the Netherlands indicated their continued support for PAL. It is an unfortunate fact that the Chairman of the meeting, Eric Esping, and, particularly, the Director a.i. of the CCIR [Leslie Hayes, A.d.V.], adopted attitudes which were in favour of the French proposals. [...] Unfortunately, it appears that the activities of the broadcasting organizations in the EBU have seriously prejudiced the position[289].

Auch Hans Pressler telegrafierte am Morgen des 8. Juli einen ausführlichen Bericht über die Sitzung des Vortages an Staatssekretär Bornemann vom Bundespostministerium. Pressler berichtete, daß er im Anschluß an die lebhafte Sitzung Besuch von Philippe Olivier bekommen habe, der ihm seine Enttäuschung darüber mitgeteilt habe, daß der von Staatssekretär von Hase gegenüber Informationsminister Peyrefitte immer wieder geäußerte und nun in Form des SECAM IV-Systems realisierte Wunsch, alles zu unternehmen, um eine technische Kompromißlösung zwischen PAL und SECAM zu erreichen, von deutscher Seite nun zurückgewiesen werde[290]. Wie Werner Nestel in einem später verfaßten Reisebericht der Osloer Konferenz berichtete, sollen Stanesby und Pressler jedesmal sehr angeschlagen aus diesen Sitzungen herausgekommen sein. »Ihre Überlegungen gingen dahin«, so Nestel, »ob es nicht durch einen Kompromiß irgendwelcher Art gelingen könnte, den ›schwarzen Peter‹ abzuwenden«[291].

289 Telegramm von H. Stanesby an das General Post Office, Oslo, 7.07.1966, in: PRO, Signatur HO 256/388.

290 Telegramm von Hans Pressler an Staatssekretär Bornemann, Oslo, 8.07.1966, in: Bundeszwischenarchiv Bonn, Signatur B 145/4513.

291 Siehe den von Werner Nestel verfaßten »Reisebericht, CCIR-Tagung in Oslo vom 22.06. bis 16.07.1966«, Ulm, 18.07.1966, 6 maschinegeschriebene Seiten, hier S. 5, in: Bundeszwischenarchiv Bonn, Signatur B 145/4513.

So überraschend der französische Vorstoß am Morgen des 7. Juli gekommen war, so verwunderlich war der noch am gleichen Tag erfolgte Widerruf des »Angebots« am Ende dieses durch langwierige und unfruchtbare Diskussionen gezeichneten Tages. Da weder die deutsche noch die britische Delegation bereit war, das SECAM IV-System in der dafür erforderlichen Zeitspanne zu studieren und die Einführung des Farbfernsehbetriebs in ihren Ländern entsprechend zu retardieren, zog die französische Delegation ihr »Kompromißangebot« zurück und hielt an der Einführung des SECAM III-Systems fest. Kam dieser plötzliche Rückzug den PAL-Anhängern ohne Frage entgegen, hinterließ er bei zahlreichen Delegationen, die der französischen Initiative erwartungsvoll zugestimmt hatten, einen bitteren Nachgeschmack. Wie Hans Pressler bemerkte, lag die Vermutung nahe, »daß der Vermittlungsvorschlag vorwiegend aus Gründen der Optik gemacht wurde«[292]. Auch H. Stanesby deutete den unerwarteten Rückzug der Franzosen, der – wie er betont – »in a quietly dramatic way« inszeniert worden sei, als ein taktisches Manöver, auch wenn er, wie er in seinem Abschlußbericht gestand, über die ursächlichen Motive der französischen Delegation im unklaren war[293].

Obwohl es Befürwortern eines einheitlichen europäischen Standards – allen voran den bereits genannten Persönlichkeiten Hayes und Hansen und der im Hintergrund sehr aktiven belgischen Delegation – gelang, die Franzosen am darauffolgenden Tag zu einer erneuten Zusage ihres Angebots vom Vortag zu bewegen, hielten die Briten und Deutschen an ihren Positionen fest. In einer hitzigen Diskussion versuchten nun beide Lager, sich gegenseitig die Schuld am Scheitern einer Kompromißlösung zu geben. Während die Franzosen den Briten und Deutschen eine »anti-europäische« Haltung vorwarfen und verlangten, deren Weigerung SECAM IV als einheitlichen europäischen Standard zu akzeptieren in das offizielle Protokoll des CCIR-Konferenzberichts aufzunehmen, warfen Stanesby und Pressler den Franzosen eine Politisierung der Farbfernsehfrage und damit eine Mißachtung der CCIR-Statuten vor. Nach acht Stunden vergeblicher Diskussion brach Gruppenleiter Erik Esping die Sitzung erfolglos ab und beauftragte eine Redaktionsgruppe mit dem Verfassen eines unparteiischen Berichtes über die beiden letzten Verhandlungstage. Doch selbst dort setzten sich die teilweise polemischen Wortgefechte zwischen Franzosen, Deutschen und Briten fort, so daß der Vorsitzende Esping den Bericht alleine verfassen mußte[294]. Dieser beschränkte

292 Ibid.

293 Siehe den 4seitigen, von H. Stanesby am 22.08. verfaßten »Report to TAC/TSC on CCIR XIth Plenary Assembly, Oslo, 1966«, in: PRO, Signatur HO 256/388.

294 Am 11.07. schickte Hans Pressler ein 2seitiges Telegramm an Staatssekretär Bornemann vom Postministerium, in dem er über den Fortgang der Verhandlungen berichtete. Dort hieß es: »Die Verhandlungen in dieser Redaktionsgruppe waren unerfreulich wegen der nervösen Reaktion des französischen Vertreters auf sachliche Fragen des englischen und deutschen Vertreters,

sich auf die bloße Wiederholung der unterschiedlichen Positionen und vermied es tunlichst, eine zusammenfassende Aussage zu treffen, die als Wertung des Geschehens gedeutet werden konnte[295].

Damit waren die Bemühungen gescheitert, in der kleinen Runde der Delegationsleiter der wichtigsten europäischen Fernsehnationen zu einer Einigung über die Farbfernsehfrage zu gelangen. Als am 13. Juli die Diskussion in der größeren Studiengruppe wieder aufgenommen wurde, drängte vor allem die belgische Delegation darauf, die Chance eines einheitlichen europäischen Farbfernsehsystems nicht leichtfertig zu vergeben. Doch mußten gerade die Vertreter kleinerer Länder bald einsehen, daß sie an den Entscheidungen der »big four« – Frankreich, Bundesrepublik Deutschland, Großbritannien und Sowjetunion – wenig zu ändern vermochten. Sowohl in Frankreich als auch in der Bundesrepublik und Großbritannien waren es in erster Linie industrielle Interessen, die ein Abweichen von der SECAM III- bzw. PAL-Linie verhinderten.

Von Prof. Nestel ständig über den Lauf der Verhandlungen in Oslo unterrichtet, versuchte der Telefunken-Vorstandsvorsitzende Dr. Felix Herriger in Bonn Druck auszuüben, damit der bundesdeutsche Delegationsleiter weiterhin unbeirrt an seiner pro-PAL-Haltung festhalte[296]. Ähnliche Stimmen wurden von der britischen Rundfunkindustrie auf einer »Krisensitzung« im Postministerium am 14. Juli geäußert, auf der Delegationsleiter Stanesby sowie weitere Delegationsmitglieder über den Verlauf der Osloer Verhandlungen Bericht erstatteten. Der Vorsitzende der BREMA, Sir Jules Thorne, zeigte sich bei diesem Treffen sehr besorgt über die Möglichkeit eines erneuten Aufschubs des Farbfernseheinführungstermins. Außerdem habe die britische Industrie bereits eine Menge Geld in die Untersuchung des NTSC- und PAL-

die beide den Vorsitzenden um Schutz gegen beleidigende Äußerungen des französischen Vertreters bitten mußten«, in: Bundeszwischenarchiv Bonn, Signatur B 145/4513.

295 »Report by Sub-Group XI-A-2«, Doc.Temp./276 (XI)-E, 11.07.1966.

296 In einer Gesprächsnotiz von Dr. Herriger über Telefonate mit Werner Nestel in Oslo und Dr. Siewert in Bonn – beide am 12.07.1966 – heißt es: »Es wurde mit Prof. Nestel verabredet, daß wir versuchen, über Bonn zu erreichen, daß die deutsche Kommission, insbesondere Herr Pressler, eine Rückenstärkung bekommt. [...] Siewert wurde über Telefonat mit Nestel berichtet und gebeten, über AA bzw. Botschaft in Oslo pro PAL aktiv zu werden. Siewert berichtet, daß ein Gespräch mit Dr. Frank [vom Auswärtigen Amt, A.d.V.] ergeben habe, daß noch heute ein Telegramm an die Botschaft in Oslo mit entsprechender Weisung abgehen würde«, in: AEG-Telefunken-Archiv, Deutsches Technikmuseum Berlin, Signatur GS 1649. Einen Tag später, am 13. Juli, telefonierte Herriger auch mit dem Geschäftsführer der Fachgruppe 13 des ZVEI, Dr. Hücking. »Herr Dr. Hücking teilte meine Meinung, daß es sich die deutsche Industrie nicht leisten könne, in der Frage des Farbfernsehsystems noch weitere 1 1/2 bis 2 Jahre zu warten, bis ein neuer Normvorschlag für NIR gemacht und erprobt sei. Aus diesem Grund müsse die deutsche Industrie darauf drängen, daß das PAL-System zur Einführung käme«. Siehe Gesprächsnotiz von Dr. Herriger über Telefonat mit Dr. Hücking, 13.07.1966, in: AEG-Telefunken-Archiv, Deutsches Technikmuseum Berlin, Signatur GS 1646.

Systems investiert, so daß eine erneute Investition für eine weitere Systemvariante nicht in Frage komme. Obwohl Sir Hugh Carleton Greene und sein Chefingenieur McLean aus Sicht der BBC die Vorteile eines einheitlichen europäischen Farbfernsehsystems erneut hervorhoben, beschloß der Generaldirektor im britischen Postministerium und Leiter der Sitzung, Sir Ronald German, daß die britische Delegation in Oslo an der eindeutigen pro-PAL-Haltung festhalten solle[297]. Bereits einen Tag später informierte Stanesby, nach Oslo zurückgekehrt, seinen deutschen Kollegen Pressler über das Resultat der Besprechung in London, das dieser mit Freude nach Bonn weiterleitete[298].

Hielt das britische Postministerium demnach an der Befürwortung des PAL-Systems fest, hatte vor allem BBC-Chefingenieur Francis McLean auch in Oslo nichts unversucht gelassen, seinen Einfluß zugunsten der Propagierung des SECAM IV-Systems geltend zu machen. Wie immer geschah dies sehr zum Ärger des Foreign Office sowie der britischen Rundfunkindustrie. Bereits zu Beginn der Osloer Verhandlungen beschwerte sich Delegationsleiter Stanesby über die eigenmächtigen Aktionen des BBC-Chefingenieurs: »I am sorry to say that the PAL position has been seriously undermined by the widely publicised BBC work on NIR/SECAM IV-work which was reported to the EBU and which is frequently mentioned during this Conference. The BBC's favourable opinion on NIR/SECAM IV is widely known and seriously embarrasses us, and I am afraid that McLean, in casual conversation, makes no effort to support the PAL point of view«[299].

Während McLean seine pro-SECAM IV-Position demnach in Oslo außerhalb der offiziellen Sitzungen mehr oder minder ungehindert verbreiten konnte[300], wurden potentielle französische Initiativen auf seiten der Ingenieure der ORTF bereits im Keim erstickt. Wie mehrere Interviewpartner berichten, hatten die Ingenieure der ORTF das SECAM IV-System in ihren Laboratorien soweit entwickelt, daß sie in der Lage waren, entsprechende Vorfüh-

297 »Note of a meeting held in room 109, Post Office Headquarters Building on 14th July, 1966«, in: PRO, Signatur HO 256/387. Auf fünf maschinegeschriebenen Seiten wird hier der Stand der Verhandlungen in Oslo zusammengefaßt. Neben Vertretern der Rundfunkindustrie und der BBC nahmen an der Sitzung auch Vertreter des Außenministeriums, des Privatfernsehsenders ITA, des Postministeriums, des Ministeriums für Technologie sowie des Finanzministeriums teil.

298 Telegramm von Pressler an das Bundespostministerium, Oslo, 15.07.1966, in: Bundeszwischenarchiv Bonn, Signatur B 145/4513.

299 Mitteilung von Stanesby an Merriman (FO), in: PRO, Signatur HO 256/388.

300 Die BBC-Aktivitäten für SECAM IV werden auch in einem Aufsatz von Jacques Fagot erwähnt. Dort heißt es: »Pour ajouter au ›suspense‹ la BBC, à Londres, avait même sorti de ses cartons des notes techniques montrant que des solutions analogues au SECAM IV avaient été envisagées dans le secret de ses laboratoires«. Siehe Jacques FAGOT, La télévision en couleurs, in: Technique, Art et Science (1969) S. 71 f.

"LE CANARD ENCHAINE" du 20.7.66

Après la Bataille d'Oslo sur la T.V. couleur

SECAM (IV) ne t'ouvre pas

ou : comment on avait planqué l'autocar

Il manquait à Oslo un délégué. Un délégué à quatre roues, en forme d'autocar. Quelques jours avant le grand tournoi européen de la télé-couleur, ce personnage avait été kidnappé, enfermé à double-tour dans un hangar d'Issy-les-Moulineaux, sous la garde énergique des barbouzes du domaine réservé.

C'était l'autocar du SECAM IV qui aurait été capable, l'insolent, de réaliser l'unité européenne dès le premier tour de scrutin, sur le choix d'un système — et de faire perdre à Floirat et consorts, la perspective de certaines « royalties ».

D'ailleurs, à Oslo, dès l'ouverture de l'assemblée, la France, par la voix d'un obscur sous-fifre du Quai d'Orsay, lequel serait bien incapable de distinguer un composant électronique d'un godillot, avait été formelle : « Le Secam IV n'a pas à être pris en considération ».

Secam IV, ferme-là.

LES POUR ET LES CONTRE

Le SECAM IV, on vous l'a déjà dit, c'est une version française, mise au point par les techniciens du labo-couleur de l'O.R.T.F., d'une version soviétique (le N.I.R.), du procédé SECAM d'origine.

Il a déjà donné lieu à de sévères bagarres entre Paris et Moscou, ou plutôt, dans chaque capitale, entre techniciens et politiques.

Les techniciens sont pour, parce qu'il permet de régler élégamment le problème du standard européen unique. Les avantages du SECAM français, du PAL allemand et du NTSC américain y sont réunis, et ce sont les pays « neutres » (qui n'ont pas de brevets à défendre), qui se font les partisans les plus ardents de ce NIR soviétique corrigé O.R.T.F.

Les politiques sont contre, parce que de Gaulle a dit qu'il fallait être contre. Ce qui, du point de vue électronique, est amplement suffisant et entraîne de multiples conséquences. Tous les pays africains francophones s'alignent, pour des raisons de soupe. Le Kremlin idem, parce que ce n'est pas le moment de chatouiller le Général sur des bricoles. Et les autres pays socialistes itou, pour d'autres raisons de soupe.

Ah ! tous ces gros mangeurs.

UN « NIET » COUSU D'OR

Le « niet » élyséen rend perplexes tous les ingénieurs européens. C'est un « niet » énergique, puisqu'il a bloqué le camion de démonstration SECAM IV à Paris, avec interdiction aux délégués français à Oslo d'en évoquer seulement l'existence, laquelle pouvait changer le cours de l'histoire de la télé-couleur.

En demeurant ferme sur la position SECAM III, on se bat pour un brevet à cent pour cent français, que ni Bonn ni Londres n'accepteront jamais. Et l'on choisit ainsi la coupure de l'Europe en deux que, sur le plan des principes, personne ne désire. Mais on assure au détenteur du brevet et aux fabricants de récepteurs, de matériel d'émission, etc., un marché garanti confortable. Est-ce à ces hautes considérations que l'Elysée s'est rallié ?

Hé ! hé ! mercantile, avec ça.

MON COUVE TOUT SEUL

En attendant le petit jeu des Français, dans la bagarre d'Oslo, leur a fait perdre les derniers hésitants. Le coup de la France seule avec son SECAM III n'a pas été apprécié par les « neutres ».

D'autant plus que les délégués de Moncouve avaient le don d'irriter la galère avec leurs mines. Quand les autres, comme dernière planche de salut pour éviter la coupure, proposaient un délai de six mois pour voir au moins ce qu'il vaut, ce SECAM, ça faisait sourire les techniciens de l'O.R.T.F. qui savaient bien, eux, qu'il n'y avait pas besoin de six mois : puisque le car de démonstration est tout prêt, dans son hangar d'Issy.

Les gens du Quai, eux, prenaient un air faussement conciliant, disaient oui sur le principe et aussitôt après faisaient tout capoter en refusant les modalités d'application du délai de la haute stratégie.

Avec de drôles de secamelots du Roy.

Abb. 23: »SECAM (IV) ne t'ouvre pas«, aus: Le Canard Enchaîné, 20. Juli 1966.

rungen in Oslo zu machen[301]. Zu diesem Zweck war bereits ein Lastwagen mit den benötigten Apparaturen bestückt und die erforderlichen Genehmigungen (Zollpapiere, Reisepässe) eingeholt worden. Nachdem die französische Delegation das SECAM IV-Angebot unterbreitet hatte, stand in Paris alles bereit zum Aufbruch nach Oslo, als wenige Stunden später das kategorische Verbot zur Abreise eintraf. Da sich die Lage in Oslo geändert hatte, kam eine Demonstration des Systems unter keinen Umständen mehr in Frage – sehr zum Ärgernis der ORTF-Ingenieure. Wie Yves Angel überliefert, soll der französische Delegationsleiter Rodocanachi die Entscheidung mit den Worten begründet haben: »La France a tendu la main et n'a rencontré que le vide«[302]! Diese Aktion wurde wenige Tage später zur Schlagzeile in der lin-

301 ORTF-Chefingenieur Louis Goussot schrieb wenig später in einem längeren Aufsatz zum Thema Farbfernsehen gar, daß man das NIR-System in den Laboratorien der ORTF so weit entwickelt habe, daß man mit der Fertigung von Prototypen für die Serienfertigung hätte beginnen können (»en le poussant jusqu'à la réalisation de prototypes reproductibles en série«). Siehe Louis Goussot, L'équipement de la télévision en couleur à l'ORTF, in: L'Onde électrique 48 (1967) S. 1017–1028, hier S. 1017.

302 Angel, Brève histoire des débuts de la télévision française.

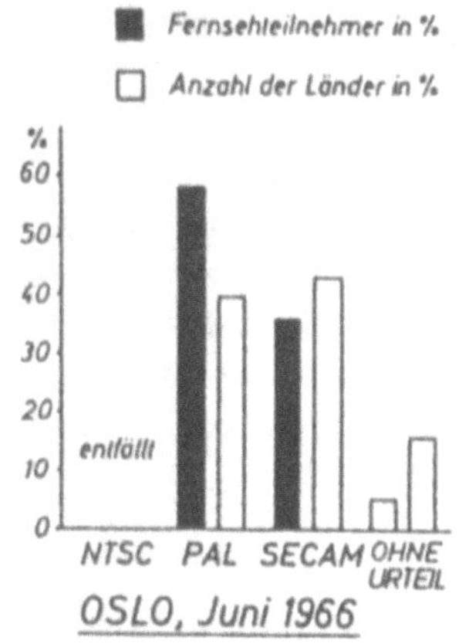

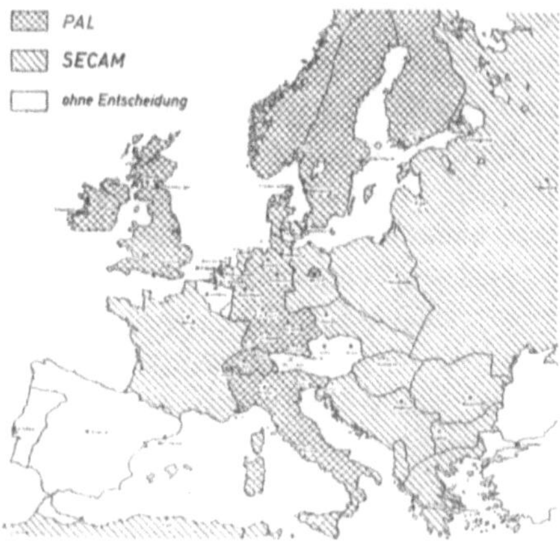

Abb. 24/25: Diagramm und Karte der Ergebnisse der CCIR-Tagung in Oslo vom Juni/Juli 1966, aus: MÜLLER, *Die internationalen Bemühungen, S. 247f.*

ken französischen Tageszeitung »Le Canard Enchaîné«, die am 20. Juli titelte: »SECAM (IV) ne t'ouvre pas – ou: comment on avait planqué l'autocar«.

Obwohl Frankreich seinen diplomatischen Druck in Oslo durch die Anreise des ehemaligen Kabinettsdirektors von Alain Peyrefitte, Jean-Jacques de Bresson, der nunmehr Direktor der juristischen Abteilung des Quai d'Orsay war, noch verstärkte, änderte sich in der letzten Woche der Beratungen in Oslo an den entscheidenden Positionen der zentralen Verhandlungsakteure nichts mehr. In recht nüchternen Worten faßte der britische Delegationsleiter Stanesby das Ende der Konferenz in seinem Abschlußbericht zusammen:

> The final result of all these discussions was a report from the Study Group XI to the Plenary Assembly setting out the technical characteristics of the various colour television systems and appending to it the report that had originated in Sub-Group XI A 2. When this report was finally presented at the Plenary Assembly there was a tense moment and no-one at all discussed it[303].

Wie schon in Wien war die CCIR auch in Oslo nicht in der Lage, eine Empfehlung für einen einheitlichen europäischen Farbfernsehstandard zu formulieren. Von seiten der technischen Experten wurde dieses Scheitern sehr bedauert. Die internationale Presse schloß sich diesem Bedauern weitestgehend an, auch wenn gewisse regierungsnahe Blätter in beiden Lagern keine Probleme hatten, den »Schuldigen« im jeweils anderen Lager auszumachen. In Frankreich war es vor allem der »Figaro« – zu dessen Herausgebern und politischen Leitartiklern später auch Alain Peyrefitte zählen sollte –, der die

303 »Report to T.A.C./T.S.C. on C.C.I.R. XIth Plenary Assembly, Oslo, 1966«, in: PRO, Signatur HO 256/388.

verpaßte Chance eines »esperanto électronique« Deutschland und Großbritannien ankreidete: »Ainsi«, so heißt es in einem Artikel von Pierre de Latil vom 18. Juli 1966, »des décisions unilatérales avaient été prises à Bonn et à Londres avant la conférence qui devait faire un choix technique! Décidément, au moment où l'on parle tant de collaboration européenne, on n'a jamais tellement bafoué qu'aujourd'hui les bases saines des négociations internationales«[304]. Radio & Télévision-Chefredakteur Eugène Aisberg, der vor Oslo noch den Schlachtruf »unité avant tout« ausgegeben hatte, mußte sich nach Oslo eingestehen, daß seine hoffnungsvollen Erwartungen enttäuscht worden waren. Resigniert schrieb er: »Jamais, décidément, les destinées de la couleur ne nous ont paru aussi sombres!«[305]

Bereits vor dem offiziellen Ende der Vollversammlung in Oslo (22. Juli) trafen sich in Bonn die Spitzen von Telefunken mit den Staatssekretären von Hase und Bornemann sowie mit dem Ministerialdirigenten Dr. Frank vom Auswärtigen Amt, um die Ergebnisse der Osloer Verhandlungen auszuwerten. Da am 21. Juli der französische Staatspräsident zu Besuch in Bonn war, wollte man im Informationsministerium argumentativ gerüstet sein, falls de Gaulle das Gespräch auf das Thema Farbfernsehen bringen würde – auch wenn dies im Protokoll nicht vorgesehen war. Vor allem Felix Herriger machte deutlich, daß man möglichen »französischen Wünschen nach ›Opfern‹ und der Vertagung der Entscheidung« auf keinen Fall nachgeben dürfe. »Wir sollten stolz darauf sein«, so der Telefunken-Vorstandsvorsitzende, »daß ein deutsches System eine derartige internationale Anerkennung bei Fachleuten erhalten hat und dieses mühsam errungene Prestige nicht preisgeben«[306].

Auch der Vorsitzende des Fachverbandes Rundfunk und Fernsehen im ZVEI, Dr. Meyer, gab zu bedenken, daß die französischen Interessen nun unberücksichtigt bleiben müßten – »es muß auf jeden überraschenden Kuhhandel mit den Franzosen verzichtet werden, wenn nicht ein ganzer Industriezweig erheblich geschädigt werden soll«. Nachdem Karl-Günther von Hase die Ausführungen der anwesenden Industriellen gehört hatte, zog auch er ein Fazit aus Sicht des Bundespresse- und Informationsamtes:

304 Pierre de Latil, TV-Couleurs: La division technique de l'Europe est irrémédiable, in: Le Figaro, 18.07.1966.

305 Eugène Aisberg, L'Europe écartelée, in: Radio & Télévision 166 (1966) S. 203.

306 Vermerk über drei Besprechungen mit den Herren Staatssekretär von Hase, Bundespresseamt, Staatssekretär Bornemann, Bundespostministerium und Mininisterialdirigent Dr. Frank, Auswärtiges Amt, am 19.07.1966 in Bonn über das Ergebnis von Oslo und die Haltung der Bundesregierung beim de Gaulle-Besuch am 21.07.1966, verfaßt von Dr. Siewert (Telefunken), Bonn, 22.07.1966, 6 maschinegeschriebene Seiten, in: AEG-Telefunken-Archiv, Deutsches Technikmuseum Berlin, Signatur GS 1647.

Die Bundesregierung [bleibt] bei ihrer bisherigen pro-PAL-Haltung, die stets bewußt unpolitisch und ›keine nationale Frage‹ war und sich ausschließlich auf der Grundlage der technischen Leistung bewegt hat. Die vor allem von Frankreich betriebene Entwicklung ist in politischer Sicht unerfreulich. Man hätte sich durchaus eine optimalere Gestaltung des Problems vorstellen können. Die Schuld liegt aber eindeutig nicht bei uns. Immer wieder habe er den Franzosen angeboten, den Versuch zu machen, beide Systeme zu kombinieren. Frankreich hat darauf überhaupt nicht reagiert, sondern wie ein ›deus ex machina‹ vor Wien den französisch-russischen Vertrag geschlossen. Wir befinden uns also in einer guten Situation und haben ein Alibi[307].

Staatssekretär Bornemann vom Bundespostministerium zeigte sich über die erreichte Position in Oslo sehr zufrieden: »Wie könnte die Bundesregierung PAL aufgeben«, so fragte er, »wenn England eine so großartige Haltung in Oslo bewiesen hat«? Tatsächlich wurde die enge deutsch-englische Kooperation sowohl von bundesdeutscher als auch von britischer Seite als Erfolg und vielversprechendes Zeichen für eine weitere Zusammenarbeit im europäischen Kontext gedeutet. In einem Rundschreiben unterrichtete Sir Frank Roberts vom britischen Außenministerium seine Kollegen über ein Gespräch mit Karl-Günther von Hase am 21. Juli 1966, bei dem dieser ihm zu der festen Haltung für PAL in Oslo gedankt habe:

State Secretary von Hase told me last night how pleased the Ferderal Government were over the close Anglo-German cooperation which had developed over international colour television. They highly appreciated our support for PAL which had been decisive. [...] He was most critical of French behaviour. He claimed that the Germans had made great efforts over a long period to come to some compromise solution but the French apart from their initial action at Vienna had been entirely uncompromising until Oslo when they had put forward their SECAM IV proposal which was quite unrealistic and obviously a mere tactical device[308].

Obwohl man im Quai d'Orsay das Scheitern der SECAM IV-Initiative im Gegensatz zur CFT/CSF bedauerte, widmete man sich bald den praktischen Folgen, welche die Spaltung Europas für die Fernsehwelt und vor allem für die französisch-sowjetische Kooperation bedeutete. Zwar äußerte auch Gwishiani im Gespräch mit dem französischen Botschaftsmitglied Baudet in Moskau sein Bedauern über das Scheitern der NIR-Offerte, doch gab Gwishiani zu verstehen, daß man sich nun den praktischen Fragen des Aufbaus des Farbfernsehens in der Sowjetunion und Frankreich widmen müsse[309]. In gegenseitigem Einverständnis zwischen de Bresson und Gwishiani wurde am 29. Juli ein französisch-sowjetisches Pressecommuniqué veröffentlicht, in dem beide Länder ihren nunmehr definitiven Beschluß bekannt gaben, das

307 Ibid.

308 Rundschreiben von Sir F. Roberts (FO) vom 21.07.1966, in: PRO, Signatur FO 371/181315, General Department, Akte GT 41/39.

309 Telegramm von Baudet, französische Botschaft in Moskau, an Jean-Jacques de Bresson, Quai d'Orsay, Moskau, 23.07.1966, in: Archives du MAE, Affaires Économiques et Financières, Affaires Générales, Nr. 220d.

SECAM III-System einzuführen – allerdings nicht, ohne nochmals auf die Kompromißbereitschaft beider Länder in Oslo hinzuweisen:

Constatant que l'accord sur un procédé unique de télévision en couleur en Europe n'a pu être réalisé à la Conférence d'Oslo, malgré les propositions de compromis avancées par les délégations française et soviétique, le Gouvernement français, en plein accord avec le Gouvernement de l'URSS, a décidé de choisir définitivement le système SECAM III et de préparer dès à présent la mise en exploitation sur le plan industriel de ce procédé[310].

310 Telegramm von Jean-Jacques de Bresson an Rodocanachi, französische Botschaft Moskau, Paris, 25.07.1966, in: Archives du MAE, Affaires Économiques et Financières, Affaires Générales, Nr. 220d.

4.6. Farbfernsehpolitik zwischen industriepolitischem Kalkül und nationalem Prestige – zusammenfassende Betrachtung des »terrain politique«

Bevor in Kapitel 5 eine systematische Analyse des Scheiterns der Bemühungen um einen einheitlichen europäischen Farbfernsehstandard vorgenommen wird, sollen die grundlegenden Aspekte der politischen Dimension der Farbfernsehkontroverse noch einmal zusammengefaßt werden.

Ab Mitte der fünfziger Jahre stieg das Fernsehen in den westeuropäischen Ländern zum neuen Leitmedium der medialen Öffentlichkeit auf. Allerdings wurde die Bedeutung des neuen audiovisuellen Mediums für die Gestaltung der politischen Öffentlichkeit einer Nation dies- und jenseits des Rheins unterschiedlich eingeschätzt. Dieser unterschiedlichen Einschätzung entsprechend kam es zu divergierenden institutionellen und strukturellen Ausbildungen des Fernsehrundfunks in beiden Ländern. Während das Fernsehen in Frankreich ganz selbstverständlich in der Tradition des zentralistischen Hörrundfunks als Instrument regierungspolitischer Meinungsbildung eingesetzt wurde (Télécratie), setzte sich in der Bundesrepublik mittels alliierter Nachhilfe das föderale Modell vom Bund unabhängiger Landesrundfunkanstalten durch, das eine regierungspolitische Monopolisierung des Fernsehrundfunks trotz entsprechender Versuche (Adenauer-Fernsehen) erfolgreich verhinderte. Dementsprechend groß war der politische Zugriff auf das neue Medium auf der französischen Seite, während er auf bundesdeutscher Seite durch das Karlsruher Fernsehurteil vom Februar 1961 verfassungsrechtlich beschränkt wurde. Diese strukturellen Unterschiede sind der Grund dafür, daß die zentralen politischen Akteure auf französischer Seite einen viel direkteren und unmittelbareren Zugriff auf rundfunkpolitische oder rundfunktechnische Entscheidungen ausüben konnten als ihre deutschen Kollegen.

Neben den strukturellen Unterschieden gab es zudem unterschiedliche Einschätzungen der politischen Wirkmächtigkeit des neuen Mediums Fernsehen. Während weder Adenauer noch Erhard die suggestive Kraft des bewegten Bildes – das im Gegensatz zum Kino in jedes Haus dringen konnte – richtig einschätzten, war sich Charles de Gaulle dieser Bedeutung von Anfang an bewußt. Seine Rundfunkerfahrungen des Zweiten Weltkriegs (»Voix de la France«) setzte er nahtlos in die Fernsehwelt um. Diese im Vergleich zu deutschen Politikern wesentlich höhere Sensibilität für das neue Leitmedium Fernsehen machte de Gaulle aufmerksam für rundfunktechnische Entwicklungen, die er umgehend als nationale Prestigeobjekte (»champions nationaux«) deutete und dementsprechend politisch auflud.

Glaubte man zu Beginn des Jahres 1963 sowohl in Frankreich als auch in der Bundesrepublik daran, das Thema Farbfernsehen zu einem beispielhaften Objekt der gerade vertraglich festgelegten deutsch-französischen »Freundschaft« machen zu können, sorgte die rasche Abkühlung des deutsch-französischen Verhältnisses nach dem Amtsantritt Erhards für eine Kursänderung de Gaulles in dieser Frage. Schritt für Schritt avancierte das SECAM-Projekt für den französischen Staatspräsidenten zum Präzendenzfall der französisch-sowjetischen Annäherung und war damit Ausdruck seiner neuen europapolitischen Vision (»Europa vom Atlantik bis zum Ural«). Während man auf bundesdeutscher Seite – zumindest im Bundespresse- und Informationsamt – weiter an einer Annäherung der beiden Positionen im Sinne des deutsch-französischen Vertrages arbeitete, hatte de Gaulle das SECAM-System zur »Concorde franco-russe« erklärt. Resultat dieser neuen außenpolitischen Strategie de Gaulles, die keineswegs immer auf Gegenliebe im Quai d'Orsay stieß, war die Unterzeichnung des französisch-sowjetischen Farbfernsehvertrags am 22. März 1965 in Paris.

Die Bekanntmachung des französisch-sowjetischen Farbfernsehvertrags drei Tage vor Beginn der CCIR-Zwischentagung in Wien, auf der die Fernsehexperten der Welt einen einheitlichen europäischen Farbfernsehstandard zu definieren suchten, löste in Expertenkreisen eine Welle der Entrüstung aus. Ist die Unterzeichnung und Veröffentlichung des Vertrages mit den Worten Alfred Grossers durchaus als Meisterleistung de Gaullescher »Schockdiplomatie« zu bewerten, wurde sie von den technischen Experten, welche die zentralen Akteure der CCIR waren, als unerfreulicher Eingriff der Politik in das Feld der »neutralen Technik« gedeutet. Tatsächlich ging die Taktik der Franzosen trotz oder gerade wegen dieser diplomatischen Offensive nicht auf: Viele Delegationen, die sich bislang durchaus interessiert für die Technik des SECAM-Systems gezeigt hatten, wendeten sich aufgrund der Politisierung der Farbfernsehfrage eher von den Franzosen ab. Auch das Kalkül der Franzosen, die Bundesrepublik via UdSSR und Satellitenstaaten – besonders durch eine SECAM-Übernahme in der DDR – für das SECAM-System zu gewinnen, ging in Wien nicht auf. Die Wiener Konferenz endete vielmehr in einem Zusammenrücken der NTSC- und PAL-Verfechter zugunsten der letzteren.

Die Phase zwischen den beiden CCIR-Tagungen in Wien und Oslo kann als diejenige Phase beschrieben werden, in der es zur internationalen Politisierung der Farbfernsehfrage kam. Nach Wien formierten sich auch die PAL- und NTSC-Befürworter neu und es kam zur folgenreichen Annäherung der britischen und bundesdeutschen Position, die durch die PAL-Übernahme des Philips-Landes Niederlande noch verstärkt wurde. Während sich somit das PAL-Lager für die Osloer Verhandlungen wesentlich verstärkte, sorgte die sowjetische NIR-Entwicklung für ernsthafte Irritationen des französisch-sowjetischen Verhältnisses. Zwar gelang es der französischen Diplomatie unter großen Anstrengungen letztlich doch noch, die sowjetischen »Partner« auf die SECAM III-Linie festzulegen, doch sorgte das NIR-System, das schnell den Ruf eines technischen Kompromißsystems zwischen PAL und SECAM erlangte, für internationales Aufsehen. Vor allem die Ingenieure der BBC und ORTF sahen im NIR-System den schon unmöglich scheinenden europäischen Standard und investierten wider den Willen der zuständigen politischen Institutionen in die Erforschung des sowjetischen Systems.

Obschon alle zentralen Akteure mit klaren strategischen Weisungen in Oslo anreisten, kam es mit der französischen Offerte, das SECAM IV (NIR-System) als möglichen europäischen Standard zu diskutieren, zu einer unerwarteten Wende in den Verhandlungen. Da der baldige Widerruf dieses als »großzügiges französisches Opfer« verkauften Angebots sowie der Rückzug der britischen und bundesdeutschen Argumentation auf formaljuristische Kriterien alle weiteren Verhandlungsbemühungen im Kern ersticken ließ, blieb es auch in Oslo bei der Spaltung der Delegierten in ein PAL- und ein SECAM-Lager. Die CCIR-Vollversammlung war nicht in der Lage, eine Empfehlung für ein einheitliches europäisches Farbfernsehsystem auszusprechen.

Wie in Wien förderten die gescheiterten Bemühungen in Oslo auf beiden Seiten die publizistische Suche nach »Schuldigen« für dieses Scheitern. Verharrten diese »Beschuldigungen« meist in ideologischen oder nationalistischen Verzerrungen der Wirklichkeit, ist es auch aus heutiger Perspektive schwer, die Ernsthaftigkeit des französischen-sowjetischen SECAM IV-Angebots in Oslo einzuschätzen[311]. Tatsächlich hätte die Einführung dieses Systems, das – so die Meinung vieler damaliger Fernsehtechniker – dem PAL-System verwandter war als dem SECAM-System, für die Franzosen eine herbe Niederlage aus industriepolitischer und wirtschaftlicher (Lizenzgebühren) Perspektive bedeutet. Vieles deutet darauf hin, daß im Falle der bundesdeutschen und britischen Zustimmung, das NIR-System einer eingehenderen Untersuchung zu unterziehen und damit den Einführungstermin des Farbfernsehens um sechs bis maximal zwölf Monate zu verschieben, eine Einigung durchaus realistisch gewesen wäre. Wären die Bundesrepublik und Großbritannien zu dieser zeitlichen Verschiebung ihres ersten Farbfernsehbetriebs bereit gewesen, hätte dem SECAM IV-System als europäischem Standard wahrscheinlich nichts im Wege gestanden. Der Druck der britischen und bundesdeutschen Rundfunkindustrie, Ende 1967 unbedingt mit dem Farbfernsehen zu beginnen um das Absatztief im Bereich der s/w-Empfänger aufzufangen, war höher als der potentielle politische und kulturelle Mehrwert einer einheitlichen europäischen Lösung.

311 Im Interview mit dem Autor äußerte sich Jean-Jacques de Bresson selbstkritisch über die verpaßte Chance in Oslo: »J'ai été beaucoup critiqué par les délégations à Oslo. Ils me rapprochaient d'avoir torpédié la possibilité d'un accord technique – ce qui est vrai d'ailleurs. Mais c'était mes instructions«. Interview mit Jean-Jacques de Bresson, Paris, 17.09.1999.

5. ANALYSE EINES SCHEITERNS

In der Einleitung wurde der von Dominique Pestre und Yves Cohen in die technikhistorische Forschung eingebrachte Begriff des »terrains« vorgestellt, der wegen seiner vielfältigen Deutbarkeit und inhaltlichen Offenheit geeignet schien, die in den einzelnen Kapiteln vorgestellten komplexen und verflochtenen Ereignisse, Akteure und Strukturen zu umfassen. In der nun folgenden Analyse des als gescheitert beschriebenen Versuchs, einen einheitlichen europäischen Farbfernsehstandard im Rahmen der CCIR-Tagungen auszuhandeln, wird in einem ersten Schritt danach gefragt, welche Motive oder Gründe für das Scheitern sich in den drei »terrains« finden lassen. Dabei können je nach Perspektive personelle, institutionelle oder strukturelle Motive aufgedeckt und Erklärungsansätze angeboten werden.

Dieser erste Analyseschritt wird als »klassischer« Interpretationsversuch bezeichnet, da sich viele Erklärungen für das Scheitern der Standardisierungsbemühungen aus der Analyse der institutionellen oder strukturellen Kontexte gewinnen lassen, die im Rahmen der drei »terrains« vorgestellt wurden. Wird diese klassische Analyse der mehrdimensionalen Betrachtung des Forschungsgegenstandes gerecht, werden in einem zweiten Analyseschritt alternative Deutungen angeboten, die – so die Hoffnung – Anstöße zu einer kulturgeschichtlichen Interpretation der Farbfernsehkontroverse liefern können. Wie der amerikanische Technikhistoriker Hugh Aitken in seiner Studie zur Entwicklung des Rundfunks in den USA, »The Continuous Wave«, schrieb, finden Standardisierungsprozesse in einer »grey area« statt, »where science, technology, business, and government meet, overlap, and interpenetrate; where resources and information flow between the systems«[1]. Hilfestellung für diese subtilere Interpretation der »grauen Bereiche« der Farbfernsehkontroverse sollen methodische Ansätze aus den Bereichen benachbarter Disziplinen wie der Soziologie, Politikwissenschaft oder der Kulturwissenschaft leisten. Dank ihres anders zugeschnittenen theoretischen Rüstzeuges können sie dazu beitragen, »feine Unterschiede« wahrnehm- und analysierbar zu machen, handlungstheoretische Spielräume zu erschließen und dabei helfen, historisch schwer faßbare Phänomene wie nationale Technikstile oder technopolitische Netzwerke zu interpretieren. Beide Interpretations- und Deutungsangebote zusammengenommen sollen das in der Einleitung formulierte Anliegen legitimieren, diese Studie als einen Beitrag zu einer politischen Kulturgeschichte der Technik zu verstehen.

[1] Hugh Aitken, The Continuous Wave: Technology and American Radio (1900–1932), Princeton 1985, S. 22.

5.1. Klassische Interpretationsversuche

Gab es in den drei vorgestellten Bereichen der Technik, Wirtschaft und Politik Hinweise oder gar zwingende Gründe für das Scheitern einer internationalen Übereinkunft über den europäischen Farbfernsehstandard? Um diese Frage zu beantworten, werden im folgenden alle drei »terrains« einer resümierenden Analyse unterzogen.

5.1.1. Le terrain technique

Die NTSC-Entwicklung ist zu Recht als technisch-industrielles Gesamtkunstwerk bezeichnet worden, da es den führenden amerikanischen Rundfunkfirmen in erstaunlich kurzer Zeit gelang, die zentralen Probleme des farbigen Fernsehrundfunks zu lösen: 1. die Kompatibilität von Schwarzweiß- und Farbfernsehempfang zu garantieren; 2. die bei der Übertragung farbiger Bilder höhere Informationsdichte ohne Steigerung der Bandbreite und damit Reduzierung der verfügbaren Frequenzen zu realisieren und schließlich 3. mit der Lochmaskenröhre das zentrale Bauteil zur Realisierung der vollelektronischen Farbbilderzeugung auf der Empfängerseite zur Verfügung gestellt zu haben. Damit waren in den USA die Weichen für das farbige Fernsehen in einer Zeit gestellt, in der man in Westeuropa gerade erst mit der flächendeckenden Versorgung der Bevölkerung mit s/w-Fernsehen begann.

Unliebsames Resultat der in der Vorkriegszeit in Europa in rein nationalen Kontexten betriebenen Fernsehentwicklung war, daß es nach 1945 zur Ausbildung unterschiedlicher s/w-Standards in Europa kam. Die unterschiedlichen Zeilennormen machten einen Programmaustausch zwischen den europäischen Ländern zu einem Unterfangen, welches nur unter erheblichem technischen und finanziellen Aufwand realisierbar war. Die Mitte der fünfziger Jahre in Europa beginnende Diskussion um die zukünftige Farbfernsehnorm war aufgrund dieser s/w-Normenvielfalt von Beginn an von dem Wunsch begleitet, die Farbfernsehstandardisierung mit einer Harmonisierung der Zeilennormen zu verbinden. Diese im Rahmen der CCIR zwischen 1956 und 1961 erfolgreich realisierte »Normierung der Grundparameter« war, wie Johannes Müller zu Recht bemerkt, wesentlich wichtiger für die Harmonisierung des internationalen Fernsehrundfunks als die anschließende Wahl des spezifischen Farbfernsehübertragungssystems[2].

[2] Auf der Europäischen Rundfunkkonferenz in Stockholm 1961 wurde diesbezüglich Einigkeit erreicht. »Diese Tatsache«, so Johannes Müller, »wird im allgemeinen nicht hoch genug eingeschätzt, zumal es sich bei solchen Entscheidungen nicht nur um die Lösung eines technischen Problems, sondern um wirtschaftspolitische Entscheidungen handelt, die sich auf die Rundfunkstruktur der davon betroffenen Länder und ihre Fernsehteilnehmer auswirken. Dennoch wurden diese Schwierigkeiten in vorbildlicher Weise auf technischer Ebene gelöst, ohne die Diskussion

Da die europäischen Systemalternativen SECAM und PAL auf dem amerikanischen NTSC-System aufbauten und daher in wesentlichen Kriterien mit diesem übereinstimmten, war die Debatte um die Validität der europäischen Systemalternativen eher von technisch-industriellen denn von technisch-wissenschaftlichen Gesichtspunkten bestimmt. Die Transcodierbarkeit der Systemalternativen, einer technischen Aufgabe, der man sich unmittelbar nach den gescheiterten Verhandlungen in Oslo in der CCIR-Studiengruppe M (Normwandlung) intensiv zuwandte, sollte bereits kurze Zeit nach der Einführung des Farbfernsehens für einen relativ problemlosen Programmaustausch zwischen Ländern mit unterschiedlichen Farbfernsehsystemen sorgen[3]. Viele von den »Argumenten«, die heutige PAL- oder SECAM-Anhänger zum Beweis der technischen Überlegenheit des einen oder anderen Systems anführen, basieren auf späteren Verfeinerungen der Systemalternativen, die zum Zeitpunkt des Entscheidungsfindungsprozesses im Rahmen der CCIR-Verhandlungen nicht als Erfahrungswissen vorlagen.

Legt man den wissenschaftlich-technischen Kenntnisstand und die produktionstechnischen Erfahrungen als zentrale Bewertungskriterien des damaligen Systemvergleichs zugrunde, so fällt das historisch-kritische Urteil eindeutig aus: Es gab kein »bestes« System. Alle drei Systemalternativen NTSC, PAL und SECAM – sehr wahrscheinlich auch die später in die Diskussion aufgenommene sowjetische NIR-Variante – hätten als Farbfernsehübertragungssysteme einen technisch zufriedenstellenden Farbfernsehbetrieb in Europa sicherstellen können. Eben jene technische Gleichwertigkeit machte eine Entscheidungsfindung aufgrund technischer Argumente extrem schwierig. Obwohl der Wille zur Einigung bei den meisten technischen Experten der CCIR vorhanden war, wurden industrielle und politische Interessen zu den zentralen Entscheidungskriterien. Die Gründe für das Scheitern der Harmonisierungsbemühungen müssen also auf der Ebene der industriellen und politischen Akteure der Farbfernsehkontroverse gesucht werden.

um die technischen Erfordernisse durch politische Akzente zu belasten«. MÜLLER, Die internationalen Bemühungen um eine europäische Farbfernsehnorm, S. 249.

[3] Johannes Müller beschreibt die Vorteile der Transcodierung im Vergleich zur früher notwendigen Zeilenumwandlung sehr anschaulich: »Das Problem der Transcodierung ist deshalb einfacher zu lösen als das einer Normwandlung von Bildern unterschiedlicher Zeilenzahl, weil lediglich die Farbinformation am oberen Bandende des Kanals von einem Modulationsverfahren in das andere überführt werden muß, während das Schwarzweißbild beibehalten werden kann«, in: ibid. S. 250. Zu den Problemen der Transcodierung siehe Walter BRUCH, Transcodierung – Farbsignalwandlung. Die Wandlung von Farbfernsehsignalen eines Verfahrens in die eines anderen, in: Jahrbuch des elektrischen Fernmeldewesens 20 (1969) S. 252–280; F. JAESCHKE, H. WENDT, Ein Transcoder zur Umsetzung von SECAM in PAL-Systemen, in: Radio Mentor (1968) 7 S. 494–498; Howard F. STEELE, The Transcoding of Colour Television Signals, in: The Television Society Journal 11 (1965) 2 S. 28–33.

5.1.2. Le terrain industriel

Als im Jahre 1953 in den USA das NTSC-Farbfernsehsystem eingeführt wurde, war die europäische Rundfunkindustrie damit beschäftigt, den s/w-Fernsehmarkt aufzubauen. Obwohl Großbritannien und Frankreich relativ zügig nach Kriegsende mit der Ausstrahlung eines mehr oder weniger regelmäßigen Fernsehprogramms begannen, fand – mit Ausnahme Großbritanniens – der industrielle »take off« des Fernsehsektors erst in der zweiten Hälfte der fünfziger Jahre statt. Selbst das s/w-Fernsehgerät blieb bis Ende der siebziger Jahre ein ausgesprochenes Luxusgut. Der Wandel des Farbempfängers zum industriellen Konsumgut fand in Europa erst in den achtziger Jahren statt. Mit entsprechender Verzögerung setzte man sich auf seiten der europäischen Rundfunkindustrie ernsthaft mit dem Thema Farbfernsehen auseinander. Die farbfernsehtechnischen Aktivitäten einiger weniger Rundfunkfirmen konnten jedoch – wie im Falle der CFT oder Telefunkens geschehen – zu wichtigen Weiterentwicklungen des amerikanischen Systems führen. Für die meisten großen Rundfunkunternehmen (Thorn, Mullard, Philips, Grundig) blieb das amerikanische System aufgrund der langjährigen Fertigungserfahrung das Referenzsystem, mit dessen Einführung man bis Anfang der sechziger Jahren in den meisten europäischen Ländern fest rechnete.

Mit dem Erscheinen des von Henri de France entwickelten SECAM-Systems im Jahre 1956 und dem vom Telefunken-Ingenieur Walter Bruch entwickelten PAL-System im Januar 1963 kam es zu einer ernsthaften Konkurrenz für das amerikanische Verfahren. Da sich im Laufe der Untersuchungen der EBU ad-hoc-Kommission für das Farbfernsehen die technische Gleichwertigkeit beider NTSC-Weiterentwicklungen im Vergleich mit dem amerikanischen »Muttersystem« zeigte, witterte man sowohl bei der CFT als auch bei Telefunken die Chance, das jeweilige System als europäische Alternative zum NTSC-System durchsetzen zu können. Beide Seiten wußten, daß sie im Falle der Einführung ihres Systems mit enormen Lizenzeinnahmen rechnen konnten. Wie die folgende Grafik zeigt, schätzte man bei Telefunken, daß die jährlichen Lizenzeinnahmen für die PAL-Patente bis auf sechs Millionen DM im Jahr 1974 ansteigen könnten.

Die zu erwartenden Lizenzeinnahmen erklären das unternehmerische Engagement, mit dem sowohl die CFT als auch Telefunken seine Interessen in den Farbfernsehverhandlungen vertrat. War das Ziel auf französischer wie auf deutscher Seite identisch, unterschieden sich die industriepolitischen Strategien beider Akteure sehr deutlich. Während der CSF-Vorstandsvorsitzende Maurice Ponte gemäß der französischen Tradition die Unterstützung der Politik suchte, kam es auf bundesdeutscher Seite zu unternehmerischen Aktivitäten, um die englische und niederländische Rundfunkindustrie für das PAL-System zu gewinnen. Beide Strategien sollten sich letztlich als erfolg-

Abb. 26: Erwartete PAL-Lizenzeinnahmen bei Telefunken, aus: AEG-Telefunken-Archiv, Deutsches Technikmuseum Berlin, Signatur GS 1648.

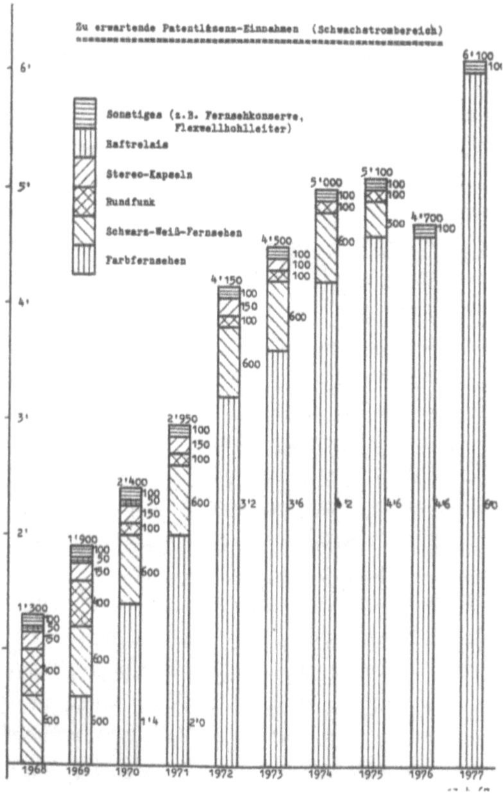

reich herausstellen und aus diesem Grunde eine einheitliche Lösung in Europa unmöglich machen.

Sowohl in Frankreich als auch in der Bundesrepublik dominierten bereits vor der entscheidenden CCIR-Konferenz in Oslo die industriellen Interessen die Handlungsoptionen der verhandelnden Akteure. Auf deutscher (Telefunken) wie auf französischer (CFT) Seite war man sich darüber im klaren, daß beide Seiten im Falle einer Verhinderung eines einheitlichen Systems als Gewinner hervorgehen würden. Dementsprechend gering war das Interesse beider Firmen, in Oslo das als potentielle europäische Alternative in die Debatte eingebrachte NIR-System in irgendeiner Weise zu unterstützen. Zwar hätte die CFT weiterhin mit entsprechenden Lizenzeinnahmen rechnen können, doch gefährdete eine solche Einigung die Handelsinteressen der CSF, die sich von der französisch-sowjetischen Kooperation einseitige Absatzmärkte erhoffte. Im Falle der Durchsetzung des NIR-Systems hätten sowjetische Stellen mit Sicherheit auf eine entsprechende Beteiligung an der internationalen Vermarktung gepocht. Bei der alleinigen patentrechtlichen Verfügung der CFT über das SECAM III-System waren entsprechende Forderungen leicht abzuweisen. Für Telefunken war die Situation noch prekärer: Eine europäische Einigung zugunsten des NIR-Systems hätte sämtliche Lizenzforderungen Telefunkens zunichte gemacht. Nicht zuletzt hätte eine solche Einigung bedeutet, daß die Erfindervergütungen, die einige an der Entwicklung des SECAM- wie auch des PAL-Systems beteiligte Ingenieure zu erwarten hatten, entweder ganz weggefallen oder wesentlich geringer ausgefallen wären[4].

Mit der in Oslo erreichten PAL-SECAM-Spaltung konnten demnach sowohl die französischen als auch die bundesdeutschen Patentinhaber gut leben. Zudem stellte die erreichte Lösung für die europäische Rundfunkindustrie insgesamt einen gewissen Schutz vor der übermächtigen amerikanischen und der expandierenden japanischen Farbfernsehindustrie dar. Die Übernahme des NTSC-Systems, obwohl anfänglich von den mächtigen britischen und niederländischen Rundfunkherstellern aus Exportgründen gefordert, hätte vor allem die zahlreichen mittelgroßen Fernsehgerätehersteller unter enormen Kostendruck gesetzt. Mit ziemlicher Sicherheit hätte diese Konkurrenzsituation das große Firmensterben, welches Ende der siebziger, Anfang der achtziger Jahre besonders in der bundesrepublikanischen Firmenlandschaft grassierte, deutlich früher einsetzen lassen.

Schließlich sorgte auch der zwischen AEG-Telefunken und der CFT im Jahre 1968 geschlossene »Nichtangriffspakt«, der die Streitigkeiten zwischen beiden Unternehmen bezüglich der Patentabhängigkeit des PAL-Systems von SECAM beilegte, zu einer für beide Seiten profitablen Einigung. In der Presseinformation, die Telefunken anläßlich der Unterzeichnung des Abkommens veröffentlichte, war von der jahrelang schwelenden Patentauseinandersetzung keine Spur mehr zu erkennen. Die Einigung wurde gar als weiterer Beitrag zur deutsch-französischen Annäherung verkauft:

> Die Compagnie Française de Télévision CFT (Paris), als Urheber des SECAM-Farbfernsehsystems, und die Allgemeine Elektrizitätsgesellschaft AEG-Telefunken (Berlin/Frankfurt), als Urheber des PAL-Systems, haben sich im Sinne einer französisch-deutschen Zusammenarbeit in freundschaftlicher Weise auf dem Patentgebiet miteinander verständigt. Beide Unternehmen verzichten gegenseitig auf Angriffe gegen ihre Schutzrechte: CFT stellt der deutschen Industrie eine Lizenz für SECAM-Empfänger sowie eine Nichtangriffszusage in bezug auf PAL-Empfänger zur Verfügung und umgekehrt AEG-Telefunken der französischen Industrie eine Lizenz für PAL-

[4] Aus dieser Perspektive wohlbegründet waren die schmeichelnden Dankesworte, die Walter Bruch im Anschluß an die Osloer Konferenz an den deutschen Delegationsleiter Hans Pressler richtete: »Lieber Herr Pressler, Ihre feste und aufrichtige Haltung schon in Wien und jetzt in Oslo zusammen mit Ihrem Kollegen aus England wird bestimmt in die Geschichte des Farbfernsehens eingehen. Es muß Ihnen doch eine besondere Freude bereitet haben, jetzt von einer höheren Warte aktiv auf einem Gebiet zu wirken, auf dem Sie mit als erster in Deutschland vor etwa 30 Jahren schon als Entwicklungs- und Forschungsingenieur gearbeitet haben«. Brief von Walter Bruch an Hans Pressler, 10.08.1966, in: Archiv des Deutschen Museum München, Nachlaß Walter Bruch, Signatur NL 101, Nr. 202.

Empfänger. Die gegenseitige Lizenzbereitschaft umfaßt auch kombinierte PAL-SECAM-Empfänger[5].

Nur aufmerksame Leser werden dieser Pressemitteilung damals entnommen haben, daß nur die CFT den potentiellen PAL-Produzenten eine Nichtangriffszusage zusagte. Konkret bedeutete dies, daß die CFT auf die patentrechtliche Auseinandersetzung verzichtete, dieser Verzicht aber mit einer Nichtangriffsgebühr verbunden war, welche alle PAL-Produzenten an die CFT zu zahlen hatten[6]. In der Tat bedeutet dieser »Nichtangriffspakt« eine Absicherung AEG-Telefunkens vor eventuellen patentrechtlichen Auseinandersetzungen, da man sich in der Patentabteilung von Telefunken nicht sicher war, die Unabhängigkeit des PAL-Systems von SECAM-Patenten im Falle einer juristischen Auseinandersetzung nachweisen zu können. Für die CFT stellte sich dieses Abkommen in den Folgejahren als überaus gutes Geschäft dar, da sie an jedem verkauften Gerät des Konkurrenten mitverdiente[7]!

Erstaunlich ist die Tatsache, daß sich weder die amerikanische Politik noch amerikanische Unternehmen stärker in die europäische Farbfernsehdebatte eingeschaltet haben. Wie am Beispiel der NTSC-Werbemission von RCA-Chefentwickler Brown in Moskau 1965 aufgezeigt wurde, war die sehr restriktive Außenhandelspolitik der USA gegenüber den Ostblockstaaten (Stichwort COCOM) ein ernsthaftes Hindernis für den West/Ost-Techniktransfer. Allerdings erklärt dies nicht die Zurückhaltung gegenüber den westeuropäischen Staaten. An dieser Stelle können nur Vermutungen über die amerikanische Zurückhaltung angestellt werden. Zwei Umstände bieten sich als Erklärung an. Zum einen baute sowohl das SECAM- als auch das PAL-System auf dem amerikanischen NTSC-System auf, was bedeutete, daß die europäischen PAL- oder SECAM-Hersteller weiterhin Lizenzgebühren an die

[5] Presse-Information (pri 513), Frankfurt a.M., 27.03.1968, in: AEG-Telefunken-Archiv, Deutsches Technikmuseum Berlin, Signatur GS 1648.

[6] Der Wortlaut der Vereinbarung zwischen der CFT und AEG-Telefunken vom Februar 1968 legte fest, daß die CFT darauf verzichtet, gegen Hersteller, Verkäufer und Benutzer von PAL-Empfängern mit Laufzeitdecoder auf dem Prozeßwege vorzugehen und der einschlägigen Industrie für PAL-Empfänger eine Nichtangriffserklärung unter ihren Schutzrechten jeweils für die Laufdauer des französischen Patents »1 327060« (G. Melchior, Priorität: 2.3.1962) nach den in dem betreffenden Land entsprechenden Schutzrechten zur Verfügung zu stellen. Der Verzicht war gebunden an eine Nichtangriffsgebühr. Diese betrug 0,25% des PAL-Empfängerpreises ab Werk. Siehe die zahlreichen Verhandlungsprotokolle im AEG-Telefunken-Archiv, Deutsches Technikmuseum Berlin, Signatur GS 1648 sowie entsprechende Unterlagen in den Archives du MAE, Affaires Économiques et Financières, Affaires Générales, Nr. 926 und die CFT-Unterlagen in den Archives du CHTV/INA, Nachlaß M. Dubail.

[7] Der ehemalige CFT-Direktor Michel Dubail wies im Interview mit dem Autor mehrfach darauf hin, daß sich die Subventionen des französischen Staates in das SECAM-System aus diesem Grunde auch für den Staat bezahlt gemacht hätten, da diese – wie vereinbart und im Falle von SECAM geschehen – bei entsprechend erfolgreichen Geschäften an den Staat zurückgezahlt wurden.

Inhaber der zentralen NTSC-Patente (vor allem Hazeltine und RCA) zahlen mußten. Zum anderen besaßen amerikanische Unternehmen, allen voran die RCA, die Patente als auch das zentrale Produktionswissen zur Herstellung des Kernstücks des Farbempfängers, der Farbfernsehröhre. Ohne vertraglich festgelegte Abkommen mit der RCA war es für europäische Firmen unmöglich, an Lizenzen sowie das wichtige Produktionswissen heranzukommen.

Die absolute Vormachtstellung der RCA auf dem Farbfernsehröhrengebiet wird deutlich, wenn man sich die amerikanischen Verkaufszahlen vor Augen führt. Von 1955 bis 1962 investierte die RCA rund 130 Millionen Dollar in die Fertigungstechnik der shadow-mask-Farbbildröhre. Es verwundert daher nicht, daß das Farbempfängergeschäft in den USA bis 1962 ein Verlustgeschäft blieb. Ab 1962 stieg der Verkauf von Farbgeräten in den USA jedoch steil an, so daß die RCA Schwierigkeiten hatte, den amerikanischen Farbfernsehempfängermarkt mit Farbröhren zu versorgen. Erst 1964 begannen andere Firmen wie Zenith, Motorola, Sylvania, General Electric und Admiral mit der Lizenzproduktion von Farbröhren. Dennoch blieb die RCA mit Abstand wichtigster Röhrenproduzent. 1965 teilte die Geschäftsleitung der RCA den anderen amerikanischen Geräteherstellern mit, daß sie den Röhrenverkauf an andere Firmen reduzieren müsse, um den eigenen Bedarf sättigen zu können[8].

Ein weiterer Grund, weshalb sich die amerikanischen Firmen nur wenig mit der europäischen Situation beschäftigt haben dürften, könnte der Umstand gewesen sein, daß nicht die Europäer sondern die Japaner als gefährliche Konkurrenten der amerikanischen Industrie angesehen wurden. Der Einbruch der japanischen Hersteller in den amerikanischen Markt sollte die amerikanische Rundfunkindustrie in den siebziger Jahren in eine ernste Krise stürzen. Zwischen 1971 und 1979 reduzierte sich die Zahl der amerikanischen Fernsehgerätehersteller von 20 auf 5 Firmen, über 60 000 Arbeitsplätze gingen in dieser Branche verloren[9]. In den USA führte diese »japanische Invasion«, die durch den Einzug billiger, transportabler s/w-Geräte eingeleitet worden war, Ende der siebziger Jahre zu einer intensiven Diskussion über die möglichen Vorzüge einer sektoriellen Industriepolitik mit protektionistischen Elementen gegenüber der bis dato sehr liberalen Wirtschaftspolitik. Die Dissertationen von Vincent A. Lafrance »The United States Television Receiver Industry: United States versus Japan, 1960–1980« und James Howard Wooster »Industrial Policy and International Competitiveness: A Case

[8] Siehe hierzu die von der Außenhandelsabteilung des ZVEI im November 1965 veröffentlichte Studie »Die elektrotechnische Industrie der Welt: Das Farbfernsehen«, in der die amerikanische und japanische Situation mit viel Zahlenmaterial dargestellt wird. In: Archiv des Deutschen Museums München, Nachlaß Walter Bruch, Signatur NL 101, Nr. 202.

[9] Ronald I. Metzler, Color-TV Sets and U.S.-Japanese Relations: Problems of Trade-Adjustment Policymaking, in: Orbis Philadelphia 23 (1979) 2 S. 421–446.

Study of U.S.-Japanese Competition in the Television Receiver Manufacturing Industry« kommen beide zu sehr ähnlichen Einschätzungen diesbezüglich[10]. Bei Wooster heißt es:

> Many believe that the adoption of industrial policies by other countries is directly related to the U.S. decline in the first set of industries and threatens the dominance or even the continued viability of U.S. firms in the second set of industries. This work supports that view by showing that conscious industrial policy in Japan and de facto industrial policy in the U.S. contributed to the decline of one industry in the U.S., the television receiver manufacturing industry[11].

Während Woosters Arbeit stärker die industriepolitischen Aspekte der amerikanisch-japanischen Konkurrenz herausarbeitet, konzentriert sich Lafrances' Arbeit auf produktionstechnische (vertikale Integration, Automatisierung, R&D-Investitionen, Arbeitsteilung, Management, Produktionszyklen) oder wirtschaftspolitische (Lohnkosten, Zölle) Faktoren. Interessant ist die Anmerkung von Lafrance, daß die vom Staat eingeforderte offene Lizenzpolitik der RCA die japanische Konkurrenz stark gefördert hat, während beispielsweise AEG-Telefunken den Japanern die PAL-Lizenzen längere Zeit verweigert hat und anschließend genaue Marktaufteilungen vereinbarte[12]. Diese eher protektionistische Lizenzpolitik hat den Einzug japanischer Produkte in Europa zwar nicht verhindert, aber dennoch verzögert. Dafür war der anschließende Einbruch umso massiver. Die frühe japanische Konkurrenz hat bei amerikanischen Firmen eher zu einem Konzentrationsprozeß geführt, und sie dadurch auf lange Sicht konkurrenzfähiger als die europäischen Unternehmen gemacht. Die beiden Argumente, die zu erwartenden Lizenzeinnahmen in Europa sowie die japanische Konkurrenz im Inland, können nur als Vermutung für die Zurückhaltung der Amerikaner in der europäischen Farbfernsehdiskussion angeführt werden.

Nach diesem kurzen Exkurs in die amerikanische Rundfunklandschaft können die aus industrieller und wirtschaftspolitischer Perspektive eindeutigen Gründe für das Scheitern der Standardisierungsbemühungen wie folgt zusammengefaßt werden:

1. Sowohl die CFT als auch Telefunken waren aus lizenzpolitischen Gründen an der Verhinderung einer europäischen Einigung – die in Oslo nur NIR hätte lauten können – interessiert. Für beide Seiten war eine Spaltung Europas, das heißt die Einführung beider Systeme, die profitablere Alternative.

2. In Oslo drängten sowohl die englische als auch die bundesdeutsche Rundfunkindustrie auf die Beibehaltung des geplanten Einführungstermins

[10] Beide Dissertationen wurden in einem Abstand von nur wenigen Monaten an der Pennsylvania State University (Lafrance, August 1985) bzw. der University of Massachusetts (Wooster, Februar 1986) eingereicht.

[11] Wooster, Industrial Policy and International Competitiveness, S. 494.

[12] Lafrance, The United States Receiver Industry, S. 472–480.

eines regelmäßigen Farbfernsehbetriebs im Herbst 1967. In beiden Ländern erhoffte man sich von der Einführung des Farbfernsehens positive Impulse für das Fernsehgeschäft, nachdem sich im s/w-Geschäft eine erste Marktsättigung ankündigte. Anders als in den USA wurde dieser Absatzrückgang in Europa nicht durch einen Trend zum tragbaren Zweit- oder gar Drittgerät aufgefangen.

3. Im Gegensatz zu den nationalen Rundfunkanstalten, die in ihrer täglichen Praxis unmittelbar mit den Folgen unterschiedlicher Systemstandards konfrontiert sein würden und sich bis zum Schluß vehement für eine einheitliche europäische Lösung stark machten, wurde die Industrie von einer europäischen Spaltung nicht in Mitleidenschaft gezogen. Vielmehr bedeutete das Osloer Verhandlungsresultat, daß die Industrie – wie schon bei den s/w-Empfängern – Mehrnormengeräte auf den Markt bringen würde. Die Mehrkosten dieser aufwendigeren Technik hatte jedoch der Fernsehzuschauer (d.h. der potentielle Käufer eines Farbfernsehgerätes) zu zahlen, nicht die Geräteindustrie. Für spezialisierte Hersteller bedeutete der Verkauf von entsprechenden Transcodern sogar ein zusätzliches Geschäft.

5.1.3. Le terrain politique

In Frankreich griff der Staat gemäß des vorgestellten Modells der Vernetzung industrieller und politischer Entscheidungswege auf mehreren Ebenen in die Promotion des SECAM-Systems ein. Mit der Benennung von François de Laboulaye zum »Délégué interministériel« wählte der französische Staat eine Strategie industriepolitischer Steuerung, die direkte Subventionen, langfristige Kreditvergaben und personalpolitische Mittel als dirigistische Instrumente einsetzte. Obwohl der CSF bereits 1965 ein Kredit in Höhe von 70 Millionen französischen Francs zur Finanzierung der SECAM-Entwicklung und Werbung gewährt worden war, zudem der Haushalt der ORTF für die Jahre 1965 und 1966 um jeweils 15 Millionen Francs aufgestockt worden war, begann die in Frankreich als »la bataille du SECAM« bezeichnete aggressive SECAM-Propagation erst nach Oslo[13].

In der Bundesrepublik fand Telefunken zwar im Bundespost- sowie Bundeswirtschaftsministerium Unterstützer der PAL-Technologie, doch blieb Telefunken eine offizielle politische Fürsprache seitens des Bundespresse- und

[13] Zu den finanziellen Unterstützungen siehe den Brief von Jean-Jacques de Bresson an Burin de Roziers, Secrétaire Général de la Présidence de la République, Paris, 8.10.1965. In diesem Brief informiert de Bresson Burin de Roziers über die finanzpolitischen Anstrengungen zur Propagation des SECAM-Systems. In: Archives du MAE, Affaires Économiques et Financières, Affaires Générales, Nr. 220c. Zu den SECAM-Werbeaktionen unter Staatspräsident Georges Pompidou siehe ausführlich FICKERS, »Pourqui ne feraient-ils pas un procès à Telefunken?«.

Informationsamtes lange Zeit verwehrt. Erst nach dem auch in Bonn als Affront empfundenen französisch-sowjetischen Farbfernsehabkommen gab Staatssekretär Karl-Günther von Hase seinen pro-französischen Kurs zugunsten einer deutsch-englischen Annäherung auf. Allerdings achtete man bei öffentlichen Stellungnahmen darauf, technisch-wissenschaftliche Aussagen in den Vordergrund der Argumentation zu stellen. Der offenen Politisierung der Farbfernsehfrage von seiten der Franzosen begegnete man in der Bundesrepublik mit einer bewußten »Entpolitisierungsstrategie«, die darauf abzielte, das PAL-System als technisch »bestes« System zu propagieren.

Auch nach Oslo sollte die Bundesregierung AEG-Telefunken nur in einem einzigen Falle finanziell unter die Arme greifen, im Falle der PAL-Werbung in Brasilien[14]. Die französischen Werbeaktionen für SECAM dagegen konnten, wie das Beispiel Italiens zeigt, bis hart an die Grenze legaler Unternehmungen herangehen. So versuchte man 1969, den Einfluß des FIAT-Chefs Agnelli für die SECAM-Sache zu gewinnen, in dem man ihm eine entsprechende Beteiligung beim französischen Automobilkonzern Citroën in Aussicht stellte[15]. 1970 ging das zwei Jahre zuvor neugegründete SECAM-Werbeunternehmen INTERSECAM noch einen Schritt weiter, in dem man sowohl die Parteikasse der Democratia Christiana (DC) als auch die der Partito Socialista Italiana (PSI) durch Spenden aufbesserte[16]! Allerdings sollte sich die französische Finanzspritze als Fehlinvestition herausstellen, da Italien im August 1975 das PAL-System einführte[17].

Auch auf dem »terrain politique« standen demnach die Karten für eine europäische Einigung nicht gut. Potentielle Gründe für ein Scheitern gab es zahlreiche:

1. Sah es zu Beginn der europäischen Farbfernsehdebatte danach aus, als könnte es im Rahmen der deutsch-französischen Annäherung zu einer gemeinsamen Haltung in der Systemfrage kommen, scheiterten diese Bemühungen aus französischer Sicht aufgrund der mangelhaften Kooperationsbereitschaft seitens der Bundesrepublik. Kooperationsbereitschaft bedeutete in diesem Fall, daß der Leiter des Bundespresse- und Informationsamtes willens und in der Lage war, die deutsche Rundfunkindustrie zur Übernahme

[14] Protokoll der Besprechung Herriger/Zickermann mit Bundesfinanzminister Strauß in Bonn am 1.8.1967. Dort heißt es: »Mit Rücksicht auf politische und taktische Gründe sollten die Förderungsmaßnahmen der Regierung vertraulich behandelt werden und so wenig wie möglich – nach außen überhaupt nicht – erwähnt werden«, in: AEG-Telefunken-Archiv, Deutsches Technikmuseum Berlin, Signatur GS 1646.

[15] Siehe Akten zur Auswärtigen Politik der Bundesrepublik Deutschland, 1969, Bd. 1, Dok. 83, S. 293–296.

[16] Akten zur Auswärtigen Politik der Bundesrepublik Deutschland, 1970, Bd. 2, Dok. 265, S. 973–975.

[17] Siehe Fickers, »Pourquoi ne feraient-ils pas un procès à Telefunken?«

des SECAM-Systems zu bewegen. Während der Wille zur Einigung selbst nach dem Wechsel von Adenauer zu Erhard durchaus das Leitmotiv der Handlungen Karl-Günther von Hases blieb, war sein Einfluß auf die Landesrundfunkanstalten wie auf die Rundfunkindustrie sehr beschränkt. Eine Einigung im Rahmen der deutsch-französischen Konsultationsgespräche war damit bereits Mitte des Jahres 1964 nicht mehr zu erwarten, da sich die mächtige deutsche Rundfunkindustrie (ZVEI) hinter das PAL-System gestellt hatte.

2. Im Gegensatz zur Bundesrepublik genoß das Thema Farbfernsehen in Frankreich oberste politische Priorität und wurde vom französischen Staatspräsidenten Charles de Gaulle zum Paradeobjekt des französischen Modernisierungsprozesses (Stichwort »champion national«) und zum Symbol eines europapolitischen Kurswechsels erhoben. Als »Concorde franco-russe« sollte das SECAM-System zum farbigen Symbol einer neuen Ära französisch-sowjetischer Beziehungen werden und beide Länder im Rahmen eines technisch-industriellen Kooperationsabkommens einander näherbringen.

c) Mit diesem außenpolitischen Kurswechsel verband sich ein industriepolitisches Kalkül, das der Technische Berater im Kabinett von Alain Peyrefitte, Philippe Olivier, im September 1965 wie folgt zusammenfaßte:

Le manœvre français était à quadruple détente. Il s'agissait, dans un premier temps, de lier l'URSS au procédé SECAM, ce qui aurait pour effet, dans un second temps, de faire basculer à leur tour les pays du camp socialiste parmi lesquels l'Allemagne de l'Est, dont le choix, dans un troisième temps, entraînerait, du moins pouvait-on l'espérer, celui de l'Allemagne Fédérale, consacrant ainsi, dans un quatrième temps, l'effondrement ou tout au moins la désagrégation du camp du PAL et en tous les cas l'élimination définitive du NTSC américain. Jusqu'à la fin de la conférence de Vienne, les deux premières phases de la manœuvre se sont déroulées ›conformément au plan établi‹. [...] Mais, dès la réunion de Vienne, la troisième phase de la manœuvre française a échoué. [...] Il s'avère à présent, ou ce n'est qu'une question de jours, que la quatrième phase de la manœuvre française a elle aussi échoué. Non seulement aucune défection n'a été enregistrée dans le camp du PAL, mais encore celui-ci va-t-il se trouver considérablement renforcé par l'adhésion désormais prochaine, de la Grande Bretagne et des Pays-Bas, désertant définitivement le camp aux démeurant déjà presque désert du NTSC américain, lequel fait de toute matière les frais de l'opération[18].

Olivier schätzte die zukünftige Entwicklung in seiner Betrachtung ganz richtig ein, denn statt des erhofften »Überlaufens« der Bundesrepublik zum französischen SECAM-Ufer kam es in Oslo zu der vorhergesagten deutsch-britisch-niederländischen PAL-Achse, die das endgültige Scheitern eines europäischen Kompromisses besiegelte.

Faßt man die bislang angeführten Gründe für ein Scheitern des Standardisierungsprozesses zusammen, so dominieren auf seiten des »terrain indu-

18 Philippe Olivier, Note sur la télévision en couleurs, Paris, 2.09.1965, 21 maschinegeschriebene Seiten, hier S. 14, in: Archives du MAE, Affaires Économiques et Financières, Affaires Générales, Nr. 220c.

striel« die lizenzpolitischen Überlegungen der beteiligten Akteure, während es auf Seiten des »terrain politique« außen- und industriepolitische Strategien waren. Lediglich auf der Ebene des »terrain technique« konnte bei einigen Akteuren, vor allem bei den Ingenieuren der nationalen Rundfunkorganisationen, ein echter Wille zur Harmonisierung der Farbfernsehnorm in Europa festgestellt werden.

5.2. Ergänzende Interpretationsangebote

Kann das Scheitern der Standardisierungsbemühungen anhand klassischer wirtschafts- und politikhistorischer Ansätze analysiert und erklärt werden, zeichnen sich neuere Arbeiten in der Technikgeschichtsschreibung dadurch aus, daß sie ergänzende methodische Herangehensweisen oder Fragestellungen in ihre Darstellungen und Interpretationen technischer Artefakte oder Innovationen aufnehmen. Diese neueren Ansätze der Technikgeschichtsschreibung sind darum bemüht, frühere Interpretationen der Geschichte technischer Entwicklungen zu revidieren, die stark an deterministischen Fortschrittsmodellen angelehnt waren[19]. Zwar sind sich ältere und neuere Ansätze darin einig, daß »technology« einen prominenten Platz im Prozeß der Modernisierung einnimmt, doch wird Technik und Technologie nicht mehr als ein von der Umwelt unbeeinflußter und autonom agierender Agent technischen Wandels begriffen[20].

Zwar hatten schon Autoren wie Marc Bloch[21] oder Bertrand Gille[22] in ihren wegweisenden Arbeiten zur mittelalterlichen und frühneuzeitlichen Technikgeschichte auf die Komplexität technischer Innovationsprozesse hingewiesen und für die Aufnahme sozialpsychologischer oder systemtheoretischer Fragestellungen plädiert, doch setzten sich erst in den siebziger Jahren verstärkt wissenssoziologisch oder systemtheoretisch inspirierte Ansätze als »legitime« methodologische Herangehensweisen durch. Folgenreich für die angloamerikanische und zunehmend auch europäische Technikgeschichtsschreibung waren die Arbeiten des amerikanischen Technikhistorikers Thomas P. Hughes, der die systemtheoretischen Ansätze aus dem Bereich der Geistes- und Ingenieurwissenschaft kombinierte und zu seinem Konzept der »large

19 Siehe beispielhaft hierzu die Beiträge in dem Sammelband von Merritt Roe Smith, Leo Marx (Hg.), Does Technology Drive History? The Dilemma of Technological Determinism, Cambrigde, London 1998. Einen lesenswerten Überblick über neuere, dem kulturgeschichtlichen Ansatz näherstehende Publikationen im Bereich der Wissenschafts- und Technikgeschichte bietet Mikael Hård, Zur Kulturgeschichte der Naturwissenschaft, Technik und Medizin. Eine internationale Literaturübersicht, in: Technikgeschichte 70 (2003) 1 S. 23–45.

20 Wie wirkungsmächtig und wie tief verankert diese deterministische Deutung der Technik auch in gesellschaftlichen oder politischen Strukturen ist, hat Otto Mayr für die Frühe Neuzeit in seinem anregenden Buch »Uhrwerk und Waage« überzeugend geschildert. Siehe Otto Mayr, Uhrwerk und Waage. Autorität, Freiheit und technische Systeme in der frühen Neuzeit, München 1983.

21 Siehe die in den »Mélanges historiques« versammelten Aufsätze von Bloch zur Wassermühle und den sozialpsychologischen und mentalitätshistorischen Herausforderungen, welche die technischen Innovationen für das Mittelalter bedeuteten. Marc Bloch, Mélanges historiques, Bd. 2, Paris 1963, S. 791–838.

22 Bertrand Gille (Hg.), Histoire des techniques: technique et civilisations, technique et sciences, Paris 1978; Ders., Les ingénieurs de la renaissance, Paris 1978.

technological systems« ausbaute[23]. Einen ähnlichen Ansatz verfolgte in Frankreich der Techniksoziologe Michel Callon, der statt von »large technological systems« lieber von »Akteur-Netzwerken« sprach, um die Offenheit technischer Systeme zu betonen[24]. Dieser Ansatz wurde in Deutschland vor allem von Renate Mayntz und Mitarbeitern am Max-Planck-Institut für Gesellschaftsforschung in Köln zum sogenannten Modell des »akteurzentrierten Institutionalismus« weiterentwickelt und speziell zur Untersuchung von Standardisierungsprozessen benutzt[25]. Eine Art »Zusammenschau« diverser netzwerk- und handlungstheoretischer Ansätze aus soziologischer Perspektive liefert der französische Soziologe Alain Gras in seinem Buch »Grandeur et dépendance«[26].

In den achtziger und neunziger Jahren wurde die technikhistorische »Community« vor allen Dingen durch die Diskussion wissenssoziologischer Ansätze angeregt. Resultat dieses Diskurses, der durchweg von kontroversen Positionskämpfen um die »Deutungsmacht« begleitet war, war eine sozialkonstruktivistische Wende der angloamerikanischen Technikgeschichts-

23 Thomas P. Hughes, Networks of Power: Electrification in Western Society, 1880–1930, Baltimore 1983; ders., The Evolution of Large Technological Systems, in: Wiebe E. Bijker, Thomas P. Hughes, Trevor Pinch (Hg.), The Social Construction of Technological Systems. New Directions in the Sociology and History of Technology, Cambridge, London 1987, S. 51–82. Eine Aufsatzsammlung mit Fallstudien zur amerikanischen, französischen und deutschen Technikgeschichte, vor allem im Bereich Transport- und Kommunikationstechnik (Eisenbahn und Telefon), liefert der Sammelband von Renate Mayntz, Thomas P. Hughes (Hg.), The Development of Large Technical Systems, Frankfurt a.M. u.a. 1988. Eine allgemeinverständliche Einleitung in das Thema Kultur und Technik, in der der Systemcharakter der Technik eine bedeutende Rolle spielt, bietet Hughes in Ders., Human-Built World. How to Think about Technology and Culture, Chicago, London 2005.

24 Michel Callon, Society in the Making: The Study of Technology as a Tool for Sociological Analysis, in: Bijker, Hughes, Pinch (Hg.), The Social Construction of Technological Systems, S. 83–106. Einen guten Überblick über die Fruchtbarkeit des soziologischen Netzwerk-Ansatzes für diverse Wissenschaftsdisziplinen liefern die Bände von Johannes Weyer (Hg.), Soziale Netzwerke. Konzepte und Methoden der sozialwissenschaftlichen Netzwerkforschung, München, Wien 2000 sowie von Bruno Latour, Reassembling the Social: An Introduction to Actor-Network-Theory, New York u.a. 2005.

25 Zur Anwendung dieses Ansatzes bei der Analyse von Standardisierungsprozessen im Bereich der Telekommunikation siehe die anregende Studie von Susanne K. Schmidt, Raymund Werle, Coordinating Technology: Studies in the International Standardization of Telecommunications, Cambridge, London 1998. Einen Versuch, wissenssoziologische Ansätze mit sozialkonstruktivistischen Techniktheorien zu verbinden, liefert Ingo Schulz-Schäffer, Akteur-Netzwerk-Theorie. Zur Koevolution von Gesellschaft, Natur und Technik, in: Weyer (Hg.), Soziale Netzwerke, S. 187–210.

26 Alain Gras, Grandeur et dépendance. Sociologie des macro-systèmes techniques, Paris 1993. Gras' Interesse geht aber eher in Richtung einer kritischen Beleuchtung der uns »unsichtbar« umgebenden technischen Systeme aus philosophisch-ethischer Perspektive denn in Richtung techniksoziologischer Fragestellungen.

schreibung, die sich in den zahlreichen Arbeiten spiegelt, die dem sogenannten SCOT-Ansatz (Social Construction of Technology) verpflichtet sind[27].

Was, so lautet die Frage, kann an Anregungen aus diesen »neueren« Ansätzen der Technikgeschichtsschreibung zur Vertiefung der Analyse des vorliegenden Falles »europäische Farbfernsehkontroverse« genutzt werden? Vieles. Problematisch ist jedoch, diese Anregungen in eine Systematik zu bringen, die einer grundlegenden Auseinandersetzung mit den einzelnen Theorieströmen gerecht würde. Dennoch wird im folgenden versucht werden – auch auf die Gefahr des Vorwurfes eines Theorie- oder Methodeneklektizismus hin –, einige Inspirationen wiederzugeben, die das Resultat der Beschäftigung mit diesen Ansätzen sind. Diese von Claude Lévy-Strauss inspirierte Arbeitsweise »intellektueller Bastelei« – von ihm als »bricolage« bezeichnet – hat den Vorteil, als Historiker in verwandten Wissenschaftsdisziplinen »wildern« zu können, um Michel de Certeaus bekannte Metapher der kreativen Form von Wissensaneigung durch lesen aufzugreifen[28].

[27] Zur »Bibel« dieses Ansatzes wurde der bereits zitierte Sammelband von Bijker, Hughes und Pinch »The Social Construction of Techological Systems«. Als Fortsetzung dieser Schule erschien 1994 der von Wiebe Bijker und John Law herausgegebene Sammelband »Shaping Technology/Building Society. Studies in Sociotechnical Change«. Einen Forschungsüberblick über die SCOT-Arbeiten liefert Trevor PINCH, The Social Construction of Technology: A Review, in: Robert Fox (Hg.), Technological Change. Methods and Themes in the History of Technology, Amsterdam 1996, S. 17–36. Eine kritische Auseinandersetzung mit dieser »sozialkonstruktivistischen Wende« im Bereich der Technikgeschichte lieferte Wolfgang König 1993 in einem Aufsatz der Zeitschrift Technikgeschichte. Siehe Wolfgang KÖNIG, Technik, Macht und Markt. Eine Kritik der sozialwissenschaftlichen Technikgeneseforschung, in: Technikgeschichte 60 (1993) 3 S. 243–266. Eine amüsant zu lesende Kritik an der »Mode« des sozialen Konstruierens stammt aus der Feder des bekannten amerikanischen Wissenschaftsphilosphen Ian HACKING, Was heißt soziale Konstruktion? Zur Konjunktur einer Kampfvokabel in den Wissenschaften, Frankfurt a.M. 1999. Neben den SCOT-Arbeiten haben auch innovationstheoretische Ansätze wie die von Bruno Latour oder Karin Knorr-Cetina die technikhistorische Diskussion angeregt. Bruno LATOUR, When Things Strike Back: A Possible Contribution of ›Science Studies‹ to the Social Sciences, in: British Journal of Sociology 51 (2000) 1 S. 107–123; DERS., Die Hoffnung der Pandora. Untersuchungen zur Wirklichkeit der Wissenschaft, Frankfurt a.M. 2000; Bruno LATOUR, Steve WOOLGAR, Laboratory Life. The Construction of Scientific Facts, Princeton 1986; Karin KNORR-CETINA, Die Fabrikation von Erkenntnis. Zur Anthropologie der Naturwissenschaft, Frankfurt a.M. 1991. Viele dieser sozialkonstruktivistischen oder kulturanthroplogischen Erkenntnisse wurden bereits Mitte der dreißiger Jahre diskutiert. Siehe beispielhaft hierzu Ludwik FLECK, Entstehung und Entwicklung einer wissenschaftlichen Tatsache: Einführung in die Lehre vom Denkstil und Denkkollektiv, Basel 1935.

[28] Claude LÉVY-STRAUSS, Das wilde Denken, Frankfurt a.M. 1994, S. 29f. Michel DE CERTEAU, Die Kunst des Handelns, Berlin 1988, S. 307. Eine »Fortführung« dieser Arbeits- und Denkweise findet sich im Konzept der »Hybride« von Bruno Latour, der in seinen Arbeiten immer wieder für die Aufhebung der in seinen Augen »künstlichen« (d.h. vom Menschen ausgedachten und damit wissenschaftshistorisch gewachsenen) Trennung zwischen Natur, Politik und Diskurs plädiert. So fragt er in der Einleitung seines Essays »Nous n'avons jamais été modernes« provozierend: »Est-ce notre faute si les réseaux sont à la fois réels comme la nature, narrés comme le discours, collectifs comme la société«? Siehe Bruno LATOUR, Nous n'avons jamais été modernes,

Konkret sollen diese unterschiedlichen Beobachterperspektiven auf zwei Fragestellungen fokussiert werden: Erstens soll danach gefragt werden, welchen Beitrag der von Thomas Hughes eingeführte Begriff des »technological style« zur Beschreibung der PAL-SECAM-Kontroverse leisten kann. Anders formuliert: War das Scheitern der Standardisierungsbemühungen auch das Resultat unterschiedlicher nationaler Technikstile oder Konstruktionskulturen, die sich im PAL- bzw. SECAM-System manifestierten? Spiegeln sich im Verhalten der zentralen Akteure der Kontroverse unterschiedliche technische, kulturelle oder gar politische Mentalitäten im Sinne der von Pierre Renouvin und Jean-Baptiste Duroselle konstatierten »forces profondes«[29]?

Zweitens sollen die Verhandlungen im Rahmen der CCIR-Tagungen kommunkationstheoretisch durchleuchtet werden. Können verhandlungstheoretische Modelle, die die Handlungsspielräume der Verhandlungsakteure nach spieltheoretischen und handlungstheoretischen Annahmen analysieren, zum Verständnis der CCIR-Diskussionen in Wien und Oslo beitragen? Handelt es sich bei der PAL-SECAM-Kontroverse letztlich um einen sozial konstruierten Farbenkrach, oder verlief sie nach den Mustern wirtschaftstheoretischer Innovations- und Markteinführungsmodelle?

5.2.1. PAL und SECAM als Symbole nationaler Technikstile?

In seinem Aufsatz »The Evolution of Large Technological Systems« schlug Thomas Hughes vor, den in der Kulturgeschichte gebräuchlichen Stilbegriff für die Technikgeschichte nutzbar zu machen:

Historians and sociologists can use style to suggest that system builders, like artists and architects, have creative latitude. Furthermore, the concept of style accords with that of social construction of technology. There is no one best way to paint the Virgin; nor is there one best way to build a dynamo. Inexperienced engineers and laymen err in assuming that there is an ideal dy-

S. 14. Eine kulturhistorische Aneignung des Hybrid-Begriffs findet sich bei Mikael Hård, Andrew Jamison, Hubris and Hybris: A Cultural History of Science and Technology, New York, London 2005. Auch Jürgen Schlumbohm verteidigt die in der »microstoria« anzutreffende Arbeitsweise der »bricolage«. Zwar werde der Mikrogeschichte, wenn diese den Versuch unternehme (z. B. bei Carlo Ginzburg), Mikro- und Makroperspektiven miteinander zu verbinden, nicht selten der Vorwurf eines »Eklektizismus hinsichtlich theoretischer Ansätze« gemacht, aber die besondere Neigung zur »bricolage« verlange dies eben! Da es bislang keine »Theorie der Aggregation« gebe, müsse man mit dieser Kritik nun einmal leben. Jürgen Schlumbohm, Mikrogeschichte – Makrogeschichte: Zur Eröffnung einer Debatte, in: ders. (Hg.), Mikrogeschichte – Makrogeschichte. Komplementär oder inkommensurabel?, Göttingen 1998, S. 28 f.

29 Pierre Renouvin, Jean-Baptiste Duroselle, Introduction à l'histoire des relations internationales, Paris 1991. Einen guten Überblick über die Geschichte der französischen Geschichtsschreibung der internationalen Beziehungen liefert Georges Henri -Soutou, Die französische Schule der Geschichte internationaler Beziehungen, in: Loth, Osterhammel (Hg.), Internationale Geschichte, S. 31–42.

namo toward which the design community whiggishly gropes. Technology should be appropriate for time and place, this does not necessarily mean that it be small and beautiful[30].

Bereits 1979 hatte Hughes die Nützlichkeit des Stilbegriffs bei der Beschreibung technologischer Entwicklungen in regional begrenzten Räumen demonstriert und damit dem Konzept regionaler Industrialisierung technikhistorische »Rückendeckung« gegeben[31]. In der Bundesrepublik wurde das Konzept regionaler und nationaler Technikstile unter anderem von Joachim Radkau, Ulrich Wengenroth, Wolfgang König sowie Mikael Hård und Andreas Knie aufgenommen und kritisch auf seine Brauchbarkeit hinterfragt. Während Radkau den Stilbegriff dazu nutzte, die Frage nach dem »deutschen Weg« im Industrialisierungsprozeß zu stellen und zu dem Resultat kam, daß ein nationaler technologischer Stil nicht an bestimmten Techniken festzumachen sei, sondern eher auf »anthropologischen Grundlagen«, d. h. der Art und Weise der Organisation von Produktionsprozessen und des Umgangs mit technischen Artefakten basiere[32], wies Ulrich Wengenroth in seiner vergleichenden Studie über die Unternehmensstrategien britischer und deutscher Stahlunternehmer nach, daß der »Siegeszug« der deutschen Stahlprodukte weniger mit technischen Innovationen und deutscher Wertarbeit als mit erfolgreicher Kartell- und Schutzzollpolitik zu tun hatte[33]. In seiner vergleichenden Studie des amerikanischen, britischen, deutschen und französischen Maschinenbaus zwischen 1850 und 1930 schlug Wolfgang König vor, den von Hughes eingeführten Stilbegriff durch den der »Technik- und Konstruktionskulturen« zu ersetzen, da der Stilbegriff Reste eines Technikdeterminismus beinhalte und die semantischen Konnotationen des Stilbegriffs mit der Kunst- und Literaturwissenschaft den instrumentellen Charakter der Technik in den Hintergrund dränge[34]. Mikael Hård und Andreas Knie haben in ihrer

30 Thomas P. HUGHES, The Evolution of Large Technological Systems, in: BIJKER, HUGHES, PINCH (Hg.), The Social Construction of Technological Systems, S. 68.

31 Thomas P. HUGHES, Regional Technological Style, in: Sigvard STRAND (Hg.), Technology and its Impact on Society, Stockholm 1979, S. 212f.

32 Joachim RADKAU, Technik in Deutschland. Vom 18. Jahrhundert bis zur Gegenwart, Frankfurt a. M. 1989.

33 Ulrich WENGENROTH, Unternehmensstrategien und technischer Fortschritt. Die deutsche und britische Stahlindustrie 1865–1895, Göttingen 1986. Obwohl der Stilbegriff bei Wengenroth ein gewisses »Unbehagen« erzeugte, sieht er in der neueren Debatte um die Aneignung (appropriation) von Technologien und deren Konsum eine neue »Chance« für den Begriff. »Das Unbehagen galt dem ›Stil‹-Begriff und war weniger Ausdruck der Skepsis, ob es überhaupt signifikante kulturelle Unterschiede in der Technik gebe«. Ulrich WENGENROTH, Gute Gründe. Technisierung und Konsumentscheidungen, in: Technikgeschichte 71 (2004) 1 S. 15.

34 »Er klammert das Phänomen aus, daß unterschiedliche soziokulturelle Bedingungen auch zu ganz verschiedenen technischen Lösungen führen können, welche wenig miteinander gemein haben«. Wolfgang KÖNIG, Künstler und Strichezieher. Konstruktions- und Technikkulturen im deutschen, britischen, amerikanischen und französischen Maschinenbau zwischen 1850 und 1930, Frankfurt a. M. 1999, S. 219f. Ähnlich, aber aus wirtschaftshistorischer Sicht argumentie-

vergleichenden Studie zur Entwicklung des Diesel-Motors in Deutschland und Frankreich den Stil-Begriff zum Anlaß genommen, Überlegungen zu einer »Grammatologie« der Technik anzustellen, die in Anlehnung an die Arbeiten Pierre Bourdieus sozial geprägte Diskursregeln als entscheidende Ursache für die Entstehung disziplinärer Kanons und technischer Stile ausmacht[35].

Diese wenigen Beispiele zeigen, daß der Begriff des »Stils« in der Technikgeschichte sehr unterschiedlich definiert oder interpretiert wird. Mit ihm können demnach sowohl nationale Eigenheiten in der Art und Weise der Organisation, Produktion und Vermarktung technischer Artefakte als auch unternehmens- oder industriepolitische Strategien gemeint sein. Im Gegensatz zu Wolfgang König könnte man jedoch argumentieren, daß gerade diese Unbestimmtheit oder Offenheit des Begriffs Technikstil dazu geeignet scheint, die kulturgeschichtliche Dimension technischer Artefakte und Prozesse zu beschreiben. Für die nur schwierig zu erfassende und begrifflich spezifizierbare Beziehung zwischen Technik, Politik und Identität kann der Begriff des Technikstils, so die Auffassung des Autors, wichtige Anregungen leisten[36]. Besonders fruchtbar scheint eine Auseinandersetzung mit dem Stilbegriff dort, wo – im Sinne Pierre Bourdieus – das symbolische Kapital von Technik (SECAM als »champion national«) von größerer Wirkmächtigkeit zu sein scheint als die funktionale oder wirtschaftliche Bedeutung materieller technischer Artefakte oder technologischer Systeme. Die Renaissance des Stilbegriffs in der Wissenschaftsgeschichte im Rahmen der Auseinandersetzung mit dem lange vernachlässigten Werk von Ludwik Fleck zeigt, wie fruchtbar eine entsprechende Problematisierung des Stilbegriffs für eine Kulturgeschichte der Technik sein könnte[37].

rend Fred MANSKE, Facharbeiter und Ingenieure im »deutschen Produktionsmodell«: Nationale Technikstile und die internationale Konkurrenzfähigkeit reifer Industrieländer, in: WSI-Mitteilungen. Zeitschrift des Wirtschafts- und Sozialwissenschaftlichen Instituts des Deutschen Gewerkschaftsbundes 47 (1994) 7 S. 415–424.

35 Mikael HÅRD, Andreas KNIE, The Grammar of Technology. German and French Diesel Engineering 1920-1940, in: Technology & Culture 40 (1999) 1 S. 26–46.

36 Siehe hierzu auch die kritische Auseinandersetzung mit dem Begriff Technikstil in dem Band von Klaus PLITZNER (Hg.), Technik. Politik. Identität. Funktionalisierung von Technik für die Ausbildung regionaler, sozialer und nationaler Selbstbilder in Österreich, Stuttgart 1995.

37 FLECK, Entstehung und Entwicklung einer wissenschaftlichen Tatsache. Zu Fleck siehe Rainer EGLOFF (Hg.), Tatsache – Denkstil – Kontroverse: Auseinandersetzungen mit Ludwik Fleck, Zürich 2005. Ende der zwanziger, Anfang der dreißiger Jahre des 20. Jahrhunderts wird der aus der Kunstgeschichte übernommene Stilbegriff sowohl von Soziologen (Karl Mannheim und Alfred Schütz) als auch von Historikern (Johan Huizinga) in kreativer Weise zur Entwicklung kulturtheoretischer oder kulturhistorischer Analysen der Wissenschaft (Mannheim), Gesellschaft (Schütz) oder Geschichte (Huizinga) genutzt. Siehe hierzu die gelungene Darstellung von Peter BURKE, Was ist Kulturgeschichte?, Frankfurt a.M. 2005. Schon Max Weber benutzte den Begriff des Stils, um unterschiedliche Unternehmertypen zu beschreiben. Max WEBER, Die protestanti-

Ein Faktor, der bei dem Vergleich deutscher und französischer Technik meist auftaucht, ist der der unterschiedlichen Ausbildungssysteme im Ingenieurswesen[38]. Auch König weist auf die Besonderheiten der französischen Elite-Ausbildung hin, die sich – und dies ist wohl die eigentliche Besonderheit – in der Berufswahl bzw. den späteren Karrieren der Ingenieure widerspiegeln. Für viele Abgänger der École Polytechnique, die nach ihrem Abschluß zur Vorbereitung auf den Staatsdienst auf eine der »Écoles d'Application« wie die Écoles des Mines oder die Écoles des Ponts et Chaussées gingen, stand der spätere Berufsweg schon mit der Wahl ihres Ausbildungswegs fest. Ähnliche Curricula warteten auch auf die Abgänger der École Centrale des Arts et Manufactures, die sogenannten »Centraliens«, sowie auf die »Gadzarts«, die Absolventen der École des Arts et Métiers. Alle diese Elite-Ausbildungsstätten zeichnen sich durch einen »Corpsgeist« aus, der unter anderem zu sehr festen Rekrutierungsgewohnheiten in der Privatindustrie führen kann, die Pierre Bourdieu treffend als »Strategien der Reproduktion« einmal erreichter realer und symbolischer Machtpositionen beschrieben hat[39].

Die teilweise sehr strikten Ausgrenzungen, welche dieses System elitärer Technikerausbildung in Frankreich für Nicht-Absolventen bedeuten konnte (und heute noch bedeuten kann), bekam auch SECAM-Entwickler Henri de France zu spüren. Genoß Henri de France in der französischen Öffentlichkeit das Bild des genialen Erfinders, eindrucksvoll demonstriert in den zahlreichen hohen Auszeichnungen (so wurde er u.a. 1965 von de Gaulle zum Offizier der »Légion d'honneur« ernannt), begegneten ihm die in den französischen Eliteinstituten ausgebildeten Ingenieure der ORTF (die meisten waren

sche Ethik und der Geist des Kapitalismus, in: Johannes WINCKELMANN (Hg.), Die protestantische Ethik I. Eine Aufsatzsammlung, Hamburg ^{3} 1973, S. 58. Eine wissenschaftsphilosophische Auseinandersetzung mit dem Stil-Begriff findet sich bei Ian HACKING, »Style« for Historians and Philosophers, in: Studies in History and Philosophy of Science 23 (1992) S. 1–20.

38 Nicholas ZIEGLER, Governing Ideas: Strategies for Innovation in France and Germany, Ithaca 1997. Zum elitären Ausbildungssystem von Ingenieuren an französischen »Grandes Écoles« siehe Vincent TROGER, L'histoire de l'enseignement technique: entre les entreprises et l'État, la recherche d'une identité, in: Annales. Histoire, économie et société (1989) S. 593–610. Zu dem sehr ähnlichen, aber seltener diskutierten System in Belgien siehe Dominique GROOTAERS, Histoire de l'enseignement technique et professionnel en Belgique 1860–1960, Bruxelles 1994.

39 Als Fallstudie aus dem technischen Bereich siehe den Aufsatz von Charles DAY, The Careers of Graduates of the Écoles des Arts et Métiers in the French Automobile Industry, 1880–1940, in: Canadien Journal of History 24 (1994) S. 305–331. Besonders bekannt ist das Beispiel der Spannungen zwischen den Ingenieuren der École des Ponts et Chaussées und denen der École des Mines, die, obwohl beide »Polytechniciens«, in den fünfziger und sechziger Jahren über die in Frankreich einzuschlagende Richtung in der Reaktorentwicklung stritten. Siehe HECHT, The Radiance of France. Eine grundlegende soziologische Untersuchung der strukturellen Dimension dieses Systems elitärer Ausbildung und Reproduktion von Macht hat Pierre Bourdieu 1989 mit seinem Werk »La noblesse d'État. Grandes Écoles et esprit de corps« vorgelegt.

Abgänger der École Polytechnique) mit deutlicher Reserviertheit[40]. Wie der technische Direktor der ORTF, Claude Mercier, 1966 formulierte, war das ORTF-Corps *das* Spezialistenteam in Sachen Fernsehtechnik in Frankreich, dessen Kompetenz auch außerhalb Frankreichs zur Entwicklung der Fernsehtechnik beitragen sollte:

Le corps des ingénieurs de l'ORTF est l'organe specialisé en France dans l'engineering de Radiodiffusion et Télévision. Il intervient de differentes manières: il oriente l'industrie en établissant les spécifications des matériels et des installations, il exige d'elle des performances qui font la renommée internationale des materiels français, il conçoit non seulement les spécifications des matériels mais leur meilleure articulation entre eux pour une meilleure circulation des modulations entre leurs multiples sources et les émetteurs, il conseille les producteurs de programmes pour qu'ils puissent tirer le meilleur des possibilités des matériels. La contribution des Services Techniques ORTF a été et demeure considerable dans le développement des services de télévision non seulement en France mais plus généralement en Europe, en coopération avec les services analogues des grands organismes étrangers de radiodiffusion et de télévision[41].

Trotz dieses Selbstbewußtseins konnten die ORTF-Ingenieure im Falle der Farbfernsehfrage ihre eigene Position nicht gegenüber den politischen Interessen durchsetzen. Obwohl die führenden Ingenieure der ORTF alles daran gesetzt hatten, in Oslo der sowjetischen NIR-Variante zum Durchbruch zu verhelfen, hatten sie auf den Entscheidungsprozeß keinerlei Einfluß. Wie aus den Interviews mit zentralen technischen Akteuren der SECAM-Entwicklung in Frankreich hervorgeht, basierte dieser Einsatz für das NIR-System neben dem Wunsch, zu einem einheitlichen europäischen Standard in Europa zu gelangen, auch auf einer gewissen Sympathie für die »Einfachheit« des PAL-Systems im Vergleich zu der technisch anspruchsvolleren SECAM-Lösung. Als Walter Bruch im August 1966 vom Telefunken-Vorstandvorsitzenden Dr. Herriger aufgefordert wurde, auf einigen Seiten einen knappen technischen Vergleich der drei Systeme NTSC, PAL und SECAM zu formulieren, gab Bruch zu bedenken:

Ich muß Ihnen dazu mitteilen, daß ein solcher Vergleich leider nicht so einfach ist, denn abgesehen von NTSC unterscheiden sich die beiden Systeme PAL und SECAM in ihren prinzipiellen

[40] Zwischen 1960 und 1968 konnten Studierende an der École polytechnique sogar einen speziellen Ausbildungszweig wählen, der auf die Anforderungen als ORTF-Ingenieur vorbereitete. Wie Jérôme Bourdon und Catherine Grünblatt gezeigt haben, führte die wachsende Bedeutung des Fernsehens ab Beginn der fünften Republik zu einer Emanzipation der Fernsehingenieure im »Corps interministériel des ingénieurs des télécommunications et de la radiodiffusion«, also der staatlich ausgebildeten und geprüften Ingenieure für den Dienst in Institutionen unter der Leitung des Post- und Telekommunikationsministeriums. Jérôme Bourdon, Catherine Grünblatt, Les ingénieurs de la télévision dans les années soixante, in: Bulletin du Comité d'histoire de la télévision 17 (décembre1987, janvier 1988) S. 3–38. Siehe auch Pascale Fauchart, Dominique Frichot, Les techniciens de la télévision, in: Bulletin du Comité d'histoire de la télévision 19 (1989) S. 5–26 und 20 (1989) S. 3–14.

[41] So Claude Mercier, zitiert nach Bourdon, Grünblatt, Les ingénieurs de la télévision dans les années soixante, S. 6f.

Eigenschaften nur wenig. Der Unterschied zwischen PAL und SECAM kommt fast ausschließlich dadurch zustande, daß die Modulationseinrichtungen bei SECAM so kompliziert sind, daß es außer der CSF noch niemand gelungen ist, einen brauchbaren SECAM-Modulator herzustellen. PAL dagegen ist so einfach, daß heute alle wichtigen Laboratorien sich eigene PAL-Modulatoren hergestellt haben. Die Unvollkommenheit der SECAM-Modulatoren und Demodulatoren hat zu den oft sehr extremen Unterschieden zwischen PAL und SECAM bei Demonstrationen geführt[42].

Wie in Kapitel 2. geschildert wurde, kann der Vorwurf Bruchs an die Adresse von de France, das SECAM-System sei »erbastelt« und »nicht logisch« entwickelt, problemlos auch auf Bruchs Arbeitsweise übertragen werden. Wie Franz-Josef In der Smitten, ehemaliger Leiter des WDR-Farbfernsehversuchsstudios im Interview mitteilte, brachte es Bruch zu einer besonderen »Meisterschaft« in der Erfindung von Störsignalen, welche die relativen Schwächen des SECAM-Systems bei Systemvergleichen hervorhoben[43]! Diese Aussagen legen jedoch nahe, daß man – wie Joachim Radkau betont – einen Technikstil wohl kaum an einer einzelnen Technologie festmachen kann[44]. Faßt man in der Beschreibung der beiden Systementwicklungen jedoch die technischen, institutionellen, wirtschaftlichen, politischen und nicht zuletzt personenbezogenen Faktoren zusammen, lassen sich durchaus unterschiedliche Art und Weisen des »Umgangs« mit beiden Systemen feststellen, die man als unterschiedliche Denk- und Technikstile beschreiben kann. Während man in Frankreich beim Prozeß der Erfindung, Entwicklung und Durchsetzung des SECAM-Systems wegen der engen Verzahnung technischer, wirtschaftlicher und politischer Entscheidungsträger von einem nationalistisch geprägten Technikstil sprechen könnte, dominierten bei der Durchsetzung des PAL-Systems in Deutschland marktwirtschaftliche Intentionen.

Allerdings ist es wichtig, die in Frankreich wie in der Bundesrepublik zur Durchsetzung der jeweiligen Systemalternativen geführten nationalen Diskurse von denjenigen auf internationalem Parkett zu unterscheiden. Bestand die

[42] Brief von Walter Bruch an Felix Herriger, Hannover, 11.08.1966, in: AEG-Telefunken-Archiv, Deutsches Technikmuseum Berlin, Signatur GS 1647.

[43] Im Interview, das Franz-Josef In der Smitten mit Heide Riedel geführt hat, heißt es diesbezüglich: »Zu SECAM: Ich habe die Glanzleistungen der französischen Ingenieure bewundert, denen es immer wieder gelungen ist, das SECAM-System weiter zu verbessern, wieder einen Schritt zu modifizieren. Worauf Herr Bruch damals regelmäßig sehr schnell reagierte. Er hat sich sofort bestimmte Signale ausgedacht, um den Franzosen zu zeigen, seht ihr, das kann SECAM nicht«. In: RIEDEL, BRUCH, PAL -Das Farbfernsehen, S. 151. Diese Äußerungen bestätigten sowohl Franz-Josef In der Smitten als auch Michael Hausdörfer im Interview mit dem Autor.

[44] Treffender als der Begriff des Technikstils könnte in diesem Fall die von Thomas P. Hughes eingebrachte Metapher des »reverse salient« sein, mit der Hughes unerwartete Folgeprobleme einer anfangs durchaus erfolgreichen Entwicklung eines technischen Systems beschreibt. Im Sinne dieser Theorie könnte man die Probleme der Farbtonstabilität des NTSC-Systems, die letztlich zu den europäischen Weiterentwicklungen PAL und SECAM führten, als »reverse salient point« des NTSC-Systems beschreiben.

französische Strategie hier in einer offenen und aggressiven Politisierung des Farbfernsehthemas, ist auf bundesdeutscher Seite eine gezielte Entpolitisierungsstrategie erkennbar. Wie die Beschreibung der CCIR-Verhandlungen in Wien und Oslo gezeigt hat, handelte sich die deutsche Delegation mit dieser Entscheidung, den technischen Diskurs strikt vom politischen Entscheidungsprozeß zu trennen, die Sympathien vieler Länder ein. Zahlreiche Delegationen, die gegen eine ernsthafte Diskussion des SECAM-Systems als technische Alternative für ein europäisches System durchaus nichts einzuwenden hatten, wollten sich aber gegen die Politisierung des Entscheidungsfindungsprozesses zur Wehr setzten. Als Werner Nestel seinen Vorstandskollegen von Telefunken über die Wiener Tagung berichtete, zeigte er sich besonders erfreut darüber, daß die Politisierung der Farbfernsehfrage durch die Franzosen diesen im allgemeinen mehr geschadet als genutzt habe[45].

Das bewußt auf technische Argumentation reduzierte Auftreten der Bundesregierung wurde, wie der Telefunken-Vertreter Dr. Siewert in Bonn in einem Brief an Werner Nestel vom 3. November 1966 mitteilte, zur besten Werbung für PAL im Ausland:

> Die Tatsache, daß die Bundesregierung zwar nach wie vor auf politische Argumente verzichtet, aber umso tatkräftiger im Ausland darauf hinweist, daß PAL als das technisch leistungsfähigste System den Sieg errungen hat, ist an sich schon ein Politikum. Vor allem, wenn die Bundesregierung erklärt, daß sie es nicht verstehen könnte, wenn sich andere Länder nicht nach technischen und wirtschaftlichen Gesichtspunkten entscheiden würden. Keinenfalls aber beabsichtigt die Bundesregierung, ›in Konkurrenz mit den französischen Pressionen zu treten‹[46].

Mit ihrer Entpolitisierungsstrategie machte sich die Bundesregierung so unbewußt zum idealen Werbeträger für das PAL-System. Ähnlich definierte auch Walter Bruch seine Rolle im Farbfernsehstreit als »Botschafter der deutschen Technik«. Gefragt nach dem Erfolg seiner PAL-Mission in China antwortete Bruch in einem Interview mit Funkschau-Chefredakteur Karl Tetzner: »Ich betrachte mich, und das haben schon andere vor mir gesagt, abgesehen von meiner kleinen Entwicklung, als ein Botschafter der deutschen Technik – und das war letztlich doch die Tendenz meines Besuches. Ich habe mich dort nicht hingestellt und für meine Firma Propaganda gemacht – ich habe für die deutsche Technik Propaganda gemacht«[47].

Ein wenig überspitzt könnte man demnach formulieren, daß sich der französische Technikstil im Sinne der »champions nationaux« durch die nationa-

[45] Siehe das Protokoll der Telefunken-Vorstandssitzung vom 22.4.1965 in Berlin/Punkt 24: Bericht Prof. Nestel über Wiener Konferenz, in: AEG-Telefunken-Archiv, Deutsches Technikmuseum Berlin, Signatur VS GS 038.

[46] Brief von Dr. Siewert an Werner Nestel bezüglich des Besuchs von Nestel bei Dr. Frank vom Auswärtigen Amt, Bonn, 3.11.1966, in: AEG-Telefunken-Archiv, Deutsches Technikmuseum Berlin, Signatur GS 1647.

[47] Transkription des Interviews von Prof. Tetzner mit Walter Bruch am 9.2.1973 in Icking, in: Privatarchiv Karl Tetzner, Icking.

listisch aufgeladene Politisierung des SECAM-Systems auszeichnete, während man in der Bundesrepublik auf politischer wie privatwirtschaftlicher Seite erfolgreich den Mythos der besseren Technik »Made in Germany« verkaufte. Ist diese Gegenüberstellung »politique de la grandeur« versus »Made in Germany« in ihrer Zuspitzung gewagt, bringt sie dennoch die symbolische Dimension der Farbfernsehkontroverse im Sinne einer politischen Kulturgeschichte der Technik auf den Punkt.

5.2.2. Farbfernsehverhandlungen: Theorie und Praxis

Bereits mehrfach wurde auf die Bedeutung unterschiedlicher Strategien hingewiesen, welche sich die an der Farbfernsehdiskussion beteiligten Akteure zur Durchsetzung ihrer Verhandlungsposition in Wien und Oslo zurechtgelegt hatten. Sowohl Soziologen als auch Politologen und Wirtschaftswissenschaftler haben sich in den letzten Jahren intensiv mit der Analyse von Standardisierungsprozessen beschäftigt. Die Soziologen haben dies zumeist anhand handlungstheoretischer Modelle wie beispielsweise des »actor-network«-Ansatzes von Michel Callon oder des »akteurzentrierten Institutionalismus« (Renate Mayntz, Raymund Werle) getan, die beide auf der sogenannten »rational-choice«-Theorie basieren[48]. Auf Webers Begriff »zweckrationalen Handelns« aufbauend wurde der »rational choice«-Ansatz vor allem von dem amerikanischen Soziologen Talcott Parsons zu einer Theorie rationalen Handelns ausgeweitet, die – in utilitaristischer Perspektive – postuliert, daß Entscheidungsträger versuchen, ihr komplexes Umfeld durch eine Zweck-Mittel-Orientierung zu strukturieren und zu steuern.

Auch in der Politikwissenschaft findet der »rational choice«-Ansatz breite Verwendung, so beispielsweise zur Analyse mikropolitischer Entscheidungsprozesse oder internationaler Beziehungen[49]. Politikwissenschaftliche und soziologische Fragestellungen verbinden sich zudem in organisations- und institutionentheoretischen Ansätzen, die sich durch mehrdimensionale Analy-

48 Siehe beispielsweise Johannes WEYER, Akteurstrategien und strukturelle Eigendynamiken. Raumfahrt in Westdeutschland 1945–1965, Göttingen 1993; Raymund WERLE, Rational Choice und rationale Technikentwicklung – Einige Dilemmata der Technikkoordination, in: Jahrbuch Technik und Gesellschaft, Frankfurt a.M. 1995, S. 49–76; DERS., Politische Techniksteuerung durch europäische Standardisierung?, in: Herbert KUBICEK, Peter SEEGER (Hg.), Perspektive Techniksteuerung. Interdisziplinäre Sichtweisen eines Schlüsselproblems entwickelter Industriegesellschaften, Berlin 1993, S. 129–142. Johannes WEYER, Ulrich KIRCHNER, Lars RIEDL, Johannes SCHMIDT, Technik, die Gesellschaft schafft. Soziale Netzwerke als Ort der Technikgenese, Berlin 1997; Volker SCHNEIDER, Technikentwicklung zwischen Politik und Markt: Der Fall Bildschirmtext, Frankfurt a.M., New York 1989.

49 Willi KÜPPER, Günter ORTMANN (Hg.), Mikropolitik. Rationalität, Macht und Spiele in Organisationen, Opladen 1992; Dietmar BRAUN, Theorien rationalen Handelns in der Politikwissenschaft. Eine kritische Einführung, Opladen 1999; Jürgen HARTMANN, Internationale Beziehungen, Opladen 2001.

seperspektiven auszeichnen und versuchen, subjektbezogene und strukturelle Handlungsrahmen politischer Akteure miteinander zu verbinden[50].

In wirtschaftstheoretischen Arbeiten tauchen handlungstheoretische Ansätze unter anderem in jenen Arbeiten auf, die sich mit dem Phänomen der Standardisierung beschäftigen[51]. Besondere publizistische Aufmerksamkeit hat beispielsweise das Scheitern der Einigung auf einen weltweiten HDTV-Standard gefunden[52]. Zwar gibt es seit einigen Jahren Bemühungen, die in den verschiedenen Wissenschaftsdisziplinen meist separat voneinander geführten Diskussionen über die Bedeutung und Rolle von Standards im gesellschaftlichen, wirtschaftlichen und politischen Leben einander anzunähern, doch zeugt die Publikationslandschaft meist von geschlossenen Fachdiskursen. Von einer fruchtbringenden interdisziplinären Diskussion ist man weit entfernt[53].

Was können die soeben erwähnten Theorien und Ansätze zur Analyse der PAL-SECAM-Kontroverse beitragen? Leider hat sich das Ergebnis der Beschäftigung mit wirtschaftstheoretischen und soziologischen Netzwerk- und

[50] Siehe beispielsweise Gerhard GÖHLER (Hg.), Die Eigenart der Institutionen. Zum Profil politischer Institutionentheorie, Baden-Baden 1994; Patrick FRIDENSON, Les organisations, un nouvel objet, in: Annales. Économie, Sociétés, Civilisations 44 (1989) 6 S. 1461–1477; Karl-Siegbert REHBERG, Institutionenwandel und die Funktionsveränderung des Symbolischen, in: Leviathan Sonderheft 16 (1996) S. 94–118; Uwe SCHIMANK, Organisationssoziologie, in: Harald KERBER, Arnold SCHMIEDER (Hg.), Spezielle Soziologien. Problemfelder, Forschungsbereiche, Anwendungsorientierungen, Reinbek bei Hamburg 1994, S. 240–254.

[51] Für den Bereich der Informationstechnik siehe Brian KAHIN, Janet ABBATE (Hg.), Standards Policy for Information Infrastructure, Cambridge, London 1995. Stanley BESEN, Joseph FARRELL, Choosing How to Compete: Strategies and Tactics in Standardization, in: Economic Perspectives 8 (1994) S. 117–131.

[52] Jürgen BISCHOFF, Die politische Ökonomie von HDTV, Frankfurt a.M. 1993; Corey P. CARBONARA, HDTV: An Historical Perspective, in: Lou CASABIANCA (Hg.), The New TV. A Comprehensive Survey of High Definition Television, Westport 1992, S. 3–26; Renate DÖRR, Die HDTV-Entscheidung. Eine Fallstudie zum Entscheidungsprozeß in der EG, Tübingen 1994; HEUSER, Hochauflösendes Fernsehen; Hans-Joachim KLEINSTEUBER, HDTV-Politik, in: Rundfunk und Fernsehen (1994) S. 5–23. Eine interessante politologische Analyse des Scheiterns der HDTV-Standardisierungsbemühungen, die von der Fragestellung viele Ähnlichkeiten mit der Analyse der PAL-SECAM-Kontroverse aufweist, liefert die französische Politologin Florence BRAY, La télévision haute définition. Naissance et mort d'un grand projet européen, Paris 2001.

[53] Lobend zu erwähnen ist in diesem Zusammenhang die von Prof. Wilfried Hesser am Institut für Standardisierung und Technisches Zeichnen der Universität der Bundeswehr in Hamburg entfaltete Aktivität, Forscher aus den unterschiedlichsten Fachrichtungen im Rahmen des seit 1997 regelmäßig veranstalteten »Interdisciplinary Workshop on Standardization« zusammenzubringen. Die aus den Symposien hervorgehenden Publikationen spiegeln die fachliche Breite und inhaltliche Vielfalt, die das Thema Standardisierung aus interdisziplinärer Perspektive bietet. Im Rahmen des zweiten interdisziplinären Workshops wurde auch vom Autor ein technikhistorischer Beitrag geleistet. Andreas FICKERS, Standardization as an Object of Systemic Technical Historiography – The Case of Colour Television, in: Wilfried HESSER (Hg.), Proceedings of the Second Interdisciplinary Workshop on Standardization, Hamburg 1999, S. 118–141.

Akteurtheorien insgesamt als weniger ergiebig herausgestellt als erhofft. Vor allem die auf der formal-beschreibenden Ebene verharrenden Theorien der Standardisierung aus wirtschaftstheoretischer Perspektive, wie sie beispielsweise von Pelkmans und Beuter[54] sowie Heuser[55] in ihren Studien zum Einsatz kommen, scheinen wenig geeignet, die komplexe »historische Wirklichkeit« des europäischen Standardisierungsversuchs im Bereich des Farbfernsehens erklären zu können. Zwar werden in beiden Studien die unterschiedlichen Kompatibilitätskriterien fernsehtechnischer Standards[56] sowie die am Standardisierungsprozeß beteiligten Akteure[57] herausgearbeitet, doch reduzieren sich die Handlungs- und Verhaltensoptionen der einzelnen Akteure auf formale Muster, die mit Hilfe spieltheoretischer Modelle simuliert werden.

Die Verbindung des Instrumentariums der Spieltheorie mit den Prämissen von zweckrational handelnden Akteuren, die ihren Nutzen zu optimieren versuchen, führt im Ergebnis zu einer sozialwissenschaftlichen Theorie interdependenten Handelns, welche aus Menschen »Spieler« mit einer begrenzten Anzahl von Spielzügen und taktischen Manövern machen, die bei der strategischen Wahl ihrer möglichen Verhaltensweisen eng definierten Interessen folgen. Sicherlich hat die Spieltheorie wie jede andere Theorie die Funktion, vereinfachende Formalisierungen der zu analysierenden Vorgänge zu ermöglichen, damit, wie Michael Zürn formuliert, »Einsichten gewonnen werden können, die ansonsten im Dickicht der Komplexität verborgen bleiben«[58]. Allerdings hat man bei vielen spieltheoretischen Darstellungen von Standardisierungsprozessen den Eindruck, daß sie – in Luhmann-Jargon formuliert – »die Komplexität so weit reduzieren«, daß der Handlungsspielraum ihrer Ak-

[54] Jacques PELKMANS, Rita BEUTER, Standardization and Competitiveness: Private and Public Strategies in the EC Colour TV Industry, Paper for the INSEAD Symposium »Product Standardization as a Tool of Competitive Strategy«, 9.-10. Juni 1986, Maastricht 1986.

[55] HEUSER, Hochauflösendes Fernsehen.

[56] Pelkmans und Beuter unterscheiden drei Kompatibilitätskriterien, die im Falle einer erfolgreichen Standardisierung realisiert werden müssen: 1. »intra-network compatibility« (Studiotechnik), 2. »inter-network compatibility« (Sendetechnik) und 3. »compatibility with existing television systems« (Empfängertechnik).

[57] Nach Heuser sind mindestens fünf Gruppen von Akteuren an der Aushandlung von Fernsehstandards beteiligt: 1. Geräteindustrie, 2. Sendeanstalten, 3. Standardisierungsorganisationen; 4. Politik bzw. staatliche Stellen (z. B. Post) und 5. Patentträger.

[58] Im Lexikon der politischen Begriffe definiert Michael Zürn die Spieltheorie wie folgt: »Spieltheorie ist eine mathematische Theorie, in der aus einer Reihe von Axiomen mit Hilfe von logisch einwandfreien Deduktionen bestimmte Aussagen gefolgert werden. Die Spieltheorie leistet eine formalisierte Darstellung von interdependenten Entscheidungsstrukturen. Sie ist mithin zunächst keine substantielle sozialwissenschaftliche Theorie, sondern ein Instrument der Theoriebildung«. Michael ZÜRN, Spieltheorie, in: ZÜRN, Michael, Spieltheorie, in: Dieter NOHLEN (Hg.), Lexikon der Politik, Bd. 6, Internationale Beziehungen, München 1993, S. 502–510.

teure im übertragenen Sinne auf den eines Schalters mit drei bis maximal vier Funktionen beschränkt wird.

Zwar lassen sich mit Hilfe komplexerer spieltheoretischer Modelle auch komplizierte Verhandlungssituationen simulieren, doch hinterlassen die Resultate dieser simulierten Szenarien – zumindest in der Wahrnehmung des Autors – eine Theoriewelt, die mit der psychischen und sozialen Komplexität der lebensweltlichen Realität handelnder Menschen nur wenig gemein hat[59]. Ist es doch gerade die in der Dichte eines einzelnen historischen Ereignisses zum Vorschein kommende Komplexität ineinandergreifender Strukturen, mehrschichtiger Kontexte und konkurrierender Handlungsentwürfe einzelner Akteure, die den Historiker beim näheren Hinsehen zum Zeugen der prinzipiellen Offenheit aller historischer Verläufe macht. Diese Einsicht zwingt zur Abkehr von der Deutung des Menschen als »homo oeconomicus« und verlangt eine Theorie sozialen Handelns, die über rein zweckrationale Handlungsmotivationen oder -spielräume hinausgeht[60]. Bereits der »Erfinder« des Begriffs »zweckrationalen Handelns«, Max Weber, sah diesen lediglich als

[59] In der Spieltheorie werden kooperative und nichtkooperative Spiele unterschieden. Bei kooperativen Spielen sind verbindliche Absprachen möglich, die von einer übergeordneten Sanktionsgewalt durchgesetzt werden können. Bei nichtkooperativen Spielen wird davon ausgegangen, daß selbst die Kommunikation zwischen den Spielern keine verbindlichen Absprachen erzeugt. Bei nichtkooperativen Spielen unterscheidet man wiederum Nullsummenspiele und Variablesummenspiele. Erstere haben als zentrales Merkmal, einen totalen Konflikt abzubilden, bei dem der Gewinn der einen Seite automatisch einen Verlust der anderen Seite bedeutet. In Variablesummenspielen gibt es von einem kollektiven Standpunkt aus betrachtet bessere und schlechtere Interaktionsergebnisse. Es gibt drei Lösungskonzepte für nichtkooperative Spielsituationen: 1. Die Maximin-Lösung: Sie zeigt das Interaktionsergebnis an, welches zustande kommt, wenn die beteiligten Parteien gemäß der Regel »Maximiere dein Minimum« handeln, d.h. man wählt das Verhalten, das im schlechtesten Fall noch das beste Ergebnis erzielt. 2. Das Nash-Equilibrium ist das Interaktionsergebnis, von dem kein Akteur abweichen kann, ohne sich selbst zu schaden. Voraussetzung dafür ist die vollständige Information über die Interessen und Handlungsmöglichkeiten aller Beteiligten. 3. Das Pareto-Optimum schließlich ist ein Interaktionsergebnis, das keinem beteiligten Akteur eine Verbesserung seiner Position ermöglicht, ohne einen anderen Akteur zu schädigen. (Ein kollektiv optimales Ergebnis, das in der utilitaristischen Vorstellung als ein wichtiges Gerechtigkeitskriterium gilt). Besonders interessant sind für Spieltheoretiker solche Spiele, in denen sich das Konzept der Rationalität in eine individuelle (Maximin- und Nash-Regel) und in eine kollektive Interpretation (Pareto) spalten. Dies wird dann als problematische soziale Situation beschrieben! Zu einer positiveren Beurteilung des Wertes spieltheoretischer Methoden für die historische Analyse kommen Hans Mielants, Eric Mielants, The Importance of Simulation as a Mode of Analysis. Theoretical and Practical Implications and Considerations, in: Revue belge d'histoire contemporaine 27 (1997) 3/4 S. 293–322.

[60] Uwe Jean Heuser hat den auch in den Wirtschaftswissenschaften einsetzenden Umdenkprozeß in einem längeren Artikel der Wochenzeitung *Die Zeit* beschrieben. Zunehmend geraten die in den siebziger Jahren gefeierten spieltheoretischen Deutungen wirtschaftlicher Entscheidungsprozesse in die Kritik. Statt dessen gewinnen die sogenannten »Verhaltensökonomen« an Deutungsmacht, die darauf hinweisen, daß rationales Abwägen nur einer von mehreren »Beratern« im Entscheidungsfindungsprozeß ist. Uwe Jean Heuser, Die Revolution hat begonnen. Auf Wiedersehen, homo oeconomicus, in: Die Zeit, 43 (2002), 17. Oktober 2002, S. 19f.

einen von vier idealtypischen Handlungsbegriffen. Neben dem zweckrationalen Handeln sollten Formen traditionalen, wertrationalen oder affektuellen Handlens als mögliche Alternativen sinnvollen Handelns von Spiel- und Wirtschaftstheoretikern ernster genommen werden[61].

Auch Susanne Schmidt und Raymund Werle nehmen in ihrer Studie »Coordinating Technology« spieltheoretische Modelle in die Analyse von Standardisierungsprozessen im Bereich der Telekommunikationstechnik auf, bauen diese jedoch nur als ergänzende analytische Perspektive in ihren Ansatz des »akteurzentrierten Institutionalismus« ein. Ähnlich wie in der vorliegenden Arbeit geschehen, verbinden sie in ihren Fallstudien strukturelle und prozessuale Aspekte des Standardisierungsprozesses. Im Gegensatz zu den bereits vorgestellten Ansätzen liefert der »akteurzentrierte Institutionalismus« ein durchaus komplexes handlungstheoretisches Modell, in dem die subjektiven Freiheitsgrade der Akteure in einen die Handlungen strukturierenden, aber nicht unbedingt festlegenden Rahmen eingebettet werden:

> The process of standardization is by no means the execution of a linear techno-logic. It is, rather, contingent on institutional factors, actor constellations, actors' interests and perceptions, technical knowledge, and what one might call the artifactual reference of the specific coordination problem. Hence, scrutinizing standardization is particularly suited to highlighting the social shaping of one significant stage in the generation of network technologies[62].

Ist das von Schmidt und Werle vorgelegte Modell durchaus geeignet, dem Historiker die unterschiedlichen Dimensionen eines Standardisierungsprozesses vor Augen zu führen, reduzieren sich die vorgestellten Fallstudien (Videotext, Telefax, X.4000-Standard für elektronische Post) auf knappe und stark formalisierte Beschreibungen der im vorhinein definierten Systemfaktoren. Das durchaus komplexe Modell wird so, zumindest aus der Perspektive des Historikers, nicht mit Leben erfüllt, was gewisse Schlußfolgerungen schwer nachvollziehbar macht. Dies scheint aber eher das Resultat einer strukturellen Differenz zwischen soziologischer und historischer Arbeitsweise zu sein als das Resultat gezielter »Komplexitätsreduktion«[63].

Da sich die Geschichtswissenschaft bisher selten mit handlungs- oder institutionentheoretischen Ansätzen beschäftigt hat, kann sie entsprechend wenig zur Unterfütterung diverser Standardisierungstheorien beitragen[64]. Eine Aus-

61 Max WEBER, Wirtschaft und Gesellschaft. Grundriß der verstehenden Soziologie, Tübingen 1922.

62 SCHMIDT, WERLE, Coordinating Technology, S. 109.

63 Die Vernachlässigung der Erzählung zugunsten der Abstraktion erschwert die Nachvollziehbarkeit der gezogenen Schlüsse und macht die Lektüre der soziologischen Werke nicht immer zu einer wahren Lesefreude.

64 Entsprechend wenig ist von den theoretischen Ansätzen der diversen »rational-choice«-Ansätze in die geschichtswissenschaftliche Praxis eingeflossen. Ein Beispiel sozialhistorischer Standardisierungsforschung liefert Jean–Claude HOCQUET, Harmonisierung von Maßen und Gewichten als Mittel zur Integrierung in Deutschland im 19. Jahrhundert, in: Eckart SCHREMMER (Hg.),

nahme bilden hier neuere Arbeiten aus dem Bereich der Geschichte der internationalen Beziehungen, die sich – vor allem vor dem Hintergrund der nuklearen Bedrohungsszenarien – mit verhandlungstheoretischen Ansätzen und spieltheoretischen Modellen beschäftigt haben[65]. Wie Ursula Lehmkuhl nachgezeichnet hat, beginnt man seit einiger Zeit auch in der eher theoriefeindlich eingestellten klassischen Diplomatiegeschichte mit der Diskussion mentalitäts- oder kulturgeschichtlicher Fragestellungen, die – so die Hoffnung von Lehmkuhl –, dabei helfen können, die starre Dichotomie von Akteur und Struktur, von Mikro- und Makroperspektive aufzubrechen. In ihrem Aufsatz »Entscheidungsprozesse in der internationalen Geschichte: Möglichkeiten und Grenzen einer kulturwissenschaftlichen Fundierung außenpolitischer Entscheidungsmodelle« plädiert sie:

> Ein kulturwissenschaftlich fundiertes entscheidungstheoretisches Modell muß das den klassischen politikwissenschaftlichen Ansätzen zugrundeliegende Menschenbild des homo oeconomicus durch die Annahme ergänzen, daß menschliches Handeln und Verhalten nicht allein rational im utilitaristischen Sinne begründet ist, sondern auch beeinflusst wird durch wenig veränderbare soziale und kulturelle Faktoren wie lebensweltliche Gemeinsamkeiten, Form der Kommunikationssituation, Stereotypen und damit verbundene Situationsinterpretation und nicht zuletzt auch Empathie[66].

Wirtschaftliche und soziale Integration in historischer Sicht, VSWG Beihefte 128, Stuttgart 1996, S. 110–123. Zur Kritik der »Theoriefeindschaft« auch im Bereich der historischen Sozialwissenschaft siehe die Einleitung von Thomas Welskopp und Thomas Mergel »Geschichtswissenschaft und Gesellschaftstheorie«, in: Thomas MERGEL, Thomas WELSKOPP (Hg.), Geschichte zwischen Kultur und Gesellschaft. Beiträge zur Theoriedebatte, München 1997, S. 9–38. Beide Autoren werfen der Historischen Sozialforschung à la Wehler und Kocka vor, zwar in gewissem Umfange soziologischen Wortschatz (Habitus, Milieu) in ihre Darstellungen aufgenommen zu haben, doch: »Mit historischer Beißhemmung wurden Theorien ›angewandt‹, nicht verarbeitet«. Ibid. S. 20.

[65] Siehe beispielhaft Michael J. HOGAN, Thomas PATERSON (Hg.), Explaining the History of American Foreign Relations, Cambridge, New York 1991. Der Band spiegelt die neueren Ansätze der Diplomatiegeschichte, in die – nach langem Abwehrkampf – nun auch mentalitätshistorische, kulturgeschichtliche und sozialpsychologische Fragestellungen aufgenommen werden. Aus politikhistorischer Sicht hat die amerikanische Politologin Rhonda Crane die europäische Farbfernsehkontroverse bereits 1979 untersucht. Rhonda J. CRANE, The Politics of International Standards: France and the Color TV War, Norwood, New Jersey 1979.

[66] Ursula LEHMKUHL, Entscheidungsprozesse in der internationalen Geschichte: Möglichkeiten und Grenzen einer kulturwissenschaftlichen Fundierung außenpolitischer Entscheidungsmodelle, in: LOTH, OSTERHAMMEL (Hg.), Internationale Geschichte, S. 191. Referiert Lehmkuhl in dieser glänzenden Literaturübersicht den internationalen Stand einer kulturgeschichtlich fundierten Diplomatiegeschichte, baut sie ihre Ideen in dem Aufsatz »Diplomatiegeschichte als internationale Kulturgeschichte« zu einem mit leitenden Fragestellungen und methodischen Herangehensweisen ausgestatteten Forschungsmodell aus. Siehe DIES., Diplomatiegeschichte als internationale Kulturgeschichte: Theoretische Ansätze und empirische Forschung zwischen Historischer Kulturwissenschaft und Soziologischem Institutionalismus, in: Geschichte und Gesellschaft 27 (2001) 3, S. 394–423.

Neben dem in praktischer historischer Arbeit sicherlich nur schwer zu verwirklichenden Anspruch »ganzheitlicher« Betrachtung plädiert Lehmkuhl für eine Zurückdrängung des zweckrationalen zugunsten eines kommunikationstheoretischen Modells handlungstheoretischer Analysen. Damit neigt sie den von Anthony Giddens[67] oder Pierre Bourdieu[68] vertretenen Ansätzen zu, die zu einer Verknüpfung von Handlungs- und Strukturaspekten der Gesellschaft aufrufen[69]. Lehmkuhls Überlegungen decken sich in weiten Teilen auch mit

67 Anthony GIDDENS, Die Konstitution der Gesellschaft, Frankfurt a.M., New York 1995. In dieser Ausgabe liefert die Einleitung von Hans Joas »Eine soziologische Transformation der Praxisphilosophie – Giddens' Theorie der Strukturierung« eine knappe und prägnante Einführung in das Werk von Giddens. Für den Historiker besonders interessant ist der Aufsatz von Thomas WELSKOPP, Der Mensch und die Verhältnisse. »Handeln« und »Struktur« bei Max Weber und Anthony Giddens, in: MERGEL, WELSKOPP (Hg.), Geschichte zwischen Kultur und Gesellschaft, S. 39–70. Siehe auch Thomas WELSKOPP, Die Dualität von Struktur und Handeln. Anthony Giddens' Strukturierungstheorie als »praxeologischer« Ansatz in der Geschichtswissenschaft, in: Andreas SUTER, Manfred HETTLING (Hg.), Struktur und Ereignis, Zeitschrift für Historische Sozialwissenschaft Sonderheft 19, Göttingen 2001, S. 99–119.

68 Pierre BOURDIEU, Loïc J. D. WACQUANT, An Invitation to Reflexive Sociology, Chicago 1992. Zu Bourdieus Konzept der »doppelten Reflexivität« siehe auch Ingrid GILCHER-HOLTEY, »Kritische Ereignisse« und »kritischer Moment«: Pierre Bourdieus Modell der Vermittlung von Ereignis und Struktur, in: SUTER, HETTLING (Hg.), Struktur und Ereignis, S. 120–137. Zur Bedeutung Bourdieuscher Denkansätze für die Geschichtswissenschaft siehe Sven REICHARDT, Bourdieu für Historiker? Ein kultursoziologisches Angebot an die Sozialgeschichte, in: MERGEL, WELSKOPP (Hg.), Geschichte zwischen Kultur und Gesellschaft, S. 71–94. Anregend für Historiker ist auch das Interview, das Lutz Raphael mit Pierre Bourdieu zum Thema Soziologie und Geschichte führte: Lutz RAPHAEL, Über die Beziehungen zwischen Geschichte und Soziologie in Frankreich und Deutschland. Pierre Bourdieu im Gespräch mit Lutz Raphael, in: Geschichte und Gesellschaft 22 (1996) S. 62–89. Eine Zusammenstellung für die Geschichtswissenschaft relevanter Aufsätze Bourdieus findet sich in Pierre BOURDIEU, Schwierige Interdisziplinarität. Zum Verhältnis von Soziologie und Geschichtswissenschaft, hrsg. von Elke OHNACKER und Franz SCHULTHEIS, Münster 2004.

69 Lehmkuhl faßt ihre Position in einem 7-Punkte-Programm von Annahmen zusammen, die in ihren Augen für die kulturwissenschaftliche Fundierung geschichtswissenschaftlicher Forschung allgemein und eines kulturwissenschaftlich fundierten Entscheidungsmodells im besonderen von Bedeutung sind: 1. Ideen, Normen und Werte sind keine unabhängigen Variablen (psychologisches Modell), sondern können eigene Akteursqualitäten entwickeln und als intervenierende Variablen in Entscheidungsprozessen wirken; 2. Giddens »doppelte Hermeneutik« muß berücksichtigt werden (nicht nur Methode und Fragestellung beeinflussen Arbeitsresultate, sondern soziale Welt selbst wird darüber hinaus erst durch die Interpretation der Beteiligten konstruiert); 3. Da soziale Welt stets konstruierte Welt ist, können ihre Funktionsbedingungen nur mit Hilfe der verstehenden Methode, d.h. induktiv und nicht nomologisch-deduktiv erschlossen werden; 4. Das Verstehen von Handlungen erfordert nicht nur Ermittlung von Intentionen und Motiven der Akteure, sondern auch Rekonstruktion der Regeln, Normen, Kontexte, Milieus; 5. Kulturansätze weisen das rationalistische Menschenbild des »homo oeconomicus« zurück und setzen »homo sociologicus« entgegen. Menschen leben in einer symbolisch vermittelten Welt; 6. Entscheidungen werden deshalb nicht aufgrund fixer Präferenzen und festgelegter Interessen getroffen, sondern diese können sich im Laufe des Interaktionsprozesses durch Reinterpretation der Kontexte verändern; 7. Da der Bedeutungsgehalt einer Handlung intersubjektiv gebildet wird, muß zur Erklärung des Zustandekommens einer Entscheidung die gemeinsam geteilte Sinnwelt erfaßt wer-

dem von Thomas Mergel vorgelegten Konzept einer »Kulturgeschichte der Politik«. Ähnlich wie Lehmkuhl betont auch Mergel die Komplexität und symbolische Bedeutung der kommunikativen Konstruktion vergangener und gegenwärtiger Wirklichkeiten. Dem Historiker als Rekonstrukteur dieser Wirklichkeiten kommt nach Mergel die Aufgabe zu, »Interessen, Macht und Konflikte als kommunikativ produzierte und symbolisch repräsentierte Phänomene« zu begreifen und zu analysieren[70].

Es war das Ziel der als politische Kulturgeschichte der Technik untertitelten Studie, genau jene symbolische Dimension techno-politischen Handelns auf personeller und institutioneller Ebene herauszuarbeiten. In der PAL-SECAM-Kontroverse überlagern sich staatspolitische (Technik als »champion national« im Rahmen einer »politique de la grandeur«) und wirtschaftspolitische (PAL als »bestes« System »Made in Germany«) Symboliken, und die Verhandlungen im Rahmen der CCIR können als Arenen eines semantischen Kampfes um eine hochgradig politisierte Technik gedeutet werden. In der Tat haben wir es in Wien und Oslo mit »kommunikativen Verdichtungen«[71] eines techno-politischen Konfliktes zu tun, der unter narrativen Gesichtspunkten als Drama in zwei Akten interpretiert werden kann[72]. Vor allem auf französischer Seite haben wir es mit einer meisterhaft orchestrierten diplomatischen Inszenierung zu tun, in der sämtliche politische Rhetorik und Macht aufgewandt wird, um den politischen »Gegner« zu schockieren (Veröffentlichung des französisch-sowjetischen Abkommens zwei Tage vor Beginn der Wiener Konferenz), zu irritieren (kurzzeitiges Angebot des NIR-Systems als französisches »Opfer« in Oslo) oder zu betören (falls man die Aufbesserung der Kassen der Democratia Christiana oder der Partito Socialista Italiana mit diesem Verb umschreiben kann...). Im Sinne der neueren Kulturgeschichte konnte man die CCIR-Verhandlungen in Wien und Oslo auch als »performances« beschreiben, in denen die unterschiedlichen Akteure in strategisch definierten »Rollen« aufgetreten sind[73]. Keineswegs soll damit behauptet werden, daß die zentralen Akteure nach vorhersehbaren Mustern eines zuvor

den. Über die Sinnwelt der Akteure sind auch deren Motive und Intentionen zu erschließen. Lehmkuhl, Entscheidungsprozesse in der internationalen Geschichte, S. 195.

70 Thomas MERGEL, Überlegungen zu einer Kulturgeschichte der Politik, in: Geschichte und Gesellschaft, 28 (2002) S. 574–606, S. 594f.

71 Ibid. S. 597.

72 Unter technikhistorischen Gesichtspunkten anregend ist hier der Beitrag von Bryan PFAFFENBERGER, Technological Dramas, in: Science, Technology & Human Values 17 (1992) 3 S. 282–312. Generell zur »Drama-Analogie« in der Kulturgeschichte siehe BURKE, Was ist Kulturgeschichte, S. 56ff.

73 Siehe zum Thema performances Della POLLOCK (Hg.), Exceptional Spaces. Essays in Performance and History, Chapel Hill 1998; David M. GUSS, The Festive State: Race, Ethnicity and Nationalism as Cultural Performance, Berkeley 2000; Doris BACHMANN-MEDICK, Performative Turn, in: Dies. Cultural Turns, S. 104–143.

festgelegten Drehbuches agiert hätten. Die mikroanalytische Beschreibung der Verhandlungssituation in Oslo hat gezeigt, wie flexibel das Rollenverhalten der Akteure in dem dynamischen Verhandlungsprozeß sein kann. Gerade diese prinzipielle Offenheit des historischen Augenblicks macht deutlich, wie problematisch die Reduktion der möglichen Handlungsoptionen aus posttheoretisierender Analyse ist. Ziel dieser Darstellung war nicht, den Standardisierungsprozeß in den unterschiedlichen Verhandlungssituationen einer Goffmanschen Rahmenanalyse zu unterziehen, dennoch drängen sich die Metaphern der »Bühne« und des »Theaters« auf, führt man sich die politische Inszenierung der Wiener und Osloer Verhandlungen vor Augen[74].

Bereits 1965 hatte der »Adviser on Telecommunications and Transportation« im amerikanischen State Department, Paul F. Geren, erkannt, daß die Farbfernsehkontroverse ein »Musterbeispiel« interdependenter Entscheidungsstrukturen in den internationalen Beziehungen darstelle:

> As in all technological change, how these facilities are arranged and coordinated belongs not only to the field of science but also to the area of international relations. Similarly, the arrangements between governments in the communications field influence for good or bad the freedom, the economy, and the efficiency of global communication. The choice of color television standards offers a dramatic illustration of this thesis[75].

Zum wichtigen Hilfsmittel für das Verständnis internationaler Beziehungen, besonders wenn es sich um die Analyse diplomatischer Verhandlungen handelt, können sogenannte Verhandlungstheorien werden, die auf kommunikationstheoretischen Annahmen fußen. So macht Jon Elster in seinem Buch »Die Subversion der Rationalität« auf den wichtigen Unterschied zwischen öffentlichen und privaten Diskurssituationen aufmerksam[76]. Während bei öffentlichen Debatten die vorgetragenen Forderungen mit Hilfe von Argumentation untermauert würden, dominierten bei privaten Verhandlungen die klassischen »bargaining«-Mittel, nämlich Drohungen und Versprechen.

Thomas Saretzki hat auf der Basis der modernen Institutionentheorie (Göhler u. a.[77]), der Kommunikationstheorie (Habermas[78]) und Verhand-

[74] In der Einleitung zu seiner Studie »Rahmen-Analyse« betont Goffman, daß es ihm um vor allem um die »Analyse von Betrug, Täuschung, Schwindelmanövern, verschiedenartigen Vorführungen« geht, und sich Presseartikel, populäre biographische Schilderungen oder auch Karikaturen besonders als Quellen des gesellschaftlichen »Theaters« eigneten! Erving GOFFMAN, Rahmen-Analyse. Ein Versuch über die Organisation von Alltagserfahrungen, Frankfurt a. M. 1980, S. 23 ff.

[75] Paul F. GEREN, Worldwide Standards for Color Television, in: United States, Department of State Bulletin, 53 (1965) S. 597.

[76] Jon ELSTER, Die Subversion der Rationalität, Frankfurt a. M. 1987.

[77] Einen Überblick über die moderne Institutionentheorie liefert Gerhard Göhler in seiner Einleitung zum Leviathan Sonderheft 16 (1996).

[78] Eine Erweiterung des Habermasschen Ansatzes findet sich bei Dietrich BÖHLER, Rekonstruktive Pragmatik. Von der Bewußtseinsphilosophie zur Kommunikationsreflexion: Neubegründung

lungstheorie (Elster) ein verhandlungstheoretisches Modell entwickelt, dessen zentrale These lautet: »Der Kommunikationsmodus ›Argumentieren‹ korreliert mit einer relativ hohen Stabilität der getroffenen Entscheidung und weist darüber hinaus wegen des damit verbundenen moralischen Rekurses auf Inhalte des ›common good‹ eine hohe Implementationswahrscheinlichkeit auf«[79]. Übertragen auf die Farbfernsehkontroverse könnte dies bedeuten: Der wirtschaftlich-technisch motivierte Kommunikationsmodus »arguing« mit moralischem Rekurs auf das »common good« (= einheitlicher europäischer Standard) wies eine hohe Implementationswahrscheinlichkeit auf. Der außenpolitisch motivierte Kommunikationsmodus »bargaining« der französischen Seite mit dem klassischen Überzeugungsrepertoire »Drohungen und Versprechungen« stieß auf Widerstand der technisch-wissenschaftlichen Experten des CCIR. PAL war dort erfolgreich, wo der Boden für »Argumentation« fruchtbar war, das heißt auf technisch-wirtschaftlichem terrain. SECAM war dort erfolgreich, wo der Boden für »Verhandeln« fruchtbar war, das heißt auf politischem terrain.

Scheint dieses Modell auf die Farbfernsehkontroverse zu »passen«, erklärt es dennoch nicht die strukturellen Rahmenbedingungen und die persönlich, kulturell, wirtschaftlich oder politisch gefärbten Motivationen der Akteure. Ruft man sich die Komplexität der Verhandlungssituationen in Wien oder Oslo ins Gedächtnis, so scheint es unwahrscheinlich, daß eine der bislang vorgestellten Theorien eine auch nur annähernd exakte Beschreibung der realen historischen Verhältnisse erlaubt. Insofern schließt sich der Autor dem hermeneutischen Befund von Ursula Lehmkuhl an, daß in einem ersten Schritt eine möglichst mikroskopische Rekonstruktion der Ereignisgeschichte die Details eines Entscheidungsprozesses aufzeigen sollte. Erst wenn der Historiker sich ein möglichst umfassendes »Vorverständnis« über die Geschehensabläufe angeeignet hat, so Lehmkuhl, sollten analytische Modelle zur Systematisierung oder Verfeinerung der geschichtswissenschaftlichen Interpretation herangezogen werden. Auf der Grundlage dieser Erkenntnisse muß dann im Sinne von Giddens' »doppelter Hermeneutik« die Ereignisgeschichte reinterpretiert werden. Ohne diese Kombination detaillierter historischer Rekonstruktion und reflexiver Interpretation wäre es kaum möglich, die von Degenhardt und Strautz beschriebenen Irritationen des »sozialen Habitus«

der praktischen Wissenschaften und Philosophie, Frankfurt a. M. 1985. Im Anschluß an Apel und Habermas, denen das Buch auch gewidmet ist, vollzieht Böhler eine pragmatisch-hermeneutische Wende, die durch den Verpflichtungsgehalt des Argumentierens vor dem Relativismus gefeit sein will. Philosophie wird in diesem Sinne als Ethik des öffentlichen Dialogs verstanden.

79 Thomas Saretzki, Wie unterscheiden sich argumentieren und verhandeln? Definitionsprobleme, funktionale Bezüge und strukturelle Differenzen von zwei verschiedenen Kommunikationsmodi, in: Volker von Prittwitz (Hg.), Verhandeln und Argumentieren. Dialog, Interessen und Macht in der Umweltpolitik, Opladen 1996, S. 19–40.

der technischen Akteure der CCIR zu verstehen, die durch die Politisierung technischer Entscheidungsfindungsprozesse entstanden sind[80].

Auf die Frage, ob es sich bei dem »large technological system« Farbfernsehen denn nun um eine sozial konstruierte Auseinandersetzung oder um eine von technisch-wirtschaftlichen Rationalitäten geprägte Debatte handelte, hat Thomas P. Hughes im übertragenen Sinne bereits 1987 in den ersten zwei Sätzen seines bekannten Aufsatzes »The evolution of large technological systems« eine salomonische Antwort gegeben: »Technological systems contain messy, complex, problem-solving components. They are both socially constructed and society shaping«[81].

[80] DEGENHARDT, STRAUTZ, Auf der Suche nach dem europäischen Programm. Auch wenn der Vergleich etwas überzogen scheinen mag, könnte man die Bedeutung des von Degenhardt und Strautz beschriebenen sozialen Habitus der Techniker und Ingenieure bei der Herstellung eines Standards mit der von Steven Shapin so brillant analysierten Bedeutung sozialer und kultureller Normen bei der Herstellung einer wissenschaftlichen Tatsache im England des 17. Jahrhunderts vergleichen. In beiden Fällen generiert sich die Autorität der am Verhandlungsprozeß beteiligten Akteure durch einen gewissen Status, auch wenn dieser im 17. Jahrhundert vor allem sozialer Natur war (Mitglied der adligen Oberschicht), und nicht politischer oder wissenschaftlicher Natur, wie dies bei den Mitgliedern der CCIR-Delegationen der Fall war. Steven SHAPIN, A Social History of Truth: Civility and Science in Seventeenth Century England, Chicago 1994.

[81] HUGHES, The evolution of large technological systems, S. 51.

5.3. Thesen

5.3.1. Der Mythos vom »besten System« und dem »genialen Erfinder«

Die historische Rekonstruktion der Farbfernsehkontroverse bis zum Scheitern der Standardisierungsbemühungen im Juli 1966 läßt aus technikhistorischer Perspektive keinen anderen Schluß zu, als daß die konkurrierenden Alternativen technisch gleichwertige Systeme darstellten. Ein Blick in die populärwissenschaftliche wie fachwissenschaftliche Literatur, die nach dem Scheitern der Standardisierungsbemühungen erschienen ist, suggeriert dem Leser jedoch ein ganz anderes Bild. Sowohl in deutschsprachigen wie auch in französischsprachigen Publikationen wird bereits 1966 mit der Konstruktion von Mythen begonnen, die dem PAL- bzw. SECAM-System technische Überlegenheit über das jeweils andere Verfahren andichten.

Groß war daher die Aufregung bei Telefunken, als ein »Spiegel«-Artikel mit der Überschrift »Legende gehäkelt« im März 1969 am PAL- bzw. Bruch-Mythos kratzte, in dem Bruchs erfinderische Leistung bei der Entwicklung des PAL-Systems in Frage gestellt wurde:

> Vier Jahre lang galt das von Telefunken Anfang 1965 öffentlich vorgestellte PAL-Farbfernsehsystem als Musterbeispiel nachkriegsdeutschen Technikruhmes. Nun aber erweist sich, was ›Bild am Sonntag‹ 1967 stolz die ›tollste Färberei der Welt‹ nannte, zum guten Teil als Schönfärberei. Die Branchenkonkurrenz, seit längerem insgeheim über Telefunkens werbeträchtigen PAL-Nimbus vergrämt, möchte das Image des ›genialen Erfinders Bruch‹ (AEG-Telefunken Pressesprecher Friedrich Bender) nicht länger unangetastet lassen[82].

Tatsächlich hatte Telefunken – aus unternehmerischer Perspektive nachvollziehbar und legitim – mächtig mit Bruchs Image als »Mr. PAL« und »Vater des Farbfernsehens« für seine Farbfernsehempfänger geworben. Dementsprechend scharf fiel die schriftliche Reaktion Telefunkens aus. In einem sechsseitigen Schreiben an »Spiegel«-Chefredakteur Engel wandte sich Telefunken Pressesprecher Bender gegen die vom »Spiegel« geäußerten Vorwürfe. Intern waren sowohl Walter Bruch als auch der Leiter der Telefunken-Patentabteilung, Dr. Johannesson, aufgefordert worden, zu den »Spiegel«-Vorwürfen Stellung zu nehmen. In einem Brief vom 17. März 1969 an den Leiter des Instituts für Rundfunktechnik in München, Prof. Richard Theile, bekannte Bruch:

> Ich kann mir einfach nicht vorstellen, daß es irgendeinen Menschen gibt, der Grund hätte, einen solchen Angriff gegen meine Person zu richten, auch nicht der, der sich sonst nicht gerade sehr wohlwollend mir gegenüber geäußert hat. Dies Haltung traue ich einfach niemandem zu. Weni-

[82] N.N.: Legende gehäkelt, in: Der Spiegel, 10.03.1969, S. 182.

Abb. 27: »Das beste Farbfernsehsystem der Welt«. Telefunken Werbung im »Spiegel« vom 10. März 1969, aus: Archiv des Deutschen Museums München, Nachlaß Walter Bruch, Signatur NL 101, Nr. 269.

ger als über die Sache grüble ich Tag und Nacht darüber nach, wer könnte dieser Mensch sein und was könnte der Anlaß dazu sein[83]?

Doch schon vor diesem Schreiben war die »Trias« der deutschen Fernsehtechnik, bestehend aus Dr. Hans Rindfleisch (Technischer Direktor des NDR), Dr. Johannes Müller (Oberpostrat und Farbfernsehexperte des Fernmeldetechnischen Zentralamtes (FTZ) in Darmstadt) sowie Prof. Theile selbst, Walter Bruch in Form einer offiziellen Stellungnahme zu Hilfe geeilt. In einem Brief vom 17. März 1969 bat Hans Rindfleisch den Herausgeber des »Spiegel«, Rudolf Augstein, um die Veröffentlichung folgender Stellungnahme, die von allen drei oben genannten unterzeichnet war:

Wir sind besorgt, daß die Leistungen von Walter Bruch für die Entwicklung der Farbfernsehtechnik in ein schiefes Licht geraten. Die Bedeutung der Arbeiten von Bruch liegt darin, daß er ein in der amerikanischen Fachliteratur erörtertes Prinzip zum Ausgleich von Farbfehlern [das sogenannte Prinzip der »Color Phase Alternation« des Hazeltine-Ingenieurs Bernard Loughlin, A.d.V.] unter Hinzufügung eigener Erfindungen weiterentwickelt und damit für die Technik moderner Farbfernsehempfänger anwendbar gemacht hat. Aus jahrelanger Zusammenarbeit fühlen sich die Unterzeichneten, die im Bereich der Deutschen Bundespost und der Rundfunkanstalten bei der Vorbereitung des Farbfernsehens mitgewirkt haben, zu der Erklärung verpflichtet, daß

83 Brief von Walter Bruch an Richard Theile, Hannover, 17.03.1969, 6 maschinegeschriebene Seiten, hier S. 6, in: Archiv des Deutschen Museums München, Nachlaß Walter Bruch, Signatur NL 101, Nr. 178.

Abb. 28: »Henri de France lors de la creation du SECAM«, Nachruf Henri de France in französischer Zeitung, aus: Archives du CHTV/INA, Nachlaß Michel Dubail.

Abb. 29: Walter Bruch Werbephoto von Telefunken, aus: Archiv des Deutschen Museums München, Nachlaß Walter Bruch, Signatur NL 101, Nr. 270.

Bruch die Fachleute im In- und Ausland allein durch die Ergebnisse seiner technisch-wissenschaftlichen Entwicklungsarbeit überzeugt hat. Seine Leistung sollte unangetastet bleiben und nicht von Diskussionen über Patent- und Lizenzfragen überschattet werden[84].

Im Anschreiben zu der Kopie der »Ehrenerklärung«, die Rindfleisch am gleichen Tag an Walter Bruch schickte, machte dieser Bruch Mut und gab zu Bedenken, daß diese Stellungnahme das Bild bei einigen Leuten, »auf die es ankommt«, wieder zurechtrücken werde: »Im übrigen sollte man sich derartige Artikel im ›Spiegel‹ nicht allzusehr zu Herzen nehmen. Im ›Spiegel‹ angegriffen zu werden«, so Rindfleisch tröstend, »gehört nun einmal zu den Attributen der Prominenz«[85].

Auch in der DDR versuchte man 1974 am PAL-Mythos bzw. Bruch-Mythos zu kratzen. Doch die recht scharfen Attacken des Chefredakteurs der Fachzeitschrift »Radio Fernsehen Elektronik« verhallten in der Bundesrepublik mangels Publizität ziemlich lautlos[86].

84 Brief von Dr. Hans Rindfleisch an Rudolf Augstein, Hamburg, 17.03.1969, in: Archiv des Deutschen Museums München, Nachlaß Walter Bruch, Signatur NL 101, Nr. 178.

85 Ibid.

86 Selbst schärfere Geschütze, wie sie in einem 1974 erschienenen Artikel mit der Überschrift »Neutraler Techniker?« der ostdeutschen Zeitschrift »Radio Fernsehen Elektronik« von RFE-Redakteur Schätter aufgefahren wurden, sorgten nicht für ernsthafte Irritation. Anders als im »Spiegel«-Artikel ging es dabei nicht um die technischen Verdienste Bruchs am Farbfernsehen, sondern um eine kritische Auseinandersetzung mit einem von Bruch selbst in der Zeitschrift »Funkschau« veröffentlichten Artikel »Peenemünde 1942: Die Anfänge des Industriefernsehens«. Dieser Artikel, eine verschriftlichte Fassung eines Vortrages von Bruch, den dieser auf Einladung der Hermann-Obert-Gesellschaft während der Funkausstellung in Berlin gehalten hat, ist in seiner naiven Bewunderung für die Leistungen der Technik im Rahmen des nationalsozialistischen Vernichtungskrieges ein erschreckendes Selbstzeugnis des Bruchschen Selbstverständnisses als »neutraler Techniker«. Einige Auszüge aus dem Artikel mögen diese These unterstreichen: »Wir Pioniere, die wir unser bisheriges Leben der technischen Entwicklung des Fernsehens gewidmet hatten, versuchten alles, um auch im Kriege an der Fernsehtechnik weiterforschen zu können. Heute noch kommt es mir wie ein Wunder vor, daß es gelang, sofort das Luftfahrtministerium für das Fernsehen zu interessieren. [...] Damals gehörte ich zu denen, die glaubten, der Krieg sei in wenigen Wochen vorbei [...] und dann wollte ich eine kleine zivile Wunderanlage für Reportagen haben. [...] Kurz vor dem Start [der A 4-Rakete, A.d.V.] wurden die Menschen vom Gelände gescheucht, die Gefangenen, deren man sich für Hilfsarbeiten bediente, waren in ihre Baracken gesperrt. [...] Ich war noch jung und stolz, so mächtigen Leuten wie Speer oder Himmler, dem Gefürchteten, etwas erzählen zu können. [...] Gigantisch muß das Erlebnis des ersten gelungenen Abschusses auf Dr. von Braun, Generalmajor Dornberger und ihre Mitarbeiter gewirkt haben, als ihre ›Kinder‹ von ihrem Willen gelenkt, sich selbständig machten. Für mich war das Gefühl, über Fernsehen dabei gewesen zu sein, mindestens genau so gewaltig [...] mindestens ein solches Wunder wie später die ersten Fernsehbilder vom Menschen auf dem Mond. [...] Peenemünde war die Geburtsstunde dessen, was wir heute ganz allgemein Industriefernsehen nennen [...] Und das ist etwas, was historisch festgehalten werden sollte«. In aller Deutlichkeit kritisierte Schätter Walter Bruch in einer Replik und forderte ihn auf, zwischen »neutraler Technik« und der Verantwortung des Technikers für den Einsatz von Technik zu unterscheiden: »Wenn die SS zufällig daran interessiert gewesen wäre, die qualvolle Ermordung ihrer Opfer in den Gaskammern von Maidanek und Auschwitz über ein System industriellen Fernsehens zu be-

Die Mythisierung der Genialität des Erfinders fand im benachbarten Frankreich in durchaus ähnlicher Weise statt. Hier war es die Person von Henri de France, die ins Zentrum der Aufmerksamkeit rückte. Defrance, wie er sich in jungen Jahren schrieb, hatte sich durch eine kleine Namensänderung bereits selbst nobilitiert und verkörperte in der Öffentlichkeit das Bild des begnadeten Tüftlers und Bastlers. Ob 819-Zeilensystem, SECAM oder spätere Erfindungen wie das »Fluoskop«, eine Apparatur zur Beobachtung präparierter fluoreszierender Mikroorganismen, immer war er – so Jacques Parrot in einem Nachruf im Jahre 1980 – seiner Zeit voraus[87]!

Die Werbung für das SECAM-System transportierte sich in Frankreich aber weniger über die Person von Henri de France als über staatlich organisierte Wege. Eingeläutet wurde die Phase der verstärkten »promotion du SECAM« durch den Einstieg von Sylvain Floirat als Gesellschafter der CFT Ende 1965. Entscheidend beschleunigt und intensiviert wurden die staatlichen Aktivitäten aber erst nach der Benennung Simon Noras zum neuen »Délégué interministériel« am 13. Oktober 1967 durch Premierminister Georges Pompidou[88]. Unter seiner Leitung kam es Ende 1967 zur systematischen Arbeitsteilung zwischen den staatlichen, halbstaatlichen und privat-

obachten, berechtigt in diesem Artikel nichts zu der Hoffnung, daß sein Autor ein derartiges System nicht in die Gaskammern eingebaut und nicht 30 Jahre später in einer westdeutschen Fachzeitschrift beschrieben hätte – und daß diese ihn nicht veröffentlichen würde. [...] Von der Bildröhre, auf der der Start der V 2 beobachtet werden konnte, verlangt man keine Stellungnahme zu dem verbrecherischen Krieg, dem diese Beobachtung diente – wohl aber von dem Mann, der sie installierte und mit seinen Geräten die Beobachtung ermöglichte«. Da es sich bei der Zeitschrift »Radio Fernsehen Elektronik« um eine ostdeutsche Fachzeitschrift handelte, sorgte dieser Angriff auf das Image von Walter Bruch in der Bundesrepublik für wenig Aufsehen, da lediglich ein geringer Leserkreis von Radio- und Fernsehspezialisten im Westen erreicht wurde. Schäffer, Neutraler Techniker?, in: radio fernsehen elektronik 23 (1974) 11.

[87] Sogar das 819-Zeilensystem wird als weitsichtige Vorwegnahme des HDTV-Fernsehens interpretiert: »On n'épilogera pas sur le destin final du 819, ni sur les conséquences de son adoption sur un certain retard de développement de la télévision française. La vérité est qu'une fois de plus, en avance sur son temps, Henri de France avait vu juste sur l'avenir de la haute définition«. Jacques Parrot, Apres le »819 lignes« et le SECAM, Henri de France inventait le fluoscope, Zeitungsartikel – wahrscheinlich April 1980, in: Archives du CHTV/INA, Nachlaß Michel Dubail.

[88] Die Nachfolger François de Laboulays im Amt des »Délégué interministériel«, Jean-François Deniau und Biasini, hatten in den Augen Noras die notwendigen Koordinationsaufgaben nur unzureichend ausgeführt. Nora plädierte für eine gezieltere staatliche Aktion, um die SECAM-Affäre zu einem letztlich vorteilhaften Geschäft für den französischen Staat zu machen. »Un tel arbitrage est nécessaire«, so Simon Nora in einer 13-seitigen »Note sur la promotion du SECAM à l'étranger«, »notamment, pour qu'il soit mis fin à la confusion dans laquelle s'est poursuivie jusqu'à présent la promotion du SECAM: celle-ci a été conduite plutôt au gré des évènements qu'en vertu d'un plan préétabli, et sans que le partage des initiatives et des responsabilités, notamment financières, ait jamais été clairement décidé. [...] Cette façon de procéder ne peut plus être poursuivie dans l'avenir«. In: Archives du MAE, Affaires Économiques et Financières, Affaires Générales, Nr. 926. Aus diesen Sätzen spricht der Geist der »planwirtschaftlichen Elite«, zu der

wirtschaftlichen Akteuren, die an der SECAM-Vermarktung beteiligt waren[89]. In einer 13seitigen Skizze über die in den Augen Noras dringend notwendige Neustrukturierung der SECAM-Aktivitäten sparte dieser nicht mit Kritik an der bisherigen »Zersplitterung der Akteure« und »Verschwendung von Krediten« und forderte eine konzentrierte, staatlich geführte SECAM-Propagation:

Il n'est pas besoin de rappeler longuement que l'affaire du SECAM comporte une dimension proprement politique. C'est un fait que, dès l'origine, un certain aspect du prestige français a été délibérément engagé dans le lancement du SECAM. [...] Le fait que l'enjeu essentiel de la promotion du SECAM soit de nature politique comporte une conséquence importante: c'est que les chances de cette promotion dépendent très étroitement de l'ampleur des efforts que l'État sera ou non disposé à consentir à sa faveur[90].

sich Nora nach eigenen Aussagen zählte. Allerdings sollte sich Nora später sehr kritisch mit seiner Funktion als Technokrat auseinandersetzen. Siehe Simon Nora, Servir l'Etat, S. 102ff.

89 Anfang 1968 wurden die SECAM-Aktivitäten wie folgt aufgeteilt: Die CFT gab sämtliche technisch-industrielle Aktivität auf und mutierte zu einer reinen SECAM-Patentverwaltungsgesellschaft. Die Lizenz zur Produktion transistorisierter SECAM-Empfänger wurde von der CFT an die Société Électronique Moderne de l'Oise (EMO) vergeben, deren Hauptaktionäre Floirat und de France waren. Dafür mußte sich die EMO verpflichten, Teile des Personals der CFT zu übernehmen. Die vereinbarte Lizenzgebühr, welche die EMO an die CFT zu zahlen hatte, betrug 5 Francs pro verkauftem Empfänger. Zusätzlich zahlte die EMO der CFT eine einmalige Abfindung von 300 000 Francs in bar. Die gesamte Produktion im Bereich des professionellen Fernsehmaterials (Studio- und Sendetechnik, Verzögerungsleitung etc.) wurde in Lizenzvereinbarung mit der CFT von der CSF hergestellt. Auch die CSF übernahm einen Teil des technischen Personals der CFT (68 Personen). Ausgenommen von diesem Abkommen war die Produktion der Farbröhre, für die eine eigene Firma mit dem Namen France Couleur gegründet wurde. Hauptaktionär von France Couleur, an der die CFT mit 10% des Kapitals beteiligt war, war wiederum Sylvain Floirat. Der Staat beteiligte sich an der Entwicklung der neuartigen Farbröhre in Form einer Subvention in Höhe von 40 Millionen Francs, von denen France Couleur im Falle einer erfolgreichen Vermarktung maximal 10 Millionen zurückzahlen mußte. Schließlich wurde die Arbeit der 1965 gegründeten staatlichen Gesellschaft zur SECAM-Werbung FRANTECO am 1. Januar 1968 durch die neue Gesellschaft INTERSECAM ersetzt. INTERSECAM hatte zur Aufgabe, »de poursuivre les efforts pour la promotion dans les pays tiers du SECAM et des techniques françaises de télévision en couleur. A cette fin, il assure une action permanente d'information générale et des actions particulières pays par pays«. Obwohl auch INTERSECAM durch staatliche Zuschüsse gefördert wurde, wurden die laufenden Kosten, die jährlich mit 600.000 FF beziffert wurden, zu 30% von der CFT, zu 20% von der ORTF und zu 50% von der Fédération Nationale des Industries Electroniques (FNIE) getragen. Es handelte sich demnach um eine eher privatwirtschaftlich initiierte Organisation zur SECAM-Werbung im Ausland. Als Präsident von INTERSECAM wurde Paul-Roger Sallebert, als Generaldirektor André Pons benannt. Die Nachfolge von Sallebert trat später der CFT-Direktor Michel Dubail an. Das Kapitel »bataille du SECAM« würde eine eigene Darstellung erfordern, kann aber an dieser Stelle nicht geleistet werden. Zu der SECAM-Promotion in der Pompidou-Ära siehe Fickers, »Pourquoi ne feraient-ils pas un procès à Telefunken?«.

90 Simon Nora, Note sur la promotion du SECAM à l'étranger, 13 maschinegeschriebene Seiten, hier S. 4, in: Archives du MAE, Affaires Économiques et Financières, Affaires Générales, Nr. 926.

Abb. 30: Der Einstein der Fernsehtechnik? Walter Bruch Autogrammkarte, aus: Archiv des Deutschen Museums München, Nachlaß Walter Bruch, Signatur NL 101, Nr. 269.

Die konzentrierte staatliche Aktion war laut Nora um so dringender, da das »Prestige der deutschen Technik« in vielen noch unentschlossenen Ländern die Einführung des SECAM-Systems dort erheblich erschwere.

Wie diese Beispiele zeigen, bemühte man sich auf deutscher wie auf französischer Seite, die angeblichen Vorteile des eigenen Systems publizistisch zu vermarkten und ihm gegebenenfalls mit politischer Schützenhilfe zur Einführung in Drittländern zu verhelfen. Ihm Rahmen dieses Wettlaufs wurden die beiden »system builder« Henri de France und Walter Bruch zu »Helden der Technik« stilisiert, deren Image als »geniale Erfinder« gezielt zu Werbezwecken eingesetzt wurde. Zwar gab es sowohl auf französischer wie auf deutscher Seite vereinzelte Versuche, diesen Mythisierungsversuchen entgegenzutreten, doch verhallte die Kritik meist ungehört. Aus mentalitätshistorischer Perspektive zeugt diese Mythenbildung von der erfolgreichen Verschmelzung privater und nationaler Erfolgsgeschichten: Auf bundesdeutscher Seite kommt es zur Verschmelzung des »Bruch-Mythos« mit der Erfolgsgeschichte des »bundesdeutschen Wirtschaftswunders«; auf französischer Seite wurde der »champion national« SECAM zum Symbol der »politique de la grandeur« und der »trente glorieuses«. Im Sinne von Robert Frank symbolisieren somit beide Erfolgsgeschichten die »gelungene« Bewältigung der nationalen Identitätskrisen, welche Deutschland und Frankreich nach dem Zweiten Weltkrieg durchzustehen hatten[91]. Beide Systeme stehen stellvertretend für ein wiedergewonnenes technopolitisches Selbstbewußtsein beider Staaten und spiegeln gleichzeitig die unterschiedlichen Wege oder Strategien, die auf beiden Seiten des Rheins im Rahmen des Modernisierungsprozesses nach 1945 eingeschlagen wurden.

5.3.2. Für eine politische Kulturgeschichte der Technik

Die vorliegende Untersuchung der Debatte um die Einführung eines einheitlichen europäischen Farbfernsehstandards zielte darauf, die in diesen Entscheidungsfindungsprozeß eingebundenen Akteure sowie die ihn einrahmenden institutionellen Kontexte in einer mehrdimensionalen historischen Erzählung zu rekonstruieren und analysieren. Als leitende Fragestellungen dienten dabei technikhistorische, wirtschaftshistorische und politikhistorische Ansät-

[91] In seinem Aufsatz »Mentalitäten, Vorstellungen und internationale Beziehungen« analysiert Robert Frank das »Syndrom von Vichy« in Frankreich. Die Kapitulation habe im Nachkriegsfrankreich ein tiefempfundenes Bedürfnis nach Modernisierung (wirtschaftlich) und nach einer wirksamen Verteidigung geschaffen. Ohne dieses Syndrom sei die Ablehnung der EVG nicht zu verstehen, genausowenig wie de Gaulles »politique de la grandeur«. In Deutschland sei das »Syndrom Stunde Null« Ausdruck dieser nationalen Identitätskrise gewesen. Die bundesdeutsche Antwort auf diese Krise sei das »deutsche Wirtschaftswunder« gewesen. FRANK, Mentalitäten, Vorstellungen und internationale Beziehungen, in: LOTH, OSTERHAMMEL (Hg.), Internationale Geschichte, S. 159–185.

ze, die in einer gezielten Kombination und durch eine kulturgeschichtliche Perspektive erweitert in einen Ansatz münden sollten, der als politische Kulturgeschichte der Technik vorgestellt wurde. Aus Sicht des Autors hat sich diese mehrdimensionale Herangehensweise in mehrfacher Weise bezahlt gemacht. Der historische Vergleich der bundesdeutschen und französischen Entwicklungsgeschichte des Farbfernsehens erforderte die Herausarbeitung von vier Vergleichsebenen: einer technischen, einer institutionellen, einer wirtschafts- und industriepolitischen sowie einer allgemeinpolitischen Ebene. Die Einbettung dieser unterschiedlichen thematischen Ebenen in die jeweiligen nationalen Kontexte ermöglichte es, die strukturellen Differenzen zwischen beiden Ländern herauszuarbeiten, die für das Verständnis der Farbfernsehkontroverse unabdingbar waren. Die strukturellen Differenzen und ihre Auswirkungen auf den Verlauf der PAL-SECAM-Kontroverse lassen sich in sechs zentralen Punkten zusammenfassen:

1. Die unterschiedliche politische Verankerung bzw. institutionelle Formgebung des Rundfunks in beiden Ländern. Während der Rundfunk in Frankreich bis Ende der siebziger Jahre eng mit regierungspolitischen Entscheidungsbefugnissen verknüpft bleibt – die ORTF ist dem Informationsminister direkt unterstellt –, führt die von den Alliierten Besatzungsmächten in Deutschland eingeführte föderale Organisation des Rundfunks (Landesrundfunkanstalten) zur erfolgreichen Abwehr bundespolitischer Interessen.

2. Diese Differenz spiegelt sich auch in den rundfunktechnischen Entscheidungen beider Länder. Während in Frankreich schon die Einführung des 819-Zeilenstandards das Resultat einer industriepolitischen Entscheidung war (Protektion der schwachen französischen Rundfunkindustrie durch Wahl eines eigenen Standards), setzt man in der Bundesrepublik früh auf die Harmonisierung der Fernsehnormen, um sowohl den Programmaustausch möglich zu machen als auch die Exportchancen der starken Rundfunkindustrie zu fördern.

3. Ist die französische Rundfunkindustrie somit direkt in die Strategie planwirtschaftlich organisierter Modernisierung des Landes eingebunden, fehlen in der Bundesrepublik industriepolitische Eingriffe in den Rundfunkmarkt vollkommen. Der bereits vor dem Zweiten Weltkrieg im europäischen Markt führenden Rundfunkgeräteindustrie gelingt es im Zuge der »Modernisierung im Wiederaufbau«, ihre führende Stellung nicht zuletzt wegen der frühen Einführung des UKW-Rundfunks wieder zu erlangen und in den sechziger Jahren stark auszubauen.

4. Das »rundfunkindustrielle Selbstbewußtsein« der Bundesrepublik kommt schließlich in der PAL-SECAM-Kontroverse voll zum Ausdruck. Trotz erheblicher innen- und außenpolitischer Bemühungen, die deutsche Rundfunkindustrie – allen voran Telefunken – zu einem Zusammengehen mit den Franzosen im Sinne eines technisch-industriellen Symbols »deutsch-

französischer Annäherung« zu bewegen, setzen sich die PAL- und damit die marktwirtschaftlichen Interessen der deutschen Rundfunkindustrie durch. In Frankreich kann die SECAM-Propagation als Fortführung der national ausgerichteten industriepolitischen Interessen gedeutet werden. Eine zusätzliche außenpolitische »Aufladung« erhält die SECAM-Frage im Zuge der de Gaulleschen »politique de la grandeur«, in der technologische Prestigeprojekte im Sinne von »champions nationaux« zu Symbolen der französischen Modernisierung stilisiert werden.

5. Führt man sich diese strukturellen Differenzen auf den einzelnen Vergleichsebenen vor Augen, so erstaunt es kaum, daß die zentralen Akteure der Farbfernsehkontroverse auf französischer Seite im politischen, auf bundesdeutscher Seite dagegen im industriellen Bereich ausfindig zu machen sind. In Frankreich avanciert Informationsminister Alain Peyrefitte zur zentralen Figur der Politisierung der Farbfernsehfrage. Im Informationsministerium werden die industrie- und außenpolitischen Strategien entworfen. Als Schnittstelle zwischen rundfunkpolitischen (ORTF), industriellen (CFT/CSF) und außenpolitischen (Quai d'Orsay und Elysée Palast) Akteuren werden im Informationsministerium alle SECAM-Aktivitäten koordiniert. Ein speziell mit dieser Aufgabe beauftragter »Délégué interministériel« verkörpert die Idee planwirtschaftlicher Industriepolitik und spiegelt das technokratische Selbstbewußtsein staatlicher französischer Verwaltungseliten.

6. In der Bundesrepublik avanciert mit Walter Bruch ein »einfacher« Forschungsingenieur zum zentralen »system builder«, dem es gelingt, sukzessive die eigene Firmenleitung, die bundesdeutsche Rundfunkindustrie sowie die führenden Rundfunktechniker (IRT/FTZ) für das PAL-System zu gewinnen. Vergleicht man die finanzielle und symbolische Unterstützung, die das SECAM-System in Frankreich erfahren hat, mit den finanziellen Zuwendungen, die Bruch zur Entwicklung des PAL-Systems zur Verfügung standen, so mutet der Vergleich wie der Kampf Davids gegen Goliath an. Durch die geschickte Besetzung zentraler Schnittstellen im nationalen und internationalen Netzwerk gelang es Bruch jedoch, die materiellen und politischen Defizite durch informationspolitische Vorteile zu kompensieren. Persönlicher Einsatz, strategisches Operieren in wichtigen Netzwerken und der »symbolische Mehrwert« deutscher Technik verhalfen dem PAL-System schließlich zur erfolgreichen Konkurrenz mit dem finanziell und politisch hochsubventionierten SECAM-System.

In der Einleitung wurde Technik als historisch gewachsene, sozial vermittelte und symbolisch aufgeladene Kulturleistung definiert. Ziel dieser Arbeit war, die komplexen und ineinander verwobenen strukturellen Hintergründe und Akteursnetzwerke sichtbar zu machen, die gleichermaßen Ausdruck historisch gewachsener Denk- und Handlungsmuster sind (national geprägte Denkstile als Resultat spezifischer Ausbildungssysteme; diplomatische Schulen; tradierte Beziehungen zwischen Staat und Industrie), das Ergebnis sozialer Interaktionen mit unterschiedlichen Handlungsoptionen und damit grundsätzlich offenem historischen Ausgang sind (Durchsetzung von technischen oder wirtschaftlichen Interessen in unterschiedlichen Machtkonstellation; sozialkonstruktivistische Dimension von Technik; Standards als Resultat von kommunikativen Strategien) und als Repräsentationen der symbolischen Bedeutung von technischen Artefakten oder Systemen fungieren (kulturelle Kapital von SECAM als »champion national«, bzw. von PAL als der »besten« Technik »Made in Germany«). Die Kombination dieser unterschiedlichen Analyseperspektiven, die jeweils unterschiedliche Einsichten in die Bedeutung institutioneller Strukturen, zentraler Akteure oder konkreter historischer Situationen ermöglichen, macht in den Augen des Autors den interpretativen Mehrwert einer politischen Kulturgeschichte der Technik aus.

6. QUELLEN- UND LITERATURVERZEICHNIS

6.1. Archive in Deutschland

6.1.1. Bestände des Bundesarchivs

6.1.1.1. Bundesarchiv Coswig

Aktenbestände des Ministerrates der DDR und des Ministeriums für Post- und Fernmeldewesen, Bereich Rundfunk und Fernsehen.

Signaturen: DM 3 BRF II/2530; DM 3 BRF II/2936; DM 3 BRF II/3332; DM 3 BRF II/4691; DM 3 BRF II/3837; DM 3 BRF II/3836; DM 3 BRF II/3838; DM 3 BRF II/3835; DM 3/8290; DM 3/8291; DM 3/8292; DM 3 BRF II/6076; DM 3 BRF II/6077; DM 3 BRF I/714 (rot); DM 3 BRF I/5686; DM 3 BRF I/576 (rot); DM 3 BRF I/5466.

6.1.1.2. Bundeszwischenarchiv Dahlwitz-Hoppegarten

Aktenbestände des Rundfunk- und Fernsehtechnischen Zentralamtes der DDR (RFZ).

Signaturen: DF 4/20312; DM 301/8165; DM 301/8166; DM 301/51051; DM 301/51048; DM 301/51050.

6.1.1.3. Berlin Bundesarchiv Lichterfelde

Aktenbestände des Ministeriums für Elektrotechnik und Elektronik der DDR (DG 10), des

Ministerrates der DDR (DC 20) und des SED Politbüros (DY 30).

Signaturen: DC 20/I 4/1675; DC 20/I 4/1804; DC 20/I 4/1816; DC 20/I 4/1875; DC 20/I 4/1597; DC 20/I 4/1983; DC 20/I 4/1985; DY 30/J IV 2/2/1096; DY 30 /J IV 2/2/1234; DY 30/J IV 2/2/318; DY 30/J IV 2/3/1503; DC 20/I 4/2042; DC 20/I 4/2009; DC 20/I 4/2143; DC 20/I 4/2104; DC 20/I 4/2057; DY 30/IV A 2/9/ 02/72; DY 30/J IV 2/3/1055; DY 30/J IV 2/202/327.

6.1.1.4. Bundeszwischenarchiv Bonn

Aktenbestände des Bundespresse- und Informationsamtes der DDR.

Signaturen: B 145/4515; B 145/1356; B 145/2864; B 145/4513.

6.1.2. Historisches Archiv der ARD, Deutsches Rundfunkarchiv Frankfurt a. M.

Aktenbestände der Arbeitsgemeinschaft der Rundfunkanstalten Deutschlands (ARD). Hörfunk-Dokumente. Die Aktenbestände der ARD-Protokolle weisen keine gesonderten Signaturnummern auf.

Ton-Dokumente: Uwe Herms im Gespräch mit Walter Bruch zu Bruchs 80. Geburtstag; Gespräch von Walter Bruch mit Eduard Rhein (21.8.1985)

6.1.3. AEG-Telefunken-Archiv, Deutsches Technikmuseum Berlin

Aktenbestände: Vorstandsprotokolle; interner Schriftverkehr.

Signaturen: GS 1646; GS 1647; GS 1649; GS 1648; GS 1660; GS 1747; GS 1749; GS 1750; GS 4431; GS 3433; GS 7954; VS GS 030; VS GS 036; VS GS 038.

6.1.4. Archiv des Deutschen Museums München

Aktenbestände: Nachlaß Walter Bruch (Schriftarchiv sowie Audio- und Videoaufnahmen).

Signatur: NL 101, Nr. 105–115; 122–125; 174–203; 223; 257–259; 262; 269–270; 273; 312, 314, 317–320; 327; 329; 334–336.

Audio- und Videodokumente: NL 101, Nr. 367; 369; 380; 384; 425; 512; 513; 517; 528.

6.1.5. Historisches Archiv des Westdeutschen Rundfunks (WDR) in Köln

Signaturen: WDR/II ARD/5. Tag (Prot.), 1963–1969; Gremiensitzung; WDR/II. ARD, Tagungsprotokolle 1964–1966; WDR/Intendanz, Protokolle der Intendanten-Tagungen 1967–1968; WDR/Protokolle der Technischen Direktion 1961–1964; WDR/2/III, Technische Direktion, Werner 1964–1968; WDR/Protokolle der Technischen Kommission/ARD/1956–1968; WDR/Intendanz 432/Korrespondenz UER – Technische Kommission ARD; Intendanz ARD/Protokolle der Tagungen der Technischen Direktoren 1961–1964.

Sowie Akten des Bestandes Brack, Fernsehkommission der ARD 1952–1955, Signatur: VSTO 119.

6.1.6. Archiv der Hochschule Mittweida

Im Hochschularchiv der Hochschule Mittweida konnten die unveröffentlichen Erinnerungen (6 Bände) von Walter Bruch eingesehen werden.

6.2. Archive in Frankreich

6.2.1. Archives nationales

Aktenbestände des Informationsministerium (F-41) CARAN, Bestände der ORTF (F-90) in Fontainebleau.

Signaturen: F-41, Nr. 2005–2008; 2303–2313, F-90bis, 693; 2592; 2594; 4132; 5900; 870714/Art. 14, Année 1999; 41, 43–44.

6.2.2. *Archives du Comité d'histoire de la télévision*

Aktenbestände: Nachlaß Michel Dubail (CFT), ungeordnetes (ohne Findbuch), aber sehr reichhaltiges Archiv aus den Beständen der Compagnie Française de Télévision (über 20 Umzugskartons).

6.2.3. *Archives du Ministère des Affaires Étrangères (MAE)*

Aktenbestände: Schriftverkehr zwischen dem Außenministerium und französischen Botschaften; interministerieller Schriftverkehr; interner Schriftverkehr, vor allem der Abteilung für Wirtschafts- und Finanzfragen (Affaires Économiques et Financières).

Signaturen: Europe 1961–1970, sous-série R.F.A., Nr. 66; 1436; 1437; 1530; 1600; 1660; 1669; Europe 1961–1970, sous-série R.D.A., Nr. 66; 93; 142; Europe 1961–1970, sous-série Grande Bretagne, Nr. 207; Affaires Économiques et Financières, Affaires Générales, Nr. 219a, 219b, 220 a, 220b, 220c; 220d; 922; 923; 926.

6.2.4. *Archives de la Chambre de Commerce et de l'Industrie à Paris (CCIP)*

Aktenbestände: Schriftverkehr und Veröffentlichungen der Fédération Nationale des Industries Électroniques (FNIE).

6.2.5. *Institut National de l'Audiovisuel (INA)/Bibliothèque Nationale (Paris)*

In den Beständen der INA wurden vor allem die relevanten französischen Fachzeitschriften sowie audiovisuelle Dokumente (Nachrichtensendungen, Film-Dokumentaion über Henri de France) eingesehen.

6.3. Archive in England

6.3.1. *Public Record Office (PRO)*

Aktenbestände: Foreign Office (FO) bzw. Foreign and Commonwealth Office (FCO), die Bestände des Home Office (HO) sowie die des Ministry of Technology (HF). Des weiteren wurden Bestände des Prime Ministery Office (PREM) sowie des Board of Trade (BT) eingesehen.

Signaturen: FO 173/181314; 181315; FO 371/187362; 181313; 181315; 93278; FCO 14/340; HO 256/386; 387; 388; HO 244/158; BT 11/6433; HF 10/1, 2, 3; PREM 13/899; 725; INFI 848.

6.4. Privatnachlässe

Folgende Personen stellten Dokumente oder schriftlich verfaßte Erinnerungen aus ihren privaten Archiven zur Verfügung: Karl Tetzner, Funkschau-Chefredakteur (Icking); Jacques Fagot, Technischer Direkor der CSF (Paris); Yves Angel, Technischer Direktor der RTF (Paris); Franz-Josef

In der Smitten, Leiter des Farbfernsehversuchsstudios des WDR (Wuppertal); Robert Einsel, Patentanwalt Telefunken (Celle).

6.5. Oral History Interviews

Dank der Unterstützung des Comité d'histoire de la télévision konnten während des Aufenthaltes in Paris Interviews mit bedeutenden Akteuren der Farbfernsehkontroverse gemacht werden. Den Auftakt bildete am 17. März 1999 ein Interview mit dem langjährigen Direktor der Compagnie Française de Télévision (CFT), Michel Dubail. Dubail, der auch heute noch als Berater in der Fernsehindustrie tätig ist, konnte wichtige Hintergrundinformationen aus dem Bereich der französischen Elektroindustrie liefern sowie zahlreiche persönliche und institutionelle Verflechtungen beschreiben. Als Directeur Général war Dubail ab 1968 für die Propagierung des SECAM-Systems in der ganzen Welt tätig und somit eine zentrale Figur in der sogenannten »bataille du SECAM«. Als Mitglied der französisch-sowjetischen »Commission mixte«, die aus dem französisch-sowjetische Farbfernsehabkommen hervorging, konnte er detailliert über die Schwierigkeiten berichten, die mit der Erfüllung dieses Kooperationsabkommens verbunden waren.

Am 18. März 1999 konnte mit Jacques Fagot ein ehemaliger Professor der Supelec und Technischer Direktor von Thomson-CSF zu den »wissenschaftlichen« Werbemissionen befragt werden, die er im Auftrag der CFT/CSF zur SECAM-Promotion nach Moskau, aber auch in die ehemalige DDR unternommen hatte. Als angesehener Wissenschaftler sollte Fagot herausfinden, was es mit dem sowjetischen NIR-System auf sich hatte. Entgegen den später kolportierten Meinungen, daß es sich beim NIR-System um ein nur rudimentär entwickeltes Farbfernsehsystem ohne wirkliches Entwicklungspotential gehandelt habe, machen Fagots Aussagen klar, daß die sowjetischen Ingenieure ein durchaus konkurrenzfähiges System entwickelt hatten, daß dem französischen SECAM-System gefährlich werden konnte. Aus diesem Grund machte sich CSF-Direktor Maurice Ponte ernsthafte Sorgen um das vereinbarte Großgeschäft mit der Sowjetunion. Pontes Druck auf die französische Politik (v.a. auf Peyrefitte) sei es zu verdanken, so Fagot, daß eine NIR-Vorführung auf der CCIR-Konferenz in Oslo, die von Ingenieuren der ORTF vorbereitet worden war, vereitelt werden konnte. Neben den mündlichen Informationen stellte Fagot zudem handschriftliche Erinnerungen sowie einige Publikationen zur Verfügung.

Am 19. März 1999 wurde mit Gérard Melchior einer der engsten Mitarbeiter von Henri de France zur technischen Entwicklungsgeschichte des SECAM-Systems befragt. Melchior, auf den zahlreiche zentrale Patente zur Weiterentwicklung des SECAM-Systems zurückgehen, konnte über die Schwierigkeiten bei der technischen Realisierung des SECAM-Systems berichten sowie interessante Eindrücke über die emotionale Beziehung von Henri de France zu PAL-Entwickler Walter Bruch berichten. Das Interview erlaubt wichtige Einblicke in die Verhaltensstruktur von Forschern und Erfindern im Kontext wirtschaftlicher Auseinandersetzungen, die sich aufgrund von Patentstreitigkeiten ergeben. Auch über die Konkurrenz zwischen den französischen Ingenieuren unterschiedlicher »Schulen« (Eliteschulen wie der École Polytechnique versus »normale« Universität) gibt dieses Interview Auskunft. Vor allem die ORTF-Ingenieure, deren Kader sich fast zu 100% aus der École polytechnique rekrutierten, waren gegenüber den Entwicklungen, die aus dem Hause des »bricoleurs« Henri de France kamen, sehr skeptisch eingestellt. Gerade die durch oral history gewonnenen Informationen erlauben, die ansonsten schwierig zu ermittelnden Fragen nach unterschiedlichen Technikkulturen oder »technological styles« ansatzweise zu beantworten.

Ein weiteres Interview wurde mit dem ehemaligen technischen Leiter des ORTF-Entwicklungslaboratoriums, Louis Goussot, am 25. März 1999 geführt. Goussot war Mitglied der französischen CCIR-Delegation in Wien und Oslo sowie der Commission mixte franco-soviétique. Auch dieses Interview ist von größtem Wert, da es einen Einblick in die Denk- und Handlungsstruktur der ORTF-Ingenieure während der PAL-SECAM-Kontroverse erlaubt. Goussot war maßgeblich an der Untersuchung der sowjetischen Farbfernsehvariante NIR in Frankreich beteiligt. Es gehört zu den spannendsten Momenten der PAL-SECAM-Kontroverse, daß Techniker der ORTF die unter Goussot vorangetriebenen Untersuchungen zum NIR-System in Oslo nicht vorführen durften. Ein offizielles Verbot seitens der französischen Diplomatie hat dazu geführt, daß eine in Paris bereitstehende ORTF-Delegation mit Vorführanlagen nicht nach Oslo abreisen durfte. Da das NIR-System in Oslo von der bundesdeutschen und englischen Delegation mit der Begründung zurückgewiesen wurde, daß es technisch nicht erprobt sei, hätte die Anwesenheit der ORTF-Ingenieure möglicherweise zu einem anderen Konferenzergebnis in Oslo geführt.

Am 21. September fand ein Interview mit den Herren Georges Broussaud und Yves Angel statt, das auf Vermittlung des Technikhistorikers Dr. Pierre Mounier-Kuhn (Ingénieur CNRS, Centre Roland-Mousnier, Sorbonne) zustande kam. Georges Broussaud, Ingenieur bei Thomson/CSF und Erfinder der Vidéodisque, und Yves Angel, Professeur am CNAM und ehemaliger Directeur technique der RTF, gaben interessante Einblicke in die französische Industrie und die technischen Eliten im Rundfunkbereich. Besonders aufschlußreich waren die Schilderungen von Yves Angel, der auch Mitglied der französischen Delegation bei den CCIR-Konferenzen in Wien (1965) und Oslo (1966) war. Als hauptberuflicher Akademiker stand er der Auseinandersetzung ein wenig distanzierter gegenüber, als es bei den Ingenieuren der CFT oder der ORTF der Fall war. Dies macht auch seine Schilderung der Verhandlungssituation in Wien und Oslo glaubwürdiger. Er betont mehrfach, daß die politische Bevormundung den französischen Ingenieuren schwer zu schaffen gemacht habe, da sie befürchteten, von ihren internationalen Kollegen nicht mehr ernst genommen zu werden.

Wenige Tage vor Beendigung des DHI-Aufenthaltes gelang es, ein langes Gespräch mit dem damals engsten Mitarbeiter von Alain Peyrefitte, Jean-Jacques de Bresson, zu führen. De Bresson war von 1963–1966 Kabinettschef von Peyrefitte und wurde nach den Mai-Unruhen des Jahres 1968 als enger Vertrauter de Gaulles auf den Posten des Directeur générale der ORTF gehoben. In diesem Gespräch konnten einige Lücken, die das Aktenstudium bezüglich der Einsortierung von Personen in den institutionellen Kontext offen gelassen hatte, geschlossen werden. Besonders die Nähe de Bressons zu Peyrefitte und zu de Gaulle gibt dem Interview historische Brisanz. Da die Akten der Präsidentschaft de Gaulles noch immer unter Verschluß sind, kommen de Bressons Aussagen über de Gaulles Verhältnis zur Technik im allgemeinen und zu SECAM im speziellen besondere Bedeutung zu. Mehrfach betonte de Bresson, wie enttäuscht de Gaulle über die – seiner Meinung nach durch Deutschland verschuldete – Leblosigkeit des deutsch-französischen Freundschaftsvertrages gewesen sei. Dies sei eine wesentliche Motivation für die strikte Neuorientierung seiner Außenpolitik gewesen, die letztlich im SECAM-System ihr technopolitisches Vehikel gefunden habe. Ein Vehikel nicht nur der »grandeur« im technischen Bereich – Stichwort »champion national« – sondern auch im kulturellen Bereich: »On croyait«, so de Bresson, »que le SECAM était un instrument de pénétration culturelle«.

Auf deutscher Seite konnten ebenfalls sechs Interviews geführt werden. Den Anfang bildete ein bereits im Juni 1997 geführtes Gespräch mit dem ehemaligen Chefredakteur der Fachzeitschrift »Funkschau«, Prof. Karl Tetzner, in Icking bei München. Tetzner war in den sechziger Jahren wohl der einflußreichste und bekannteste Fachjournalist im Bereich der Rundfunktechnik. Seine guten Kontakte zur Industrie machten Tetzner zu einem bevorzugten Gesprächspartner für diese und somit zum intimen Kenner der Farbfernsehentwicklung. Im Interview gibt Tetzner zahlreiche Anekdoten wieder, deren historische Korrektheit nicht immer durch das Aktenstudium nachgewiesen werden konnte. Dennoch erlauben sie einen Einblick in die Beziehungen und Netzwerke der damals wichtigsten Akteure der Rundfunktechnik. Zudem stellte mir Tetzner zahlreiche Materialien aus seinem riesigen Privatarchiv zur Verfügung, unter anderem ein interessantes Interview mit Walter Bruch.

Im August 1997 bot sich Gelegenheit, den ehemaligen Vorstandsvorsitzenden von AEG-Telefunken, Dr. Felix Herriger, zur PAL-SECAM-Kontroverse zu befragen. Herriger stellte sich als äußerst geistreicher und informativer Gesprächspartner heraus, der zahlreiche Internas aus dem Telefunken-Haus zu berichten wußte. Viele dieser Informationen konnten im Laufe der Archivrecherchen in Berlin verifiziert werden. Herriger war es zu verdanken, daß Bruchs Entwicklung nicht vom Telefunken-Vorstand in die Schublade gelegt wurde, sondern nach Rücksprache mit dem Zentralverband der Deutschen Elektroindustrie (ZVEI) als dritte Systemvariante mit ins Rennen um die europäische Farbfernsehnorm geschickt wurde. Auch Herrigers Einschätzungen zum damaligen Entwicklungspotential der deutschen Rundfunkindustrie angesichts der wachsenden japanischen Konkurrenz sind von wirtschaftshistorischem Interesse. Sein Vorschlag Ende der sechziger Jahre, in der deutschen Rundfunkindustrie enger zu kooperieren, um der japanischen und amerikanischen Konkurrenz langfristig standhalten zu können, wurde jedoch vom damaligen »Rundfunkfürsten« Max Grundig abgelehnt.

Am 12. Mai 2000 wurde in Darmstadt ein Interview mit Prof. Dr. Michael Hausdörfer und Dr. Heinwig Lang geführt. Hausdörfer und Lang waren in den sechziger Jahren beide Mitarbeiter der Fernseh-GmbH, einer 100% Tochter der Bosch AG. Die Fernseh-GmbH war zu dieser Zeit Marktführer im Bereich der Fernsehstudiotechnik. Das Interview hatte einen dezidiert technischen Schwerpunkt, da beide Interviewpartner nicht in die politischen Diskussionen eingebunden waren. Dennoch ist es gerade für die kulturhistorische Fragestellung nach den unterschiedlichen Technikkulturen interessant. Besonders die Aussagen, die Hausdörfer über die Person bzw. den Charakter Walter Bruchs machte, waren für die psychologische Einschätzung Bruchs wichtig. Beide Interviewpartner versorgten den Autor zudem mit weiteren Publikationen zur PAL-Entwicklung.

Mit Herrn Karl-Günther von Hase konnte am 14. Juni 2000 schließlich der zentrale politische Akteur auf bundesdeutscher Seite zur Farbfernsehkontroverse befragt werden. Laut von Hase haben mehrere Faktoren zum Scheitern der Standardisierungsbemühungen geführt. Zum einen betont er die wichtige Rolle der westdeutschen Rundfunkanstalten, die sich als unabhängige Landesrundfunkanstalten anders als in Frankreich nicht unter politischen Druck setzen ließen. Ihre feste Haltung für PAL dürfe nicht unterschätzt werden. Zum anderen sei man durch den europapolitischen Kurswechsel von de Gaulle – von Hase bezeichnete den französisch-sowjetischen Farbfernsehvertrag in diesem Zusammenhang diplomatisch als »acte peu amical« – auch außenpolitisch unter Druck geraten. Die eindeutig konträren Haltungen Erhards und de Gaulles in der Frage des EWG-Beitritts von Großbritannien hätten nicht gerade dazu geführt, die Bemühungen um ein deutsch-französisches Zusammengehen in der Farbfernsehfrage zu intensivieren. Im Gegenteil: In der festen Haltung Deutschlands für PAL sah man ein geeignetes Mittel, die politische Brüskierung der Briten durch die Franzosen ein wenig zu mildern. Aus diesem Grunde sei auch die mögliche Entscheidung für das sowjetische NIR-System ein politisch zu hoher Preis gewesen. Nicht zuletzt sei es aber auch eine Frage des nationalen Stolzes gewesen: »Unsere Technik«, so von Hase, »war einer der letzten Bereiche, auf die wir Deutschen uns berufen und behaupten konnten. In diesem Sinne wollten wir uns von den ›Käse-und Weinproduzenten‹ nichts vormachen lassen«[1].

Ein weiteres Interview wurde am 15. Juni 2000 mit dem ehemaligen Leiter des WDR-Farbfernsehentwicklungslabors, Prof. Dr. Franz-Josef In der Smitten geführt. In diesem Interview überwog der technikhistorische Kontext. In der Smitten schildert anschaulich, vor welchen finanziellen und technischen Hürden die Landesrundfunkanstalten bei der Einführung des Farbfernsehens standen. Ein technikhistorisch interessantes Detail, das auch in der fachwissenschaftlichen Publizistik kaum thematisiert wurde, ist die Beschreibung der großen Schwierigkeiten, die man mit der magnetischen Aufzeichnung der PAL-Signale hatte. Auch kratzt In der Smitten ähnlich wie Hausdörfer ein wenig am Saubermann-Image von »PAL-Vater« Walter Bruch, der mit seinen Mitarbeitern – die übrigens in keiner seiner Publikationen erwähnt werden – nicht gerade zimperlich umgegangen sei. Prof. In der Smitten stellte zudem privates Archivmaterial zur Verfügung, das sich größtenteils aus Zeitungsartikeln und Fachpublikationen zur Farbfernsehtechnik zusammensetzte.

Am 24. Juni 2002 wurde schließlich das letzte oral history Interview mit dem ehemaligen Telefunken-Patentanwalt Robert Einsel in Celle geführt. Einsel, der wie In der Smitten in Aachen Elektrotechnik studiert hatte, war seit 1953 bei Telefunken und war von Anfang an mit Patentfragen im Bereich der Farbfernsehentwicklung beschäftigt. Er zählte dadurch zum unmittelbaren Arbeitsumfeld von Walter Bruch, was seine Schilderungen besonders interessant macht. Er wurde Nachfolger von Dr. Johannesson als Leiter der Patentabteilung und bestätigt die Vermutung, daß Telefunken große Probleme bei der Patentierung des PAL-Systems hatte. Aus seinem Privatarchiv, in dem sich praktisch die ganze Patentgeschichte Telefunkens wiederfindet, konnten ebenfalls wertvolle Informationen gewonnen werden.

[1] Diese Aussage bezieht sich auf ein Zitat von de Gaulle, das von Hase vom Autor vorgelesen wurde. De Gaulle: »Il s'agit de démontrer que la France, qui a la réputation d'être le pays du vin, du fromage et de la mode, est aussi une grande nation technologique«.

6.6. Literatur

ABADIE, Michel, Minitel Story: le dessous d'un succès, Lausanne 1988.

ABELSHAUSER, Werner, Wirtschaftsgeschichte der Bundesrepublik Deutschland, 1945–1980, Frankfurt a.M. 1983.

–, Die langen fünfziger Jahre. Wirtschaft und Gesellschaft in der Bundesrepublik Deutschland, 1949–1966, Düsseldorf 1987.

–, Westeuropäische Trends und Außenhandelsverflechtungen, in: Axel SCHILDT, Arnold SYWOTTEK (Hg.), Modernisierung im Wiederaufbau. Die westdeutsche Gesellschaft der 50er Jahre, Bonn 1998, S. 43–46.

–, Kriegswirtschaft und Wirtschaftswunder. Deutschlands wirtschaftliche Mobilisierung für den Zweiten Weltkrieg und die Folgen für die Nachkriegszeit, in: Vierteljahreshefte für Zeitgeschichte 47 (1999) 4 S. 503–538.

ABRAMSON, Albert, Electronic Motion Pictures: A History of the Television Camera, Berkeley 1955.

–, The History of Television 1880 to 1941, Jefferson, London 1987.

–, Zworikyn. Pioneer of Television, Urbana, Chicago 1994.

–, The History of Television 1942 to 2000, Jefferson, London 2003.

AGULHON, Maurice, De Gaulle. Histoire, symbole, mythe, Paris 2000.

–, Histoire Vagabonde, 3, La Politique en France d'hier à aujourd'hui, Paris 1996.

–, La République. De Jules Ferry à François Mitterrand 1880–1995, Paris 1997.

AISBERG, Eugène, Heures décisives pour la télévision en couleur, in: Radio & Télévision (1964) 141 S. 33–34.

–, La Couleur chez soi, in: Radio & Télévision (1965) 150 S. 1.

–, Le Suspense, in: Radio & Télévision, (1965) 152 S. 65–66.

–, L'Europe polychrome, in: Radio & Télévision 153 (1965) S. 99.

–, L'Europe écartelée, in: Radio & Télévision 166 (1966) S. 203.

–, La Couleur qui tombe du ciel, in: Radio & Télévision 160 (1966) S. 1.

–, Unité avant tout, in: Radio & Télévision 163 (1966) S. 105.

AITKEN, Hugh, The Continuous Wave: Technology and American Radio (1900–1932), Princeton 1985.

AKIRA, Iriye, Culture and International History, in: Michael J. Hogan, Thomas G. Paterson (Hg.), Explaining the History of American Foreign Relations, Cambridge, Mass. 1991, S. 214–225.

ALBERT, Pierre, Remarques sur la lenteur du développement de la télévision en France, in: Bulletin du Comité d'histoire de la télévision, (juillet 1981) 1 S. 17–24.

–, TUDESQ, André-Jean, Histoire de la radio-télévision, Paris 1986.

ALTING VON GNEISENAU, Franz A. M., Kulturdiplomatie und nationale Stereotypen: nur zum offiziellen Gebrauch?, in: Teresa WALAS (Hg.), Stereotypen und Nationen, Krakau 1999, S. 305–310.

AMBROSIUS, Gerold, Der Staat als Unternehmer. Öffentliche Wirtschaft und Kapitalismus seit dem 19. Jahrhundert, Göttingen 1984.

–, Wirtschaftlicher Strukturwandel und Technikentwicklung, in: Axel SCHILDT, Arnold SYWOTTEK (Hg.), Modernisierung im Wiederaufbau. Die westdeutsche Gesellschaft der 50er Jahre, Bonn 1993, S. 107–128.

–, Wirtschaftsraum Europa: Vom Ende der Nationalökonomien, Frankfurt a.M. 1996.

–, Regulativer Wettbewerb und koordinative Standardisierung zwischen Staaten. Theoretische Annahmen und historische Beispiele, Stuttgart 2005.

– (Hg.), Moderne Wirtschaftsgeschichte: Eine Einführung für Historiker und Ökonomen, München ^{2}2006

AMOUDRY, Michel, René Barthélemy ou la grande aventure de la télévision française, Grenoble 1997.

ANDERSEN, Arne, Der Traum vom guten Leben: Alltags- und Konsumgeschichte vom Wirtschaftswunder bis heute, Frankfurt a. M. 1999.

ANDERSON, Benedict, Die Erfindung der Nation. Zur Karriere eines folgenreichen Konzeptes, Frankfurt a. M., New York 1996.

ANDREY, Roger, L'Électronique française face à la couleur (II), in: La Technique de l'exploitation cinématographique 290 (octobre 1967) S. 41–44.

ANDRIEU, Claire, La Politique du crédit, frein ou moteur de la modernisation? (1945–1950), in: Patrick FRIDENSON, André STRAUS (Hg.), Le capitalisme français (XIXe-XXe siècle). Blocages et dynamismes d'une croissance, Paris 1987, S. 225–238.

ARDENNE, Manfred von, Fernsehempfang. Bau und Betrieb einer Anlage zur Aufnahme des Ultrakurz-Wellen-Fernsehrundfunks mit Braunscher Röhre, Berlin 1935.

–, PRESSLER, Hans, Zum Problem des Farbfernsehens, in: TFT (Mitteilungen aus der Forschungsanstalt der Deutschen Reichspost) 27 (1938) 7 S. 264–273.

–, Entstehen des Fernsehens: persönliche Erinnerungen an das Entstehen des heutigen Fernsehens mit Elektronenstrahlröhren, Herten 1996.

ARTIGALAS, Max, FAVREAU, Michel, Les Caméras de télévision, in: Bulletin du Comité d'histoire de la télévision (1988) S. 29–62.

ASSELAIN, Jean-Charles, Nationalisations: la grande vague de la Libération, in: Jacques MARSEILLE (Hg.), Puissance et faiblesses de la France industrielle (XIXe–XXe siècle), Paris 1997, S. 197–228.

ASSMANN, Aleida, ASSMANN, Jan, Das Gestern im Heute. Medien und soziales Gedächtnis, in: Klaus MERTEN, Siegfried J. SCHMIDT, Siegfried WEISCHENBERG (Hg.), Die Wirklichkeit der Medien. Eine Einführung in die Kommunikationswissenschaft, Opladen 1994, S. 114–140.

ATKINS, I. R., STANLEY, A. R., WATSON, S. N., A New Survey of the BBC Experimental Colour Transmissions, BBC Engineering Division Monograph Number 32, October 1960.

AUBERT, Roger, La Télévision en couleurs le problème européen, in: Bulletin de la Société Française des Électriciens (1964) S. 9–11.

AUGSTEIN, Rudolf, Die Ziege des Herrn Seguin. Charles de Gaulle und sein Gaullismus, in: Der Spiegel, Nr. 24 (1965) S. 40–63.

BACHMANN-MEDICK, Doris, Cultural Turns. Neuorientierungen in den Kulturwissenschaften, Reinbek bei Hamburg 2006.

BÄHR, Johannes, PETZINA, Dietmar (Hg.), Innovationsverhalten und Entscheidungsstrukturen. Vergleichende Studien zur wirtschaftlichen Entwicklung im geteilten Deutschland 1945–1990, Berlin 1996.

BÄHR, Johannes, Die »amerikanische Herausforderung«. Anfänge der Technologiepolitik in der Bundesrepublik Deutschland, in: Archiv für Sozialgeschichte 35 (1995) S. 115–130.

BÄHRING, H., DILLENBURGER, W., FELGEL-FARNHOLZ, R.v., MULERT, Th., RUDERT, F., Über die Entwicklung der Fernsehtechnik bei der Fernseh GmbH 1939–45, in: FTZ (1950) 8 S. 308 f.

BAIER, Lothar, Reversibilität der Stereotypen: das Beispiel Frankreich-Deutschland, in: Teresa WALAS (Hg.), Stereotypen und Nationen, Krakau 1999, S. 234–238.

BAIRD, Malcom, Television and Me. The Memoirs of John Logie Baird, Edinburgh 2004.

BARBIER, Frédéric, BERTHO LAVENIR, Catherine, Histoire des médias de Diderot à Internet, Paris 2003.

BARIÉTY, Jacques, BLED, Jean-Paul, Du Plan Fouchet au Traité franco-allemand de janvier 1963: Colloque organisé par le Centre d'études germaniques de Strasbourg, in: Revue d'Allemagne et des pays de langue allemande 29 (1997) S. 159–351.

BARREAU, Jocelyne, MOULINE, Abdelaziz, L'Industrie électronique française: 29 ans de relations État-groupes industriels (1958–1986), Paris 1987.

Bartz, Christina, Spiegel und Zauberspiegel. Zur Beobachtung und Konstruktion des Fernsehens in der frühen Bundesrepublik, in: Irmela Schneider, Peter M. Spangenberg (Hg.), Medienkultur der 50er Jahre. Diskursgeschichte der Medien nach 1945, Bd. 1, S. 155–176.

–, Christina Bartz, Die Masse allein zu Hause. Alte Funktionen und neue Medien, in: Schneider, Spangenberg (Hg.), Medienkultur der 50er Jahre. Diskursgeschichte der Medien nach 1945, Bd. 1, S. 109–122.

Bauchet, Pierre, La planification française du Ier au VIème Plan, Paris 1970.

Bauerfeld, F., Farbfernsehen eine Spätfolge der Fotografie, in: Moderne Fototechnik 15 (1967) 10 S. 538–539.

Baumann, Ansbert, Begegnung der Völker? Der Élysée-Vertrag und die Bundesrepublik Deutschland; deutsch-französische Kulturpolitik von 1963–1969, Frankfurt a.M. 2003.

– (Hg.), 40 Jahre Élysée-Vertrag im Spiegel der Presse: eine Auswahl von Dokumenten und Pressebeiträgen, zusammengestellt von der Frankreich-Bibliothek des deutsch-französischen Instituts Ludwigsburg, Ludwigsburg 2003.

–, Zwischen Propaganda und Information. Die Entwicklung der deutsch-französischen Zusammenarbeit in Hörfunk und Fernsehen, in: Revue d'Allemagne et des pays de langue allemande 37 (2005) 1 S. 7–28.

Bausch, Hans, Der Rundfunk im Kräftespiel der Weimarer Republik, 1923–1933, Tübingen 1956.

– (Hg.), Rundfunk in Deutschland, 5 Bände, München 1980.

Beckebach, Niels, Gesellschaftliche Stellung und Bewußtsein des Ingenieurs, in: Helmut Albrecht (Hg.), Technik und Gesellschaft, Düsseldorf 1993, S. 350–372.

Bellac, Paul, Problèmes internationaux de la télévision et de la normalisation, in: UIR Bulletin Mensuel (1949) 282 S. 397–404.

Bellers, Jürgen, Außenwirtschaftspolitik und politisches System. Historischkomparatistische Studien zur Weimarer Republik und zur Bundesrepublik im Vergleich mit anderen Industrie- und Entwicklungsländern, in: Geschichte und Gesellschaft 23 (1997) S. 236–257.

Below, Fritz, Zur Entwicklung des Fernsehens in Deutschland, in: FTZ (1950) 8 S. 301–308.

Berg, Hartmut, Mammen, Gerhard, Alternative Strategien staatlicher Technologieförderung: eine Analyse der Projekte »Concorde« und »Airbus«, Essen 1981.

Berger, Josef, Kayser, Reinhold: Die technischen Übertragungssysteme für Hörfunk und Fernsehen, in: E und M 91 (1974) 12 S. 575–585.

Berger, Rolf, Europas technologische Lücke Mythos und Wirklichkeit, in: Publikationen des Europa-Hauses Berlin, Heft 2, Berlin 1968.

Berghoff, Hartmut (Hg.), Konsumpolitik. Die Regulierung des privaten Verbrauchs im 20. Jahrhundert, Göttingen 1999.

Bergmann, Kerstin, Zielinski, Siegfried, »Sehende Maschinen«. Einige Anmerkungen zur Archäologie des Fernsehens, in: Stefan Münker, Alexander Roesler (Hg.), Televisionen, Frankfurt a.M. 1999, S. 13–38.

Bergtold, F., Der Farbfernsehempfänger: ein erster Überblick, in: Der Elektromeister 17 (1964) 9 S. 612–613.

–, Wo stehen wir mit dem Farbfernsehen?, in: Der Elektromeister 17 (1964) 9 S. 609–610.

Bernath, K. W., Kobelt, C., Farbfernsehen. Was steht bevor?, in: Technische Rundschau 59 (1967) 3 S. 1–4.

–, The Propagation of Colour Television Signals, in: The Television Society Journal 10 (1964) 11 S. 322–329.

Bernold, Monika (Hg.), TV Time: Konzepte zur Fernsehgeschichte, Innsbruck 1997.

– (Hg.), Tele Visionen. Historiographien des Fernsehens, Wien 2001.

–, Fernsehen ist gestern. Medienhistorische Transformationen und televisuelles Dabeisein nach 1945, in: Österreichische Zeitschrift für Geschichtswissenschaft 12 (2001) 4 S. 8–29.

BERSTEIN, Serge, MILZA, Pierre, Histoire de la France au XXe siècle, Bd. IV: 1958–1974, Paris 1992.

–, RIOUX, Jean-Pierre, La France de l'expansion. Bd. 2: L'apgée Pompidou (1969–1974), Paris 1995.

–, Histoire du Gaullisme, Paris 2001.

BERTSCH, Gary K. (Hg.), Controlling East-West Trade and Technology Transfer. Power, Politics and Policies, Durham 1988.

BESEN, Stanley, FARRELL, Joseph, Choosing How to Compete: Strategies and Tactics in Standardization, in: Economic Perspectives 8 (1994) S. 117–131.

BESS, Michael, Ecology and Artifice: Shifting Perceptions of Nature and High Technology in Postwar France, in: Technology and Culture 36 (1995) S. 830–862.

BEUTELSCHMIDT, Thomas, Out of fashion oder mega in? Die DDR im Spiegel ihrer Objekte, Bilder und Töne. Eine Bestandsaufnahme, in: Rundfunk und Geschichte 23 (1997) 4 S. 224–232.

–, Sozialistische Audiovision. Zur Geschichte der Medienkultur in der DDR, Potsdam 1995.

BEYLOT, Pierre, Quand la télévision parle d'elle-même 1958–1999, Paris 2000.

BIERBACH, Wolf, Besatzungszonen und Länder. Föderale Probleme zentralistischer Rundfunkanstalten, in: Walter FÖRSTER (Hg.), Rundfunk in der Region. Probleme und Möglichkeiten der Regionalität, Köln u. a. 1984, S. 87–123.

BIERLING, Stephan, Die Außenpolitik der Bundesrepublik Deutschland. Normen, Akteure, Entscheidungen, München, Wien 1999.

BIJKER, Wiebe, HUGHES, Thomas P., PINCH, Trevor (Hg.), The Social Construction of Technological Systems. New Directions in the Sociology and History of Technology, Cambridge, London 1987.

–, LAW, John (Hg.), Shaping Technology/Building Society. Studies in Sociotechnical Change, Cambridge, London 1994.

–, Of Bycicles, Bakelites, and Bulbs. Towards a Theory of Sociotechnical Change, Cambridge 1995.

BINOCHE, Jacques, De Gaulle et les Allemands, Paris 1990.

BIRKINSHAW, D. C., Einige Neuentwicklungen der BBC auf dem Gebiet der Fernsehtechnik, in: Rundfunktechnische Mitteilungen 6 (1962) S. 2–6.

BIRNBAUM, Pierre, Les sommets de l'État. Essai sur l'élite du pouvoir en France, Paris 1994.

BISCHOFF, Jürgen, Die politische Ökonomie von HDTV, Frankfurt a. M. 1993.

BISHOP, Harold, Die technischen Einrichtungen im neuen Television Centre der BBC in London, in: Rundfunktechnische Mitteilungen 5 (1961) S. 15–22.

BITTNER, Thomas, Das westeuropäische Wirtschaftswachstum nach dem Zweiten Weltkrieg. Eine Analyse unter besonderer Berücksichtigung der Planification und der Sozialen Marktwirtschaft, Münster 2001.

BLEICHER, Joan Kristin, Chronik der Institutionengeschichte des deutschen Fernsehens, in: Knut HICKETHIER (Hg.), Geschichte des Fernsehens in der Bundesrepublik Deutschland, Bd. 1: Institution, Technik und Programm. Rahmenaspekte der Programmgeschichte des Fernsehens, München 1993, S. 371–419.

BLOCH, Marc, Mélanges historiques, 2 Bde., Paris 1963.

–, Apologie pour l'histoire ou le métier d'historien, Paris ^{2}1997.

BLUMTRITT, Oskar, Ansätze und Methoden der Technikgeschichtsschreibung, in: Gerhard STADLER, Anita KUISLE (Hg.), Technik zwischen Akzeptanz und Widerstand. Gesprächskreis Technikgeschichte 1982–1996, Münster u. a. 1999, S. 87–91.

BODDY, William, Fifties Television. The Industry and Its Critics, Illinois 1990.

–, New Media and Popular Imagination. Launching Radio, Television, and Digital Media in the United States, Oxford 2004.

Böhler, Dietrich, Rekonstruktive Pragmatik. Von der Bewußtseinsphilosophie zur Kommunikationsreflexion: Neubegründung der praktischen Wissenschaften und Philosophie, Frankfurt a. M. 1985.

Böhme, Gernot, Technisierung der Wahrnehmung. Zur Technik und Kulturgeschichte der Wahrnehmung, in: Jost Halfmann (Hg.), Technische Zivilisation. Zur Aktualität der Technikreflexion in der gesellschaftlichen Selbstbeschreibung, Opladen 1998, S. 31–47.

Boisdeffre, Pierre de, Alain Peyrefitte, le Tocqueville du XXe siècle, in: Revue des deux mondes (1999) 10 S. 128–137.

Bondebjerg, Ib, Bono, Francesco (Hg.), Television in Scandinavia: History, Politics and Aesthetics, London 1996.

Bonin, Hubert, Histoire économique de la IVe République, Paris 1987.

–, Guillaume, Sylvie, Lachaise Bernard (Hg.), Bordeaux et la Gironde pendant la Reconstruction (1945–1954), Bordeaux 1997.

Bonsignore, Salvatore, The art of colour TV, in: Journal of the Society of Motion Picture and Television Engineers 65 (1956) S. 435–436.

Borchardt, Knut, Wachstum, Krisen, Handlungsspielräume der Wirtschaftspolitik, Göttingen 1982.

Bornemann, Helmut, Kaufmann, Walter, Zur internationalen Verflechtung der Fernmeldeindustrie, in: Jahrbuch des elektrischen Fernmeldewesens 22 (1971) S. 359–395.

Bortoli, Georges, Une si longue bienveillance: Les Français et l'URSS 1944–1991, Paris 1994.

Bossuat, Gérard, Les aides américaines, économiques et militaires à la France, 1938–1960: une nouvelle image des rapports de puissance, Paris 2001.

Baudry, Jean-Louis, Le dispositif. Approches métapsychologiques de l'impréssion de réalité, Paris 1975.

Bourdieu, Pierre, La noblesse d'État. Grandes Écoles et esprit de corps, Paris 1989.

–, Loïc J. D. Wacquant, An Invitation to Reflexive Sociology, Chicago 1992.

–, Die feinen Unterschiede. Kritik der gesellschaftlichen Urteilskraft, Frankfurt a. M. 1999.

–, Schwierige Interdisziplinarität. Zum Verhältnis von Soziologie und Geschichtswissenschaft, hg. von Elke Ohnacker und Franz Schultheis, Münster 2004.

Bourdon, Jérôme, Histoire de la télévision sous de Gaulle, Paris 1990.

–, Haute Fidélité: Pouvoir et télévision 1935–1994, Paris 1994.

– (Hg.), La grande aventure du petit écran. La télévision française (1935–1975), Paris 1997.

–, Censorship and Television in France, in: Historical Journal of Film, Radio and Television 18 (1998) S. 231–235.

–, Grünblatt, Catherine, Les ingénieurs de la télévision dans les années soixante, in: Bulletin du Comité d'histoire de la télévision 17 (décembre 1987–janvier 1988) S. 3–38.

–, Jost, François (Hg.), Penser la télévision. Actes du colloque de Cerisy, Paris 1998.

Bousser-Eck, Édith-Hélène, La Radiodiffusion française sous la IVe République. Monopole et service publique, 3 Bde., unveröffentlichte Diss. Univ. Paris Nanterre 1997.

Boutry, G. A.: Heutige Probleme im Farbfernsehen. Versuch eines Überblicks, in: Rundfunktechnische Mitteilungen 2 (1958) S. 137–142.

Bouvier, Jean, Libres propos autour d'une démarche révisonniste, in: Patrick Fridenson, André Straus (Hg.), Le capitalisme français (XIXe–XXe siècle). Blocages et dynamismes d'une croissance, Paris 1987, S. 11–27.

–, Bloch-Lainé, François, La France restaurée, 1944–1954, Paris 1986.

Brack, Hans, Herrmann, Günther, Hillig, Hans-Peter (Hg.), Organisation des Rundfunks in der Bundesrepublik Deutschland 1948–1962, Hamburg 1962.

–, Organisation und wirtschaftliche Grundlagen des Hörfunks und des Fernsehens in Deutschland, Schriftenreihe des Instituts für Rundfunkrecht an der Universität Köln, Bd. 2, München 1968.

BRAILLARD, Pierre, Die Geheimnisse des SECAM-Systems, in: Europa 16 (1965) 4 S. 48–51.

–, Communication Technology and Cultural Identity, in: Intermedia Vol. 28 (2000) 6/7 S. 48–51.

BRAUDEL, Fernand, LABROUSSE, Ernest (Hg.), Histoire économique et sociale de la France, Bd. 4, L'ère industrielle et la société d'aujourd'hui (1880–1980), Paris 1982

BRAUN, Dietmar, Theorien rationalen Handelns in der Politikwissenschaft. Eine kritische Einführung, Opladen 1999.

BRAUN, Hans-Joachim, KAISER, Walter, Energiewirtschaft, Automatisierung, Information, Propyläen Technikgeschichte Bd. 5, Berlin 1997.

–, Anfänge des Fernsehens, in: Ders., Walter Kaiser, Energiewirtschaft, Automatisierung, Information. Propyläen Technikgeschichte Bd. 5, Berlin 1997, S. 159–165.

BRAUN, Ingo, JOERGES, Bernward (Hg.), Technik ohne Grenzen, Frankfurt a.M. 1994.

BRAUN-THÜRMANN, Holger, Innovation. Bielefeld 2005.

BRAY, Florence, La télévision haute définition. Naissance et mort d'un grand projet européen, Paris 2001.

BREDOW, Hans, Im Banne der Ätherwellen, Stuttgart 1956.

BRIGGS, Asa: BBC: The First Fifty Years, Oxford 1985.

–, The History of Broadcasting in the United Kingdom, Bd. 5: Competition, Oxford 1995.

BROCHAND, Christian, Histoire générale de la radio et de la télévision française, Bd. 2 (1944–1974), Paris 1994.

BROWN, George H., ... and Part of Which I Was. Recollections of a Research Engineer, Princeton, New Jersey 1979.

BROWN, Ronald D., Engineering for Colour, in: New Scientist, 25. August 1966 S. 416–419.

BRUCH, Walter, Das PAL-Farbfernsehsystem. Prinzipielle Grundlagen des Modulation und Demodulation, in: Nachrichtentechnische Zeitschrift 17 (1964) 3 S. 109–121.

–, Farbbildröhren. Ein Überblick über die wichtigsten Farbfernseh-Wiedergabeverfahren, in: Funkschau 24 (1965) 23 S. 655–663.

–, BRAILLARD, Pierre, VON STENDER, Charlotte, Die politischen und technischen Geheimnisse des Farbfernsehens, in: Europa 16 (1965) 4 S. 46–47.

–, Neuere Entwicklungen für das PAL-Farbfernseh-Übertragungsverfahren, in: Funk-Technik, 21 (1966) 5 S. 154–160.

–, Das PAL-Farbfernsehübertragungsverfahren, in: Rundfunktechnische Mitteilungen 10 (1966) 1, S. 1–11.

–, Vom Farbensehen zum Farbfernsehen, in: Bild der Wissenschaft 3 (1966) 7 S. 524–535.

–, Die Fernseh-Story, Stuttgart 1969.

–, Transcodierung – Farbsignalwandlung. Die Wandlung von Farbfernsehsignalen eines Verfahrens in die eines anderen, in: Jahrbuch des elektrischen Fernmeldewesens 20 (1969) S. 252–280.

–, Peenemünde 1942: Die Anfänge des »Industriefernsehens«. Erinnerungen an einmalige Erlebnisse in der Pionierzeit des Fernsehens, in: Funkschau 33 (1974) 5 S. 142–146.

–, RIEDEL, Heide, PAL – Das Farbfernsehen, Berlin 1987.

BRULÉ, Jean-Pierre, L'informatique, malade de l'État: du Plan Calcul à Bull nationalisée, un fiasco de 40 milliards, Paris 1993.

BRUN, Gérard, Technocrates et Technocratie en France 1914–1945, Paris 1985.

BRÜNDEL, Dirk, Museum für Verkehr und Technik (Hg.), Ich diente nur der Technik: sieben Karrieren zwischen 1940 und 1950, Berliner Beiträge zur Technikgeschichte und Industriekultur Bd. 14, Berlin 1995.

BRUNNEN, Andrea, Die Faszination des Farbfernsehens. Es wird noch eine Weile dauern, bis alle Fernseh-Praktiker ganz sicher im Umgang mit der Farbe sind, in: Fernseh-Informationen 18 (1967) 32 S. 632–634.

BUCHHEIM, Christoph, Die Wiedereingliederung Westdeutschlands in die Weltwirtschaft 1945–1958, München 1990.

BUDA, Dirk, Ostpolitik à la française. Frankreichs Verhältnis zur UdSSR von de Gaulle bis Mitterrand, Marburg 1990.

BÜHRER, Werner, Technologischer Wandel, Industrie und Beschäftigungsstruktur in der Bundesrepublik Deutschland, in: Archiv für Sozialgeschichte 35 (1995) S. 91–113.

–, Von der Geschichte der westeuropäischen Integration zur Europäischen Geschichte. Ein Überblick über neuere Forschungen, in: Archiv für Sozialgeschichte 40 (2000) S. 510–523.

BUFFARD, R., Le film en couleur et son utilisation à la télévision, in: L'onde électrique 47 (1967) 486 S. 1046–1059.

BURDEAU, François, Histoire de l'Administration française. Du 18e au 20e siècle, Paris 1989.

BURKE, Peter, Was ist Kulturgeschichte? Frankfurt a M. 2005.

BURNS, Russel W., British Television. The Formative Years, London 1986.

–, John Logie Baird: Television Pioneer, London 2000.

BUSSEMER, Thymian, CAMMANN, Alexander, Verwestlichung ohne Grenzen. Ein aktueller Literaturbericht, in: Vorgänge. Zeitschrift für Bürgerrechte und Gesellschaftspolitik 40 (2001) 2 S. 86 – 91.

BUSSIÈRE, Éric, GRISET, Pascal, BOUNEAU, Christophe, WILLIOT, Jean-Pierre, Industrialisation et sociétés en Europe occidentale 1880–1970, Paris 1998.

BUXTON, David, Le Reportage de télévision en France depuis 1959. Le lieu du phantasme, Paris 2000.

CALLON, Michel, Society in the Making: The Study of Technology as a Tool for Sociological Analysis, in: Wiebe E. BIJKER, Thomas P. HUGHES, Trevor PINCH (Hg.), The Social Construction of Technological Systems. New Directions in the Sociology and History of Technology, Cambridge, London 1987, S. 83–106.

CALVIN, William H, Die Symphonie des Denkens. Wie Bewußtsein entsteht, München 1995.

CARBONARA, Corey P., HDTV: An Historical Perspective, in: Lou CASABIANCA (Hg.), The New TV. A Comprehensive Survey of High Definition Television, Westport 1992, S. 3–26.

CAREY, James W., Technology and Ideology: The Case of the Telegraph, in: Prospects. The Annual of American Cultural Studies 8 (1983) S. 305 ff.

CASSAGNE, Pierre, SAUVANET, Marc, Le Système de télévision en couleurs SECAM en comparaison avec le système NTSC, in: Annales de Radioélectricité 16 (1961) 63 S. 109–121.

–, Au-delà du présent, in: Bulletin du Comité d'histoire de la télévision (juin 1986) 14 S. 26–32.

CAZENAVE, Elisabeth, ULMANN-MAURIAT, Caroline, Presse, radio et télévision en France de 1631 à nos jours, Paris 1996.

CAZENOBE, Jean, Technogenèse de la télévision. Le diable en histoire des machines, Paris 2001.

CAZES, Bernard, MIOCHE, Philippe (Hg.), Modernisation ou décadence. Etudes, témoignages et documents sur la planification française, Aix-en-Provence 1990.

CERNY, Philip G., The Politics of Grandeur. Ideological Aspects of de Gaulle's Foreign Policy, Cambridge, London, New York 1980.

–, Frankreich und die Nukleardebatte der Atlantischen Allianz 1956–1966, Opladen 1998.

CHAPMAN, Herrick, Introduction: Working on France/Forum: Working on France in American Universities: Interdisciplinary Perspectives, in: French Historical Studies 19 (1995) 2 S. 299–305.

–, Modernity and National Identity in Postwar France, in: French Historical Studies 22 (1999) 2 S. 291–314.

CHARTIER, Roger, L'Histoire Culturelle entre »Linguistic Turn« et Retour au Sujet, in: Hartmut LEHMANN (Hg.), Wege zu einer neuen Kulturgeschichte, Göttinger Gespräche zur Geschichtswissenschaft 1, Göttingen 1995, S. 31–58.

CHAUVIERRE, Marc, Suppression de la ligne à retard dans les récepteurs SECAM, in: Radio & Télévision (1965) 157 S. 262–264.

–, La télévision hier, aujourd'hui et demain, Paris 1977.

–, La naissance de la télévision, in: Bulletin du Comité d'histoire de la télévision (1981) 1 S. 8–16.

–, Un homme passionné, in: Bulletin du Comité d'histoire de la télévision (juin 1986) 14 S. 33–39.

CODDING, George Arthur, The International Telecommunication Union. An Experiment in International Cooperation, Leiden 1952.

COHEN, Elie, Le Colbertisme »high-tech«, Paris 1992.

–, France: National Champions in Search of a Mission, in: Jack HAYWARD (Hg.), Industrial Enterprise and European Integration. From National to International Champions in Western Europe, Oxford 1995, S. 23 -47.

COHEN, Évelyne, Télévision, pouvoir et citoyenneté, in: Marie-Francoise LÉVY (Hg.), La Télévision dans la République. Les années 50, Paris 1999, S. 23–43.

COHEN, Yves, MANFRASS, Klaus (Hg.), Frankreich und Deutschland. Forschung, Technologie und industrielle Entwicklung im 19. und 20. Jahrhundert, München 1990.

–, PESTRE, Dominique, Présentation: Histoire des techniques, in: Annales. Histoire, Sciences Sociales 53 (juillet 1998) 4–5 S. 721–744.

COING, Helmut, Ausbildung von Elitebeamten in Frankreich und Großbritannien, Berlin 1983.

COLEMAN, H. W., Colour Television, Techniques, Business, Impact, London 1968.

COLIN, Lucette, MÜLLER, Burkhardt, Zur Pädagogik interkultureller Begegnungen, in: DIES. (Hg.), Europäische Nachbarn vertraut und fremd. Pädagogik interkultureller Begegnungen, Frankfurt a.M., New York 1998, S. 9–23.

CONRAD, Sebastian, Auf der Suche nach der verlorenen Nation. Geschichtsschreibung in Westdeutschland und Japan 1945–1960, Göttingen 1999.

CONZE, Eckart, Washington, Paris und Bonn. Die USA und die deutsch-französischen Beziehungen 1958–1963, in: Gustav SCHMIDT (Hg.), Ost-West-Beziehungen: Konfrontation und Detente 1945–1989, Bochum 1993, S. 235–252.

–, Die gaullistische Herausforderung – Die deutsch-französischen Beziehungen in der amerikanischen Europapolitik 1958–63, München 1995.

–, METZLER, Gabriele (Hg.), 50 Jahre Bundesrepublik Deutschland. Daten und Diskussionen, Stuttgart 1999.

COSTIGLIOLA, Frank, Power and Language: The French Connection, in: Contemporary European History 2 (1993) 1 S. 69–80.

COWANS, J., Political Culture and Cultural Politics: The Reconstruction of French Radio after the Second World War, in: Journal of Contemporary History 31 (1996) S. 145–170.

CRANE, Rhonda J., The Politics of International Standards: France and the Color TV War, Norwood, New Jersey 1979.

CURRAN, James, PARK, Myung-Jin (Hg.), De-Westernizing Media Studies, London, New York 2000.

CURRIE, Tony, A Concise History of British Television 1930–2000, Tiverton 2000.

DAHLGREEN, Peter, Television and the Public Sphere: Citizenship, Democracy and the Media, London 1995.

D'AIGUILLON, Benoît, Un demi-siècle de journal télévisé, Paris 2001.

DALLOZ, Jacques, La France et le monde depuis 1945, Paris 1993.

D'ALMEIDA, Farbrice, DELPORTE, Christian, Histoire des médias en France de la Grande Guerre à nos jours, Paris 2003.

DAMANN, Clas, Stimme aus dem Äther – Fenster zur Welt. Die Anfänge von Radio und Fernsehen in Deutschland. Köln 2005.

DANIEL, Ute, »Kultur« und »Gesellschaft«. Überlegungen zum Gegenstandsbereich der Sozialgeschichte, in: Geschichte und Gesellschaft 19 (1993) S. 69–99.

–, Kompendium Kulturgeschichte. Theorien, Praxis, Schlüsselwörter, Frankfurt a.M. 2001.

DAVIDSE, J., Versuche über die Anpassung des NTSC-Farbfernsehsystems an die europäische 625-Zeilen-Norm, in: Nachrichtentechnische Zeitschrift 11 (1958) 9 S. 461–466.

DAVIDSON, Homer, Exploring the Jungle of Color Troubles, in: Radio Electronics 38 (1967) 1 S. 56–58.

DAVIET, Jean-Pierre, Trajectoires d'une grande entreprise privée: Saint-Gobain 1945–1969, in: Patrick FRIDENSON, André STRAUS (Hg.), Le capitalisme français (XIXe-XXe siècle). Blocages et Dynamismes d'une croissance, Paris 1987, S. 135–150.

–, Une multinationale à la française. Saint-Gobain 1665–1989, Paris 1989.

DAVIS, Richard, »Why did the General do it?«: De Gaulle, Polaris and the French Veto of Britain's Application to Join the Common Market, in: European History Quarterly 28 (1998), S. 373–397.

–, The »Problem of de Gaulle«: British Reactions to General de Gaulle's Veto of the UK Application to Join the Common Market, in: Journal of Contemporary History 32 (1997) S. 453–464.

DAY, Charles, The Careers of Graduates of the Écoles des Arts et Métiers in the French Automobile Industry, 1880–1940, in: Canadian Journal of History 29 (1994) S. 305–331.

DE CERTEAU, Michel, Die Kunst des Handelns, Berlin 1988.

DE GAULLE, Charles, Mémoires de guerre. Bd. 1, L'appel (1940–1942), Paris 1954.

–, Mémoires d'espoir, Bd. 1, Le renouveau, Paris 1970.

DEGELE, Nina, DRIES, Christian, Modernisierungstheorie: Eine Einführung, München 2005.

DEGENHARDT, Wolfgang, STRAUTZ, Elisabeth, Auf der Suche nach dem europäischen Programm. Die Eurovision 1954–1970, Baden-Baden 1999.

–, Die Entstehung und Entwicklung der europäischen Partnerschaft im Fernsehbereich 1950–1970. Zur historischen Betrachtung eines komplizierten Sensemaking-Prozesses, Diss. Univ. Siegen, publiziert im Internet unter: http://www.ub.uni-siegen.de/epub/diss/degenhardt.htm

D'HAESE, H., Un récepteur TV pentastandard à automatisme intégral, in: Télévision (1963) 135 S. 179–182.

DELAITRE, M., REDARD, M., Europäische Farbfernsehnormen. Das SECAM-System, in: Elektrisches Nachrichtenwesen 43 (1968) 2 S. 173–176.

DE VRIES, Marc, A pre-study for the historiography of the Philips research laboratories, in: Michel LETTE, Michel ORIS (Hg.), Technology and Engineering, Turnhout 2000, S. 95–106.

DE WIT, Onno, DE LA BRUHÈZE, Adri, BERENDSEN, Marja, Ausgehandelter Konsum: Die Verbreitung der modernen Küche, des Kofferradios und des Snack-Food in den Niederlanden, in: Technikgeschichte 68 (2001) 2 S. 133–156.

DIAMANT, Alfred, Tradition und Innovation in der französischen Verwaltung, in: Gilbert ZIEBURA, Gerhart HAUPT (Hg.), Wirtschaft und Gesellschaft in Frankreich seit 1789, Gütersloh 1975, S. 331–346.

DIEFENBACH, Werner, Fernsehempfänger für Schwarz-Weiß und Farbe. Bericht von der Hannover-Messe 1969, in: Funk-Technik 24 (1969) 11 S. 415–422.

–, Neue Fernsehempfänger für Schwarz-Weiß und Farbe, in: Funk-Technik 25 (1970) 19 S. 742–746.

–, Fernseh- und Rundfunkpläne der Zukunft, in: Funk-Technik 29 (1974) 19 S. 343.

DIETZ, Burkhard, FESSNER, Michael, MAIER, Helmut, Der »Kulturwert der Technik« als Argument der Technischen Intelligenz für den sozialen Aufstieg und Anerkennung, in: DIES. (Hg.), Technische Intelligenz und »Kulturfaktor Technik«. Kulturvorstellungen von Technikern und Ingenieuren zwischen Kaiserreich und früher Bundesrepublik Deutschland, Münster u.a. 1996, S. 1–34.

DIETZ, U., GILEWITZ, G., HOPF, H., Vergleichende Farbfernsehempfangsbeobachtungen zwischen NTSC und PAL im Sommer 1964, in: Rundfunktechnische Mitteilungen 9 (1965) 1 S. 43–47.

DIVINE, Robert A., The Sputnik Challenge, New York, Oxford 1993.

DOERING-MANTEUFFEL, Anselm, Die Kultur der 50er Jahre im Spannungsfeld von »Wiederaufbau« und »Modernisierung«, in: Axel SCHILDT, Arnold SYWOTTEK (Hg.), Modernisierung im Wiederaufbau. Die westdeutsche Gesellschaft der 50er Jahre, Bonn 1993, S. 533–540.

–, Wie westlich sind die Deutschen? Amerikanisierung und Westernisierung im 20. Jahrhundert, Göttingen 1999.

–, Im Westen angekommen? Die Westernisierung der Bundesrepublik Deutschland seit 1945, in: Vorgänge. Zeitschrift für Bürgerrechte und Gesellschaftspolitik 40 (2001) 2 S. 4–14.

DÖRR, Renate, Die HDTV-Entscheidung. Eine Fallstudie zum Entscheidungsprozeß in der EG, Tübingen 1994.

DOHERTY, Thomas, Cold War, Cold Medium. Television, McCarthyism, and American Culture, New York 2003.

DUBAIL, Michel, Rien de l'ours du laboratoire, in: Bulletin du Comité d'histoire de la télévision (1986) 14 S. 42–48.

DÜLMEN, Richard van, Historische Anthropologie: Entwicklung, Probleme, Aufgaben, Köln, Weimar, Wien 2000.

DULPHY, Anne, La politique extérieure de la France depuis 1945, Paris 1994.

DUNAWAY, David K., BAUM, Willa K. (Hg.), Oral History: An Interdisciplinary Anthology, London 1996.

DURIEUX, Claude, La Télécratie, Paris 1976.

DUSSEL, Konrad, Die Politiker und das öffentlich-rechtliche Fernsehen. NDR und SWF in den fünfziger und sechziger Jahren, in: Rundfunk und Fernsehen 44 (1996) S. 86–101.

–, Deutsche Rundfunkgeschichte. Eine Einführung, Konstanz 1999.

–, Vom Radio- zum Fernsehzeitalter. Mediumumbrüche in sozialgeschichtlicher Perspektive, in: Axel SCHILDT, Detlef SIEGFRIED, Karl Christian LAMMERS (Hg.), Dynamische Zeiten. Die 60er Jahre in den beiden deutschen Gesellschaften, Hamburg 2000, S. 673–694.

EBERLEIN, Burkard, Abschied vom Unitarismus? Regionale Innovationspolitik und »Technopole« in Frankreich, Opladen 1997.

ECK, Ernst-Günther, Westliche Farbsendungen für die »DDR«?, in: Die Welt, 1. März 1969.

EGLOFF, Rainer (Hg.), Tatsache-Denkstil-Kontroverse: Auseinandersetzungen mit Ludwik Fleck, Zürich 2005.

ELING, K., Presidentialism and the Grands Travaux: The Case of the Cité de la Musique, in: Modern and Contemporary France (1997) 5 S. 331–340.

ELLIS, John, Seeing Things. Television in the Age of Uncertainty, London, New York 2002.

ELSNER, Monika, MÜLLER, Thomas, SPANGENBERG, Peter M., Thesen zum Problem einer Periodisierung in der Mediengeschichte, in: Helmut KREUZER, Helmut SCHANZE (Hg.), Fernsehen in der Bundesrepublik Deutschland: Perioden, Zäsuren, Epochen, Heidelberg 1991, S. 38–50.

–, Der lange Weg eines schnellen Mediums: Zur Frühgeschichte des deutschen Fernsehens, in: William URICCHIO (Hg.), Die Anfänge des deutschen Fernsehens. Kritische Annäherungen an die Entwicklung bis 1945, Tübingen 1991, S. 153–207.

–, Zur Entstehungsgeschichte des Dispositivs Fernsehen in der Bundesrepublik Deutschland der fünfziger Jahre, in: Knut HICKETHIER (Hg.), Geschichte des Fernsehens in der Bundesrepublik Deutschland, Bd. 1: Institution, Technik und Programm. Rahmenaspekte der Programmgeschichte des Fernsehens, München 1993, S. 31–66.

ELSTER, Jon, Die Subversion der Rationalität, Frankfurt a. M. 1987.

ENGELMANN, Ralph, Public Radio and Television. A Political History, London, New Delhi 1996.

ERKER, Paul, PIERENKEMPER, Toni (Hg.), Deutsche Unternehmer zwischen Kriegswirtschaft und Wiederaufbau. Studien zur Erfahrungsbildung von Industrie-Eliten, München 1999.

ESTRIN, Saul, HOLMES, Peter, French Planning in Theory and Practice, London 1983.

EULEN, Focko, Bibliographie zur Geschichte des Rundfunks, in: Technikgeschichte 40 (1973) 2 S. 132–147.

EVERSON, George, The Story of Television: The Life of Philo T. Farnsworth, New York 1949.

EXWOOD, Maurice, John Logie Baird: 50 Years of Television, London 1976.

FAGERBERG, Jan, Innovation. A Guide to the Literature, in: DERS. (Hg.), The Oxford Handbook of Innovation, Oxford 2004, S. 1–26.

FAGOT, Jacques, Derniers Perfectionnements apportés au SECAM, in: Télévision (1963) 131 S. 57–59.

–, La télévision en couleurs, in: Technique, Art et Science (1969) S. 67–73.

FALLATH, Erich, Ein internationaler Vergleich von Rundfunksystemen. Die Interdependenz von Rundfunkpolitik und Gesamtpolitik in Großbritannien, Frankreich, Sowjetunion, Volksrepublik China und Indien, Stuttgart 1974.

FALTENMAYER, Edmund K., The Coming Battle for the Colour TV Market, in: Fortune (january 1966) S. 144–147, 188–190 und 195.

FARDON, Richard, FURNISS, Graham (Hg.), African Broadcast Cultures. Radio in Transistion, Oxford u. a. 2000.

FASSIN, Eric, Fearful Summetry: Culturalism and Cultural Comparison after Tocqueville, in: French Historical Studies 19 (1995) 2 S. 451–460.

FAUCHART, Pascale, FRICHOT, Dominique, Les techniciens de la télévision, in: Bulletin du Comité d'histoire de la télévision (mars-avril 1989) 19 S. 5–26.

FAVREAU, Michel, CARPENTIER, Michel, Souvenir: Marc Chauvierre, pionnier de la télévision nous a quittés, in: Les Cahiers du Comité d'histoire de la télévision (juin 1998) 3 S. 69–71.

FEIN, Egon, Sieben Tage im Leben des Max Grundig, München 1983.

FELDENKIRCHEN, Wilfried, Siemens 1918–1945, München 1995.

–, Die deutsche Wirtschaft im 20. Jahrhundert, München 1998.

FELDMANN, Elliot J., Concorde and Dissent: Explaining High-Technology Project Failures in Britain and France, New York 1985.

FELDMANN, Erich, Aufgaben der Entwicklung der Fernsehwissenschaft, in: Forschung und Wissenschaft 14 (1965) 3 S. 1–26.

FELDSTEIN, V., The Consequences of Space Communications Upon the Radio and Television Broadcasting, in: Radio & Television (1966) 2 S. 12–21.

FICKERS, Andreas: »Der Transistor« als technisches und kulturelles Phänomen. Die Transistorisierung der Radio- und Fernsehempfänger in der deutschen Rundfunkindustrie von 1955–1965, Bassum 1998.

–, Standardization as an Object of Systemic Technical Historiography – The Case of Colour Television, in: Wilfried HESSER (Hg.), Proceedings of the Second Interdisciplinary Workshop on Standardization Research, Hamburg 1999, S. 118–141.

–, »Politique de la grandeur« contre »Made in Germany«, in: Robert BELOT, Michel COTTE, Pierre LAMARD (Hg.), La Technologie au risque de l'histoire, Paris 2000, S. 343–354.

–, Transistorradio in Afrika: Geschichte, Politik und Technik, in: DGB-Bildungswerk (Hg.), Radio. Kommunikation in Afrika, Düsseldorf 2002, S. 36–41.

–, »Politique de la grandeur« contre »Made in Germany«: Die Analyse der PAL-SECAM-Kontroverse als Beispiel einer politischen Kulturgeschichte der Technik, in: Nachrichtenblatt der Deutschen Gesellschaft für Geschichte der Medizin, Naturwissenschaften und Technik 53 (2003) 3 S. 169–180.

–, »De coloribus disputandum est«. De mislukte standaardisering van kleurentelevisie in Europa, in: Tijdschrift voor Mediageschiedenis 7 (2004) 1 S. 90–117.

–, Coopération – confrontation – cohabitation. Les relations entre CSF/CFT et AEG-Telefunken en matière de brevets et licences de télévision en couleurs dans les années soixante, in: Revue d'Allemagne et des pays de langue allemande 37 (2005) 1 S. 29–44.

–, Radio und Fernsehen als nationale Sozialisierungsinstanzen? Der Rundfunk im Rahmen der westdeutschen und französischen Wiederaufbaumodernisierung der 1950er Jahre, in: Hélène Miard-Delacroix, Rainer Hudemann (Hg.), Wandel und Intergration. Deutsch-französische Annäherungen der fünfziger Jahre, München 2005, S. 291–307.

–, Nationale Traditionen und internationale Trends in der Fernsehgeschichtsschreibung. Eine historiographische Skizze, in: montage av. Zeitschrift für Theorie und Geschichte audiovisueller Kommunikation 14 (2005) 1 S. 7–28.

–, Sonja de Leeuw, Das European Television History Network: europäische Fernsehgeschichtsschreibung in vergleichender Perspektive, in: Medien & Zeit. Kommunikation in Vergangenheit und Gegenwart 20 (2005) S. 4–11.

–, Frank Kessler, Techno-Nationalist Tales of Glory and Failure: Writing the History of Inventions in Early Film and Television, Paper auf der Tagung »Media in Transition 4: The Work of Stories«, MIT Boston, Mai 2005.

–, Bernadette Kester, Veel nieuws – weinig geschiedenis. Een historischhistoriografisch essay over internationaal televisienieuws, in: Tijdschrift voor Mediageschiedenis 8 (2005) 2 S. 111–142.

–, »Sichtbar hörbar«. Radioapparat und Stadt – Knoten im vernetzten Kommunikationsraum, in: Clemens Zimmermann (Hg.), Zentralität und Raumgefüge der Großstädte im 20. Jahrhundert, Stuttgart 2006, S. 83–103.

–, National Barriers for an Imag(e)ined European Community: The Technopolitical Frames of Postwar Television Development in Europe, in: Northern Light. Yearbook for Media Studies (2006) S. 7–27.

–, »Pourqui ne feraient-ils pas un procès à Telefunken?« Georges Pompidou et la promotion du SECAM, in: Pascal Griset (Hg.), Georges Pompidou et la modernité. Les tensions de l'innovation (1962–1974), Brüssel u.a. 2006, S. 171–192.

–, Circulation, appropriation, dispositif: plaidoyer pour une histoire culturelle de l'innovation, in: Christophe Bouneau, Yannick Lung (Hg.), Les territoires de l'innovation, espaces de conflits, Bordeaux 2006, S. 279–292.

Fielding, Raymond (Hg.), A Technological History of Motion Pictures an Television: An Anthology From the Pages of the Journal of the Society of Motion Pictures and Television Engineers, Berkeley 1967.

Filsner, Monika, Gumbrecht, Hans Ulrich, Müller, Thomas, Spangenberg, Peter M., Zur Kulturgeschichte der Medien, in: Klaus Merten, Siegfried J. Schmidt, Siegfried Weischenberg (Hg.), Die Wirklichkeit der Medien. Eine Einführung in die Kommunikationswissenschaft, Opladen 1994, S. 163–187.

Fink, Donald (Hg.), Color Television Standards: Selected Papers and Records of the National Television System Committee, New York 1955.

Fink, Hermann: »Know-How« und »Hifi-Pionier«. Zum Verständnis englischer Ausdrücke in der deutschen Werbesprache, in: Muttersprache 85 (1975) S. 186–203.

FISCHER, Per, Der diplomatische Prozeß der Entstehung des deutsch-französischen Vertrages von 1963, in: Vierteljahreshefte für Zeitgeschichte 41 (1993) S. 101–116.

–, Circulation, appropriation, dispositif: plaidoyer pour und histoire culturelle de l'innovation, in: Christophe Bouneau, Yannick Lung (Hg.), Les territoires de l'innovation, escapes de conflicts, Bordeaux 2006, S. 279–292.

FIX, H., HABERMANN, W., KAUFMANN, A., Empfehlungen für die elektronische Produktion von Farbfernsehprogrammen, in: Rundfunktechnische Mitteilungen 11 (1967) 4 S. 220–223.

FIX, Herbert, HABERMANN, Werner, Aufzeichnungen von PAL-Farbbildsignalen auf Magnetband, in: Rundfunktechnische Mitteilungen 12 (1968) 4 S. 149–155.

FLECHSIG, Werner: Farbfernseh-Patente aus dem Jahre 1938, in: Funkschau 39 (1967) 17 S. 551–552.

FLECK, Ludwik, Entstehung und Entwicklung einer wissenschaftlichen Tatsache: Einführung in die Lehre vom Denkstil und Denkkollektiv, Basel 1935.

FLETCHER, Amy L., France Enters the Information Age: A Political History of Minitel, in: History and Technology 18 (2002) 2 S. 103–117.

FLORA, Peter, Indikatoren der Modernisierung: ein historisches Datenhandbuch, Düsseldorf 1975.

FOREMAN-PECK, James, MÜLLER, Jürgen (Hg.), European Telecommunication Organisations, Baden-Baden 1988.

FÖRSTER, Walter (Hg.), Rundfunk in der Region. Probleme und Möglichkeiten der Regionalität, Annalen des Westdeutschen Rundfunks, 6, Köln 1983.

FOURASTIÉ, Jean, Les Trente Glorieuses, Paris 1979.

FOX, Robert (Hg.), Technological Change. Methods and Themes in the History of Technology, Amsterdam 1996.

FRANCE, Henri de, Mémoires, in: Bulletin du Comité d'histoire de la télévision (1986) S. 3–18.

FRANCK, Georg, Ökonomie der Aufmerksamkeit: Ein Entwurf, München u. a. 1998.

FRANK, Robert, La hantise du déclin. Le rang de la France en Europe, 1920–1960. Finances, défense et identité nationale, Paris 1994.

–, Mentalitäten, Vorstellungen und internationale Beziehungen, in: Wilfried LOTH, Jürgen OSTERHAMMEL (Hg.), Internationale Geschichte. Themen, Ergebnisse, Aussichten, München 2000, S. 159–185.

FREIBURG, Eva-Maria, Die Geschichte des Rundfunks in Nordrhein-Westfalen 1945–1955. Vom NWDR-Köln zum WDR, Hannover 1974.

FREY, Hugo, Rebuilding France: Gaullist Historiography, the Rise-Fall Myth and French Identity. (1945–1958), in: Stefan BERGER, Mark DONAVAN, Kevin PASSMORE (Hg.), Writing National Histories. Western Europe Since 1800, London 1999, S. 205–216.

FRIDENSON, Patrick, Atouts et limites de la modernisation par en haut: les entreprises publiques face à leurs critiques (1944–1986), in: Patrick FRIDENSON, André STRAUS (Hg.), Le Capitalisme français (XIXe–XXe siècle). Blocages et dynamismes d'une croissance, Paris 1987, S. 175–196.

–, Les organisations, un nouvel objet, in: Annales: Économie, Sociétés, Civilisations 44 (1989) 6 S. 1461–1477.

–, Selling the Innovation: French and German Colour-TV Devices in the 1960's, in: Business and Economic History 20 (1991) S. 62–68.

FRIEDEWALD, Michael, Die »Tönenden Funken«. Geschichte eines frühen drahtlosen Kommunikationssystems 1905–1914, Berlin, Diepholz 1999.

FRIEDLÄNDER, E. R., Farbfernsehen in Großbritannien, in: Funk-Technik 23 (1968) 7 S. 230–231.

FRIESS, Peter, STEINER, Peter M., Artur Fischer und Hans-Jürgen Warnecke sprechen über Erfindungen und Kreativität, TechnikDialog Nr. 10 des Deutschen Museums Bonn, Bonn 1996.

FROST, Robert L., The Flood of »Progress«: Technocrats and Peasants at Tignes (Savoy), 1946–1952, in: French Historical Studies 14 (1985) 1 S. 117–140.

FUCHS, Margot, »Schneller, höher, weiter?« Technikgeschichte, Effizienz und Leistung, in: Gerhard STADLER, Anita KUISLE (Hg.), Technik zwischen Akzeptanz und Widerstand. Gesprächskreis Technikgeschichte 1982–1996, Münster u. a. 1999, S. 145–150.

FÜHRER, Karl Christian, HICKETHIER, Knut, SCHILDT, Axel, Öffentlichkeit – Medien – Geschichte. Konzepte der modernen Öffentlichkeit und Zugänge zu ihrer Erforschung, in: Archiv für Sozialgeschichte 44 (2001) S. 1–38.

FÜSSL, Wilhelm, ITTNER, Stefan (Hg.), Biographie und Technikgeschichte, München 1998.

GABOR, D., MEMBER, F. R. S., STUART, P. R., KALMAN, P. G., A New Cathode-Ray Tube for Monochrome and Colour Television, in: Proceedings of the Institution of Electrical Engineers 105 (1958) S. 581–606.

GADONNEIX, Pierre, The Plan Calcul: An Attempt to Meet the U.S. Challenge in the French Computer Industry, Harvard University, unveröffentlichte Diss. 1975.

GAILLARD, Armand, Une carrière de chercheur, in: Bulletin du Comité d'histoire de la télévision (1986) 14 S. 42–48.

GALISON, Peter, HEVLY Bruce (Hg.), Big Science : The Growth of Large-Scale Research, Stanford 1992.

GASSERT, Philipp, Amerikanismus, Antiamerikanismus, Amerikanisierung. Neue Literatur zur Sozial-, Wirtschafts- und Kulturgeschichte des amerikanischen Einflusses in Deutschland und Europa, in: Archiv für Sozialgeschichte 39 (1999) S. 531–561.

GEDDES, Keith, BUSSEY, Gordon, The Setmakers. A History of the Radio and Television Industry, Norwich 1991.

GEERTZ, Clifford, Dichte Beschreibung. Beiträge zum Verstehen kultureller Systeme, Frankfurt a. M. 1997.

–, Spurenlesen. Der Ethologe und das Entgleiten der Fakten, München 1997.

GERBER, Walter, Die Normung des Farbfernsehens in Europa, in: Internationale Elektronische Rundschau 20 (1966) 9 S. 511–512.

GEREN, Paul F., Worldwide Standards for Color Television, in: United States Department of State Bulletin 53 (1965) 1372 S. 597–601.

GERSCHENKRON, Alexander, Economic Backwardness in Historical Perspective, Cambridge, Mass. 1962.

GIDDENS, Anthony, Die Konstitution der Gesellschaft, Frankfurt a. M., New York 1995.

GILCHER-HOLTEY, Ingrid, Kulturelle und symbolische Praktiken: Das Unternehmen Pierre Bourdieu, in: Wolfgang HARDTWIG, Hans-Ulrich WEHLER (Hg.), Kulturgeschichte heute, Göttingen 1996, S. 111–130.

–, »Kritische Ereignisse« und »kritischer Moment«: Pierre Bourdieus Modell der Vermittlung von Ereignis und Struktur, in: Andreas SUTER, Manfred HETTLING (Hg.), Struktur und Ereignis, Göttingen 2001, S. 120–137.

GILLE, Bertrand, Ingenieure der Renaissance, Wien, Düsseldorf 1968.

– (Hg.), Histoire des techniques: technique et civilisations, technique et sciences, Paris 1978.

GILPIN, Robert, France in the Age of Scientific State, Princeton, New Jersey 1968.

GINZBURG, Carlo, Spurensicherung. Der Jäger entziffert die Fährte, Sherlock Holmes nimmt die Lupe, Freud liest Morelli – die Wissenschaft auf der Suche nach sich selbst, in: DERS., Spurensicherung. Die Wissenschaft auf der Suche nach sich selbst, Berlin 1995, S. 7–44 Berlin 1995.

GLAUBITZ, Gerald, Die PAL-SECAM-Kontroverse in der DDR. Die politisch-ideologische Instrumentalisierung der Farbfernsehfrage durch den ostdeutschen Staat zwischen 1965 und 1969, Berlin u. a. 2003.

GODFREY, Donald G., Philo T. Farnsworth: The Father of Television, Salt Lake City 2001.

GOEBEL, Gerhart, Das Fernsehen in Deutschland bis zum Jahre 1945, in: Archiv für Post- und Fernmeldewesen 5 (1953) 5 S. 259–293.

GOFFMAN, Erving, Rahmen-Analyse. Ein Versuch über die Organisation von Alltagserfahrungen, Frankfurt a.M. 1980

GÖHLER, Gerhard (Hg.), Die Eigenart der Institutionen. Zum Profil politischer Institutionentheorie, Baden-Baden 1994.

GOLDMARK, Peter C., Color Television - USA Standard, in: Proceedings of the IRE 39 (1951) S. 1288–1313.

–, Maverick Inventor: My Turbulent Years at CBS, New York 1973.

GOMART, Thomas, Double détente. Les relations franco-soviétiques de 1958 à 1964, Paris 2003.

GÖPFERT, Rebekka, Oral Histoy: Über die Zusammensetzung individueller Erinnerung im Interview, in: Clemens WISCHERMANN (Hg.), Die Legitimität der Erinnerung und die Geschichtswissenschaft, Stuttgart 1999, S. 101–112.

GÖRTEMAKER, Manfred, Geschichte der Bundesrepublik Deutschland. Von der Gründung bis zur Gegenwart, München 1999.

GOUSSOT, Louis, L'équipement de la télévision en couleur à l'ORTF, in: L'Onde électrique 48 (1967) 486 S. 1017–1028.

–, La télévision monochrome et en couleurs, Paris 1972.

–, Le choix des normes de télévision en couleur en Europe, in: Bulletin du Comité d'histoire de la télévision (1982) 5 S. 4–14.

GRAS, Alain, Grandeur et dépendance. Sociologie des macro-systèmes techniques, Paris 1993.

GREINER, Bernd, »Test the West«: über die »Amerikanisierung« der Bundesrepublik Deutschland, in: Mittelweg 36 (1997/98) 5 S. 4–40.

GRIPSRUD, Jostein, Television, Broadcasting, Flow. Key Metaphors in TV Theory, in: Christine GERAGHTY, David LUSTED (Hg.), The Television Studies Book, London u.a. 1998, S. 17–32.

–, Understanding Media Culture, London 2002.

GRISET, Pascal (Hg.), Informatique, politique industrielle, Europe entre Plan Calcul et Unidata, Paris 1998.

GROOTAERS, Dominique, Histoire de l'enseignement technique et professionnel en Belgique 1860–1960, Bruxelles 1994.

GROSSE, Ernst Ulrich, LÜGER, Heinz-Helmut, Frankreich verstehen. Eine Einführung mit Vergleichen zu Deutschland, Darmstadt 1996.

GROSSER, Alfred, Affaires Exterieures: La politique de la France 1944–1989, Paris 1989.

GUICHARD, Jean Pierre, De Gaulle et les mass media. L'image du Général, Paris 1985.

GUICHARD, Olivier, Aménager la France, Paris 1965.

GUILLEN, Pierre, La Question allemande (1945–1995), Paris 1996.

GUMBRECHT, Hans Ulrich, »Ihr Fenster zur Welt« oder: Wie aus dem Medium Fernsehen die Fernsehwirklichkeit wurde, in: Hans-Georg SOEFFNER (Hg.), Kultur und Alltag. Soziale Welt, Sonderband Nr. 6, Göttingen 1988, S. 243–250.

GÜNTHER, Dagmar: »And now for something completely different«. Prolegomena zur Autobiographie als Quelle der Geschichtswissenschaft, in: Historische Zeitschrift 272 (2001) H. 1 S. 25–62.

GUSS, David M., The Festive State: Race, Ethnicity and Nationalism as Cultural Performance, Berkeley 2000.

HAAS, Walter, Farbfernsehen. Ein Geschenk unseres Jahrhunderts, Düsseldorf, Wien 1967.

HABERMAS, Jürgen, Theorie des kommunikativen Handelns, 2 Bde., Frankfurt a.M. 1982.

–, Strukturwandel der Öffentlichkeit, Frankfurt a.M. 1990.

HACKING, Ian, »Style« for Historians and Philosophers, in: Studies in History and Philosophy of Science 23 (1992) S. 1–20.

–, Was heißt soziale Konstruktion? Zur Konjunktur einer Kampfvokabel in den Wissenschaften, Frankfurt a.M. 1999.

–, Historical Ontology, Cambridge, London 2002.

HAFTENDORN, Helga, Deutsche Außenpolitik zwischen Selbstbeschränkung und Selbstbehauptung, 1945–2000, Stuttgart, München 2001.

HALL, Edward T., HALL, Mildred R., Understanding Cultural Differences: Keys to Success in West Germany, France, and the United States, Yarmouth, Maine 1989.

Hans-Bredow-Institut (Hg.), Rundfunk und Fernsehen 1948–1989, Baden-Baden 1990.

HÅRD, Mikael, KNIE, Andreas, The Grammar of Technology: German and French Diesel Engineering 1920-1940, in: Technology & Culture 40 (1999) 1 S. 26–46.

–, Zur Kulturgeschichte der Naturwissenschaft, Technik und Medizin. Eine internationale Literaturübersicht, in: Technikgeschichte 70 (2003) 1 S. 23–45.

–, JAMISON, Andrew, Hubris and Hybris. A Cultural History of Technology and Science, Routledge, New York 2005.

HARMSEN, Robert A., Of Grandeur and Compromise: The Constitution of the French Fifth Republic, unveröffentlichte Diss. Univ. of Canterbury 1988.

HARTLEY, John, The Uses of Television, London 1999.

HARTMANN, Jürgen, Internationale Beziehungen, Opladen 2001.

HARTWICH, W., Konvergenzkorrekturen bei der 110°-Lochmasken-Farbbildröhre, in: Funk-Technik 25 (1970) 17 S. 647–649.

HASKETT, Thomas R., What happened at Oslo?, in: Radio Electronics 38 (1967) 1 S. 41–43.

HAUPT, Heinz-Gerhard, Sozialgeschichte Frankreichs seit 1789, Frankfurt a. M. 1989.

–, Eine schwierige Öffnung nach außen: Die international vergleichende Geschichtswissenschaft in Frankreich, in: Heinz-Gerhard HAUPT, Jürgen KOCKA (Hg.), Geschichte und Vergleich. Ansätze und Ergebnisse international vergleichender Geschichtsschreibung, Frankfurt a. M., New York 1996, S. 77–90.

–, KOCKA, Jürgen, Historischer Vergleich: Methoden, Aufgaben, Probleme. Eine Einleitung, in: Heinz-Gerhard HAUPT, Jürgen KOCKA (Hg.), Geschichte und Vergleich. Ansätze und Ergebnisse international vergleichender Geschichtsschreibung, Frankfurt a. M., New York 1996, S. 9–46.

HAYWARD, Jack (Hg.), Industrial Enterprise and European Integration. From National to International Champions in Western Europe, Oxford 1995.

HECHT, Gabrielle, Peasants, Engineers, and Atomic Cathedrals: Narrating Modernization in Postwar Provincial France, in: French Historical Studies 20 (1997) 3 S. 381–418.

–, The Radiance of France. Nuclear Power and National Identity after World War II, Cambridge, London 1998.

–, Planning a Technological Nation: Systems Thinking and the Politics of National Identity in Postwar France, in: Agatha C. HUGHES, Thomas P. HUGHES (Hg.), Systems, Experts and Computers. The Systems Approach in Management and Engineering, World War II and After, Cambridge, London 2000, S. 133–160.

HEIN, Bernhard, Die Geschichte der Rundfunkindustrie der DDR 1945–1967. Der schwere Wiederbeginn, Aufstieg und Blüte der Röhrenempfänger, Dessau 2001.

HEINISCH, Severin, Die Karikatur. Über das Irrationale im Zeitalter der Vernunft, Wien 1988.

–, Geschichte als Karikatur. Über das Verhältnis ironischer Bilder mit der Historie, in: Klaus FÜSSMANN, Theodor GRÜTTER, Jörn RÜSEN (Hg.), Historische Faszination, Köln 1994, S. 91–104.

HELDMANN, Philipp, Das »Wirtschaftswunder« in Westdeutschland. Überlegungen zu Periodisierung und Ursachen, in: Archiv für Sozialgeschichte 36 (1996) S. 323–344.

HENRICH-FRANKE, Christian, Globale Regulierungsproblematiken in historischer Perspektive. Der Fall des Funkfrequenzspektrums 1945–1988, Baden-Baden 2006.

HENRIKSON, Alan K., Mental Maps, in: Michael HOGAN, Thomas PATERSON (Hg.), Explaining the History of American Foreign Relations, Cambridge 1991, S. 177–192.

HENSON, Robert, Television Weathercasting: A History, Jefferson, North Carolina 1990.

HERBSTREIT, Jack W., POULIQUEN, Hervé, Les normes de télévision en couleur à l'échelle internationale, in: Journal des Télécommunications 34 (1967) 1 S. 16–23.

HERF, Jeffrey, The Engineer as Ideologue: Reactionary Modernists in Weimar and Nazi Germany, in: Journal of Contemporary History 19 (1984) 4 S. 631–648.

HERTENSTEIN, Kurt, Ein neues Rundfunk- und Fernsehjahr, in: Funk-Technik 13 (1955) S. 351.

HETZEL, Karl-Heinz, Typisch französisch, typisch deutsch?, in: Lucette COLIN, Burkhard MÜLLER (Hg.), Europäische Nachbarn vertraut und fremd. Pädagogik interkultureller Begegnungen, Frankfurt a.M., New York 1998, S. 29–34.

HESSLER, Martina: »Mrs. Modern Woman«. Zur Sozial- und Kulturgeschichte der Haushaltstechnisierung, Frankfurt a.M. u.a. 2001.

HEUSER, Uwe-Jean, Hochauflösendes Fernsehen: Fallstudie und Analyse des internationalen Standardisierungsprozesses, unveröffentlichte Diss. Univ., Köln 1992.

–, Die Revolution hat begonnen. Auf Wiedersehen, homo oeconomicus, in: Die Zeit 43 (2002), 17.10.2002, S. 19f.

HICKETHIER, Knut, Phasenbildung in der Fernsehgeschichte – Ein Diskussionsvorschlag, in: Helmut KREUZER, Helmut SCHANZE (Hg.), Fernsehen in der Bundesrepublik Deutschland: Perioden, Zäsuren, Epochen, Heidelberg 1991, S. 11–37.

–, Überlegungen zur Konstruktion einer Fernsehtheorie, in: Knut HICKETHIER, Irmela SCHNEIDER (Hg.), Fernsehtheorien. Dokumentation der GFF-Tagung 1990, Berlin 1992, S. 15–27.

– (Hg.), Institution, Technik und Programm. Rahmenaspekte der Programmgeschichte des Fernsehens, München 1993.

–, Geschichte des deutschen Fernsehens, Stuttgart, Weimar 1998.

HIEBEL, Hans H., HIEBLER, Heinz, KOGLER, Karl, WALITSCH, Herwig, Die Medien. Logik, Leistung, Geschichte, München 1998.

HIGGS, Edward (Hg.), History and Electronic Artefacts, Oxford 1997.

HILDEBRAND, Klaus, »Atlantiker« versus »Gaullisten«. Zur Außenpolitik der BRD während der 60er Jahre, in: Revue d'Allemagne et des pays de langue allemande 22 (1990) 4 S. 583–592.

HILMES, Michele, Only Connect. A Cultural History of Broadcasting in the United States, Belmont C.A. 2002.

– (Hg.), The Television History Book, London 2003.

HIPPEL, Eric von, Democratizing Innovation, Cambridge, London 2005.

HOCQUET, Jean-Claude, Harmonisierung von Maßen und Gewichten als Mittel zur Integrierung in Deutschland im 19. Jahrhundert, in: Eckart SCHREMMER (Hg.), Wirtschaftliche und soziale Integration in historischer Sicht, VSWG Beihefte 128, Stuttgart 1996, S. 110–123.

HÖFER, Werner, Farbe bekennen, in: Die Welt, 19.02.1965.

HOFFMAN, Stanley, Battling Clichés, in: French Historical Studies 19 (1995) 2 S. 321–329.

–, The effects of World War II on French Society and Politics, in: Arthur MARWICK, Clive EMSLEY, Wendy SIMPSON (Hg.), Total War and Historical Change. Europe 1914–1955, Buckingham 2001, S. 177–197.

HOGAN, Michael J., PATERSON, Thomas (Hg.), Explaining the History of American Foreign Relations, Cambridge, New York 1991.

HÖHNE, Roland, Die Bedeutung der Sowjetunion für die deutsch-französischen Beziehungen 1970–1991, in: Fondation Charles de Gaulle (Hg.), Les Tiers dans les relations franco-allemandes, Paris 1996, S. 63–84.

HOLLINGWORTH, J. Rogers, Radikale Innovationen als Forschungsorganisation. Eine Annäherung, in: Österreichische Zeitschrift für Geschichtswissenschaft 11 (2000) 1 S. 31–66.

HOLM, W. A., Farbfernseh-Technik ohne Mathematik (Philips Technische Bibliothek), Eindhoven 1966.

HOLOCH, G., KAUFMANN, A., Vergleich der Eigenschaften von 3-Röhren-Farbfernsehkameras mit 3 Superorthikon bzw. Plumbikon, in: Rundfunktechnische Mitteilungen 10 (1966) 1 S. 16–23.

HOPPE, Joseph, Fernsehen als Waffe. Militär und Fernsehen in Deutschland 1935–1950, in: Museum für Verkehr und Technik Berlin (Hg.), Ich diente nur der Technik. Sieben Karrieren zwischen 1940 und 1950, Berlin 1995, S. 53–88.

HÖRNING, Karl, WINTER, Rainer (Hg.), Widerspenstige Kulturen. Cultural Studies als Herausforderung, Frankfurt a.M. 1999.

HOWARTH, Ken, Oral History: A Handbook, Sutton 1998.

HOYER, Daniela, Charles de Gaulle und die Massenmedien. Wie ein Politiker Presse und Rundfunk instrumentalisierte, Mainz 1998.

HUBBELL, Richard W., 4000 Years of Television, New York 1942.

HÜBNER, Peter (Hg.), Eliten im Sozialismus. Beiträge zur Sozialgeschichte der DDR, Köln, Weimar, Wien 1999.

–, Menschen – Macht – Maschinen. Technokratie in der DDR, in: DERS. (Hg.), Eliten im Sozialismus. Beiträge zur Sozialgeschichte der DDR, Köln, Weimar, Wien 1999, S. 325–360.

–, Durch Planung zur Improvisation. Zur Geschichte des Leitungspersonals in der staatlichen Industrie der DDR, in: Archiv für Sozialgeschichte 39 (1999) S. 197–234.

HÜCKING, Günther, Fünf Monate Farbfernsehgeräte. Eine Zwischenbilanz, in: Funk-Technik 23 (1968) 1 S. 7.

–, Schwarzweiß- und Farbfernsehen: Parallele Wege, in: Der Elektromeister 20 (1967) 13 S. 692–693.

HUGHES, Emil, Le ministère de l'information en France, in: Revue politique des idées et des institutions 17 (1955) S. 513–520.

HUGHES, Thomas P., Networks of Power: Electrification in Western Society, 1880–1930, Baltimore 1983;

–, Regional Technological Style, in: Sigvard STRAND (Hg.), Technology and its Impact on Society, Stockholm 1979, S. 212–214.

–, The Evolution of Large Technological Systems, in: BIJKER, Wiebe E., HUGHES, Thomas P., PINCH, Trevor (Hg.), The Social Construction of Technological Systems. New Directions in the Sociology and History of Technology, Cambridge, London 1987, S. 51–82.

–, Managing Complexity: Interdisciplinary Advisory Committees, in: Robert Fox (Hg.), Technological Change. Methods and Themes in the History of Technology, Amsterdam 1996, S. 229–246.

–, L'histoire comme systèmes en évolution, in: Annales. Histoire, Sciences Sociales 53 (1998) 4/5 S. 839–858.

–, HUGHES, Agatha C. (Hg.), Systems, Experts, and Computers. The Systems Approach in Management and Engineering, World War II and After, Cambridge, London 2000.

–, Human-Built World. How to Think about Technology and Culture, Chicago, London 2005.

HUNT, Michael H., Ideology, in: Michael HOGAN, Thomas PATERSON (Hg.), Explaining the History of American Foreign Relations, Cambridge 1991, S. 193–201.

HUNT, R. W. G., The Strange Journey from Retina to Brain, in: The Royal Television Society Journal 11 (1967) 10 S. 220–229.

HUSBERG, Volker, Technikgeschichte als Kulturgeschichte: Carl Graf von Klinckowstroem, in: DIETZ, Burkhard, FESSNER, Michael, MAIER, Helmut (Hg.), Technische Intelligenz und »Kulturfaktor Technik«. Kulturvorstellungen von Technikern und Ingenieuren zwischen Kaiserreich und früher Bundesrepublik Deutschland, Münster u.a. 1996, S. 133–154.

HÜSER, Dietmar, Geschichte und Politik im Frankreich des 20. Jahrhunderts. Vorstellung und Vergleich britischer, deutscher und französischer Handbücher, in: Neue politische Literatur 45 (2000) 2 S. 227–256.

–, RAPublikanische Synthese. Eine französische Zeitgeschichte populärer Musik und politischer Kultur, Köln, Weimar, Wien 2004.

HUWE, Klaus, Winogradows Abschiedsvorstellung. Frankreich erhofft Geschäft durch Farbfernsehen, in: Darmstädter Echo, 29.03.1965.

IEEE Milestones, Monochrome-Compatible, Electronic Color Television, 1946–1953, in: http://www.ieee.org/organizations/history_center/milestones_photos/colortvtech.html (Juni 2006)

IGGERS, Georg G., Geschichtstheorie zwischen postmoderner Philosophie und geschichtswissenschaftlicher Praxis, in: Geschichte und Gesellschaft 26 (2000) S. 335–346.

INGLIS, Andrew F., Behind the Tube: A History of Broadcasting Technology and Business, Boston, London 1990.

INKSTER, Ian, Science and Technology in History. An Approach to Industrial Development, London 1991.

IRIYE, Akira, Culture and International History, in: Michael HOGAN, Thomas PATERSON (Hg.), Explaining the History of American Foreign Relations, Cambridge 1991, S. 214–225.

JACKSON, Geoffrey, Concorde Diplomacy: The Ambassador's Role in the World Today, London 1981.

JAESCHKE, Fritz, HOPF, H., Empfangsbeobachtungen mit den Farbfernsehsystemen NTSC, SECAM und PAL, in: Internationale Elektronische Rundschau 18 (1964) 1 S. 35–37.

–, Europa vor der Einführung des Farbfernsehens, in: Umschau in Wissenschaft und Technik 66 (1966) 8 S. 257–261.

–, Übersicht über den Stand der Farbfernsehtechnik, in: Jahrbuch des elektrischen Fernmeldewesens 18 (1967) S. 191–223.

–, Wendt, Hartmut, Ein Transcoder zur Umsetzung von SECAM in PAL-Systemen, in: Radio Mentor (1968) 7 S. 494–498.

JARAUSCH, Konrad, Amerikanisierung und Sowjetisierung in Deutschland 1950–1970, Frankfurt a.M., New York 1997.

JARDIN, Pierre, Les Relations franco-allemandes depuis 1963, Paris 2001.

JARREN, Otfried, Medien und Kommunikation in den 50er Jahren, in: Axel SCHILDT, Arnold SYWOTTEK (Hg.), Modernisierung im Wiederaufbau. Die westdeutsche Gesellschaft der 50er Jahre, Bonn 1993, S. 433–438.

JASPERS, Karl, Vom europäischen Geist, München 1946.

JATZKOWSKI, Thomas, Die Theorie des kulturell-historischen Verstehens bei Wilhelm Dilthey und Georg Simmel, Münster 1998.

JEANNENEY, Jean-Noël, Une histoire des médias des origines à nos jours, Paris 1996.

–, Le passé dans le prétoire. L'historien, le juge et le journaliste, Paris 1998.

–, L'écho du siècle. Dictionnaire historique de la radio et de la télévision en France, Paris 1999.

JETTER, A., Fernsehfilm-Herstellung in der Praxis. Probleme und Stand der Technik, in: Kino-Technik 21 (1967) 10 S. 219–220.

JOLY, Hervé, Patrons d'Allemagne: sociologie d'une élite industrielle 1933–1989, Paris 1996.

–, Großunternehmer in Deutschland: Soziologie einer industriellen Elite (1933–1989), Leipzig 1998.

KAELBLE, Hartmut, Auf dem Weg zu einer europäischen Gesellschaft. Eine Sozialgeschichte Westeuropas 1880–1980, München 1987.

–, Die soziale Integration Europas. Annäherungen und Verflechtungen westeuropäischer Gesellschaften seit dem Zweiten Weltkrieg, in: Eckart SCHREMMER (Hg.), Wirtschaftliche und soziale Integration in historischer Sicht, VSWG Beihefte 128, Stuttgart 1996, S. 304–344.

–, Vergleichende Sozialgeschichte des 19. und 20. Jahrhunderts: Forschungen europäischer Historiker, in: Heinz-Gerhard HAUPT, Jürgen KOCKA (Hg.), Geschichte und Vergleich. Ansätze und Ergebnisse international vergleichender Geschichtsschreibung, Frankfurt a.M., New York 1996, S. 91–130.

–, KOCKA, Jürgen, SIEGRIST, Hannes (Hg.), Europäische Konsumgeschichte. Zur Gesellschafts- und Kulturgeschichte des Konsums (18.-20. Jahrhundert), Frankfurt a.M., New York 1997.

–, SCHRIEWER, Jürgen (Hg.), Diskurse und Entwicklungspfade. Der Gesellschaftsvergleich in den Geschichts- und Sozialwissenschaften, Frankfurt a. M., New York 1999.

–, Der historische Vergleich. Eine Einführung zum 19. und 20. Jahrhundert, Frankfurt a. M., New York 1999.

KAHIN, Brian, ABBATE, Janet (Hg.), Standards Policy for Information Infrastructure, Cambridge, London 1995.

KAHLENBERG, Friedrich P., Die sozialgeschichtlichen Erkenntnisinteressen der Rundfunkgeschichte, in: Mitteilungen des Studienkreises Rundfunk und Geschichte 3 (1977) 3 S. 12–14.

KAIN, Florian, Das Privatfernsehen, der Axel Springer Verlag und die deutsche Presse. Die medienpolitische Debatte in den sechziger Jahren, Münster u. a. 2003.

KAISER, Rudolf, Farbtüchtige Fernseh-Übertragungswege der DBP, in: Der Ingenieur der Deutschen Bundespost 16 (1967) 3 S. 92–98.

KAISER, Walter, Die PAL-SECAM-Farbfernseh-Kontroverse, in: Helmut ALBRECHT (Hg.), Naturwissenschaft und Technik in der Geschichte. 25 Jahre Lehrstuhl für Geschichte der Naturwissenschaften und Technik am Historischen Institut der Universität Stuttgart, Bassum 1993, S. 143–160.

–, La controverse sur les procédés de télévision en couleur PAL et SECAM, in: Les Cahiers, Téléphone, Télécommunications, Histoire et Société 3 (1996) S. 81–99.

–, Von der Nachrichtenübermittlung zur Telekommunikation, in: Hans-Joachim BRAUN, Walter KAISER, Energiewirtschaft, Automatisierung, Information, Propyläen Technikgeschichte, Bd. 5, Berlin 1997, S. 392–409.

KAROLUS, August, Farbfernsehen, in: Zeitschrift für angewandte Physik 4 (1952) 8 S. 300–320.

–, Entwicklungsgeschichte der Fernsehtechnik, in: Technische Mitteilungen der PTT 43 (1965) S. 410–418.

KAROLUS, Hildegard, August Karolus: ein Fernsehpionier. Die Anfänge des Fernsehens in Deutschland in Briefen, Dokumenten und Veröffentlichungen aus seiner Zusammenarbeit mit der Telefunken GmbH, Berlin 1923–1930, Berlin 1994.

KATZENSTEIN, Peter J., Introduction, in: DERS. (Hg.), The Culture of National Security. Norms and Identity in World Politics, New York 1996, S. 1–32.

KELLER, Friedrich, Um ein technisch einheitliches Farbfernsehsystem in Europa. Die Entscheidungen sind ebenso schwierig wie dringend, in: Berichte und Informationen des österreichischen Forschungsinstituts für Wirtschaft und Politik 18 (1963) 843 S. 13–14.

KELLER, Wilhelm, Hundert Jahre Fernsehen 1883–1983, Berlin, Offenbach 1983.

KENNETH, Owen, Concorde and the Americans: International Politics of the Supersonic Transport, Washington 1997.

KESSLER, Frank, La Cinématographie comme dispositif (du) spectaculaire, in: Cinémas 14 (2003) S. 21–34.

–, Notes on Dispositif, http://www.let.uu.nl/~Frank.Kessler/personal/notes%20on%20dispositif.PDF (Juni 2006)

KETTERER, Ralf, Funken. Wellen. Radio. Zur Einführung eines technischen Konsumartikels durch die deutsche Rundfunkindustrie 1923–1939, Berlin 2003.

KILIAN, Werner, Die Hallstein-Doktrin. Der diplomatische Krieg zwischen der BRD und der DDR 1955–1973, Berlin 2001.

KING, Gordon J., Beginner's Guide to Colour Television, London 1973.

KINNE, Erich, Farbfernsehen für den Praktiker, Heidelberg 1967.

KIRCHNER, Ulrich, Das Airbus-Projekt (1965–1990). Genese, Eigendynamik und Etablierung am Markt, in: Johannes WEYER, Ulrich KIRCHNER, Lars RIEDL, Johannes K. SCHMIDT (Hg.), Technik, die Gesellschaft schafft. Soziale Netzwerke als Ort der Technikgenese, Berlin 1997, S. 101–146

–, Geschichte des bundesdeutschen Verkehrsflugzeugbaus: der lange Weg zum Airbus, Frankfurt a.M. 1998.

KISSELOFF, Jeff, The Box: An Oral History of Television, 1920–1961, New York 1995.

KLAASSEN, Klaas, Die Wiedereinführung des Fernsehens beim Nordwestdeutschen Rundfunk 1948–1955. Zur Beziehung von Fernsehtechnik und Programmgestaltung, unveröffentlichte Magisterarbeit Univ. Hamburg 1997.

KLEINSTEUBER, Hans-Joachim, MCQUAIL, Denis, SIUNE, Karen (Hg.), Electronic Media and Politics in Western Europe. Euromedia Research Group Handbook of National Systems, Frankfurt a.M. 1986.

–, Hörfunk und Populärkultur in den USA der 50er Jahre, in: Axel SCHILDT, Arnold SYWOTTEK (Hg.), Modernisierung im Wiederaufbau. Die westdeutsche Gesellschaft der 50er Jahre, Bonn 1993, S. 513–532.

–, Mediensysteme in vergleichender Perspektive. Zur Anwendung komparativer Ansätze in der Medienwissenschaft. Probleme und Beispiele, in: Rundfunk und Fernsehen 41 (1993) 2 S. 317–338.

–, HDTV-Politik, in: Rundfunk und Fernsehen (1994) S. 5–23.

–, Regulierung des Rundfunks in den USA. Zur Kontrolle wirtschaftlicher Macht am Beispiel der FCC, in: Rundfunk und Fernsehen 44 (1996) 1 S. 27–50.

KLESSMANN, Christoph, Zwei Staaten, eine Nation. Deutsche Geschichte 1955–1970, Bonn 1988.

–, Die doppelte Staatsgründung. Deutsche Geschichte 1945–1955, Bonn 1991.

KLUMP, Rainer, Wirtschaftsgeschichte der Bundesrepublik Deutschland. Zur Kritik neuerer wirtschaftspolitischer Interpretationen aus ordnungspolitischer Sicht, Wiesbaden 1985.

KNORR-CETINA, Karin, Die Fabrikation von Erkenntnis. Zur Anthropologie der Naturwissenschaft, Frankfurt a.M. 1991.

KOBELT, C., Farbfernsehen in der Schweiz, in: Funk-Technik 23 (1968) 6 S. 188.

KOCH, Ursula, 70 Jahre »Rundfunk an alle«. Meilensteine der deutschen Hörfunkgeschichte, in: KOCH, Ursula E., SCHRÖTER, Detlef, ALBERT, Pierre (Hg.), Hörfunk in Deutschland und Frankreich. La radio en France et en Allemagne, München 1996, S. 49–72.

KOCKA, Jürgen, Historische Komparatistik in Deutschland, in: Heinz-Gerhard HAUPT, Jürgen KOCKA (Hg.), Geschichte und Vergleich. Ansätze und Ergebnisse international vergleichender Geschichtsschreibung, Frankfurt a.M., New York 1996, S. 47–60.

KÖHLER, R., DDR-Farbfernsehen will SECAM-System verwenden, in: Film-Technikum 20 (1969) 4 S. 106–109.

KOLODZIEJ, Edward A., French International Policy under de Gaulle and Pompidou: The Politics of Grandeur, Ithaca u.a. 1974.

KÖNIG, Wolfgang, Technik, Macht und Markt. Eine Kritik der sozialwissenschaftlichen Technikgeneseforschung, in: Technikgeschichte 60 (1993) 3 S. 243–266.

–, Künstler und Strichezieher. Konstruktions- und Technikkulturen im deutschen, britischen, amerikanischen und französischen Maschinenbau zwischen 1850 und 1930, Frankfurt a.M. 1999.

–, Geschichte der Konsumgesellschaft, Stuttgart 2000.

KONRAD, Wilfried, Politik als Technologieentwicklung. Europäische Liberalisierungs- und Integrationsstrategien im Telekommunikationssektor, Frankfurt a.M., New York 1997.

KOOPMANN, Martin, Das schwierige Bündnis. Die deutsch-französischen Beziehungen und die Außenpolitik der Bundesrepublik Deutschland, 1958–1965, Baden-Baden 2000.

KORDES, Walter, Hans POLMANN, Das Presse- und Informationsamt der Bundesregierung, Düsseldorf [9]1985.

KOSZYK, Kurt, Presse und Pressekonzentration in den 50er Jahren, in: Axel SCHILDT, Wolfgang SYWOTTEK (Hg.), Modernisierung im Wiederaufbau. Die westdeutsche Gesellschaft der 50er Jahre, Bonn 1998, S. 439–457.

KOUBEK, M., RPA ein »neutrales« Farbfernsehsystem für Europa?, in: Radioschau, Radio-Elektronikschau 16 (1966) 3 S. 138–142.

–, Zwanzig Jahre kompatibles Farbfernsehen. Der Stand der Farbfernsehtechnik Rückblick und Ausblick, in: Radioschau, Radio-Elektronikschau 16 (1966) 4 S. 204–211.

KRACAUER, Siegfried, Geschichte – Vor den letzten Dingen, Frankfurt a.M. 1971.

KRAUSS, Gerhard, Forschung im unitarischen Staat. Abhängigkeit und Autonomie der staatlich finanzierten Forschung in Frankreich, Frankfurt a.M., New York 1996.

KREUZER, Helmut, SCHANZE, Helmut (Hg.), Fernsehen in der Bundesrepublik Deutschland: Perioden, Zäsuren, Epochen, Heidelberg 1991.

–, THOMSON, Christian W. (Hg.), Geschichte des Fernsehens in der Bundesrepublik Deutschland, 5 Bände, München 1993/94.

KROES, Rob, If You've Seen One, You've Seen Them All. Europeans and American Mass Culture, Urbana 1996.

KROLL, Günther, Farbfernsehen leicht verständlich, Hamburg 1967.

KUBLER, Thierry, LEMIEUX, Emmanuel, Cognacq-Jay 1940. La télévision française sous l'occupation, Paris 1990.

KÜCHLER, Falk, Die Wirtschaft der DDR: Wirtschaftspolitik und industrielle Rahmenbedingungen 1949 bis 1989, Berlin 1997.

KUISEL, Richard F., Vichy et les origines de la planification économique 1940–1946, in: Le mouvement social 98 (1977) S. 77–102.

–, Seducing the French. The Dilemma of Americanization, Berkeley 1993.

–, American Historians in Search of France: Perceptions and Misperceptions, in: French Historical Studies 19 (1995) 2 S. 307–319.

KÜPPER, Willi, ORTMANN, Günter (Hg.), Mikropolitik. Rationalität, Macht und Spiele in Organisationen, Opladen 1992.

KÜPPERS, Heinrich, Adenauer und Altmeier im Fernsehstreit 1958–1961, in: Vierteljahreshefte für Zeitgeschichte 35 (1987) S. 625–659.

LACHENBRUCH, D., Color Television 1965–1975, in: Radio Electronics 37 (1966) 1 S. 33, 94.

LACKNER, Helmut, Identität durch Technik? Der Beitrag der technischen Denkmäler, in: Klaus PLITZNER (Hg.), Technik-Politik-Identität. Funktionalisierung von Technik für die Ausbildung regionaler, sozialer und nationaler Selbstbilder in Österreich, Stuttgart 1995, S. 171–188.

LACOUTURE, Jean, De Gaulle, Paris 1969.

LACROIX-RIZ, Annie, Crédits américains et coopération (1949–1954), in: Patrick FRIDENSON, André STRAUS (Hg.), Le capitalisme français (XIXe–XXe siècle). Blocages et dynamismes d'une croissance, Paris 1987, S. 327–352.

LAFON, Benoît, La télévision régionale. Socio-histoire d'un dispositif d'intégration nationale. Le cas des journaux télévisés Midi-Pyrénéens (1963–2000), unveröffentlichte Diss. Univ. Toulouse 2000.

LAFRANCE, Vincent A., The United States Television Receiver Industry: United States versus Japan, 1960–1980, unveröffentlichte Diss. Pennsylvania State University 1985.

LAHANN, G., SCHADWINKEL, G., Das erste fest ausgerüstete Farbfernseh-Produktionsstudio des Norddeutschen Rundfunks, in: Rundfunktechnische Mitteilungen 11 (1967) 6 S. 294–303.

LAMIZET, Bernard, Histoire des médias audiovisuels, Lonrai 1999.

LAMONT, Michèle, National Identity and National Boundary Patterns in France and the United States, in: French Historical Studies 19 (1995) 2 S. 349–365.

LAMPE, Gerhard, Panorama, Report und Monitor. Geschichte der politischen Fernsehmagazine 1957–1990, Konstanz 2000.

LANDBECK, Hanne, Medienkultur im nationalen Vergleich. Inszenierungsstrategien von Fernsehnachrichten am Beispiel der Bundesrepublik Deutschland und Frankreichs, Tübingen 1991.

Lang, Heinwig, 40 Jahre Farbfernsehen nach dem Prinzip der konstanten Luminanz, in: Fernseh- und Kino-Technik 49 (1995) 1–2 S. 35–41.

Lappenküper, Ulrich, »Ich bin wirklich ein guter Europäer«. Ludwig Erhards Europapolitik 1949–1966, in: Francia 18 (1991) S. 85–121.

–, Neue Quellen und Forschungen zu den deutsch-französischen Beziehungen zwischen »Erbfeindschaft« und »Entente élémentaire« (1944–1963) und ihren internationalen Rahmenbedingungen, in: Francia 24 (1997) 3 S. 133–151.

–, Die deutsch-französischen Beziehungen 1949–1963. Von der »Erbfeindschaft» zur «Entente élémentaire«, 2 Bde., München, Stuttgart 2001.

Latil, Pierre de, Emissions en couleurs avec le procédé SECAM pour les postes adaptés, in: Le Figaro, 20.1.1965.

–, TV-Couleurs: La division technique de l'Europe est irrémédiable, in: Le Figaro, 18.7.1966.

Latour, Bruno, Woolgar, Steve, Laboratory Life. The Construction of Scientific Facts, Princeton 1986;

–, Nous n'avons jamais été modernes. Essai d'anthropologie symétrique, Paris 1994.

–, When things strike back: a possible contribution of ›science studies‹ to the social sciences, in: British Journal of Sociology 51 (2000) 1 S. 107–123.

–, Die Hoffnung der Pandora. Untersuchungen zur Wirklichkeit der Wissenschaft, Frankfurt a.M. 2002.

–, Reassembling the Social: An Introduction to Actor-Network-Theory, New York u.a. 2005.

Law, Harold B., The shadow mask color picture tube. How it began. An eyewitness account of its early history, in: IEEE transactions on electronic devices 23 (1976) 7 S. 752–759.

Le Bolloc'h-Puges, Chantal, La Politique industrielle française dans l'électronique: de l'émergence de l'industrie à la fin de la décennie quatre-vingt, Paris 1991.

Le Duc, Don R., The FCC: A theory of regulator reflex action, in: Laurence Litchy (Hg.), American Broadcast. A Source Book on the History of Radio and Television, New York 1976, S. 631–642.

Leblond, Laurent, Frankreich und Deutschland seit 1945. Chronik einer besonderen Beziehung, Leipzig 1999.

Ledos, Jean-Jacques, Cognacq-Jay ou la seconde naissance de la télévision, in: Les Cahiers du Comité d'histoire de la télévision (mars 1996) 2 S. 41–56.

–, Les étapes de la télévision en couleur, des origines au projet européen, in: Les Cahiers du Comité d'histoire de la télévision (juin 1999) 4 S. 32–54.

Lehmkuhl, Ursula, Entscheidungsprozesse in der internationalen Geschichte: Möglichkeiten und Grenzen einer kulturwissenschaftlichen Fundierung außenpolitischer Entscheidungsmodelle, in: Wilfried Loth, Jürgen Osterhammel (Hg.), Internationale Geschichte. Themen, Ergebnisse, Aussichten, München 2000, S. 187–207.

–, Diplomatiegeschichte als internationale Kulturgeschichte: Theoretische Ansätze und empirische Forschung zwischen Historischer Kulturwissenschaft und Soziologischem Institutionalismus, in: Geschichte und Gesellschaft 27 (2001) 3 S. 394–423.

Lenk, Carsten, Das Dispositiv als theoretisches Paradigma der Medienforschung. Überlegungen zu einer integrativen Nutzungsgeschichte des Rundfunks, in: Mitteilungen des Studienkreises Rundfunk und Geschichte 22 (1996) 1 S. 5–17.

–, Die Erscheinung des Rundfunks. Einführung und Nutzung eines neuen Mediums 1923–1932, Opladen 1997.

Léon, Jean-Claude, Output Effects of Government Spending: The Case of France, unveröffentlichte Diss. George Washington Univ. 1987.

Lerg, Winfried B., Zur Entstehung des Fernsehens in Deutschland, in: Rundfunk und Fernsehen 15 (1967) 4 S. 349–375.

–, Rundfunkgeschichte als Kommunikationsgeschichte. Überlegungen zur Heuristik der Rundfunkforschung, in: Mitteilungen des Studienkreises Rundfunk und Geschichte 3 (1977) 3 S. 18–22.

LE ROY, François, The Elusive Pursuit of Grandeur and Independance: Mirage Diplomacy, French Foreign Policy and International Affairs, 1958–1970, unveröffentlichte Diss. University of Kentucky 1997.

LÉVY, Marie-Françoise (Hg.), Television, Family and Society in France 1949–1968, in: Historical Journal of Film, Radio and Television 18 (1998) S. 199–212.

–, La Télévision dans la République. Les années 50, Paris 1999.

–, La création des télé-clubs. L'expérience de l'Aisne, in: DIES., La télévision dans la République. Les années 50, Paris 1999, S. 107–132.

LÉVY-STRAUSS, Claude, Das wilde Denken, Frankfurt a.M. 1994.

LIMANN, Otto, Das Ziel der europäischen Farbfernsehnorm. Erste Farbfernsehtagung in der Öffentlichkeit, in: Funkschau 36 (1964) 14 S. 373–374.

LINDLAR, Ludger, Das mißverstandene Wirtschaftswunder: Westdeutschland und die westeuropäische Nachkriegsprosperität, Tübingen 1997.

LITCHY, Lawrence W., TOPPING, Malachi C. (Hg.), American Broadcast. A Source Book on the History of Radio and Television, New York 1976.

LITCHY, Lawrence W., Members of the Federal Radio Commission and the Federal Communications Commission 1927–1961, in: DERS, Malachi C. TOPPING (Hg.), American Broadcast. A Source Book on the History of Radio and Television, New York 1976, S. 612–621.

–, The impact of FRC and FCC Commissioners' Backrounds on the Regulation of Broadcasting, in: DERS, Malachi C. TOPPING (Hg.), American Broadcast. A Source Book on the History of Radio and Television, New York 1976, S. 621–631.

LORENTZ, Bernhard, Industrieelite und Wirtschaftspolitik 1928–1950. Heinrich Dräger und das Drägerwerk, Paderborn 2001.

LORENZ, Chris, You got your history, I got mine. Some reflections on truth and objectivity in history, in: Österreichische Zeitschrift für Geschichtswissenschaft 10 (1999) S. 563–584.

LÖSCH, Andreas, SCHRAGE, Dominik, SPREEN, Dierk, STAUFF, Markus, Technologien als Diskurse – Einleitung, in: DIES. (Hg.), Technologien als Diskurse. Konstruktionen von Wissen, Medien und Körpern, Heidelberg 2001, S. 7–20.

LOTH, Wilfried, PICHT, Robert (Hg.), De Gaulle, Deutschland und Europa, Opladen 1991.

LOTH, Wilfried, De Gaulle und Europa eine Revision, in: Historische Zeitschrift 253 (1991) S. 629–660.

–, Der Durchbruch zur Dynamisierung: Die französische Gesellschaft in den 50er Jahren, in: Axel SCHILDT, Arnold SYWOTTEK (Hg.), Modernisierung im Wiederaufbau. Die westdeutsche Gesellschaft der 50er Jahre, Bonn 1993, S. 69–79.

–, Geschichte Frankreichs im 20. Jahrhundert, Frankfurt a.M. 1995.

–, Der Weg nach Europa, Göttingen 1996.

LOUIS, Roger, L'ORTF un combat, Paris 1968.

LOW, Morris F., The Japan That Can Say No: The Rise of Techno-Nationalism and its Impact on Technological Change, in: Robert Fox (Hg.), Technological Change. Methods and Themes in the History of Technology, Amsterdam 1996, S. 201–214.

LUCAS, Hans-Dieter, Europa vom Atlantik bis zum Ural? Europapolitik und Europadenken im Frankreich der Ära de Gaulle (1958–1969), Bonn, Berlin 1992.

LUDES, Peter, Visualisierung als Teilprozeß der Modernisierung der Moderne, in: Knut HICKETHIER (Hg.), Geschichte des Fernsehens in der Bundesrepublik Deutschland, Bd. 1: Institution, Technik und Programm. Rahmenaspekte der Programmgeschichte des Fernsehens, München 1993, S. 353–370.

LÜDTKE, Alf, MARSSOLEK, Inge, VON SALDERN, Adelheid (Hg.), Amerikanisierung. Traum und Alptraum im Deutschland des 20. Jahrhunderts, Stuttgart 1996.

LUGER, Kurt, Jugendkultur und Kulturindustrien im Österreich der 50er Jahre, in: Axel SCHILDT, Arnold SYWOTTEK (Hg.), Modernisierung im Wiederaufbau. Die westdeutsche Gesellschaft der 50er Jahre, Bonn 1993, S. 493–512.

MAASE, Kaspar, Bravo Amerika. Erkundungen zur Jugendkultur in der Bundesrepublik in den fünfziger Jahren, Hamburg 1992.

MACLAURIN, Rupert W., Invention and Innovation in the Radio Industry, New York 1971.

MACH, Christoph, Im Westen angekommen. Ideengeschichtliche Forschungen zur frühen Bundesrepublik, in: Historische Zeitschrift 272 (2001) H. 1 S. 107–114.

MACKAY, A. D., DAWIDZIUK, B. M., PRESTON, H. F., Wirtschaftliche, betriebliche und technische Gesichtspunkte moderner weltweiter Nachrichtensysteme, in: Elektrisches Nachrichtenwesen 43 (1968) 2 S. 177–189.

MAGRAW, Roger, »Not backward but different?« The debate on French »economic retardation«, in: Martin S. ALEXANDER (Hg.), French History since Napoleon, London 1999, S. 336–363.

MAILLARD, Pierre, De Gaulle und Deutschland: der unvollendete Traum, Bonn, Berlin 1991.

–, La politique de Général de Gaulle à l'égard de l'Allemagne (1945–1969) Continuité et discontinuité, in: Joseph JURT (Hg.), Von der Besatzungszeit zur deutsch-französischen Kooperation, Freiburg 1993, S. 50–60.

MAJER, Helge, Die »Technologische Lücke« zwischen der Bundesrepublik Deutschland und den Vereinigten Staaten von Amerika, Tübingen 1973.

MANIER, Jacques, »La meilleure image du monde...«, in: Bulletin du Comité d'histoire de la télévision 24 (juin 1992) S. 26f.

MANSKE, Fred, Facharbeiter und Ingenieure im »deutschen Produktionsmodell«: Nationale Technikstile und die internationale Konkurrenzfähigkeit reifer Industrieländer, in: WSI-Mitteilungen. Zeitschrift des Wirtschafts- und Sozialwissenschaftlichen Instituts des Deutschen Gewerkschaftsbundes 47 (1994) 7 S. 415–424.

MARCEL, H., Télévision sans passeport! Adaption des téléviseurs aux différets standards, in: Télévision (1963) 137 S. 227–230.

MARCHETTI, Xavier, Le SECAM ne fait pas l'Europe, in: L'Express, 25. juillet 1966, S. 15f.

MARCOWITZ, Reiner, Option für Paris? Unionsparteien, SPD und Charles de Gaulle 1958–1969, München 1996.

–, La classe politique allemande face à la politique nucléaire du Général de Gaulle, in: Revue d'histoire diplomatique (1997) 111 S. 153–163.

MARK, Vera, Questions for French Cultural Studies, in: French Historical Studies 19 (1995) 2 S. 433–449.

MARSCHALL, Rick, The History of Television, Twickenham 1986.

MARSEILLE, Jacques (Hg.), Puissance et faiblesses de la France industrielle XIXe–XXe siècle, Paris 1997.

MARSHALL, B., Chateauvallon: Ideology and Television in 1980's France, in: French Cultural Studies 1 (1990) S. 129–148.

MARSSOLEK, Inge, SALDERN, Adelheid von (Hg.), Radiozeiten. Herrschaft, Alltag, Gesellschaft (1924–1960), Potsdam 1999.

MARSSOLEK, Inge, Radio in Deutschland 1923–1960. Zur Sozialgeschichte eines Mediums, in: Geschichte und Gesellschaft 27 (2001) 2 S. 207–239.

–, Vertraute Töne und Unerhörtes. Radio und Gedächtnis im Nachkriegsdeutschland, in: Elisabeth DOMANSKY, Harald WELZER (Hg.), Eine offene Geschichte. Zur kommunikativen Tradierung der nationalsozialistischen Vergangenheit, Tübingen 1999, S. 145–172.

MATURANA, Humberto (Hg.), Erkennen. Die Organisation und Verkörperung von Wirklichkeit, Braunschweig 1982.

–, Was ist Erkennen?, München 1994.

MAURICE, Marc, SELLIER, François, SILVESTRE, Jean-Jacques, The Social Foundations of Industrial Power. A Comparision of France and Germany, Cambridge Mass., London 1986.

MAYER, Norbert, Experimente zum Farbfernsehen, in: Rundfunktechnische Mitteilungen 2 (1958) S. 75–85.

–, Farbfernsehübertragung mit gleichzeitiger Frequenz- und Amplitudenmodulation des Farbträgers (FAM-Verfahren), in: Rundfunktechnische Mitteilungen 4 (1960) S. 238–252.

–, Untersuchung eines Farbfernsehverfahrens mit gleichzeitiger Frequenz- und Amplitudenmodulation eines im Frequenzbereich des Leuchtdiodensignals liegenden Farbträgers (FAM-Verfahren), in: Rundfunktechnische Mitteilungen 6 (1962) S. 125–143.

–, Farbfernsehversuchssendungen in der Bundesrepublik Deutschland, in: Rundfunktechnische Mitteilungen 7 (1963) S. 64–65.

–, Vergleich zwischen dem Farbfernsehübertragungsverfahren NTSC und seinen Varianten PAL und FAM, in: Rundfunktechnische Mitteilungen 7 (1963) S. 83–95.

–, The Possibilities of NTSC Colour Transmission with Additional Reference Transmission, in: The Television Society Journal 11 (1965) 3 S. 68–73.

–, Technik des Farbfernsehens in Theorie und Praxis – NTSC, PAL, SECAM, Berlin 1967.

–, HOLOCH, Gerhard, MÖLL, Gerhard: Farbfernsehsignal-Aufzeichungen nach dem FAM-Verfahren mit einfachen Magnetbändern, in: Rundfunktechnische Mitteilungen 13 (1969) 4 S. 159–169.

MAYNTZ, Renate, HUGHES, Thomas P. (Hg.), The Development of Large Technological Systems, Frankfurt a.M. u.a. 1988.

MAYR, Otto, Uhrwerk und Waage. Autorität, Freiheit und technische Systeme in der frühen Neuzeit, München 1983.

MCARTHUR, John, SCOTT, Bruce R., L'industrie française face aux plans: Harvard ausculte la France, Industrial Planning in France, Paris 1970.

MCPHAIL, Thomas L., Electronic Colonialism. The Future of International Broadcasting and Communication, Newbury Park u.a. 1986.

MELOT, M., Culture and Information Technology in France, in: French Cultural Studies 1 (1990) S. 173–182.

MENDE, Erich, Das Spannungsfeld zwischen der Deutschlandpolitik und der Europapolitik, in: Klaus MANFRASS (Hg.), Frankreich und die Bundesrepublik Deutschland. Kultur, Wirtschaft und Politik seit 1949, Sigmaringen 1984, S. 187–191.

MERCIER, Claude, Les mutations de la télévision française 1964–1968, in: Bulletin du Comité d'histoire de la télévision (1987) S. 3–34.

MERGEL, Thomas, WELSKOPP, Thomas (Hg.), Geschichte zwischen Kultur und Gesellschaft. Beiträge zur Theoriedebatte, München 1997.

MERGEL, Thomas, Geht es weiterhin voran? Die Modernisierungstheorie auf dem Wege zu einer Theorie der Moderne, in: DERS., Thomas WELSKOPP (Hg.), Geschichte zwischen Kultur und Gesellschaft. Beiträge zur Theoriedebatte, München 1997, S. 203–232.

–, Kulturgeschichte die neue »große Erzählung«? Wissenssoziologische Bemerkungen zur Konzeptionalisierung historischer Wirklichkeit in der Geschichtswissenschaft, in: Wolfgang HARDTWIG, Hans-Ulrich WEHLER (Hg.), Kulturgeschichte heute, Göttingen 1996, S. 41–77.

–, Überlegungen zu einer Kulturgeschichte der Politik, in: Geschichte und Gesellschaft 28 (2002) S. 574–606.

MERTEN, Klaus, SCHMIDT, Siegfried J., WEISCHENBERG, Siegfried (Hg.), Die Wirklichkeit der Medien. Eine Einführung in die Kommunikationswissenschaft, Opladen 1994.

MERTEN, Klaus, Evolution der Kommunkation, in: Klaus MERTEN, Siegfried J. SCHMIDT, Siegfried WEISCHENBERG (Hg.), Die Wirklichkeit der Medien. Eine Einführung in die Kommunikationswissenschaft, Opladen 1994, S. 141–162.

METZLER, Gabriele, Von Wundern und Krisen. Wirtschaft und Gesellschaft der Bundesrepublik seit 1949, in: Eckart CONZE, Gabriele METZLER (Hg.), 50 Jahre Bundesrepublik Deutschland. Daten und Diskussionen, Stuttgart 1999, S. 167–185.

METZLER, Ronald I., Color-TV Sets and U.S.-Japanese Relations: Problems of Trade-Adjustement Policymaking, in: Orbis Philadelphia 23 (1979) 2 S. 421–446.

MEYER, Torsten, Zwischen Ideologie und Wissenschaft. »Technik und Kultur« im Werk Werner Sombarts, in: Burkhard DIETZ, Michael FESSNER, Helmut MAIER (Hg.), Technische Intelligenz und »Kulturfaktor Technik«. Kulturvorstellungen von Technikern und Ingenieuren zwischen Kaiserreich und früher Bundesrepublik Deutschland, Münster u. a. 1996, S. 67–86.

MEYER, Werner, Die Lage der deutschen Rundfunk- und Fernsehgeräteindustrie, in: Technische Rundschau 59 (1967) 36 S. 3–5.

MIARD-DELACROIX, Hélène, HUDEMANN, Rainer (Hg.), Wandel und Integration. Die Pariser Verträge von 1954 im Prozeß der deutsch-französischen Annäherung der Nachkriegszeit, München 2005.

MICHEL, Hervé, Les grandes dates de la télévision française, Paris 1995.

MIELANTS, Hans, MIELANTS, Eric, The importance of simulation as a mode of analysis. Theoretical and practical implications and considerations, in: Revue belge d'histoire contemporaine 27 (1997) 3/4 S. 293–322.

MIKOLETZKY, Juliane, Der »österreichische Techniker«. Standespolitik und nationale Identität österreichischer Ingenieure 1850–1950, in: Klaus PLITZNER (Hg.), Technik-Politik-Identität. Funktionalisierung von Technik für die Ausbildung regionaler, sozialer und nationaler Selbstbilder in Österreich, Stuttgart 1995, S. 111–124.

MILZA, Pierre, Mentalités collectives et relations internationales, in: Relations internationales (1984) 41 S. 93–109.

–, Les Relations internationales 1945–1973, Paris 1996.

MIQUEL, Pierre, Histoire de la radio et de la télévision, Paris 1984.

MÖLL, G., KAUFMANN, A., HÖGEL, G., HOLOCH, G.: Die Farbfernsehaufnahmeneinrichtungen, in: Rundfunktechnische Mitteilungen 10 (1966) 6 S. 285–303.

MORELL, A. M., Colour Television Picture Tubes, London 1974.

MORLEY, David, ROBINS, Kevin, Spaces of Identity. Global Media, Electronic Landscapes and Cultural Boundaries, London, New York 1995.

MORTON, David L., A History of Electronic Entertainment since 1945, IEEE History Center, New Jersey 1999.

MOUNIER-KUHN, Pierre, History of computing in France, New York u. a. 1989.

–, La compagnie des machines Bull et l'industrie informatique américaine: compétition et coopération, in: Hans POHL (Hg.), Competition and Cooperation of Enterprises on National and International Markets (19th-20th century), Stuttgart 1997, S. 87–103.

MOUSSEAU, Jacques, Le Général de Gaulle et la bataille du SECAM, in: Les Cahiers du Comité d'histoire de la télévision (juin 1999) 4 S. 28–32.

MRSSZEK, Rudolf, »Let Us Become Radio Mechanics«: Technology and National Identity, in: Comparative studies in society and history 3 (1997) 1 S. 3–33.

MÜHLFRIEDEL, Wolfgang, Zur technischen Entwicklung in der Industrie der DDR in den 50er Jahren, in: Axel SCHILDT, Arnold SYWOTTEK (Hg.), Modernisierung im Wiederaufbau. Die westdeutsche Gesellschaft der 50er Jahre, Bonn 1993, S. 155–169.

MULLER, Pierre, Le Technocrate et le Paysan, Paris 1984.

–, Airbus, l'ambition européenne: logique d'Etat, logique de marché, Paris 1989.

MÜLLER, J., KIRCHSTEIN, F., SCHMIDT, K. O., Die Bemühungen der CCIR um eine europäische Norm für das farbige Fernsehen, in: Nachrichtentechnische Zeitschrift 10 (1957) 1 S. 20–27.

MÜLLER, Johannes, Die Fernsehleitungen der Deutschen Bundespost. Fernsehtechnische Anforderungen und Übertragungseigenschaften, in: Jahrbuch des elektrischen Fernmeldewesens 11 (1959) S. 9–68.

–, WENGENROTH, G., Über die Wahrnehmbarkeit von nichtlinearen Verzerrungen in Farbfernsehbildern nach beim NTSC-Verfahren, in: Nachrichtentechnische Zeitschrift (1961) 8 S. 393.

–, BERNATH, K., CAPPUCCINI, F.: Farbfernseh-Versuchsübertragungen auf einer internationalen Fernsehweitverbindung zwischen Darmstadt, Bern und Rom, in: NTZ 15 (1962) 4 S. 161–166.

–, Farbfernsehen, in: Zeitschrift für Post- und Fernmeldewesen 20 (1965) S. 759–762.

–, Die Einführung des Farbfernsehens in Deutschland, in: Technische Rundschau 59 (1967) 36 S. 2–3.

–, Die internationalen Bemühungen um eine europäische Farbfernsehnorm, in: Jahrbuch des elektrischen Fernmeldewesens 18 (1967) S. 224–252.

–, Zwischen Kamera und Bildschirm. Technische Gegenwartsprobleme bei der Übertragung von Farbfernsehsendungen, in: Elektrotechnik 50 (1968) 24 S. 381–383.

MÜLLER, Johannes Georg, Staats- und Parteieneinfluß auf die Rundfunkanstalten in Frankreich und Deutschland. Eine vergleichende Analyse, Frankfurt a. M., Bern, New York 1987.

MÜLLER, Karl H., Wie Neues entsteht, in: Österreichische Zeitschrift für Geschichtswissenschaft 11 (2000) 1 S. 87–128.

MÜLLER, Klaus, BAECHLER, Dieter (Hg.), Dritte in den deutsch-französischen Beziehungen, München 1996.

MÜNCH, Richard, Dialektik der Kommunikationsgesellschaft, Frankfurt a. M. 1991.

MURRAY, Bruce A., WICKHAM, Christopher J. (Hg.), Framing the Past. The Historiography of German Cinema and Television, Illinois 1992.

MUSNER, Lutz, Kultur als Textur des Sozialen. Essays zum Stand der Kulturwissenschaften, Wien 2004.

N.N., All PALs Together, in: The Economist 218 (1966) S. 628–629.

N.N., Auf der Suche nach Europas Farbfernsehnorm, in: VDI-Nachrichten 20 (1965) 2 S. 7.

N.N., Aussichten auf das Farbfernsehen. Eine interessante Aussage der Bavaria in München, in: Film-Technikum 17 (1966) 5 S. 154–156.

N.N., Colour TV in the doldrums, in: Wireless World 63 (1957) S. 205.

N.N., Colour Television: The ITA view, in: The Television Society Journal 11 (1966) 7 S. 160.

N.N., Das Fernsehen bekennt Farbe. Ein Jahrhundertgeschenk der modernen Elektronik, in: Technische Rundschau 59 (1967) 36 S. 5, S. 7.

N.N., De Gaulles Fernseh-Allianz, in: Die ZEIT, 26. 3. 1965.

N.N., De Gaulle, homme de télévision, in: Bulletin du Comité d'histoire de la télévision (1992) 24 S. 3–25.

N.N., Der Mensch und die Technik: Fernsehrundfunktechnik, in: Süddeutsche Zeitung, 24. 8. 1967.

N.N., Die Fernsehentwicklung in der UdSSR. Beschleunigte Ausnutzung der Kosmonautik für die Fernseh-Versorgung, in: Fernseh-Informationen 18 (1967) 32 S. 643 f.

N.N., Die Schlacht um das bunte Bild, in: Darmstädter Echo, 20. 2. 1965.

N.N., Die Schlacht um die Farbe. PAL und SECAM im Angriff Krieg der Fernsehsysteme, in: Darmstädter Echo, 17. 10. 1969, S. 21.

N.N., Die wirtschaftliche Entwicklung der Rundfunk- und Fernsehgeräteindustrie 1969/70, in: Funk-Technik 25 (1970) 18 S. 700.

N.N., Die Überwindung der Farbfernseh-»Vorhänge«, in: Frankfurter Allgemeine Zeitung, 15. 9. 1967.

N.N., Ein Wirtschaftswunder hat zwei Seiten!, in: Radio und Fernsehen 22 (1956) S. 669.

N.N., Europe votes, but isn't ready for color television, in: Electronics 27. 6. 1966 S. 23.

N.N., Fachlehrgang Farbfernsehen, in: Graetz-Nachrichten 21. März 1966, S. 41 f.

N.N., Farbfernsehen in Europa, in: Ausbau 18 (1965) S. 42–44.

N.N., Farbfernsehen in Frankreich, in: Funk-Technik 23 (1968) 5 S. 154.
N.N., Farbfernsehentscheidung für Europa, in: Die Umschau in Wissenschaft und Technik 66 (1966) 20 S. 681–682.
N.N., Flashes sur la TV couleurs, in: Radio & Television 149 (1964) S. 318.
N.N., Flashes sur la TV couleurs, in: Radio & Télévision 150 (1965) S. 13.
N.N., Fortschritt in der Farbfernsehentwicklung. Fernseh-GmbH bietet komplette Studioausrüstung nach dem PAL-Verfahren an, in: Film-Technikum 17 (1966) 7 S. 196.
N.N., Have you Colour TV?, in: The Economist, 8.7.1967.
N.N., Internationales Fernsehsymposion in Montreux in der Zeit vom 24–28. Mai 1965, in: Rundfunktechnische Mitteilungen 9 (1965) 4 S. 230–231.
N.N., Kleine Zeittafel zum Thema Farbfernsehen, in: Technische Rundschau 59 (1967) 36 S. 7.
N.N., Komplette Farbfernsehstudios aus deutscher Fertigung, in: Kino-Technik 20 (1966) 8 S. 189–192.
N.N., La bataille du SECAM, in: Les Cahiers du Comité d'histoire de la télévision (juin 1999) 4 S. 5–21.
N.N., Moving towards the dawn of Colour Television, in: The Illustrated London News 247 (1965) S. 36–37.
N.N., Naissance et développement de l'Eurovision, in: Les Cahiers du Comité d'histoire de la télévision (avril 1995) 1 S. 35–48.
N.N., New entry in Europe's color-TV race, in: International Electronics (october 1963) S. 75–76.
N.N., Noch viele Probleme des europäischen Farbfernsehens, in: Film-Technikum 17 (1966) S. 62–63.
N.N., Nouvelle ligne à retard pour le SECAM, in: Télévision (1963) 133 S. 127.
N.N., Nouvelle platine décodeuse SECAM, in: Radio & Télévision (1965) 158 S. 294, S. 300.
N.N., PAL/SECAM-Farbfernseh-Tischgerät »teleton«, in: Funk-Technik 25 (1970) 12 S. 446.
N.N., Popularization of science and technology on the radio, in: Radio & Television (1963) 2 S. 18–25.
N.N., Probleme um das Farbfernsehen, in: Film-Technikum 17 (1966) 8 S. 217.
N.N., Retirement of Sir Harold Bishop, in: The Television Society Journal 10 (1963) 5 S. 161.
N.N., Rund 13,6 Millionen Fernsehteilnehmer in der Bundesrepublik, in: Fernseh-Informationen 18 (1967) 32 S. 635–636.
N.N., Schwerpunkte und Tendenzen bei der Rundfunk- und Fernsehentwicklung, in: Funk-Technik 25 (1970) 12 S. 441–444.
N.N., Stand der Farbfernsehforschung, in: Frequenz 19 (1965) 9 S. 326.
N.N., Tagung der Untergruppe für Farbfernsehnormen der Studienkommission XI des CCIR in London, in: Rundfunktechnische Mitteilungen 8 (1964) 2 S. 118.
N.N., Technik und Entwicklungstendenzen bei Farbfernsehempfängern, in: Funk-Technik 23 (1968) 24 S. 942.
N.N., The »Pilkington Report«, in: The Television Society Journal 10 (1962) 3 S. 87.
N.N., Farbfernsehen: Geregelter Geschmack, in: Der Spiegel 19 (1965) 12 S. 131–134.
N.N., Japan: Color TV for Taiwan?, in: Far Eastern Economic Review 31 (1961) 4 S. 177.
N.N., SECAM IV ne t'ouvre pas, ou: comment on avait planqué l'autocar, in: Le Canard Enchaîné, 20.7.1966.
N.N., Staatlicher Vorschuß für SECAM, in: Handelsblatt, 15.7.1966.
N.N., Une réunion d'experts s'ouvre demain à Paris sur la TV Couleur, in: Les Echos 20.1.1965, S. 2.
N.N., The Activities of the Projects Committee and of the Working Party on Colour Television, in: N.E.C. Review 3 (1967) 1 S. 6–11.
N.N., Umfangreiche Farbfernsehversuche in Deutschland, in: Elektrotechnischer Anzeiger 81 (1964) S. 214–215.

N.N., Un troisième système de TV en couleurs: PAL, in: Télévision (1963) 137 S. 238–239.

N.N., Verzögerungsleitung »SDL 141« für Farbfernsehempfänger, in: Funk-Technik 25 (1970) 24 S. 960.

N.N., Vom NTSC-Farbfernsehsystem zum PAL-Verfahren, einer Variante mit Farbtonstabilisierung, in: Funk-Technik 20 (1965) 5 S. 157–160.

N.N., Vor Wien, in: funkschau elektronik express, 20.3.1965.

N.N., Vor der Endrunde um die europäische Farbfernseh-Normung: Die Situation vor der Tagung in Oslo, in: radio-fernseh-händler (1966) 6 S. 196.

N.N., Wer kauft Farbfernsehgeräte?, in: Fernseh-Informationen 18 (1967) 32 S. 629.

N.N., Zum Stand des Farbfernsehens in Europa, in: Elektro-Welt 10 (1965) S. 68–69.

N.N., Zur europäischen Farbfernsehnorm, in: Funk-Technik 20 (1965) 5 S. 155.

N.N., Zwei Farbfernseh-Systeme für Europa: keine Einigung auf der Konferenz in Oslo, in: Hörfunk und Fernsehen (August 1966) S. 15.

N.N., Zwei Lager im Farbfernsehstreit, in: Zeitungs-Verlag und Zeitschriften-Verlag (1965) 16/17 S. 651.

NAU, Henry R., National Politics and International Technology. Nuclear Reactor Development in Western Europe, Baltimore 1974.

–, Technology Transfer and U.S. Foreign Policy, New York, London 1976.

NEL, Noël, Les dispositifs télévisuels, in: Jérôme BOURDON, François JOST (Hg.), Penser la télévision. Actes du colloque de Cérisy, S. 59–74.

NESTEL, Werner: Einige Zukunftsaspekte der Nachrichten- und Informationstechnik, in: Funk-Technik 25 (1970) 1 S. 7–8.

NEUMANN, Wolfgang, UTERWEDDE, Hernik, Industriepolitik. Ein deutsch-französischer Vergleich, Leverkusen 1986.

–, Industrie- und Technologiepolitik in Frankreich und in der Bundesrepublik seit 1945, in: Yves COHEN, Klaus MANFRASS (Hg.), Frankreich und Deutschland. Forschung, Technologie und industrielle Entwicklung im 19. und 20. Jahrhundert, München 1990, S. 433–449.

NIEDER, Babette, TGV und ICE im Spannungsfeld von Politik, Verwaltung und Industrie (1968–1991). Ein deutsch-französischer Vergleich, Herne 1997.

NITSCHKE, August, Naturwissenschaftliche Erklärungen innerhalb der Kulturgeschichte, in: Wolfgang HARDTWIG, Hans-Ulrich WEHLER (Hg.), Kulturgeschichte heute, Göttingen 1996, S. 316–333.

NORMAN, Bruce, Here's Looking at You. The Story of British Television, 1908–1939, London 1984.

NÜTZENADEL, Alexander, Abschied vom »Sonderweg«. Neuere Forschungen zur Wirtschafts- und Sozialgeschichte der Bundesrepublik, in: Neue Politische Literatur (2002) 2 S. 277–299.

OEXLE, Otto Gerhard, Geschichte als historische Kulturwissenschaft, in: Wolfgang HARDTWIG, Hans-Ulrich WEHLER (Hg.), Kulturgeschichte Heute, Göttingen 1996, S. 14–40.

– (Hg.), Naturwissenschaft, Geisteswissenschaft, Kulturwissenschaft: Einheit, Gegensatz, Komplementarität, Göttingen 1998.

OLIVESI, Stéphane, Histoire politique de la télévision, Paris 1998.

OSBORNE, B. W., Colour Television Reception and Decoding Technique, London 1968.

OSIETZKI, Maria, Das symbolische Kapital der Technik: Ein kulturhistorischer Blick auf die Elektrifizierung, in: Burkhard DIETZ, Michael FESSNER, Helmut MAIER (Hg.), Technische Intelligenz und »Kulturfaktor Technik«. Kulturvorstellungen von Technikern und Ingenieuren zwischen Kaiserreich und früher Bundesrepublik Deutschland, Münster u.a. 1996, S. 87–104.

OSTERHELD, Horst, Außenpolitik unter Bundeskanzler Ludwig Erhard 1963–1966, Bonn 1992.

OUDIN, Michel, Les débuts de la télévision en couleur, in: Bulletin du Comité d'histoire de la télévision (juin 1985) S. 13–28.

OWEN, Geoffrey, The American Invasion in Colour TV, in: Financial Times, 9.8.1966, S. 11.

Owen, Kenneth, Concorde and the Americans: International Politics of the Supersonic Transport, Washington 1997.

Pabst, Wilfried, Das Jahrhundert der deutsch-französischen Konfrontation. Ein Quellen- und Arbeitsbuch zur deutsch-französischen Geschichte von 1866 bis heute, Hannover 1983.

Pannett, William Edward, Dictionary of Radio and Television, London 1967.

Patchett, Gerald Norman, Colour Television, With a Particular Reference to the PAL System, London 1974.

Pateau, Jacques, Une étrange alchimie. La dimension interculturelle dans la coopération franco-allemande, Levallois-Perret 1998.

Pawley, E. L., Die Arbeiten der UER auf technischem Gebiet, in: Rundfunktechnische Mitteilungen 2 (1958) S. 246–249.

Peden, George, Modernisierung in den 50er Jahren: Die britische Erfahrung, in: Axel Schildt, Arnold Sywottek (Hg.), Modernisierung im Wiederaufbau. Die westdeutsche Gesellschaft der 50er Jahre, Bonn 1993, S. 47–68.

Pelkmans, Jacques, Beuter, Rita, Standardization and Competitiveness: Private and Public Strategies in the EC Colour TV Industry, Paper for the INSEAD Symposium »Product Standardization as a Tool of Competitive Strategy«, 9.-10. Juni 1986, Maastricht 1986.

Pells, Richard, Not Like Us. How Europeans Have Loved, Hated, and Transformed American Culture since World War II, New York 1997.

Perks, Robert, Thomson, Alistair (Hg.), The Oral History Reader, London, New York 1998.

Perry, Sheila, Thirty Years of French Political Television, in: Historical Journal of Film, Radio and Television 18 (1998) S. 213–230.

Peters, Hans-Rudolf, Grundlagen der Mesoökonomie und Strukturpolitik, Bern, Stuttgart 1981.

Pethes, Nicolas, »Don't talk back« oder Fernsehdemokratie? Die Selbstbeschreibung der Gesellschaft im Fernsehdiskurs der frühen Bundesrepublik, in: Irmela Schneider, Peter M. Spangenberg (Hg.), Medienkultur der 50er Jahre, Wiesbaden 2002, S. 213–226.

Peyrefitte, Alain, Le Mal français, Paris 1976.

–, Was wird aus Frankreich?, Berlin, Frankfurt a. M. 1978.

–, C'était de Gaulle, Bd. 2: La France reprend sa place dans le monde, Paris 1994.

–, Du »miracle« en économie. Leçons au Collège de France, Paris 1995.

Pfaffenberger, Bryan, Technological Dramas, in: Science, Technology & Human Values 17 (1992) 3 S. 282–312.

Pfeil, Ulrich, Die »anderen« deutsch-französischen Beziehungen: Die DDR und Frankreich 1949–1999, Weimar u. a. 2004.

–, Von der Politisierung eines technischen Wettstreits in den deutsch-französischen Beziehungen: Die PAL-SECAM-Kontroverse, in: Revue d'Allemagne et des pays de langue allemande 37 (2005) 1 S. 45–64.

Picht, Robert (Hg.), Das Bündnis im Bündnis. Deutsch-französische Beziehungen im internationalen Spannungsfeld, Berlin 1982.

Pierenkemper, Toni, Wirtschaftsgeschichte: Eine Einführung – oder: wie wir reich wurden, München, Wien 2005.

Pinch, Trevor, The Social Construction of Technology: A Review, in: Robert Fox (Hg.), Technological Change. Methods and Themes in the History of Technology, Amsterdam 1996, S. 17–37.

Pirker, Theo (Hg.), Der Plan als Befehl und Fiktion. Wirtschaftsführung in der DDR. Gespräche und Analysen, Opladen 1995.

Plettner, Bernhard, Abenteuer Elektrotechnik. Siemens und die Entwicklung der Elektrotechnik seit 1945, München 1994.

Plitzner, Klaus (Hg.), Technik. Politik. Identität. Funktionalisierung von Technik für die Ausbildung regionaler, sozialer und nationaler Selbstbilder in Österreich, Stuttgart 1995.

POHLE, Heinz, Wollen und Wirklichkeit des deutschen Fernsehens bis 1943, in: Hans-Bredow Institut (Hg.), Rundfunk und Fernsehen 1948–1989: Ausgewählte Beiträge der Medien- und Kommunikationswissenschaft aus 40 Jahrgängen der Zeitschrift »Rundfunk und Fernsehen«, Baden-Baden 1990, S. 85–101.

POIGER, Uta, Jazz, Rock, and Rebels. Cold War Politics and American Culture in a Divided Germany, Berkeley, Los Angeles, London 2000.

POINSIGNON, Jacques, Fernsehsender Paris, in: Bulletin du Comité d'histoire de la télévision (1990) S. 31–62.

POIRRIER, Philippe, Société et culture en France depuis 1945, Paris 1998.

POLLARD, Sidney, The Integration of the European Economy since 1815, London 1984.

POLLOCK, Della (Hg.), Exceptional Spaces. Essays in Performance and History, Chapel Hill 1998

PORCHÉ, Wladimir, Fiat Lux: 12 mars 1946. Directeur de la R.D.F., bataille autour du 819 lignes, in: Bulletin du Comité d'histoire de la télévision (décembre 1984 – janvier 1985) 11 S. 3–69.

POWELL, E. R., The TGV-Project: A case of technico-economic dirigism?, in: Modern and Contemporary France (1997) 5 S. 199–214.

PRATSCH, D., Fernsehgerätetypen und ihre Varianten der Jahre 1960–1969, in: Radio, Fernsehen, Elektronik 18 (1969) 10 S. 307–310.

PRESSLER, Hans, Fernsehen in natürlichen Farben, in: Mitteilungen aus der Forschungsstelle der Deutschen Reichspost 27 (1938) H. 4 S. 137–141.

–, Entwicklung des Farbfernsehens in Deutschland, in: Fernmeldetechnische Zeitschrift 1 (1948) 5 S. 99–102.

–, Farbfernseh-Erinnerungen, in: Rundfunktechnische Mitteilungen 17 (1973) 5 S. 205–213.

PRICE, Monroe E., Television, the Public Sphere and National Identity, Oxford, New York 1995.

PRITCHARD, Sarah, Reconstructing the Rhône: The Politics of Nature and Nation in Contemporary France (1945–1997), in: French Historical Studies 27 (2004) 4 S. 765–800.

PROCHASSON, Christophe, Introduction à l'histoire de la France au XXe siècle, Paris 2000.

PROST, Antoine, Douze leçons sur l'histoire, Paris 1996.

PROTT, Jürgen, Ökonomie und Organisation der Medien, in: Klaus MERTEN, Siegfried J. SCHMIDT, Siegfried WEISCHENBERG (Hg.), Die Wirklichkeit der Medien. Eine Einführung in die Kommunikationswissenschaft, Opladen 1994, S. 481–505.

PRUDENT, Rolf, Preiskampf unter dem Regenbogen. Hohe Anlaufkosten der Hersteller für den »Goldenen Schuß« in Farbe, in: Christ und Welt 20 (1967) 34 S. 13.

PURSELL, Caroll, Technik und politische Verfassung im 20. Jahrhundert, in: Technikgeschichte 58 (1991) 1 S. 41–49.

RADIO et TÉLÉVISION de la BELGIQUE FRANCOPHONE (RTBF) (Hg.), Nouveau l'histoire de la radio télévision en Belgique, Bruxelles 1986.

RADKAU, Joachim Technik in Deutschland. Vom 18. Jahrhundert bis zur Gegenwart, Frankfurt a. M. 1989.

–, »Wirtschaftswunder« ohne technologische Innovation? Technische Modernität in den 50er Jahren, in: Axel SCHILDT, Arnold SYWOTTEK (Hg.), Modernisierung im Wiederaufbau. Die westdeutsche Gesellschaft der 50er Jahre, Bonn 1993, S. 129–154.

–, Techniksteuerung und historische Erfahrung, in: Herbert KUBICEK, Peter SEEGER (Hg.), Perspektive Techniksteuerung. Interdisziplinäre Sichtweisen eines Schlüsselproblems entwickelter Industriegesellschaften, Berlin 1993, S. 181–191.

–, Nationalsozialismus und Modernisierung, in: Hans-Ulrich WEHLER (Hg.), Scheidewege der deutschen Geschichte. Von der Reformation bis zur Wende 1617–1989, München 1995, S. 183–197.

RAPHAEL, Lutz, Die Verwissenschaftlichung des Sozialen als methodische und konzeptionelle Herausforderung für eine Sozialgeschichte des 20. Jahrhunderts, in: Geschichte und Gesellschaft 22 (1996) S. 165–193.

–, Diskurse, Lebenswelten und Felder. Implizite Vorannahmen über das soziale Handeln von Kulturproduzenten im 19. und 20. Jahrhundert, in: Wolfgang HARDTWIG, Hans-Ulrich WEHLER (Hg.), Kulturgeschichte heute, Göttingen 1996, S. 165–181.

–, Über die Beziehungen zwischen Geschichte und Soziologie in Frankreich und Deutschland. Pierre Bourdieu im Gespräch mit Lutz Raphael, in: Geschichte und Gesellschaft 22 (1996) S. 62–89.

RAPPOLD, A., Europäische Farbfernsehnormen das PAL-System, in: Elektrisches Nachrichtenwesen 43 (1968) 1 S. 47–52.

RAULFF, Ulrich, Ein Historiker im 20. Jahrhundert: Marc Bloch, Frankfurt a. M. 1995.

–, Von der Privatbibliothek des Gelehrten zum Forschungsinstitut: Aby Warburg, Ernst Cassirer und die neue Kulturwissenschaft, in: Geschichte und Gesellschaft 23 (1997) 1 S. 28–43.

–, Der unsichtbare Augenblick. Zeitkonzepte in der Geschichte, Göttingen 1999.

RAUTENFELD, Friedrich von, Zweites internationales Fernsehsymposion in Montreux in der Zeit vom 30. April bis 4. Mai 1962, in: Rundfunktechnische Mitteilungen 6 (1962) S. 220f.

REED, Christopher Ronald Glynne, Principles of Colour Television Systems, London 1969.

REHBERG, Karl-Siegbert, Institutionenwandel und die Funktionsveränderung des Symbolischen, in: Leviathan Sonderheft 16 (1996) S. 94–118.

REHKOPF, C. H., DONOFRIO, R. L., Der Einfluß von Schichtdicke und Teilchengröße des Phosphor-Schirmbelages auf die Bildhelligkeit von Farbfernsehbildröhren, in: Funk-Technik 25 (1970) 20 S. 783.

REICH, Donald D., Der Wiederaufbau des deutschen Rundfunks unter der Militärregierung, in: Hans-Bredow-Institut (Hg.), Rundfunk und Fernsehen 1948–1989: Ausgewählte Beiträge der Medien- und Kommunikationswissenschaft aus 40 Jahrgängen der Zeitschrift »Rundfunk und Fernsehen«, Baden-Baden 1990, S. 102–114.

REICHARDT, Sven, Bourdieu für Historiker? Ein kultursoziologisches Angebot an die Sozialgeschichte, in: Thomas MERGEL, Thomas WELSKOPP (Hg.), Geschichte zwischen Kultur und Gesellschaft. Beiträge zur Theoriedebatte, München 1997, S. 71–94.

REICHEL, W., Auf dem Wege zur europäischen Fernsehnorm, in: Elektrotechnik 3 (1949) 6 S. 177–182.

REIMERS, Karl-Friedrich, HACKL, Christiane, SCHERER, Brigitte (Hg.), Unser Jahrhundert in Film und Fernsehen. Beiträge zur zeitgeschichtlichen Film- und Fernsehdokumentation, München 1995.

RÉMOND, René, NEUSCHWADER, Claude, Le rôle politique de la télévision, Paris 1963.

–, Frankreich im 20. Jahrhundert, Bd. 2: 1958 bis zur Gegenwart, Stuttgart 1995.

RENOUVIN, Pierre, DUROSELLE, Jean-Baptiste, Introduction à l'histoire des relations internationales, Paris 1991.

REVEL, Jacques, Die Wiederkehr des Ereignisses: ein historiographischer Streifzug, in: Andreas SUTER, Manfred HETTLING (Hg.), Struktur und Ereignis, Göttingen 2001, S. 158–174.

REYNAUD, Henri, L'évolution de la télévision en France et en Allemagne. Divergences et convergences, Paris 1976.

RHODE, Heinz, SECAM bahnt den Weg zur Farbe, in: Urania 28 (1965) 11 S. 906–913.

RIEDEL, Heide, Fernsehen Von der Vision zum Programm, Berlin 1985.

–, BRUCH, Walter, PAL – Das Farbfernsehen, Berlin 1987.

–, 70 Jahre Funkausstellung. Politik, Wirtschaft, Programm, Berlin 1994.

RIEGEL, O. W., Communications by Satellite: The Political Barriers, in: Quarter Review of Economics and Business 11 (1971) 4 S. 23–36.

RIESCHEL, Hans-Peter, Die Farbe als künstlerisches Ausdrucksmittel im Fernsehen, in: Technische Rundschau 59 (1967) 36 S. 1–2.

RINCÉ, Jean-Yves, Le Minitel, Paris 1994.

RINDFLEISCH, Hans, Ton- und Fernsehrundfunk auf der CCIR-Konferenz in Los Angeles, in: Rundfunktechnische Mitteilungen 3 (1959) S. 242–244.

–, Der gegenwärtige Ausbau des Fernsehrundfunks im In- und Ausland, in: Rundfunktechnische Mitteilungen 3 (1959) S. 219–227.

–, Zwischentagung der Studienkommission XI des CCIR über europäische Fernsehnormen in den Bereichen IV und V in Genf vom 27. bis 30. September 1960, in: Rundfunktechnische Mitteilungen 3 (1959) S. 276.

–, CCIR Expertentagung in Cannes in der Zeit vom 28. Februar bis 17. März 1961, in: Rundfunktechnische Mitteilungen, 5 (1961), S. 93.

–, Europäische Rundfunkkonferenz Stockholm (26.5.–22.6.1961), in: Rundfunktechnische Mitteilungen 5 (1961) S. 204–205.

–, Farbfernseh-Tagung der UER in London in der Zeit vom 19. bis 21. November 1962, in: Rundfunktechnische Mitteilungen 6 (1962) S. 264.

–, Zwischentagung des CCIR in Bad Kreuznach in der Zeit vom 13. bis 29. Juni 1962, in: Rundfunktechnische Mitteilungen 6 (1962) S. 219.

–, Tagung der Technischen Kommission der UER in Sevilla in der Zeit vom 5. bis 9. April 1962, in: Rundfunktechnische Mitteilungen 6 (1962) S. 124.

–, Tagung der ad-hoc Gruppe Farbfernsehen der UER in Hannover vom 3. bis 5. Januar 1963, in: Rundfunktechnische Mitteilungen 7 (1963) 3 S. 65.

–, Die UER in ihrer Bedeutung für die europäische Fernsehtechnik, in: Rundfunktechnische Mitteilungen 8 (1964) 6 S. 309–315.

–, Tagung der Technischen Kommission der UER in Hamburg in der Zeit vom 6. bis 10. April 1964, in: Rundfunktechnische Mitteilungen 8 (1964) 3 S. 183.

–, Tagung der Studiengruppe X und XI des CCIR in Wien in der Zeit vom 25. März bis 7. April 1965, in: Rundfunktechnische Mitteilungen 9 (1965) 3 S. 183–184.

–, Tagung der Technischen Kommission der UER in Lugano in der Zeit vom 20. bis 23. April 1965, in: Rundfunktechnische Mitteilungen 9 (1965) 3 S. 184.

–, Vorbereitungen für das Farbfernsehen. Symposion der UER in der Zeit vom 5. bis 8. Februar 1968, in: Rundfunktechnische Mitteilungen 12 (1968) 3 S. 144.

–, Die 21. Tagung der Technischen Kommission der UER, Wien, 14. bis 18. April 1969, in: Rundfunktechnische Mitteilungen 13 (1969) 3 S. 136.

–, Werner Nestel 65 Jahre alt, in: Rundfunktechnische Mitteilungen 13 (1969) 5 S. 256.

–, Rundfunktechnik in Deutschland von 1948–1973, in: Rundfunktechnische Mitteilungen 17 (1973) 5 S. 209–213.

–, Technik im Rundfunk. Ein Stück deutscher Rundfunkgeschichte von den Anfängen bis zum Beginn der achtziger Jahre, Norderstedt 1985.

RIOUX, Jean-Pierre, Préface, in: Jean BOUVIER, François BLOCH-LAINÉ: La France restaurée, 1944–1954, Paris 1986.

ROBERTS, Graham, TAYLOR, Philip M. (Hg.), The Historian, Television, and Television History: A Collection, Luton 2001.

ROBERTSON, Angus, From Television to Home Computer, the Future of Consumer Electronics, Poole 1979.

ROBINSON, John P., Television and Leisure Time: Yesterday, Today and (maybe) Tomorrow, in: Public Opinion Quarterly 33 (1969) 2 S. 210–222.

ROE SMITH, Merritt, MARX, Leo (Hg.), Does Technology Drive History? The Dilemma of Technological Determinism, Cambridge Mass., London 1998.

ROGER, Philippe, Rêves et cauchemars américains: Les Etats-Unis au miroir de l'opinion publique française (1945–1953), Paris 1996

ROGERS, Susan Carol, Shaping Modern Times in Rural France: The Transformation and Reproduction of an Aveyronnais Community, Princeton 1991.

ROHBECK, Johannes, Technik – Kultur – Geschichte. Eine Rehabilitierung der Geschichtsphilosophie, Frankfurt a.M. 2000.

ROIZEN, Joseph, Television in Eastern Europe and the Soviet Union, in: The Television Society Journal 11 (1965) 6 S. 136–141.

–, Universal color television: an electronic fantasia, in: IEEE spectrum (march 1967) S. 112–114.

RONZHEIMER, Stephen (Hg.), A History of Consumer Electronics Commemorating a Century of Electrical Progress, 1884–1984, New York 1984.

ROSANVALLON, Pierre, Der Staat in Frankreich. Von 1798 bis heute, Münster 2000.

ROTH, W., Mit Optimismus und Aktivität ins zweite Farbfernsehjahr. »Farbfernsehen müßte man haben«, in: Funk-Technik 23 (1968) 18 S. 685.

ROUGET, Jacques, Schwierige Nachbarschaft am Rhein. Frankreich Deutschland, Bonn 1998.

ROUSSEL, Eric, Jean Monnet (1888–1979), Paris 1996.

ROUSSO, Henry (Hg.), De Monnet à Massé. Enjeux politiques et objectifs économiques dans le cadre des quatre premiers plans 1946–1965, Paris 1986.

– (Hg.), La planification en crises (1965–1985), Paris 1988.

–, L'économie, pénurie et modernisation, in: Jean-Pierre AZÉMA. François BÉDARIDA (Hg.), La France des années noires, Bd.1, De la défaite à Vichy, Paris 2000, S. 441–453.

RTBF (Hg.), Nouveau l'histoire de la radio télévision en Belgique, Bruxelles 1986.

RÜDEN, Peter von, WAGNER, Hans Ulrich (Hg.), Die Geschichte des Nordwestdeutschen Rundfunks. Hamburg 2005

RUPPERT, Wolfgang (Hg.), Fahrrad, Auto, Fernsehschrank. Zur Kulturgeschichte der Alltagsdinge, Frankfurt a.M. 1993.

RUYTER, W., Farbfernsehen in den Niederlanden, in: Funk-Technik 23 (1968) 10 S. 380.

SAGER, Peter, Die technologische Lücke zwischen Ost und West, Bern 1971.

SALON, Albert, L'action culturelle de la France dans le monde, Paris 1983.

SARETZKI, Thomas, Wie unterscheiden sich argumentieren und verhandeln? Definitionsprobleme, funktionale Bezüge und strukturelle Differenzen von zwei verschiedenen Kommunikationsmodi, in: Volker VON PRITTWITZ (Hg.), Verhandeln und Argumentieren. Dialog, Interessen und Macht in der Umweltpolitik, Opladen 1996, S. 19–40.

SCANNELL, Paddy, David CARDIFF, A Social History of British Broadcasting. Bd.1: Serving the Nation (1922–1939), Oxford 1991.

–, Radio, Television and Modern Life. A Phenomenological Approach, London 1996.

SCANLON, Joseph T., Viewer Perceptions on Colour and Black and White TV: An Experiment, in: Journalism Quarterly 47 (1970) 2 S. 366–368.

SCHÄFFER, N.N., Neutraler Techniker?, in: radio fernsehen elektronik 23 (1974) S. 11.

SCHANZE, Helmut (Hg.), Handbuch der Mediengeschichte, Stuttgart 2001.

SCHATZKIN, Paul, The Boy Who Invented Television. A Story of Inspiration, Persistance and Quiet Passion, Silver Spring 2002.

SCHERER, Joachim (Hg.), Nationale und europäische Perspektiven der Telekommunikation, Baden-Baden 1987.

SCHILDT, Axel, SYWOTTEK, Arnold (Hg.), Modernisierung im Wiederaufbau. Die westdeutsche Gesellschaft der 50er Jahre, Bonn 1993.

–, Der Beginn des Fernsehzeitalters: Ein neues Massenmedium setzt sich durch, in: Axel SCHILDT, Arnold SYWOTTEK (Hg.), Modernisierung im Wiederaufbau. Die westdeutsche Gesellschaft der 50er Jahre, Bonn 1993, S. 477–492.

–, Hegemon der häuslichen Freiheit: Rundfunk in den 50er Jahren, in: Axel SCHILDT, Arnold SYWOTTEK (Hg.), Modernisierung im Wiederaufbau. Die westdeutsche Gesellschaft der 50er Jahre, Bonn 1993, S. 458–476.

–, Zur Historisierung der massenmedialen Revolution, in: Archiv für Sozialgeschichte 36 (1996) S. 443–458.

–, Ankunft im Westen. Ein Essay zur Erfolgsgeschichte der Bundesrepublik, Frankfurt a. M. 1999.

–, Von der Aufklärung zum Fernsehzeitalter. Neue Literatur zu Öffentlichkeit und Medien, in: Archiv für Sozialgeschichte 40 (2000) S. 487–509.

–, Das Jahrhundert der Massenmedien. Ansichten zu einer künftigen Geschichte der Öffentlichkeit, in: Geschichte und Gesellschaft 27 (2001) 2 S. 177–206.

–, SIEGFRIED, Detlef, LAMMERS, Karl Christian (Hg.), Dynamische Zeiten. Die 60er Jahre in beiden deutschen Gesellschaften, Hamburg 2000.

SCHIMANK, Uwe, Organisationssoziologie, in: Harald KERBER, Arnold SCHMIEDER (Hg.), Spezielle Soziologien. Problemfelder, Forschungsbereiche, Anwendungsorientierungen, Reinbek bei Hamburg 1994, S. 240–254.

SCHLUMBOHM, Jürgen, Mikrogeschichte – Makrogeschichte: Zur Eröffnung einer Debatte, in: DERS. (Hg.), Mikrogeschichte – Makrogeschichte. Komplementär oder inkommensurabel?, Göttingen 1998, S. 7–32.

SCHMALFUSS, Jörg, Das Unternehmensarchiv und die Produktsammlung der AEG im Deutschen Technikmuseum Berlin, in: Archiv und Wirtschaft 32 (1999) 3 S. 109–121.

SCHMIDT, Karl Otto, Einige Betrachtungen zur Schaffung neuer Fernsehbereiche, in: Jahrbuch des elektrischen Fernmeldewesens 11 (1959) S. 69–100.

SCHMIDT, Siegfried J., SPIESS, Brigitte, Die Kommerzialisierung der Kommunikation. Fernsehwerbung und sozialer Wandel 1956–1989, Frankfurt a. M. 1996.

SCHMIDT, Susanne K., WERLE, Raymund, Coordinating Technology. Studies in the International Standardization of Telecommunications, Cambridge, London 1998.

SCHMIDTKE, Michael A., Like a Rolling Stone. Die 68er Jahre zwischen Konsumrausch, Civil Society und »postmodernem« Kulturverständnis, in: Vorgänge. Zeitschrift für Bürgerrechte und Gesellschaftspolitik 40 (2001) 2 S. 51–59.

SCHNEIDER, Reinhard, Fernsehen in einer technisierten Welt, in: Rundfunktechnische Mitteilungen 8 (1964) 6 S. 316–322.

SCHNEIDER, Volker, Technikentwicklung zwischen Politik und Markt: Der Fall Bildschirmtext, Frankfurt a. M., New York 1989.

SCHNICK, M., SECAM-PAL-Konverter mit automatischer Umschaltung, in: Funk-Technik 29 (1974) 1 S. 9–11.

SCHÖNFELDER, Helmut Verzerrungen durch System- und Übertragungsfehler beim Farbfernsehen nach dem NTSC-Verfahren, in: Rundfunktechnische Mitteilungen 4 (1960) S. 158–172.

–, Die Farbsynchronisierung beim NTSC-Verfahren, in: Archiv der elektrischen Übertragung 18 (1964) 6 S. 355–370.

–, Fernsehtechnik im Wandel. Technologische Fortschritte verändern die Fernsehwelt, Berlin, Heidelberg, New York 1996.

SCHÖLLGEN, Gregor, Die Außenpolitik der Bundesrepublik Deutschland. Von den Anfängen bis zur Gegenwart, München 1999.

SCHORB, Bernd, Freizeit, Fernsehen und neue Medien 1960–1990, in: Archiv für Sozialgeschichte 33 (1993) S. 425–468.

SCHÖRKEN, Karl (Hg.), Sender, Hörfunk, Fernsehen. Zur Technik-Geschichte des Südwestfunks 1945–1975, Berlin 1981.

SCHÖTTLER, Peter, VEIT, Patrice, WERNER, Michael (Hg.), Plurales Deutschland – Allemagne Plurielle (Festschrift für Étienne François), Göttingen 1999.

SCHRÖTER, Harm G., Perspektiven der Forschung: Amerikanisierung und Sowjetisierung als Interpretationsmuster der Integration in beiden Teilen Deutschlands, in: Eckart SCHREMMER (Hg.), Wirtschaftliche und soziale Integration in historischer Sicht, VSWG Beihefte 128, Stuttgart 1996, S. 259–289.

–, Konsumpolitik und »soziale Marktwirtschaft«. Die Koexistenz liberalisierter und regulierter Verbrauchsgütermärkte in der Bundesrepublik der 1950er Jahre, in: Hartmut BERGHOFF (Hg.), Konsumpolitik. Die Regulierung des privaten Verbrauchs im 20. Jahrhundert, Göttingen 1999, S. 113–133.

SCHRÖTER, Fritz (Hg.), Fernsehen. Die neuere Entwicklung insbesondere der deutschen Fernsehtechnik, Berlin 1937.

–, Fritz SCHILGEN, Technik ist kein Geheimnis – der Blick hinter den Bildschirm, Teil 1: Fernsehgeschichte, in: Archivdienst der Telefunken GmbH, 15. August 1959, 27 Seiten.

SCHUBERT, Klaus, Zwischen politischen Visionen und Realpolitik: De Gaulle und seine Nation, in: Politische Vierteljahresschrift 32 (1991) 1 S. 56–70.

SCHUKER, Stephen A. (Hg.), Deutschland und Frankreich. Vom Konflikt zur Aussöhnung. Die Gestaltung der westeuropäischen Sicherheit, München 2000. SCHULZ-SCHAEFFER, Ingo, Akteur-Netzwerk-Theorie. Zur Koevolution von Gesellschaft, Natur und Technik, in: Johannes WEYER (Hg.), Soziale Netzwerke. Konzepte und Methoden der sozialwissenschaftlichen Netzwerkforschung, München, Wien 2000, S. 187–210.

SCHUNCK, Peter, Charles de Gaulle: ein Leben für Frankreichs Größe, Berlin 1998.

SCHWARTZ, Erich, Farbfernsehen. Geschichtliches, augenblicklicher Stand, Tendenzen der Weiterentwicklung, in: Technische Hausmitteilungen des NWDR 6 (1954) 5/6 S. 105–126.

–, Übersicht über die verschiedenen Farbfernsehsysteme, in: Archiv der elektronischen Übertragung 9 (1955) 11 S. 487–504.

–, Die Analogiefrequenz für den Farbhilfsträger bei einer Übernahm des NTSC-Verfahrens in die CCIR-Norm mit 625 Zeilen, in: Rundfunktechnische Mitteilungen 1 (1957) 5 S. 191–195.

–, Internationales Kolloquium über Farbfernsehen vom 2. bis 6. Juli 1957 in Paris, in: Rundfunktechnische Mitteilungen 1 (1957) S. 205.

–, RINDFLEISCH, Hans, Neunte Jahrestagung der Fernsehtechnischen Gesellschaft in Aachen vom 25. bis 29. September 1961, in: Rundfunktechnische Mitteilungen 5 (1961) S. 323–324.

–, Zusammenfassender Bericht über die wichtigsten Fernseharbeiten des In- und Auslandes in den Jahren 1960 und 1961, in: Rundfunktechnische Mitteilungen 6 (1962) S. 26–38.

SCONCE, Jeffrey Alan, Television Ghosts: A Cultural History of Electronic Presence in Telecommunications Technology, Madison 1995.

SCOTT, Graham Peter, British Television. An Insider's History, Jefferson, London 2000.

SEYMOUR-URE, Colin, Prime Ministers Reactions to Television, in: Media, Culture & Society (July 1989) S. 307–323.

Steven SHAPIN, A Social History of Truth: Civility and Science in Seventeenth Century England, Chicago 1994.

SHERMAN, Charles, Turmoil and Transistion in International Broadcasting 1938–1950, in: Journal of Broadcasting, (1971) S. 265–273.

SIEGFRIED, Detlef, Auf dem Weg zu einer zivilen Kultur. Die Westdeutschen zwischen Traditionalismus und »Erlebnisgesellschaft«, in: Eckart CONZE, Gabriele METZLER (Hg.), 50 Jahre Bundesrepublik Deutschland. Daten und Diskussionen, Stuttgart 1999, S. 251–269.

SIMONIS, Georg, Macht und Ohnmacht staatlicher Techniksteuerung können Politik und Staat den Kurs eines Technisierungsprozesses heute wirklich noch beeinflussen?, in: Herbert KUBICEK, Peter SEEGER (Hg.), Perspektive Techniksteuerung. Interdisziplinäre Sichtweisen eines Schlüsselproblems entwickelter Industriegesellschaften, Berlin 1993, S. 39–57.

SIMS, Hubert Vincent, Principles of PAL Colour Television, London 1969.

SIRINELLI, Jean-François, VANDENBUSSCHE, Robert, VAVASSEUR-DESPIERRES, Jean, La France de 1914 à nos jours, Paris 1993.

–, Les baby-boomers: une génération (1945–1969), Paris 2003.

SIZER, Milton A., The Development of Colour-TV Signal, in: Radio Electronics 38 (1967) 1 S. 59.

SLATER, Jim, Modern Television Systems to HDTV and Beyond, London 1991.

SLIDE, Anthony, The Television Industry. A Historical Dictionary, New York, Westport, London 1991.

SLOTTEN, Hugh R., Radio and Television Regulation: Boadcast Technology in the United States, 1920–1960, Baltimore 2000.

SMITH, Anthony, PATERSON, Richard (Hg.), Television: An International History, Oxford u. a. 1998.

SMITH, Delbert D., International Telecommunication Control. International Law and the Ordering of Satellite and Other Forms of International Broadcasting, Leyden 1969.

SMITH, Garry, HAMER, Keith, 30 years of BBC colour-TV, in: Short Wave Magazine 55 (1997) 9 S. 35–38.

SOHN, Anne-Marie, Pour une histoire de la société au regard des médias, in: Revue d'histoire moderne et contemporaine 44 (1997) 2 S. 287–306.

–, Âge tendre et tête de bois. Histoire des jeunes des années 1960, Paris 2001.

SOKOLL, Thomas, Kulturanthropologie und Historische Sozialwissenschaft, in: Thomas MERGEL, Thomas WELSKOPP (Hg.), Geschichte zwischen Kultur und Gesellschaft. Beiträge zur Theoriedebatte, München 1997, S. 233–271.

SORLIN, Pierre: »Stop the rural exodus«: images of the country in French films of the 1950s, in: Historical Journal of Film, Radio and Television 18 (1998) S. 183–197.

SOUTOU, Georges-Henri, BELTRAN, Alain (Hg.), Pierre Guillaumat: La passion des grands projets industriels, Paris 1995.

SOUTOU, Georges-Henri, L'Alliance incertaine: les rapports politico-stratégiques franco-allemands 1954–1996, Paris 1996.

–, Die französische Schule der Geschichte internationaler Beziehungen, in: Wilfried LOTH, Jürgen OSTERHAMMEL (Hg.), Internationale Geschichte. Themen, Ergebnisse, Aussichten, München 2000, S. 31–44.

SPÄTH, Manfred, Der Ingenieur als Bürger. Frankreich, Deutschland und Rußland im Vergleich, in: Hannes SIEGRIST (Hg.), Bürgerliche Berufe. Zur Sozialgeschichte der freien und akademischen Berufe im internationalen Vergleich, Göttingen 1988, S. 84–105.

SPIGEL, Lynn, Make Room For TV. Television and the Family Ideal in Post war America, Chicago u. a. 1992.

–, Welcome to the Dreamhouse. Popular Media and Postwar Suburbs, Durham u. a. 2004.

SPREE, Reinhard (Hg.), Geschichte der deutschen Wirtschaft im 20. Jahrhundert, München 2001.

STADLER, Gerhard, KUISLE, Anita (Hg.), Technik zwischen Akzeptanz und Widerstand. Gesprächskreis Technikgeschichte 1982–1996, Münster u. a. 1999.

STEELE, Howard F., The Transcoding of Colour Television Signals, in: The Television Society Journal 11 (1965) 2 S. 28–33.

STEINER, Kilian, Ortsempfänger, Volksfernseher und Ophtaphon. Die Entwicklung der deutschen Radio- und Fernsehindustrie und das Unternehmen Loewe, 1923–1962, Essen 2005.

STEINKÜHLER, Manfred, Der deutsch-französische Vertrag von 1963. Entstehung, diplomatische Anwendung und politische Bedeutung in den Jahren 1958–1969, Berlin 2001.

STEINMAURER, Thomas, Tele-Visionen. Zur Theorie und Geschichte des Fernsehempfangs, Innsbruck, Wien 1999.

STEINMETZ, Rüdiger, Freies Fernsehen. Das erste privat-kommerzielle Fernsehprogramm in Deutschland, Konstanz 1996.

STERLING, C., KITTROSS, J., Stay Tuned: A Concise History of American Broadcast, Belmont 1990.

STRAUSS, David, Menace in the West: The Rise of French Anti-Americanism in Modern Times, Westport 1978.

STREUBEL, Henning, Technologietransfereinrichtungen in Deutschland und in Frankreich, Wiesbaden 2000.

SULEIMAN, Ezra N., Politique et technostructure, in: Georges-Henri SOUTOU, Alain BELTRAN (Hg.), Pierre Guillaumat: La passion des grands projets industriels, Paris 1995, S. 157–163.

SÜSS, Peter, Graetz. Eine Familie und ihr Unternehmen vom Kaiserreich bis zur Bundesrepublik – »Ist Hitler nicht ein famoser Kerl?«, Paderborn 2003.

SYWOTTEK, Arnold, Wege in die 50er Jahre, in: Axel SCHILDT, Arnold SYWOTTEK (Hg.), Modernisierung im Wiederaufbau. Die westdeutsche Gesellschaft der 50er Jahre, Bonn 1993, S. 13–42.

TACKE, Charlotte, Nationale Symbole in Deutschland und Frankreich, in: Heinz-Gerhard HAUPT, Jürgen KOCKA (Hg.), Geschichte und Vergleich. Ansätze und Ergebnisse international vergleichender Geschichtsschreibung, Frankfurt a.M., New York 1996, S. 131–154.

TAITHE, Bertrand, Defeated Flesh: Welfare, Warfare and the Making of Modern France, Manchester 1999.

TAKAHASHI, Yuzo, A Network of Tinkerers. The Advent of the Radio and Television Receiver Industry in Japan, in: Technology and Culture 41 (2000) 3 S. 460–484.

TELEFUNKEN AG (Hg.): Farb-Fernseh-Technik I, Telefunken Fachbuch-Reihe, Ulm 1966

TETZNER, Karl, Entscheidung über Farbfernsehnorm in Zeitnot?, in: Funkschau 36 (1964) 5 S. 105.

–, Farbfernsehen: Meinungen und Hoffnungen, in: Funkschau 38 (1966) 14 S. 437.

–, Die Farbe im Fernsehen. Technik – Wirtschaft – Organisation, in: Rundfunk und Fernsehen 15 (1967) 2 S. 113–122.

–, Die Farbfernseh-Vorbereitungen der Rundfunkanstalten, in: Funkschau 39 (1967) 10 S. 293–295.

–, Bemerkungen zur Programmproduktion für Farbfernsehen. Vergleich der Technik bei Aufnahme auf Film und Aufnahme mit elektronischer Kamera und Magnetband, in: Rundfunktechnische Mitteilungen 12 (1968) 2, S. 70–75.

–, Wenn der Farbfilm zum Fernsehen kommt, in: Funkschau 39 (1967) 2 S. 33.

THEILE, Richard, Internationale Fernsehtagung in London in der Zeit vom 31. Mai bis 7. Juni 1962, in: Rundfunktechnische Mitteilungen 6 (1962) S. 219f.

–, Tagung der ad-hoc Gruppe Farbfernsehen der UER in Paris in der Zeit vom 26. bis 29. März 1963, in: Rundfunktechnische Mitteilungen 7 (1963) S. 101.

–, Über die Arbeit der ad-hoc Arbeitsgruppe für Farbfernsehen der europäischen Rundfunkunion (EBU), in: Rundfunktechnische Mitteilungen 7 (1963) S. 231–235.

–, Die Entwicklung der kompatiblen Farbfernsehtechnik, unter besonderer Berücksichtigung der verschiedenen Vorschläge für die Übertragung der Farbart-Signale (Farbträgermodulation), in: Rundfunktechnische Mitteilungen 9 (1965) 5 S. 241–250.

–, Bemerkungen zur Farbfernseh-Programmproduktion, in: Fernseh-und Kino-Technik 22 (1969) 2 S. 35–38.

–, Der Rundfunk– und Fernsehgerätemarkt, in: Funk-Technik 25 (1970) 12 S. 439–440.

–, Neue Struktur der AEG-Telefunken-Fabriken für Rundfunk– und Fernsehempfänger, in: Funk-Technik 25 (1970) 12 S. 440.

THIBEAU, Jacques, Une télévision pour tous les Français, Paris 1970.

THOMPSON, John B., The Media and Modernity. A Social Theory of the Media, Cambridge 1995.

THOMPSON, Paul, Voice of the Past: Oral History, Oxford 2000.

THORNTON, David Weldon, Airbus Industrie: The Politics of an International Industrial Collaboration, New York 1995.

THOVERON, Gabriel, Radio et télévision dans la vie quotidienne, Bruxelles 1971.

–, Histoire des médias, Paris 1997.

TILTMAN, Frank Ronald, Baird of Television. The Life Story of John Logie Baird, London 1933.

TODD, Emmanuel, The Making of a Modern France: Politics, Ideology, Culture, Oxford 1991.

Touchard, Jean, Le Gaullisme. 1940–1969, Paris 1978.

Touraine, Alain, Die französische Gesellschaft: Wachstum und Krise, in: Gilbert Ziburа (Hg.), Wirtschaft und Gesellschaft in Frankreich seit 1789, Gütersloh 1975, S. 347–358.

Townsend, George Boris, PAL Colour Television, Cambridge 1970.

–, New Developments in the SECAM Colour Television System, in: The Television Society Journal 10 (1963) 6 S. 172–190.

–, PAL Programme Origanization. A First Look at All the Problems, in: The Royal Television Society Journal 12 (1968) 1 S. 2–11.

Troger, Vincent, L'histoire de l'enseignement technique: entre les entreprises et l'État, la recherche d'une identité, in: Annales. Histoire, économie et société (1989) S. 593–610.

Truckendanner, Petra, Der Fernsehsender Paris. Deutsch-französisches Okkupationsfernsehen (1942–1944), unveröffentlichte Diss. Univ. Salzburg 1998.

–, Der Fernsehsender Paris. Deutsch-französisches Okkupationsfernsehen 1942–1944, in: Rundfunk und Geschichte 25 (1999) Nr. 2/3 S. 107–117.

Tudyka, Kurt P., Le Défi du Charlatan oder: Die amerikanische Herausforderung, in: Neue Politische Literatur XIV (1969) 2 S. 149–152.

Tussau, Guy, Les Industries électriques et électroniques, Paris 1980.

Uricchio, William (Hg.), The History of German Television, Sondernummer des Historical Journal of Film, Radio and Television 10 (1990) 2.

–, (Hg.), Die Anfänge des deutschen Fernsehens. Kritische Annäherungen an die Entwicklung bis 1945, Tübingen 1991.

–, Reflections on a Forgotten Past: Early German Television as a History of Absences, in: Österreichische Zeitschrift für Geschichtswissenschaft, 12 (2001) 4, S. 42–59.

Vahimagi, Tise, British Television: An Illustrated Guide, Oxford 1996.

Vaïsse, Maurice, La Grandeur. Politique étrangère du général de Gaulle 1958–1969, Paris 1998.

Van Doorn, A. G., Farbfernseh-Kamera mit Plumbikon-Aufnahmeröhren, in: Rundfunktechnische Mitteilungen 8 (1964) 6 S. 331–334.

Verat-Masson, Isabelle, Quand la télévision explore le temps. L'histoire au petit écran 1953–2000, Paris 2000.

Verstraeten, Hans, The Media and the Transformation of the Public Sphere. A Contribution for a Political Economy of the Public Sphere, in: European Journal of Communication 11 (1996) 3 S. 347–370.

Vierhaus, Rudolf, Die Rekonstruktion historischer Lebenswelten. Probleme moderner Kulturgeschichtsschreibung, in: Hartmut Lehmann (Hg.), Wege zu einer neuen Kulturgeschichte, Göttinger Gespräche zur Geschichtswissenschaft 1, Göttingen 1995, S. 7–28.

Vorländer, Herwarth (Hg.), Oral History: mündlich erfragte Geschichte, Göttingen 1990.

Vrijer, F. W. de: Übertragungssysteme für das Farbfernsehen, in: Philips Technische Rundschau 27 (1966) 4 S. 85–99.

Wade, Serena, Schramm, Wibur, The Mass Media as Sources of Public Affairs, Science, and Health Knowledge, in: Public Opinion Quarterly 33 (1969) 2 S. 197–209.

Wakeman, Rosemary, Modernizing the Provincial City: Toulouse 1945–1975, Cambridge 1997.

Walker, Horst O., Das Presse- und Informationsamt der Bundesregierung. Eine Untersuchung zu Fragen der Organisation, Koordination und Kontrolle der Presse- und Öffentlichkeitsarbeit der Bundesregierung, Frankfurt a.M. 1982.

Wallenborn, Léo, From IBU to EBU, in: EBU Review, Part I & II, Januar und März 1978, S. 25–34 und S. 22–30.

Walter, Rolf, Wirtschaftsgeschichte. Vom Merkantilismus bis zur Gegenwart, Köln u.a. 1995.

WANER, J., Produktion von Farbfilmen für das Farbfernsehen, in: Moderne Fototechnik und Messoptik 14 (1966) 8 S. 392–394.

WEBER, Max, Wirtschaft und Gesellschaft. Grundriß der verstehenden Soziologie, Tübingen 1922.

–, Die protestantische Ethik und der Geist des Kapitalismus, in: Johannes WINCKELMANN (Hg.), Die protestantische Ethik I. Eine Aufsatzsammlung, Hamburg ^{3}1973, S. 27–375.

WEBER, Wolfgang, »Mass of trash« or »Veins of gold«? An Investigate Report in the Relationship Between Oral History and Archives, Regensburg 2000.

WEBER, Wolfhard, Kulturgeschichte der Technik? Versuch einer Annäherung an Friedrich Klemm, in: Burkhard DIETZ, Michael FESSNER, Helmut MAIER (Hg.), Technische Intelligenz und »Kulturfaktor Technik«. Kulturvorstellungen von Technikern und Ingenieuren zwischen Kaiserreich und früher Bundesrepublik Deutschland, Münster u.a. 1996, S. 155–176.

WEHLER, Hans-Ulrich (Hg.), Scheidewege der deutschen Geschichte. Von der Reformation bis zur Wende 1617–1989, München 1995.

–, Historisches Denken am Ende des 20. Jahrhunderts 1945–2000, Göttingen 2001.

WEISBROD, Bernd, Medien als symbolische Form der Massengesellschaft. Die medialen Bedingungen von Öffentlichkeit im 20. Jahrhundert, in: Historische Anthropologie 9 (2001) 2 S. 270–283.

WEISCHENBERG, Siegfried, HIENZSCH, Ulrich, Die Entwicklung der Medientechnik, in: Klaus MERTEN, Siegfried J. SCHMIDT, Siegfried WEISCHENBERG (Hg.), Die Wirklichkeit der Medien. Eine Einführung in die Kommunikationswissenschaft, Opladen 1994, S. 455–480.

WEISENFELD, Ernst, Geschichte Frankreichs seit 1945: von de Gaulle bis zur Gegenwart, München 1997.

WEISS, John H., The Making of a Technological Man: The Social Origins of French Engineering Education, Boston 1982.

WELSKOPP, Thomas, Der Mensch und die Verhältnisse. »Handeln« und »Struktur« bei Max Weber und Anthony Giddens, in: Thomas MERGEL, Thomas WELSKOPP (Hg.), Geschichte zwischen Kultur und Gesellschaft. Beiträge zur Theoriedebatte, München 1997, S. 39–70.

–, Die Dualität von Struktur und Handeln. Anthony Giddens' Strukturierungstheorie als »praxeologischer« Ansatz in der Geschichtswissenschaft, in: Andreas SUTER, Manfred HETTLING (Hg.), Struktur und Ereignis, Göttingen 2001, S. 99–119.

WENDT, Hartmut, Farbfernsehempfangsbeobachtungen in Großstädten mit den Systemen NTSC und PAL, in: Rundfunktechnische Mitteilungen (1965) 1 S. 48–50.

–, Temperaturstabilität von Ultraschallverzögerungsleitungen, in: Radio Mentor electronic 32 (1966) 10 S. 840–842.

WENGENROTH, Ulrich, Unternehmensstrategien und technischer Fortschritt. Die deutsche und britische Stahlindustrie 1865–1895, Göttingen 1986.

–, Gute Gründe. Technisierung und Konsumentscheidungen, in: Technikgeschichte 71 (2004) 1 S. 1–18.

WENTWORTH, John W.: Color Television Engineering, New York, London 1955.

–, Zusammenfassung der praktischen Erfahrungen mit dem Farbfernsehen in den Vereinigten Staaten von Amerika, in: Rundfunktechnische Mitteilungen 8 (1964) 4 S. 236–244.

WERLE, Raymund, Telekommunkation in der Bundesrepublik Deutschland. Expansion, Differenzierung, Transformation, Frankfurt a.M., New York 1990.

–, Politische Techniksteuerung durch europäische Standardisierung?, in: Herbert KUBICEK, Peter SEEGER (Hg.), Perspektive Techniksteuerung. Interdisziplinäre Sichtweisen eines Schlüsselproblems entwickelter Industriegesellschaften, Berlin 1993, S. 129–142.

–, Rational Choice und rationale Technikentwicklung – Einige Dilemmata der Technikkoordination, in: Jahrbuch Technik und Gesellschaft (8), Frankfurt a.M. 1995, S. 49–76.

WEYER, Johannes, Akteurstrategien und strukturelle Eigendynamiken. Raumfahrt in Westdeutschland 1945–1965, Göttingen 1993.

–, Erfolgreiches Scheitern und nicht-gewollte Erfolge in der Geschichte der westdeutschen Raumfahrt 1945–1965, in: DERS. (Hg.), Technische Visionen politische Kompromisse. Geschichte und Perspektiven der deutschen Raumfahrt, Berlin 1993, S. 7–23.

–, KIRCHNER, Ulrich, RIEDL, Lars, SCHMIDT, Johannes, Technik, die Gesellschaft schafft. Soziale Netzwerke als Ort der Technikgenese, Berlin 1997.

– (Hg.), Soziale Netzwerke. Konzepte und Methoden der sozialwissenschaftlichen Netzwerkforschung, München, Wien 2000.

WHEEN, Francis, Television. A History, London 1985.

WHITE, Hayden, Die Bedeutung der Form. Erzählstrukturen in der Geschichtsschreibung, Frankfurt a.M. 1990.

WIETEN, Jan (Hg.), Television Across Europe, London 2000.

WIEVIORKA, Olivier, Charles de Gaulle, la technique et les masses, in: Institut Charles de Gaulle (Hg.), De Gaulle en son siècle, Bd.3, Paris 1993, S. 713–723.

–, Structurations, modes d'intervention et prises de décision, in: Le mouvement social (1997) 180, S. 55–68.

WILDT, Michael, Privater Konsum in Westdeutschland in den 50er Jahren, in: Axel SCHILDT, Arnold SYWOTTEK (Hg.), Modernisierung im Wiederaufbau. Die westdeutsche Gesellschaft der 50er Jahre, Bonn 1993, S. 275–289.

–, Vom kleinen Wohlstand. Eine Konsumgeschichte der fünfziger Jahre, Frankfurt a.M. 1996.

WILLKE, Jürgen (Hg.), Mediengeschichte der Bundesrepublik Deutschland, Köln 1999.

–, Grundzüge der Medien- und Kommunikationsgeschichte. Von den Anfängen bis ins 20. Jahrhundert, Köln u.a. 2000.

–, Entwicklungsstufen und Determinanten der Kommunikationsgeschichte, in: Geschichte in Wissenschaft und Unterricht 53 (2002) 7/8 S. 410–423.

WILKENS, Andreas, L'Europe en supens. Willy Brandt et l'orientation de la politique européene de l'Allemagne fédérale 1966–1969, in: Wilfried LOTH (Hg.), Crises and Compromises: The European Project 1963–1969, Baden-Baden 2001, S. 323–343.

WILLIAMS, Raymond, Television. Technology and Cultural Form, New York 1975.

–, Mobile Privatisierung, in: Das Argument (März/April 1984) S. 260–263.

WILSON, John P., Großbritannien ringt mit seinen Farbfernseh-Problemen, in: Funkschau 39 (1967) 10 S. 296.

WINOCK, Michel, La France politique: XIXe–XXe siècle, Paris 1999.

WINSTON, Brian , Media Technology and Society. A History: From the Telegraph to the Internet, London, New York 1998.

WITTKE, Volker, Wie entstand industrielle Massenproduktion? Die diskontinuierliche Entwicklung der deutschen Elektroindustrie von den Anfängen der »großen Industrie« bis zur Entfaltung des Fordismus (1880–1975), Berlin 1996.

WOLTON, Thierry, La France sous influence. Paris-Moscou: 30 ans de relations secrètes, Paris 1997.

WOOSTER, James Howard, Industrial Policy and International Competitiveness: A Case Study of U.S.-Japanese Competition in the Television Receiver Manufacturing Industry, unveröffentlichte Diss. Univ. of Massachusetts 1986.

WORONOFF, Denis, Histoire de l'industrie en France du XVIe siècle à nos jours, Paris 1998.

WOYKE, Richard, Frankreichs Außenpolitik von De Gaulle bis Mitterrand, Opladen 1987.

WYATT-WALTER, Andrew, Globalization, Corporate Identity and European Technology Policy, in: Journal of European Public Policy 2 (1995) 3 S. 427–446.

WYVER, John, The Moving Image: An International History of Film, Television and Video, Oxford 1989.

XAVIER, Roy E., Distant Signals: A History of Cable Television in the United States, Berkeley 1988.

YEAZEL, Lynn A., Color it Confusing: A History of Color Television, in: Lawrence LITCHY, Malachi C. TOPPING (Hg.), American Broadcast. A Source Book on the History of Radio and Television, New York 1976, S. 72–80.

ZEILINGER, Stefan, Wettfahrt auf der Schiene. Die Entwicklung von Hochgeschwindigkeitszügen im europäischen Vergleich, Frankfurt a. M. 2003.

ZELLER, Rüdiger, Die EBU Union Européenne de Radio-Télévision (UER) European Broadcasting Union (EBU): Internationale Rundfunkkooperation im Wandel, Baden-Baden 1999.

ZIEBURA, Gilbert, Die deutsch-französischen Beziehungen seit 1945. Mythen und Realitäten, Stuttgart [2]1997.

ZIEGLER, Dieter (Hg.), Großbürger und Unternehmer. Die deutsche Wirtschaftselite im 20. Jahrhundert, Göttingen 2000.

ZIEGLER, J. Nicholas, Governing Ideas: Strategies for Innovation in France and Germany, Ithaca 1997.

ZIELINSKI, Siegfried, Zur Geschichte des Videorecorders, Berlin 1986.

–, Audiovisionen. Kino und Fernsehen als Zwischenspiele der Geschichte, Reinbek bei Hamburg 1989.

–, Zur Technikgeschichte des BRD-Fernsehens, in: Knut HICKETHIER (Hg.), Geschichte des Fernsehens in der Bundesrepublik Deutschland, Bd. 1: Institution, Technik und Programm. Rahmenaspekte der Programmgeschichte des Fernsehens, München 1993, S. 135–170.

ZIMMERMANN, Hubert, Western Europe and the American Challenge: Conflict and Cooperation in Technology and Monetary Policy, 1965–1973, in: Journal of European Integration History 6 (2000) 2 S. 85–110.

ZIMMERMANN, Ruben (Hg.), Bildersprache verstehen. Zur Hermeneutik der Metapher und anderer bildlicher Sprachformen, München 2000.

ZINN, Karl Georg, Soziale Marktwirtschaft. Idee, Entwicklung und Politik der bundesdeutschen Wirtschaftsordnung, Mannheim 1992.

ZÜRN, Michael, Spieltheorie, in: Dieter NOHLEN (Hg.), Lexikon der Politik, Bd. 6, Internationale Beziehungen, München 1993, S. 502–510.

ZWORYKIN, Vladimir K., MORTON, George A.: Television. The Electronics of Image Transmission in Color and Monochrome, London, New York 1954.

ZYSMAN, John, L'Industrie française entre l'État et le marché, Paris 1972.

6.7. Abbildungsverzeichnis

Abb. 25: Karte der Ergebnisse der CCIR-Tagung in Oslo vom Juni/Juli 1966, aus: Johannes MÜLLER, Die internationalen Bemühungen um eine europäische Farbfernsehnorm, in: Jahrbuch des elektrischen Fernmeldewesens 18 (1967) S. 248.

Abb. 26: Erwartete PAL-Lizenzeinnahmen bei Telefunken, aus: AEG-Telefunken-Archiv, Deutsches Technikmuseum Berlin, Signatur GS 1648.

Abb. 27: »Das beste Farbfernsehsystem der Welt«, aus: Archiv des Deutschen Museums München, Nachlaß Walter Bruch, Signatur NL 101, Nr. 269.

Abb. 28: »Henri de France lors de la creation du SECAM«, aus: Archives du CHTV/INA, Nachlaß Michel Dubail.

Abb. 29: Walter Bruch Werbephoto von Telefunken, aus: Archiv des Deutschen Museums München, Nachlaß Walter Bruch, Signatur NL 101, Nr. 270.

Abb. 30: Der Einstein der Fernsehtechnik? Walter Bruch Autogrammkarte, aus: Archiv des Deutschen Museums München, Nachlaß Walter Bruch, Signatur NL 101, Nr. 269.

REGISTER

Firmen, Organisationen und Institutionen

Personen

www.ingramcontent.com/pod-product-compliance
Ingram Content Group UK Ltd.
Pitfield, Milton Keynes, MK11 3LW, UK
UKHW041828031026
15587UKWH00002B/650